Handbuch der Metallmärkte

Erzvorkommen, Metallgewinnung, Metallverwendung
Preisbildung Handelsregelungen

Zweite, völlig überarbeitete Auflage

Herausgegeben von Werner Gocht

Unter Mitarbeit von

R. Beran   W. Gocht   M. Herda   D. G. Kamphausen   W. Knies
J. Krüger   H. Renner   G. A. Roethe   H. Schmidt   D. M. Schwer
U. Tröbs   H. W. Walther   W. Wuth

Mit 55 Abbildungen

Springer-Verlag
Berlin Heidelberg New York Tokyo 1985

Herausgeber:
Prof. Dr. rer. nat. Dr. rer. pol. Dipl.-Geologe WERNER GOCHT
Direktor des Forschungsinstitutes für Internationale Technische und
Wirtschaftliche Zusammenarbeit,
Rheinisch-Westfälische Technische Hochschule Aachen

ISBN 978-3-642-86965-5   ISBN 978-3-642-86964-8 (eBook)
DOI 10.1007/978-3-642-86964-8

2160/3020-543210

Vorwort

Mehr als 10 Jahre nach Erscheinen der Erstauflage haben sich Herausgeber, Autoren und Verlag entschlossen, eine völlig überarbeitete Fassung dieses Handbuches zu erstellen. Das vielfältige und positive Echo aus den Reihen der Fachkollegen, der Industrie und der Ministerien war Ermutigung und Ansporn, wiederum ein aktuelles, informationsreiches Nachschlagewerk zu schaffen.

Seit Anfang der siebziger Jahre haben sich tiefgreifende Wandlungen in der Rohstoffwirtschaft vollzogen, deren Ausmaß und Wirkungen erst eine Dekade später in vollem Ausmaß erkennbar wurden. Die pessimistischen bis apokalyptischen Prognosen des Club of Rome und die substantiellen Energiepreiserhöhungen haben zwei gegenläufige Tendenzen auf den Rohstoffmärkten bewirkt: einerseits eine euphorische Beurteilung der Preisentwicklung durch die Produzenten, die aufwendige Explorationsprogramme finanzierten und großzügige Bergbauinvestitionen vornahmen sowie andererseits die Verstärkung eines Rohstoffbewußtseins in den Industrieländern, wo der rationelle Einsatz von Material, die konsequente Rückgewinnung von Metallen und die Suche nach neuen Werkstoffen, wie Plastik und Keramik, zu einer Verringerung des Bedarfs führten. Das Ergebnis ist Mitte der achtziger Jahre sehr deutlich zu erkennen. Stagnierender Verbrauch oder nur geringer Bedarfszuwachs auf der Nachfrageseite von Metallmärkten und ein Produktionsüberschuß sowie zahlreiche standby-Bergbauprojekte auf der Angebotsseite

Für die vorhersehbare Zukunft ist also eine physische Verknappung der metallischen Rohstoffe nicht zu erwarten. Auf hohem Verbrauchsniveau hat sich der Metallbedarf in den Industrieländern stabilisiert. Doch die Zeit der ausreichenden und preiswerten Versorgung wird um so kürzer sein, je weniger Wert auf langfristige Vorsorge gelegt wird. Denn in Zeiten niedriger Rohstoffpreise verzichten die Produzenten nicht selten aus Kostengründen auf die Exploration neuer Lagerstätten, und auch für die Wirtschaftspolitiker sind dann Rohstoffsicherungsprogramme kein Thema mehr. Die Importabhängigkeit der deutschen Industrie bleibt aber bestehen, und genaue Kenntnisse über Strukturen und Einflüsse auf den Weltmärkten für mineralische Rohstoffe sind für die Materialwirtschaft eines Industrielandes unverzichtbar. Das Handbuch soll zu dieser Informationsvermittlung einen Beitrag leisten.

Der Herausgeber stattet wiederum den Mitautoren seinen besonderen Dank ab, denn alle gelieferten Beiträge erfuhren eine fachmännische und zeitaufwendige Überarbeitung, die dem Benutzer eine Fülle aktueller Marktdaten bietet.

Bei der Überarbeitung einiger Kapitel hat Frau Dipl.-Kfm. J. Jütte-Rauhut wertvolle Unterstützung geliefert. Für die aufwendigen Schreibarbeiten wird Frau E. Steins und für die Korrekturhinweise Herrn P. Fix gedankt.

Aachen, Sommer 1985   Werner Gocht

Mitarbeiterverzeichnis

Beran, Reinhold: Metallgesellschaft AG, Frankfurt/M.

Gocht, Werner: o. Prof. Dr.rer.nat. Dr. rer.pol., Dipl.-Geologe, Forschungsinstitut für Internationale Technische und Wirtschaftliche Zusammenarbeit, RWTH Aachen

Herda, Manfred: Dipl.-Volksw., VAW Vereinigte Aluminium Werke AG, Bonn

Kamphausen, Dieter G.: Dipl.-Bergingenieur, Deutsches Institut für Wirtschaftsforschung, Berlin

Knies, Werner: Direktor, DEGUSSA AG, Frankfurt/M.

Krüger, Joachim: o. Prof. Dr.-Ing., Institut für Metallhüttenkunde und Elektrometallurgie, RWTH Aachen

Renner, Hermann: Dr.rer.nat., DEGUSSA AG, Frankfurt/M.

Roethe, Gustav A.: Dr.-Ing., Dipl.-Bergingenieur, Gesellschaft für Elektrometallurgie mbH, Düsseldorf

Schmidt, Helmut: Dr.rer.nat., Bundesanstalt für Geowissenschaften und Rohstoffe, Hannover

Schwer, Dietmar M.: Dr.rer.pol., Dipl.-Volksw., Metallgesellschaft AG, Frankfurt/M.

Tröbs, Ulrich: Dr.phil.nat., DEGUSSA AG, Frankfurt/M.

Walther, Hansjust W.: Dr.rer.nat., Direktor und Prof.a.D. (früher: Bundesanstalt für Geowissenschaften und Rohstoffe, Hannover)

Wuth, Wolfgang: Prof. Dr.-Ing., Institut für Metallhüttenkunde, Technische Universität Berlin

Inhaltsverzeichnis

Die wichtigsten Metalle
Übersicht über physikalische Konstanten und Clarke-Werte

Name	Symbol	Ord-nungs-zahl	Dichte* (g/cm^3)	Schmelz-* punkt (°C)	Siede-* punkt (°C)	Clarke-Wert** (ppm)
Aluminium	Al	13	2,70	660,2	2 330	82 300
Antimon	Sb	51	6,69	630,5	1 635	0,2
Arsen	As	33	5,72	817	616	1,8
Beryllium	Be	4	1,85	1 285	2 477	2,8
Blei	Pb	82	11,34	327,4	1 751	12,5
Cadmium	Cd	48	8,64	320,9	767,3	0,2
Cer	Ce	58	6,66	795	3 257	60
Chrom	Cr	24	7,14	1 903	2 640	100
Eisen	Fe	26	7,87	1 539	3 070	56 300
Gallium	Ga	31	5,90	29,8	2 403	15
Germanium	Ge	32	5,33	947,4	2 830	1,5
Gold	Au	79	19,32	1 063	2 660	0,004
Hafnium	Hf	72	13,31	2 150	5 400	3
Indium	In	49	7,31	156,2	2 070	0,1
Kobalt	Co	27	8,89	1 495	3 100	25
Kupfer	Cu	29	8,92	1 083	2 595	55
Lithium	Li	3	0,53	180,5	1 347	20
Magnesium	Mg	12	1,74	650	1 105	23 300
Mangan	Mn	25	7,44	1 247	2 030	950
Molybdän	Mo	42	10,28	2 620	4 825	1,5
Nickel	Ni	28	8,90	1 452	2 730	75
Niob	Nb	41	8,58	2 468	4 930	20
Palladium	Pd	46	12,02	1 552	2 930	0,01***
Platin	Pt	76	21,45	1 769,3	3 830	0,005***
Quecksilber	Hg	80	13,60	— 38,8	357	0,08
Selen	Se	34	4,82	220	685	0,05
Silber	Ag	47	10,49	960,8	2 212	0,07
Silizium	Si	14	2,33	1 410	2 477	281 500
Tantal	Ta	73	16,68	2 996	5 425	2
Tellur	Te	52	6,25	449,8	1 390	0,001***
Thallium	Tl	81	11,85	302,5	1 453	0,45
Titan	Ti	22	4,51	1 677	3 262	5 700
Vanadium	V	23	6,09	1 919	3 400	135
Wismut	Bi	83	9,80	271,4	1 580	0,17
Wolfram	W	74	19,26	3 410	5 700	1,5
Yttrium	Y	39	4,47	1 552	3 337	33
Zink	Zn	30	7,14	419,4	908,5	70
Zinn	Sn	50	5,75	231,9	2 687	2
Zirkonium	Zr	40	6,51	2 128	3 578	165

* nach Hollemann-Wiberg: Lehrbuch der anorganischen Chemie, Berlin 1985.
** nach Taylor, 1964.
*** nach Vinogradow, 1962.
Als Clarke-Wert wird nach Fersman der durchschnittliche Gehalt eines Elementes in der Erdkruste bezeichnet.

I Einleitung

1 Marktanalysen

Von W. Gocht

Die Metallmärkte gehören zu den Sachgütermärkten, nehmen jedoch eine Sonderstellung ein. Von anderen Sachgütermärkten unterscheiden sich die Märkte mineralischer Rohstoffe dadurch, daß das Angebot naturbedingt einigen Besonderheiten unterliegt:

- Die Vorräte an Erzen in der zugänglichen Erdkruste sind mengenmäßig begrenzt und nicht regenerierbar. Gerade bei den meisten metallischen Rohstoffen ist zwar noch kein physischer Mangel erkennbar, doch gehen zumindest die durchschnittlichen Metallgehalte in den Erzlagerstätten tendenziell zurück. Der Abbau ärmerer Erze bedeutet aber höhere Produktionkosten, insbesondere steigende Energiekosten im Bergbau. Die Einführung moderner Technologie kann nur ein Teil dieser Kostensteigerungen ausgleichen.
- Die Erzlagerstätten sind regional ungleich verteilt. Die Standorte für Bergwerke können also nicht beliebig gewählt werden. Immer häufiger muß der Bergbau sogar in abgelegene, infrastrukturell unterentwickelte Regionen ausweichen.
- Der Aufbau neuer Bergbaubetriebe ist ein langjähriger und risikoreicher Prozeß. Das Angebot auf Metallmärkten kann deshalb kurzfristig kaum erhöht werden. Das Angebot kann aber auch kurzfristig kaum verringert werden, denn eine vorübergehende Schließung von Bergwerken erzeugt in der Regel erhebliche Schäden. Diese geringe Elastizität des Angebotes verhindert einerseits die rasche Anpassung an Änderungen der Nachfrage, was zu Preisfluktuation führt; sie bedingt aber andererseits auch langperiodische, zyklische Schwankungen von Metallpreisen.
- Eine Reihe von Metallen treten in Erzlagerstätten als Kuppelprodukte auf. Daraus folgt dann sogar ein extrem unelastisches Angebot.

Metalle sind gut geeignet für den Welthandel. Sie sind in Standardqualitäten lieferbar. Durch diese Homogenität und Fungibilität sind Metalle börsenfähig, was zu einer hohen Markttransparenz und zur Entstehung von Weltmarktpreisen führt.

Die Preisbildung für Metalle wird von den Marktstrukturen, den Marktformen und von den Organisationsformen ausschlaggebend bestimmt. Marktanalysen müssen deshalb diese Preisbestimmungsgründe besonders berücksichtigen. Metallpreise lassen sich in vier Gruppen klassifizieren:

- *Börsenpreise*, die als Gleichgewichtspreise durch Zusammentreffen von Angebot und Nachfrage an einer Metallbörse zustande kommen.
- *Kartellpreise*, die durch die Instrumente eines internationalen Kartells oder Roh-

stoffabkommens manipuliert werden.
- *Produzentenpreise*, die durch Lieferverträge zwischen Hüttengesellschaften und Verbrauchern fixiert werden.
- *Listenpreise*, die (oft durch einen monopolistischen) Anbieter von Metallen für eine bestimmte Periode festgesetzt werden.

1.1 Marktstrukturen

Bei der Strukturanalyse eines Marktes werden Anzahl, Standorte und Marktanteile von Produzenten und von Verbrauchern sowie ihre Konkurrenzbeziehungen ermittelt. Aus der Marktstruktur von Angebot und Nachfrage ergibt sich dann die Marktform. Die Marktform ist entscheidend für den Wettbewerb auf einem Markt und damit für die Preisbildung. Die Marktformenlehre unterscheidet drei Grundformen:
- *Polypole*: Märkte mit einer großen Zahl von kleineren Anbietern oder Nachfragern, die eine atomistische Konkurrenz, aber auch einen unvollkommenen Markt hervorrufen, weil zwischen den vielen Anbietern bzw. Nachfragern zeitliche, räumliche und sachliche Differenzierungen auftreten.
- *Oligopole*: Märkte mit wenigen größeren Anbietern oder Nachfragern, bei denen nur eingeschränkte Konkurrenz besteht, denn die einzelnen Marktteilnehmer können einen gewissen Einfluß auf das Marktgeschehen ausüben.
- *Monopole*: Märkte mit nur einem Anbieter oder Nachfrager, auf denen keine Konkurrenz mehr besteht und der Monopolist erheblichen Einfluß auf das Marktgeschehen hat.

Wichtig bei der Analyse der Marktformen ist aber auch das Verhalten der Marktteilnehmer, da hierdurch die Preisbildung wesentlich beeinflußt wird. Das Verhalten kann sich in friedlicher Anpassung an die Marktverhältnisse äußern oder aber in Kampfstrategien. Die Anpassung erfolgt als Mengenanpassung (meist ein polypolistisches Verhalten), als Preisfixierung oder Mengenfixierung (meist ein monopolistisches Verhalten) oder als Optionsfixierung (meist ein oligopolistisches Verhalten). Als Kampfstrategien sind beispielsweise wettbewerbsbeschränkende Vereinbarungen (Kartelle) oder integrative Vereinbarungen (Konzernbildung) bekannt.

Die entscheidende Frage bei einer morphologischen Marktanalyse ist natürlich, welcher Marktanteil genügt, um eine Marktbeeinflussung (und damit Preisbeeinflussung) oder gar eine Marktbeherrschung (und damit Preisfixierung) zu erzielen. Dieser Anteil ist marktspezifisch und richtet sich nach der übrigen Konkurrenzsituation oder auch nach den Substitutionsmöglichkeiten. Da die Elastizität des Angebotes in bezug auf den Preis auf Märkten metallischer Rohstoffe fast immer unealstisch ist, liegt ein marktbeherrschender Anteil relativ niedrig, oft schon zwischen 30 und 40 % der Gesamtproduktion. Das hat zur Folge, daß monopolistische Marktstrukturen bereits beim Vorhandensein eines Großproduzenten, der etwa 35 % des Angebotes auf sich vereint, vorliegen können.

Der internationale Charakter der Bergbauindustrie muß bei jeder Marktanalyse besonders beachtet werden. Übliche Länderstatistiken über die Produktion und den Verbrauch von Metallen helfen für die Bestimmung der Marktform wenig. Die Strukturverhältnisse auf der Angebots- und auf der Nachfrageseite eines Marktes sind viel komplizierter. Auch vollzieht sich ständig ein Strukturwechsel auf den Märkten, beispielsweise durch

— eine Politik der Nationalisierung des Bergbausektors, wie sie in zahlreichen Entwicklungsländern betrieben wurde;

— umfangreiche Änderungen der Eigentumsverhältnisse, wie sie um 1980 eintraten, als Mineralölkonzerne eine Reihe von Bergbau- und Hüttengesellschaften aufkauften;

— die Entdeckung oder Nutzbarmachung neuer Erzlagerstätten.

Durch die naturbedingt begrenzte Anzahl bedeutsamer Erzlagerstätten und durch die Aktivitäten großer internationaler Hüttenkonzerne ist auf den Weltmärkten vieler Metalle ein hoher Konzentrationsgrad auf der Angebotsseite zu beobachten. Geradezu charakteristisch für Metallmärkte sind Angebotsoligopole, die mehr oder weniger durch eine zusätzliche Anzahl kleinerer Anbieter abgeschwächt sind. Daneben treten auch Angebotsmonopole auf, seltener Polypole. Die Situation auf der Nachfrageseite ist anders. Durch die oft breite Palette der Verwendungsbereiche sind die Marktanteile von Verbrauchern kleiner und die Konkurrenz ausgeprägter. Die Nachfrage auf den meisten Metallmärkten ist deshalb polypolistisch.

1.2 Organisationsformen

Die vorerwähnte charakteristische Marktform eines Angebotsoligopols hat auf Metallmärkten schon frühzeitig zu internationaler Kooperation geführt, etwa

— bei *Kupfer* durch das Sécrétan-Syndikat (1887 - 1889), die Amalgamated Copper Co. (1899 - 1901), die Copper Export Association (1919 - 1923), die Copper Exporters Incorp. (1926 - 1932) und das International Copper Cartel (1935 - 1939);

— bei *Zink* durch die European Smelter Convention (1909 - 1914) und das International Zinc Cartel (1931 - 1934);

— bei *Blei* durch die Lead Smelters Association (1909 - 1914), die Lead Producers Reporting Association (1931 - 1932) und die Lead Producers Association (1938 - 1939);

— bei *Zinn* durch den Bandoeng Pool (1921 - 1925), die Tin Producers Association (1929) und das International Tin Quota Scheme (1931 - 1946);

— bei *Aluminium* durch das Europäische Aluminiumkartell (1901 - 1907; 1912 - 1915; 1923 - 1925; 1926 - 1931) und die Alliance Aluminium Compagnie (1931 - 1939);

— bei *Nickel* durch die Entente du Nickel (ab 1900).

Vor dem Zweiten Weltkrieg waren es also die großen Unternehmen, die sich organisierten, nach 1945 kamen noch Verträge und Abkommen hinzu, die zwischen Regierungen von Produzentenländern abgeschlossen wurden.

Ihrer Art nach können folgende Organisationsformen unterschieden werden:
a) *Produzentenvereinigungen* in der Form von Unternehmerverbänden oder Regierungsvereinbarungen zur Information von Mitgliedern, zur Öffentlichkeitsarbeit und zur Interessenvertretung bei rohstoffpolitischen Verhandlungen.
b) *Produzentenkartelle* zur Regelung oder Beschränkung des Wettbewerbs oder der Angebotsseite des Marktes und damit zur Beeinflussung der Preise.
c) *Internationale Studiengruppen* als gemeinsames Diskussionsforum von Produzenten und Verbrauchern.
d) *Internationale Rohstoffabkommen* als vertragliche Vereinbarungen zwischen Produzentenländern und Verbraucherländern zur Marktbeeinflussung.

Als Beispiele für *Produzentenvereinigungen* auf Metallmärkten sollen erwähnt werden:
— Die Association of Iron Ore Exporting Countries in Genf,
— die Zinc Development Association in London,
— die Lead Development Association in London,
— die Cadmium Association in London,
— die International Magnesium Association in Dayton/Ohio,
— die Primary Tungsten Association in London,
— die Association International des Producteurs des Mercure in Genf,
— die Selenium-Tellurium Development Association in Darien/USA.

Diese Produzentenvereinigungen entwickeln Aktivitäten zur Verbrauchsförderung, unterstützen die Verbreitung technischer und statistischer Informationen, halten Seminare und Kongresse ab und geben Fachpublikationen heraus. Sie enthalten sich also aktiver preispolitischer Maßnahmen und üben nur indirekt einen Einfluß auf Markttransparenz und Nachfragesteigerung aus.

Als Beispiele für *Produzentenkartelle* auf Metallmärkten lassen sich anführen:
— Der Rat der Kupferexportländer, CIPEC (Conseil Intergouvernmental des Pays Exportateurs de Cuivre), der im Juni 1967 in Lusaka gegründet wurde und seinen Sitz in Paris hat. Die preispolitischen Maßnahmen waren bisher auf eine künstliche Verknappung des Angebotes ausgerichtet, um dadurch den Kupferpreis zu erhöhen. 1974 wurden von den Mitgliedsländern (Chile, Peru, Zaire, Sambia, Indonesien — assoziiert: Australien, Jugoslawien, Papua-Neuguinea) Exportquoten beschlossen, 1975/76 dann zusätzlich Produktionsquoten. Die Erfolge waren bescheiden, vor allem wegen fehlender Disziplin der Kartellmitglieder, wegen des noch immer starken Einflusses amerikanischer Konzerne und wegen des hohen Anteils des Recyclings an der Kupfergewinnung.
— Die Vereinigung der Bauxitexportländer, IBA (International Bauxite Association), die im März 1974 in Conakry gegründet wurde und ihren Sitz in Kingston/Jamaika hat. Die IBA konzentriert ihre Marktbeeinflussung auf die Vereinheitlichung und Erhöhung von Steuerabgaben für Bauxitbergbau und Bauxitex-

port sowie auf die Fortsetzung von Minimum-Referenzpreisen für Bauxit und Tonerde.

Als Beispiel für eine *internationale Studiengruppe* auf Metallmärkten soll das Tantalum Producers International Study Center (TIC) in Brüssel dienen. Diesem 1974 gegründeten Informationszentrum gehören 67 Unternehmen an, die Tantal produzieren oder verbrauchen. Das TIC hat sich zur Aufgabe gestellt, als Diskussionsforum für gemeinsame Interessen von Produzenten und Verbrauchern zu dienen sowie statistische und technische Informationen über die Gewinnung und Verwendung von Tantal zu verbreiten.

Als Beispiel für ein *internationales Rohstoffabkommen* auf Metallmärkten soll schließlich das Internationale Zinnabkommen (International Tin Agreement) Erwähnung finden, das erstmals am 1. Juli 1956 in Kraft trat und inzwischen fünfmal erneuert wurde. Im Internationalen Zinnrat mit Sitz in London haben die Produzentenländer und die Verbraucherländer jeweils 1000 Stimmen, wobei sich die konkrete Stimmenanzahl eines Mitgliedslandes nach den Export- bzw. Importanteilen richtet.

Für die Marktregulierungen benutzt der Zinnrat zwei wirkungsvolle Instrumente: eine Preisstabilisierungsreserve (buffer stock) und Exportkontrollen. Durch Ankäufe oder Verkäufe des Bufferstocks können kurzfristige Preisfluktuationen ausgeglichen und der Zinnpreis stabilisiert werden. Die Exportkontrollen garantieren einen Mindestpreis für Zinn, indem das Angebot künstlich soweit reduziert wird, daß in Zeiten eines Überangebotes zumindest ein vereinbarter Minimalpreis gehalten werden kann. Das Zinnabkommen gilt als recht erfolgreich. Der Zinnpreis konnte sich in den siebziger Jahren etwa vervierfachen, und der öfter nach oben korrigierte Mindestpreis des Abkommens konnte stets garantiert werden. Allerdings kam es während der Beratungen um das 6. Abkommen (1982 - 1987) zu tiefgreifenden Kontroversen, die zum Ausscheiden des größten Verbraucherlandes USA und zum Ausscheiden des bedeutsamen Produzentenlandes Bolivien führten. Die Produzentenländer gingen sogar so weit, daß sie 1983 eine neue Produzentenvereinigung, die "Association of Tin Producing Countries" mit Sitz in Kuala Lumpur gründeten. Das Internationale Zinnabkommen hat durch diese Krise an Einfluß verloren, was auch die Bemühungen der UNCTAD um den Abschluß weiterer Rohstoffabkommen für metallische Rohstoffe (Kupfer, Bauxit, Eisenerz, Wolfram sind in Verhandlung) beeinträchtigen.

1.3 Preisbestimmungsgründe

Neben der Marktform und neben Organisationsformen der Marktteilnehmer gibt es noch eine Reihe von geologisch-lagerstättenkundlichen, technischen, wirtschaftlichen und rechtlichen Preisbestimmungsgrößen auf Metallmärkten. Eine Marktanalyse muß den Einfluß dieser Faktoren quantifizieren.

Für das *Angebot* auf einem Metallmarkt sind folgende Einflußgrößen maßgebend:

a) *Determinanten der Bergwerks- und Hüttenproduktion*
Hierzu zählen die Vorratsmengen in den Erzlagerstätten, die Qualität der Vorräte (Metallgehalte), das lagerstättengenetisch bedingte gemeinsame Auftreten von Metallen (Kuppelprodukte), die Leistungsfähigkeit und Wirtschaftlichkeit der Gewinnungstechnologie, die Infrastrukturausstattung der Bergwerksregion, die rechtlichen Rahmenbedingungen der Metallgewinnung und die Finanzierungsmodalitäten von Bergwerks- und Hüttenprojekten.

b) *Spezielle Determinanten*
Neben den naturgegebenen, den produktionsbedingten und den ordnungspolitischen Einflußfaktoren wird das Angebot auf den Weltmärkten der Metall noch von einigen speziellen Determinanten bestimmt, deren Wirkungen auf die Metallpreise mitunter gravierend sein können, jedoch oft schwer prognostizierbar sind. Drei wesentliche Preisbestimmungsgrößen sollen erwähnt werden:
– Die Lagerhaltung,
– das Recycling,
– der Ost-West-Handel.

Der Aufbau und der Abbau von *Lagern* übt vor allem kurzfristig einen Einfluß auf die Preisbildung aus. Unterschieden werden bei der Lagerhaltung
– kommerzielle Lager des Bergbaus, der Hütten und der Verarbeiter,
– strategische Lager der Regierungen von Verbraucherländern zur Sicherung der Versorgung des Militärs und der Industrie mit metallischen Rohstoffen.

Kommerzielle Lager für Metalle werden insbesondere von Hüttenbetrieben angelegt, die je nach Preiserwartungen einen größeren oder kleineren Bestand vorhalten sowie von den Metallbörsen, die in lizensierten Lagerhäusern Bestände horten.

Unter den strategischen Vorratslagern spielt der *Stockpile* der USA eine bedeutsame Rolle. Sowohl der Aufbau des umfangreichen Lagers als auch der Verkauf von Überschüssen haben die Preisbildung auf Metallmärkten beeinflußt. Neben den USA haben auch Japan, Frankreich, Großbritannien, die Schweiz, Italien und Schweden mit dem Anlegen von eher bescheidenen staatlichen Vorratslagern begonnen. Die Bundesrepublik Deutschland hat nach kontroverser Diskussion über Nutzen und Finanzierung die Pläne für eine Krisenbevorratung vorläufig zurückgestellt.

Das *Recycling* von Metallen wirkt sich auf die Märkte in verschiedener Weise aus. Das Angebot wird erhöht und damit der Preis gedrückt. Der Welthandel mit Metallen nimmt tendenziell ab, da das Recycling in den Verbraucherländern stattfindet. Die Lagerstätten werden geschont und der Umweltschutz verstärkt. Beim Recycling verschiedener Metalle (Aluminium, Zinn) wird gegenüber der Primärproduktion in erheblichem Ausmaß Energie gespart. Durch die gestiegenen Energiepreise wurde das Recycling von Metallschrott und von metallischen Verarbeitungsrückständen rentabel. Der Anteil der Rückgewinnung am Gesamtverbrauch ist metallspezifisch, denn er hängt von den Verwendungsbereichen ab. Eine Verbesserung der Schrott- und Müllerfassung kann die Recyclingrate zwar noch etwas erhöhen, doch werden heute die

Möglichkeiten der Rückgewinnung schon weitgehend ausgenutzt. Damit ist der Einfluß des Recyclings auf die Preisbildung besser kalkulierbar als früher.

Der *Ost-West-Handel* mit Metallen unterliegt einem ständigen Wandel. Das Angebot und auch die Nachfrage der Ostblockländer mit ihren Zentralverwaltungswirtschaften richten sich nicht nur nach den wirtschaftlichen, sondern auch nach politischen Aspekten. Die beiden wichtigsten Exportländer für Metalle sind die Sowjetunion und die Volksrepublik China. Die Sowjetunion exportiert beispielsweise in größeren Mengen Eisen/Stahl, Chrom, Mangan, Kupfer, Titan, Gold und Platin. Die Volksrepublik China konzentriert ihre Ausfuhren auf Zinn, Wolfram und Antimon. Als Importländer für Metalle treten vor allem die COMECON-Länder Osteuropas auf, die zwar in erheblichem Maße von der Sowjetunion beliefert werden, bei einigen Metallen aber auch auf Einfuhren aus dem westlichen Ausland angewiesen sind. Eigenbedarf und Lagerhaltung wird in Ostblockländern in der Regel geheimgehalten. Das macht den Ost-West-Handel zu einem besonders schwer kalkulierbaren Preisbestimmungsfaktor auf einigen Metallmärkten.

Für die *Nachfrage* auf einem Metallmarkt sind ebenfalls eine Reihe von Bestimmungsgründen maßgeblich. Der Verbrauch an Metallen ist sehr eng mit der industriellen Güterproduktion verknüpft. Deshalb sind für Prognosen der künftigen Bedarfsentwicklung eine Reihe von Indikatoren benutzt worden, etwa

- das Verhältnis von Metallverbrauch zur Höhe des Bruttosozialproduktes (BSP) eines Landes. Tendenziell weisen Industriestaaten mit hohem BSP auch hohe Verbrauchszahlen auf im Gegensatz zu Entwicklungsländern mit geringem BSP und entsprechend geringem Bedarf (vgl. Abb. I.1). Eine direkte oder gar lineare Funktion ist jedoch nicht feststellbar, weder pauschal noch rohstoffbezogen;
- das Verhältnis von Metallverbrauch zum Anteil der Industrieproduktion am BSP. Auch hier läßt sich eine ähnliche, teilweise sogar signifikantere Abhängigkeit feststellen;
- das Verhältnis von Metallverbrauch zum Verbrauch von Massenkonsumgütern oder zum "Lebensstandard" in einem Land. Hierfür sind die statistischen Angaben allerdings lückenhaft.

Untersuchungen über den Zusammenhang zwischen dem Pro-Kopf-Verbrauch von NE-Metallen und dem Industrialisierungsgrad haben gute Korrelationswerte ergeben *(Müller-Ohlsen, 1981)*.

Bei den Marktstudien wird sich die Analyse der Entwicklungstendenzen aber sowohl auf die Endverbraucher als auch auf die Hersteller von Zwischenprodukten beziehen müssen. Dabei sind folgende Bestimmungsgründe von erheblicher Bedeutung:

- Forschungsergebnisse bei der Erschließung neuer Verwendungsgebiete für bestimmte Metalle (z.B. neue Legierungsmetalle oder neue Chemikalien).
- Technologische Innovationen bei der Verarbeitung von Metallen zur Senkung des spezifischen Verbrauchs (z.B. Einführung der elektrolytischen Weißblechverzinnung, bei der im Gegensatz zur traditionellen Feuerverzinnung nur noch ein Bruchteil des Feinzinns benötigt wird).

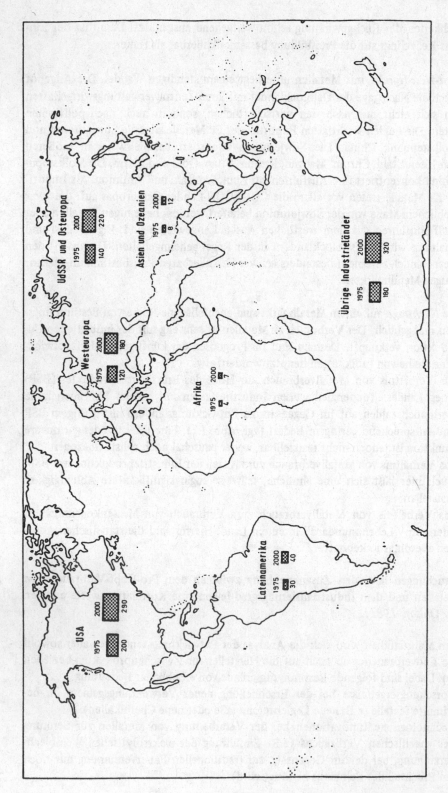

Abbildung I.1. Pro-Kopf-Verbrauch von mineralischen Rohstoffen (ohne Energieträger, nach Global 2000, S.70/71)

- Substitutionsprozesse zum Ersatz teurer oder rarer metallischer Rohstoffe durch billigere, verfügbare Rohstoffe (z.B. Ersatz von Metallen durch Keramikerzeugnisse). Diese Prozesse müssen sorgfältig studiert werden; sie sind sogar umkehrbar, wie das Beispiel des Ersatzes von Weißblechdosen durch Aluminiumdosen gezeigt hat, deren Herstellung nach den Energiepreiserhöhungen wieder teurer war als die der Weißblechdose. Die Substitutionsprozesse vollziehen sich auch stufenweise, wenn sich ein großer Verbraucher zur Umrüstung seiner Produktionsanlagen entschließt.
- Änderung von Konsumgewohnheiten der Endverbraucher, die den Markt für bestimmte Massenkonsumgüter schrumpfen lassen können (z.B. der Verzicht auf die Verwendung von Lippenstiften und Nagellack, der den Bedarf an Wismut erheblich reduziert, da zur Herstellung kosmetischer Artikel größere Mengen an Wismutoxidchlorid verwendet werden).
- Erlaß von Gesetzen und Verordnungen zur Verarbeitung bestimmter Rohstoffe, etwa im Rahmen des Umweltschutzes (z.B. Einschränkung des Verbrauches von Blei in Form des Antiklopfmittels Bleitetraäthylen im Benzin oder des Verbrauches von Quecksilber und Cadmium in gesundheitsgefährdenden Bereichen).

Aus der Auflistung der speziellen Bestimmungsgründe für die Nachfrage nach mineralischen Rohstoffen wird deutlich, daß nicht nur Wirtschaftswachstum und Wachstum der Industrieproduktion als Grundlage für die Nachfrageanalyse herangezogen werden dürfen. Auch dieser Teil der Marktanalyse erfordert also umfangreiche und zeitaufwendige Recherchen.

1.4 Marktmodelle

Für Marktanalysen und für Preisprognosen bedient man sich in wachsendem Maße makroökonomischer Modelle. Für den Zinnmarkt *(Desai, 1966)*, für den Kupfermarkt *(Fisher et al., 1972)*, für den Zinkmarkt *(Gupta, 1982)* oder für den Nickelmarkt *(Marquart, 1983)* sind solche Modelle entwickelt worden, wobei es sich um Mehrgleichungsmodelle als Simulationsmodelle handelt. Diese Simulationsmodelle versuchen, Wirkungszusammenhänge abhängiger Größen zu erfassen. Unter Berücksichtigung der Interdependenzen der einzelnen Größen (Produktion, Nachfrage, Lagerhaltung) werden Prognosen für die Preisentwicklung errechnet. Die Qualität der Prognosen ist natürlich vom Datenmaterial abhängig.

Marktmodelle basieren normalerweise auf drei Grundgleichungen:

$$N_t = N(P_t) + u_1 \tag{1}$$

$$A_t = A(P_t) + u_2 \tag{2}$$

$$A_t = N_t, \tag{3}$$

wobei N_t die Nachfrage zum Zeitpunkt t, A_t das Angebot und P_t der Preis, u_1 und u_2 stochastische Fehlervariable sind.

Diese Grundmodelle lassen sich um spezifische Gleichungen erweitern, wobei beispielsweise für jeden Hauptanbieter und für jeden wesentlichen Nachfragebereich eigene Gleichungen aufgestellt werden.

Das mathematische Verfahren besteht darin, die Gleichungen zunächst mit unbekannten Koeffizienten vor den exogenen Variablen anzusetzen. Stehen statistische Daten über einen längeren Zeitraum (mindestens 15 Jahre) zur Verfügung, lassen sich die Koeffizienten mit Hilfe der Methode der kleinsten Quadrate bestimmen. Numerisch besonders einfach ist diese Berechnung, wenn ein rekursives Modell gewählt wird *(Desai, 1966)*. Sind die Koeffizienten bestimmt, so kann das Modell zunächst zur Untersuchung des Einflusses von bestimmten Variablen auf das Marktgeschehen verwendet werden. Dabei lassen sich zwei Simulationsarten unterscheiden:

— Simulation der exogenen (unabhängigen) Variablen im Rahmen der historischen Trendlinien, um festzustellen, ob das Modell die beobachteten Schwankungen von Angebot, Nachfrage und Preis erfaßt ("shocks of type I" nach *Adelman & Adelman)*;

— Simulation der stochastischen Variablen (u_1, u_2), die in jeder Gleichung berücksichtigt wurden, um eine bessere Anpassung an die realen Situationen herbeizuführen ("shocks of type II" nach *Adelman & Adelman*).

Die Simulation der Fehlerterme geschieht entsprechend der Varianz-Kovarianz-Matrix der Residuen statistisch erfaßter Marktdaten. Im Modell des Zinnmarktes von *Desai* vereinfacht sich der Rechenvorgang, weil nur die Varinanzen berücksichtigt werden müssen, da die Kovarianzen der Residuen annähernd Null sind.

Literaturhinweise

Adelman, I.; Adelman, F.: The Dynamic Properties of the Klein-Goldberger Model, Econometrica, 27 (1959).

Desai, M. (1966): An Econometric Model of the World Tin Economy, 1948 - 1961, Econometrica, 34, 105 - 134.

Eschenbaum, G. (1983): Krisenbevorratung von Rohstoffen unter spezieller Berücksichtigung einer Finanzierung aus Währungsreserven der Deutschen Bundesbank, (Brockmeyer), Bochum 1983.

Fisher, F.M.; Cootner, P.H.; Baily, M.: An Econometric Model of the World Copper Industry, Bell Journal of Economics and Management Science, 3, 568 - 609.

Gocht, W. (1974): Die Vorratslager der USA und ihr Einfluß auf die Metallmärkte, Metall, 28, 178 - 181.

Gocht, W. (1975): Voraussetzungen für die Bildung von Rohstoffkartellen auf Metallmärkten, Metall, 29, 1227 - 1229.

Gocht, W. (1983): Wirtschaftsgeologie und Rohstoffpolitik, 2. Aufl., (Springer), Berlin/Heidelberg/New York/Tokyo 1983.

Gupta, S. (1982): The World Zinc Industry, (Lexington), Toronto 1982.

Marquart, W. (1983): Die Struktur des Weltnickelmarktes, Diss., TU Clausthal 1983.

Müller-Ohlsen, L. (1981): Die Weltmetallwirtschaft im industriellen Entwicklungsprozeß, (Mohr),
    Tübingen 1981.
Pawlek, F.; Fischer, R. (1982): Rückgewinnung von NE-Metallen aus Schrotten und Rückständen
    – wirtschaftliche und technische Entwicklungsrichtungen, Metall, 36, 428 - 431.

2 Metallbörsen

Von R. Beran*

2.1 Wesen, Begriff und Geschichte der Warenbörsen

Der Ursprung der heutigen Börsen ist in den Marktveranstaltungen des Mittelalters zu
suchen. Käufer und Verkäufer kamen zu geografisch günstig gelegenen Orten zu bestimmten Zeiten zusammen und garantierten durch größere Marktbreite und Transparenz ein bestimmtes Umsatzpotential. Hieraus entwickelten sich die bekannten
Wochen- und Jahresmärkte, und diese waren wiederum die Vorläufer der heutigen
Warenbörsen. Ihr Wesensunterschied gegenüber den Märkten und Messen liegt in der
Art der gehandelten Waren (fungible Güter), in der Existenz fester Geschäftsbedin-
gungen und Usancen, die den Geschäftsablauf vereinheitlichen sowie in der Preis- und
Kursermittlung.

Mit der Gründung der Antwerpener Börse im Jahre 1531 wurde die Errichtung internationaler Börsen eingeleitet. Die ersten deutschen Börsen bildeten sich ebenfalls im
16. Jahrhundert. Augsburg und Nürnberg waren die ersten Plätze, etwas später folgten Hamburg und Köln sowie Berlin. In Königsberg, Lübeck, Frankfurt am Main und
Leipzig wurden Börsen Anfang des 17. Jahrhunderts gegründet. Haupthandelsgüter
an diesen Plätzen waren zunächst Wechselbriefe, später auch Effekten und Waren.
Die Warenbörsen oder Produktenbörsen sind auf wenige Plätze konzentriert und damit wesentlich weniger zahlreich als die Effekten- und Devisenbörsen.

2.2 Metallbörsen der Welt

Ganz besonders läßt sich dies für den Bereich der Metalle sagen: Es existieren heute
einmal als traditionsreiche Metallbörsen die
-   London Metal Exchange, Plantation House, Fenchurch Street, London
    EC3M 3AP,
-   Commodity Exchange Inc., 4 World Trade Center, New York, City 10048

* (basierend auf den Beitrag von P. Dinges aus der 1. Auflage)

und zum anderen die Börsen
— Board of Trade, Chicago,
— Mercantile Exchange, New York, West Coast,
— Mercantile Exchange, Chicago,
— Commodity Exchange, Los Angeles,
— Kuala Lumpur Tin Market.

Es gab in der Vergangenheit für kurze Zeit noch weitere Metallbörsen. In Le Havre übte nur wenige Jahre vor dem Ersten Weltkrieg eine Kupferbörse ihre Tätigkeit aus. Der im September 1915 in Melbourne eröffneten Metallbörse war keine allzulange Lebensdauer beschieden. Auch die Zinnbörse in Amsterdam, die nach dem Ersten Weltkrieg ihre Arbeit aufnahm, schloß ihre Pforten bereits wieder Anfang der dreißiger Jahre. Und die in den dreißiger Jahren aufgekommenen Pläne zur Errichtung von Metallbörsen in Paris und Brüssel kamen erst gar nicht zur Verwirklichung. Länger hingegen hielten sich die Metallbörsen im Deutschen Reich. Jedoch mußten diese in Berlin und Hamburg domizilierten Börsen im Rahmen der damaligen Wirtschaftspolitik der Regierung noch vor Ausbruch des Zweiten Weltkrieges ihre Tätigkeit einstellen.

2.2.1 Londoner Metallbörse

2.2.1.1 Geschichtliches

Die erste Börse, an der auch Metalle gehandelt wurden, war die 1566 von Thomas Gresham gegründete "Royal Exchange". Hier kamen die Metallhändler zu bestimmten Zeiten zusammen, um Informationen auszutauschen und mit Kunden und anderen Geschäftspartnern zu verhandeln. Als dann später eine Trennung der Börsen nach Geschäftszweigen vorgenommen wurde, diente die "Royal Exchange" zweimal in der Woche dem Metall- und Devisenhandel.

Die ersten Schritte zur Errichtung einer ausschließlich dem Metallhandel vorbehaltenen Börse erfolgten im Jahre 1869, nachdem sich in Großbritannien, als dem zur damaligen Zeit bedeutendsten Produzenten und Verbraucher von NE-Metallen, der Metallhandel sehr stark ausgedehnt hatte. Die großen Metallhandelsfirmen gründeten in der Lombard Street eine gemeinsame Organisation unter dem Titel "Lombard Exchange and Newsroom". Der Teilnehmerkreis wurde immer größer, so daß man sich entschloß, eine offizielle Metallbörse zu errichten.

Am 1. Januar 1877 wurde die "London Exchange Company" gegründet, die im Lombard Court Nr. 4 den offiziellen Börsenhandel aufnahm und ihre Tätigkeit bis zur Vereinigung mit dem "London Metal Market" zur "Metal Market and Exchange Company Ltd." am 30. Juli 1881 ausübte.

1882 wurde die heutige "London Metal Exchange", kurz LME genannt, in der Whittington Avenue eröffnet. Ihre Geschäftstätigkeit wickelte sich auf der Grundlage ei-

nes allgemeinen Status über Vertragsbestimmungen, Handelsvorschriften, Geschäfts-
bedingungen usw. ab.

Der Handel beschränkte sich zunächst auf die Metalle Kupfer und Zinn. Es gab spezi-
fizierte Kontraktbedingungen. Der Kupfervertrag von 1883 z.B. war auf Chile Bars
(chilenische Barren) abgestellt; Chile war seinerzeit mit einem Anteil von rund 25 %
der größte Kupferproduzent der Welt. Der Handel mit Blei wurde 1903 und der Handel mit Zink 1915 aufgenommen. Von 1890 bis etwa 1922 wurde auch Eisen und
von 1897 bis 1911 Silber gehandelt.

Bei Ausbruch des Ersten Weltkrieges wurde die Londoner Börse im Zuge der Einführung staatlicher Bewirtschaftung am 31. Juli 1914 geschlossen, aber schon Ende
des Jahres 1919 wieder eröffnet. Der Zeitabschnitt nach dem Ersten Weltkrieg stellte
den Höhepunkt in der Entwicklungsgeschichte der Londoner Metallbörse dar. Durch
die ständige Ausweitung des Verbrauchs in fast allen Industrieländern gewann die
Börse für Erzeuger, Händler und Verbraucher immer mehr an Bedeutung.

Zu Beginn des Zweiten Weltkrieges wurde am 2. September 1939 der offizielle Handel mit Kupfer, Blei und Zink und nach Ausdehnung des Krieges auf den pazifischen
Raum am 8. Dezember 1941 auch der Zinnhandel eingestellt. Es folgte eine staatliche
Bewirtschaftung mit Höchstpreisen und Regulierungs- und Kontrollmaßnahmen für
diese Metalle. Noch vor Ende des Zweiten Weltkrieges, im Jahre 1944, wurden die
ersten Verhandlungen über die Wiedereröffnung der Londoner Metallbörse mit dem
Ministerium für die Rohstoffversorgung (Ministry of Supply) geführt, die aber wegen
der Knappheit an NE-Metallen zu keinem Ergebnis führten. Hinzu kamen wachsende
Devisenschwierigkeiten.

Auch nach Kriegsende hielt die staatliche Bewirtschaftung an. Erst am 7. Juli 1948
konnte der Beschluß gefaßt werden, die LME zu gegebener Zeit wieder zu eröffnen.
Für Zinn kam es erstmals am 15. November 1949 wieder zu Börsengeschäften. Für
Blei wurde der Handel am 1. Oktober 1952, für Zink am 1. Januar 1953 und für
Kupfer am 5. August 1953 aufgenommen. Der im Jahre 1911 mangels Interesse zum
Erliegen gekommene Silberhandel lebte im Jahre 1935 wieder auf, mußte aber bei
Ausbruch des Zweiten Weltkrieges erneut eingestellt werden. Nach langer Vorberei-
tungszeit wurde am 19. Februar 1968 der Handel mit Silber wieder aufgenommen.

Am 2. Oktober 1978 wurde erstmals der Handel mit Aluminium (zur Lieferung in
3 Monaten) aufgenommen. Die Bestrebungen, einen Aluminiumkontrakt an der LME
einzuführen, reichen bis Anfang der sechziger Jahre zurück. Dem Wunsch aus Han-
delskreisen, auch Aluminium an der LME zu handeln, stand anfangs eine ablehnende
Haltung der Produzenten gegenüber. Begründet wurde dies von Produzentenseite mit
dem Hinweis auf eine stabile Preissituation, mit der Kontinuität des Angebots sowie
einer starken Vertrauensbasis innerhalb der Aluminiumindustrie. Nach und nach
setzte sich jedoch bei einigen Produzenten die Überzeugung durch, daß man einen
Aluminiumkontrakt auch als Instrument der Absicherung verwenden könne.

Auch die Börseneinführung von Nickel am 23. April 1979 (3-Monats-Termin) hatte zunächst eine überwiegend negative Reaktion der Nickelindustrie zur Folge. Inzwischen gewinnt die LME-Notierung für Nickel mehr und mehr an Bedeutung.

Die Londoner Metallbörse, eine Institution, die weltweit benutzt wird, hat bei ihrer Tätigkeit natürlich auf die Vielfältigkeit des Angebots, der Verbraucherwünsche, der technischen Entwicklung und vieles andere zu achten. Sie kann aber gerade wegen des großen Kreises der zugelassenen Marken und Firmen nicht kurzfristig erforderliche Änderungen in ihren Bedingungen vornehmen. Nach eingehender Prüfung geschieht dies jedoch. Wir können dies beispielsweise im Falle des Standard-Kupfer-Kontraktes feststellen, wo es sich als notwendig erwies, diesen Kontrakt am 30. September 1963 auf je einen Kontrakt für Wirebars und Kathoden umzustellen.

Die Einführung technischer Neuerungen in den siebziger Jahren bei der Herstellung von Kupferdraht (Gießwalzdraht) erfordert in zunehmenden Maße den Einsatz von hochgrädigen Kathoden. Die LME änderte am 1. Dezember 1981 nochmals die bestehenden Kontrakte in:
1. Higher Grade = Wirebars und hochgrädige Kathoden,
2. Standard Kathoden.

Aufgrund eines Vorschlages der Metallgesellschaft AG wurde am 3. September 1984, nach Umfrage bei den Mitgliedsfirmen, an der LME ein Kontrakt für Zink High Grade (99,95 %) eingeführt. Dieser neue Kontrakt soll den bestehenden Standard-Kontrakt ergänzen und später gegebenenfalls ablösen.

2.2.1.2 Aufbau und Zweck

Die Londoner Metallbörse ist eine Vereinigung privater Art. Die Mitglieder müssen in Großbritannien ansässig sein; auch die von ihnen in den "Ring" entsandten Personen müssen ihren Wohnsitz in Großbritannien haben. Es können außerdem nur solche britische Firmen Mitglied werden, deren Finanzlage den strengen Prüfungsbedingungen standhält. Zur Zeit zählt die LME 30 Mitgliedsfirmen. Sie haben direkt Zugang zum "Ring" und können am offiziellen Handel aktiv teilnehmen. Die Londoner Metallbörse erfüllt folgende grundlegende Funktionen:
1. Die LME-Notierungen sind ein weltweit anerkannter Indikator für die Angebots- und Nachfragesituation auf dem internationalen freien Markt, so daß die hier festgestellten Notierungen weltweite Bedeutung besitzen.
2. Sie ist ein Markt für die gehandelten Metalle, d.h. es können auch physische Eindeckungen vorgenommen werden. Dies ist jedoch nicht die Hauptaufgabe.
3. Aufgrund ihrer Einrichtungen zum Abschluß von Terminkäufen und Verkäufen bietet sie die Möglichkeit von Gegengeschäften zur Absicherung gegen Preisbewegungen, sogenanntes Hedging.
4. Die LME unterhält eigene Lagerhäuser in Großbritannien und auf dem europäischen Kontinent.

2.2.1.3 Tätigkeit an der Börse

In zwei Sitzungen wird jedes Metall wiederum zweimal 5 Minuten von Montag bis
Freitag gehandelt. Dieser Fünf-Minuten-Abschnitt wird als "Ring" bezeichnet. Der
Name rührt von den ringförmig gestellten Bänken der Broker her. Die Börsenzeiten
werden in Tabelle I.1 dargestellt (Greenwich-Zeit).

Nach Beendigung des 2. Ringes geht ein begrenzter 20 bis 30 Minuten dauernder
Handel weiter, der als Kerb bezeichnet wird. Er ist im Gegensatz zum offiziellen
Markt weit zwangloser.

Tabelle I.1. Börsenzeiten an der Londoner Metallbörse

vormittags 1. Ring		nachmittags 1. Ring	
Ag	11:50 - 11:55	Pb	15:20 - 15:25
Al	11:55 - 12:00	Zn	15:25 - 15:30
Cu	12:00 - 12:05	Cu	15:30 - 15:35
Sn	12:05 - 12:10	Sn	15:35 - 15:40
Pb	12:10 - 12:15	Al	15:40 - 15:45
Zn	12:15 - 12:20	Ni	15:45 - 15:50
Ni	12:20 - 12:25	Ag	15:50 - 15:55
Pause	12:25 - 12:30	Pause	15:55 - 16:00

vormittags 2. Ring		nachmittags 2. Ring	
Cu HG	12:30 - 12:35	Pb	16:00 - 16:05
Cu Cats	12:35 - 12:40	Zn	16:05 - 16:10
Sn	12:40 - 12:45	Cu	16:10 - 16:15
Pb	12:45 - 12:50	Cu Cats	16:15 - 16:20
Zn	12:50 - 12:55	Sn	16:20 - 16:25
Al	12:55 - 13:00	Al	16:25 - 16:30
Ni	13:00 - 13:05	Ni	16:30 - 16:35
Ag	13:05 - 13:10	Ag	16:35 - 16:40
Officials	13:10 -		
Kerb	-13:25	Kerb = Cu+Ag,Al,Pb+Zn,Ni+Sn	16:40 - 16:50
		Kerb = Cu+Ag,Al,Pb+Zn	16:50 - 16:55
		Kerb = Cu+Ag,Al	16:55 - 17:00
		Kerb = Cu+Ag	17:00 - 17:05

2.2.1.4 Zugelassene Metalle

Gehandelt werden nur solche Metallmarken, die vom Komitee der LME nach Prüfung
zugelassen sind. Der größte Teil der Metallmarken in der Welt ist an der LME registriert. Die Kontrakte, die für ein oder mehrere Lose gelten, erstrecken sich auf
folgende Qualitäten und Sorten:

Aluminium
Hüttenaluminium in Form von Blöcken und T-Barren, mindestens 99,5 % Al, 1 Kontraktlos umfaßt 25 metrische Tonnen.

Blei
Raffinadeblei, mindestens 99,97 % Pb, Gewicht der Ingots bzw. Masseln höchstens 50 kg, 1 Kontraktlos umfaßt 25 metrische Tonnen.

Kupfer-Higher Grade
Elektrolytkupfer oder hochleitfähiges feuerraffiniertes Kupfer in Form von Drahtbarren oder hochgrädigen Kathoden in Standardabmessungen und einem Gewicht von 90 kg bis 125 kg. 1 Kontraktlos umfaßt 25 metrische Tonnen.

Kupfer-Standard-Kathoden
Elektrolytkupfer, in Form von Kathoden mit einem Mindestgehalt an Kupfer incl. Silber von 99,90 %. 1 Kontraktlos umfaßt 25 metrische Tonnen.

Nickel
Hüttennickel mit mindestens 99,8 % Ni in Form von Kathoden, Pellets oder Briketts. 1 Kontraktlos umfaßt 6 metrische Tonnen.

Zink-Standard
Hüttenrohzink (Destillations- oder Elektrolyseverfahren) mit einem Mindestgehalt von 98 % Zn in Form von Barren, Platten oder Blöcken mit einem Gewicht von höchstens 50 kg. 1 Kontraktlos umfaßt 25 metrische Tonnen.

Zink-High Grade
High Grade Zink mit einem Mindestgehalt von 99,95 % Zn in Form von Barren, Platten oder Blöcken mit einem Gewicht von höchstens 50 kg. 1 Kontraktlos umfaßt 25 metrische Tonnen.

Zinn-Standard
Raffinadezinn, mindestens 99,75% Sn in Form von Blöcken oder Platten mit einem Gewicht zwischen 12 kg und 50 kg. 1 Kontraktlos umfaßt 5 metrische Tonnen.

Zinn-High Grade
Raffinadezinn, mindestens 99,85 % Sn in Form von Blöcken oder Platten mit einem Gewicht zwischen 12 kg und 50 kg. 1 Kontraktlos umfaßt 5 metrische Tonnen.

Silber
Feinsilber mit mindestens 0,999 Feinheit in Form von Barren in Gewichten zwischen 450 und 1250 Troy Unzen. 1 Kontraktlos umfaßt 10 000 Unzen.

2.2.1.5 Preisermittlung

Am Ende der Vormittagsbörse gibt das "Fixing Committee", bestehend aus drei Mitgliedern, die offiziellen Notierungen für Kassa, 3 Monate sowie Settlement und den getätigten Umsatz und die Tendenz bekannt. Es sind üblicherweise Notierungen vom Schluß des 2. Ringes. Die in der Nachmittagssitzung ermittelten Notierungen gelten nicht als offizielle Preisangaben (Abb. I.2 bis I.7).

Die Kassa-Notierung gilt für sofortige Lieferung, die 3-Monats-Notierung für Lieferung in 3 Monaten, und die Settlement-Notierung dient der Abrechnung an der Clearingstelle der Börse (Tab. I.2).

Normalerweise liegt der Preis für Lieferung in 3 Monaten höher als der Preis für prompte Lieferung. Dieser Mehrbetrag, der sogenannte Contango, trägt den Lager- und Finanzierungskosten Rechnung, die - bei im übrigen gleichbleibenden Marktverhältnissen - die Terminware gegenüber der Kassaware verteuern, d.h. er ist quasi limitiert. Dieser Kostenfaktor kann allerdings durch Markteinflüsse weit überspielt werden. Wird beispielsweise für den 3-Monats-Termin eine Marktveränderung in Richtung Angebotsüberschuß erwartet, dann fällt der Preis für die Terminware unter den der Kassaware; der Contango schlägt um in eine sogenannte Backwardation.

2.2.1.6 Hedging

Wie bereits erwähnt, besteht die Möglichkeit, sich an der Metallbörse durch Deckungskauf oder Deckungsverkauf, sogenannter Hedge-Geschäfte, preislich abzusichern. Preisrisiken entstehen sowohl bei der metallerzeugenden als auch bei der metallverarbeitenden Seite. Mit nachstehendem Beispiel soll kurz dargestellt werden, wie ein Metallverarbeiter sich gegen ein Preisrisiko an der LME absichern kann.

Ein Kupferdrahthersteller erhält den Auftrag auf Lieferung von Kupferdraht, der einen Einsatz von rund 100 t Elektrolytkupfer erforderlich macht. Der Preis des Kupferdrahtes basiert auf dem Elektrolytkupferpreis der LME vom Tag des Kupferdrahtkontraktes. Die Lieferung der Ware soll 3 Monate nach Abschlußtag erfolgen. Der Drahtfabrikant hat nun zwei Möglichkeiten, das Preisrisiko für das in 3 Monaten benötigte Elektrolytkupfer auszuschalten:
a) Sofortigen Kauf der 100 t Elektrolytkupfer;
b) Deckungskauf an der LME.

Bei Vorgang a) kann der Fabrikant kein Preisrisiko mehr laufen, es entstehen ihm aber Kosten für die Einlagerung und Versicherung des Materials sowie für Zinsen des Kupferwertes. Diese Kosten lassen sich vermeiden, wenn ein Deckungsgeschäft geschlossen wird.

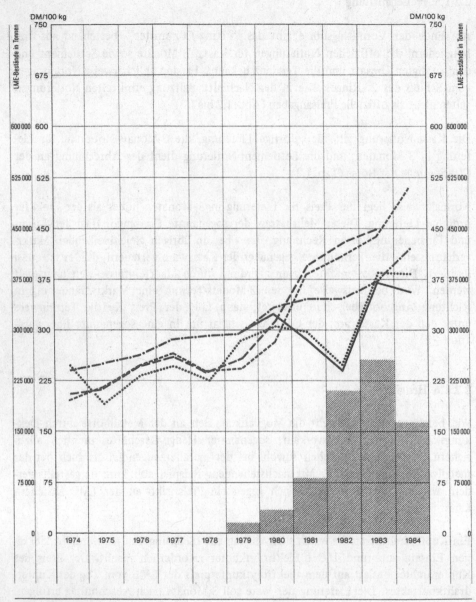

Abbildung I.2. Aluminiumpreise (Jahresdurchschnitte 1974 bis 1984)

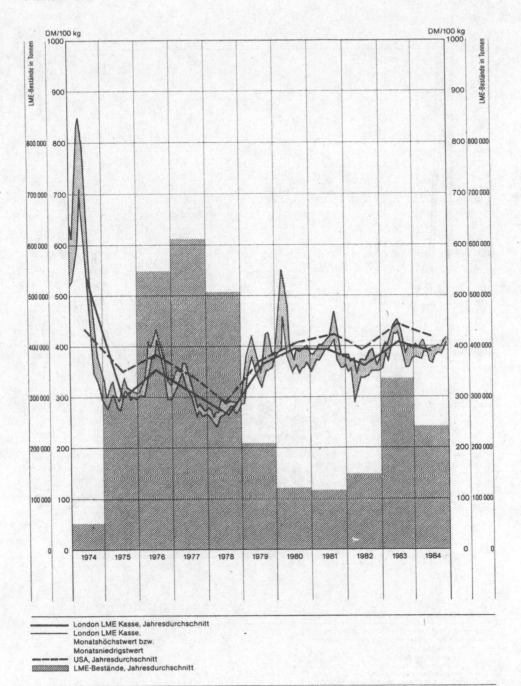

Abbildung I.3. Kupferpreise (Jahresdurchschnitte 1974 - 1984)

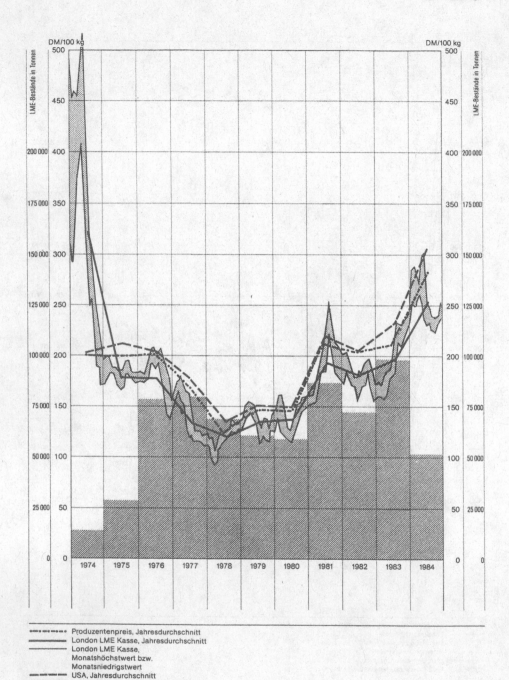

DM/100 kg

LME-Bestände in Tonnen

DM/100 kg

LME-Bestände in Tonnen

••——••——•• Produzentenpreis, Jahresdurchschnitt
———— London LME Kasse, Jahresdurchschnitt
———— London LME Kasse,
Monatshöchstwert bzw.
Monatsniedrigstwert
— — — USA, Jahresdurchschnitt
▨▨▨ LME-Bestände, Jahresdurchschnitt

Abbildung I.4. Zinkpreise (Jahresdurchschnitte 1974 - 1984)

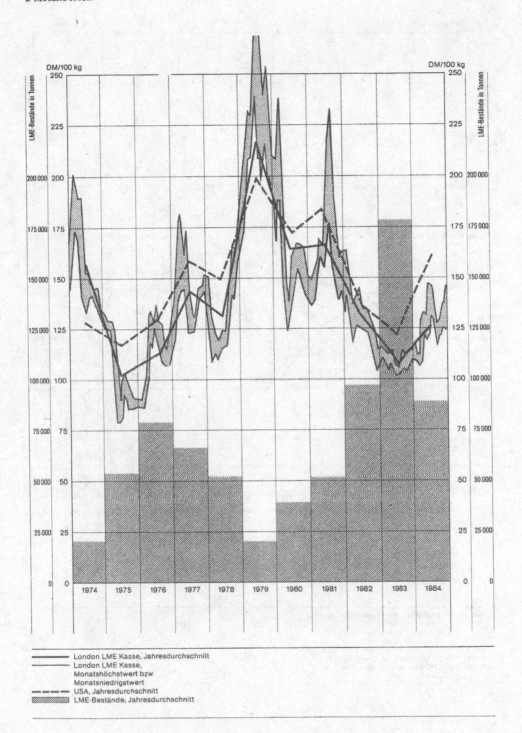

Abbildung I.5. Bleipreise (Jahresdurchschnitte 1974 - 1984)

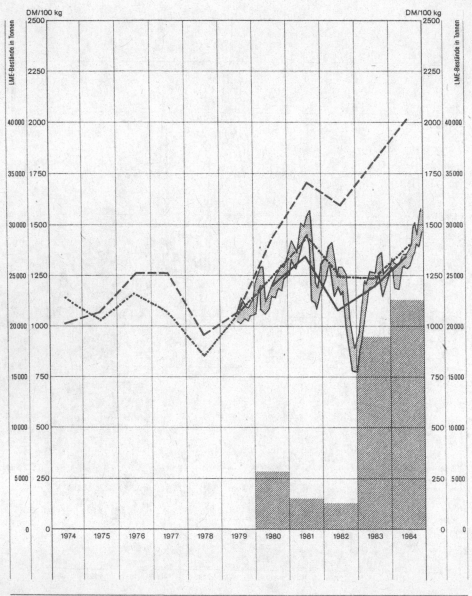

Abbildung I.6. Nickelpreise (Jahresdurchschnitte 1974 - 1984)

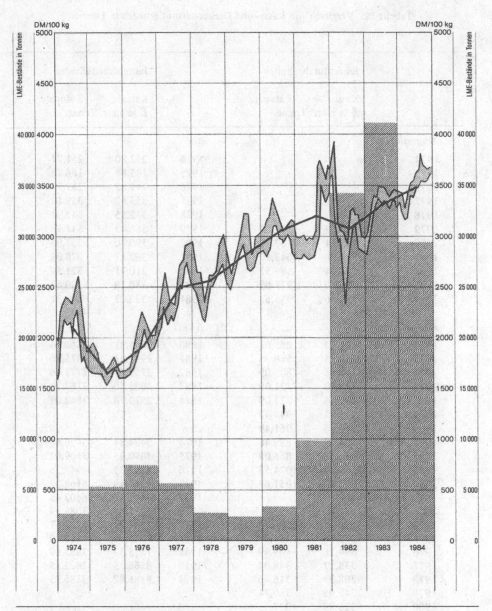

Abbildung I.7. Zinnpreise (Jahresdurchschnitte 1974 - 1984)

Tabelle I.2. Vergleich von Kassa- und Dreimonatsnotierungen in London

	Jahresdurchschnitte			Jahresdurchschnitte	
	Kasse	3 Monate		Kasse	3 Monate
	£ je metr. Tonne			£ je metr. Tonne	
Aluminium			*Blei*		
1974	-	-	1974	252,80	251,77
1975	-	-	1975	185,88	186,78
1976	-	-	1976	249,82	259,79
1977	-	-	1977	353,62	359,12
1978	-	-	1978	342,55	342,94
1979	755,09	741,82	1979	566,42	541,91
1980	765,54	763,32	1980	390,70	391,93
1981	622,98	643,10	1981	362,17	370,09
1982	566,64	586,51	1982	310,71	321,54
1983	950,28	977,09	1983	280,29	290,62
1984	933,06	955,62	1984	332,07	332,91
Kupfer			*Nickel*		
1974	877,63	865,01	1980	2804,31	2861,84
1975	556,55	576,35	1981	2947,01	2975,16
1976	780,56	809,09	1982	2750,74	2775,36
1977	750,70	771,09	1983	3083,40	3162,30
1978	709,84	727,09	1984	3572,78	3648,09
1979	935,77	944,47			
1980	940,85	961,49	*Zinn*		
1981	864,28	889,46	1974	3494,84	3420,46
1982	846,40	866,08	1975	3090,45	3109,62
1983	1049,02	1074,53	1976	4242,39	4347,36
1984	1032,37	1051,67	1977	6171,49	6168,22
			1978	6697,38	6602,45
Zink			1979	7282,05	7089,37
1974	528,13	506,70	1980	7223,71	7233,67
1975	335,38	334,77	1981	7065,08	7150,20
1976	394,36	409,49	1982	7315,37	7253,69
1977	338,17	348,02	1983	8568,75	8622,15
1978	308,39	316,46	1984	9186,82	9186,95
1979	349,99	360,74			
1980	326,89	337,55			
1981	423,48	433,97			
1982	425,11	431,55			
1983	505,05	519,63			
1984	667,84	658,87			

Bei Vorgang b) kauft der Fabrikant am Tage seines Drahtverkaufs 100 t Elektrolyt-kupfer auf 3 Monate Termin. Diesen Terminkontrakt wird er am Tage des Einkaufs des physischen Kupfers, das für die Herstellung des Drahtes benötigt wird, verkaufen. Im einzelnen sieht die Rechnung wie folgt aus:

Drahtauftrag, Wert des Elektrolytkupfers im Draht 1030 £ je t, Termindeckungskauf von Elektrolytkupfer zu 1030 £ je t, Kauf von physischem Elektrolytkupfer zu 1060 £ je t, Verkauf des Terminkontraktes zu 1060 £ je t.

Rohstoffwert des Drahtauftrages	100 t Kupfer je 1030 £ = 103 000 £
Kauf von	100 t Kupfer je 1060 £ = 106 000 £
Verlust	3 000 £
Termineinkauf	100 t Kupfer je 1030 £ = 103 000 £
Terminverkauf	100 t Kupfer je 1060 £ = 106 000 £
Gewinn	3 000 £

2.2.1.7 Lagerhaltung

Die Lagerhäuser der LME befanden sich bis Ende September 1963 ausschließlich auf britischem Boden, und zwar in London, Birmingham, Manchester, Liverpool, Birkenhead, Hull, Newcastle, Glasgow, Avonmouth sowie Swansea. Am 1. Oktober 1963 wurde erstmalig in Rotterdam ein Lagerhaus eröffnet. Am 1. Mai 1965 erfolgte die Errichtung eines Lagerhauses der LME in Hamburg und am 1. November 1965 in Antwerpen. Wegen der zollpolitischen Schwierigkeiten, die sich für Blei und Zink ergeben, wurde die Lagerhaustätigkeit der kontinentaleuropäischen Lagerhäuser zunächst auf Rotterdam beschränkt. Nachdem Großbritannien der EG beigetreten ist, hat sich die kontinentaleuropäische Lagerhaustätigkeit weiter ausgedehnt (Tab. I.3). Heute unterhält die LME weitere Lagerhäuser in Amsterdam, Bremen, Brüssel, Dünkirchen, Genua, Goole, Göteborg, Harwich, Helsingborg und Triest.

Tabelle I.3. Lagerbestände der Londoner Metallbörse (in t)

Jahresende	Aluminium	Kupfer	Zink	Blei	Nickel	Zinn
1974	-	125 900	13 500	19 900	-	2 190
1975	-	496 975	69 750	85 300	-	7 225
1976	-	603 475	89 175	65 875	-	5 350
1977	-	641 175	64 525	66 925	-	4 085
1978	-	373 650	69 550	15 475	-	1 585
1979	17 450	126 500	46 000	17 525	5 700	1 740
1980	67 950	122 600	83 700	73 425	4 554	5 570
1981	155 675	127 750	73 825	49 475	2 742	16 245
1982	248 600	253 175	91 700	126 425	6 660	33 925
1983	224 425	435 675	96 700	171 900	27 540	42 750
1984	141 575	126 375	29 125	40 475	7 356	22 520

2.2.2 New Yorker Metallbörse

Der börsenmäßige Metallhandel in den USA wurde um die Jahrhundertwende aufgenommen, bekam aber erst durch die im Jahre 1933 erfolgte Gründung der "Commodity Exchange Inc.", New York, eine eigenständige Institution. Es wurde seinerzeit mit dem Handel in Kupfer, Blei, Zink und Zinn begonnen. Die "Commodity Exchange", die in ihren Aufgaben und Funktionen der LME ähnelt, hat über 650 Mitglieder und besteht vorwiegend aus Einzelmitgliedschaft. Die Mitglieder stammen aus allen Kreisen des Metallhandels, des Bergbaus, der Hütten- und Schmelzwerke, der Finanzierungsunternehmen und der Endverarbeitung. Die Sitze sind käuflich, und ein Börsensitz bedeutet Mitbesitz im gleichen Sinn wie eine Aktie Mitbesitz an einem Unternehmen bedeutet. Nach dem Erwerb eines Sitzes muß das künftige Börsenmitglied vom Vorstand und außerdem vom Mitgliedskomitee aufgenommen werden. Im Gegensatz zur LME können in New York auch Kontrakte mit einer Laufzeit von 13 Monaten abgeschlossen werden, allerdings nur für die Monate Januar, März, Mai, Juli, September, Oktober und Dezember, sogenannte active months. Es besteht ein Preisschwankungslimit, das zur Zeit bei Kupfer und Aluminium 5 cents je lb. und bei Silber 10 cents je ounce beträgt.

Infolge des Kriegsausbruchs und der damit verbundenen Bewirtschaftung wurde der Metallhandel 1941 eingestellt. Am 15. Juli 1947 konnte der Börsenhandel, zunächst allerdings nur mit Kupfer, wieder aufgenommen werden. Die Notierungen für Blei, Zink und Zinn folgten dann am 22. Juli 1947, also bereits früher als in London, was der New Yorker Metallbörse zunächst großen Aufschwung gab.

Die Bedeutung blieb aber beschränkt auf die Vereinigten Staaten. Zum Preisindikator internationaler Bedeutung kamen die New Yorker Börsennotierungen auch nicht während der Zeit, als in London die Metallbörse noch geschlossen war. Damals wurden nämlich nicht nur den nationalen, sondern auch den internationalen Metall- und Metallerzgeschäften die US-amerikanischen Produzentenpreise zugrunde gelegt.

Heute wird an der Commodity Exchange, New York, Kupfer, Aluminium, Gold und Silber gehandelt.

2.3 Erläuterungen börsentechnischer Begriffe

Arbitrage werden im internationalen Börsenhandel die sogenannten "Stellgeschäfte" zwischen einem ausländischen und einem inländischen Markt genannt. Damit werden die Preisunterschiede zwischen verschiedenen Märkten durch den Verkauf in der einen Position gegen gleichzeitigen Kauf in der anderen Position genutzt.

Backwardation ist die Bezeichnung für die Minusspanne zwischen der Kassa- und der 3-Monats-Notierung, d.h. der Preis für prompte Lieferung ist höher als der für Lieferung in 3 Monaten. Die Backwardation gibt wichtige Aufschlüsse für die Marktprognose. Als Faustregel gilt: je höher die Backwardation ist, desto größer ist die Wahrscheinlichkeit, daß es sich um eine hektische Hausse handelt. Besteht bei engem Markt und einer sehr hohen Kassanotierung nur eine geringe Backwardation, dann spricht einiges dafür, daß auch noch in Terminsicht mit Versorgungsengpässen zu rechnen sein wird.

Contango ist die Bezeichnung für die Plusspanne zwischen der Kassa- und der 3-Monats-Notierung, d.h. der Preis für 3 Monate ist höher als der für prompte Lieferung. Die Höhe des Contango richtet sich theoretisch nach der Höhe des Zinssatzes. Der Käufer einer Ware kauft am Terminmarkt und umgeht damit bis zum Zeitpunkt des Beginns der Produktion von Halbzeugen oder bis zur Lieferung den physischen Einkauf. Hätte er sich den Rohstoff effektiv beschafft und auf Lager gelegt, wären ihm zwangsläufig Kosten für Finanzierung und Versicherung entstanden. In Zeiten normaler Versorgung und ruhiger wirtschaftlicher Entwicklung müßte demnach stets ein Contango, ein Aufpreis für Terminware, bestehen.

Geld und Brief sind Ausdrücke, die aus den Effektenbörsengeschäften übernommen worden sind. Auch bei der Metallbörse stellt Geld den Preis dar, der geboten wird, während Brief der Preis für die zum Verkauf stehende Ware ist.

Hedge, to hedge, heißt "einzäunen". Der Sinn dieses Ausdruckes ist wörtlich zu nehmen, d.h. man versucht tatsächlich, mit der Hedge-Operation das Preisrisiko einzuzäunen. Die Hedge-Operation ist als Preissicherung die wichtigste volkswirtschaftliche Funktion des Termingeschäftes. Bei der Hedge-Operation handelt es sich um den Verkauf von Terminverträgen gegen den Kauf von Loco-Ware oder umgekehrt.

Kerb, wörtlich übersetzt, heißt "Bordsteinschwelle". Tatsächlich hat sich früher der Metallmarkt nach Bekanntgabe der Abschlußpreise auf dem Bürgersteig außerhalb der Metallbörse fortgesetzt. Auf allgemeinen Wunsch findet jetzt der Kerbmarkt im Ring der Metallbörse statt. Im Gegensatz zum offiziellen Markt ist jedoch das Verfahren weit zwangloser. Die Ringmitglieder, die noch später Aufträge hereinbekommen haben, stehen im Ring zusammen und geben Angebot und Nachfrage für alle Börsenmetalle bekannt.

Option ist das Recht, innerhalb der durch einen Vertrag festgelegten Grenzen die Qualität der zu liefernden Ware, die Zeit oder den Ort der Lieferung zu wählen. Es gibt zwei Arten von Optionen:
a) die einfache Option,
b) die Doppeloption.
Einfache Optionen unterscheidet man wiederum in zwei Arten:
a) die "Put-Option" (Verkaufsoption),
b) die "Call-Option" (Kaufoption).
Die Put-Option gibt dem Käufer das Recht, 1 Los Metall oder ein Mehrfaches hiervon zur Verfügung zu stellen, d.h. an einem bestimmten Tag (declaration day) zu einem bei Abschluß der Option festgelegten Preis (striking price) zu liefern oder zu verkaufen.

Die Call-Option gibt dem Käufer das Recht, 1 Los Metall oder ein Mehrfaches hiervon an einem bestimmten Tag abzurufen, d.h. zu einem bei Abschluß der Option
festgelegten Preis zu kaufen.

Die Doppeloption gibt dem Käufer das Recht, entweder 1 Los Metall oder ein Mehrfaches hiervon zu einem bei Abschluß des Geschäfts vereinbarten Termin zu einem
vereinbarten Preis zu liefern oder zu kaufen.

Short und long sind häufig gebrauchte Ausdrücke. Als short bezeichnet man jeman-
den, der einen Terminvertrag verkauft hat, welcher nicht die Liquidierung eines zuvor gekauften Vertrages auf den gleichen Liefermonat bewirkt. Mithin verkauft er in
der Hoffnung, zu einem niedrigeren Preis zurückkaufen zu können. Long ist dagegen
derjenige, der mehr Verträge gekauft als verkauft hat. Letztlich hofft er, auf einer
günstigeren Basis mit Profit verkaufen zu können. Auf eine ganz einfache Formel
gebracht, kann man sagen, wer short bleibt, glaubt an eine Baisse, wer long bleibt,
erwartet mehr oder weniger eine Hausse.

Umgekehrter Markt ist ein Terminmarkt, an dem die Verkäufe für die ferner liegenden Monate zu niedrigeren Preisen erfolgen als die Verkäufe des laufenden Monats.
Durch die Verknappungen an den Metallmärkten ist der umgekehrte Markt manches
Mal der normale Markt geworden, d.h. die Preise für Kassaware sind dann höher als
für Terminware.

Verrechnungspreis, auch Bereinigungspreis oder Clearing genannt, dient wesentlich
zur Erleichterung der Transaktionen an der Metallbörse. Ziel des Clearing ist es, den
tatsächlichen Austausch von Geld zwischen den Ringmitgliedern auf ein Minimum zu
beschränken. Dies geht folgendermaßen vor sich: Jeden Tag hat jedes Ringmitglied
dem Sekretär eine Liste aller getätigten Käufe und Verkäufe sowie aller Namen der
Firmen, an die sie Metalle geliefert oder von denen sie Metalle erhalten haben, mitzu-
teilen. Daraus errechnet der Sekretär die Plus- oder Minuspositionen des gesamten
Marktes und gibt jedem einzelnen Mitglied die Anweisung, welche Metallmengen er
dem einen oder anderen Mitglied zu liefern hat. Der Markt kann demnach mit relativ
kleinen Tonnagen abgewickelt werden, wobei für die Bezahlung ein täglich veröffent-
lichter Settlementpreis zugrunde gelegt wird.

Warrant ist ein Dokument, das den Empfang einer in der Quittung aufgeführten Ware
durch einen Lagerspediteur belegt. Bei den Warrants der Londoner Metallbörse handelt es sich um echte Inhaberpapiere, die für eine bestimmte Metallmenge einer an
der LME zugelassenen Marke von einem Lagerhaus der LME ausgestellt worden sind.
Solche Papiere haben den Vorteil, daß sie von Banken akzeptiert werden und damit
wesentlich die Finanzierung der Lagerhaltung unterstützen. Vorteilhaft ist es schließlich, daß die Warrants durch die Kreditgeber der Lagerhausinhaber nicht in Beschlag
genommen werden können. In der Praxis des Börsengeschäfts wird ein Metallhändler
ein Warrant nur dann in die Hände bekommen, wenn er eine Position nicht glattge-
stellt hat. Der Besitz des Warrants berechtigt zur Auslieferung der darin aufgeführten
Metalle aus dem Lagerhaus.

2.4 Handel mit NE-Metall-Konzentraten

Der Handel mit NE-Metallkonzentraten ist durch einige Eigenarten gekennzeichnet, die ihren Grund darin haben, daß die Beschaffenheit der Hüttenvorstoffe zum Zeitpunkt des Vertragsabschlusses in der Regel noch gar nicht bekannt sein kann. Deswegen wird der Preis für eine Mengeneinheit nicht von vornherein festgelegt, sondern es werden Rahmenbedingungen vereinbart, aus denen sich dann je nach den Ergebnissen der chemischen Analyse der Wert für eine Mengeneinheit bestimmen läßt.

Die wesentlichen Bestimmungen eines Erzvertrages, die den Wert des Konzentrats ermitteln, sind:

a)   die Festlegung des zu bezahlenden Anteils des Wertmetallgehalts,
b)   die Vereinbarung über die Höhe des Schmelzlohns,
c)   die Festlegung von Abzügen für schädliche Bestandteile.

a)   Gewinnbarer Metallgehalt.   Beim Verhüttungsprozeß werden in der Regel nicht alle Wertmetallbestandteile eines Konzentrats in Form von fertigem Metall oder Zwischenprodukten ausgebracht. Dieser Tatsache wird in den Verträgen dadurch Rechnung getragen, daß nur die Bezahlung des ausbringbaren Metallgehalts vorgesehen wird, d.h. der analytisch festgestellte Metallinhalt erfährt wegen des Schmelzverlustes einen prozentualen Abzug.

Die Bewertung der bezahlbaren Metallgehalte erfolgt entweder zu Börsenkursen oder auf einer anderen allgemein anerkannten Preisbasis. In der Regel wird dabei nicht der Börsenkurs oder Preis eines bestimmten Tages, sondern der Durchschnittswert eines Zeitraums, der Kursperiode, zugrunde gelegt.

b)   Schmelzlohn.   Der Schmelzlohn dient zur Deckung der bei der Verhüttung entstehenden Kosten und wird zugunsten der verarbeitenden Hütte vom Metallwert des Konzentrats abgezogen. In der Regel setzt er sich aus mehreren Komponenten zusammen, nämlich aus einem Basisschmelzlohn, der auf die Tonne trockenen Konzentrats bezogen ist, und weiteren Abzügen, die der verarbeitenden Hütte für die Gewinnung einzelner Wertmetallkomponenten gewährt werden.

c)   Hüttenstrafen (penalties).   In der Regel enthalten Schwermetallkonzentrate Schadstoffe, die den Verhüttungs- und Raffinationsprozeß besonders erschweren oder besondere Maßnahmen zur Verhinderung der Emission dieser Bestandteile erfordern, in jedem Falle also zusätzliche Kosten verursachen. Diese Tatsache findet bei Konzentratverträgen ihren Niederschlag in Abzügen vom Metallwert, den sog. Strafen, deren Höhe vom jeweiligen Gehalt an Schadstoffen abhängig ist.

II Eisen

Von H.W. Walther, H. Schmidt und D.G. Kamphausen

Als wenig edles Metall wurde das Eisen erst nach der Bronzezeit ab ca. 12. Jahrhundert v.Chr. im östlichen Mittelmeerraum und in Kleinasien vom Menschen im Rennverfahren erschmolzen und als Werkstoff benutzt. Die Entwicklung des Stückofens im 14. Jahrhundert, des Hochofens und der ersten Frischverfahren im Siegerland im 16. Jahrhundert sowie der Einsatz von Koks anstelle von Holzkohle, zuerst in England im 18. Jahrhundert, waren die entscheidenden Schritte einer Entwicklung, die im 19. Jahrhundert zur ersten industriellen Revolution führte.

1 Eigenschaften und Minerale

Das Eisen (Fe v. lat. ferrum) ist nach Sauerstoff, Silizium und Aluminium das vierthäufigste Element der Erdkruste und mit rd. 5 % an ihrem Aufbau beteiligt. Bezogen auf die Gesamterde ist Eisen wahrscheinlich das häufigste Element. Das reine Metall zeigt silberweißen Metallglanz, der an der Luft in grauweiß bis stahlgrau übergeht. Es ist polierfähig, dehnbar sowie bei Rotglut schmied- und schweißbar und kann zu feinsten Drähten ausgezogen werden. Sein Schmelzpunkt liegt bei 1539°C und sein Siedepunkt bei 3070°C. Es hat die Ordnungszahl 26 im periodischen System und das Atomgewicht 55,847. Es gibt 4 stabile Isotope mit den Massezahlen 56 (91,7 %), 54 (5,8 %), 57 (2,2 %) und 58 (0,3 %).

Eisen kristallisiert kubisch-hexakisoktaedrisch und tritt in folgenden Modifikationen auf (Römpps Chemie-Lexikon 1981):

α-Fe, als gediegenes Eisen, ferromagnetisch bis 770°C (Curiepunkt), darüber paramagnetisch mit raumzentriertem Kubus, der bis 928°C beständig ist;

β-Fe, wie α-Fe, von 770°C bis 928°C, aber unmagnetisch;

γ-Fe, mit flächenzentriertem Kubus ist beständig zwischen 928°C und 1398°C;

δ-Fe, mit raumzentriertem Kubus, oberhalb 1398°C bis zum Schmelzpunkt.

Die *physikalischen Eigenschaften* des Eisens sind durch Legieren mit einer großen Zahl anderer Elemente in sehr weiten Grenzen variierbar. Wichtigstes Legierungselement ist der Kohlenstoff. Er erhöht die Festigkeit des Metalls erheblich und setzt dabei seine Verformbarkeit und Zähigkeit herab. Reines Eisen ist temporär magnetisch und zeigt erst mit Kohlenstoff permanenten Magnetismus. Weitere wichtige Legierungsmetalle sind Cr, Ni, Mo, W, Co, V, Ti, Mn, die als sogenannte Stahlmetalle oder Stahlveredler zusammengefaßt werden. Bei diesem technischen Eisen werden Roheisen oder Gußeisen mit $> 2\,\%$ C, das wegen hoher Gehalte an Eisenbegleitern (C, Si, P und S) nicht schmiedbar ist und Stahl oder schmiedbares Eisen mit 0,1 bis 2 % C unterschieden.

Das *chemische Verhalten* des Eisens wird bestimmt durch seine Wertigkeiten +2, +3 (+4, +6) und seine hohe Elektroaffinität und damit seine Stellung in der Spannungsreihe der Metalle. Eisen oxidiert (rostet) an feuchter Luft und wird von verdünnten Säuren angegriffen. Gegen konzentrierte Schwefelsäure und konzentrierte Salpetersäure verhält sich das Eisen dagegen passiv. Es bildet sich eine Oxidschicht, die es vor weiterer Zersetzung schützt. Diese "Passivität" des Eisens war eine wesentliche Voraussetzung für die Entwicklung der chemischen Großindustrie im vorigen Jahrhundert.

Entsprechend der Häufigkeit des Eisens in der Erdkruste ist die Zahl der Eisenmineralien mit fast 400 sehr groß. Nur wenige haben jedoch Bedeutung für die wirtschaftliche Gewinnung von Eisenerzen (Tab. II.1).

Tabelle II.1. Wichtige Eisenminerale

Name	Formel	Kristallsystem	Fe %
1. Eisen	α-Fe	kubisch	98
2. *Magnetit*	$FeFe_2O_4$	kubisch	72
3. *Hämatit*	α-Fe_2O_3	trigonal	70
4. Maghemit	γ-Fe_2O_3	kubisch	70
5. Ilmenit	$FeTiO_3$	trigonal	36
6. Goethit	$HFeO_2$ (α-FeOOH)	rhombisch	bis 63
7. Lepidokrokit	FeO(OH) (γ-FeOOH)	rhombisch	bis 63
8. *Siderit*	$FeCO_3$	trigonal	48
9. Ankerit	$CaFe(Co_3)_2$	rhomboedrisch	26
10. Pyrit	FeS_2	kubisch	47
11. Markasit	FeS_2	rhombisch	47
12. Pyrrhotin	$Fe_{(1-x)}S$	hexagonal	64
13. *Chamosit*	$(Mg,Fe,Al)_6[(OH)_8/(Si,Al)_4O_{14}]$	monoklin	$27-37$
14. *Thuringit*	$(Fe,Al,Mg)_3[(OH)_4/(Al,Si)_2O_5]$	monoklin	$25-39$
15. Grünerit	$(Fe,Mg)_7[(OH)_2/Si_8O_{22}]$	monoklin	um 35
16. Minnesotait	$(Fe,Mg)_3[(OH)_2/(Si,Al,Fe)_4O_{10}]$	monoklin	um 35
17. Greenalit	$(Fe^{2+},Fe^{3+})_3[(OH)_4/Si_2O_5]$	monoklin	um 45

2 Lagerstättentypen

Bedingt durch die Ubiquität des Eisens kommt es bei sehr verschiedenartigen Stoffwanderungen in der Erdkruste im Gefolge geologischer Vorgänge zur Bildung von Eisenkonzentrationen. Entsprechend groß ist die Typenvielfalt der Eisenerzlager-

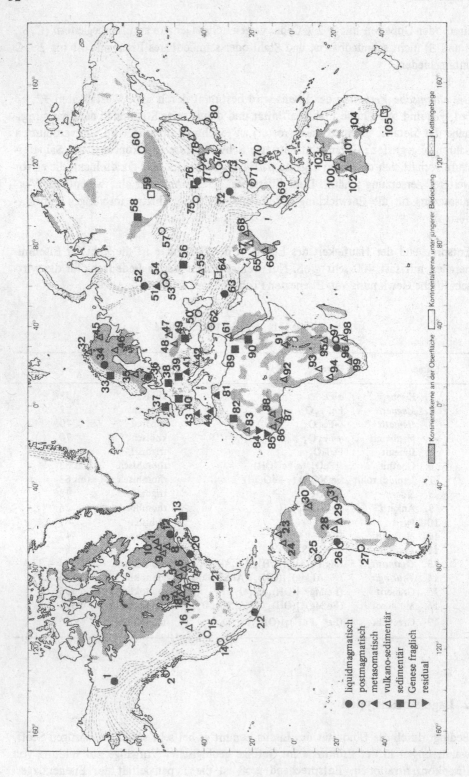

stätten (Tab. II.2). Nach ihrem Anteil an Erzförderung und -vorräten sind jedoch nur wenige Lagerstättentypen von weltwirtschaftlicher Bedeutung *(Walther & Zitzmann 1973)*. Im Gegensatz zu anderen Metallen, wie Kupfer und Zinn, ist das Eisen nicht auf wenige geotektonische Struktureinheiten konzentriert; vielmehr findet es sich in allen Erdteilen in riesigen Lagerstättenbezirken (Abb. II.1; *BGR & DIW 1979, Bottke 1981)*.

Abbildung II.1. Wichtige Eisenerzlagerstätten und -lagerstättenreviere der Welt

Nordamerika: 1 Snake River, Yukon Terr./Kan.; 2 Queen Charlotte Islands, B.C./Kan.; 3 Bruce Lake, Ont./Kan.; 4 Steeprock, Ont./Kan.; 5 Algoma, Ont./Kan.; 6 Kirkland Lake, Ont./Kan.; 7 Temagami, Ont./Kan.; 8 Gagnon, Que./Kan.; 9 Mount Wright, Que./Kan.; 10 Wabush, Nfld./Kan.; 11 Knob Lake, Schefferville, Que./Kan.; 12 Allard Lake, Que/Kan.; 13 Wabana, Newf./Kan.; 14 Eagle Mt., Calif./USA; 15 Iron Springs, Utah/USA; 16 Atlantic City, Wyo./USA; 17 Mesabi Range, Cuyuna Range, Minn./USA; 18 Vermillion Range, Minn./USA; 19 Marquette Range, Mich./USA; 20 Lake Sanford, N.Y./USA; 21 Birmingham, Clinton-Distr., Ala./USA; 22 Pena Colorado, Colima/Mexiko.

Südamerika: 23 El Pao/Venezuela; 24 Cerro Bolivar/Venezuela; 25 Marcona/Peru; 26 El Algarrobo, El Laco, Atacama/Chile; 27 El Romeral, Coquimbo/Chile; 28 Mutun/Boliv.; 29 Urucum, Mato Grosso/Bras.; 30 Serra dos Carajas, Parà/Bras.; 31 Eisernes Viereck, Minas Gerais/Bras.

Europa: 32 Sydvaranger/Norw.; 33 Rana/Norw.; 34 Kriuna/Schwed.; 35 Mittelschweden; 36 Smalands Taberg/Schweden; 37 Northamptonshire/Engl.; 38 Salzgitter/BR Deutschland; 39 Amberg/BR Deutschland; 40 Lothringen/Frankr.; 41 Erzberg/Österr.; 42 Vares/Jugosl.; 43 Bilbao/Span.; 44 Marquesado/Span.

UdSSR: 45 Olenogorsk, Eno-Kovdor, Kola; 46 Kostamukscha, Karelien; 47 Kursk, Mittelrußland; 48 Krivoy Rog, Ukraine; 49 Kertsch, Ukraine; 50 Daschkesan, Aserbeidjan; 51 Bacal, SW-Ural; 52 Katschkanar-Gusevogorsk, M.-Ural; 53 Magnitogorsk, Süd-Ural; 54 Kustanay Distr., Turgai, NW-Kasachstan; 55 Dschetymskoe, Kirgisien; 56 Atasuyskaja, Kasachstan; 57 Taschtagol, Kusnezk; 58 Nishni-Angarskoe, Angara; 59 Korschunovo, Ost-Sibirien; 60 Tayozhnoe, Aldan.

Asien: 61 Wadi Sawanin/Saudi-Arabien; 62 Drivige/Türkei; 63 Bafq/Iran; 64 Hajigakh-Paß/Afgh.; 65 Goa/Indien; 66 Bellary/Indien; 67 Madhya Pradesch/Indien; 68 Bihar-Orissa-Eisenerz-Zone/Indien; 69 Ulu Rompin/Malaysia; 70 Larap/Philipp.; 71 Insel Hainan, Prov. Guangdong/China; 72 Dukou-Xichang, Prov. Sichuan/China; 73 Daye-Wuhan, Prov. Hubei/China; 74 Ma'anshan, Prov. Anhui-Meishan, Prov. Jiangsu/China; 75 Bayan Obo, Prov. Nei Mongul/China; 76 Longyan-Luangping, Prov. Hebei/China; 77 Qian'an, Prov. Hebei/China; 78 Anshan-Benxi, Prov. Liaoning/China; 79 Muzan/N.-Korea; 80 Kamaishi/Japan.

Afrika: 81 Quenza Bou Kadra/Alger.; 82 Gara Djebilet/Alger.; 83 Kédia d'Idjil/Mauret.; 84 Faleme/Senegal; 85 Conakry/Guinea; 86 Marampa/Sierra Leone; 87 Mano River, Bomi Hills, Bong Range, Nimba/Liberia; 88 Man/Elfenbeink.; 89 Bahariya/Ägypten; 90 Assuan/Ägypten; 91 Ituri Uele/Zaire; 92 Belinga/Gabun; 93 Cassinga/Angola; 94 Kaokoveld/Namibia; 95 Mwanesi/Simbabwe; 96 Bushveld (Mapochs)/Südafrika; 97 Pretoria/Südafrika; 98 Gege/Swazil.; 99 Postmasburg-Sishen/Südafrika.

Australien: 100 Robe River/W.-Austr.; 101 Hamersley Range/W.-Austr.; 102 Koolyanobbing/W.-Austr.; 103 Cockatoo Island/W.-Austr.; 104 Whyalla/S.-Austr.; 105 Savage River/Tas.

Tabelle II.2. Die Lagerstättentypen des Eisens

Metallherkunft	genetischer Vorgang	Form und Gefüge	Typen
	liquid-magmatisch	massig, lagig, Gänge	Taberg
	intrusiv-magmatisch	stockförmig, massig (geschichtet)	*Kiruna*
	kontakt-metasomatisch	stockförmig – Skarn	*Magnitogorsk*
	hydrothermal	Gänge	(Siegerland) (Harz)
hypogen	hydrothermal-metasomatisch	stockförmig, massig	Eisenerz Bilbao
	vulkano-sedimentär	geschichtet	(Lahn-Dill) *Algoma*
		gebändert – Jaspilit	*OBERER SEE*
	marin-sedimentär	oolithisch	Lothringen (Clinton)
		oolithisch + detritisch detritisch Seifen	(Salzgitter) (Peine)
supergen	kontinental-sedimentär	geschichtet	Amberg (Ruhr) Lipetsk (Raseneisenerz) (See-Erze)
	residual	Krusten, Taschen, massig	Conakry
		Residual- und Hangschutt	Canga
–, metamorphosiert		gebändert, stockförmig – Itabirit	*OBERER SEE* *Algoma*

OBERER SEE = weltwirtschaftlich wichtig, *Kiruna* = regional von großer Bedeutung, Eisenerz = lokal wichtig, (Siegerland) = stillgelegt.

Die Eisenerzlagerstätten mit hypogener Metallherkunft werden teils als magmatisch und teils als postmagmatisch gedeutet. Mit Ausnahme des Typs *Magnitogorsk* und einiger unbedeutender Untertypen sind sie an simische, d.h. vorwiegend basische Magmen gebunden. Es handelt sich fast durchweg um stockförmig-massige und untergeordnet um gangförmige Lagerstätten. Eine wichtige Ausnahme stellen die stratiformen, submarin gebildeten vulkano-sedimentären Lagerstätten dar, zu denen neben dem Lahn-Dill-Typ wahrscheinlich auch ein erheblicher Teil der präkambrischen Quarz-Hämatit-Bändererze zu stellen ist.

Die liquid-magmatischen Lagerstätten vom Typ *Taberg* treten in Gabbros, Noriten und Anorthositen auf als lager- und schlierenförmige oder massige Körper mit hohen Gehalten an Magnetit, "Titanomagnetit", "Titanohämatit" und Ilmenit. Sie sind durch gravitative Differentiation entstanden und weisen häufig intrusive Kontakte auf. Die Gehalte liegen meist bei 30 - 50 % Fe, 5 - 15 % TiO_2 und 0,1 - 0,7 % V_2O_5, können aber erhebliche Abweichungen nach unten und oben aufweisen. Die weltweit verbreiteten Titanomagnetit-Lagerstätten sind wegen der hohen Ti- und auch Mg-Gehalte als Eisenerze nicht bauwürdig, sie stellen aber eine bedeutende Zukunftsreserve dar. Einige Lagerstätten dieses Typs stehen als Ti- oder als V-Quellen im Abbau und liefern rund 75 % der Weltbergwerksproduktion an Titan und mehr als 40 % an Vanadium (s. Kap. VII.1.1 und III.3.3) sowie Magnetitkonzentrate als Beiprodukt. Beispiele sind für Ti die Lagerstätten Allard Lake in Kanada mit 40 % Fe, 35 % TiO_2 und 0,27 % V_2O_5; für Ti und Fe Afrikanda/Karelien, UdSSR, mit 15 % Fe, 13 % TiO_2 und 0,1 % V_2O_5; für V und Fe Katschkanar/Ural, UdSSR, mit 17 % Fe; 1,22 % TiO_2 und 0,14 % V_2O_5 sowie als Ti- und V-Produzent Mapochs, Südafrika mit 56 % Fe, 12 - 15 % TiO_2 und 1,6 % V_2O_5. Die im deutschen Schrifttum meist als intrusiv magmatisch klassifizierten Lagerstätten vom Typ *Kiruna* sind in ihrer Genese umstritten. Die riesigen plattenförmigen Erzkörper sind vorwiegend an saure Vulkanite und Tuffe gebunden, führen Magnetit, Hämatit und Apatit, meist mit 2,5 - 3 % F und enthalten 50 - 70 % Fe, 0,1 - 5 % P sowie 0,2 % Ti. Die nordschwedischen Lagerstätten sind insbesondere für die Versorgung Westeuropas von erheblicher wirtschaftlicher Bedeutung. Sie werden teils als intrudierte Entmischungsaggregate, teils als hochmetamorphe Bändererze gedeutet. Ähnliche Erze, die als Extrusionen und Intrusionen von Magnetit-Schmelzen gedeutet werden *(Förster & Borumandi 1971)*, stehen seit etwa 1968 im Bezirk von Bafq, Zentral-Iran, dem wichtigsten Eisenerzrevier des mittleren Ostens, im Abbau.

Von örtlich großer wirtschaftlicher Bedeutung, besonders in der UdSSR, sind die kontaktmetasomatischen Lagerstätten vom Typ *Magnitogorsk*. Sie treten als oft sehr große, unregelmäßige Körper in Kalken oder Dolomiten am Kontakt mit Graniten und ähnlichen Gesteinen auf und führen zwischen 45 und 66 % Fe und 0,01 und 1 % P. Erzminerale sind Magnetit und Martit. Kalksilikate (Skarn) und Sulfide treten als Begleiter auf. Hohe Gehalte an Schwefel machen einzelne Lagerstätten unbauwürdig.

Eisenerzgänge haben heute keine wirtschaftliche Bedeutung mehr. Sideritgänge mit rund 30 % Fe und 6 % Mn wurden im *Siegerland* bis 1966 abgebaut. Vereinzelt wie im Slowakischen Erzgebirge stehen sie noch in Abbau. Der Bergbau auf den Eisenglanzgängen vom Typ *Harz* endete meist schon in der zweiten Hälfte des 19. Jahrhunderts.

Die massigen Eisenspatlagerstätten sind besonders in den alpidischen Gebirgen Europas weit verbreitet. Es werden zwei Typen unterschieden. Der Typ *Eisenerz* führt Spaterze mit 32 % Fe und 2 - 3 % Mn. Beim Typ *Bilbao* enthalten die Spaterze nur rund 25 % Fe. Gewonnen werden limonitische Verwitterungserze mit 50 % Fe und 0,5 % Mn. *Routhier (1963, S. 782)* diskutiert die umstritten genetischen Probleme dieser als hydrothermal-metasomatisch bezeichneten Lagerstättengruppe. *Torres-Ruiz (1983)* deutet die Lagerstätte Marquesado in Spanien als sedimentär mit terrigener Zufuhr des Eisens und späterer Verwitterungsanreicherung in Karsttaschen. *Thalmann (1979)* hält die Lagerstätte des Steirischen Erzberges für primär sedimentär im

Zusammenhang mit jungpaläozoischem Vulkanismus.

Die kleinen vulkano-sedimentären Lagerstätten vom Typ *Lahn-Dill* haben heute nur lokal in SO-Europa wirtschaftliche Bedeutung. Es werden kieselige Erze mit 50 % Fe und 17 % SiO_2 und kalkige Erze mit 35 % Fe, 10 - 15 % SiO_2 und 20 - 24 % CaO unterschieden. Erzminerale sind Hämatit, untergeordnet auch Magnetit und Siderit *(Quade 1976)*.

Hier ist ein Teil der präkambrischen Quarz-Hämatit-Bändererze anzuschließen, den *Gross (1980)* als *Algoma*-Typ beschreibt; z.B. nach *Magnusson (1966)* die mittelschwedischen Eisenerze. Er weist enge räumliche und zeitliche Beziehungen zum Geosynklinalvulkanismus auf, und *Bottke (1981)* sieht in ihm metamorphe Lahn-Dill-Erze.

Die Nomenklatur der heute meist als gebänderte Eisenformationen (banded iron formations oder BIF) zusammengefaßten Gruppe, zu denen die weltweit wichtigsten Eisenerzlagerstätten gehören, ist uneinheitlich. *Quade* faßt die zahlreichen Vorschläge unter Berücksichtigung von Mineralzusammensetzung, Nebengesteinsfazies und tektono-metamorpher Überprägung sowie Alter wie folgt zusammen (Vortrag am 12.7.1984 in Clausthal; für die Überlassung des Manuskriptes wird gedankt):
- *Priasov-Typ:* Alter > 3,0 Mrd. Jahre; Magnetitbänder in quarzreichen Metasedimenten, polymetamorph in Granulitkomplexen. — Beispiele: Cerro Bolivar, El Pao (Venezuela); zahlreiche Lagerstätten in Westafrika.
- *Algoma-Typ:* Meist > 2,5 Mrd. Jahre; gebunden an "greenstone belts". Die Erzabfolgen erreichen große Mächtigkeiten in meist kleinen Becken. — Michipicoten-Region mit der Algoma Mine (Kanada); Simbabwe-Kraton; Yilgarn-Block (Westaustralien).
- *Lake Superior-Typ:* Meist 2,6 - 1,8 Mrd. Jahre; weltweit verbreitet in epikontinentalen Becken, auf ca. 15 % Anteil an der altproterozoischen Sedimentfolge geschätzt, feinlamellierte Gesteine mit Fe-Oxiden, Fe-Silikaten und/oder Fe-Karbonaten in Hornsteinen (Chert), Dolomit, Quarzit und C-reichen Schiefern. — Beispiel: Oberer See (USA und Kanada); Labradortrog (Kanada); Eisernes Viereck, Serra dos Carajas (Brasilien); Krivoj Rog, Kursk (UdSSR); Postmasburg-Sishen, Transvaal (Südafrika); Hamersley Range (Westaustralien).
- *Rapitan-Typ:* Alter 1,6 - < 0,5 Mrd. Jahre; wenig untersucht, möglicherweise nicht einheitlich; feingeschichtete Chertfolgen mit hämatit- und gelegentlich manganreichen Lagen. — Beispiele: Rapitan (NW-Kanada); Mutun - Urucum (Bolivien, Brasilien).

BIF-Varietäten mit geringer bis fehlender scherungstektonischer Beanspruchung werden als Jaspilite von den rekristallisierten Itabiriten unterschieden, deren s-Gefüge überwiegend tektonischen Ursprungs ist. Alle BIF-Varietäten sind Protoerze, die erst durch sekundäre (natürliche) Anreicherung oder durch Aufbereitung der Roherze technisch verwendbar werden. Zu den natürlichen Vorgängen gehören
- die (sedimentäre bis) diagenetische Anreicherung des Eisens in einzelnen Lagen,
- die frühtektonische Eisenanreicherung in reinen Biegefalten,

- die tektono-metamorphe Anreicherung in Scherungsebenen (z.B. Schieferung, Biegescherfaltung, mylonitische Scherung) und
- die chemische und physikalische Verwitterungsanreicherung.

In vielen Lagerstätten waren diese Vorgänge nebeneinander wirksam und führten zur Entstehung sehr komplexer Verteilungsmuster von Erztypen.

Die Lagerstätten der BIF sind überwiegend chemische Sedimente mit wechselnden, meist sehr geringen klastischen Einschaltungen und fast immer mehr oder weniger metamorph. Basische Vulkanite sind vielfach eng mit der Eisenformation vergesellschaftet. Auch im klassischen Gebiet von Itabira konnte *Kehrer (1972)* die Beteiligung von initialen Magmatiten in der Schichtfolge nachweisen und vermutet einen genetischen Zusammenhang mit der Erzbildung. Auf der Karte (Abb. II.1) wurden die Lagerstätten des BIF als vulkano-sedimentärer Typ zusammengefaßt.

Gewonnen werden Hämatit- oder Hämatit-Magnetit-Reicherzkörper mit über 60 % Fe (direct shipping ore) und durch Verwitterung und/oder Metamorphose aufbereitbar gewordene Armerze mit Gehalten, die unter 20 % Fe liegen können *(UNESCO 1973, Eichler 1976, Mel'nik 1981)*.

Die Eisenerzlagerstätten mit *supergener* Metallherkunft gliedern sich in die sedimentären, wobei nach ihrem Bildungsraum marin- und kontinental-sedimentär unterschieden werden, und die Verwitterungslagerstätten. Sie führen überwiegend < 50 % Fe und oft zwischen 25 und 40 % Fe. In vielen Revieren wurde der Bergbau in den letzten zwei Jahrzehnten eingestellt, andere sind, besonders in Europa, bei sinkender Förderung von regionaler Bedeutung.

In *Lothringen* treten die Oolith-Erze als einige Meter mächtige Schichten im mittleren Jura auf und führen 28 - 40 % Fe und 0,6 - 1 % P. Die Erze sind limonitisch mit vorwiegend Nadeleisenerz und untergeordnet, im Bindemittel und in einzelnen Lagen, Fe-Karbonaten und -Silikaten. Sie liefern > 90 % der Eisenerzförderung in Frankreich. In der Bundesrepublik Deutschland wurde 1969 die letzte auf diesem Typ bauende Grube Kahlenberg bei Freiburg i.Br. stillgelegt. Eine geringe Förderung liefert der Untersuchungsbetrieb Konrad in Salzgitter aus dem Oberjura der Gifhorner Mulde. In der Grube Nammem bei Porta Westfalica werden Fe-haltige Zuschlagkalke gewonnen.

Die oolithischen Hämatiterze des Silur vom *Clinton*-Typ mit 50 % Fe in Alabama, USA, bildeten früher die Grundlage des zweitwichtigsten Eisenerzreviers in Nordamerika. Der Bergbau wurde hier 1973 und im Wabana-Distrikt in Neufundland 1966 stillgelegt.

Der Abbau der unterkretazischen kieselsäurereichen Mischerze aus Bruchstücken resedimentierter Sideritknollen und Oolithen von Salzgitter mit 30 % Fe wurde 1982 mit der letzten Grube Haverlahwiese und derjenigen der oberkretazischen basischen Trümmererze von Peine-Ilsede mit 26 % Fe 1977 eingestellt. Magnetitsande mit

wechselnden Titangehalten und Ilmenitsande sind nur als Strand-*Seifen* regional und
für Sonderzwecke von Bedeutung.

Auch die *kontinental-sedimentären* Eisenerze sind heute lediglich lokal wichtig. Zu
ihnen gehört die letzte größere Eisenerzgrube in der Bundesrepublik Deutschland,
die Grube Leoni bei Auerbach in der Oberpfalz. Sie baut auf einem zum Typ *Amberg*
gehörenden Lager der tiefen Oberkreide mit rund einem Drittel Siderit- und zwei
Drittel Limoniterz. Das Fördererz enthält im Mittel 42 % Fe, 10 % SiO_2, 5,5 % CaO
und 1,9 % P *(Pfeufer 1983)*. Auf der russischen Plattform standen um 1970 die Lagerstätten Lipetsk und Tula mit rund 42 % Fe in Abbau. Im 19. Jahrhundert bildeten
die Kohleneisensteinerze des Typs *Ruhr* mit 35 % Fe eine der Grundlagen für die industrielle Entwicklung in Mittel- und Westeuropa. Raseneisenerze werden noch heute
in geringem Umfang in Dänemark und See-Erze in Finnland abgebaut.

Verwitterungsvorgänge führen zur Anreicherung von Schwermetalloxiden bzw. -sili-
katen, insbesondere von Fe, Mn, Al und Ni im Boden. Bei eisenreichen Ausgangsge-
steinen, vor allem Basiten und Ultrabasiten, bilden sich bedeutende Lagerstätten von
eisenreichen Lateriten vom Typ *Conakry* mit 50 - 55 % Fe. Mit Vorräten von jeweils
mehreren Milliarden Tonnen Erz stellen sie eine wichtige Zukunftsreserve dar. Oft
hohe Gehalte an Cr, Ni und auch Ti stören die Weiterverarbeitung bislang erheblich.

Canga ist der mehrere (bis zu 30) Meter mächtige, mehr oder weniger verfestigte
Erzschutt im Bereich itabiritischer Erzlager mit ± 60 % Fe.

Nur diejenigen Typen von Eisenerzen sind heute von weltwirtschaftlicher Bedeutung,
die mindestens 60 % Fe führen oder aus denen entsprechend hochhaltige Konzentrate
hergestellt werden können. Darüber hinaus sollten sie möglichst nur aus Eisenoxiden
und Kieselsäure bestehen, um daraus durch jeweils geeignete Zusätze eine möglichst
große Zahl von marktgängigen Produkten, insbesondere hochwertige Spezialstähle,
herstellen zu können. Diese Bedingungen erfüllen die Oxidfazies der präkambrischen
Eisenformationen mit Hämatit und Magnetit als Eisenträger. Sie kommen in allen
Kontinenten in Groß- und Riesenlagerstätten mit bis zu 10 Mrd. t Fe-Inhalt vor, stellen über zwei Drittel der bekannten Weltressourcen und liefern fast zwei Drittel der
Weltförderung an Eisen. In zweiter Linie sind in bestimmten Gebieten die magmatischen Typen Kiruna und Magnitogorsk von großer Bedeutung, und der besonders im
Ural verbreitete Typ Magnitogorsk ist der zweitwichtigste Eisenerztyp der UdSSR.
Auch diese beiden Typen kommen in z.T. sehr großen Lagerstätten vor; ihr Anteil
an der Weltproduktion wird auf zusammen 12 - 15 % geschätzt. Alle anderen, einschließlich der verbreiteten Siderit und Limonit führenden Lagerstätten, haben nur
noch lokale Bedeutung oder mußten in den letzten zwei Jahrzehnten wegen Unwirt-
schaftlichkeit stillgelegt werden.

3 Bergwerksförderung

Im Jahre 1983 wurden in der Welt 741,3 Mio. t Eisenerz mit einem Fe-Inhalt von 422,9 Mio. t gefördert. Die Förderung (Tab. II.3) stammte aus rund 50 Ländern, nur 7 Länder waren jedoch mit jeweils mehr als 5 % beteiligt.

Mit einem Anteil von 31,3 % an der Weltförderung (Fe-Inhalt) war die UdSSR das bei weitem größte Förderland, mit deutlichem Abstand folgten Brasilien (13,7 %) und

Tabelle II.3. Eisenerzförderung der Welt, 1950 - 1983 (in 1000 t)

	Fe-Inhalt					Erz & Konz.	Fe-Gehalt in %
	1950	1960	1970	1980	1983	1983	1983
Deutschland, BR	2 938	5 095	1 493	597	280	979	29
Dänemark/Grönland	–	25	9	3	3	8	38
Frankreich	9 595	21 671	18 369	9 099	5 171	15 966	32
Großbritannien	3 556	4 687	3 246	238	85	382	22
Italien	135	577	315	73	–	–	–
Belgien	16	56	33		–	–	–
Luxemburg	1 038	1 884	1 545	168	–	–	–
Griechenland	3	135	397	634	650	1 500	43
EG-Länder	17 281	34 130	25 407	10 812	6 189	18 837	33
Finnland	–	177	370	755	715	1 100	65
Jugoslawien	256	770	1 293	1 626	1 503	5 018	30
Norwegen	214	960	2 124	2 473	2 365	3 639	65
Österreich	576	1 098	1 239	986	1 107	3 540	31
Portugal	–	153	67	25	8	25	32
Schweden	8 303	13 003	19 220	17 642	8 587	13 211	65
Schweiz	22	50	–	–	–	–	–
Spanien	1 044	2 747	3 500	4 372	3 512	7 448	47
Türkei	129	438	1 624	1 313	2 242	4 150	54
Europa	27 825	53 526	54 844	40 004	26 228	56 968	46
Iran	–	29	3	366	345	701	49
Libanon	–	4	–	–	–	–	–
Burma	–	8	–	–	–	–	–
Hongkong	95	64	94	–	–	–	–
Indien	1 808	6 410	18 821	26 250	24 288	38 798	63
Indonesien	–	–	–	37	73	127	58
Japan	510	1 567	865	294	185	298	62
Malaysia	283	3 209	2 513	227	69	113	61
Pakistan	–	3	–	–	–	–	–
Philippinen	329	633	1 030	–	1	2	50
Südkorea	–	165	266	348	321	574	56
Taiwan	–	4	3	–	–	–	–
Thailand	2	8	15	47	22	40	55
Asien	3 027	12 104	23 610	27 569	25 304	40 653	62

Tabelle II.3. Fortsetzung

	Fe-Inhalt					Erz & Konz.	Fe-Gehalt in %
	1950	1960	1970	1980	1983	1983	1983
Ägypten	–	124	236	888	1 100	2 223	50
Algerien	1 287	1 763	1 475	1 865	1 998	3 700	54
Guinea	–	373	1 040		–	–	–
Liberia	–	1 890	14 651	11 176	9 020	14 936	60
Marokko	699	867	480	50	155	252	62
Mauretanien	–	–	5 920	5 332	4 250	7 400	57
Sierra Leone	713	938	1 375	–	190	300	63
Sudan	–	2	10	–	–	–	–
Tunesien	417	568	409	214	165	316	52
Angola	–	401	3 689	–	–	–	–
Kenia	–	–	–	9	9	14	64
Swasiland	–		1 411	–	–	–	–
Südafrika	737	1 905	5 699	16 839	10 626	16 605	64
Simbabwe	33	87	319	989	564	924	61
Afrika	3 886	8 918	36 714	37 362	28 077	46 670	60
Kanada	1 805	10 732	26 102	30 801	21 299	33 493	64
USA	53 794	48 758	49 248	44 590	24 554	38 163	64
Nordamerika	55 599	59 490	75 350	75 391	45 853	71 656	64
Dominikanische Rep.	–	74	–	–	–	–	–
Guatemala	–	2	–	–	–	–	–
Mexiko	171	540	2 427	5 087	5 306	8 040	60
Argentinien	20	35	120	275	393	629	63
Bolivien	–	–	2	4	8	13	62
Brasilien	1 351	3 536	23 635	74 572	57 847	88 996	65
Chile	1 860	2 911	7 097	5 094	3 602	5 974	60
Kolumbien	–	393	272	233	180	450	40
Peru	–	2 982	5 536	3 795	2 869	4 346	66
Uruguay	–	–	1	–	–	–	–
Venezuela	133	12 669	14 212	9 983	6 023	9 715	62
Lateinamerika	3 535	23 142	53 302	99 043	76 228	118 163	65
Australien	1 538	2 720	36 550	60 435	46 768	73 995	63
Fidschi		13	–			–	–
Neuseeland	–	–	81	2 074	1 480	2 600	57
Neukaledonien	8	155	–	–	–	–	–
Australien/Ozeanien	1 546	2 888	36 631	62 509	48 248	76 595	63
Westliche Welt	95 418	160 068	280 451	341 878	249 938	410 705	61

Tabelle II.3. Fortsetzung

	Fe-Inhalt					Erz & Konz.	Fe-Gehalt in %
	1950	1960	1970	1980	1983	1983	1983
Bulgarien	12	171	1 083	590	450	1 500	30
DDR	120	502	127	20	20	40	50
Kuba	5	78	–	–	–	–	–
Polen	221	611	715	31	12	45	27
Rumänien	178	657	1 443	607	520	2 000	26
CSSR	450	936	471	512	470	1 800	26
UdSSR	21 835	58 598	107 521	132 880	132 394	244 989	54
Ungarn	96	134	164	90	95	441	22
Albanien	–	128	270	193	221	650	34
VR China	600	16 500	12 900	34 036	35 560	71 120	50
Nordkorea	–	3 402	3 360	3 251	3 251	8 026	41
Staatshand.Länder	23 517	81 717	128 054	172 210	172 993	330 611	52
Welt	118 935	241 785	408 505	514 088	422 931	741 316	57
Westl.Ind.Länder	86 080	118 770	171 765	193 724	128 898	217 972	59
Entw.Länder	9 338	41 298	108 686	148 154	121 040	192 733	63
Staatshand.Länder	23 517	81 717	128 054	172 210	172 993	330 611	52

Quelle: US-Bureau of Mines: Minerals Yearbook, Vol. 1, 1950 - 1983.

Australien (11,1 %). Allein aus diesen 3 Ländern kam mehr als die Hälfte (56 %) der Eisenerzproduktion. Zu den wichtigen Förderländern zählten auch die VR China (8,4 %), die USA (5,8 %), Indien (5,7 %) und Kanada (5,0 %). Weitere 7 Länder hatten Förderanteile von jeweils 1 - 2,5 %, auf die übrigen Länder entfielen jeweils weniger als 1 %.

Die Welteisenerzförderung (Fe-Inhalt) lag 1983 (423 Mio. t) um 304 Mio. t höher als 1950 (119 Mio. t); das bisher höchste Förderniveau wurde 1975 mit 523 Mio. t erreicht. In diesem Zeitraum belief sich die kumulierte Fördermenge auf rd. 11 306 Mio. t Fe. Kennzeichnend für die Entwicklung der Weltbergwerksförderung von Eisen im Verlauf der letzten drei Dekaden ist die tiefgreifende regionale Umstrukturierung. Nordamerika und Europa verloren ihre Vorrangstellung im Eisenerzbergbau, der Anteil beider Regionen an der Weltförderung verringerte sich von 70 % (1950) auf 17 % (1983). Am gravierendsten war der Förderrückgang in den USA (Weltanteil 1950: 45,2 %; 1983: 5,8 %). Frankreich, aber auch Schweden haben stark an Bedeutung verloren; die Bundesrepublik Deutschland und Großbritannien sind bedeutungslos geworden. Die geringen Fe-Gehalte der Fördererze in den meisten west- und osteuropäischen Industrieländern führte zur Stillegung ganzer Reviere.

Tabelle II.4. Die Eisenerzförderung in wichtigen Ländern, 1950 und 1983 (Fe-Inhalt)

	1950		1983	
	1000 t	%	1000 t	%
Nordamerika	55 599	46,7	45 853	10,8
USA	53 794	45,2	24 554	5,8
Kanada	1 805	1,5	21 299	5,0
Europa o. Ostblock	27 825	23,4	26 228	6,2
Bundesrepublik Deutschland	2 938	2,5	280	0,1
Frankreich	9 595	8,1	5 171	1,2
Großbritannien	3 556	3,0	85	0
Schweden	8 303	7,0	8 587	2,0
Lateinamerika	3 535	3,0	76 228	18,0
Brasilien	1 351	1,1	57 847	13,7
Venezuela	133	0,1	6 023	1,4
Mexiko	171	0,1	5 306	1,3
Australien/Ozeanien	1 546	1,3	48 248	11,4
Australien	1 538	1,3	46 768	11,1
Asien	3 027	2,5	25 304	6,0
Indien	1 808	1,5	24 288	5,7
Afrika	3 886	3,3	28 077	6,6
Südafrika	737	0,6	10 626	2,5
Liberia	–	–	9 020	2,1
Ostblock	23 517	19,8	172 993	40,9
UdSSR	21 835	18,4	132 394	31,3
VR China	600	0,5	35 560	8,4
Welt	118 935	100,0	422 931	100,0

Quelle: US-Bureau of Mines: Minerals Yearbook, 1950 - 1983.

Dagegen haben Lateinamerika (zunächst durch Venezuela, dann vor allem durch Brasilien) seit Mitte der fünfziger Jahre und Australien seit Mitte der sechziger Jahre einen bemerkenswerten Aufschwung erfahren.

Der Ostblock hat seine Position im Welteisenerzbergbau erheblich verbessert, vornehmlich durch die Entwicklung in der UdSSR, seit den sechziger Jahren in zunehmendem Umfang auch beeinflußt durch die VR China. Asien und Afrika konnten ihre Stellung merklich ausbauen, wobei die Entwicklung im wesentlichen von Indien bzw. von der Republik Südafrika und Liberia bestimmt wurde. Die Tabelle II.4 zeigt die Anteile der einzelnen Regionen an der Eisenerzförderung (Fe-Inhalt) in den Jahren 1950 und 1983 (vgl. auch Abb. II.2).

Der Trend in der Stahlindustrie, möglichst gute Erze aus Gründen der Kostenersparnis in ihren Hochöfen einzusetzen, führte zur Erschließung ausgedehnter Lagerstätten in Übersee mit hochwertigen Erzen, die mit modernsten technischen Mitteln zu gün-

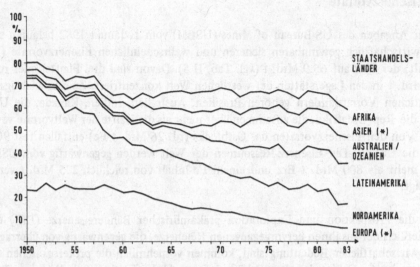

Abbildung II.2. Anteil der Regionen an der Eisenerzförderung, 1950 bis 1983 (in %)

stigen Kosten in Großtagebaubetrieben gewonnen werden. Leistungsfähige Transport-
und Umschlageanlagen und eine Kostendegression bei den Seefrachtraten taten ein
übriges, daß die Armerze im Wettbewerb mit den Reicherzen nicht bestehen konnten.
Teilt man die Lagerstätten länderweise nach den mittleren Fe-Gehalten der Fördererze ein, so ergibt sich folgende regionale Gliederung für das Jahr 1983:

- Die in den Ländern der Europäischen Gemeinschaft, den COMECON-Staaten
  (ohne UdSSR), in Österreich und Jugoslawien geförderten Erze enthalten durchschnittlich 31 % (22 - 34 %) Fe. Die Hauptmenge der Erze stammt aus Lagerstätten der Typen Lothringen und Eisenerz. Sie sind mit 2,3 % an der Eisenerzförderung (Fe-Inhalt) der Welt beteiligt.

- Erze mit durchschnittlich 41 % (40 - 43 %) Fe liefern 1 % der Weltproduktion.
  Sie werden i.w. in Nordkorea und Griechenland gefördert.

- Erze mit durchschnittlich 53 % (45 - 58 %) Fe besitzen einen Anteil von 43,4 %
  an der Weltförderung; auf Erze mit 50 - 54 % Fe entfallen allein 41 Prozentpunk-
  te. Den weitaus überwiegenden Teil dieser Förderung erbringen die UdSSR und
  die VR China. Eine beachtliche Produktion haben auch Mauretanien, Spanien,
  die Türkei, Algerien, Ägypten und Neuseeland. Alle wirtschaftlich wichtigen
  Lagerstättentypen sind in dieser Gruppe vertreten.

- Reichlich die Hälfte (53,3 %) der Welteisenerzförderung kommt aus Lagerstätten, deren Erze oder Konzentrate mehr als 60 % (durchschnittlich 64 %) Fe enthalten. In Europa gehören i.w. Schweden und Norwegen zu den Förderländern;
  in Übersee sind es vor allem Brasilien, Australien, Indien, die USA und Kanada,
  ferner die Rep. Südafrika, Liberia, Venezuela und Mexiko. Weitaus am wichtigsten sind hier die präkambrischen Eisenformationen vom Typ Oberer See. Dane-
  neben spielen in regional unterschiedlichem Ausmaß die Typen Kiruna und
  Magnitogorsk eine bedeutende Rolle.

4 Eisenerzvorräte

Nach Angaben des US-Bureau of Mines (USBM) vom 1. Januar 1982 belaufen sich
die wirtschaftlich gewinnbaren sicheren und wahrscheinlichen Eisenerzvorräte (Fe-
Inhalt) der Welt auf 65,9 Mrd. t (vgl. Tab. II.5). Davon sind drei Fünftel oder rund
40 Mrd. t in den Lagerstätten der westlichen Welt konzentriert. Zu den wichtigsten
westlichen Vorratsländern gehören Brasilien, Australien, Indien, Kanada, die USA
und die Rep. Südafrika, die zusammen über mehr als die Hälfte der Weltvorräte verfügen. Von den Eisenerzvorräten des Ostblocks (rd. 26 Mrd. t Fe) entfallen fast 90 %
auf die UdSSR. Die Eisenerz-Ressourcen der Welt werden gegenwärtig vom USBM
mit mehr als 800 Mrd. t Erz und einem Fe-Inhalt von reichlich 235 Mrd. t veranschlagt.

Für die Prospektion und Exploration präkambrischer Bändereisenerze (BIF) einschließlich der aus ihnen hervorgegangenen Reicherze, die gegenwärtig von überragen-
der wirtschaftlicher Bedeutung sind, kommen vornehmlich die proterozoischen Gesteinsserien im Gebiet der alten Schilde infrage. Als höffig sind auch diejenigen Teile

Tabelle II.5. Die sicheren und wahrscheinlichen Weltvorräte* an Eisenerz

	Eisenerz			Fe-Inhalt		
	Reserve-base**	Reserven***		Reserve-base	Reserven	
			Weltanteil			Weltanteil
	Mrd. t	Mrd. t	%	Mrd. t	Mrd. t	%
USA	25,4	16,6	10,7	5,3	3,4	5,2
Kanada	25,7	12,4	8,0	8,8	4,3	6,5
Brasilien	15,8	15,8	10,2	9,8	9,8	14,9
Venezuela	2,0	2,0	1,3	1,1	1,1	1,7
Frankreich	2,2	2,2	1,4	0,8	0,8	1,2
Schweden	4,7	3,0	1,9	2,2	1,5	2,3
Südafrika	9,5	4,1	2,7	6,0	2,6	3,9
Liberia	1,6	0,9	0,6	0,7	0,5	0,8
Indien	7,2	7,2	4,7	4,4	4,4	6,7
Australien	33,6	15,4	10,0	18,3	9,3	14,1
Übrige westliche Welt	12,3	4,9	3,2	5,5	2,0	3,0
UdSSR	60,0	60,0	38,8	22,7	22,7	34,4
VR China	9,0	9,0	5,8	3,2	3,2	4,9
Übriges Ostblock	1,0	1,0	0,7	0,3	0,3	0,4
Welt insgesamt	210,0	154,5	100,0	89,1	65,9	100,0

*)   nach USBM vom 1.1.1982; umger. in t, modifiziert, ergänzt
**)   Reserven zzgl. "marginal reserves" sowie "subeconomic resources"
***)   gegenwärtig wirtschaftlich gewinnbare Reserven

Quelle: US-Bureau of Mines: Iron Ore, Mineral Commodity Profiles 1983.

der Schildregionen anzusehen, die sich in größeren Entfernungen von den Küsten befinden (z.B. Inneraustralien) und in denen systematische Untersuchungsarbeiten bisher nur in unzureichender Weise durchgeführt worden sind. Hierbei ist allerdings zu berücksichtigen, daß das gegenwärtig bereits bekannte Vorratspotential in infrastrukturell weit günstiger gelegenen Gebieten außerordentlich groß ist. In der Eisenerzversorgung der Stahlindustrie der Welt wird daher bis weit über das Jahr 2000 hinaus keine lagerstättenbedingte Verknappung zu befürchten sein.

Wirtschaftliche Anreize oder versorgungspolitische Sachzwänge, außergewöhnlich große finanzielle Mittel in die Untersuchung und Erschließung entfernter Gebiete einzusetzen, um Zugang zu dortigen Eisenerzvorkommen zu schaffen, dürften deshalb in absehbarer Zeit nicht oder in nur sehr geringem Maße zu erwarten sein. Das schließt jedoch nicht aus, daß aus übergeordneten entwicklungspolitischen Gründen Projekte in Entwicklungsländern zur Durchführung gelangen, deren Realisierung — bei Beachtung rein wirtschaftlicher Gesichtspunkte — zumindest gegenwärtig nicht zur Diskussion stünde.

Als wesentlichste Ressourcen von außerordentlich großem Ausmaß kommen in Betracht:

- Fe-Erze in bereits bekannten Lagerstättendistrikten, deren chemische Zusammensetzung (z.B. zu hohe P-Gehalte) gegenwärtig den Anforderungen der Hüttenwerke nicht genügt;
- nach heutigem Standard hochwertige Erzvorkommen, von deren Erschließung nur wegen ihrer ungünstigen geographischen Lage (z.B. zu weite Entfernung von den Küsten beziehungsweise Verbrauchszentren) bisher abgesehen worden ist;
- immense Vorkommen von Titanomagnetiten und -hämatiten, von primären Quarzbändereisenerzen, von marin-sedimentären Eisenerzen und von lateritischen Verwitterungserzen.

5 Die Gewinnung des Metalls

Der starke Anstieg der Welteisenerzförderung bzw. der Eisen- und Stahlerzeugung zwischen 1950 und 1983 wurde in hohem Maße von der Weiterentwicklung der Techniken zur Gewinnung und Aufbereitung der Erze sowie zur Weiterverarbeitung der Konzentrate beeinflußt.

Zur Beurteilung der Bauwürdigkeit von Eisenerzlagerstätten sind neben der Beschaffenheit des Erzes vor allem die Kosten von Abbau, Aufbereitung und Transport des Erzes zu den Verbrauchern sowie die Preise der Produkte mit ihren chemischen und mineralogischen Zusammensetzungen, insbesondere der Höhe ihrer Fe-Gehalte und den physikalischen Eigenschaften von Bedeutung.

5.1 Förderung, Aufbereitung und Weiterverarbeitung

Die Entwicklung der bergmännischen Gewinnungsmethoden ist weltweit recht einheitlich zu größeren Gruben, insbesondere Tagebaubetrieben, zu stärkerer Mechanisierung untertage bis zum "Continuous Mining" sowie zur Automation und damit zu
höheren Grubenleistungen verlaufen. Das Verhältnis von Tagebau- zu Tiefbauproduk-
tion beträgt in der westlichen Welt etwa 90 : 10, in der Welt unter Einschluß der Ostblockländer etwa 85 : 15 (geschätzt) und liegt in Europa bei 25 : 75.

Tagebau. Für die Kosten je Tonne Eisenerz in Tagebauen ist das Verhältnis von Abraum zu Erz von wesentlicher Bedeutung, das im Eisenerzbergbau üblicherweise 2 : 1
nicht übersteigt und oftmals nicht über 0,5 : 1 liegt. Nur in wenigen Fällen ist ein
Verhältnis von 4 - 5 : 1 bekannt, wie es in anderen Bergbauzweigen häufiger vorkommt und meist den Grenzwert für den Übergang zum Tiefbau darstellt. Zum Abraum zählt in einigen Fällen auch Eisenerz, welches gegenüber dem Fördererz minder-
wertiger ist, aber immer noch 30 bis 50 % Fe enthalten kann. Es wird meistens für eine eventuelle spätere Aufbereitung gehaldet. Die Hereingewinnung erfolgt überwiegend durch Bohr- und Sprengarbeit. Nur selten ist das Erz so weich, daß der Einsatz
von Erdbaugeräten genügt. Die Leistungen erreichen Werte von über 200 t/MS. Die
Kapazitäten einzelner Anlagen in Australien, Brasilien und Afrika liegen beim überwiegenden Teil der Produktion bei mehr als 10 Mio. jato entsprechend über 30 000
tato. Der größte einzelne Betrieb ist der Tagebau von Mt. Newman/Westaustralien
mit einer Kapazität von über 40 Mio. jato.

Tiefbau. Im Eisenerztiefbau werden die leistungsstarken, d.h. die billigeren Abbauverfahren angewendet (i.w. Kammerpfeilerbau, Teilsohlenbruchbau, Weitungsbau
und Blockbruchbau). Die Mächtigkeiten der Lagerstätten belaufen sich hierbei auf
wenigstens 4 - 5 m. Aufwendigere Verfahren, wie der Magazinbau oder der Firstenstoßbau, wie er im Siegerland in seinen verschiedenen Variationen früher üblich war,
sind für den Abbau von Eisenerzen — sieht man von Sonderfällen ab — heute zu
teuer.

Die größte Tiefbaugrube der Welt ist Kirunavaara in Schweden mit einer Kapazität
von rund 20 Mio. jato. Diese Größe muß jedoch als Ausnahme angesehen werden,
fast alle übrigen Tiefbaubetriebe liegen beträchtlich darunter. In Mitteleuropa erreichen die großen Anlagen nur Kapazitäten von max. 1,5 Mio. jato.

Der gegenüber Tagebauen vergleichbarer Größe stets kostenintensivere Tiefbau ist
ausschließlich in günstigeren Entfernungen zu den Hüttenwerken anzutreffen. Das
gilt ganz besonders für den mitteleuropäischen Bergbau auf Minetteerz, der außer
mit seinen hohen Abbaukosten je Tonne Erz noch mit niedrigen Fe-Gehalten um
35 % zu kämpfen hat, die sich einer Anreicherung auf wirtschaftlicher Basis weitgehend entziehen. Das trifft aber auch auf die russischen, nordamerikanischen und
schwedischen Tiefbaugruben zu, die zwar höherwertige Erze liefern, bei denen aber
oft die Transportentfernungen zu den Hütten größer als bei den Minettebetrieben
sind.

Aufbereitung. Die Fe-Gehalte der zur Zeit geförderten Eisenerze liegen zwischen knapp 20 und etwa 67 %. Es wird im Einzelfall sogar Eisenerz mit nur 14 % Fe mit abgebaut (cut-off-grade). Um aus einem 20 %igen Eisenerz eine Tonne 66 %iges Konzentrat zu erhalten, sind –metallurgisches Ausbringen von 90 % angenommen – rund 3,7 t Eisenerz zu verarbeiten.

Entsprechend dem großen Spektrum der Gehalte, zu dem noch die unterschiedlichen Nebenbestandteile (Verunreinigungen) und die verschiedenen mineralogischen und physikalischen Verhältnisse der Erze hinzukommen, ist die Palette der Aufbereitungsmethoden vielseitig.

Für Reicherze mit einem Fe-Gehalt um 60 % begnügt man sich meistens mit dem Brechen des Erzes und einer Klassierung in die verschiedenen gewünschten Kornklassen.

Die klassische Magnetiterzaufbereitung (überwiegend Schwachfeldmagnetscheidung) besteht aus mehrstufigem Brechen und Mahlen mit dazwischenliegender Magnetscheidung, wobei die autogene Mahlung eine weite Verbreitung gefunden hat.

Bei Hämatiten werden bei grobkörnigeren Verwachsungen zur Anreicherung Schwertrübeverfahren (Schwimm- und Sink-Wäschen, Schwertrübezyklone; untere Korngrenze 0,5 - 0,2 mm) sowie seltener — wegen ihrer meist geringen Trennschärfe — Setzmaschinen (untere Korngrenze etwa 1 mm) eingesetzt. Im Feinkornbereich kommen Humphrey's-Spiralen (Kornbereich etwa 2 - 0,06 mm) infrage, im Feinstkornbereich Flotation (Kornbereich etwa 0,1 - 0,01 mm). Die nasse Starkfeldmagnetscheidung deckt bei der Eisenerzaufbereitung das Spektrum von etwa 1 - 0,01 mm ab und wird teilweise als Alternative zur Flotation betrachtet. Aus magnetitisch-hämatitischen Mischerzen läßt sich der Magnetitanteil durch Schwachfeldmagnetscheidung (untere Korngrenze 0,1 - 0,01 mm) abtrennen.

Alle nicht als Stückerze anfallenden Konzentrate müssen vor ihrem Einsatz im Hochofen stückig gemacht (agglomeriert) werden; hierfür werden zwei Verfahren angewandt, das mehr als 50 Jahre alte Sintern und seit 1955 das Pelletieren. In Europa, Japan und Australien hat sich das Saugzugsinterverfahren durchgesetzt, in Nordamerika dagegen mehr das Pelletieren.

Sinteranlagen bestehen üblicherweise in der Nähe von Hüttenwerken. Neben dem Vorteil, den Chemismus des Sinters nach den besonderen eigenen Anforderungen festlegen zu können, besteht für die Hüttenwerke bei diesem Standort die Möglichkeit, die eisenhaltigen Abfallstoffe von der Erzbehandlung, vom Hochofen und Stahlwerk sowie relativ billige Brennstoffe, wie Koksgrus, Gichtgas und Koksofengas, zu verwerten. Die Sintermischung wird mit einer Schütthöhe von 25 - 50 cm auf Sinterbänder aufgebracht und an der Oberfläche gezündet. Große Anlagen haben heute Sinterbandflächen von 400 - 600 m² mit Produktionskapazitäten von 4 - 5 Mio. jato.

Pelletanlagen wurden bisher meist an der Erzgrube errichtet. Nachdem es aber gelungen war, Aufbereitungskonzentrate als Trübe billig über größere Entfernungen zu transportieren, entstanden neue Anlagen in den letzten Jahren zunehmend auch in Seehäfen. Außerdem wurden neue Anlagen auch an die Hüttenwerke gebaut, wo die Rohstoffversorgung je nach den Preisen für Erze und Konzentrate optimal gewählt werden kann und gegebenenfalls ein Verbundbetrieb mit einer Sinteranlage möglich ist.

Das Pelletieren setzt ausreichend feinkörnige Einsatzstoffe voraus, um die Bildung kugeliger Formlinge überhaupt zu ermöglichen. Im allgemeinen gelten Materialien unter 0,5 mm – mit Feinstkornanteilen von 60 - 90 % unter 0,04 mm – als geeignet.

Die "grünen", nichtgebrannten Pellets werden in Drehtrommeln oder auf Pelletiertellern hergestellt. Das Brennen findet meist in oxidierender Atmosphäre bei 1200 - 1300°C in Schachtöfen oder in neueren Anlagen, in Wanderrost- oder Banddrehrohröfen statt. Bei Neuanlagen gelten 2 - 4 Mio. jato als die wirtschaftliche Mindestkapazität.

5.2 Transport

Der Landtransport der für den Export bestimmten Eisenerze erfolgt im wesentlichen per Eisenbahn. Die Erzbahn von Sishen zum Hafen Saldanha Bay/Rep. Südafrika hat eine Länge von 860 km. Die Transportentfernungen betragen in Kanada bis zu 575 km (Schefferville – Sept Isles), in Australien bis zu 425 km (Mt. Newman – Port Hedland), in Brasilien (Eisernes Viereck) derzeit bis zu 640 km (Aguas Claras – Sepetiba Bay); die bisher längste Erzbahn (890 km) wurde für den Transport der Erze des Serra dos Carajas-Projektes zum Hafen Ponta da Madeira gebaut. Die längste Eisenerzpipeline ist die von Germano/Minas Gerais nach Ponta Ubu mit einer Länge von 404 km und einer Kapazität von 12 Mio. jato.

Jährlich werden größenordnungsmäßig 300 Mio. t Eisenerz auf dem Seeweg transportiert. Die wichtigsten Überseetransportwege zeigt Abbildung II.3. Auf der Eisenerzfahrt gibt es ab 1969 Schiffe mit über 100 000 t und ab 1973 mit 250 000 t Tragfähigkeit. Ab 1986 sollen Schiffe mit über 300 000 t zur Verfügung stehen. Die weitesten Seetransportentfernungen – Australien/Europa und Brasilien/Japan – betragen jeweils 21 000 km. 1960 lag die mittlere Seetransportentfernung bei der Versorgung der deutschen Hüttenwerke noch unter 6000 km, mittlerweile stieg sie auf über 8000 km, zeitweilig auf über 9000 km.

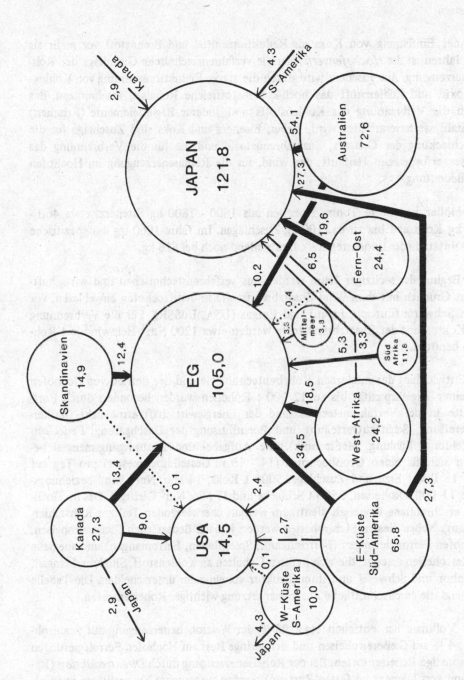

Abbildung II.3. Die wichtigsten Überseetransportwege für den Eisenerzhandel 1982 (in Mio. Stoff-t)

5.3 Hüttentechnische Gewinnung von Roheisen und Rohstahl

Roheisen

Seit der Einführung von Koks als Reduktionsmittel und Brennstoff vor mehr als 200 Jahren ist das *Hochofenverfahren* die verfahrenstechnische Grundlage der Roheisenerzeugung. Aus Eisenerz wird durch die starke Reduktionswirkung von Kohlenmonoxid und Kohlenstoff das hoch-kohlenstoffreiche Roheisen erschmolzen, das durch die Verbrennung des Kohlenstoffs und anderer Begleitelemente (Frischen) zu Stahl weiterverarbeitet wird. Neben Eisenerz und Koks sind Zuschläge für die Verschlackung der Gangart, Zusatzbrennstoffe und die für die Verbrennung des Kokses erforderliche Heißluft, der Wind, für die Roheisenerzeugung im Hochofen von Bedeutung.

Der Möller besteht je Tonne Roheisen aus 1600 - 1800 kg Eisenerz, etwa 460 - 500 kg Koks und bis zu ca. 100 kg Zuschlägen. Im Jahre 1960 lag der spezifische Kokseinsatz in der Bundesrepublik Deutschland noch bei 826 kg.

Seit Beginn der sechziger Jahre werden aus verfahrenstechnischen und wirtschaftlichen Gründen mit dem Wind Zusatzbrennstoffe in den Hochofen eingeblasen, vor allem Schweröl (Europa, Japan) und Erdgas (USA, UdSSR). Für die Verbrennung des Kokses und der Zusatzbrennstoffe werden etwa 1200 Nm^3 Heißwind je t Roheisen benötigt.

Die Entwicklung der modernen Roheisentechnologie und der Betrieb von Hochöfen mit einer Tageskapazität bis zu 12 000 t Roheisen wurden besonders durch Fortschritte in der Verfahrenstechnik und der Energiewirtschaft ermöglicht (Möllervorbereitung, Schüttgutverteilung und Beeinflussung der Durchgasung, Feuerfestauskleidung, Kühlung, Meßtechnik). Die Aufgabe- und Ausbringungsmengen belaufen sich für einen Großhochofen (14 - 15 m Gestelldurchmesser) pro Tag auf etwa 18 000 t Erze und Zuschläge, 5000 t Koks, 14 Mio. Nm^3 Wind beziehungsweise 11 000 t Roheisen, 3500 t Schlacke und 17 Mio. Nm^3 Gichtgas. Das im Hochofen erschmolzene Roheisen dient zum weitaus überwiegenden Teil zur Rohstahlerzeugung. Neben diesem Stahlroheisen werden je nach Bedarf auch Gießereiroheisen, Hochofen-Ferrolegierungen (Ferrosilizium, Spiegeleisen, Ferromangan) und spezielle Sonderroheisen erzeugt, die sich in ihren Gehalten an Kohlenstoff, Silizium, Mangan, Phosphor und Schwefel und ihrer Struktur voneinander unterscheiden. Die Tabelle II.6 zeigt die durchschnittliche Zusammensetzung wichtiger Roheisensorten.

Vom Volumen her entfallen etwa 95 % der Weltroheisenerzeugung auf Stahlroheisen, 4 % auf Gießereiroheisen und der geringe Rest auf Hochofen-Ferrolegierungen und sonstige Roheisensorten. Bei der Roheisenerzeugung durch *Direktreduktion* (Reduktion von Eisenerz im festen Zustand) werden ausgesuchte Erzqualitäten mit Erdgas oder anderen Kohlenstoff- und Energieträgern zu kohlenstoffarmem Eisenschwamm reduziert, der ohne Frischen bei der Stahlerzeugung verwendet werden kann. Die etwa 20 verschiedenen, großtechnisch eingesetzten Direktreduktionsver-

Tabelle II.6. Durchschnittliche Zusammensetzung wichtiger Roheisensorten (in %)

Roheisensorte	C	Si	Mn	P	S
Bessemer-Roheisen	3,0 – 4,0	1,5 – 2,5	0,5 – 2,0	0,07 – 0,1	0,01 – 0,05
Stahlroheisen	3,0 – 4,0	0,3 – 1,0	2,0 – 6,0	0,1	bis 0,04
Thomas-Roheisen	3,2 – 3,7	0,3 – 1,0	0,5 – 1,5	1,8 – 2,2	0,05 – 0,12
Hämatitroheisen	3,5 – 4,2	2,0 – 2,5	0,7 – 1,5	unter 0,1	0,02 – 0,04
Gießereiroheisen Nr. 1	3,5 – 4,2	2,0 – 2,5	0,5 – 1,0	0,5 – 0,8	0,02 – 0,04
Gießereiroheisen Nr. IVB	3,5 – 4,2	1,8 – 2,5	bis 0,7	1,4 – 1,9	0,05 – 0,06
Ferrosilizium	1,2 – 1,6	8,0 –15,0	0,5 – 0,7	0,15	0,02 – 0,04
Spiegeleisen	4,0 – 5,0	0,3 – 0,5	6,0 – 30,0	0,1	bis 0,04
Ferromangan	6,0 – 8,0	unter 1,5	30,0 – 80,0	0,2 – 0,3	bis 0,02

Quelle: BGR & DIW 1979.

fahren unterscheiden sich insbesondere durch den Typ des Reduktionsofens und den Einsatz gasförmiger oder fester Redukionsmittel.

Die mit Reduktionsgas (CO und H_2) betriebenen *Schachtofenverfahren* (Armco, Midrex, Purofer, Wiberg) sind am bedeutendsten. Das Erz wird in Schachtöfen bei Temperaturen zwischen $700°C$ und $1100°C$ reduziert. Bei einer Tageserzeugung von rund 1200 t Eisenschwamm haben Schachtofenanlagen eine Kapazität von etwa 10 % eines modernen Großhochofens.

Die gasförmigen Reduktionsmittel Kohlenmonoxid und Wasserstoff werden überwiegend durch die katalytische Spaltung von Erdgas erzeugt. Der erste großtechnische Einsatz von Erdgas für die Eisenerzreduktion wurde beim Retorten-Verfahren (HYL-Verfahren) durchgeführt. Die bisher größte Anlage hat eine Tageskapazität von knapp 2000 t.

Neben Erdgas können auch andere gasförmige oder flüssige Kohlenwasserstoffe (Propan, Butan beziehungsweise Benzin, Naphta, Schweröl) für die Umformung zu Reduktionsgas verwendet werden. Für die Erzeugung von Reduktionsgas können auch feste Brennstoffe vergast werden. Als weitere Möglichkeit für den Einsatz als Reduktionsgas bieten sich Koksofengas und die Abgase von Niederschachtöfen an, die ebenfalls hohe Anteile an CO und H_2 enthalten.

Während bei den oben genannten Verfahren nur Stückerze und Pellets eingesetzt werden können, ermöglichen *Wirbelschichtreaktoren* (HIB-, Fior-Verfahren) die Reduktion von Feinerz. Das Erz wird in mehreren Etagen des Reaktors im Gegenstrom aufgewirbelt und stufenweise reduziert.

Die mit Stein- oder Braunkohle arbeitenden *Drehrohrverfahren* (Krupp, SL/RN) sind hinsichtlich des Erz- und Brennstoffeinsatzes flexibel. Im Gegensatz zu anderen Verfahren ist ein breites Körnungsband bei der Erzaufgabe ebenso möglich wie die vielfältige Verwendung fester Reduktionsmittel.

In Verfahrensvarianten werden feste Reduktionsmittel auch in Schachtöfen verwendet, während für die Eisenschwammerzeugung im Drehrohrofen Erdgas eingesetzt werden kann.

Das Verhältnis von metallischem Eisen zum Gesamteisengehalt, der Metallisierungsgrad, beträgt für die meisten Verfahren 85 bis 95 % und kann hinsichtlich der Weiterverwendung des Eisenschwamms beeinflußt werden.

Wegen seiner porigen Struktur neigt Eisenschwamm zur Reoxidation und muß besonders gegen Feuchtigkeit geschützt werden. Die Reoxidationsgefahr bei Lagerung, Umschlag und Transport läßt sich durch Brikettieren verhindern. Für die Weiterverwendung in der Stahlindustrie ist der Einsatz von Briketts ebenfalls vorteilhaft.

Eisenschwamm wird überwiegend in Lichtbogenöfen weiterverarbeitet. Er eignet sich besonders für die Erzeugung von Edelstahl und Sonderlegierungen. Für die Stahlerzeugung in Oxygenkonvertern kann Eisenschwamm als hochwertiger Schrottersatz (Kühlschrott) eingesetzt werden.

Die Stahlerzeugung auf der Verfahrenslinie Direktreduktion/Lichtbogenofen eignet sich für den wirtschaftlichen Betrieb von Ministahlwerken mit Jahreskapazitäten um 1 Mio. t Rohstahl, während für den wirtschaftlichen Betrieb eines integrierten Hüttenwerkes eine Jahreskapazität von etwa 5 Mio. t zu veranschlagen ist.

Die in der Welt installierte DRI-Kapazität (Direct Reduced Iron) betrug 1983 rund 19 Mio. jato, produziert wurden jedoch nur rund 7,8 Mio. t. Die wichtigsten auf Gas basierenden Verfahren Midrex und HYL erbrachten rund 52 bzw. 39 % der gesamten DRI-Produktion, die Verfahren auf Kohlebasis lieferten 4,3 %, der Rest stammte überwiegend von Fior (Wirbelschichtverfahren).

Rohstahl

Das im Hochofen erzeugte Roheisen ist durch einen Kohlenstoffgehalt von 3 - 4,5 % und andere Fremdelemente — vor allem Silizium, Mangan, Phosphor und Schwefel — äußerst spröde, so daß es nicht durch Verformen weiterverarbeitet werden kann. Die Begleitelemente müssen daher im Stahlwerk durch Oxidation verschlackt oder mit den Verbrennungsgasen abgeführt werden. Neben Roheisen und Eisenschwamm ist Eisen- und Stahlschrott (Kreislauf- und Altschrott) die andere, mengenmäßig bedeutende Rohstoffgrundlage der Stahlerzeugung.

Seit mehr als 100 Jahren wird Rohstahl in flüssiger Form (Flußstahl) erzeugt und anschließend zu Blöcken, Knüppeln, Strängen und auch Formstücken vergossen. Nach den Herstellungsverfahren und den dabei eingesetzten metallurgischen Gefäßen kann zwischen *Konverter- oder Windfrischverfahren und Herdschmelzverfahren* unterschieden werden.

Konverterverfahren

Beim *Bessemerverfahren* (erstmals im Jahre 1855 angewendet) wird flüssiges Roheisen in einem birnenförmigen Konverter mit saurer Auskleidung durch den Boden mit Luft durchblasen. Hierbei ist jedoch nur eine sehr begrenzte Phosphor- und Schwefelreduzierung möglich. Durch die basische Feuerfestauskleidung des Konverters beim *Thomasverfahren* (seit 1878) war es schließlich möglich, auch phosphorreiche Eisenerze für die Roheisenerzeugung einzusetzen. Besonders für den Abbau großer europäischer Eisenerzvorkommen, wie zum Beispiel der Minette oder von Teilen der nordschwedischen Erze, war die Einführung dieses Verfahrens von großer Bedeutung. Ein wertvolles Nebenprodukt ist die aufgemahlene Schlacke, das Thomasmehl. Beide Verfahren haben ihre Bedeutung für die moderne Rohstahlerzeugung weitgehend verloren.

Sowohl qualitative Gründe als auch das begrenzte Fassungsvermögen der Thomaskonverter (max. 90 t) führten zur schnellen Entwicklung der *Sauerstoffblas- oder Oxygenverfahren* nach dem Zweiten Weltkrieg.

Das bedeutendste Frischverfahren mit reinem Sauerstoff ist das *Sauerstoffaufblasoder LD-Verfahren* (Linz-Donawitz), das seit 1952 angewendet wird. Der Sauerstoff wird durch wassergekühlte Lanzen auf die Roheisenschmelze geblasen. Die freiwerdende Oxidationswärme ist so groß, daß Schrott bis zu einem Anteil von 35 % mit eingeschmolzen werden kann. Das LD-Verfahren ist bezüglich der Einsatzstoffe als auch der erreichbaren Stahlqualitäten flexibel. Die Konverter haben ein Fassungsvermögen bis zu 450 t erreicht.

Beim *OBM-Verfahren* (Oxygen, Bottom, Maximillianhütte) — Ende der sechziger Jahre entwickelt — wird der Sauerstoff durch Düsen eingeblasen. Das Verfahren wurde zuerst für den Einsatz von phosphorreichem Roheisen (Thomas-Roheisen) entwickelt, bietet aber darüber hinaus sowohl metallurgische Vorteile durch besser zu kontrollierendes Frischen. OBM-Konverter haben ein Fassungsvermögen von 250 t erreicht.

Herdschmelzverfahren

Im Gegensatz zu den Frischverfahren muß bei der Stahlerzeugung im Herdofen zusätzliche Energie in Form von Brennstoffen beim *Siemens-Martin-Verfahren* oder von elektrischem Strom bei *Elektrostahlverfahren* eingesetzt werden. Herdverfahren eignen sich besonders für die Verarbeitung von Schrott, dessen Einsatz beim Oxygenverfahren begrenzt ist.

Das *Siemens-Martin-Verfahren (SM)* wurde im Jahre 1864 erstmals angewendet. SM-Öfen haben Herdflächen von 20 bis 350 m^2 und Fassungsvermögen bis zu 900 t. Das ursprünglich für die Beheizung eingesetzte Generatorgas wurde später durch Kokereigas, Erdgas oder Heizöl ersetzt. Neben der Möglichkeit zum Einsatz größerer Schrottmengen zeichnet sich das SM-Verfahren dadurch aus, daß sich bis auf höherlegierte Edelstähle sämtliche Stahlqualitäten im SM-Ofen erschmelzen lassen. Die im Vergleich zum LD-Verfahren sehr viel geringere Leistung von maximal 100 t bei Abstichintervallen von 5 bis 8 Stunden und erheblichen Umweltbelastungen haben in den letzten Jahren zur Stillegung beträchtlicher SM-Kapazitäten geführt.

Bei den *Elektrostahlverfahren* wird Elektrowärme in Öfen unterschiedlicher Bauart zum Schmelzen, Frischen und Feinen von Stahl verwendet. Die Elektrostahlerzeugung erfolgt dabei überwiegend in basisch ausgekleideten zylindrischen *Lichtbogenöfen* mit einem Fassungsvermögen bis zu 400 t bei Hochleistungsöfen. Neben Schrott und Eisenschwamm wird vorgefrischter Stahl aus SM- oder Blasstahl-Werken eingesetzt. Elektrostahl eignet sich besonders für die Weiterverarbeitung zu Edelstahl durch Zugabe von Legierungselementen, wie Nickel, Chrom, Mangan, Molybdän, Vanadium, Wolfram, Silizium, Aluminium und anderen Legierungselementen.

Neben Lichtbogenöfen werden bis zu einem Fassungsvermögen von 60 t auch *Induktionsöfen* eingesetzt, die sich wegen der Abwesenheit von Kohlenstoff aus dem Elektrodenabbrand besonders für die Erzeugung hochlegierter Stähle eignen.

Trotz des Einsatzes einer teuren Energieform – mit einem allerdings hohen Wirkungsgrad bei den Elektrostahlverfahren – nimmt der Anteil der Elektrostahlerzeugung stetig zu. Der Rückgang des SM-Verfahrens, der zunehmende Edelstahlanteil und die expandierende Eisenschwammherstellung beeinflussen diese Entwicklung. Die

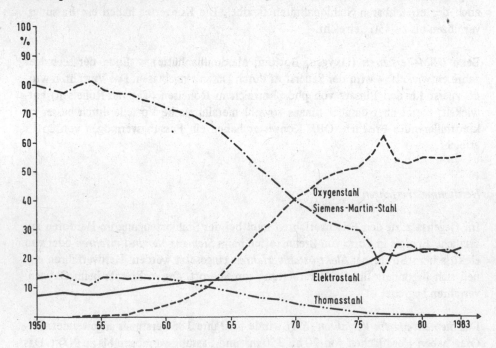

Abbildung II.4. Rohstahlerzeugung der westlichen Welt nach Verfahren (in %)

Tabelle II.7. Rohstahlerzeugung (1982) nach Verfahren in wichtigen Erzeugerländern (in %)

	Bundesrepublik Deutschland	EG	USA	Japan	UdSSR	Welt
Oxygenstahl	80,9	73,5	60,8	73,4	29,6	54,6
SM-Stahl	1,5	0,5	8,2**	–	59,0	23,0
Elektrostahl	17,5	26,0*	31,0	26,6	10,9	22,2
Thomas-Stahl	–	< 0,1	–	–	–	0,2
Sonst.					0,5	

* einschl. Sonst.; ** einschl. Bessemer-Stahl.

Quelle: Nach Angaben des Statistischen Bundesamtes 1984.

Anteile der verschiedenen Verfahren an der Rohstahlerzeugung sind in Abbildung II.4 und in Tabelle II.7 dargestellt.

5.4 Weltproduktion von Roheisen und Rohstahl

Im Jahre 1983 wurden in der Welt rund 458 Mio. t Roheisen erzeugt, die Rohstahlproduktion der Welt belief sich auf rund 657 Mio. t. Hiervon entfielen jeweils fast

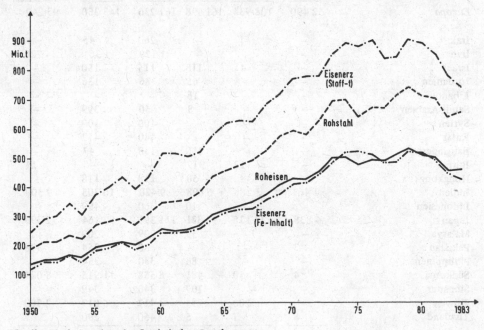

Quelle: Nach Angaben des Statistischen Bundesamtes.

Abbildung II.5. Eisenerzförderung, Roheisen- und Rohstahlerzeugung der Welt, 1950 - 1983 (in Mio. t)

Tabelle II.8. Die Rohstahlproduktion der Welt, 1950 bis 1983 (in 1000 t)

| | Rohstahl | | | | | Roheisen |
	1950	1960	1970	1980	1983	1983
Bundesrepublik Deutschland	14 020	34 100	45 041	43 838	35 730	26 600
Dänemark/Grönland	123	317	473	734	493	–
Frankreich	8 644	17 152	23 773	23 176	17 612	13 434
Großbritannien	16 554	24 695	28 316	11 278	14 993	9 500
Irland	16	40	80	2	54	–
Italien	2 362	8 229	17 277	26 501	21 674	10 311
Niederlande	490	1 942	5 042	5 272	4 478	3 710
Belgien	3 777	7 188	12 607	12 324	10 155	8 000
Luxemburg	2 451	4 084	5 462	4 619	3 295	2 320
Griechenland	23	127	435	935	916	299
EG-Länder	48 460	97 874	138 506	128 679	109 400	74 174
Finnland	102	254	1 169	2 509	2 416	2 000
Jugoslawien	436	1 442	2 228	3 634	4 135	2 845
Norwegen	81	490	869	854	896	500
Österreich	947	3 163	4 079	4 624	4 411	3 050
Portugal	–	–	385	653	666	355
Schweden	1 437	3 218	5 497	4 232	4 210	1 900
Schweiz	130	275	524	929	953	30
Spanien	807	1 919	7 429	12 586	12 731	5 398
Türkei	90	299	1 312	2 536	3 542	2 990
Europa	52 490	108 934	161 998	161 236	143 360	93 242
Irak	–	–	–	260	45	–
Iran	–	–	–	1 179	1 361	726
Israel	–	41	118	115	150	–
Jordanien	–	–	65	86	136	–
Libanon	–	–	18	–	–	–
Saudi-Arabien	–	–	8	50	399	–
Syrien	–	–	–	109	100	–
Katar	–	–	–	440	472	–
Bangladesh	–	–	100	138	47	–
Burma	–	12	17	–	–	14
Hongkong	–	–	50	118	118	–
Indien	1 461	3 286	6 098	9 420	10 305	9 500
Indonesien	–	–	10	360	499	–
Japan	4 838	22 138	93 321	111 395	97 164	72 398
Malasya	–	–	59	209	209	–
Pakistan	3	–	–	30	354	378
Philippinen	–	–	86	330	354	–
Südkorea	4	50	481	8 558	11 915	8 024
Singapur	–	–	107	340	349	–
Taiwan	–	200	294	3 417	5 017	2 700
Thailand	8	7	5	450	290	7
Asien	6 314	25 734	100 837	137 004	129 284	94 167

Tabelle II.8. Fortsetzung

| | Rohstahl | | | | | Roheisen |
	1950	1960	1970	1980	1983	1983
Ägypten	10	138	227	800	599	125
Algerien	–	–	35	384	599	907
Marokko	–	–	1	6	6	15
Nigeria	–	–	10	15	136	–
Tunesien	–	–	99	178	165	150
Angola	–	–	33	10	10	–
Kenia	–	–	–	10	10	–
Rep. Südafrika	755	2 112	4 757	9 068	7 004	5 213
Simbabwe	23	86	150	804	454	299
Uganda	–	–	20	–	–	–
Afrika	788	2 336	5 332	11 275	8 983	6 709
Kanada	3 070	5 270	11 200	15 887	12 828	8 567
USA	87 848	90 067	119 308	101 455	76 762	44 243
Nordamerika	90 918	95 337	130 508	117 342	89 590	52 810
El Salvador	–	–	–	14	5	–
Mexiko	390	1 503	3 881	7 156	6 917	5 034
Panama	–	–	–	–	50	–
Trinidad & Tobago	–	–	–	3	219	–
Argentinien	200	277	1 823	2 702	2 930	1 871
Brasilien	789	2 296	5 391	15 339	14 659	13 190
Chile	56	422	592	704	617	544
Ecuador	–	–	–	16	22	–
Kolumbien	10	172	309	405	444	270
Peru	–	60	94	447	290	139
Uruguay	–	–	16	16	30	–
Venezuela	–	47	928	1 784	2 246	2 246
Lateinamerika	1 445	4 777	13 034	28 586	28 429	23 294
Australien	1 449	3 753	6 822	7 594	5 604	5 045
Neuseeland	–	–	68	217	233	150
Australien/Ozeanien	1 449	3 753	6 890	7 811	5 837	5 195
Westliche Welt	153 404	240 871	418 599	463 254	405 483	275 417
Bulgarien	–	253	1 800	2 567	2 540	1 551
DDR	995	3 337	5 053	7 308	6 985	2 000
Kuba	–	–	140	304	354	–
Polen	2 515	6 881	11 795	19 485	13 600	8 500
Rumänien	558	1 806	6 516	13 175	13 100	8 700
Tschechoslowakei	2 890	6 768	11 480	15 225	15 024	9 000
UdSSR	27 034	65 293	115 886	147 941	152 997	110 500
Ungarn	1 048	1 885	3 110	3 764	3 617	2 047
Vietnam	–	–	5	118	100	–
VR China	610	18 660	17 790	37 120	39 952	37 420
Nordkorea	40	641	2 177	3 538	3 538	2 994
Staatshand. Länder	35 690	105 524	175 752	250 545	251 807	182 712
Welt	189 094	346 395	594 351	713 799	657 290	458 129

Tabelle II.8. Fortsetzung

| | Rohstahl | | | | | Roheisen |
	1950	1960	1970	1980	1983	1983
Westliche Industrieländer	150 360	231 975	396 162	404 316	339 413	225 868
Entwicklungsländer	3 044	8 896	22 437	58 938	66 070	49 549
Staatshandelsländer	35 690	105 524	175 752	250 545	251 807	182 712

Quelle: US-Bureau of Mines: Minerals Yearbook, 1950 - 1983.

drei Viertel auf die 4 größten Erzeugerländer (UdSSR, Japan, USA, VR China) sowie die Länder der Europäischen Gemeinschaft. An der Herstellung von Roheisen und Rohstahl in der EG hatte die Bundesrepublik Deutschland einen Anteil von jeweils rund einem Drittel. Die Produktionsergebnisse (1983) der genannten Länder finden sich in der Tabelle II.8.

Das Verhältnis von Roheisen- zu Rohstahlerzeugung liegt weltweit bei etwa 0,7 : 1, Abweichungen in den einzelnen Ländern hängen von der Höhe des Schrotteinsatzes ab.

Die Gewinnung von Roheisen und Rohstahl in der Welt weist seit 1950 (134 Mio. t bzw. 189 Mio. t) bis zum Jahre 1983 (458 Mio. t bzw. 657 Mio. t) einen Anstieg auf das 3,5 - 4fache auf (vgl. Tab. II.8 und Abb. II.5). Das bisher höchste Produktions-

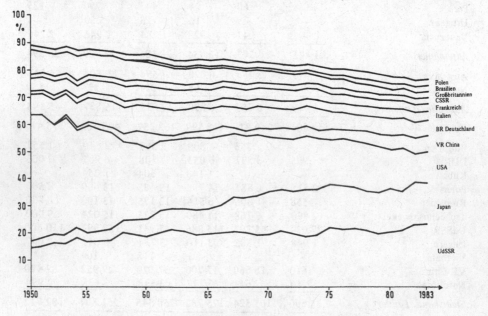

Abbildung II.6. Rohstahlerzeugung der Welt, 1950 - 1983 (in %)

Tabelle II.9. Rohstahlerzeugung durch Stahlwerksunternehmen der westlichen Welt (in Mio. t)

	1983		1984	
	Ranking	Output	Ranking	Output
Nippon Steel Corp.	1	26,85	1	29,42
US Steel	2	13,42	2	13,70
Finsider	4	12,17	3	13,52
BSC	3	12,71	4	12,74
NKK	5	11,41	5	12,50
Siderbras	11	9,12	6	11,39
Sumitomo	7	10,34	7	11,30
Kawasaki	6	10,36	8	11,28
Bethlehem	9	9,71	9	11,07
Arbed group	8	9,74	10	10,99
Thyssen	10	9,27	11	10,85
Usinor	12	8,60	12	9,40
Posco	14	8,44	13	9,19
LTV*	15	6,98	14	9,07
Sacilor	13	8,47	15	8,30**
Kobe	16	6,46	16	6,62
Saul	17	6,14	17	6,29
BHP	19	5,61	18	6,11
Inland	18	5,71	19	5,90
Iscor	20	5,44	20	5,77
Hoogovens	23	4,28	21	5,53
Armco	21	5,26	22	5,35
Cockerill-Sambre	22	4,72	23	4,84
Voest Alpine group	24	4,23	24	4,66
Krupp	27	3,90	25	4,40**
National Steel (USA)	26	4,17	26	4,35
Sidermax	29	3,80	27	4,30
Klöckner	25	4,20	28	4,30
Ensidesa	29	3,80	29	4,11
Hoesch***	27	3,90	30	4,10
Stelco	31	3,66	31	4,07
Dofasco	34	3,36	32	4,05
Mannesmann	32	3,65	33	3,99
Peine-Salzgitter	35	3,12	34	3,63
China Steel	33	3,41	35	3,34
Nisshin	37	2,58	36	2,96
SSAB	36	2,59	37	2,69
Wheeling Pittsburgh	40	2,02	38	2,54
Sidor	38	2,15	39	2,50
Algoma	39	2,09	40	2,29
Tata Iron & Steel	41	1,94	41	2,06

* Includes former Jones & Laughlin and Republic Steel; ** provisional; *** financial year to Sept. 30. Includes acquisitions during 1984.

Quelle: Metal Bulletin vom 19.3.1985.

niveau wurde jedoch mit 532 Mio. t Roheisen bzw. 745 Mio. t Rohstahl im Jahre 1979 erzielt.

Seit 1950 wurden in der Welt insgesamt 16 250 Mio. t Rohstahl erzeugt. Zur Veranschaulichung: aus dieser Menge könnten 783 stählerne Cheops-Pyramiden errichtet werden, nebeneinandergestellt würden sie ein Geviert mit 6,5 km Seitenlänge bedecken. Im Zeitraum von 1950 bis 1983 traten deutliche Verschiebungen in der regionalen Struktur der Welt-Rohstahlerzeugung auf. Während die UdSSR, Japan und die VR China ihre Anteile an der Weltproduktion beträchtlich ausweiten konnten, mußten vor allem die USA, aber auch die Länder der EG erhebliche Verluste hinnehmen (vgl. Abb. II.6). Eine ganz ähnliche Entwicklung vollzog sich bei der Herstellung von Roheisen.

In den zurückliegenden drei Jahrzehnten hat sich die Angebotskonzentration in der Roheisen- und Rohstahlherstellung merklich verringert. Während 1950 noch fast 70 % der Weltproduktion von nur drei Ländern (USA, UdSSR, Großbritannien) erbracht wurden, entfielen 1983 auf die drei größten Hersteller (UdSSR, Japan, USA) nur noch knapp 50 %. Die Tabelle II.9 enthält Stahlwerksunternehmen der westlichen Welt mit einer Jahresproduktion von mindestens 2 Mio. t.

6 Weltstahlverbrauch

6.1 Ermittlungsgrundlagen

Die Struktur des Weltstahlmarktes veränderte sich durch die Entwicklung von Forschung, Technik und Wirtschaft in den letzten zwanzig Jahren stärker als in früheren Perioden.

Auf der *Angebotsseite* sind Produktionsmethoden mit höherer Effizienz, eine größere Sorten- und Produktionsvielfalt und erheblich verbesserte Werkstoffeigenschaften bestehender oder neu entwickelte Materialkombinationen zu nennen. Bei der *Nachfrage* waren es vor allem veränderte sektorale und regionale Verwendungsmuster, eine seit den Erdölkrisen noch verstärkte Tendenz zur Verringerung des spezifischen Stahlverbrauchs und der im Verlauf der wirtschaftlichen Entwicklung in allen modernen Industrieländern, im Ansatz jedoch auch in den industrialisierten Staatshandelsländern, zu beobachtende Trend abnehmender Verbrauchsintensitäten für Stahl.

Neue und verbesserte Verfahren haben Produktivitätsfortschritte nicht nur bei den Roherzeugnissen in Form von Rohblöcken oder Rohbrammen sowie der Produktion von flüssigem Rohstahl für Blockguß, Strangguß und Stahlguß ermöglicht, sondern auch auf den Stufen der Weiterverarbeitung zu Stahlhalbzeugen und Walzstahlfertigerzeugnissen. Von dieser Entwicklung und dem hierbei erreichten Stand der Technik profitiert auch die Produktion und Weiterverarbeitung neuer Stahlwerkstoffe, wie die niedrig und hochlegierter Stähle. Diese ermöglichen aufgrund der höheren Qualitätsmerkmale einen geringeren spezifischen Werkstoffeinsatz und außerdem engere Sicherheits- und Konstruktionstoleranzen.

Verbesserte Werkstoffeigenschaften ergeben sich jedoch nicht nur aufgrund einer veränderten Materialzusammensetzung, sondern auch infolge weiterentwickelter Bearbeitungsverfahren, die im Endeffekt den Umfang der anfallenden Be- und Verarbeitungsabfälle reduzieren. Mehrere in sich autonome Entwicklungen bewirken aufgrund von Interdependenzen selbst bei einem anhaltend positiven Verlauf der Stahlnachfrage daher letztlich zwangsläufig einen Trend zu abnehmenden Zuwachsraten beim Rohstahlverbrauch.

Zur Bestimmung des Stahlverbrauchs ist die Erfassung der Produktion an flüssigem und festem Rohstahl, an flachem, quadratischem, rechteckigem und vorprofiliertem Halbzeug sowie Halbzeug für nahtlose Rohre, an Walzstahlfertigerzeugnissen (Langerzeugnisse, Flacherzeugnisse, Walzstahl) und an Enderzeugnissen (Bleche und Bänder mit und ohne metallische und andere Überzüge), an zusammengesetzten Erzeugnissen, an Elektrobändern und Blechen sowie an Feinstblech und Feinstband erforderlich.

Verschiedene internationale Organisationen, wie u.a. die Organisation für Wirtschaftliche Zusammenarbeit und Entwicklung (OECD), die Wirtschaftskommission der Vereinten Nationen für Europa (ECE) und andere Unterorganisationen der Vereinten Nationen (UNCTAD, UNDP), der Beratende Ausschuß der Europäischen Gemeinschaft für Kohle und Stahl (EGKS), das Internationale Institut für Eisen und Stahl (IISI) befassen sich mit der Erfassung der Weltstahlproduktion und des Weltstahlverbrauchs. Bislang steht jedoch selbst eine befriedigende Vereinheitlichung der Stahlsorteneinteilung verschiedener Länder noch aus.

Anders als die Produktion ist der Verbrauch keine gemeldete, sondern als sogenannter sichtbarer Stahlverbrauch eine errechnete statistische Größe, die länderspezifisch aus der Rohstahlproduktion, den Ein- und Ausfuhren sowie den Bestandsveränderungen bestimmt wird (Tab. II.10).

Um die in den amtlichen nationalen Außenhandelsstatistiken erfaßten Importe und Exporte unterschiedlicher Stahlsorten und -produkte vergleich- und rechenbar zu gestalten, müssen über entsprechende Umrechnungskoeffizienten die Rohstahläquivalente als normierte Basis- und Bezugsgrößen bestimmt werden. Nicht die tatsächlichen Ein- und Ausfuhrmengen an verschiedenen Stahlerzeugnissen, sondern die zu ihrer Fertigung erforderliche Menge Rohstahl wird für die Bestimmung des Stahlverbrauchs statistisch zugrunde gelegt. Nach dieser Methode bestimmt beispielsweise das Statistische Amt der Vereinten Nationen den Rohstahlverbrauch einzelner Länder. Bislang sind derartige Angaben allerdings nur für wenige Staaten verfügbar. Selbst diese Daten lassen sich jedoch nur dann sinnvoll miteinander vergleichen, wenn die Effizienz der einzelnen Verfahren bei der Produktion von Rohstahl, Halbzeugen und

Tabelle II.10.   Sichtbarer Weltstahlverbrauch* von 1960 - 1980 in 1000 t Rohstahlgewicht

	1960	1965	1970	1975	1980	1981	1982
EG-Länder	79 265	91 442	122 509	98 100	103 744	106 594	100 896
Anderes Europa	14 461	23 041	31 933	35 659	34 639	31 311	32 583
USA	90 014	128 095	127 304	116 821	115 591	129 730	84 275
Japan	19 456	28 504	69 882	64 736	73 442	65 445	63 733
Andere Industrieländer	12 329	21 308	22 862	27 840	26 457	27 948	21 650
Westliche Industrieländer	215 525	292 390	374 490	343 156	353 873	361 028	303 137
Staatshandelsländer	87 692	117 412	151 666	195 040	207 334	205 243	203 398
Entwicklungsländer	30 089	41 718	65 228	104 509	149 328		
davon:							
Mittel- und Südamerika	8 750	11 975	17 926	29 044	33 180	31 385	26 320
Asien	7 683	11 343	15 368	19 809	35 112		
Mittlerer Osten	1 897	2 544	3 845	11 477	13 932		
Afrika	2 136	2 506	3 812	6 752	9 747		
Andere**	9 623	13 350	24 277	37 426	57 357		
Welt insgesamt	333 306	451 520	591 384	642 705	710 535	700 000	642 000

*   Summe Rohstahlproduktion (flüssiger Rohstahl für Blockguß, Strangguß, Stahlguß) + Importe − Exporte einzelner Länder). ** VR China, Nordkorea, Vietnam.

Quelle: UN Economic Commission for Europe (Hrsg.): The evolution of the specific consumption of steel, New York 1984.

Fertigprodukten in den einzelnen Produzentenländern annähernd identisch ist.

In den fünfziger und teilweise noch in den sechziger Jahren waren die entsprechenden Voraussetzungen noch weitgehend gegeben. Seitdem hat jedoch nicht nur bei der Rohstahlproduktion, sondern auch auf den nachfolgenden Stufen der Weiterverarbeitung eine länderweise stark differenzierte technische Entwicklung stattgefunden.

Die bereits früher komplizierte Berechnung des Weltstahlverbrauchs ist dadurch noch erheblich problematischer geworden. Theoretisch könnten die Umrechnungskoeffizienten zur Bestimmung von Rohstahläquivalenten entsprechend praktizierter neuer Produktionstechniken ständig regional adjustiert werden. Denn ob dem Verbrauch von beispielsweise 1 Mio. t Rohstahl verfahrensbedingt die Erzeugung von 750 000 t oder von 900 000 t Halbzeugen oder Fertigerzeugnissen zugeordnet wird, ist nicht zuletzt für die Planung von zukünftigen Rohstahlkapazitäten von Bedeutung. Schließlich ergeben sich auch für die Rohstahlproduktion selbst inzwischen Probleme der internationalen Vergleichbarkeit, die aus der erheblich höheren Effizienz des Stranggußverfahrens resultieren.

Konsequenterweise berücksichtigt daher sowohl das Statistische Amt der EG als auch das Stahlkomitee der OECD den Anteil des Stranggußverfahrens an der länderspezifischen Rohstahlproduktion bei der Analyse des Stahlverbrauchs und rechnet mit einer eigenen statistischen Bezugsgröße in Form von Blockstahläquivalenten (ingot equivalent figures). Erwiesenermaßen korrespondiert der mengenmäßige Verbrauch von Stahlfertigerzeugnissen besser mit dem von Blockstahl- als von Rohstahläquivalenten.

6.2 Regionalstruktur des Verbrauchs

Der Weltstahlverbrauch erhöhte sich in den sechziger Jahren um durchschnittlich jährlich 5,9 %, wobei die Zuwachsraten pro Jahr bei den westlichen Industrieländern 5,8 %, den Staatshandelsländern 5,6 % und den Entwicklungsländern 8 % betrugen. Infolge dieser weltweit kräftigen Verbrauchsentwicklung veränderten sich die regionalen Verbrauchsanteile der drei Ländergruppen in der Dekade nur unwesentlich: Bei den westlichen Industrieländern in 1960 von knapp 65 % auf gut 63 % in 1970, bei den Staatshandelsländern von reichlich 26 % auf knapp 26 % und bei den Entwicklungsländern von 9 % auf 11 %.

Auch Anfang der siebziger Jahre vollzog sich die Entwicklung des Stahlverbrauchs in den drei Ländergruppen noch weitgehend im Gleichschritt; die Jahre 1973 und 1974 brachten für den Stahlverbrauch der Welt neue Höchstwerte. Der Rekordverbrauch der westlichen Industrieländer von etwa 425 Mio. t im Jahre 1973 ist seitdem auch nicht annähernd wieder erreicht worden. Durch den ausschließlich diese Ländergruppe kennzeichnenden starken Verbrauchseinbruch, der auch in den folgenden Jahren nicht ausgeglichen wurde, ermäßigten sich die durchschnittlichen Zuwachsraten des Weltverbrauchs für die siebziger Jahre auf weniger als 2 % p.a., für die Periode 1979 bis 1982 auf 1,4 % p.a. Im Jahre 1980 fiel der Anteil der westlichen Industrieländer am Weltstahlverbrauch erstmalig auf weniger als die Hälfte. Während die Staatshandelsländer auf ermäßigtem Wachstumsniveau (3,2 % p.a.) ihren Anteil auf gut 29 % im Jahre 1980 auszubauen vermochten, führten die noch gestiegenen Zuwachsraten (8,6 % p.a.) der Gruppe der Entwicklungsländer zu einem Anteil am Weltstahlverbrauch von 1980 erstmalig mehr als einem Fünftel (21 %). Die höchsten Zuwachsraten erzielten die Entwicklungsländer Südostasiens und des pazifischen Raums, an der Spitze die Republik Korea (Südkorea) mit jährlichen Zuwachsraten zwischen 1960 und 1980 von 24,1 %, vor Singapur (12,4 %), Indonesien (11,7 %), Malaysia (8,1 %), Thailand (7,3 %), Hongkong (6,7 %) und den Philippinen (5,4 %). Der Anteil dieser Länder am Stahlverbrauch der Entwicklungsländer stieg zwischen 1960 und 1980 von 3 % auf 12 %. Auch für die Zukunft wird mit einer zwar verminderten, im Vergleich zum Weltdurchschnitt jedoch überproportionalen Zuwachsrate im Stahlverbrauch der Entwicklungsländer gerechnet. Nach Weltbankanalysen sollen vom Weltstahlverbrauch 1990 auf diese Ländergruppe 29 % und im Jahre 1995 gut 31 % entfallen.

Größtes Stahlverbraucherland ist die UdSSR, seitdem sie diese Position im Jahre 1975 von den USA übernommen hatte. Am Weltstahlverbrauch von 1982 mit 642 Mio. t (Rohstahlgewicht) war die UdSSR zu 23,5 % beteiligt, vor den USA (13,1 %), Japan (9,9 %), der VR China (6,6 %) und der Bundesrepublik Deutschland (5 %).

Auf diese fünf Länder entfielen annähernd drei Fünftel vom Weltstahlverbrauch des Jahres 1982. Ungeachtet erheblich veränderter Einzelanteile lag in der Summe die Konzentration des Verbrauchs auf diese fünf Länder während der vergangenen zehn Jahre relativ konstant bei drei Fünfteln des Weltverbrauchs.

6.3 Entwicklung des Pro-Kopf-Verbrauchs

Während sich der Weltstahlverbrauch von 1960 bis 1980 mengenmäßig mehr als verdoppelte, hat der Pro-Kopf-Verbrauch im Weltmaßstab lediglich um ein reichliches Drittel zugenommen (s. Tab. II.11).

Tabelle II.11. Sichtbarer Weltstahlverbrauch von 1960 - 1980 in kg pro Kopf der Bevölkerung

	1960	1965	1970	1975	1980
EG-Länder	341	375	487	380	397
Anderes Europa	119	178	232	244	223
USA	498	659	621	541	508
Japan	209	291	676	580	629
Andere Industrieländer	258	400	386	428	373
Westliche Industrieländer	319	407	495	430	425
Staatshandelsländer	282	355	439	541	553
Entwicklungsländer* davon:	15	18	23	33	40
Mittel- und Südamerika	41	49	64	91	91
Asien	9	11	14	16	25
Mittlerer Osten	37	43	56	144	152
Afrika	8	9	11	18	22
Welt insgesamt	135	166	195	189	186

* ohne VR China, Nordkorea, Vietnam.

Quelle: UN Economic Commission for Europe (Hrsg.): The evolution of the specific consumption of steel, New York 1984.

Für die Länder der Dritten Welt war ein noch stärkeres Ungleichgewicht der Entwicklung kennzeichnend. In diesen Ländern hat sich der Stahlverbrauch in der Periode beinahe verfünffacht, während der Pro-Kopf-Verbrauch von 15 kg im Jahre 1960 bis 1980 auf nur 40 kg, d.h. um durchschnittlich jährlich lediglich 5 % gestiegen ist. Er entspricht für diese Ländergruppe weniger als einem Zehntel der durchschnittlichen Vergleichswerte in den Industrie- und Staatshandelsländern.

Auf die Länder der Dritten Welt entfallen gegenwärtig etwa 74 % der Weltbevölkerung, jedoch — ungeachtet der bemerkenswerten Entwicklung im Stahlsektor während der vergangenen beiden Dekaden — lediglich 14 % der Weltrohstahlproduktion und 21 % des Weltrohstahlverbrauchs. Bei gleichbleibenden Zuwachsraten (1960 - 1980) für Bevölkerungswachstum und Stahlverbrauch in diesen Ländern würde der gegenwärtige Pro-Kopf-Verbrauch der Industrieländer erst in fünfzig Jahren erreicht. Am jährlichen Stahlverbrauch pro Kopf der Bevölkerung, seiner Veränderung und absoluten Höhe läßt sich der Entwicklungsstand eines Landes beim Industrialisierungsprozeß erkennen. Unabhängig vom Wirtschaftssystem gelten fünf Entwicklungsstufen des Stahlverbrauchs:

— Stufe 1 kennzeichnet ein niedriger Stahlverbrauch, der weitgehend von der Nachfrage der Landwirtschaft, ersten Aktivitäten im Bergbau und der Leichtindustrie bestimmt wird.

— Stufe 2 ist bereits durch eine erheblich stärkere Stahlnachfrage und hohe Zuwachsraten des Stahlverbrauchs bestimmt, der vorwiegend beim Bau von Straßen, Häfen, Brücken, Eisenbahnstrecken etc., der Infrastruktur eines Landes, anfällt. Die Nachfrage wird in der Regel durch Importe gedeckt.

— Stufe 3 weist die stärksten Zuwachsraten im Verbrauch und entsprechend hohe

Tabelle II.12. Entwicklung des Stahlverbrauchs pro Kopf der Bevölkerung von 1950 - 1982 in kg

	1950	1970	1974	1980	1981	1982
USA	563	620	673	508	565	—
Kanada	311	520	690	541	553	—
Schweden	296	733	776	497	—	423
Großbritannien	276	458	412	247	304	—
Belgien/Luxemburg	243	477	522	324	377	—
CSSR	235	611	700	729	753	724
Bundesrepublik Deutschland	203	660	562	549	587	517
Niederlande	166	435	428	328	244	—
Frankreich	158	457	460	373	368	—
Schweiz	156	474	405	474	—	—
Japan	57*	676	688	629	561	538
DDR	—	533	524	583	561	569
Norwegen	165*	496	626	497	—	421
UdSSR	160**	454	546	560	571	558
Rumänien	—	317	425	544	515	512
Polen	—	356	516	542	429	—
Australien	272*	489	561	416	443	—
Dänemark	149*	439	460	344	370	449
Finnland	136*	401	401	445	—	447

* geschätzt für 1950 - 1952.
** geschätzt für 1951.

Quelle: UN Economic Commission for Europe (Hrsg.): The evolution of the specific consumption of steel, New York 1984; ergänzt nach UN Statistical Yearbook, New York verschiedene Jahrgänge.

Pro-Kopf-Quoten auf. Industrien für den Schiffbau, Fahrzeugbau und die Metallweiterverarbeitung entstehen und stimulieren gleichzeitig den Aufbau einer eigenen Stahlindustrie auf Basis inländischer oder importierter Rohstoffe.

- Stufe 4 repräsentiert bereits eine solide industrielle Infrastruktur. Der Stahlverbrauch nimmt nur noch im Gleichschritt mit dem Wirtschaftswachstum zu, die Pro-Kopf-Quoten sind weitgehend stabil, die Entwicklung des Verbrauchs stagniert.

- Stufe 5 sieht die Aufnahmefähigkeit der Volkswirtschaft an stahlenthaltenden Industrieerzeugnissen weitgehend auf den Ersatzbedarf beschränkt. Bereiche mit niedrigerem spezifischen Stahlverbrauch werden zunehmend zu Trägern des Wirtschaftswachstums. Der Stahlverbrauch pro Kopf der Bevölkerung stagniert und geht schließlich tendenziell zurück.

Am Beispiel von Ländern wie u.a. den USA, Japan, Schweden und der Bundesrepublik Deutschland (s. Tab. II.12) kann für die Vergangenheit ein Stahlverbrauch zwischen 500 und 700 kg pro Kopf der Bevölkerung als für die in einem Land beginnende Konsolidierung des Stahlverbrauchs typisch angesehen werden. Diese Schwellenwerte dürften jedoch in Zukunft dank der Erfolge des allgemeinen technischen Fortschrittes niedriger anzusetzen sein.

6.4 Stahlverbrauch nach Abnehmergruppen

Der erfaßte Inlandsabsatz an Walzerzeugnissen entspricht im Durchschnitt annähernd drei Viertel des sichtbaren Stahlverbrauchs der aufgeführten Länder. In den meisten Ländern zählen der Straßenfahrzeugbau und das Bauwesen neben dem Maschinenbau zu den wichtigen stahlverbrauchenden Wirtschaftsbereichen. Beispielsweise konzentrierten sich 1983 in den USA auf den Straßenfahrzeugbau vom gesamten Inlandsabsatz an Bandstahl und Röhrenstreifen anteilsmäßig 50,6 %, an verzinkten und anders beschichteten Blechen 31,4 %, an sonstigen Blechen 29 %, an kaltgefertigtem Bandstahl 20,3 % sowie an Formstahl 14 %. Der industrieweite Stahlverbrauch entfällt überwiegend auf die nach der Internationalen Systematik der Wirtschaftszweige unter den ISIC-Nummern 2 - Bergbau, Gewinnung von Steinen und Erden, 3 - Verarbeitendes Gewerbe, 4 - Energie und Wasserversorgung, 5 - Baugewerbe, 7 - Verkehr und Nachrichtenübermittlung erfaßten Bereiche.

Für einen besonders intensiven Stahlverbrauch stehen die ISIC-Hauptgruppen 381 – Herstellung von Metallerzeugnissen, 382 – Maschinenbau, 383 – Elektrotechnik, 384 – Fahrzeugbau. Innerhalb des Maschinenbaus sind es wiederum die ISIC-Nummern 3821-9, unter denen die Herstellung von Motoren und Turbinen sowie Maschinen und Geräte für die verschiedensten Einsatzbereiche erfaßt werden, auf die sich der Stahlverbrauch besonders konzentriert mit Anteilen am Gesamtstahlverbrauch einzelner Länder von 50 % bis zu mehr als 90 %.

6.5 Spezifischer Stahlverbrauch und Stahlintensität

Der spezifische Stahlverbrauch als die zur Fertigung von Endprodukten erforderliche Werkstoffmenge, z.B. kg Stahl pro Automobil, pro m² Baufläche oder pro m³ umbauten Raumes, pro km Autobahn- oder Schienennetz dokumentiert in seinen Veränderungen die Folgen der Entwicklung in der Konstruktions- und Werkstoffkunde für einzelne Produkte.

In den USA ist beispielsweise das durchschnittliche PKW-Gewicht aufgrund der Substitution traditioneller Stahlsorten durch Legierungsstähle (Gewichtsanteil in Automobilen 1975: 2,7 %; 1985: 12,5 %), Aluminium (2,2 %; 6,5 %) und Kunststoffe (4,2 %; 10,5 %) von 1970 (1800 kg) bis 1980 (1397 kg) um mehr als ein Fünftel und bis 1985 (geschätzt 925 kg) um beinahe die Hälfte zurückgegangen. In der europäischen Automobilindustrie lag der Stahlanteil (kg Stahl/PKW) 1976 bei 650 kg; er soll auf 567 kg im Jahre 1986 und 548 kg im Jahre 1991 zurückgehen.

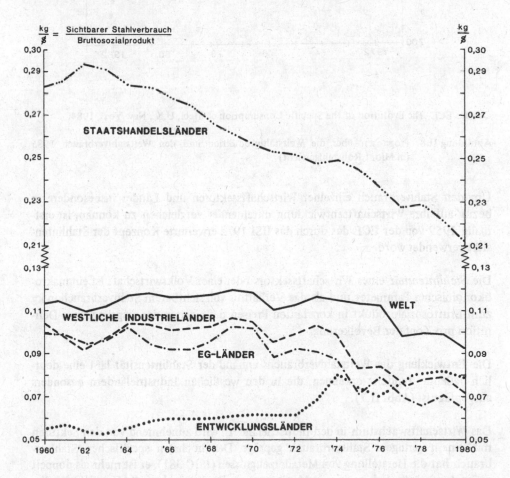

Abbildung II.7. Entwicklung der Stahlintensität in Ländergruppen und in der Welt, 1960 bis 1980.

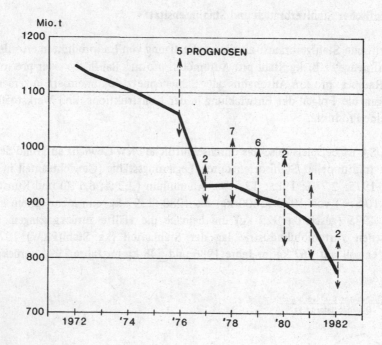

Quelle: ECE, The Evolution of the Specific Consumption of Steel, U.N., New York 1984.

Abbildung II.8. Prognosen über die Weltstahlproduktion und den Weltstahlverbrauch 1985
              (in Mio. t Rohstahlgewicht)

Um den Stahlverbrauch einzelner Wirtschaftssektoren und Länder insbesondere in bezug auf ihre Wirtschaftsentwicklung miteinander vergleichen zu können, ist erstmalig 1959 von der ECE das durch das IISI 1972 erweiterte Konzept der Stahlintensität verwendet worden.

Die *Stahlintensität* eines Wirtschaftssektors oder einer Volkswirtschaft ist ein makroökonomischer Parameter und als das Verhältnis von sichtbarem Stahlverbrauch in kg zum Bruttosozialprodukt in konstanten Preisen definiert; in der ursprünglichen Definition pro Kopf der Bevölkerung.

Die Entwicklung des Weltstahlverbrauchs anhand der Stahlintensität läßt eine deutlich fallende Tendenz erkennen, die in den westlichen Industrieländern besonders ausgeprägt ist (Abb. II.7).

Das Wirtschaftswachstum in den Industrieländern wird zunehmend von den Sektoren mit einem geringen Stahlverbrauch geprägt. Den höchsten spezifischen Stahlverbrauch hat die Herstellung von Metallerzeugnissen (ISIC 381), er ist mehr als doppelt so hoch wie beim Fahrzeug- und Maschinenbau. Die konjunkturelle Entwicklung dieses Industriesektors hat in den Industrieländern auf den gesamten Stahlverbrauch den stärksten Einfluß.

Eine positive Tendenz hat der spezifische Stahlverbrauch lediglich in den Entwicklungsländern. Wegen ihres geringen Anteils am globalen Verbrauch ist der Einfluß auf den Verlauf desselben jedoch noch unbedeutend.

Eine fallende Tendenz weisen auch die zahlreichen Prognosen über den zukünftigen Verlauf von Weltstahlproduktion und Weltstahlverbrauch auf (s. Abb. II.8). Während Anfang der siebziger Jahre für 1985 noch Werte von über 1,1 Mrd. t Rohstahlgewicht prognostiziert wurden, waren es 1982 nur noch um 800 Mio. t. Aus derselben Zeit stammende Prognosen erwarten für das Jahr 2000 einen Weltstahlverbrauch um 1,1 Mrd. t.

Literaturhinweise

American Institute of Mining: Proceeding of the Council of Economics 1968, Metallurgical and Petroleum Engineers Inc., New York.

BGR & DIW: Eisenerz − Untersuchungen über Angebot und Nachfrage mineralischer Rohstoffe, 12, Hannover 1979, Bundesanstalt für Geowissenschaften und Rohstoffe und Deutsches Institut für Wirtschaftsforschung.

Bogdandy, L.V.: Entwicklungstendenzen in der Eisen- und Stahlindustrie, Stahl und Eisen, 92, 1972, 1069 - 1077.

Bottke, H.: Lagerstättenkunde des Eisens, (Glückauf), Essen 1981.

The Changing World Market for Iron Ore, Gerald Manners Resources for the Future Inc., Washington (John Hopkins), New York/London.

Eichler, J.: Origin of the precambrian banded iron formations, in: Wolf, K.H. (Hrsg.): Handbook of strata-bound and stratiform ore deposits, 7, 157 - 201, Amsterdam 1976.

Einecke, G.: Die Eisenerzvorräte der Welt, Atlas-Bd., (Stahleisen), Düsseldorf 1950.

Förster, H.; Borumandi, H : Jungpräkambrische Magnetit-Laven und Magnetit Tuffe aus dem Zentraliran, Naturwiss., 58, 1971, 524 - 525.

Glatzel, G.: Betriebliche Entwicklungen im Eisenerzbergbau unter Berücksichtigung der heimischen Eisenerzversorgung, Erzmetall, 19, 1966, 497 - 503.

Gross, G.A.: A classification of iron formations based on depositional environments, Canad. Mineralogist, 18, 1980, 215 - 222.

IFO Institut für Wirtschaftsforschung (Hrsg.): Entwicklungstendenzen des Weltstahlhandels und des Stahlaußenhandels der Gemeinschaft, München 1968.

International map of the iron ore deposits of Europe, 1 : 2 500 000 in 16 Blättern, Hannover 1970 bis 1973.

Jänicke, W.; Dahl, W.; Klärner, H.F.; Pitsch, W.; Schauwinhold, D.; Schlüter, W.; Schmitz, H.: Werkstoffkunde Stahl, Bd. 1: Grundlagen, (Springer), Berlin/Heidelberg/New York/Tokyo und (Stahleisen), Düsseldorf 1984.

Kaup, K.: Zur Frage der langfristigen Rohstoffsicherung der deutschen Stahlindustrie, Erzmetall, 25, 1972, 354 - 362.

Kehrer, P.: Zur Geologie der Itabirite in der südlichen Serra de Espinhaco (Minas Gerais, Brasilien), Geol. Rdsch., 61, 1972, 216 - 248.

Magnusson, N.H.: Die mittelschwedischen Eisenerze und ihre Skarnmineralien, Fortschr. Miner., 43, 1966, 47 - 76.

Mel'nik, Y.P. (Hrsg.): Precambrian banded ironformations, Development in Precambrian Geol., 9, (Elsevier), Amsterdam 1982, (Übers. aus dem Russ.).

Pfeufer, J.: Zur Genese der Eisenerzlagerstätten von Auerbach – Sulzbach-Rosenberg – Amberg (Oberpfalz), Geol. Jb., D 64, 1983.

Quade, H.: Genetic problems and environmental features of volcano-sedimentyry iron ore deposits of the Lahn-Dill type, in: Wolf, K.H. (Hrsg.): Handbook of strata-bound and stratiform ore deposits, 7, 255 - 294, Amsterdam 1976.

Römpps Chemie-Lexikon, Bd. 2, 8. Aufl., 1981, 1056 - 1061.

Routhier, P.: Les Gisements métallifères, Paris 1963.

Sammlung allgemeine Ziele Stahl, Kommission der Europäischen Gemeinschaften (EGKS) Brüssel, Erscheinungsdaten der Dokumentationen: 1) 10.1.1953; 2) 1.9.1955; 3) 20.5.1957; 4) 5.4.1962; 5) 30.12.1966; 6) 29.9.1971.

Stahl und Eisen, Zeitschrift für das Hüttenwesen, Düsseldorf.

Statistisches Bundesamt, Außenstelle Düsseldorf (Hrsg.): Eisen und Stahl, Vierteljahreshefte.

Statistische Jahrbücher der Eisen- und Stahlindustrie, Wirtschaftsvereinigung der Eisen- und Stahlindustrie, Düsseldorf.

Thalmann, F.: Zur Eisenspatvererzung in der nördlichen Grauwackenzone am Beispiel des Erzberges bei Eisenerz und Radmer/Bucheck, Verh. geol. B.-A., 1978, 479 - 489, Wien 1979.

Torres-Ruiz, J.: Genesis and evolution of the Marquesado and adjacent iron ore deposits, Granada, Spain, Econ.Geol., 78, 1983, 1657 - 1673.

UN Economic Commission for Europe (Hrsg.): Quarterly Bulletin of Steel Statistics for Europe, New York.

UN Economic Commission for Europe (Hrsg.): World Trade in Steel and Steel Demand in Developing Countries, New York 1968.

UN Economic Commission for Europe (Hrsg.): The evolution of the specific consumption of steel, New York 1984.

UNESCO (Hrsg.): Genesis of Precambrian iron and manganese deposits, Earth Sci., 9 (Proc. Kiev Symp. 1970), Paris 1973.

United Nations (Hrsg.): UN-Survey of World Iron Ore Resources, New York 1970.

US-Bureau of Mines: Iron and steel, in: Mineral facts and problems, B.M. Bull., 675, 1985, Washington, D.C.

US-Bureau of Mines (Hrsg.): Mineral commodity summeries, Washington, D.C. 1985.

Walther, H.W.; Zitzmann, A.: Die Lagerstätten des Eisens in Europa (Vorlage der Internationalen Karte der Eisenerzlagerstätten von Europa), Z. deutsch. Geol. Ges., 124, 1973, 61 - 72.

III Stahlveredler

1 Mangan und Chrom

Von W. Gocht und W. Wuth*

1.1 Mangan

Das Element Mangan ist mit 0,10 % am Aufbau der festen Erdrinde beteiligt. Es steht an 12. Stelle in der Häufigkeitsreihe der Elemente der Erdrinde und ist damit etwa so verbreitet wie Schwefel und Phosphor. Obwohl Braunstein (oxidische Manganerze) schon im Altertum zum Färben benutzt wurde, konnte das Metall erst 1774 von J.E. Gahn dargestellt werden. Ferromangan wurde im technischen Maßstab zuerst 1862 von C. Prieger erzeugt.

1.1.1 Eigenschaften und Minerale

Das silbergrau, mattglänzende, harte und sehr spröde Metall hat die Ordnungszahl 25 im periodischen System der Elemente und das Atomgewicht 54,94. Reines Mangan zeigt keine Anlauffarben. Unreineres aluminothermisch oder elektrothermisch erzeugtes Metall, Reinheitsgrad 92 - 99 %, läuft dagegen bunt an. Der Schmelzpunkt

Tabelle III.1. Die wichtigten Manganminerale

Mineral	Chemische Zusammensetzung	Dichte	Kristall System
Hausmannit	Mn_3O_4, 72 % Mn	4,8	tetragonal
Pyrolusit	β-MnO_2		tetragonal
Wad	MnO_2		amorph
Kryptomelan	MnO_2 mit 3 - 4 % K_2O	4,3	tetragonal
Psilomelan	MnO_2 mit Ba, OH	4,9 - 5,5	tetragonal
Manganit	γ-Mn OOH	4,3	rhombisch
Braunit	$Mn_7[O_8/SiO_4]$	4,7 - 4,8	tetragonal
Rhodonit	$CaMn_4[Si_5O_{15}]$	3,6 - 3,8	triklin
Rhodochrosit	$MnCO_3$	3,7	trigonal
Jakobsit	Fe_2MnO_4		kubisch

*) Unter Mitarbeit von Frau J. Jütte-Rauhut, RWTH Aachen.

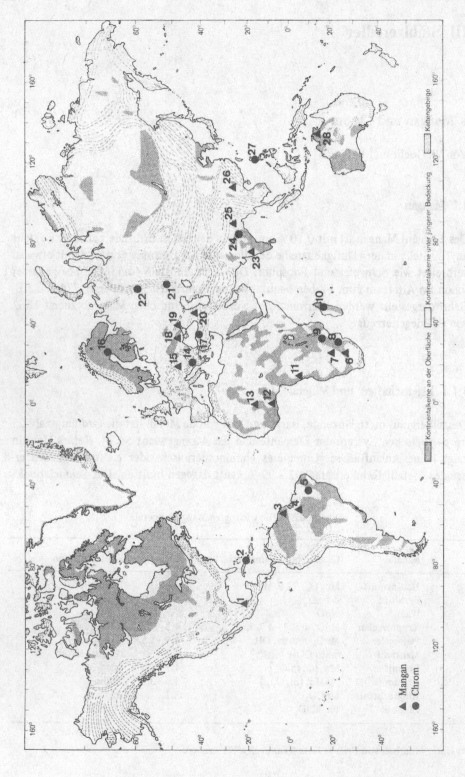

liegt bei 1247°C, der Siedepunkt bei 2030°C. Der Dampfdruck des geschmolzenen Metalls ist relativ hoch, es ist z.B. flüchtiger als Eisen und Chrom. Mangan kommt in 4 Modifikationen vor, die Umwandlungstemperaturen sind: α/β: 727°C, β/γ: 1095°C, γ/δ: 1104°C. Die Umwandlungen sind von merklichen Volumenveränderungen begleitet, wodurch Risse entstehen. Mangan ist paramagnetisch, d.h. seine Magnetisierung ist kleiner als die des ferromagnetischen Eisens. Seine Dichte beträgt 7,44 g/cm³ (α-Mn). Die chemischen Eigenschaften des Mangans sind insbesondere durch die relativ große Zahl von Wertigkeitsstufen gekennzeichnet, mit denen es in seinen zahlreichen Verbindungen vorkommt. Die beständigsten sind die Mn-II- und -VII-Verbindungen, aus denen auch die größte Zahl technisch genutzter Salze besteht. Metallurgisch interessieren hauptsächlich die Oxide, in denen das Element I-, III- und IV-wertig ist.

Die Manganmineralien sind im wesentlichen oxidisch, daneben auch karbonatisch und silikatisch. Die wichtigsten der über 300 Manganminerale sind in Tabelle III.1 aufgeführt. Manganoxide (Pyrolusit, Manganit) stellen die wichtigsten Erzmineralien für die Mangan- und Ferromangangewinnung dar. Elementar kommt Mangan in der Natur nicht vor. Als künstliche Erze bezeichnet man die bei der Verhüttung manganhaltiger Erze entstehenden reichen Schlacken, aus denen man das Metall ebenfalls gewinnen kann.

1.1.2 Regionale Verteilung der Lagerstätten

Manganlagerstätten sind wegen der relativ leichten Löslichkeit der in den Primärgesteinen enthaltenen Manganmineralien häufig sekundärer Natur. Von wirtschaftlicher Bedeutung sind zwei genetive Erztypen:
- *Marin-sedimentäre Erze:* authigene Mineralisationen, die durch chemische Ausfällungen in marinen Sedimenten entstehen. Dabei bilden sich Schichten von Manganoxiden und Mangankarbonaten, die in Wechsellagerung auftreten können, meist in Flachwasserkalken. Typische Beispiele für diesen Lagerstättentyp sind Nikopol in der Südukraine, Tchiaturi in Georgien (beide UdSSR), Kalahari Field (Südafrika), Molango (Mexiko) und Groote Eylandt (Australien). – Einen besonderen Typ von authigenen Manganerzen stellen die knollenartigen Konkre-

Abbildung III.1. Die wichtigsten Bergbaudistrikte von Mangan und Chrom

Mexiko: 1 Molango/Hidalgo; *Kuba:* Prov. Oriente; *Brasilia:* 3 Serra do Navío/Amapá, 4 Carajás (Azul), 5 Campo Formoso/Bahia; *Rep. Südafrika:* 6 Postmasburg, 7 Kalahari-Feld, 8 Bushvelt; *Simbabwe:* 9 Selukwe, Great Dyke; *Madagaskar:* 10 Tsaratanana; *Gabun:* 11 Moanda; *Ghana:* 12 Nsuta; *Burkina Faso (Obervolta):* 13 Tambao; *Albanien:* 14 Martanesh; *Ungarn:* 15 Urkut; *Finnland:* 16 Elijarvi; *Türkei:* 17 Guleman, Kavak; *UdSSR:* 18 Nikopol, 19 Bolshe Tokmak, 20 Tchiatura, 21 Kempirsai/Ural, 22 Saranovsk/Ural; *Indien:* 23 Goa, Karnataka, 24 Orissa, 25 Cuttack, Keonjhar/Orissa; *VR China:* 26 Tsunyi, Leiping; *Philippinen:* 27 Zambales; *Australien:* 28 Groote Eylandt.

Tabelle III.2. Die wichtigsten Bergbauländer mit Manganerzproduktion (in 1000 sh.t)

Land	1970	1980	1982	1983	1984*
UdSSR*	7 550	11 300	10 140	11 500	11 600
Südafrika	2 950	6 278	5 750	3 181	2 700
Brasilien	2 070	2 400	1 433	2 300	2 300
Gabun	1 600	2 366	1 667	2 047	2 300
VR China*	1 100	1 750	1 760	1 760	1 800
Australien	872	2 162	1 248	1 491	1 800
Indien	1 820	1 814	1 596	1 455	1 400
Andere	2 138	1 359	1 160	964	1 000
Welt insgesamt	20 100	29 429	24 754	24 700	24 900

*) Schätzungen.

Quelle: US-Bureau of Mines: Mineral Commodity Summaries, Washington, D.C.

tionen (Manganknollen) oder Krusten der Tiefsee dar, die jedoch nicht vor dem Jahre 2000 im industriellen Maßstab gefördert werden dürften.

- *Verwitterungserze:* sekundäre Anreicherungen von Manganoxiden und Mn-Hydrooxiden durch intensive tropische Verwitterungsprozesse. Beispiele hierfür sind Azul/Carajas (Brasilien), Moanda (Gabun), Nsuta (Ghana), Orissa (Indien). – Als Sondertyp gibt es sekundäre Anreicherungen, die durch heiße Oberflächenwässer entstanden sind. Bekanntestes Beispiel ist der Postmasburg-Distrikt (Südafrika).

Ergänzend kann erwähnt werden, daß es auch hydrothermale und vulkanogene Manganvererzungen gibt; die aber meist nur kleine Vorkommen ergeben. Die Weltproduktion von Manganerzen erreichte 1980 mit fast 30 Mio. sh.t einen Höhepunkt; sie stieg in den siebziger Jahren allmählich von 20 auf 30 Mio. sh.t an. Inzwischen stabilisiert sich die Produktion auf einem Niveau von 25 Mio. sh.t (vgl. Tab. III.2). Die bedeutsamsten Lagerstätten verteilen sich auf 10 Länder (vgl. Abb. III.1).

UdSSR: Die wichtigsten Bergbaudistrikte liegen in der Südukraine bei Nikopol und dem benachbarten Bolshe Tokmak. Die Erze sind marin-sedimentär entstanden in oligozänen, feinklastischen Sedimenten (Tonschiefer) und enthalten vorwiegend Mangankarbonate (insbesondere Bolshe Tokmak) sowie nachgeordnet Manganoxide. Ein ähnlicher Lagerstättentyp steht auch in Tchiatura (Chiatura), Georgien (Grusinien) im Abbau. Der bereits 1846 begonnene Bergbau gilt als der älteste Manganproduzent der Welt. Während die ukrainischen Erze um 18 - 22 % Mn enthalten, sind die Wad-Erze von Tchiatura reicher (24 - 26 % Mn, Konzentrat 48,7 % Mn).

Republik Südafrika: Die mit Abstand wichtigste Bergbauregion ist das Postmasburg-Revier in der nördlichen Kap-Provinz, wo seit 1923 sekundäre Anreicherungserze in präkambrischen Schiefern im Tagebau gewonnen werden. Syngenetische marin-sedimentäre Manganerze treten in der präkambrischen Voelwater Formation im Kalahari-Field nördlich von Postmasburg bei Kuruman auf. Während die Erze von Postmasburg 30 - 40 % Mn enthalten ("metallurgical grade"), sind die Kalahari-Field-Erze reicher (42 % Mn). In West Transvaal sind zusätzlich Manganerze vom Verwitterungstyp erschlossen worden.

Brasilien: Die hauptsächliche Produktion stammt seit vielen Jahren aus der Serro do Navio Mine im Staat Amapá, wo Verwitterungserze mit 40 - 45 % Mn in präkambrischen Graphit-Schiefern auftreten. Erwähnenswert sind noch die beiden marin-sedimentären Lagerstätten von Morro da Mina (Minas Gerais) und von Urucum (Mato Grosso). Auch im metallreichen Carajas-Gebirge (Staat Para, südlich des Amazonas) sind umfangreiche Manganerze mit durchschnittlich 38 % des Verwitterungstyps angetroffen worden.

Gabun: Durch sekundäre Anreicherungsprozesse in präkambrischen Schwarzschiefern entstanden Manganerze mit 44 % Mn. Sie werden im Tagebau der Moanda Mine, Franceville-Distrikt (Bangombe-Plateau) gewonnen.

VR China: Die marin-sedimentären Manganerze der Volksrepublik China treten in der Provinz Kwangsi (Leiping-Distrikt, 30 - 40 % Mn), Hunan (Hsiangtan-Distrikt, 40 - 50 % Mn) und Kweichow (Tsunyi-Distrikt, 20 - 30 % Mn) auf.

Australien: In altkretazischen Tonen treten im nördlichen Northern Territorry marin-sedimentäre Manganerze mit 35 % Mn auf, die in der Groote Eylandt Mine im Tagebau gewonnen werden. Bis 1986 soll die Mine erheblich erweitert werden.

Indien: Manganlagerstätten sind in verschiedenen Bundesstaaten anzutreffen, wobei beide wichtigen Erztypen vorkommen. Verwitterungserze sind in den Staaten Orissa (38 - 46 % Mn), Andhra Pradesh (38 - 46 % Mn), und Goa (25 - 49 % Mn) erschlossen worden, marin-sedimentäre Erze in den Staaten Madhya Pradesh, Maharashtra und Karnataka (38 - 46 % Mn).

Mexiko: Seit 1968 wird die Molango Mine im Staat Hidalgo betrieben, wo marin-sedimentäre Erze mit 27 - 30 % Mn in jurassischen Kalken auftreten.

Ghana: Sekundäre Mangananreicherungen in präkambrischen Tuffen werden in der Nsuta Mine abgebaut.

Ungarn: Marin-sedimentäre Manganerze in jurassischen Mergeln stammen aus dem Urkut-Distrikt und aus der Epleny Mine, wobei oxidische Erzpartien 24 - 25 % Mn und karbonatische Erzschichten nur 14 % Mn enthalten.

1.1.3 Erzvorräte

Angaben über Manganerzvorräte müssen wie bei anderen Vorratsangaben in Relation

Tabelle III.3. Manganreserven der Welt 1980 (Mio. sh.t)

Land		Land	
Südafrika	790,00	Mexiko	4,50
UdSSR	384,00	Bulgarien	4,45
Australien	130,00	Japan	0,70
Gabun	80,00	Thailand	0,50
Brasilien	43,70	Marokko	0,47
Indien	21,50	Chile	0,35
VR China	15,00	Griechenland	0,23
Ghana	6,60	Fidschi	0,025
Zaire	5,35	Welt insgesamt	1487,000

Quelle: US Geological Survey: Mineral Facts and Problems, 1980.

zur Bauwürdigkeitsgrenze, zum Erkundungsgrad sowie zur technischen Verwendbarkeit der Vorkommen gesehen werden. Die Vorräte sind sehr umfangreich, insbesondere die potentiellen Ressourcen in der Tiefsee (Manganknollen, Mangankrusten).

Die Bauwürdigkeitsgrenze von Manganerzen liegt je nach der chemischen Zusammensetzung (Mn/Fe-Verhältnis, SiO_2-Gehalt, P-Gehalt), der Gewinnung (Tagebau, Tiefbau) und der Aufbereitbarkeit zwischen 15 und 20 % Mn.

Die Hauptmenge der Manganvorräte gehört dem marin-sedimentären Erztyp an. 1984 waren insgesamt 5160 Mio. t Manganinhalt in Erzen bekannt. In die UN-Kategorie R1E (wirtschaftlich gewinnbar) sind davon 3120 Mio. t eingeordnet, von denen mehr als 95 % (3050 Mio. t) marin-sedimentäre Erze sind.

Hinsichtlich der Verwendungsfähigkeit als "metallurgical ore", "battery ore" oder "chemical ore" wird bei den Vorratsangaben nicht ausreichend untergliedert, weil die Unterschiede zwischen den einzelnen Qualitäten teilweise nicht tiefgreifend sind und sich durch einfache Aufbereitungsmaßnahmen leicht aufheben lassen. Tabelle III.3 vermittelt einen Überblick über die Manganvorräte. Dabei handelt es sich nur um sichere Reserven in terrestrischen Lagerstätten. Der Manganinhalt mariner Vorkommen wird auf 18 000 Mio. t geschätzt.

1.1.4 Technische Gewinnung des Metalls

Die Gewinnung von metallischem Mangan aus den Erzen umfaßt die Herstellung von niedrigprozentigem Sonderroheisen aus manganhaltigen Eisenerzen, verschiedenen Ferromanganqualitäten aus eisenhaltigen Manganerzen und Manganmetall nach einer chemischen Anreicherung des Mangans aus "chemical ore".

a)   Abbau und Aufbereitung der Erze

Manganerze werden wegen ihres geologischen Vorkommens als sedimentäre Ablagerungen oder Verwitterungsschichten überwiegend im Tagebau gewonnen. Fast alle Manganerze werden durch Aufbereitungsmethoden, wie Brechen, Sieben und Setzwäsche angereichert. Die Wirtschaftlichkeit der Aufbereitung richtet sich nach dem Manganmineralanteil im Erz sowie nach dem Manganmineral selbst. Mit zunehmendem Bedarf kommen verfeinerte Anreicherungsmethoden, wie z.B. trockene und nasse Starkfeldmagnetscheidung, Membransetzmaschinen und Naßsetzmaschinen, zum Einsatz. Voluminöse und feuchte Manganerze, wie z.B. Wad, werden vor dem Transport pelletiert oder gesintert. Im begrenzten Maße können auch chemische Anreicherungsmethoden angewendet werden. Das Ausbringen mit meist 70 - 90 % ist je nach Verfahren sehr unterschiedlich, ebenso die Mangankonzentrationen in den Abgängen, die häufig um 10 % liegen.

Die Technologie der Gewinnung von Manganknollen aus der Tiefsee steckt noch im Entwicklungsstadium. Die Systeme werden in drei Betriebseinheiten gegliedert:

– Kollektoren (z.B. Schürfbagger) zum Aufsammeln der Knollen, Vorbrechen und Förderung durch Rohre zu einem Schiff oder einer Plattform;
– Transport mit Spezialfrachtern oder umgebauten Öltankern zur Küste;
– Aufbereitung (Flotation) und hydrometallurgische oder pyrometallurgische Verhüttung.

Manganerzkonzentrate werden entsprechend ihrer Zusammensetzung für die Haupteinsatzgebiete in der Metallerzeugung, bei der Herstellung von Trockenelementen (Leclanché-Element) und in der chemischen Industrie klassifiziert in:

"metallurgical ore"   44 % Mn, Konzentrate, Pellets, Sinter;
"battery synthetic, grade A"   85 % MnO_2 ,
"battery natural, grade A"   75 % MnO_2 ,
"battery natural, grade B"   68 % MnO_2 ;
"chemical ore"   80 % MnO_2 , 3,0 % Fe.

Für die metallurgische Industrie wird darüber hinaus in die für die verschiedenen Verfahren geeigneten Erztypen hinsichtlich der Gehalte an Mn, Fe, P, SiO_2 , As, S, Cu, Pb und Zn feiner spezifiziert. Auch für die "chemischen Erze" sind weiterführende Spezifikationen bekannt.

b)   Verhüttung und Raffination

Mangan wird sowohl pyro- als auch in geringem Maße naßmetallurgisch hergestellt. Für den pyrometallurgischen Weg sind relativ hohe Schmelz- und Reduktionstemperaturen, ein relativ hoher Dampfdruck des Metalls sowie die Löslichkeit der Reduktionsmittel Kohlenstoff und Silizium im erzeugten Metall kennzeichnend. Wegen der Erniedrigung der Kohlenstofflöslichkeit in Eisen-Mangan-

Legierungen durch Silizium können kohlenstoffarme Legierungen durch eine Frischreaktion zwischen einer zuvor erzeugten siliziumhaltigen, kohlenstoffarmen Legierung und dem Erz hergestellt werden. Das naßmetallurgisch durch Elektrolyse gewonnene Metall ist durch Sauerstoff und Schwefel verunreinigt. Mangan wird in einer Reihe von Erzeugungsqualitäten mit sehr unterschiedlichen Reinheitsgraden hergestellt (Zusammensetzungen nach DIN 17 564). Sie dienen als Vorstoff für eine Vielzahl von Verbrauchsqualitäten auf Eisen- und Nichteisenbasis.

Sonderroheisen mit Mangangehalten bis zu 75 % (3 - 6 % Mn Stahleisen, 6 - 25 % Mn Spiegeleisen, 25 - 75 % Mn Hochofen-Ferromangan) wird im Hochofen erzeugt und kommt zur Herstellung manganhaltiger Stähle zum Einsatz. Mit zunehmendem Mn-Gehalt steigt auch der Kohlenstoffgehalt des Roheisens an. Das Manganausbringen variiert in weiten Grenzen zwischen 70 - 85 %. Die Schlacken enthalten noch 5 - 15 % Mn.

Ferromangan-carburé mit 75 - 80 % Mn, 6 - 8 % C wird sowohl im Hochofen als auch im Elektroniederschachtofen hergestellt. Die Hochofenlegierung zeichnet sich durch einen niedrigeren Si-Gehalt (0,5 %) gegenüber 1,25 % Si der Legierung aus dem Elektroniederschachtofen aus. Die Manganausbringen liegen zwischen 70 und 85 %, der Mn-Gehalt der Hochofenschlacke zwischen 5 - 14 %, des Niederschachtofens zwischen 12 - 14 % bzw. bis zu 40 %, wenn diese Schlacke zur Herstellung von Silicomangan dienen soll.

Silicomangan mit 58 - 75 % Mn, 15 - 35 % Si, 0,1 - 2 % C wird im Elektroniederschachtofen entweder aus eisen- und phosphorarmen Mn-Erzen mit Quarz und Kohlenstoff oder aus minderwertigen, SiO_2-reichen Mn-Erzen mit Kohlenstoff oder aus SiO_2-reichen Mn-Schlacken mit Kohlenstoff oder aus Ferromangan-carburé mit Quarz und Kohlenstoff hergestellt; die letzteren Einsatzstoffe ermöglichen hohe Si-Gehalte bis zu 35 %. Die Manganausbeuten betragen ca. 70 - 80 %, die Mangangehalte in der Schlacke streuen zwischen 4 - 14 % Mn. Silicomangan findet entweder als Legierungs- und Desoxidationsmittel in der Stahlindustrie Verwendung oder kommt zur Herstellung von Ferromangan-affiné oder Ferromangan-suraffiné zum Einsatz.

Ferromangan-affiné mit 75 - 90 % Mn, 0,5 - 2 % C, 0,5 - 1,5 % Si wird diskontinuierlich im Dreiphasen-Lichtbogenofen hergestellt. Der Einsatz besteht aus Silicomangan mit bis zu ca. 24 % Si, das mit hochprozentigen Manganerzen gefrischt wird, sowie Kalk. Die Reaktionsgeschwindigkeit kann durch Umgießen des gesamten Ofeninhalts in Pfannen und wieder zurück in den Ofen erhöht werden. Die reichen Schlacken gehen in die Ferromangan-carburé- oder Silicomangan-Herstellung zurück. Das Manganausbringen beträgt insgesamt 85 %.

Ferromangan-suraffiné mit 80 - 92 % Mn, 0,05 - 0,5 % C, 1,0 - 1,5 % Si wird wie oben hergestellt, jedoch muß ein Silicomangan mit 25 - 35 % Si zum Einsatz kommen. Um besonders hohe Mangangehalte (90 %) zu erhalten, werden vorgeröstete, reiche, verunreingungsarme (P, Fe) Manganerze oder manganreiche Schlackenkonzentrate verwendet. Um den Mangangehalt der Schlacke niedrig (< 14 %) und die Manganausbeute hoch (75 %) zu halten, muß der Silicomanganeinsatz in zwei Stufen gefrischt werden.

Aluminiumthermisches Mangan mit 92 - 98 % Mn, 1,5 - 3 % Si, 0,1 % C wird in zylindrischen mit Magnetit ausgekleideten Reaktionsgefäßen aus vorreduzierten Manganoxiden (Sauerstoffgehalt ca. 7,5 %) durch Reduktion mit Aluminiumgrieß unter Zugabe von Kalk diskontinuierlich hergestellt. Das teure Verfahren führt in einer Stufe je nach Reinheitsgrad der Einsatzstoffe zu einem relativ reinen Metall. Der Mangangehalt der entstehenden Schlacke ist 8 - 12 %, die Manganausbeute ca. 87 %.

Elektrolytmangan mit mindestens 99,9 % Mn ist das reinste technisch erzeugbare Mangan. Es wird aus einem wäßrigen, schwefelsauren Elektrolyten mit unlöslichen ammoniumsulfathaltigen Bleianoden an Chromstahlkathoden mit bis zu 87 % Ausbeute gewonnen. Das Metall ist im wesentlichen durch Sulfatschwefel und Wasserstoff verunreinigt.

Stickstoffhaltige Manganlegierungen und Manganmetall mit bis zu 7 % N_2 werden diskontinuierlich in Mittel- oder Hochfrequenztiegelöfen unter Stickstoffüberdruck bei Sintertemperaturen aus körnigem Vormaterial mit 1 - 5 mm ϕ hergestellt. Aufgesticktes Ferromangan wird in der Stahlerzeugung verwendet.

1.1.5 Standorte und Kapazitäten der Metallerzeuger

Rund 40 % des Metallinhalts der Manganerzeugung werden in der metallurgischen Industrie zur Herstellung von Mangan in den oben aufgeführten Metallqualitäten verbraucht. Da dieser Industriezweig vorwiegend markt- und energie- (Kohle- oder Hydroelektroenergie), weniger rohstofforientiert ist, befinden sich die Erzeugerstandorte hauptsächlich in den wichtigsten Industrieländern. Wegen der Ähnlichkeit in den Herstellungsverfahren von Ferromangan und Silicomangan treten für beide Produkte teilweise die gleichen Hersteller auf. Dies gilt im allgemeinen nicht für aluminothermisch oder elektrolytisch gewonnenes Mangan, für dessen Herstellung andere Technologien erforderlich sind. Nicht berücksichtigt und schwierig abzuschätzen sind die aus manganhaltigen Eisenerzen über die Herstellung von Sonderroheisensorten nutzbar gemachten Kapazitäten.

a) *Ferromanganlegierungen.* Die Herstellerliste umfaßt rund 36 Firmen mit einer Gesamtkapazität von schätzungsweise $4,6 \cdot 10^6$ t. Die wichtigsten Hersteller (1980: 100 000 t) befinden sich ausschließlich in den Industrieregionen, besonders in Europa, Japan und den USA. Wichtigster Produzent für Ferromanganlegierungen in Europa ist die UdSSR.

b) *Silicomangan.* Die Herstellerliste umfaßt rund 29 Firmen mit einer geschätzten Kapazität von rund $1,7 \cdot 10^6$ t. Die wichtigsten Hersteller befinden sich in den Industrieregionen, hauptsächlich in Japan, Südafrika und Europa.

c) *Manganmetall.* Die Herstellerliste umfaßt rund 10 Firmen mit ca. 105 000 t

Tabelle III.4. Die wichtigsten Metallerzeuger mit Kapazitäten (in 1000 t pro Jahr)

Ferromanganlegierungen

Staatliche Betriebe, UdSSR	k.A.
Elkem A/S, Norway	535
Acieries de Paris et d'Outreau, Frankreich	450
South African Manganese Amcor Ltd. (Samancor), Südafrika	400
August Thyssen-Hütte AG, Bundesrepublik Deutschland	288
Sauda Smelteverk A/S, Norwegen	215
Japan Metals & Chemicals Co. Ltd., Japan	183
Mizushima Ferro Alloy Co. Ltd., Japan	153
United States Steel Corp., USA	152
Tulcea Ferro Alloys Complex, Rumänien	147
Nippon Kokan KK, Japan	134
BVM (Sadaci) NV, Belgien	131
Nippon Denko KK, Japan	124
Eurominas (Groupement Europeen du Manganese), Portugal	120
Associated Manganese, Südafrika	120

Silicomanganlegierungen

Elkem A/S, Norwegen	230
Nippon Kokan KK, Japan	130
Tinfos Jernwerk A/S, Norwegen	120
Japan Metals & Chemicals Co. Ltd., Japan	110
Transalloys (Pty) Ltd., Südafrika	83
Nippon Denko KK, Japan	75
Mizushima Ferro Alloy Co. Ltd., Japan	72
Eurominas SARL, Portugal	70

Manganmetall

Delta Manganese (Pty) Ltd., Südafrika	28
Chemetals Corporation, USA	16
Elkem Metals Co., USA	10
Elkem A/S, Norwegen	10
SOFREM-Ste. Francaise d'Electrometallurgie, Frankreich	10

Quelle: Serjeantson, R.; Cordero, R. – 1982.

Produktionskapazität 1980. Die Weltproduktion ist in den letzten Jahren ständig gestiegen und betrug 1980 ca. 100 000 t, im wesentlichen Elektrolytmangan. Die wichtigsten Hersteller sind ausschließlich in den Industrieregionen angesiedelt und in Tabelle III.4 aufgeführt.

1.1.6 Verwendungsbereiche

Mangan ist ein typisches Legierungsmetall. Legierungen, in denen Mangan überwiegt, besitzen zwar interessante Eigenschaften, haben jedoch bis auf eine Thermostaten-Legierung (72 % Mn, 18 % Cu, 10 % Ni) noch keine technische Bedeutung erlangt. Auch reines Mangan wird in der Technik nicht eingesetzt. Besonders wichtig für sei-

ne Verwendung in metallischer Form ist die Eigenschaft des Mangans, als Stahlveredler zu wirken, d.h. mit Eisen und Kohlenstoff Legierungen mit vorteilhaften Eigenschaften zu bilden. In Stählen erhöht es die Festigkeit, die Dehnung wird hierbei
nur wenig verringert; ferner wirkt sich Mangan günstig auf die Schmied- und Schweißbarkeit aus. Höhere Mn-Gehalte bewirken bei Vorhandensein von Kohlenstoff einen
großen Verschleißwiderstand. Bis 3 % Mn wird die Zugfestigkeit der Stähle um etwa
10 kp/mm^2 je 1 % Mn erhöht; bei Gehalten von 3 - 8 % nimmt die Erhöhung in geringerem Maße zu und über 8 % Mn sinkt sie wieder ab, ähnlich verhält sich die
Streckgrenze. Mangan vergrößert stark die Einhärtetiefe und erhöht die Korrosionsbeständigkeit. Auch NE-Legierungen verleiht Mangan vorteilhafte Eigenschaften.
Manganzusätze zu Nickel erhöhen die Festigkeit, ohne die Korrosionseigenschaften
zu verschlechtern und ergeben vorteilhafte elektrische Eigenschaften. Kupfer wird
durch zulegiertes Mangan fester, besonders warmfester. Die elektrische Leitfähigkeit
dieser Legierungen ist sehr gering, die Dreistofflegierung mit Nickel weist zudem geringe Temperaturkoeffizienten des elektrischen Widerstandes auf. Manganzusätze in
Messing erhöhen dessen Festigkeit, Härte und Dehnung. Den gleichen Effekt hat das
Mangan als Legierungsbestandteil in Aluminiumbronzen. Auch Eisen-Nickel-Le-
gierungen enthalten Mangan als Legierungskomponente. Manganzusätze zu Aluminium und Al-Legierungen sowie Magnesium und Magnesiumlegierungen erhöhen
deren Festigkeit ohne die Korrosionsbeständigkeit zu verschlechtern. Die wichtigsten
manganhaltigen NE-Legierungen sind: Mangan-Nickel-Legierungen mit besonderen
Eigenschaften für die Chemische Industrie (Apparatebau) und Elektroindustrie
(Röhren, Relais, Stromwandler), Mangan-Kupfer-Legierungen für Einsatz in der Chemischen Industrie (Apparaturen, Seewasserleitungen) und der Elektroindustrie (Wi-
derstände, Thermoelemente, Kondensatorrohre), Mangan-Eisen-Legierungen für die
Elektroindustrie (Ausdehnungsregler, Relais, Abschirmungen), Mangan-Aluminium-
Legierungen für Chemieapparate und Kühltechnik sowie Mangan-Magnesium-Le-
gierungen für Maschinenbau (Motoren- und Getriebegehäuse, Tanks, Behälter).

Manganhaltige Baustähle enthalten in der Regel 0,9 - 1,7 % Mn, Manganhartstähle
10 - 12 % Mn, manganhaltige Chrom-Nickelstähle 2,2 - 6,5 % Mn und Chrom-Man-
ganstahl 8 - 10 %.

Neben seiner veredelnden Eigenschaften in Legierungen dient es bei der Metallher-
stellung auch als Raffinationsmittel zum Entschwefeln und zur Desoxidation. Insbesondere wegen seiner Eigenschaften als Stahlveredler ist Mangan für die Rüstung
wichtig und wird deshalb in einigen Ländern als strategischer Rohstoff bevorratet.

Tabelle III.5 zeigt die Verwendungsbereiche von Mangan in den USA. Nach den End-
verbrauchern gegliedert, ergab sich 1980 für die USA folgendes Bild: Der Bereich
Transport steht mit 23 % an der Spitze, soll jedoch gemäß einer Langzeitprognose
bis zum Jahre 2000 auf 21 % zurückgehen. Mangan findet hier Verwendung im Eisen-
bahn-, Fahrzeug- und Schiffbau.

Die Verwendung von Mangan in *Konstruktionsmaterialien* in Form von manganhalti-
gem Gußeisen, Stählen und NE-Legierungen stellt mit 20,5 % den zweitgrößten Be-

Tabelle III.5. Verwendungsbereiche für Mangan in den USA, 1982 (in sh.t)

| | Ferromangan | | | |
	kohlenstoffreich	kohlenstoffarm	Silicomangan	Manganmetall
Stahl:				
Kohlenstoffstähle	270 633	58 784	66 601	5 085
Rostfreie Stähle	7 472	645	3 178	1 803
Legierungsstähle	36 926	8 318	18 343	687
HSLA-Stahl	29 534	7 032	6 823	704
Elektrik-Stahl	16	87	317	80
Werkzeugstähle	179	26	36	52
Andere Stähle	302	90	551	–
Stahl insgesamt	345 062	74 982	95 849	8 411
Gußeisen	12 543	434	7 736	10
Superlegierungen	224	*	*	126
Legierungen	1 289	580	1 785	8 206
Verschiedenes	3 549	534	275	388
Gesamtverbrauch	362 667	76 530	105 645	17 141

*) nicht veröffentlicht.

Quelle: Minerals Yearbook, 1982.

reich dar. Er umfaßt im wesentlichen die Basiskonstruktionen in Industrieanlagen, bei Gebäuden, Brücken, Dämmen und Straßen. Hier ist ein geringes Wachstum auf 22 % vorausgesagt. Für den Bereich Maschinen und Ausrüstungen werden etwa 16 % Mangan verbraucht, mit abnehmender Tendenz. Die wesentlichen Einsatzgebiete sind Werkzeuge und Werkzeugmaschinen, Federn und Ventile. Im Behälterbau wird Mangan zu etwa 4 % verwendet. Der Einsatz erfolgt überwiegend in niedriglegiertem Stahlblech, das gegenüber den unlegierten Stählen insbesondere höhere Festigkeiten und Verschleißfestigkeiten aufweist. Mangan wird auch mit etwa 4 % in Haushalten in Form von Kücheneinrichtungen aus Stahl sowie für Bestecke verbraucht. Erst 5 % Mangan wird für die Herstellung von Stahlröhren mit erhöhter Festigkeit und Ver- schleißfestigkeit sowie für die entsprechenden Rohrarmaturen, Flansche oder Ventile in der Erdölindustrie verarbeitet. Mit 4,5 % wird Mangan in Form von Chemikalien, wie Mangansulfat als Düngemittelzusatz, Kaliumpermanganat als Oxidationsmittel für die Wasserreinigung, Manganäthylenbidithiocarbamat (Maneb) als Fungizid und Manganoxid als Futter- und Düngemittel, verwendet. Eine relativ kleine Menge von 1,3 % geht in die Batterieherstellung in Form von Mangandioxid (Braunstein) ein. Diese Verbindung stellt zusammen mit Ammoniumchlorid, Zinkchlorid, Wasser und Stärke die Elektrolytmasse der sogenannten Trockenbatterien dar und dient zur De- polarisation. Ein Restanteil von 21 % geht in *andere Anwendungsgebiete* und umfaßt den Einsatz von Mangan für spezielle strategische Zwecke, für Bolzen, Keile, Schrau- ben- und Stahlprodukte. Geringere Mengen werden für Düngemittel und als Farb- stoff in grobkeramischen Erzeugnissen verbraucht.

1.1.7 Entwicklung des Bedarfs

Da 95 % des Mangans bei der Herstellung von Stählen verbraucht werden, ist die Entwicklung des Bedarfs sehr eng mit der Nachfrage nach veredelten Stählen verbunden. Die Verwendungsbereiche Baustahl, Fahrzeugstahl oder Werkzeugmaschinenstähle sind zudem stark konjunkturabhängig, wie sich in den Jahren 1980 bis 1982 deutlich gezeigt hat. Allerdings existieren kaum Substitutionsmöglichkeiten für den Einsatz von Mangan in Stahl und Eisen. Die Substitution durch andere Stahlveredler führt nicht zu den gewünschten Qualitätsverbesserungen der Stähle und ist zudem wesentlich teurer. Auf diesem Hintergrund wird ein Bedarfszuwachs zwischen 1984 und 1990 von 3 % pro Jahr in den westlichen Industrieländern vorausgesagt, der mit der erwarteten Stahlnachfrage korrespondiert.

Mangan zählt zu den strategisch bedeutsamen mineralischen Rohstoffen und gehört deshalb zum Inventar des US-Stockpile, der beispielsweise 629 000 sh.t Ferromangan, 24 000 sh.t Silicomangan und 14 000 sh.t Elektrolytmangan enthält. Japan hat 1983 seine Absicht bekundet, Mangan in Höhe eines 10-Jahresbedarfs in eine staatliche Reserve einzulagern.

Eine Prognose des US-Bureau of Mines (1980) ermittelte eine Zunahme des Manganverbrauches von 8,7 Mio. t (Manganinhalt) 1978 auf 17,8 Mio. t im Jahre 2000. Bislang mußten solche Voraussagen immer nach unten revidiert werden. Es ist eher anzunehmen, daß sich der Verbrauch auf einem Niveau von etwa 12 Mio. t/Jahr einpendelt.

Die Probleme der Manganproduzenten zu Beginn der achtziger Jahre führten 1983 zur Bildung eines internationalen Kartells. Große europäische Produzenten und die südafrikanische Firma Samancor schlossen sich zur "Euromang" zusammen, um zumindest den von der EG fixierten Mindestpreis von 367 ECU/t Mn zu halten. — Auf eine systematische Wiedergewinnung (Recycling) von Mangan wird noch weitgehend verzichtet.

1.1.8 Marktstrukturen

Der Weltmanganmarkt gliedert sich auf in Märkte für Manganerze und Ferromanganlegierungen sowie einen mengenmäßig noch unbedeutenden Markt für Manganmetall. Für Manganerze und Ferromangan gibt es eine Vielzahl von Anbietern und Nachfragern. Ein Überangebot auf seiten der Produzenten bewirkt einen stetigen Trend zur Überversorgung und zu Konkurrenzmärkten. — Manganmetall wird vorrangig in den Industrieländern hergestellt und verbraucht.

Der Welthandel mit *Manganerzen* umfaßt etwa 35 % der Weltproduktion, da Bergbauländer und Verhüttungsstandorte teilweise getrennt sind.

Wie aus Tabelle III.6 hervorgeht, bestimmen fünf Länder die Angebotsseite des Man-

Tabelle III.6. Welthandel mit Manganerzen (in t)

Hauptexportländer 1981		Hauptimportländer 1981	
Südafrika	3 200 000	Japan	2 481 856
Gabun	1 400 000	Frankreich	849 490
UdSSR	1 194 000	Bundesrepublik Deutschland	606 851
Brasilien	1 018 385	Norwegen	484 640
Australien*	900 000	Spanien**	432 648
Ungarn	221 066	Italien	354 226
Ghana	101 000	Belgien - Luxemburg	244 784
Marokko	99 668	Großbritannien	278 056
		USA	282 304

*) geschätzt.
**) 1980.

Quelle: Metal Bulletin Handbook, 1984.

ganerzweltmarktes. Das Staatshandelsland UdSSR tritt als ein bedeutsamer Anbieter auf. Daneben kommen noch die Associated Manganese Mines of South Africa Ltd. (Tochter der Anglovaal Ltd.) in Johannesburg/Südafrika, die SA Manganese Amcor Ltd. (Samancor) einschließlich der Tochter Middelplaats Manganese Ltd., Südafrika, die Cie Minière de l'Ogooué S.A. (Comilog) in Franceville, Gabun (an der US Steel mit 39 % und der Staat Gabun mit 20 % beteiligt sind), die Groote Eylandt Mining Co. in Australien (eine Tochter der Broken Hill Pty Co.) sowie die Industria e Comércio de Minerios in Brasilien als nennenswerte Anbieter in Betracht, die alle in der Größenordnung von 15 % der Manganerzexporte liegen oder 5 % der gesamten Bergwerksproduktion auf sich vereinen. Sie bilden damit ein Oligopol auf der Angebotsseite des Manganerzweltmarktes, während die Nachfrageseite mit den Hütten in Industrieländern einen höheren Konkurrenzgrad aufweist.

Der Weltmarkt von *Ferromangan* ist volumenmäßig wesentlich kleiner. Exportländer sind die UdSSR, Frankreich, Norwegen und Südafrika, während einige westeuropäische Länder und auch die USA zu den Importländern zählen.

Manganmetall wird in nennenswerten Mengen in den USA, Japan, Südafrika, Frankreich, der Bundesrepublik Deutschland (Gesellschaft für Elektrometallurgie, Süddeutsche Kalkstickstoffwerke) und Brasilien erzeugt und von diesen Ländern auch exportiert. Der Weltmarkt ist allerdings volumenmäßig noch immer unbedeutend.

1.1.9 Preisentwicklung

Manganerzpreise variieren mit dem Gehalt an Mangan sowie Art und Menge der Verunreinigungen und werden auf der Basis von Einzelverträgen ausgehandelt.

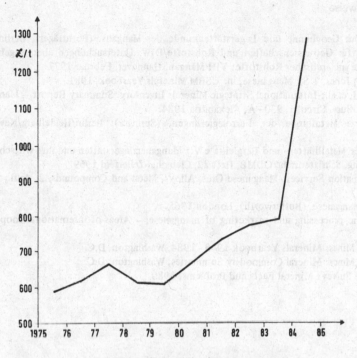

Abbildung III.2. Preise für Manganmetall

Diese vertraglich festgesetzten Preise berücksichtigen auch die Erzqualität und Erzart. Veröffentlichte Preise geben immer nur Richtwerte an. In den USA werden Manganerzpreise für mindestens 48 % Mn ("metallurgical grade") in US-$ per lg.t Mn-Inhalt cif US-Häfen bevorzugt publiziert, in Europa für Erze mit 48 - 50 % Mn und maximal 0,1 % P in US-$ per t cif europäische Häfen (Durchschnittspreis 1984: 1,37 US-$/t Mn-Einheit). Ferromangan mit 78 % wird in London notiert (Durchschnittspreis 1983: 283 £/t, 1984: 327 £/t), mit 74 - 76 % Mn in USA (US-$/lg.t). Auch bei Manganmetall richten sich die Preise nach dem Reinheitsgrad. So sind in den USA Notierungen für Elektrolytmangan mit 99,5 % Mn üblich, in London für Elektrolytmangan mit 99,95 % Mn (Abb. III.2).

1.1.10 Handelsregelungen

In der Stahlindustrie werden die Erze nach dem Manganinhalt in manganhaltige Eisenerze (5 - 10 % Mn), eisenhaltige Manganerze (10 - 35 % Mn), niedrighaltige Manganerze (35 - 46 % Mn) und hochwertige Manganerze (mindestens 46 % Mn, "metallurgische Erze") eingestuft.

Ferromangan in Standardqualität enthält 78 % Mn und 7,5 % C. Der Mangangehalt in Silicomangan schwankt dagegen zwischen 65 und 70 % Mn. Elektrolytmangan wird meist mit 99,5 % Mn angeboten.

Literaturhinweise

Berger, A.: Zur Geochemie und Lagerstättenkunde des Mangans, (Bornträger), Berlin 1968.
Bundesanstalt für Geowissenschaften und Rohstoffe/DIW: Untersuchungen über Angebot und
  Nachfrage mineralischer Rohstoffe: VIII Mangan, Hannover, Februar 1977.
De Huff, G.L.; Jones, T.S.: Manganese, in: USBM Minerals Yearbook, 1981.
De Young, J.H. et al.: International Strategic Minerals Inventory. Summary Report – Manganese:
  US Geol. Surv. Circular, 930 - A, Alexandria 1984.
Durrer/Volkert: Metallurgie der Ferrolegierungen, (Springer), Berlin/Heidelberg/New York
  1972.
Ges. Deutscher Metallhütten- und Bergleute e.V.: Manganerzlagerstätten und ihre wirtschaftliche
  Bedeutung, Schriftenreihe GDMB, Heft 22, Clausthal-Zellerfeld 1969.
Roskill Information Services: Manganese Ores, Alloys, Metal and Compounds, 2. Aufl., London
  1978.
Sully, A.H.: Manganese, (Butterworth), London 1965.
UNCTAD: The processing and marketing of manganese; – Areas of international cooperation,
  1981.
US-Bureau of Mines: Minerals Yearbook 1943 - 1984, Washington, D.C.
US-Bureau of Mines: Mineral Commodity Summaries, Washington, D.C.
US-Geological Survey: Mineral Facts and Problems, 1980.

1.2 Chrom

Das Element Chrom ist mit ca. 0,01 % in der festen Erdrinde enthalten. Am Gesamt-
aufbau der Erde ist es mit 0,26 % beteiligt und steht damit hinter Eisen an 10. Stelle
in der Häufigkeitsreihe der Elemente. Die chemischen Eigenschaften von Chrom sind
durch eine relativ große Zahl von Wertigkeitsstufen gekennzeichnet, mit denen es in
seinen zahlreichen Verbindungen vorkommt. Die beständigsten sind die Chrom-III-
und -VI-Verbindungen, aus denen die größte Zahl technisch genutzter Salze besteht.
Metallurgisch ist nur das Chromoxid von Bedeutung, in dem das Element III-wertig
ist.

Chrommetall wurde 1979 von Louis Vauquelin durch Reduktion von Chromoxid
mit Kohlenstoff hergestellt. Die Reduktion von Chromchlorid zu Metall gelang zuerst Berzelius 1844 mit Kalium. Elektrolytchrom wurde erstmalig von Bunsen 1854
gewonnen. Hans Goldschmidt führte 1898 das aluminothermische Verfahren zur Herstellung von Chrom ein.

1.2.1 Eigenschaften und Minerale

Das silber-weißglänzende und harte Metall hat die Ordnungszahl 24 im periodischen
System der Elemente und das Atomgewicht 52. Die Chromoberfläche ist an der Luft
auch bei höheren Temperaturen außerordentlich beständig und zeigt keine Anlauffarben. Das Metall ist gut polierfähig und zeigt einen bläulichen Schimmer. Der
Schmelzpunkt liegt bei 1903°C, der Siedepunkt bei 2640°C. Der Dampfdruck des geschmolzenen Metalls ist nicht sehr hoch, es ist z.B. etwa so flüchtig wie Eisen. Chrom

kristallisiert kubisch-raumzentriert. Es ist paramagnetisch, d.h. seine Magnetisierung ist kleiner als die des ferromagnetischen Eisens. Die Dichte beträgt 7,14 g/cm^3. Die *Chrommineralien* sind im wesentlichen Oxide, Chromate oder Silikate. Es gibt aber auch Sulfide, Jodate, Arsenate, Sulfate und Carbonate. Für die Chrom- und Ferrochromgewinnung sowie für die Herstellung feuerfester Materialien und Chemikalien ist aber allein das Chromit, $FeCr_2O_4$, von wirtschaftlicher Bedeutung. Wegen weitgehender Mischbarkeit mit anderen Gliedern der Spinell-Gruppe kommt Chromit in der Natur als Mischkristall der sogenannten Chromspinellreihe vor, zu der daneben auch $FeAl_2O_4$, $MgCr_2O_4$, $MgAl_2O_4$, $MgFe_2O_4$ und $FeFe_2O_4$ gehören. Da die Spinellbindung eine sehr stabile chemische Verbindung ist, die sich auch bei relativ hohen Temperaturen noch nicht zersetzt, die warm- und korrosionsfest ist, zählen Chromit und Chromspinelle zu den feuerfesten Werkstoffen. Neben den Spinellen kommt der Kieselsäure eine entscheidende Bedeutung beim Aufbau der Chromerze zu, weil sie je nach Menge und Art ihrer Bindung die Verhüttungsfähigkeit der Erze beeinflußt.

Chrom kommt als Metall in der Natur nicht vor, wenn man von Vorkommen in Meteoreisen (0,02 % Cr) absieht.

1.2.2 Regionale Verteilung der Lagerstätten

Bei den bekannten Lagerstätten handelt es sich vorrangig um liquidmagmatische Abscheidungen von Chromit in basischen bis ultrabasischen Gesteinen (Pyroxenite, serpentinisierte Dunite und Peridotite). Drei genetische Lagerstättentypen lassen sich unterscheiden:

- Schichtförmige (stratiforme) Erzkörper in altpräkambrischen (älter als 1,9 Mrd. Jahre), magmatischen Gesteinskomplexen. Chromite in stratiformen Lagerstätten sind in der Regel eisenreich (Cr : Fe = 1,5 - 2 : 1) und umfassen nahezu 90 % der nachgewiesenen Erzreserven. Hauptvorkommen: Bushvelt-Komplex (Südafrika), Great Dyke und Selukwe-Komplex (Simbabwe), Cuttack und Keonjhar Distrikte (Indien), Kemi-Intrusion/Elijarvi (Finnland), Fiskenaesset (Grönland), Stillwater-Komplex (USA), Coobina (Australien) und Bird River (Kanada).
- Linsenförmige (podiforme) Erzkörper in Faltengebirgen (alpinotyp), wobei die Chromite auftreten in Gesteinspartien, die aus ozeanischer Kruste oder Mantelmaterial bestehen und in die Orogen-Zonen eingeschuppt wurden. Chromite aus podiformen Lagerstätten sind chromreich (Cr : Fe > 2 : 1) oder auch aluminiumreich. Hauptvorkommen: Ural (UdSSR), ostmediterrane Tethys (Albanien, Griechenland, Türkei) pazifischer Plattenrand (Philippinen), karibischer Inselbogen (Kuba).
- Lateritische Erzkörper, die durch Verwitterung serpentinisierter Dunite oder Peridotite in tropischen Klimazonen entstanden sind. Chromit tritt hier beispielsweise als akzessorisches Mineral in lateritischen Nickelerzen auf. Bislang wird noch auf die Gewinnung verzichtet. Erwähnenswert ist allerdings das große Vorkommen im Madang-Distrikt von Papua-Neuguinea.

Tabelle III.7. Die wichtigsten Bergbauländer mit Chromitpoduktion (in 1000 sh.t)

Land	1970	1977	1982	1983	1984*
UdSSR	2 000	2 500	3 750	2 700	2 700
Südafrika	1 575	3 656	2 385	2 460	2 500
Albanien	360	900	1 320	990	1 000
Simbabwe	420	600*	470	475	500
Türkei	500	700	410	440	450
Indien	300	350*	375	400	450
Philippinen	625	592	390	365	400
Finnland	**	**	440	375	400
Brasilien	**	**	1 050	310	350
Übrige Länder	945	1 552	317	406	460
Welt insgesamt	6 725	10 805	10 907	8 921	9 210

*)   geschätzt.
**)   keine Angaben.

Quelle: US-Bureau of Mines: Mineral Commodity Summaries, Washington, D.C. 1985.

Prinzipiell ist Chromit ein Schwermineral und kann deshalb in Seifen angetroffen werden. Früher wurden auch im Bereich von großen stratiformen Chromitlagerstätten eluviale Seifen abgebaut (Bushvelt, Great Dyke).

Die Weltproduktion von Chromit wies in den siebziger Jahren noch eine steigende Tendenz auf (Tab. III.7), erreichte ihren vorläufigen Höhepunkt 1982 und ist danach wieder zurückgegangen. Die wichtigsten Lagerstätten verteilen sich auf 10 Länder (Abb. III.1):

UdSSR: Die Lagerstätten befinden sich im Ural, insbesondere im Perm-Distrikt (Saranovsk-Revier) und im Kempirsai-Distrikt von Kazachstan (Kazakh-Melodezhnoe-Revier). Es handelt sich um podiforme Erzkörper in serpentinisierten Duniten paläozoischen Alters. Die Erze sind chromreich (46 - 55 % Cr_2O_3) und für metallurgische Zwecke gut geeignet.

Republik Südafrika: Chromite treten hier im gesamten Bushvelt-Komplex in Transvaal auf, wobei die stratiformen Erzkörper in Pyroxeniten sowohl massive als auch Imprägnationsmineralisationen darstellen. Im westlichen Bushvelt sind die Reviere von Rustenburg und Zwartkop bedeutsam, im östlichen Bushvelt das Revier von Steelpoort. Erwähnenswert in Bophuthatswana sind außerdem die Gebiete von Mankwe-Bafokeng und Nietverdiend-Lehurutshe. Die Erze sind eisenreich und enthalten 40 - 45 % Cr_2O_3.

Albanien: Die Produktion stammt insbesondere aus der Todo Manco Mine und der Bulquize Mine im Martanesh-Distrikt nördlich von Kukes. Die podiformen Erzkörper jurassischen Alters enthalten Chromite mit 42 - 43 % C_2O_3.

Simbabwe: Massive, stratiforme Erzkörper treten in serpentinisierten Duniten des archaischen Hartley-Komplexes im Bereich des Great Dyke und in der Sebakwian Group des Selukwe-Komplexes auf. Während früher verschiedene Minen des Great Dyke (Glenapp, Caesar, Sutton, Rod Camp) bedeutsam waren, vereinen inzwischen die Minen des Selukwe-Distriktes (Peak, Railway Block) etwa 70 % der Landesproduktion auf sich. Die Erze enthalten 46 - 50 % Cr_2O_3 (metallurgical grade).

Türkei: Podiforme Erzkörper in paläozoischen Duniten sind in verschiedenen Teilen des Landes anzutreffen. Derzeit stammt die Produktion vor allem aus dem Guleman-Gebiet und dem Kavak-Gebiet sowie aus dem Kefdag-Gebiet und dem Uckopru-Gebiet. Die Erze sind teilweise arm (30 % Cr_2O_3), teilweise auch reicher (48 % Cr_2O_3), überwiegend jedoch eisenreich.

Indien: Die Produktion konzentriert sich auf den Bundesstaat Orissa mit dem Cuttack-Revier, dem Keonjhar-Revier und dem Dhenkanal-Revier. Die stratiformen Erzkörper in präkambrischen, serpentinisierten Duniten enthalten 30 - 36 % Cr_2O_3.

Philippinen: An der Westküste von Luzon stehen im Zambales-Distrikt die Acoje Mine mit über 40 Erzlinsen und die Masinloc Mine im Abbau. Die podiformen Mineralisationen in kretazischen Duniten sind aluminiumreich und eignen sich deshalb besonders als feuerfestes Material.

Finnland: Die Kemi Mine im Elijarvi-Distrikt fördert relativ arme Erze (26 % Cr_2O_3) aus einem stratiformen Erzkörper, der in präkambrischen, serpentinisierten Peridotiten auftritt.

Brasilien: Stratiforme Erzkörper befinden sich hier in präkambrischen, serpentinisierten Duniten der Serra de Jacobina und stehen im Campo Formoso Distrikt in Bahia (Limoeiro und Pedrinhas) im Abbau. Es handelt sich dabei um recht arme Erze mit nur 17 - 21 % Cr_2O_3, deren Reicherzpartien aber 37 - 44 % Cr_2O_3 enthalten können.

Madagaskar: In Duniten des präkambrischen Andriamena-Systems treten stratiforme Chromit-Erzkörper auf, die im Tsaratanana-Distrikt abgebaut werden. Die Reserven enthalten nur 31 % Cr_2O_3.

1.2.3 Erzvorräte

Die Angaben über Chromitvorräte müssen wie bei anderen Vorratsangaben in Relation zur Bauwürdigkeitsgrenze, zum Erkundungsgrad und besonders zur technischen Verwendbarkeit gesehen werden. Die Bauwürdigkeitsgrenze der Erze ist je nach chemischer Zusammensetzung und mineralogischer Beschaffenheit bei 18 - 26 % Cr_2O_3 anzusetzen. Vorräte in lateritischen Erzen (0,5 - 3 % Cr_2O_3) haben Cr-Gehalte, die

Tabelle III.8. Chromvorräte der Welt (in 1000 sh.t)

Land	Vorräte	Land	Vorräte
Südafrika	6 300 000	Philippinen	32 000
Simbabwe	830 000	Finnland	32 000
UdSSR	142 000	Albanien	22 000
Türkei	80 000	Brasilien	10 000
Indien	66 000	Andere	29 000
Welt insgesamt	7 511 000		

Quelle: US-Bureau of Mines, Mineral Commodity Summaries, Washington, D.C. 1985.

vorläufig keinen Abbau zulassen.

Eine Klassifikation der Chromiterze nach der chemischen Zusammensetzung und damit nach prinzipiellem Verwendungsbereichen hat sich bewährt. So sind von den wirtschaftlich gewinnbaren Reserven (Kategorie R1E der UN-Klassifikation) in Höhe von 1459 Mio. t rund 54 % (791 Mio. t) als chromreich (46 - 55 % Cr_2O_3; "metallurgical grade"), und 45 % (656 Mio. t) als eisenreich (40 - 46 % Cr_2O_3, "metallurgical grade" und "chemical grade") sowie 1 % (12 Mio. t) als aluminiumreich (33 - 38 % Cr_2O_3, "refractory grade") eingestuft. An weiteren (potentiellen) Vorräten sind noch 5500 Mio. t (2320 Mio. t chromreiche und 3180 Mio. t eisenreiche Chromite) bekannt. Die Verteilung der Chromvorräte ist der Tabelle III.8 zu entnehmen.

1.2.4 Technische Gewinnung des Metalls

Die Gewinnung von metallischem Chrom aus den Erzen umfaßt die Herstellung von niedrigprozentrigem Sonderroheisen aus chromhaltigen Eisenerzen, verschiedenen Ferrochromqualitäten aus eisenhaltigen Chromerzen und Chrommetall nach einer chemischen Anreicherung des Chroms aus "chemical ore".

a) Abbau und Aufbereitung der Erze

Chromerze werden sowohl im Tagebau als auch im Tiefbau gewonnen. Die Abbaumethode ist von der Qualität des Erzes, von der Lage, Form und Größe der Erzkörper und von der Art des Nebengesteins abhängig. Die Wirtschaftlichkeit der Chromerzaufbereitung wird durch den Chromitanteil im Erz und durch die chemische Zusammensetzung des Chromits bestimmt. Die Aufbereitung von Erzen mit etwa 20 - 30 % Cr_2O_3 zu ca. 40 - 50 %igen Konzentraten wird überwiegend naßmechanisch durchgeführt, d.h. das Erz wird nach dem Zerkleinern und Klassieren einer Setz- und Herdwäsche aufgegeben. In manchen Fällen ist eine Anreicherung der Konzentrate durch Magnetscheidung wirtschaftlich. Das

Tabelle III.9. Chromerzsorten*

Sorten	Cr/Fe min	Cr_2O_3 min %	$Cr_2O_3 + Al_2O_3$ min %	SiO_2 max %	max %	S max %	P max %	CaO max %
Metallurgie	3 : 1	48,0			8,0	0,08	0,04	
Feuerfest		31,0	58,0	12,0	6,0			1,0
Chemie		44,0			5,0			

*) US-Stockpile-Spezifikationen (USBM).

Quelle: US-Bureau of Mines.

Ausbringen der meisten Aufbereitungsanlagen liegt zwischen 80 % und 90 %, die Abgänge haben häufig noch 6 - 8 % Cr_2O_3.

Chromerzkonzentrate werden entsprechend ihrer Zusammensetzung für die drei Hauptverwendungsgebiete, nämlich Metallerzeugung, Chemie und feuerfeste Materialien, in die in Tabelle III.9 aufgeführten Sorten klassifiziert. Die metallurgische Industrie spezifiziert darüber hinaus in die für die verschiedenen Verfahren am besten geeigneten Typen innerhalb der Gruppe der metallurgischen Erze. Dabei wird insbesondere hinsichtlich der Art der Spinellbindung, des Chrom-Eisen-Verhältnisses, und der Gehalte an Quarz, Phosphor und Schwefel feiner unterschieden.

b) Verhüttung und Raffination

Chrom wird sowohl pyro- als auch in geringem Maße naßmetallurgisch hergestellt. Für den pyrometallurgischen Weg sind relativ hohe Schmelz- und Reduktionstemperaturen sowie die Löslichkeit der Reduktionsmittel Kohlenstoff, Silizium und Aluminium im erzeugten Metall kennzeichnend. Wegen der Erniedrigung der Kohlenstofflöslichkeit in Eisen-Chrom-Legierungen durch Silizium können kohlenstoffarme, Affiné- und Suraffinéqualitäten durch eine Frischreaktion zwischen einer zuvor erzeugten siliziumhaltigen, kohlenstoffarmen Legierung und dem Erz hergestellt werden. Das naßmetallurgisch durch Elektrolyse gewonnene Chrom ist durch gelösten Wasserstoff, Stickstoff und Sauerstoff verunreinigt. Chrom wird in einer Reihe von Erzeugungsqualitäten mit sehr unterschiedlichen Reinheitsgraden hergestellt. Sie dienen als Vorstoff für eine Vielzahl von Verbrauchsqualitäten auf Eisen- und Nichteisenbasis. Die Zusammensetzung der handelsüblichen Chromqualitäten ist in DIN 17 565 genormt.

Chromhaltiges *Sonderroheisen* enthält ca. 4 - 40 % Cr und ca. 3 - 7 % C, daneben Si und Mn und wird kontinuierlich im Hochofen durch gemeinsame Reduktion der im Chromit enthaltenen Eisen- und Chromoxide mit Kohlenstoff gewonnen. Es können Erze mit relativ geringem Cr/Fe-Verhältnis zum Einsatz kommen; für hohe Chromgehalte im Roheisen werden auch höhere Cr/Fe-Verhältnisse im Erz benötigt. Das Chromausbringen beträgt in chromärmerem Roheisen 90 - 95 %, bei chromreichem Roheisen 80 - 85 %. Die Schlacken enthalten bis zu 0,6 % Cr.

Ferrochrom-carburé-Legierungen enthalten ca. 4 - 10 % Kohlenstoff und 63 - 69 % Chrom; sie werden kontinuierlich im Elektroniederschachtofen hergestellt. Chrom- und Eisenoxide werden gemeinsam reduziert; Zuschlagstoffe sind Reduktionskohle, wie Koksgrus, Brechkoks und Braunkohlenbriketts sowie Kies und Kalk zur Schlackebildung. Die Erzeugung aller Ferrochromqualitäten setzt im Erz ein Cr/Fe-Verhältnis von nicht weniger als 2,8 : 1 voraus. Schwefel- und Phosphorgehalte aller Einsatzstoffe müssen niedrig sein. Die Schlacken enthalten noch ca. 2 - 3 % Cr, das Chromausbringen liegt bei 85 bis 95 %. Handelsüblich sind im wesentlichen 3 Legierungen, die sich hauptsächlich im Kohlenstoff- und Siliziumgehalt unterscheiden.

Ferrochrom-affiné mit ca. 70 % Cr und 1 - 2 % C wird in offenen Dreiphasen-Lichtbogenöfen durch "Frischen" von Ferrochrom-Curburé entweder mit einer Chromerzschlacke oder durch Aufblasen oder Bodenblasen mit Sauerstoff im Konverter erzeugt. Die Zustellung dieser Öfen besteht wegen der erforderlichen relativ hohen Temperaturen aus Magnesit, der zum Schutz an der Ofensohle mit besonders hartem und stückigem, bodenfestem Chromerz (Cr/Fe > 3) zu Beginn jeder Schmelze überdeckt wird. Alternativ kann die Herstellung der Affiné-Legierung auch durch Reduktion der Chromerz-Kalk-Schlackenschmelze mit Silicochrom (30 % Si ;55 % Cr; 0,8 % C) im Elektroofen hergestellt werden. Die Chromausbeute beträgt für alle Verfahren ca. 90 %. Handelsüblich sind im wesendlichen 4 Legierungen mit unterschiedlichem Kohlenstoffgehalt.

Silicochrom mit ca. 43 - 63 % Cr und ca. 19 - 41 % Silizium wird entweder direkt, ausgehend von einer Mischung aus Chromerz + Quarz + Reduktionskohle oder indirekt auszgehend von Ferrochrom-carburé + Quarz + Reduktionsmittel kontinuierlich im Elektroniederschachtofen hergestellt. Ein möglichst geringer Kohlenstoffgehalt der erzeugten Legierung ist für die Herstellung von Ferrochrom-suraffiné, wo Silicochrom als Einsatzstoff dient, wichtig. Die abgehenden Schlacken haben einen Cr-Gehalt von 0,3 - 0,6 %, die Chromausbeute beträgt 93 - 95 %. Handelsüblich sind im wesentlichen 2 Legierungen mit Kohlenstoffgehalten kleiner als 0,5 %.

Ferrochrom-suraffiné mit 72 % Cr und 0,01 - 0,7 % C wird in einem zwei- oder dreistufigen Verfahren diskontinuierlich in Lichtbogenöfen hergestellt. Dazu wird in einer ersten Stufe in 2 Öfen je eine chromoxidreiche Schlacke und eine Silicochromlegierung hergestellt. In einer zweiten Stufe werden diese beiden Komponenten in zwei besonderen Reaktionsgefäßen mit Zwischenprodukten einer dritten Stufe im Gegenstrom zum Umsatz gebracht, wobei in einem Gefäß verkaufsfähiges Ferrochrom-suraffiné und im anderen eine ausreduzierte Schlacke mit 0,3 % Cr entsteht. Die Zwischenprodukte der dritten Stufe, eine an Cr verarmte Schlacke und ein teilweise entsiliziertes Silicochrom, gehen in die zweite Stufe zurück. Die zweite und dritte Stufe können auch nacheinander in einem Gefäß durchgeführt werden.

Simplexferrochrom, eine Suraffinéqualität mit 66 - 68 % Cr, ca. 25 % Fe, ca. 6 % Si und ca. 0,01 % C wird im Vakuumofen durch Reaktion von Ferrochrom-carburé mit Oxidationsmitteln, wie SiO_2 oder Cr_2O_3, in fester Form (Briketts) diskontinuierlich hergestellt.

Aluminothermisches Chrom mit mindestens 99 % Cr wird in speziellen Reaktionsgefäßen bis zu 2 t Inhalt aus einem chemisch vorraffinierten Chromoxid (Cr_2O_3) durch Reduktion mit Aluminiumgrieß diskontinuierlich hergestellt. Das relativ teure Verfahren führt in einer Stufe zu einem ziemlich reinen Metall. Das Chromausbringen beträgt ca. 88 - 90 %.

Elektrolytchrom mit mindestens 99,9 % Cr ist das reinste technisch erzeugbare Chrom. Es wird aus einem wäßrigen Chromsäureelektrolyten mit unlöslichen Bleianoden an Kupfer- und Edelstahlkathoden gewonnen. Das Metall ist im wesentlichen nur durch Stickstoff, Wasserstoff und Sauerstoff verunreinigt.

1.2.5 Standorte und Kapazitäten der Metallerzeuger

Etwa die Hälfte des in der Weltchromiterzeugung enthaltenen Chroms wird in der metallurgischen Industrie zur Herstellung von Chrom in den vorher erwähnten Metallqualitäten verbraucht. Da dieser Industriezweig vorwiegend markt- und energie-(Kohle oder Hydroelektr.), weniger rohstofforientiert ist, befinden sich die Standorte hauptsächlich in den wichtigsten Industrieländern. Wegen der Ähnlichkeit in den Herstellungsverfahren von Ferrochrom und Ferrochromsilicium treten für beide Produkte teilweise die gleichen Hersteller auf. Dies gilt nicht für die Herstellung von Chrommetall, wofür andere Technologien erforderlich sind. Nicht berücksichtigt und schwierig abzuschätzen sind die aus chromhaltigen Eisenerzen über die Herstellung von Sonderroheisensorten im Hochofen durchgesetzten Kapazitäten (Tab. III.10).

Ferrochromlegierungen: Die Herstellerliste für Ferrochromlegierungen umfaßt ca. 36 Firmen mit einer Gesamtkapazität von ca. $2,9 \cdot 10^6$ t. Die wichtigsten Hersteller (1980 > 100 000 t) befinden sich in der UdSSR, Südafrika, USA, Europa, Japan und sind in Tabelle III.10 aufgeführt.

Ferrochrom-Silizium-Legierungen: Die Herstellerliste für diese Legierungen umfaßt ca. 16 Firmen mit einer Gesamtkapazität von ca. 365 000 t.

Chrommetall: Die Herstellerliste für Chrommetall umfaßt 14 Firmen mit einer Gesamtkapazität von ca. 10 000 t im wesentlichen Elektrolytchrom, weniger Chrompulver. Die wichtigsten Hersteller sind ausschließlich in den Industrieregionen angesiedelt.

Tabelle III.10. Die wichtigsten Metallerzeuger mit Kapazitäten (in 1000 t pro Jahr)

Ferrochrom und Silicochromlegierungen

Staatliche Betriebe, UdSSR	600
Ferrometals Ltd., Südafrika	300
Vargon Alloys AB, Schweden	150
Roane Electric Furnace Co., USA	150
Tubatse Ferrochrome (Pty) Ltd., Südafrika	150
Japan Metals & Chemicals Co. Ltd., Japan	126
Zimbabwe Mining & Smelting Co. Ltd. (ZIMASCO), Simbabwe	120
Tulcea Ferro-Alloys Complex, Rumänien	115
Feralloys Ltd., Südafrika	100

Chrommetall

Murex Ltd., Großbritannien	3000
Continental Alloys SA, Luxemburg	1000
National Nickel Alloy Corp., USA	500
C. Delachaux SA, Aciéries de Gennevilliers, Frankreich	500
Sofrem − Sté Francaise d'Electrométallurgie, Frankreich	400
Sanno Seiko Kaisha Ltd., Japan	300
Elkem Metals Co., USA	k.A.
Niagara Falls Metals & Minerals Inc., USA	k.A.
Shieldalloy Corp., USA	k.A.
Teledyne Allvac, USA	k.A.
Union Carbide Corp., Metals Division, USA	k.A.
Ges. f. Elektrometallurgie mbH., Bundesrepublik Deutschland	k.A.
London & Scandinavian Metallurgical Co. Ltd., England	k.A.
Metal Alloys (South Wales) Ltd., Großbritannien	k.A.

Quelle: Serjeantson, R.; Cordero, R. − 1982.

1.2.6 Verwendungsbereiche

Chrom ist ein typisches Legierungsmetall. Legierungen, in denen Cr überwiegt, werden als Gebrauchsmetalle nur sehr wenig verwendet. Eine Ausnahme stellt Chrom als galvanotechnisch erzeugter Oberflächenschutz sowie als duktiles Metall für elektronische Zwecke dar. Besonders wichtig für seine Verwendung in metallischer Form ist die Eigenschaft, als Stahlveredler zu wirken, d.h. sich mit Eisen zu legieren. In Stählen erhöht es die Festigkeit und setzt die Dehnung nur sehr wenig herab, verbessert die Warmfestigkeit und Zunderbeständigkeit sehr. Bei höheren Cr-Gehalten werden die Stähle rostbeständig und verschleißfest. Die Schweißbarkeit nimmt bei reinen Chromstählen mit zunehmendem Cr-Gehalt ab. Chrom ist ein starker Karbidbildner. Die Zugfestigkeit des Stahles steigt um 8 - 10 kp/mm² je 1 % Cr; die Streckgrenze wird ebenfalls erhöht, jedoch nicht in gleichem Maße, die Kerbschlagzähigkeit wird verringert.

In NE-Metall-Legierungen ist Chrom ebenfalls ein wichtiges Legierungselement. Chromzusätze zu Nickel erhöhen dessen elektrischen Widerstand und Zunderbe-

Tabelle III.11. Beispiele wichtiger chromhaltiger NE-Legierungen

Qualität	DIN-Bezeichnung	Richtanalyse	Anwendungsbeispiele
Hitzebeständige warmfeste Nickellegierungen	NiCr 80 20	20 Cr	Heizleiter
	NiMo 16 Cr	16 Cr, 16 Mo, 6 Fe, 4 W	chemische Apparate
	NiFe 16 Cu Cr	2 Cr, 16,5 Fe, 5 Cu, 0,5 Mn	Relais, Stromwandler
	NiFe 48 Cr	0,7/1,0 Cr, 47 Fe	Einschmelzungen in Weichgläser
Feste, leitfähige Kupferlegierung	CuCr 0,8	0,3/1,2 Cr	Elektroden
Feste, schweißbare Aluminiumlegierung	AlMg 4,5	4/4,9 Mg, 0,3/1,0 Mn 0,05/0,25 Cr	Halbzeuge für Kühltechnik und Chemie
Warmfeste korrosionsbeständige Zirkoniumlegierung		1,2/1,7 Sn, 0,07/0,20 Fe 0,05/0,15 Cr, 0,03/0,08 Ni	Reaktor-Brennelement-Hüllrohre (Zircaloy 2)

ständigkeit sehr stark, in Kupfer erhöht Chrom die Festigkeit, ohne die elektrische Leitfähigkeit zu stark herabzusetzen. Auch in Aluminium und Zirkonium dient Chrom als Legierungsbestandteil. Die wichtigsten chromhaltigen NE-Legierungen sind in Tabelle III.11 aufgeführt.

Weil Chrom allgemein in Legierungen die Warmfestigkeit und Zunderbeständigkeit heraufsetzt, wird es zu den temperaturfesten, den sogenannten "refractory metals" gezählt.

In den USA ist Chrom im Jahre 1980 in verschiedenen metallurgischen Formen für den folgenden Endverbrauch eingesetzt worden:

Der Bereich *Transportwesen* lag mit mehr als 20 % des Chromverbrauches an der Spitze, wobei chromhaltige Stähle und Gußeisen für Autos, Eisenbahnen und Schiffe verarbeitet wurden. Auch Hochtemperaturlegierungen für Flugzeugtriebwerke gehören dazu. Diese "superalloys" enthalten bis 30 % Cr.

Die Verwendung von Chrom in *Konstruktionsmaterialien* stellt mit 17 % den zweitgrößten Bereich dar. Er umfaßt die Verwendung von Blechen für die Gebäudeverkleidung, Edelstahlprofile und Beschläge, legierte Stähle für den Brückenbau und Straßenbau in Form von Blechen, Profilen, Seilen, Trägern und Zäunen. Für den Bereich *Maschinen und Ausrüstungen* wurden etwa 16 % Chrom verbraucht. Der Einsatz erfolgt in Guß- und Knetlegierungen, z.B. für Pumpen, Gehäuse, Behälter und Rohre. Ein beträchtlicher Anteil wird für Ausrüstungen in der chemischen und petrochemischen Industrie sowie für Bergbau und Werkzeugindustrie gebraucht. Im Bereich *Feuerfeste Materialien* wurde mit 12 % der größte Anteil in nichtmetallischer Form, nämlich als Chromit verbraucht. Einsatzgebiet ist hauptsächlich die eisen- und nichteisenerzeugende metallurgische Industrie mit feuerfesten Ausklei- dungen von Öfen. Chrom wurde auch mit etwa 8 % in Haushalten verbraucht, haupt- sächlich als Verchromungen an Möbeln und Einrichtungen und als Legierungen in Bestecken. Für die Verchromung kamen 3 % hauptsächlich für die "dekorative" und "harte" galvanische Verchromung in Form von Chromsäure, CrO_3, aber auch für das Inchromieren in Form anderer Verbindungen, wie z.B. Chromchloride und Fluoride, und für das Chromatieren zum Einsatz. Chrom-Chemikalien verbrauchten 12 %, wobei Chromoxide beispielsweise zur Herstellung von Farben dienen. Eine beträchtliche Menge wird für gelbe Markierungen im Straßenverkehr benötigt. Auch Brückenanstriche enthalten teilweise Chrompigmente. Wegen der stark oxidierenden Wirkung von Chromsalzen werden diese bei der *Chromierung von Leder* und für das Gerben von Fellen eingesetzt. Ein Rest von 12 % enthält sowohl Chromchemikalien für verschiedene *industrielle Anwendungszwecke*, wie Textilfarben, Korrosions-In- hibitoren, Katalysatoren und Bohrmittel, Chromit-Sande und feingemahlener Chro- mit für Formen und Kerne in Gießereien als auch *duktiles Metall und Spezialle- gierungen* für medizinische und strategische Zwecke.

1.2.7 Entwicklung des Bedarfs

Chrom wird zum überwiegenden Teil in metallischer Form in Stählen, Gußeisen und NE-Legierungen verwendet. Die Bedarfsentwicklung ist deshalb in der Hauptsache aus der vermuteten Entwicklung dieses Anwendungsgebietes abschätzbar. Substi- tutionsmöglichkeiten auf diesem Sektor sind unbeträchtlich und auch das Recycling ist bislang nur begrenzt möglich. Lediglich 10 % des Bedarfs wird aus Stahl- bzw. Le- gierungsschrotten zurückgewonnen. Die Verbrauchsförderung geschieht im wesentli- chen indirekt über den Stahl, etwa durch nationale Vereinigungen, wie "Indian Ferro Alloy Producers Association", "Japan Ferro Alloy Association", "South African Alloy Producers Association" und "The Committee of Chrome Producers of Tur- key".

Mit einem Bedarfsrückgang ist im Bereich der feuerfesten Materialien zu rechnen, da durch zunehmenden Einsatz von magnesitausgekleideten Elektroöfen der Chromit- verbrauch zurückgeht. Ein Bedarfsrückgang ist auch bei Gerbereichemikalien zu er- warten, weil Lederprodukte mehr und mehr durch ungegerbte Kunststofferzeugnis- se ersetzt werden.

Mögliche Bedarfsrückgänge sind bei folgenden Einsatzgebieten zu erwarten. Im Flug- zeugtriebwerksbau können teilweise chromhaltige Legierungen durch keramische Werkstoffe und Verbundwerkstoffe ersetzt werden. Im Automobilbau könnte man möglicherweise die Verchromung teilweise durch eine Vernickelung oder Cadmierung ersetzten oder ganz darauf verzichten. Verchromte und Edelstahl-Beschläge können mehr als bisher durch eloxiertes Aluminium und galvanisierte Plaste ersetzt werden. In Legierungen kann Chrom durch Nickel, Kobalt, Molybdän, Vanadium und andere Metalle ersetzt werden, wenn Preisgründe nicht dagegen sprechen; in einigen NE-Legierungen ist Chrom allerdings nicht austauschbar. Auf dem Sektor Maschinen und Ausrüstungen können in manchen Fällen Titan oder Titan-Stahl-Kombinationen als Substitutionsmaterial wegen ihrer besonderen Festigkeits- und Korrosionseigenschaften zum Einsatz kommen. Weiterhin kann auf dem Pigmentsektor unter gewissen Voraussetzungen Chromgelb durch Cadmiumgelb ersetzt werden.

Dem Bedarfsrückgang durch Substitution steht ein Bedarfszuwachs in einigen Verwendungsbereichen der Edelstähle und NE-Legierungen gegenüber. Es kann per Saldo sogar mit einem leicht steigenden Bedarf bis zum Jahre 2000 gerechnet werden. Das US-Bureau of Mines ging 1978 noch von jährlichen Zuwachsraten von über 3 % aus, was zu einem Weltverbrauch von etwa 7 Mio. t bis zum Jahre 2000 geführt hätte. Inzwischen sind diese Prognosen überholt. In den nächsten Jahren dürfte sich der Bedarf auf einem Niveau von etwa 4 Mio. t stabilisieren.

Chrom wird als strategisch bedeutsames Metall eingestuft und wurde seit 1939 im US-Stockpile eingelagert. Die Einlagerungsziele liegen bei 3,2 Mio. sh.t metallurgischen Chromits, 675 000 sh.t chemischen Chromits, 850 000 sh.t feuerfesten Chromits, 260 000 sh.t Ferrochrom und 20 000 sh.t Chrommetall und wurden nur bei Ferrochrom erreicht. Auch Japan, Frankreich und Großbritannien haben begonnen, staatliche Vorräte anzulegen.

1.2.8 Marktstrukturen

Der Weltchrommarkt gliedert sich auf in einen Markt für Chromerze, Ferrochromlegierungen und einen mengenmäßig unbedeutenden für Chrommetall. Hochchromhaltige Schrotte werden zum Chrommetallmarkt gezählt. Der Erzmarkt ist gekennzeichnet durch ein großes Angebot auf seiten der Produzenten mit stetigem Trend zur Überversorgung und Konkurrenzmärkten. Für Chromerze und Ferrochromlegierungen gibt es eine Vielzahl von Anbietern und Nachfragern.

a) *Chromerz-Markt*

Der Welthandel mit Chromerzen umfaßt etwa 25 % der gesamten Bergwerksproduktion (vgl. Tab. III.12).

Tabelle III.12. Ex- und Importe von Chromerzen der wichtigsten Länder 1980 (in t)

Exportländer		Importländer	
Südafrika	1 022 022	Japan	950 039
UdSSR	567 000	USA	910 000
Philippinen	361 305	Bundesrepublik Deutschland	328 847
Indien	212 762	Frankreich	278 773
		Italien	171 045

Quelle: Metal Bulletin Handbook, 1984.

Der größte Produzent in Südafrika ist Barlow Rand Ltd., gefolgt von General Mining Union Corp. In Simbabwe vereinigen Union Carbide Zimbabwe und Rhodal (Anglo American) etwa 95 % der Landesproduktion. Auf den Philippinen ist die Benguet Corp. erwähnenswert, in der Türkei die staatliche Etibank und in Finnland die staatliche Outokumpu.

Die Sowjetunion als Staatshandelsland tritt auch als nennenswerter Anbieter auf. Der Chromerzmarkt ist seiner Struktur nach also von einem abgeschwächten Oligopol auf der Angebotsseite und von einem Polypol auf der Nachfrageseite geprägt.

b) *Ferrochrom-Markt*

Das Volumen des Weltmarktes von Ferrochrom umfaßt etwa ein Viertel der Chrom-Weltproduktion. Die fünf wichtigsten Exportländer sind Südafrika, die UdSSR, die Bundesrepublik Deutschland, Norwegen und Finnland. Die UdSSR, Südafrika und die Türkei besitzen gute Ausgangspositionen für Export-Steigerungen, da nicht nur Erzproduktion und -reserven groß sind, sondern auch genügend und preisgünstige Kohle- und Elektroenergie bereitgestellt werden können. Auf der Liste der exportierenden Länder stehen weiterhin USA, Schweden, Frankreich, Jugoslawien, Indien und Italien. Der Vergleich mit den wichtigsten Importländern (Großbritannien, Bundesrepublik Deutschland, USA, Italien, Japan) zeigt, daß der europäische Markt der bedeutendste ist. Auf der Liste der Importländer stehen außerdem noch Schweden, Kanada, Österreich, Belgien und Luxemburg, Frankreich und Australien. Eine Reihe westeuropäischer Länder und die USA treten sowohl als Exportländer als auch als Importländer auf.

c) *Chrommetall-Markt*

Dieser Marktbereich umfaßt Chrombriketts, Elektrolytchrom, Chrompulver, hochchromhaltige Legierungen und Schrott zusammen mit einem statistischen Mittel von ca. 80 % Chromanteil. Er hat ein relativ kleines Außenhandelsvolumen von 1000 - 2000 t und setzt sich zusammen aus 14 Anbietern (Produzenten) und einer Vielzahl von Verbrauchern. Chrommetall und hochchromhaltige Legierungen werden fast ausschließlich in den industrialisierten Ländern produziert, gehandelt und verkauft.

1.2.9 Preisentwicklung

Die Chrompreise stiegen bis 1978 stetig an und erfuhren danach aufgrund der konjunkturellen Krise einen Rückgang, der nur durch erhebliche Produktionseinschränkungen in einigen Bergbauländern, wie Südafrika und Türkei, gemäßigt werden konnte. 1983 kam es zu einem deutlichen Einbruch, der aber 1984 wieder ausgeglichen werden konnte. Die Preise werden auf der Basis von Lieferverträgen ausgehandelt. Dabei gibt es generelle Unterschiede nach dem jeweiligen Herkunftsland, die qualitätsbedingt sind. Im März 1982 wurden beispielsweise notiert: türkische Konzentrate

(48 %, Cr : Fe = 3 : 1) : 110 - 115 US-$/t; russische Konzentrate (48 %, 3,5 : 1) : 100 - 110 US-$/t; albanische Konzentrate (51 %) : 55 - 70 US-$/t; südafrikanische Konzentrate (44 %) : 42 - 48 US-$/t.

Die Preisentwicklung bei Chrommetall ist Abbildung III.3 zu entnehmen.

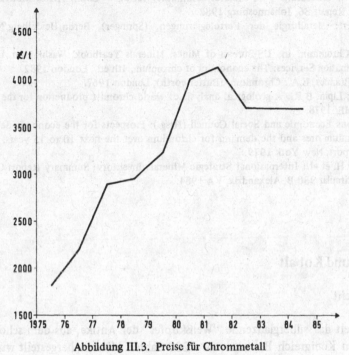

Abbildung III.3. Preise für Chrommetall

1.2.10 Handelsregelungen

Chromitkonzentrate werden in drei wesentlichen Qualitätsformen gehandelt, die den Verwendungsbereich bestimmen:

- als metallurgisches Konzentrat (metallurgical grade) mit mindestens 46 % Cr_2O_3 und einem Cr/Fe-Verhältnis von mehr als 2 : 1;
- als chemisches Konzentrat (chemical grade) mit 40 - 46 % Cr_2O_3 und einem Cr/ Fe-Verhältnis zwischen 1,5 : 1 und 2 : 1;
- als feuerfestes Konzentrat (refractory grade) mit mehr als 20 % Al_2O_3 und mehr als 60 % Cr_2O_3 + Al_2O_3.

Für Reinchrom sind folgende Spezifikationen gebräuchlich:

- aluminothermisches Chrom mit 99,0 - 99,4 % Cr, 0,1 - 0,3 % Al, max. 0,2 % Fe und max. 0,1 % Si;
- Elektrolytchrom mit 99,6 - 99,7 % Cr, 0,01 % Al, max. 0,2 % Fe, max. 0,03 % Si;
- Reinstchrom mit 99,9 - 99,99 % Cr, 0,001 % Al, max 0,0006 % Fe, max. 0,0005 % Si.

Literaturhinweise

Bundesanstalt für Geowissenschaften und Rohstoffe/DIW: Untersuchungen über Angebot und
    Nachfrage mineralischer Rohstoffe, VII, Chrom, Hannover, Dezember 1975.
Donath, M.; Chrom. Die metallischen Rohstoffe, Bd.14, (Enke), Stuttgart 1962.
Duke, V.W.A.: Chromium – A mineral commodity review – South Africa Minerals Bureau,
    Internal Report 86, Johannesburg 1982.
Durrer/Volkert: Metallurgie der Ferrolegierungen, (Springer), Berlin/Heidelberg/New York
    1972.
Papp, J.F.: Chromium, in: US-Bureau of Mines, Minerals Yearbook, Washington, D.C. 1982.
Roskill Information Services: The economics of chromium, 4th ed., London 1982.
Sully, A.H.; Brandes, E.A.: Chromium, (Butterworth), London 1967.
Thayer, T.P.; Lipin, B.R.: A geological analysis of world chromite production for the year 2000
    – AIMME, 1978.
United Nations Economic and Social Council (Hrsg.): Prospects for the economic development
    of chromium ores and the demand for chromium over the next 10 to 15 years, UNESCO-
    SOC-Report, New York 1979.
De Young, J.H. et al.: International Strategic Minerals Inventory; Summary Report-Chromium,
    USGS Circular 930-B, Alexandria, VA 1984.

2 Nickel und Kobalt

Von W. Gocht

Zwar enthielt das silberglänzende "Weißkupfer" der Antike, aus dem schon im alt-
afghanischen Königreich Baktrien vor 2200 Jahren Münzen hergestellt wurden, bis
zu 20 % Nickel und auch alte Legierungen (Bronzen, Messing) aus China ("pai-
tung"), dem Vorderen Orient (Schwerter aus Damaskus aus Ni-haltigem Meteoreisen)
und Südeuropa weisen mitunter Gehalte von 1 - 2 % Nickel auf, doch wurde das reine
Metall erst im Jahre 1751 vom Schweden Axel Cronstedt aus "Kupfernickel" dargestellt. Nickel gehört deshalb zu den jungen Metallen, ebenso wie Kobalt, dessen Entdeckung dem Schweden G. Brandt im Jahre 1735 gelang.

Die Herkunft beider Metallnamen wird auf sächsische Bergleute zurückgeführt, die im
Mittelalter verschiedene Berggeister Kobold und Nickel nannten. Deshalb verwendeten sie auch den Ausdruck "Kupfernickel" als Schimpfname für ein kupferfarbenes
Erz (Rotnickelkies), aus dem aber kein Kupfer gewonnen werden konnte, und "Ko-
bolderze" waren Minerale, wie Speiskobalt (Skutterudit), die beim Erhitzen einen
üblen Arsengeruch erzeugten.

Nickel und Kobalt gehören mit Eisen zur 8. Nebengruppe des Periodischen Systems
der Elemente und sind daher geochemisch eng verwandt. Alle drei Metalle sind weitgehend diadoch, wobei sich Nickel und Kobalt in Sulfiden, Oxiden und Arseniden
gegenseitig vertreten und in den entsprechenden Lagerstätten gemeinsam vorkommen, normalerweise in einem Co : Ni-Verhältnis von 1 : 25 bis 1 : 40 in Sulfiden und
von 1 : 10 bis 1 : 100 in Oxiden.

2.1 Nickel

2.1.1 Eigenschaften und Minerale

Der durchschnittliche Gehalt von Nickel in der Erdkruste beträgt etwa 0,008 %, während die kosmische Häufigkeit auf 0,0005 % geschätzt wird. Das silberglänzende, normalerweise kubisch flächenzentriert kristallisierte Metall mit der Atommasse 58,71 und der Atomzahl 28 hat seinen Schmelzpunkt bei 1452°C (handelsübliches Nickel bei 1435 - 1446°C) und den Siedepunkt bei 2730°C. Neben fünf stabilen Isotopen wurden bisher sieben radioaktive Isotope hergestellt.

Zu den wichtigsten *physikalischen Eigenschaften* zählen das magnetische Verhalten und die Festigkeit. Nickel gehört zu den ferromagnetischen Metallen mit einem Curie-Punkt (Übergang vom ferromagnetischen in paramagnetischen Zustand) bei 357°C. Curie-Punkt, Remanenz, Koerzitivkraft und Permeabilität werden bereits durch geringe Beimengungen stark beeinflußt. Die *mechanischen Eigenschaften* von weichgeglühtem Nickel sind bei Zimmertemperatur mit denen des Flußstahls vergleichbar, doch behält Nickel seine Festigkeit bis zu Temperaturen von 300°C (Zugfestigkeit: 500 - 550 MPa; 0,2-Dehngrenze: 150 - 170 MPa; Bruchdehnung: 50 %).

Tabelle III.13. Wichtige Nickelminerale

Mineral	Chemische Zusammensetzung	Nickel-gehalt %	Kristall-system
Pentlandit	$(Fe,Ni)_9S_8$	15 - 45	kubisch
Millerit	NiS	64,7	trigonal
Bravoit (Nickelpyrit)	$(Ni,Fe)S_2$	um 20	kubisch
Heazlewoodit	Ni_3S_2	73,3	kubisch
Linneite z.B. Polydymit (Nickelkies)	Ni_3S_4	57,9	kubisch
Gersdorffit	$NiAsS$	35,4	kubisch
Ullmannit	$NiSbS$	28	kubisch
Niccolit (Rotnickelkies)	$NiAs$	43,9	hexagonal
Breithauptit	$NiSb$	32,5	hexagonal
Chloanthit	$(Ni,Co)As_3$	10 - 25	kubisch
Garnierit (Nickelserpentin)	$(Ni,Mg)_6[(OH)_8/Si_4O_{10}]$	bis 40	monoklin
Schuchardtit (Nickelchlorit)	$(Ni,Mg,Al)_6[(OH)_8(Al,Si)Si_3O_{10}]$	bis 30	monoklin
Annabergit (Nickelblüte)	$Ni_3(AsO_4)_2 \cdot 8H_2O$	29,4	monoklin

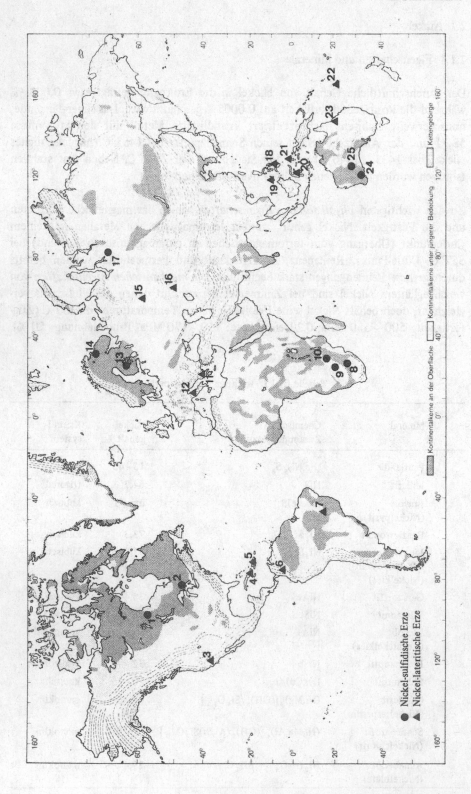

Zu den wichtigsten *chemischen Eigenschaften* gehören das Korrosionsverhalten und das katalytische Verhalten von Nickel. Die Korrosionsbeständigkeit gegen Atmosphärilien und alle nichtoxidierenden Substanzen ist über einen weiten Temperaturbereich sehr hoch und beruht auf der Bildung von Schutzschichten. Selbst in Meeresnähe und in Industriegebieten beträgt die Auflösung von Nickel weniger als 0,00625 mm pro Jahr. Von stark oxidierenden Säuren, wie Salpetersäure oder schwefeliger Säure wird Nickel allerdings erheblich angegriffen, kaum dagegen von ätzenden Alkalien.

Als Katalysator ist feinverteiltes Nickel wegen seines hohen Aufnahmevermögens für Wasserstoff verbreitet. In seinen Verbindungen tritt Nickel praktisch nur zweiwertig auf. In der Natur kommt Nickel in gediegener Form nicht vor. Verschiedene metallische Nickel-Eisen-Minerale sind durch Eisen-Meteoriten (Oktaedrite) bekannt geworden, die vornehmlich aus Kamazit ("Balkeneisen" mit 5 - 8 % Ni), Taenit ("Bandeisen" mit 25 - 45 % Ni) und Plessit ("Fülleisen" mit 14 - 26 % Ni) bestehen. Von den in Tabelle III.13 aufgeführten Nickelmineralen haben Pentlandit und Garnierit die größte wirtschaftliche Bedeutung.

Eine Nickelführung in Limonit und Magnetkies bis 1 % ist verbreitet und kann für die Entstehung von Nickellagerstätten von großer Bedeutung sein.

2.1.2 Regionale Verteilung der Lagerstätten

Zu Beginn der industriellen Nickelproduktion gegen Ende des 19. Jahrhunderts nahmen magmatische Nickel-Magnetkies-Lagerstätten eine dominierende Stellung ein, doch hat sich mit der Erschließung von lateritischen Nickellagerstätten ein Strukturwandel im Nickelbergbau vollzogen. 1950 wurden 90 % der Weltproduktion aus sulfidischen Erzen gewonnen, 1983 waren es nur noch 48 %.

Nickel ist geochemisch vornehmlich an Fe- und Mg-reiche, simische magmatische Gesteine gebunden.

Insgesamt können 4 Erztypen unterschieden werden:
a) *magmatische Erze* (sulfidische Ni-Erze): Die an basische Intrusionen (Norite,

---

Abbildung III.4. Die wichtigsten Lagerstätten von Nickel

Kanada: 1 Thompson/Manitoba; 2 Sudbury/Ontario; *USA:* 3 Nickel Mts./Oregon; *Kuba:* 4 Provinz Oriente; *Dominikanische Republik:* 5 Bonao; *Kolumbien:* 6 Cerro Matoso; *Brasilien:* 7 Niquelandia/Goias; *Südafrika:* 8 Rustenburg-District; *Botswana:* 9 Selebi, Phikwe; *Simbabwe:* 10 Bindura; *Griechenland:* 11 Larymna, Euböa, *Jugoslawien:* 12 Kosovo; *Finnland:* 13 Vammala; *Sowjetunion:* 14 Pechenga/Kola; 15 Verkhniy-Ufaley, 16 Orsk, 17 Norilsk; *Philippinen:* 18 Nonoc, 19 Rio Tuba/ Palawan; *Indonesien:* 20 Pomalaa, Soroako/Sulawesi, 21 Gebe; *Neukaledonien:* 22 Thio, Kouaoua, Nepoui; *Australien:* 23 Greenvale/Queensland, 24 Kambalda/West-Australien, 25 Windarra/West-Australien.

Gabbros) des kratonischen Magmatismus gebundenen Nickel-Kupfer-Sulfide bilden in der Regel umfangreiche Erzkörper (Sudbury/Kanada, Thompson/Kanada, Pechenga/UdSSR, Norilsk/UdSSR, Kambalda/Australien) von Magnetkies, vergesellschaftet mit Pentlandit und Kupferkies. Die Nickelgehalte schwanken zwischen 0,5 % und 4 %. Meist treten auch gewinnbare Mengen an Co, Au, Ag, Se, Te und Platinmetallen auf. Geotektonisch sind sulfidische Nickellagerstätten auf präkambrische Schilde beschränkt.

b) *lateritische Verwitterungserze* (oxidische und silikatische Ni-Erze): Bei der Verwitterung orogener, ultrabasischer Gesteine (Peridodite) im tropisch-humiden Klima entstehen Laterite. Der Ni-Gehalt des Olivins (bis 0,3 % Ni) wird wie Fe, Mg und SiO_2 als Silikatkolloid gelöst und kann abgesetzt werden

— in Oberflächennähe mit Eisen als Limonit (oder Hämatit), wobei Nickel normalerweise keine eigenen Minerale bildet, sondern im Limonit-Gitter an Stelle von Eisen eingebaut wird (nickelhaltige Eisen-Laterite bzw. oxidische oder auch limonitische Erze, z.B. in Kuba, Griechenland, Philippinen). Eine zusätzliche Anreicherung kann durch Auslaugung löslicher Bestandteile erfolgen;

— im Liegenden der eisenreichen Zone als Nickel-Magnesium-Silikate hauptsächlich als Garnierit (Nickelsilikat-Laterite bzw. silikatische Erze, z.B. in Neukaledonien, Indonesien, Brasilien).

Geotektonisch sind lateritische Nickellagerstätten auf Orogen-Zonen der Erde beschränkt. Die Nickelgehalte schwanken zwischen 0,7 % und 3 %.

c) *sedimentäre Erze:*   Die Manganknollen der Tiefsee enthalten nach bisherigen Untersuchungen in attraktiven Vorkommen des Nordpazifiks 1 - 2 % Ni (durchschnittlich 1,3 %), neben Kupfer (1 %), Kobalt (0,5 %) und Mangan (27 %).

d) *hydrothermale Erze* (arsenidische Ni-Erze): Gemeinsam mit Silber-, Wismut- und Uranmineralen können auf mesothermalen Gängen Nickel- und Kobaltarsenide abgeschieden worden sein. Dieser Lagerstättentyp ist heute praktisch abgebaut (Schneeberg-Revier/Sachsen).

Während die sulfidischen Nickelerze einzelne Großlagerstätten bilden, treten die lateritischen Nickelerze vielfach regional in Erzprovinzen auf. Einen Überblick über den derzeitigen Nickelbergbau vermitteln die folgenden Angaben zu wichtigen Lagerstätten (vgl. Abb. III.4 sowie Tabelle III.14).

Amerika

Nachdem jahrzehntelang 60 - 70 % der Bergwerksproduktion aus Kanada stammte, ging dieser Anteil in den siebziger Jahren ständig zurück und betrug 1983 nur noch weniger als 30 %. In den achtziger Jahren des vorigen Jahrhunderts wurde die größte Nickellagerstätte der Welt entdeckt und erschlossen: der *Sudbury-Distrikt* in Ontario, Kanada. Seitdem sind dort die sulfidischen Ni-Cu-Erze aus rund 45 Minen gefördert worden, von denen 1983 noch 15 im Abbau standen. Frood-Stobie, Creighton, Levack, Garson, Levack-West, Copper Cliff South, Kirkwood, Little Stobie und Coleman werden von Inco Ltd. betrieben; — Falconbridge, East, Onaping, North,

Tabelle III.14. Bergwerksproduktion von Nickelerzen (in t Metallinhalt)

	1964	1970	1976	1984
Kanada	207 300	277 500	240 800	174 200
Australien		29 800	82 500	76 900
Neukaledonien	58 200	138 500	116 300	58 300
Indonesien	1 100	10 800	13 800	47 800
Südafrika	4 000	11 600	22 400	22 500
Dominikanische Republik	–	–	24 500	24 300
Botswana			12 600	18 600
Kolumbien	–	–	–	16 500
Philippinen	–	–	15 200	15 600
Griechenland	–	8 600	16 400	13 600
Simbabwe		·	14 600	11 100
Brasilien	1 100	–	5 300	12 700
Finnland	3 200	5 000	6 400	6 900
USA	11 100	14 100	12 600	8 700
Übrige westliche Länder	700	14 000	600	2 600
Sowjetunion	80 000	110 000	130 000	175 000
Kuba	24 100	36 800	36 900	38 000
Übriger Ostblock	6 100	8 900	20 100	28 700
Welt insgesamt	396 900	665 600	771 000	752 300

Quelle: Metallstatistik, Metallgesellschaft AG, Frankfurt/Main, 1973 - 1985.

Strathcona, Lockerby und Fraser von Falconbridge Ltd. Noch konnten nicht alle Fragen der Lagerstättengenese restlos geklärt werden. Die Erze mit hauptsächlich Magnetkies, Pentlandit und Kupferkies sowie Spuren von Platin, Platinmetallen, Gold, Silber, Kobalt, Selen und Tellur sind an einen ringförmigen Komplex von Norit und Mikropegmatit präkambrischen Alters gebunden und treten massig, imprägniert (disseminated), gangförmig und in Brekzien auf. Die Metallgehalte des Fördererzes gingen allmählich zurück und liegen gegenwärtig bei durchschnittlich 1,47 % Ni und 0,8 Cu. Weitere sulfidische Nickelerze wurden von INCO im *Thompson Nickel Belt*/Manitoba (Thompson-Mystery Lake – Moak Lake) erschlossen, wo 1961 zunächst die Thompson-Mine und später die Minen Bitchtree, Soab und Pipe in Produktion gingen. 1983 waren nur noch die Minen Thompson und Pipe im Abbau.

In den *USA* baute die Hanna Mining Co. zwischen 1954 und April 1982 silikatische Erze bei Riddle/Oregon (Nickel Mts) ab, stellte danach aber die Produktion vorläufig ein.

Auf *Kuba* sind in der nordöstlichen Provinz Oriente limonitische Erze mit 1,1 bis 1,6 % Ni seit Ende 1943 bei Nicaro (Levisa Bay), seit 1959 in der Moa Bay und seit etwa 1970 bei Hayari im Abbau. Die Minen wurden im August 1960 nationalisiert. Die Sowjetunion unterstützt Kuba seitdem bei der weiteren Exploration und Erschließung neuer lateritischer Lagerstätten bei Punta Gorda und Las Camariocas.

In der *Dominikanischen Republik* hat Falconbridge Ltd. seit 1967 lateritische Erze in der Region von Bonao erschlossen. Die Falcondo Mine reduzierte 1982 die Produktionskapazität beträchtlich.

Ebenfalls Mitte der sechziger Jahre begann die INCO mit der Erschließung von lateritischen Lagerstätten in *Guatemala* bei El Estor und Quirigera am Lake Izabel. Die Minen sind im September 1980 geschlossen worden, da die hohen Energiekosten die Nickelgewinnung unrentabel machten. Umfangreiche lateritische Nickelvorkommen sind in *Venezuela* im Loma de Hierro-Distrikt und in *Kolumbien* am Cerro Matoso vorhanden. Bei Montelibano, Depto. Cordoba, ging 1982 die erste kolumbianische Nickelmine in Produktion, wobei zunächst reichere Erze (2,7 % Ni) abgebaut werden und billige Hydroenergie zur Herstellung von Ferronickel zur Verfügung steht.

In *Brasilien* wurde ebenfalls die Nickelerzeugung ausgebaut. Seit 1983 ist der Ausbau von zwei lateritischen Tagebauminen mit Verarbeitungsanlagen bei Niquelandia im Staat Goias abgeschlossen. Codemin wird Ferronickel erzeugen, Tocantins Nickelkarbonat, das in Sao Paulo zu Elektrolytnickel umgewandelt wird.

Ozeanien

Zu den wichtigsten Nickel-Bergbaugebieten der Welt zählt *Neukaledonien*, wo 1875 die Förderung begann. Weite Teile des zentralen Plateaus auf der Insel sind von lateritischen Nickelerzen bedeckt, die durch Verwitterung von Peridotiten entstanden sind und bis 50 m mächtig werden. Fast ausschließlich stehen Silikaterze im Abbau. Das derzeitige Fördergut hat einen Ni-Gehalt von 2,4 bis 3 %. Die Minen konzentrieren sich im Thio-Distrikt (Plateau Superieur, Toumouron-Plateau Inferieur, Bornets), bei Kouaoua, bei Poro und bei Nepoui.

Auf den britischen *Salomon-Inseln* Santa Isabel, San Jorge und Choiseul konnten bei einem von INCO finanzierten, aufwendigen Prospektionsprogramm (1961 - 1967) lateritische Vorkommen größeren Umfanges entdeckt werden, deren Erschließung aber bisher nicht in Angriff genommen wurde.

Australien

1967 nahm Western Mining Corp. die Nickelproduktion im Kambalda-Distrikt, südlich Kalgoorlie in West-Australien auf. An einen präkambrischen Metabasit-Komplex sind sulfidische Nickel-Kupfer-Mineralisationen gebunden, die in Form langgestreckter Erzkörper Gehalte von 2,5 - 3 % Ni und 0,3 - 0,4 % Cu aufweisen und im Tiefbau gewonnen werden müssen. Western Mining betreibt auch die Windarra Mine in West-Australien und beteiligt sich an der Erschließung der Lagerstätte von Carnilya Hill, in der sulfidische Erze mit attraktiven Gehalten von durchschnittlich 4 % exploriert wurden. In West-Australien steht außerdem noch die Agnew Mine im Abbau, an der Seltrust Mining und MIM Holdings beteiligt sind. Die Nickelgehalte des Fördererzes liegen bei 2,5 %.

Neben den sulfidischen Nickelerzen wurden in Australien auch lateritische Vorkommen entdeckt. In Greenvale/Queensland wird eine Lagerstätte mit oxidisch-limonitischen Erzen (1,3 · 1,4 % Ni, 0,2 % Co) und darunter liegenden silikatischen·Erzen (1,7 % Ni, 0,1 % Co) abgebaut. Die bereits explorierten Vorkommen von Marlborough/Queensland, Wingellina/West-Australien und Ora Banda/West-Australien warten noch auf eine Erschließung.

Asien

In den kretazisch-tertiären Orogenzonen Südostasiens treten umfangreiche Ultrabasit-Komplexe mit Peridotiten bzw. Serpentinen auf, die lateritische Nickelvorkommen beherbergen. Lagerstätten stehen derzeit in Indonesien und auf den Philippinen im Abbau. In *Indonesien* konzentriert sich der Bergbau auf zwei Reviere im Ostteil der Insel Sulawesi. Die staatliche P.T. Aneka Tambang ist im Pomalaa-Kolaka-Distrikt/SO-Sulawesi tätig, während INCO Indonesia im Soroako-Distrikt von Ostsulawesi umfangreiche, relativ geringhaltige (1,7 % Ni) Lagerstätten abbaut. P.T. Aneka Tambang begann Anfang 1979 mit der Förderung von Nickelerzen bei Oeboclic auf der Insel Gebe, die zu den nördlichen Molukken gehört. Vorangegangen war eine etwa 10-jährige Explorationskampagne auf den Molukken und in West-Irian, die daneben auch potentielle Nickelvorräte auf den Inseln Gag, Halmahera, Obi, Waigeo und Irian Jaya erbrachte.

Auf den *Philippinen* sind in den letzten Jahren zwei Lagerstätten in Produktion gegangen, eine auf der Insel Nonoc in der Surigao Mineral Reservation (Surigao Mine) und eine im südlichen Teil der Insel Palawan (Rio Tuba Mine). Die Erzgehalte liegen bei durchschnittlich 1,3 % und 2,2 % Ni. Das Potential an lateritischen Nickelerzen ist wie in Indonesien auch auf den Philippinen umfangreich. Vorkommen für künftige Bergbauprojekte wurden beispielsweise entdeckt auf den Inseln Hinatuan, Dinagat, Awasan und Hanigad (alle nördlich von Mindanao) oder im mittleren Teil von Palawan bei Berong, Moorsom Point, Long Point und Tagkawayan.

Afrika

In der Republik *Südafrika* enthalten die bekannten Platinerze des Merensky-Reefs und des Bushvelt-Complexes auch sulfidische Nickelminerale, die eine Gewinnung von Nickel als Nebenprodukt in Transvaal (Rustenburg-Distrikt: Amandelbult, Atok) und in Bophuthatswana (Bafokeng, Wildebeestfontein) ermöglichen. Außerdem wurden Prospektionsprogramme auf lateritische Erze in Serpentiniten in Nordtransvaal durchgeführt.

Nach langen Vorbereitungsaktivitäten begann Mitte der siebziger Jahre der Bergbau auf Nickel und Kupfer in *Botswana*. Die benachbarten Lagerstätten von Selebi und Phikwe werden ausgebeutet von Botswana Rhodesian Selection Trust (BRST, 85 %) mit einer Beteiligung des Staates Botswana (15 %). Sulfidische Erze mit 1,5 % Ni und 1,2 % Cu in Phikwe sowie 1,57 % Cu und 0,66 % Ni in Selebi werden zu Nickel-Kupfer-Matte verarbeitet. Technische und finanzielle Schwierigkeiten begleiten das Projekt seitdem und gestalten die Zukunft zweifelhaft.

In *Simbabwe* werden derzeit in 4 kleinen bis mittleren Minen sulfidische Nickel-Kupfer-Erze im Tiefbau gewonnen, die wie alle Sulfidvorkommen im südlichen Afrika präkambrisches Alter aufweisen. Zu nennen sind die Trojan Mine bei Bindura, die Shangani Mine bei Inyati, die Madziwa Mine bei Shamva und die Epoch Mine bei Filabusi, die alle von der Bindura Nickel Co. betrieben werden. Die Empress Mine bei Gatooma wurde 1982 auf unbestimmte Zeit stillgelegt, bis die Nickelpreise eine Wiedereröffnung zulassen.

Europa

Die wichtigsten westeuropäischen Nickellagerstätten liegen in *Griechenland* bei Larymna und auf Euböa (nördlich Chalkis), wo oxidische und silikatische Lateriterze auftreten. Außerdem stehen lateritische Lagerstätten in *Jugoslawien* (Kosovo-Distrikt mit den Minen Cikotovo und Glavica) und sulfidische Ni-Cu-Erze in *Finnland* (Vammala Mine der Outokumpu Co.) im Abbau.

Sowjetunion

Auf der Halbinsel Kola befindet sich eine der großen Nickel-Magnetkies-Lagerstätten der Erde. Im ehemaligen finnischen Petsamo und heutigen sowjetischen Pechenga-Revier, das sich über eine Länge von 70 km und eine Breite von 35 km erstreckt, sind präkambrische Norite mit sulfidischen Kupfer-Nickel-Mineralen und Platinmetallen vererzt. Der Bergbau konzentriert sich derzeit im westlichen Teil des Reviers bei Kaula-Ortoayvi und im östlichen Teil bei Kierdzhipor-Severnoye Onki. Das Ressourcen-Potential dieser Großlagerstätte wird noch immer als sehr bedeutsam eingeschätzt. Dagegen sind andere Lagerstätten auf der Halbinsel Kola, insbesondere die bei Monchegorsk und bei Allarechenskiy, nahezu ausgebeutet.

Als zweites Zentrum des sowjetischen Nickelbergbaus ist das Norilsk-Revier zu nennen. Hier in Nordwestsibirien sind ebenfalls sulfidische Erze vorhanden, die in Form von massiven Reicherzen mit 1 - 6 % Ni und 2 - 15 % Cu sowie als ärmere Imprägnationserze mit 0,3 % Ni und 0,5 % Cu auftreten. Die im Abbau stehenden Minen konzentrieren sich auf das Gebiet um Norilsk (Norilsk I und II, Tschernaya Gora) und auf das Gebiet von Talnakh (Mayak, Taymyr). Die Förderung soll gemäß Entwicklungsplan 1981 - 1985 noch gesteigert werden.

Auch lateritische Nickelerze wurden in der Sowjetunion erschlossen, beispielsweise im südlichen Ural bei Orsk (Jushuralnickel-Kombinat) und bei Verkhniy Ufaley sowie in der Ukraine bei Pobugskoye.

2.1.3 Erzvorräte

Durch aufwendige Explorationsprogramme zwischen 1965 und 1975 wurden eine Reihe neuer Nickellagerstätten entdeckt, die vor allem lateritische Erze enthalten (Dominikanische Republik, Guatemala, Indonesien, Philippinen, Salomon-Inseln, Neukaledonien) und nur in begrenztem Umfang sulfidische Erze (Botswana, West-Australien, UdSSR). Dadurch verschob sich die Vorratsbasis gravierend hin zu lateritischen Vorkommen, die inzwischen fast 80 % der Weltvorräte beinhalten (vgl. Tab. III.15). Der Zuwachs an Vorräten traf auf eine rückläufige Nachfrage, was zur vorübergehenden Schließung von Bergwerken führte und die Entwicklung neuer Minen behinderte. Erst nachdem 1983 der Nickelverbrauch wieder anstieg, sehen die Produzenten mit mehr Zuversicht in die Zukunft. Das umfangreiche Potential an niedrighaltigen Lateriterzen in den Tropen oder gar an nickelhaltigen Manganknollen in der Tiefsee gewährleistet auch langfristig, daß keine physische Verknappung von Nickel eintritt.

Tabelle III.15. Die Nickelvorräte der Welt (in Mio. t Metallinhalt) – alle Kategorien

	Janković 1963	Mackenzie 1967	US Geol. Surv. 1973	US-Bureau of Mines 1984
Kanada	8,980	11,27	17,9	14,24
USA	0,440	0,24	15,26	2,63
Kuba	11,500	17,85	20,0	9,35
Dominikanische Republik	0,500	1,12	1,05	*
Guatemala	–	0,45	1,5	*
Venezuela	0,525	0,63	0,96	*
Brasilien	0,600	0,72	0,4	*
Neukaledonien	15,000	15,40	9,0	16,4
Australien		0,95	4,5	5,7
Salomon-Inseln	–	–	1,2	*
Indonesien	3,600	1,81	4,5	5,7
Philippinen	1,630	10,68	8,0	8,0
Südafrika	0,050	*	2,0	2,8
Botswana	–	–	–	0,45
Griechenland	0,112	0,07	0,17	*
Finnland	0,017	0,06	*	*
Jugoslawien	0,800	0,11	0,2	*
Sowjetunion	3,000	*	2,1	7,35
Welt insgesamt	47,154	71,86	88,74	92,5

*) Angaben nicht verfügbar.

2.1.4 Technische Gewinnung des Metalls

Die Verfahren zur Extraktion von Nickel unterscheiden sich in aller Regel hinsichtlich des Erztyps. Sulfidische Erze werden meist untertage abgebaut, durch Flotation konzentriert und in Hüttenwerken zu Elektrolytnickel verarbeitet. Lateritische Erze dagegen treten oberflächennah auf, werden aus Tagebauen gefördert und meist direkt zu Ferronickel verarbeitet.

a) Für die *sulfidischen Erze* sind verschiedene Methoden des Tiefbaus verbreitet. Bei ausreichender Standfestigkeit des Erzkörpers und des Nebengesteins kann Weitungsbau als kammerartige Bauweise in verschiedenen Varianten eingerichtet werden, bei gangartigen und steilen Lagerungsverhältnissen ist mechanisierter Firstenstoßbau mit Versatz üblich.

Durch Aufbereitung wird eine Anreicherung des Nickels bis zu 15 % in Konzentraten erzeugt. Dabei wird nach der Zerkleinerung (Brechen, Mahlen) und Magnetscheidung Flotation eingesetzt, wobei ein Nickelkonzentrat und ein Kupferkonzentrat getrennt oder aber ein Ni-Cu-Mischkonzentrat erzeugt werden kann. Die Naßmagnetscheidung im Starkfeld dient vor allem der Abtrennung von Magnetkies. Das Ausbringen von Nickel in der Aufbereitung schwankt zwischen 80 % und 94 %.

Die Verhüttung der Nickelkonzentrate geschieht durch Rösten, Schmelzen und Konvertieren. Als Beispiel kann der Verfahrensgang in kanadischen Hütten (Copper Cliff) skizziert werden: Die Konzentrate werden in Etagenöfen oder Wirbelschichtöfen oxidierend geröstet. In Flammöfen oder Elektroöfen werden anschließend durch einen Schmelzvorgang ein Nickelgestein (Matte) mit 15 - 20 % Ni (+ Cu) sowie eine eisenhaltige Silikatschlacke erzeugt. Die schmelzflüssige Matte wird dann zur 2. Schmelzstufe in Pierce-Smith-Konverter gebracht und zu Konverterstein mit etwa 75 % Ni (+ Cu) verarbeitet. Nach langsamer, geregelter Abkühlung in Kokillen wird der Konverterstein gebrochen, gemahlen und aufbereitet. Mit Magnetscheidern läßt sich eine Cu-Ni-Legierung abtrennen und mit einem Matte-Flotationsprozeß läßt sich Nickelsulfid von Kupfersulfid separieren. Das Nickelsulfidkonzentrat wird pelletisiert und einer Wirbelschichtröstung unterzogen, wobei ein Nickeloxidsinter entsteht, der wie die Nickellegierung zur Raffinerie geht.

Für die Nickelraffination sind verschiedene Prozesse im Einsatz. Reines Metall kann durch Elektrolyse, selektive Carbonylierung oder durch Wasserstoff-Reduktion entstehen.

Bei der Elektroraffination (z.B. Hybinette-Prozeß) werden Rohnickel-Anoden verwendet, die durch Reduktion von Nickeloxid hergestellt sind. Bei der Gewinnungselektrolyse sind die Anoden direkt aus Konverterstein gegossen. Es entsteht das Kathoden-Nickel oder Elektrolytnickel mit mindestens 99,5 % Ni. – Die Carbonyl-Raffination arbeitet mit niedrigen (Mond-Verfahren) oder mit höheren Drücken (BASF-Verfahren). Die Nickelsinter werden dabei in 3 Stufen verarbeitet: Reduktion von Nickeloxid zu Nickelschwamm oder kompaktem Nickelmetall, Bildung von leicht flüchtigem Nickeltetracarbonyl mit Kohlenmonoxid unter Druck, Carbonylzersetzung zu Nickelpellets (Granulat) oder durch Einsatz eines Hochtemperaturreaktors zu Nickelpulver. – Die Herstellung von Nickelpulver kann auch durch selektive Reduktion erfolgen. Die Lösungen werden dann durch Auslaugung von Vorstoffen, wie Konzentraten oder Stein (Matte), hergestellt.

b) Die *lateritischen Nickelerze* werden in größeren Tagebauen gewonnen. Oft ist die Abraummächtigkeit nur gering und die Erzschicht 10 - 20 m dick. Viele dieser Verwitterungserze liegen in Form von Lockergesteinen vor, die mit Ladegeräten, wie Löffelbagger oder Kübelbagger, abgebaut werden können. Nur einige sekundär verfestigte Lateriterze verlangen eine Lösetechnik mit Bohren und Sprengen. Das Fördern geschieht mit Schwerlastkraftwagen. Die oxidischen und silikatischen Nickelminerale lassen sich durch konventionelle Anreicherungsmethoden (wie z.B. Flotation) bisher nicht großtechnisch aufbereiten. Deshalb muß das Roherz direkt einer metallurgischen Behandlung unterzogen werden.

Silikatische Erze werden pyrometallurgisch verhüttet, meist zu Ferronickel und nur selten zu Nickelmatte. Beim Ugine-Prozeß wird das Fördergut beispielsweise im Drehrohrofen getrocknet und dehydratisiert. Nach einem Schmelzen im Elektroofen und Zusetzen von Ferrosilizium als Reduktionsmittel wird Schlacke dekantiert und ein Rohferronickel erzeugt. Die Ferronickelveredlung kann durch Schmelzen unter Zusatz von Eisenerz und Kalkstein (zur Dephosphatisierung und Entschwefelung) in Elektroöfen sowie durch Verblasen im Konverter erreicht werden.

Oxidische (limonitische) Lateriterze eignen sich für hydrometallurgische Prozesse. Beim Caron-Verfahren wird eine selektive Reduktion durch Rösten und eine Laugung durch Ammoniak erreicht. Beim Sherritt-Gordon-Verfahren handelt es sich um Drucklaugung mit ammoniakalischer Ammoniumsulfatlösung. Schließlich sind noch Schwefelsäuredrucklaugung (Outokumpu-Verfahren), beispielsweise in Moa Bay/Kuba oder das AMAX-Verfahren in Neukaledonien sowie Salzsäurelaugung (Falconbridge-Verfahren) im Einsatz.

Die *Rückgewinnung* von Nickel ist gebräuchlich aus Legierungsabfällen und Schrotten der Verarbeitungsindustrie. Zwischen 30 und 40 % des Nickelbedarfes wird bereits mit Sekundärmetall gedeckt. In den USA wurden 1983 etwa 75 000 t Nickel durch Recycling von rostfreien Stählen und nickelhaltigen Legierungen gewonnen. Dies entsprach immerhin 38 % des Gesamtverbrauchs. In der Bundesrepublik Deutschland liegt dieser Anteil sogar bei fast 50 %.

Die Verhüttungsverfahren zur Darstellung von Reinnickel sind energieintensiv. Im Durchschnitt werden je kg aus sulfidischen Erzen erzeugten Metalls 250 bis 300 MJ Energie eingesetzt, wobei auf Bergbau, Aufbereitung und Transport 110 MJ entfallen und der Rest auf die Metallurgie. Bei der Verarbeitung von lateritischen Erzen wird mit durchschnittlich 700 MJ/kg Ferronickel sogar mehr als das Doppelte an Energie aufgewendet, wobei Bergbau und Transport nur 25 - 30 MJ benötigen.

Allerdings werden den Nickelhütten in zunehmendem Maße Auflagen zur Einführung moderner Technologie gemacht, um den Energieverbrauch und auch den Schadstoffausstoß zu verringern. Alte Sinteranlagen, Flammöfen und Pierce-Smith-Konverter sollen ersetzt werden durch neue Verfahren, etwa des Sauerstoff-Schmelzens (Queneau-Schuhmann-Prozeß).

2.1.5 Standorte der Nickelhütten

In der Regel werden Nickelhütten in der Nähe der Bergwerke errichtet, da der Transport der Erze und Konzentrate kostenintensiv ist. So entstanden in den "jungen" Produzentenländern, wie Australien, Brasilien, Indonesien, Dominikanische Republik und Kolumbien,'neue Hütten, die den Welthandel mit Vorstoffen verringerten (vgl. Tab. III.16). Allerdings werden noch immer Erze (2 - 3 % Ni) und Konzentrate (11 - 12 % Ni) exportiert, beispielsweise aus Neukaledonien nach Japan oder aus Kuba in die CSSR. Umfangreicher ist der Welthandel mit Nickelmatte, Speise oder Rohnickel, denn diese Vorprodukte werden oft in Ländern mit preiswertem Energieangebot zu Reinnickel verarbeitet. So exportiert Kanada Nickel-Primärmaterial nach Norwegen und Großbritannien zur Raffination, Indonesien nach Japan oder Neukaledonien nach Frankreich und Japan. Wie aus der Tabelle III.17 ersichtlich ist, haben INCO in Wales, Falconbridge in Kristiansand/Norwegen und Le Nickel (SLN) in Le Havre Raffinerien zur Erzeugung von Reinnickel aus Matte errichtet.

Tabelle III.16. Weltproduktion von Nickelmetall 1983 (in t Hüttennickel, Nickel in Ferronickel, NiO-Sinter, Monelmetall)

Kanada	96 300	Großbritannien	23 200
USA	30 700	Frankreich	4 900
Dominikanische Republik	20 200	Griechenland	12 900
Brasilien	10 700	Finnland	14 800
Kolumbien	13 100	UdSSR	192 000
Neukaledonien	21 700	Albanien	4 500
Australien	41 800	CSSR/DDR	6 000
Japan	82 300	Kuba	21 200
Südafrika	18 400	VR China	13 500
Simbabwe	13 000	Sonstige	16 100
Norwegen	28 600	*Welt insgesamt*	685 900

Quelle: Metallgesellschaft AG, Frankfurt/Main 1984.

Tabelle III.17. Standorte der Nickelhütten und Raffinerien

Land	Gesellschaft	Standort	Kapazität jato	Produkte
Kanada	Sherrit Gordon	Fort Saskatchewan, Alb.	18 100	Ni
	Falconbridge Ltd.	Falconbridge, Ont.	45 000	Matte
	INCO Ltd.	Thompson, Ont.	54 400	Ni
		Copper Cliff, Ont.	133 600	Ni, NiO
		Port Colborne, Ont.	54 400	Ni, NiO
USA	Hanna Mining	Riddle, Ore.	12 000	Fe-Ni
	AMAX	Port Nickel/Lou	36 000	Ni
Kuba	staatlich	Nicaro	19 000	NiO
		Mao Bay	19 000	Ni
Guatemala	INCO Ltd.	El Estor	13 000	Matte
Dominik. Rep.	Falconbridge Ltd.	Bonao	30 000	Fe-Ni
Kolumbien	Cerro Matoso SA.	Montelibano	23 000	Fe-Ni
Brasilien	Morro do Niquel	Pratapolis, M. Gerais	3 000	Fe-Ni
	Cia Niquel Tocantins	Sao Paulo	5 000	Ni
	Anglo American Corp. do Brasil	Niquelandia	5 000	Ni
Südafrika	Rustenburg Platinum	Rustenburg/Transvaal	19 000	Ni
	Impala Platinum	Rustenburg	8 000	Ni
	Western Platinum	Rustenburg	3 000	Matte
Botswana	Botswana RST	Phikwe	18 000	Matte
Simbabwe	Bindura Nickel	Bindura	10 000	Ni
	Rio Tinto	Eiffel Flats	8 000	Ni
Griechenland	Larco	Larymna	30 000	Fe-Ni
Jugoslawien	Rudnici	Kawardaci	3 000	Fe-Ni
Bundesrepublik Deutschland	Norddeutsche Affinerie	Hamburg	2 000	Ni
Frankreich	Imetal SA	Le Havre	20 000	Ni
Großbritannien	INCO Europe	Clydach	54 000	Ni
Norwegen	Falconbridge	Kristiansand	45 000	Ni
Finnland	Outokumpu Oy	Harjavalta	13 000	Ni
DDR	VEB Nickelhütte	St. Egidien	3 000	Ni
CSSR	Niclora Huta	Sered	3 000	Ni
UdSSR	staatlich	Norilsk, Pechenga, Ural Ukraine	175 000	Ni
Japan	Sumitomo	Niihama	24 000	Ni
		Hynga	22 000	Fe-Ni
	Tokyo Nickel	Matsuzaka	12 000	Ni
	Shimura Kako	Shimura	6 000	Ni
		Muroran	7 000	Fe-Ni
	Pacific Metals	Hachinoc	24 000	Fe-Ni
	Nippon Mining	Saganoseki	14 000	Fe-Ni

Tabelle III.17. Fortsetzung

Land	Gesellschaft	Standort	Kapazität jato	Produkte
Philippinen	Marinduque	Surigao/Nonoc	34 000	Ni
Indonesien	P.T. Int. Nickel	Soroako	22 000	Matte
	P.T. Aneka Tambang	Pomalaa	5 000	Fe-Ni
Australien	Western Mining	Kwinana	30 000	Ni
		Kalgoorlie	15 000	Matte
	Queensland	Yabulu	24 000	
Neukaledonien	SLN	Doniambo	52 500	Fe-Ni
			22 500	Matte

2.1.6 Verwendungsbereiche

Der Verbrauch von Nickel in Form von Reinnickel, Ferronickel, Nickeloxid und Nickelsalzen konzentrierte sich 1982 in der Welt (ohne Ostblock) auf folgende Bereiche (vgl. Tab. III.18):
– Edelstähle (47 %) und Stahllegierungen (8 %),
– Nickellegierungen (17 %),
– Vernickelungen (10 %),
– Zusätze für Gußeisen und Stahlguß sowie Chemikalien (10 %).

Als Endverbraucher kommen in Betracht:
– Fahrzeug- und Flugzeugbau 25 %,
– Anlagenbau (Chemie, Erdöl, Lebensmittel, Papier) 15 %,
– Elektroindustrie 15 %,
– Bauindustrie (Verkleidungen, Baustahl) 10 %,
– Maschinenbau 10 %,
– Verschiedenes (Haushaltsgeräte u.a.) 25 %.

Mehr als die Hälfte des Nickelverbrauchs entfällt auf die Herstellung von Edelstählen bzw. RSH-Stählen (rostfreie, säurefeste und hitzebeständige Stähle), denn etwa 70 % aller Edelstähle sind nickelhaltig. Der spezifische Nickelverbrauch für RSH-Stähle liegt bei durchschnittlich 3,6 % und blieb in den letzten 10 Jahren praktisch konstant. Zusätze von 1,5 - 4,5 % Ni ergeben zähe, hochfeste Vergütungsstähle, Zusätze von 8 - 10 % Ni plus 18 % Cr und 3 % Mo ergeben korrosionsfeste Stähle und Zusätze von 10 - 36 % Ni plus 14 - 20 % Cr, Mo, Co und W ergeben Hochtemperaturstähle.

Bei nickelhaltigen Eisen- und Stahllegierungen handelt es sich vor allem um legierte Baustähle. Durch Zusätze von bis zu 3,5 % Ni werden Zugfestigkeit, Reibschlagzähigkeit, Streckgrenze und Verformungskennwerte nachhaltig verbessert. Die legierten Baustähle finden deshalb Verwendung im Fahrzeugbau, Maschinenbau und Bauwesen. Der spezifische Verbrauch von Nickel konnte tendenziell gesenkt werden.

Tabelle III.18. Primärer Nickelverbrauch in den USA nach Verwendungsarten 1982 (sh. t)

	Rein-nickel	Ferro-nickel	Nickel-oxid	Nickel-salze	Diverse Formen	Gesamt
Edelstähle	19 386	11 519	1 271	–	25	32 201
Stahllegierungen	5 353	2 917	1 676	2	65	10 013
Superlegierungen	10 272	436	5	185	54	10 952
Ni-Cu-Legierungen	3 670	–	211	47	338	4 266
Dauermagnetlegierungen	380	26	–	–	–	406
Andere Nickellegierungen	16 818	425	506	9	116	17 874
Gußeisen	996	102	213	6	628	1 945
Vernickelungen	17 350	–	–	3 447	92	20 889
Chemikalien	1 634	–	188	108	96	2 026
Andere Zwecke	3 173	1	126	70	39	3 409
Total	79 032	15 426	4 196	3 874	1 453	103 981

Quelle: US-Bureau of Mines: Minerals Yearbook 1982.

Von den *Nickellegierungen* mit anderen NE-Metallen sollen die besonders wichtigen Kupfer-Nickel-Legierungen herausgestellt werden. Weit verbreitet sind Legierungen mit 70 % Kupfer und 30 % Nickel, die auch Zusätze von Eisen (bis 5 %) und Beryllium (bis 0,5 %) enthalten können. Dieses korrosions- und hitzebeständige Material findet vielseitige Verwendung in der chemischen, petrochemischen, Kraftwerks-, Luft- und Raumfahrtindustrie. Zukunftsträchtige Einsatzbereiche sind dabei Emissionsschutzanlagen für Kohlekraftwerke, Ausrüstungen für tiefe, saure Erdgaslagerstätten, Konstruktionsmaterial für Hochleistungsgasturbinen oder für die Produktion von synthetischen Vergaserkraftstoffen. – Zu den Kupfer-Nickel-Legierungen gehören auch Monelmetall mit 60 - 70 % Ni und 28 - 34 % Cu, Münzmetall mit 11 - 45 % Ni, Konstantan mit etwa 40 % Ni oder Neusilber mit 12 - 26 % Ni, 55 - 60 % Cu und 19 - 31 % Zn.

Auch Dauermagnetlegierungen enthalten substantielle Nickelanteile. Für Dauermagneten, bei denen niedrige Koerzitivfeldstärke gewünscht wird, werden 15 - 80 % Ni zulegiert. Hierzu zählen Werkstoffe wie Permalloy (78,5 % Ni, 21,5 % Fe), Alnico (14 - 18 % Ni, 42 - 55 % Fe, 8 - 10 % Al, 12 - 24 % Co, 3 - 6 % Cu), Cunico (21 % Ni, 29 % Co, 50 % Cu) oder Nialco.

Vernickelungen von Werkstoffen sollen als Korrosionsschutz für Industrie- und Haushaltsgüter dienen: Kameragehäuse, Pkw-Teile, Büromaschinenteile oder Bestecke erhalten einen galvanischen Nickelüberzug. Neuerdings lassen sich mit speziellen galvanoplastischen Verfahren auch komplizierte Formen vernickeln.

Die chemische Industrie setzt Nickelverbindungen als Katalysatoren ein, etwa zur Fetthärtung (Margarine) oder bei der Erdölverarbeitung. Andere Nickelchemikalien dienen zum Färben von Glas oder Keramik, als Insektenvertilgungsmittel oder als Schmierölzusatz.

2.1.7 Entwicklung des Bedarfs

Die moderne Technologie kann auf den Einsatz von Nickel als Legierungsbestandteil
für nichtrostende Stähle und Hochtemperaturwerkstoffe nicht verzichten. Die Höhe
des Metallverbrauches ist mit dem Stand der Industrialisierung eines Landes sehr eng
verbunden. Durch die Verwendung von Edelstählen in diversen Sektoren, wie Haushalt, Bauwesen, Verkehr, Chemie, Energie, Medizin und Nahrungsmittelindustrie, vermindert sich die Konjunkturabhängigkeit.

Der Nickelverbrauch hatte sich zwischen 1960 und 1970 verdoppelt (vgl. Tabelle
III.19). Das dabei verursachte Produktionsdefizit mußte durch die Erschließung umfangreicher, meist lateritischer Lagerstätten behoben werden, was bis 1971 gelang.
Seitdem besteht sogar ein Überangebot, denn die damals prognostizierten Jahresra-
ten des Bedarfszuwachses von 5 - 10 % waren völlig unrealistisch. Nachdem bereits
1975 ein deutlicher Bedarfsrückgang zu verzeichnen war, verringerte sich zwischen
1979 und 1982 der weltweite Verbrauch um nochmals 24 % und fiel auf das Niveau
von 1970 zurück. Erst 1983 und 1984 kam es im Zuge der konjunkturellen Erholung
in den westlichen Industriestaaten wieder zu einem Bedarfsanstieg. Der Nickelverbrauch wird sich mittelfristig tendenziell noch etwas erhöhen und dann zumindest
auf hohem Niveau stabilisieren.

Tabelle III.19. Verbrauch von Nickel in den wichtigsten Industrieländern (in t Ni-Inhalt)

	1964	1970	1976	1983
USA	133 300	149 100	147 800	139 200
Japan	32 400	99 600	115 000	114 800
Bundesrepublik Deutschland	25 600	40 900	56 400	63 000
Frankreich	20 500	36 100	33 500	32 000
Italien	8 500	19 800	22 000	22 500
Großbritannien	38 100	37 500	30 500	21 800
Schweden	11 600	23 100	24 000	16 400
Kanada	6 300	15 000	10 000	8 000
Südafrika		5 500	4 000	6 000
Belgien - Luxemburg	1 400	3 300	3 500	5 300
Australien/Ozeanien	2 600	4 100	3 600	4 000
Übrige westliche Länder	11 400	17 000	37 600	64 500
Sowjetunion			121 000	140 000
VR China			18 000	19 000
DDR	110 000	125 000	10 000	9 000
CSSR			11 700	8 000
Polen			7 800	7 000
Rumänien			6 000	5 000
Übrige östliche Länder			3 900	5 000
Welt insgesamt	401 700	576 000	666 300	690 500

Quelle: Metallgesellschaft AG, Frankfurt/Main 1973 - 1984.

Die Gründe für einen noch steigenden Bedarf sind vor allem,

- daß immer mehr rostfreier Stahl Verwendung finden wird, weil es einerseits die Technik verlangt (z.B. Meerestechnik, Flüssiggaspipelines oder Anlagenbau), andererseits Korrosionsschutz auch Umweltschutz bedeutet;
- daß Hochtemperaturlegierungen in zunehmendem Maße benötigt werden, etwa für Gasturbinen (auch zur Stromerzeugung und für Fahrzeugantriebe), für den Bau von Kernkraftwerken oder für die Weltraumtechnik.

Neue Stahlherstellungsverfahren haben außerdem einen Strukturwandel hinsichtlich der Produktionsformen eingeleitet. Während 1955 neben Nickel der Klasse I (Kathodennickel, Ni-Pulver, Ni-Pellets) erst 18 % Nickel der Klasse II (Ferronickel, Nickeloxide) verbraucht wurden, waren es 1970 rund 40 % und 1980 etwa 45 %.

Die großen Nickelproduzenten, allen voran die INCO Ltd., betreiben mit großem Aufwand in eigenen modernen Laboratorien Forschungen über verbesserte und neue Einsatzmöglichkeiten. Auch die Marktpflege durch Informationsbüros in wichtigen Industrieländern ist üblich. INCO hat dazu Tochtergesellschaften mit Büros in New York, London, Düsseldorf, Paris, Brüssel, Stockholm, Zürich, Mailand, Madrid, Tokio, Bombay und Sydney gegründet. Am 1.6.1984 nahm zudem das "Nickel Development Institute" in Kanada seine Tätigkeit auf, das von INCO, Falconbridge und Great Lake Nickel zur Marktpflege und zur Intensivierung der Verbrauchsforschung gegründet worden ist.

Von Substitutionsgütern ist Nickel noch kaum bedroht. Lediglich einige andere Stahlveredler, wie Co, Mo, V, könnten theoretisch als Ersatz dienen. Auf Substitute wird allerdings nur beschränkt zurückgegriffen, da Ersatzstoffe entweder teurer sind oder unterlegene Eigenschaften aufweisen.

2.1.8 Marktstruktur und Marktform

Auf dem Nickelmarkt sind Bergbau- und Hüttensektor eng verknüpft. Die Struktur der Angebotsseite wird außerdem durch die relativ geringe Anzahl großer Lagerstätten bestimmt. Ein Konzentrationsprozeß begann um die Jahrhundertwende im damals schon bedeutsamsten Minendistrikt von Sudbury. Ergebnis war die Gründung der International Nickel Co. 1902 (1916 Umgründung in *International Nickel Co. of Canada, 1976 in INCO Ltd.)*, die auch späterhin mehrfach Nickelbergbaugesellschaften (Mond Nickel Co., British America Nickel Corp.) einige Jahre nach deren Gründung übernahm. Neben INCO konnte sich nur die *Falconbridge Ltd. (gegründet 1928 als Falconbridge Nickel Mines Ltd.)* im Sudbury-Revier bis heute behaupten.

Als dritter großer Anbieter ist noch die französische Gesellschaft Sté Metallurgie Le Nickel (SLN, gegründet 1974) zu nennen, die zu 70 % der Erdölgesellschaft ERAP gehört. Durch Erschließung des Kambalda-Distrikts ab 1966 reihte sich auch die australische Western Mining Corp. (WMC) in die Gruppe der größeren Erzeuger ein. Die vier genannten Produzenten verfügen alle über nennenswerte Bergbauproduktion und auch über entsprechende Hüttenkapazitäten.

INCO Ltd. war bis in die sechziger Jahre hinein ein marktbeherrschender Nickelproduzent, der mehr als 50 % des Angebotes auf sich vereinigte. Gegen Ende der sechziger Jahre begann aber ein Strukturwandel, der den Einfluß des Großanbieters änderte, denn INCO betreibt zwar immer noch 11 Minen im Sudbury-Revier (und hält dort 9 "standby") und ist in Indonesien tätig, doch sank der Marktanteil auf 35 % (ohne Ostblock). Falconbridge hat 7 Nickelminen im Sudbury-Revier in Betrieb und dazu die Produktionsstätten in der Dominikanischen Republik sowie die Raffinerie in Norwegen. Der Marktanteil beläuft sich auf knapp 12 %. Vergleichbare Größenordnungen haben auch WMC (knapp 10 %), SLN (9 %) und AMAX (8 %). Die Struktur der Angebotsseite des Nickelmarktes änderte sich vom Monopol zum Oligopol, wobei ein starker Oligopolist (INCO) und 4 weniger starke Oligopolisten insgesamt über 70 % des Angebotes beherrschen. Die Marktanteile der übrigen Produzenten, von denen Hanna Mining (4 %), Nippon Steel (4 %) und BRST (3 %) noch die größten sind, genügen nicht für eine Marktbeeinflussung.

2.1.9 Preisentwicklung

Auf den Nickelmarkt existieren mehrere Preise, allen voran Produzentenpreise, weiterhin seit April 1979 ein Börsenpreis an der London Metal Exchange (LME) und daneben "Freimarkt"-Preise, die nach Einführung der Börsennotierungen jedoch ihre Bedeutung verloren haben.

Die großen nordamerikanischen Produzenten ("major producer") veröffentlichen für ihre Nickelprodukte Preislisten, wobei INCO oder Falconbridge meist eine Preisführerschaft übernehmen. Als Richtpreis gilt dabei der Produzentenpreis für Kathodennickel, notiert in US-$/lb. Beim Abschluß von Lieferverträgen beziehen sich kleinere Hersteller auf die Referenzpreise von INCO und gewähren nicht selten Abschläge.

Auch an der LME wird der Preis für Kathodennickel (mindestens 99,8 % Ni) fixiert. Wie bereits die Strukturanalyse des Nickelmarktes (Kap. III.2.1.8) zeigte, nimmt der Einfluß der Großanbieter ab, die inzwischen mit fast 30 anderen Produzenten in Konkurrenz stehen. Damit verringerte sich die Bedeutung der kontrollierten Listenpreise und wuchs die Bedeutung der Börsenpreise.

Die Entwicklung der Nickelpreise ist aus Abbildung III.5a/b zu entnehmen. Die Fluktuation der "Freimarkt-" und der Börsenpreise ist beträchtlich. In den siebziger und auch in den achtziger Jahren ist der Markt geprägt durch ein Überangebot, das aus einem weltweiten Aufbau von Produktionskapazitäten resultiert. Hinzu kommt noch der Export von Nickel aus der Sowjetunion und Kuba, die ihre Kapazitäten noch weiter ausbauten und auch über andere COMECON-Länder in westliche Industriestaaten exportierten. Obwohl der Nickelbedarf 1983 und 1984 deutlich anstieg, ist ein Ende der Überproduktion nicht abzusehen, denn es existieren vorübergehend geschlossene

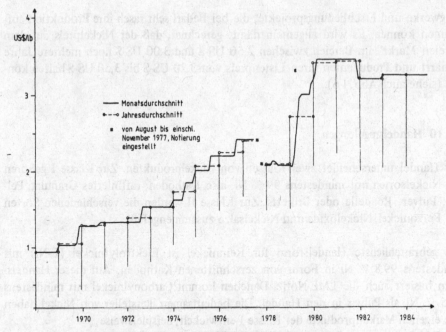

Abbildung III.5a. Preise für Nickel (Produzentenpreis für Kathodennickel, fob Port Colborne)

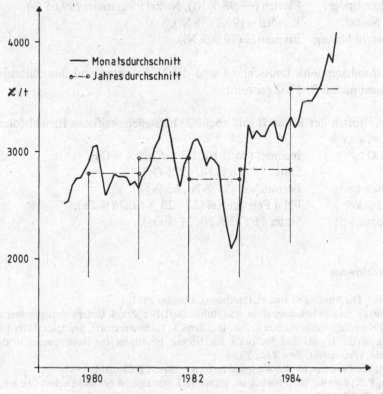

Abbildung III.5b. Börsenpreise für Nickel (LME)

Bergwerke und Erschließungsprojekte, die bei Bedarf sehr rasch ihre Produktion aufnehmen können. Es wird allgemein damit gerechnet, daß der Nickelpreis auf dem
"Freien Markt" im Bereich zwischen 2,50 US-$ und 3,00 US-$ noch mehrere Jahre
verharrt und Produzenten ihren Listenpreis von 3,20 US-$ bis 3,50 US-$ halten können (siehe auch Abb. I.6).

2.1.10 Handelsregelungen

Der Handel unterscheidet zwei Klassen von Nickelprodukten. Zur Klasse I gehören
alle Nickelsorten mit mindestens 99 % Ni, also Kathoden, raffiniertes Granulat, Pellets, Pulver, Rondelle oder Briketts. Zur Klasse II werden die verschiedenen Sorten
von Ferronickel, Nickeloxide und Nickelsalze zusammengefaßt.

Die gebräuchlichste Handelsform für Reinnickel ist Elektrolytnickel (E-Ni) mit
mindestens 99,8 % Ni in Form von zerschnittenen Kathoden. Auf dieser Handelsform basiert auch die LME-Notiz. Daneben kommt Carbonylnickel mit mindestens
99,5 % Ni als Pulver in den Handel. Die bedeutsamen Hersteller von Nickel haben
ihre eigenen Markenprodukte der Klasse I entwickelt, beispielsweise

INCO: Pellets (99,97 % Ni), Elektrolytnickel (99,9 %),
                   123 Powder (99,7 %),
Falconbridge: Electro (99,98 % Ni), Nickel 98 granules (99,65 %),
Le Nickel: Rondelles (99,25 % Ni),
Western Mining: Briquettes (99,9 % Ni).

In der Bundesrepublik Deutschland sind die Nickelsorten und ihre zulässigen Beimengungen nach DIN 1702 genormt.

Für Nickelsorten der Klasse II sind ebenfalls herstellerspezifische Handelsformen eingeführt, etwa von

INCO: Incomet (95 % Ni, 1,3 % Co, 0,4 % Cu),
                   Sinter 75 (76 % Ni, 22 % O_2),
Falconbridge: Ferronickel (35 % Ni, 63 % Fe),
Le Nickel: FN 4 Ferronickel (22 - 23 % Ni, 76 % Fe),
Cubanickel: Sinter 76 (77 % Ni, 21 % O_2).

Literaturhinweise

Boldt, J.R.: The Winning of Nickel, (Methuen), London 1967.
Bundesanstalt für Geowissenschaften und Rohstoffe/DIW: Nickel. Untersuchungen über Angebot
    und Nachfrage mineralischer Rohstoffe, Band X, (Schweizerbart), Stuttgart, März 1978.
Gluschke, W.D.: Trends and Prospects for Nickel, in: Mining for Development in the Third
    World, (Pergamon), New York 1980.
Marquart, W.: Die Struktur des Weltnickelmarktes, Diss., TU Clausthal 1983.
Queneau, P.E.; Roorda, H.J.: Nickel, in: Ullmanns Encyklopädie der technischen Chemie,
    4. Aufl., 17, 1981.

Queneau, P. et al.: Extractive Metallurgy of Copper, Nickel, Cobalt, (Interscience), New York
1961.

2.2 Kobalt

2.2.1 Eigenschaften und Minerale

Kobalt ist zwar kein seltenes Metall in der Erdkruste (0,0025 %), kommt aber praktisch nirgends in größerer Konzentration vor, sondern in der Regel mit anderen Erzen
vergesellschaftet. Es sind zwei allotrope Modifikationen bekannt, eine hexagonale
und eine kubische (Umwandlungstemperatur bei 417°C). Wegen der gemeinsamen
Gruppenzugehörigkeit im Periodensystem weisen Kobalt, Nickel und Eisen ähnliche
Eigenschaften auf. Der Schmelzpunkt von Kobalt liegt bei 1495°C und der Siedepunkt bei 3100°C. Das *physikalische Verhalten* von Kobalt wird geprägt einerseits durch einen Ferromagnetismus, der durch Zulegieren von Eisen, anderen Stahlveredlern oder Seltenerdmetalle noch wesentlich erhöht werden kann (Curie-Punkt
1121°C) und andererseits durch die hohe Festigkeit (Bruchfestigkeit von Schmelz-
kobalt 237,4 N/mm^2, Zugfestigkeit 255 - 680 N/mm^2), die durch Kaltverformen
noch gesteigert wird (Bruchfestigkeit von Schmiedekobalt 689,6 N/mm^2). Die bevorzugte Bildung von zweiwertigen Verbindungen bestimmt das *chemische Verhalten*. Kobalt ist zwar korrosionsbeständiger als Eisen, wird aber auch von Wasser
schon bei Raumtemperatur angegriffen. Von den über 30 *Kobaltmineralen* sollen
folgende wirtschaftlich wichtige genannt werden:

Linneit (Kobaltkies)	Co_3S_4	kubisch
Cobaltin (Kobaltglanz)	CoAsS	kubisch
Skutterudit (Speiskobalt)	$(Co,Ni,)As_2$	kubisch
Safflorit	$(Co,Fe)As_2$	rhombisch
Erythrin (Kobaltblüte)	$3\,CoO \cdot As_2O_5 \cdot 8\,H_2O$	monoklin
Asbolan (Erdkobalt)	$m(Co,Ni)O \cdot MnO_2 \cdot nH_2O$	tetragonal?
Heterogenit	(Co,Cu,Ni,Fe)-Hydroxid)	rhombisch?

Das natürliche Vorkommen von metallischem Kobalt beschränkt sich auf Gehalte
von 0,5 - 0,6 % Co in den Oktaedriten (Eisenmeteorite).

2.2.2 Regionale Verteilung der Lagerstätten

Es gibt nur noch die marokkanische Lagerstätte Bou Azzer, in der Kobalterze als
Hauptprodukt auftreten. 1984 wurden von dort etwa 3 % der Weltjahresförderung
geliefert. Der überwiegende Teil der Weltproduktion stammt aber aus kobalthaltigen
Kupfer- und Nickelerzen. Genetisch tritt Kobalt an vier Erztypen gebunden auf:
a) *Sedimentäre Erze* als schichtgebundene, marin-hydrothermale Imprägnationen.
   Im afrikanischen Kupfergürtel sind jungpräkambrische Sandsteine (vornehmlich
   Kitwe-Ndola in Sambia) und auch Kalksteine (vornehmlich Shaba-Provinz/Zaire)

durch Metall-Lösungen aus tiefreichenden Störungen vererzt. Die Kobaltgehalte der Kupfererze liegen zwischen 0,1 - 0,5 %, örtlich bis 1,4 %. Auch die Mangan-knollen der Tiefsee gehören zu diesem Lagerstättentyp und enthalten ebenfalls 0,1 - 0,5 % Co. Erhebliches Interesse haben in letzter Zeit auch die kobaltreichen Eisen-Mangan-Krusten der Tiefsee hervorgerufen, die in geringeren Tiefen als Manganknollen auftreten und Kobaltgehalte von 0,6 - 1,5 % aufweisen.

b) *Liquid-magmatische Erze* der Nickel-Magnetkies-Lagerstätten, in denen Kobalt überwiegend im Pentlandit und mitunter im Magnetkies vorkommt. Das Co : Ni-Verhältnis schwankt zwischen 1 : 16 (Norilsk), 1 : 30 (Sudbury) und 1 : 55 (West-Australien).

c) *Lateritische Erze*, die durch Verwitterung ultrabasischer Gesteine entstanden sind und neben nickelhaltigem Limonit oder Nickelsilikaten auch Asbolan als wichtiges Kobaltmineral enthalten können. Dabei ist eine Anreicherung in der oberen, limonitischen Erzschicht zu beobachten. Die Co-Gehalte dieser Erze liegen dann zwischen 0,1 und 0,3 % (Neukaledonien, Philippinen, Indonesien, Kuba).

d) *Hydrothermale Erze* der sog. Ag-Co-Ni-Bi-U-Formation, die einen vorrangigen Gehalt an Kobaltarseniden aufweisen können (Cobalt/Kanada). Zu diesem Lager-stättentyp gehören auch die Skarn-Lagerstätten mit Pyrit von Bou Azzer/Marok-ko.

Wie aus Tabelle III.20 hervorgeht, fällt Kobalt als Nebenprodukt bei der Kupferge-winnung in Zaire und Sambia sowie bei der Nickelgewinnung in Kanada, Australien, Neukaledonien, der Sowjetunion, Kuba, Finnland und Botswana an. Als kobalt-führende Lagerstätten in den wichtigsten Erzeugerländern können erwähnt werden:

Zaire: In der Provinz Shaba im Süden des Landes treten Cu-Co-Erze in einem 300 km langen Gürtel auf (vgl. auch Kap. IV.1.2). Die oft tiefgründige Verwitterungszone enthält Heterogenit und Asbolan, die Primärzone Linneit als Kobaltminerale. Im Westteil der Lagerstättenprovinz liegen bei Kolwezi die Minen Kamoto, Musonoi,

Tabelle III.20. Produktion von Kobalt (t Metallinhalt)

	1976	1978	1980	1981	1982	1983
Zaire	10 700	13 300	14 000	11 159	6 000	5 300
Sambia	1 700	1 700	3 300	2 540	2 250	2 500
Kanada		1 700	2 100	2 600	1 600	2 300
USA	100	300	500	300	350	–
Finnland	900	1 000	1 300	1 300	1 300	1 200
Frankreich	1 200	1 100	1 100	600	400	200
Japan	550	1 700	2 855	2 400	1 800	1 200
Andere	2 250	600	300	600	800	400
Westliche Welt	17 400	21 200	25 455	21 499	14 500	13 100

Quelle: Metallstatistik der Metallgesellschaft AG, Frankfurt/M.

Dikuluwe und Mashamba, im Zentralteil die Minen Kambove-West, Kakanda und Fungurume sowie im Ostteil die Mine Kipushi. Die Minen Kinsenda und Musoshi an der Grenze zu Sambia gehört bereits geologisch zum "Copper Belt" in Sambia.

Sambia: In einem mehr als 200 km langen Gebiet, das von SO-Shaba/Zaire nach NO-Sambia zieht, können ebenfalls präkambrische Cu-Co-Imprägnationslagerstätten angetroffen werden, allerdings in einer gröberklastischen Fazies. Als Kobaltträger kommt hier vor allem das sulfidische Mineral Linneit in Betracht. Der Kobaltgehalt der Erze schwankt zwischen 0,1 und 0,2 %. Die Lagerstätten des sambischen "Copper Belt" liegen bei Mufulira, bei Kitwe (Nkana, Mindola North, Chibuluma), bei Chambishi, bei Chingola (Nchanga, Mimbula, Fitula), bei Chililabombwe (Bankroft, Kansanshi Kopje), bei Luashya (Roan Antelope, Baluba) und bei Ndola (Bwana Mkumba). Attraktive Kobaltgehalte sind vor allem aus den Minen Chibuluma (0,18 % Co) und Baluba (0,16 % Co) bekannt.

Kanada: Die Kupfer-Nickel-Erze des Sudbury-Reviers enthalten 0,04 bis 0,08 % Kobalt, das vor allem an Pentlandit und Magnetkies gebunden ist.

Australien: In den liquid-magmatischen, sulfidischen Kupfer-Nickel-Erzen von West-Australien treten Kobaltgehalte zwischen 0,05 und 0,1 % auf.

Sowjetunion: Vor allem die Kupfer-Nickel-Lagerstätten von Norilsk weisen in den Derberzen Kobaltgehalte von durchschnittlich 0,1 % auf, während die Imprägnationserze kobaltarm sind.

Neukaledonien: Die lateritischen Nickelerze enthalten ebenfalls Kobalt, das sich vor allem in der oberen, limonitischen Zone anreichert. In allen Bergbaudistrikten (Thio, Nepoui, Kouaoua, Poro) sind kobaltführende Nickelerze anzutreffen.

Marokko: 260 km östlich von Agadir liegt die Lagerstätte Bou Azzer, die seit vielen Jahren die einzige bedeutsame Kobaltmine der Welt ist. Die Erzkörper in präkambrischen Gesteinen sind vulkanogen-sedimentären Ursprungs. Wichtigste Kobaltminerale sind Skutterudit und Erythrin. Die Erze enthalten im Durchschnitt 1,2 % Co und daneben 0,15 % Ni, 10 g/t Au und 50 g/t Ag.

2.2.3 Erzvorräte

Die Angaben über Kobaltvorräte (vgl. Tab. III.21) sind Schätzungen, die auf den nachgewiesenen Vorräten an kobalthaltigen Kupfer- oder Nickelerzen beruhen. Außerdem stellt der Kobaltgehalt der Manganknollen und der Eisen-Mangan-Krusten in Meeresgebieten ein zusätzliches Potential dar, das in der Größenordnung von 5 - 10 Mrd. t Metallinhalt liegen soll.

Tabelle III.21. Kobaltvorräte der Welt (ohne Ostblock, in 1000 sh.t Metallinhalt)

	US Bureau of Mines 1960	US Geol. Surv. 1973	USBM 1984
Zaire	750	750	2300
Sambia	383	383	600
Marokko	14	7,5	5
Kanada	193	225	285
USA	28	842	950
Philippinen	–*	–	440
Australien	–	325	100
Neukaledonien	440	425	950
Übrige westliche Länder	–	608,5	1368
Ostblock (Kuba, UdSSR)	–	1156**	1002
Gesamtreserven	2180	4762	8000

*) keine Angaben, **) nur Kuba.

2.2.4 Technische Gewinnung des Metalls

Je nach Art des Rohstoffes sind verschiedene metallurgische Verfahren der Kobaltgewinnung gebräuchlich:

a) Die *oxidischen und sulfidischen Kupfer-Kobalt-Konzentrate* (Zaire, Sambia),
    die durch Flotation der Erze erzeugt werden und 0,5 - 3 % Co enthalten, werden
    bei traditionellem Verfahrensgang zunächst in Elektroöfen reduzierend ge-
    schmolzen, wobei im Regulus eine Trennung zwischen einer Kupferschmelze
    ("rote Legierung" mit 85 % Cu und 4,5 % Co) und darüber einer Kobaltschmel-
    ze ("weiße Legierung" mit 42 % Co, 15 % Cu, 39 % Fe) erfolgt. Die weiße Le-
    gierung wird granuliert und in Salzsäure oder Schwefelsäure gelöst. Aus der Lö-
    sung werden nacheinander Kupfer, Eisen und schließlich Kobalt als Kobalt(III)-
    hydroxid gefällt. Das durch Glühen bei 1200°C aus dem Co(OH)$_3$ entstandene
    CoO wird nach Reinigung im Elektroofen mit Koks oder im Tiegelofen mit
    Holzkohlepulver umgeschmolzen. – Moderner ist das Katanga-Verfahren, das bei-
    spielsweise in der größten Kobalthütte (Luilu/Zaire) eingeführt wurde. Hier wird
    durch sulfatisierende Wirbelröstung CoSO$_4$ erzeugt und durch saure Laugung
    in Lösung gebracht. Durch Elektrolyse wird aus der Lauge zunächst Kathoden-
    kupfer entfernt, danach auch Verunreinigungen, wie Fe, Ni, As, bevor Kobalt
    mit Kalkmilch als Kobalthydroxid ausgefällt wird. Eine Elektrolyse erzeugt Ka-
    thodenkobalt, das im Elektroofen oder durch chemische Prozesse raffiniert wer-
    den kann, etwa zu Granalien mit 99,5 % Co.

b) Kobalt als Nebenprodukt der *sulfidischen Nickelerze* (Kanada) wird erst bei der
    elektrolytischen Raffination des Nickels gewonnen. Bei der Nickelmetallurgie
    wird Kobalt zunächst beim Verblasen des Rohsteins nach dem Schmelzen der
    Mischkonzentrate in Flammöfen und Konvertern in der Matte angereichert

(Konverter-Matte mit ca. 50 % Ni, 1 % Co, 24 % Ca, 1 % Fe, 22 % S), verbleibt später bei der Trennung von Kupfer und Nickel im Nickelstein und schließlich nach dem abermaligen Schmelzen im Rohnickel (93,5 % Ni, 1 % Co). Bei der Elektrolyse geht dann Kobalt als Sulfat in den Elektrolyten, aus dem es als Hydroxid gefällt wird (INCO-Hütte Port Colborne). Metallisches Kobalt läßt sich daraus in kleinen ölgefeuerten Flammöfen ausschmelzen.

c) Bei der Verarbeitung *lateritischer Nickelerze* (Neukaledonien) wird Kobalt mit dem Nickel durch Drucklaugung in Lösung gebracht und nach der Laugenreinigung und nach der Druckreduktion von Nickel als Kobaltpulver durch Druckreduktion erzeugt.

d) Die *arsenidischen Erze* (Marokko) ergeben beim Einschmelzen der Konzentrate im Elektroofen neben einem kupferhaltigen "Stein" ein Gemisch aus Kupfer- und Kobaltarseniden, die sog. "Speise". Durch Abrösten der Kobaltspeise verflüchtigt sich der Arsengehalt und die verbleibenden Metalle können aus dem Röstgut mit Salzsäure oder Schwefelsäure gelöst werden. Aus der Lösung kann Kobalt entweder naßmechanisch oder aber durch eine Gewinnungselektrolyse erzeugt werden.

Die Darstellung von Reinstkobalt (99,9 - 99,99 % Co) ist seit 1956 durch eine Raffinationselektrolyse möglich.

2.2.5 Standorte der Kobalthütten

Die wichtigsten Bergbauländer verfügen über eigene Verhüttungskapazitäten (vgl. Tab. III.22). Kobalt wird in Kupferhütten (Zaire, Sambia) und Nickelhütten als Nebenprodukt erzeugt. Die marokkanischen Konzentrate werden allerdings exportiert, hauptsächlich nach Frankreich. Neue Gewinnungsanlagen für Kobalt entstanden in Botswana, Australien und auf den Philippinen.

Tabelle III.22. Standorte der Hütten mit Kobaltgewinnung

Land	Standort	Eigentümer	Kapazität jato Co
Zaire	Shituru	Gécamines	7800
	Luilu		9000
Sambia	Nkana	Sambia Con-	2600
	Chambishi	solidated Copper Mines	2400
Kanada	Port Colborne/Ont.	INCO	1000
	Copper Cliff/Ont.	INCO	500
	Thompson/Man.	INCO	500
USA	Port Nickel	AMAX	500
Australien	Kwinana	Western Mining	3000
	Yabalu	Metal Exploration	2000

Tabelle III.22. Fortsetzung

Land	Standort	Eigentümer	Kapazität jato Co
Philippinen	Surigao/Nonoc	Marinduque	2000
Botswana	Phikwe	Botswana RST	500
Simbabwe	Bindura	Bindura Nickel	200
Südafrika	Rustenburg	Western Platinum	100
Finnland	Kokkola	Outokumpu Oy	1500
Norwegen	Kristiansand	Falconbridge	1500
Frankreich	Pomblière St Marcel	Pechiney	1200
	Sandonville	SLN	600
Bundesrepublik Deutschland	Weisweiler	GfE	500
	Goslar	H.C. Starck	250
Japan	Hitachi	Nippon Mining	1200
	Niihama	Sumitomo Metal	1600
UdSSR	Norilski, Werkni, Resch, Omsk, Monchegorsk, Pechenga, Khoru-Aksy	staatlich	3500

Die Rückgewinnung von Kobalt aus Industrieabfällen und Schrotten ist noch bescheiden. In den USA erreichte sie 1983 gerade 6 % des Metallverbrauches; weltweit sollen es etwa 20 % sein. Infrage kommen vor allem Superlegierungen aus Gasturbinen, Mo-Co-Katalysatoren und Dauermagnetwerkstoffe.

2.2.6 Verwendungsbereiche

Da reines Kobalt als sprödes Metall gilt, ist dessen Einsatz sehr begrenzt. Als Beispiel soll lediglich auf die Verwendung des radioaktiven Isotopes Kobalt-60 in Kathodenröhren für Bestrahlungen in der Medizin hingewiesen werden.

Der Gebrauchswert von Kobalt wird durch Zulegieren anderer Metalle so entscheidend erhöht, daß der industrielle Bedarf deutlich auf den Legierungssektor ausgerichtet ist, wie aus den wichtigsten Verwendungsbereichen hervorgeht (vgl. Tab. III.23):

a) Superlegierungen

Es handelt sich bei diesen Hochtemperaturlegierungen in erster Linie um Kobalt-Chrom-Legierungen, die 0,1 - 1 % Co und daneben meist auch Wolfram und Nickel enthalten sowie mitunter spezielle Zusätze von Mo (3 - 10 %), Nb, Ta, Ti,

Tabelle III.23. Geschätzter Weltkobaltverbrauch nach Einsatzbereichen (in %)

	1970	1981	1990
Superlegierungen/legierte Stähle	45	49	42
Chemikalien (Kobaltverbindungen)	18	22	27
Dauermagnetlegierungen	20	12	15
Keramik und Emaille	12	10	8
Sinterkarbide (Hartmetalle)	5	7	8
Insgesamt	100	100	100

Quelle: Scheidweiler, Pierre; Z. Metall, März 1982, Berlin.

B, Zr, Te. Wegen der hervorragenden Zunder-, Hitze- und Korrosionsbeständigkeit ist derartiges Material zur Herstellung von hochbeanspruchten Teilen für Industrieöfen (Brenner, Auspuff) und für Gasturbinen (Flügel) besonders geeignet. Die Verwendung von kobalthaltigen Superlegierungen begann mit der Entwicklung der Strahlflugzeugturbinen Ende der dreißiger Jahre. Heute werden Gasturbinen aber auch für Schiffe oder Kraftwerke gebaut. In jedem Flugzeugtriebwerk sind 30 - 80 kg, in einer 25-MW-Turbine 90 - 300 kg Kobalt enthalten.

b) Dauermagnetwerkstoffe

Seit Mitte der zwanziger Jahre werden Kobaltlegierungen zur Herstellung von Dauermagneten verwendet, zunächst in Form von Kobaltstählen (bis 36 % Co) und danach vorzugsweise als Aluminium-Nickel-Kobalt-Eisen-Legierungen (z.B. Alnico 350 mit 32 % Co, 15 % Ni, 7 % Al, 5,5 % Ti, 4,5 % Cu, 36 % Fe nach DIN 17410). Schrittweise wurden dabei die Gütewerte verbessert (Remanenz bis 14 kG, remanente Energiedichte bis $9,5 \cdot 10^6$ G $\cdot$ Oe, Koerzitivkraft bis 2000 Oe), so daß Alnico-Legierungen noch immer die wichtigsten Dauermagnetwerkstoffe sind. — Seit Mitte der sechziger Jahre konnten besondere Entwicklungserfolge mit intermetallischen Verbindungen aus Kobalt und den Seltenen Erden Samarium und Praseodym erzielt werden. Dauermagneten aus $SmCo_5$, $PrCo_5$ und $(Sm, Pr)Co_5$ sind zwar noch für einen bedeutsamen industriellen Einsatz viel zu teuer, erreichen aber eine remanente Energiedichte bis zu $(BH)_{max} = 25 \cdot 10^6$ G $\cdot$ Oe (= 200 kJ/m^3).

c) Kobaltverbindungen

Etwa 25 % des Kobaltbedarfes entfällt auf chemische Verbindungen, wie Kobaltoxide und Kobaltsalze, deren vielseitige Verwendungsgebiete von Grundierungen von Emaille, Färben von Glas und Keramik (Thénards-Blau Al_2CoO_4; Rinmans-Grün $ZnCoO_2$) über Trockenmittel bis zu Katalysatoren für Entschwefelung von Erdöldestillaten reichen. In Form von Kobalt-Molybdän-Mischkatalysatoren werden sie vornehmlich im Oxoprozeß der Raffinerien eingesetzt.

d) Hartmetalle und legierte Stähle

Kobaltveredelte Stähle zeichnen sich durch ihre Verschleißfestigkeit aus und werden bevorzugt zur Herstellung von Werkzeugen und Maschinenteilen eingesetzt (Werkzeug-, Schneid- und Schnelldrehstähle). Die heute meist martensitausgehärteten oder vergüteten Stähle enthalten neben 1 - 16 % Kobalt noch Wolfram, Molybdän, Chrom und Vanadium, mitunter auch Nickel, Aluminium, Niob und Titan. – In den Hartmetallen dient Kobalt als Bindemittel für Karbide.

Endverbraucher von Kobalt sind: Elektro- und Telefonindustrie (ca. 25 %), Flugzeug- und Raumfahrtindustrie (ca. 25 %), Werkzeug- und Farbenindustrie (je ca. 10%), Maschinenbau (ca. 10 %), Keramische Industrie (ca. 10 %), übrige Industrie (ca. 10 %).

2.2.7 Entwicklung des Bedarfs

Forschungsarbeiten im Bereich der Superlegierungen und der Dauermagneten haben in den sechziger Jahren neue Verwendungsgebiete für Kobalt erschlossen. Einen Boom erlebte das Metall in den Jahren 1969 bis 1971, als die akute Verknappung von Nickel zu einer partiellen Substitution von Nickel durch Kobalt führte und der Kobaltverbrauch ungewöhnlich anstieg. Die Konjunkturabhängigkeit der Einsatzbereiche zeigte sich dann deutlich während der Krisenjahre 1980 bis 1982, als alleine in den EG-Ländern der Verbrauch von 7833 t (1979) auf 4143 t (1981) zurückging. Erst die wirtschaftliche Erholung in den westlichen Industrieländern hat 1983 und 1984 wieder einen Bedarfszuwachs bewirkt. Bis 1990 wird mit einer stagnierenden Nachfrage auf dem Niveau von 1985 gerechnet. Die strategischen Lagerbestände umfassen zudem fast eine gesamte Jahresproduktion. Diese Läger, die nicht nur in den USA aufgestockt, sondern auch in Frankreich, Großbritannien und Japan um 1980 angelegt wurden, sollen teilweise wieder aufgelöst werden.

Am 9. November 1981 wurde das Centre d'Information de Méteaux Non Ferreux (CIMNF) in Brüssel als neues *"Weltkobaltinstitut"* gegründet. Die wichtigsten Produzentenländer Zaire, Sambia, Philippinen, Marokko und Finnland sind als Gründungsmitglieder insbesondere an der Verwendungsforschung und an der Erstellung von Marktanalysen interessiert.

2.2.8 Marktstruktur und Marktform

Die Untersuchung der Marktstruktur kann sich auf den Hüttensektor beschränken, da Kobalt nur als Kuppelprodukt in bestimmten afrikanischen Kupferhütten und zahlreichen Nickelhütten erzeugt wird und ohnehin Bergbau und Hütten bzw. Raffinerien meist zusammengehören. Eine herausragende Stellung nimmt die Général des Carriéres et des Mines (Gécamines) mit Sitz in Lubumbashi/Shaba-Provinz, Zaire, ein. Als staatliche Gesellschaft 1967 gegründet, hat die Gécamines zwischen 1980 und 1984 durchschnittlich rund 50 % des Weltmarktangebotes auf sich vereint, wobei dieser Anteil im Krisenjahr 1982 auf 40 % absank, da der Großanbieter gewisse Marktpflege durch Lageraufstockung betrieb. Die zairische Handelsorganisation Sozacom kann durch die monopolistische Marktstellung der Gécamines als Preisfixierer auftreten. Die monopolistische Marktform der Angebotsseite wird lediglich von der Zambia Consolidated Copper Mines Ltd. (ZCCM) abgeschwächt, da diese mehrheitlich in Staatsbesitz befindliche Gesellschaft durchschnittlich 15 % des Angebotes bestreitet. Andere Anbieter, wie INCO, Pechiney, Outokumpu, Sumitomo, Marinduque und Western Mining, tragen jeweils in der Größenordnung von 3 - 5 % zum Weltmarktangebot bei.

Zu den hauptsächlichen Nachfragern nach metallischem Kobalt gehören Betriebe der stahl- und metallverarbeitenden Industrie, während die chemische Industrie Kobaltverbindungen verbraucht. Die Anzahl dieser Nachfrager ist groß, allein in den USA gibt es rund 250, von denen keiner eine bemerkenswerte Marktstellung erworben hat. Dem abgeschwächten Monopol der Angebotsseite steht demnach eine atomistische Struktur der Nachfrageseite gegenüber.

2.2.9 Preisentwicklung

Neben dem Produzentenpreis der Gécamines/Sozacom, der auch anderen Anbietern als Richtpreis dient (consumer contract price), wird an der LME in London ein Freimarktpreis notiert. Der Produzentenpreis stieg zwischen 1960 und 1977 zwar stetig, aber nur in kleinen Intervallen an, was mit Produktionskostenerhöhungen begründet wurde (1960: 1,50 US-$/lb; 1977: 6,40 US-$/lb). 1978 und 1979 kam es zu einem Preissprung, der im Januar 1979 mit 45 US-$/lb seinen Höhepunkt erreichte. Auslöser war damals die Invasion aus Angola in der Shaba-Provinz, die zur vorübergehenden Schließung der Minen führte. Die konjunkturelle Krise 1980 - 1982 drosselte dann den weltweiten Kobaltbedarf und ließ die Preise trotz Ankäufe durch die GSA für den amerikanischen Stockpile bis auf 4,34 US-$/lb (November 1982) absinken. Erst 1983 setzte eine Erholung ein, die Anfang 1985 zu einem Kobaltpreis von 11,70 US-$/lb führte (Abb. III.6a/b).

Der freie Kobaltpreis wurde am 3. März 1972 in London eingeführt. Er blieb zunächst deutlich unter dem Produzentenpreis und lag nur in Krisenzeiten wie 1978/79 darüber. Auch seit 1980 ist der freie Markt, über den nur 10 - 15 % des Welthandels abgewickelt werden, wieder schwächer als der kontrollierte Markt der Großanbieter.

Der Stockpile der USA hat einen gewissen Einfluß auf die Preisentwicklung. Mitte der sechziger Jahre wurden erhebliche Teile des strategischen Lagers zu Überschüssen erklärt und danach regelmäßig je nach Marktlage Verkäufe getätigt. Die Revision der Stockpile-Politik 1976 führte dann sogar wieder zur Aufstockung und 1981 erstmals seit 20 Jahren wieder zu Kobaltkäufen (1981/82: 2450 t im Gesamtwert von 78 Mio. US-$). Der Einfluß von Käufen und Verkäufen der GSA beschränkte sich im wesentlichen auf die Preisentwicklung auf dem freien Kobaltmarkt.

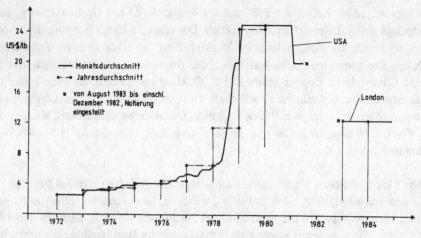

Abbildung III.6a. Produzentenpreise für Kobalt (99,5% Co)

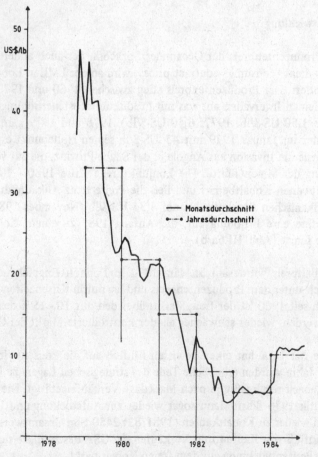

Abbildung III.6b. Preise für Kobalt (Freier Markt, London, 99,5 % Co, Europa)

2.2.10 Handelsregelungen

Kobalt wird vorwiegend als reines Metall (mindestens 99/99,5 % Co) gehandelt, seltener in Form von Zwischenprodukten der Verhüttung (Speise, Matte) oder von Oxiden und nur noch gelegentlich als Bergwerksprodukt (kobalthaltige Konzentrate). – Das Metall kommt in Form von Kathodenstücken, Granalien, Rondellen oder Briquettes in Fässern von 50 kg oder 250 kg in den Handel. Metallpulver wird in Trommeln von 50 kg oder in Dosen von 10 kg angeboten. – Oxide (CoO, Co_3O_4) werden in 100 kg-Fässern geliefert, die Vorstoffe als Schüttgut oder in Säcken.

Die Preisunterschiede für verschiedene Handelsformen sind exemplarisch der folgenden Aufstellung zu entnehmen (28. Dezember 1984):

Kathoden	99 % shot 250 kg	11,71 US-$/lb,
Pulver	99 % 300 mesh 125 kg	16,53 US-$/lb,
Oxid	70 % "ceramic"	9,40 US-$/lb,
	75 % "metallurgical"	9,86 US-$/lb.

Literaturhinweise

Bauder, R.B.: Bibliography on Extractive Metallurgy of Nickel and Cobalt 1929 - 1955, US-Bureau of Mines, Washington, D.C. 1957.

Berg, G.; Friedensburg, F.: Nickel und Kobalt, (Enke), Stuttgart 1944.

Betteridge, W.: Cobalt and its Alloys, (Elk's Hoorwood), Chichester 1982.

Bundesanstalt für Geowissenschaften und Rohstoffe/DIW: Untersuchungen über Angebot und Nachfrage mineralischer Rohstoffe, Band XI, Kobalt, Hannover 1978.

Burrow, J.C.: Cobalt: an Industry Analysis, (Health), Lexington 1971.

Centre d'Information du Cobalt: Cobalt Monograph, CIC, Brüssel 1960.

Gould, J.E.: Cobalt Alloy Permanent Magnets: Cobalt Monograph Series, CIC, Brüssel 1971.

International Conference on Cobalt: Proceedings, Vol. 1, Metallurgy and Uses, Brüssel, November 1981.

Sullivan, C.P.; Donachie, M.J.; Morral, F.R.: Cobaltbase Superalloys 1970. Cobalt Monograph Series, CIC, Brüssel 1970.

3 Wolfram, Molybdän, Vanadium

Von G. A. Roethe

3.1 Wolfram

Wolfram wurde nach den Vorarbeiten von C.W. Scheele erstmals 1783 von den spanischen Chemikern, den Gebrüdern J.J. und F. de Elhuyar, als Element aus den Mineralen Wolframit und Scheelit isoliert.

Wolframit war den Berg- und Hüttenleuten des Erzgebirges und Cornwalls als beibrechendes Mineral im Zinnbergbau seit alters her bekannt. Der deutsche Name Wolfram weist auf die damals sehr verbreitete Auffassung hin, daß der Wolframit Zinn frißt, d.h. das Zinnausbringen in der Hütte vermindert. Die englische Bezeichnung "Tungsten" ist aus dem Schwedischen entlehnt und bedeutet schwerer Stein (tungsten). Die Nutzung dieses Metalls begann Mitte des 19. Jahrhunderts mit den ersten W-Mn-Stählen. Eine größere technische Bedeutung erlangte das Wolfram jedoch erst mit der Einführung wolframlegierter Schnellarbeitsstähle durch die Bethlehem Steel Company im Jahre 1903. Acht Jahre später wurde ein Verfahren zur Herstellung von Wolframglühfäden patentiert und 1927 gelang es der Firma Krupp, pulvermetallurgisch Wolframkarbidformstücke mit Kobalt als Trägermetall herzustellen. Dieses sind bis heute die wesentlichen Entwicklungsstufen der friedlichen Nutzung dieses Metalls.

Seit dem Ersten Weltkrieg gilt Wolfram wegen seiner Verwendung zur Herstellung von Geschoßkernen und Panzerplatten als strategisches Metall. Diese Entwicklung löste eine fieberhafte Prospektion aus und führte noch während des Ersten Weltkrieges zur Entdeckung und zum Abbau der chinesischen Wolframvorkommen. Heute spielt der Wolframverbrauch in der Waffentechnik im Vergleich zu den anderen Verbrauchssektoren eine untergeordnete Rolle.

3.1.1 Eigenschaften

Wolfram ist in reiner Form ein weißglänzendes Metall. Es ist gegenüber den meisten Säuren beständig und tritt in seinen Verbindungen 2-, 3-, 4-, 5- und 6wertig auf. Die beständigsten Verbindungen sind die des sechswertigen Wolframs.

Die Verwendung von Wolfram beruht auf der extremen Härte und Verschleißfestigkeit der Wolframkarbide sowie auf den Festigkeitseigenschaften von Wolfram und seinen Legierungen bei extrem hohen Temperaturen. Für die Verwendung von Wolframmetall sind neben dem extrem hohen Schmelzpunkt seine hohe Dichte, der geringe Dampfdruck und die günstigen elektrischen und thermoionischen Eigenschaften des Metalls bestimmend (s. Tab. III.24).

Bei der Verarbeitung von Wolfram bestehen noch immer Schwierigkeiten, die vor allem auf die Hochtemperaturfestigkeit und auf die Sprödigkeit des Metalls bei Raumtemperaturen zurückzuführen sind. Sehr nachteilig für die Nutzung der Hochtemperatureigenschaften des Wolframs wirkt sich die starke Oxidation dieses Metalls bei Temperaturen über 1000°C aus. Versuche mit Beschichtungen des Metalls oder seiner Legierungen sowie die Entwicklung von Sonderlegierungen, um diesen Werkstoff im Hochtemperaturbereich oxidationsbeständig zu machen, führten bisher zu nicht befriedigenden Ergebnissen, so daß Wolframwerkstoffe hohen Temperaturen nur kurzzeitig (Raketenbauteile) oder unter nicht oxidierenden Bedingungen ausgesetzt werden können.

Tabelle III.24. Physikalische Eigenschaften der Metalle Wolfram, Molybdän und Vanadium

	W	Mo	V
Ordnungszahl	74	42	23
Atomgewicht ($^{12}C = 12,00$)	183,85	95,94	50,942
spez. Gewicht (g/cm^3) bei 20°C	19,26	10,28	6,09
Schmelzpunkt $^{\circ}$C	3 410	2 620	1 919
Elastizitätsmodul (kp/mm^2)			
bei 20°C	35 000 - 41 000	28 000 - 32 500	12 000
bei 500°C	39 000	30 800	11 500
bei 1 000°C	37 000	27 500	
Wärmeleitfähigkeit (cal/cm · s · grd.)			
bei 20°C	0,31	0,34	0,070
bei 100°C	0,30	0,33	0,074
bei 1 000°C	0,27	0,25	0,150
lin. therm. Ausdehnungskoeffizient a (10^{-6} · grad.$^{-1}$)			
bei 20°C	4,43	5,3	
bei 100°C		5,35	8,3*
bei 1 000°C	5,17	5,80	10,9**
spez. elektr. Widerstand ρ (Ω mm^2/m)			
bei 20°C	0,055	0,052	
bei 1 000°C	0,33	0,32	0,248
bei 2 000°C	0,66	0,62	
therm. Neutroneneinfangquerschnitt in barn	19,2	2,7	4,8

*   Gilt für den Temperaturbereich von 0 bis 100°C.
**   Gilt für den Temperaturbereich von 100 bis 1000°C.

3.1.2 Lagerstätten und Erzvorräte

Von den zahlreichen Wolframmineralen sind wirtschaftlich nur zwei von Bedeutung:
Wolframit Fe, Mn)WO$_4$ mit 76,35 - 76,58 % WO$_3$
    Ferberit FeWO$_4$ } Endglieder der Mischungsreihe aus FeWO$_4$ und MnWO$_4$ des
    Hübnerit MnWO$_4$ } Wolframits mit jeweils   80 % FeWO$_4$ bzw. MnWO$_4$
Scheelit CaWO$_4$ mit 80,53 % WO$_3$.

Nach dem vorherrschenden Erzmineral werden Wolframit-, Hübnerit- und Ferberit-
sowie Scheeliterze unterschieden. Zur Zeit werden Wolframerze mit Gehalten zwischen 0,25 und 2,5 % WO$_3$ abgebaut.

3.1.2.1 Lagerstättentypen

Wolfram ist ein lithophiles Element und in der oberen Erdkruste im Durchschnitt mit Gehalten von 1,0 bis 1,5 ppm vertreten. Primäre Wolframlagerstätten sind an saure, vorwiegend palingene Gesteine gebunden und lassen sich den folgenden Typen zuordnen:

a) *Pegmatitisch-pneumatolytische Zinn-Wolframitlagerstätten*

Wolframit und vereinzelt auch Scheelit werden begleitet von Zinnstein und kommen in Pegmatiten, Greisenzonen, Quarz-Turmalin-Gängen und Stockwerken im Granit vor. Klassische Beispiele für diesen Typ sind die Zinn-Wolframlagerstätten des Erzgebirges.

b) *Kontaktpneumatolytische Scheelitlagerstätten*

Eine Sonderform pneumatolytischer Lagerstätten sind die Skarn- bzw. Tactit-lagerstätten. Sie treten im Kontaktbereich von Graniten und Granodioriten mit Karbonatgesteinen auf.

Zu diesem wirtschaftlich bedeutenden Lagerstättentyp gehören die Scheelitla-gerstätten Nordamerikas, wie zum Beispiel die W/Mo-Lagerstätte Pine Creek in Kalifornien, die Lagerstätte von King Island, Australien, Uludag in der Türkei, Salau in den französischen Pyrenäen und Yxsjö in Schweden.

c) *Hydrothermale Ganglagerstätten*

Hydrothermale Gänge bilden häufig Gangsysteme, die streichend und fallend über mehrere hundert Meter zu verfolgen sind.

Größere wirtschaftliche Bedeutung als Wolframlagerstätten haben nur die kata-thermalen Quarz-Wolframit-Gänge mit Ferberit, Wolframit, Zinnstein und Sulfi-den wie Arsenkies, Magnetkies, Pyrit, Wismut- und Molybdänglanz. Die WO_3-Ge-halte dieser Gänge schwanken zwischen 0,2 und 2 %. Daneben können die Erze bis zu 0,4 % Sn enthalten. Zu diesem Typ gehören die sehr bedeutenden Wol-framlagerstätten in den südchinesischen Provinzen Kiangsi, Kwangtung, Kwangsi und Huan sowie die Zinn-Wolfram-Lagerstätten Burmas und auch einige Gang-lagerstätten im Nordwesten der iberischen Halbinsel sowie in Bolivien.

d) *Subvulkanische Ganglagerstätten*

Diese Lagerstätten zeichnen sich durch das Teleskoping hochthermaler bis tief-thermaler Mineralparagenesen aus. Wolframit, Ferberit, Hübnerit und Scheelit können auf diesen Lagerstätten nebeneinander vorkommen. Als Beispiel für die-sen Typ seien die bolivianischen Zinn-Silber-Wolfram-Wismut-Lagerstätten von Unica, Potosi und Oruro genannt.

e) *Submarin-exhalativ-sedimentäre Scheelitlagerstätten*

Schichtgebundene Scheelitlagerstätten kommen in altpaläozoischen Gesteinen vor und führen neben Scheelit und Ferberit oft auch Antimonit und Zinnober.

Entgegen der früheren Deutung dieser Lagerstätten als kontaktpneumatolytisch handelt es sich neueren Untersuchungen zufolge um sedimentäre Bildungen im Gefolge submariner Exhalationen. Beispiele für schichtgebundene Scheelitlagerstätten sind die Lagerstätten Sandong in Südkorea und Felbertal in Österreich.

f) *Seifenlagerstätten*

Eluviale Wolframit- und Scheelitseifen finden sich häufig im Bereich primärer Wolframlagerstätten. Alluviale Wolframseifen sind dagegen wegen der guten Spaltbarkeit des Wolframits wie auch des Scheelits selten. Wirtschaftlich sind die Wolframseifen im Gegensatz zu den Zinnseifen völlig bedeutungslos.

3.1.2.2 Vorräte

Nach einer Schätzung des US Geological Surveys belaufen sich die Wolframreserven der Welt auf ca. 3 280 000 t W-Inhalt und sind auf die in Tab. III.25 zusammengestellten Länder verteilt.

Die Vorratsangaben für die einzelnen Länder sind nur mit großen Einschränkungen vergleichbar, da die Kriterien ihrer Beurteilung
  Erkundungsgrad: sichere, wahrscheinliche und mögliche Reserven;
  Bauwürdigkeit: gewinnbare, marginale und submarginale Vorräte
in den einzelnen Ländern unterschiedlich gehandhabt werden und oft — wie im Falle Chinas und der UdSSR — keinerlei offizielle Informationen vorliegen, so daß es sich um reine Schätzungen handelt. Außerdem war die Bauwürdigkeit von Wolframlagerstätten in der Vergangenheit aufgrund der starken Preisschwankungen auf dem Wolframmarkt mehrfach erheblichen Änderungen unterworfen.

3.1.3 Bergbau und Aufbereitung

Wolframgruben, die Wolframit bzw. Scheelit als Hauptmineral fördern, sind meist kleinere, vielfach auch Kleinstbetriebe. Außerdem wird Wolfram als Nebenprodukt zu Zinn, Molybdän, Kupfer und Wismut gewonnen.

Wolframitgänge werden im Tiefbau abgebaut. Die Abbauverfahren unterscheiden sich nicht von den im Gangerzbergbau üblichen Verfahren mit stoßartiger Bauweise. Ein auch heute noch häufig angewandtes Verfahren ist der Firstenstoßbau. Mächtigere Erzpartien werden im Blockbau mit Rahmenzimmerung abgebaut (Mawchi Mine, Burma). Der Tagebau ist dagegen auf die oberflächennahen kontaktpneumatolytischen Scheelitlagerstätten beschränkt. Als Beispiele seien der Scheelittagebau von King Island in Australien und der Tagebau Flat River Valley, NWT in Kanada genannt.

Für die Aufbereitung von Wolframerzen eignen sich wegen des hohen spezifischen Gewichtes der Wolframminerale (Wolframit 7,12 - 7,6 g/cm^3; Scheelit 6,08 - 6,12 g/cm^3), vor allem die Verfahren der Schwerkraftsortierung wie die Herd- und

Herd- und Setzwäsche. Wolframit und Zinnstein lassen sich durch Magnetscheidung trennen. In gleicher Weise werden Granat und Epidot aus den Scheelitkonzentraten der Herd- oder Setzwäsche abgetrennt. Beibrechende Sulfide, wie Arsenkies, Molybdänglanz, Pyrit und Kupferkies, werden mit Hilfe der Flotation entfernt. Im Gegensatz zum Wolframit läßt sich der Scheelit unter Verwendung synthetischer Fettsäuren als Sammler flotieren. Die Scheelitflotation ist daher ein sehr verbreitetes Verfahren. Scheelitkonzentrate enthalten dennoch oft unzulässig hohe Restsulfidgehalte und müssen hydrometallurgisch zu synthetischem Scheelit aufgearbeitet werden.

Die genannten Aufbereitungsverfahren werden entsprechend der Eigenschaften der Erze kombiniert. Wolframkonzentrate enthalten zwischen 60 und 70 % WO_3; das Ausbringen liegt in der Regel zwischen 80 und 90 %.

Tabelle III.25. Wolframerzvorräte der Welt

	Vorherrschendes Wolframmineral	Vorräte in t W-Inhalt
Nordamerika		
USA	Scheelit	156 000
Kanada	Scheelit	674 000
Südamerika		
Bolivien	Wolframit	46 000
Brasilien	Scheelit	20 000
Mittelamerika		
Mexiko	Scheelit	17 000
Asien		
Burma	Wolframit	15 000
VR China	Wolframit	1 230 000
Rep. Korea	Scheelit	58 000
Thailand	Scheelit/Wolframit	31 000
Türkei	Scheelit	56 000
UdSSR	Scheelit/Wolframit	490 000
Australien	Scheelit	143 000
Europa		
Frankreich	Scheelit	20 000
Großbritannien	Wolframit	71 000
Österreich	Scheelit	18 000
Portugal	Wolframit	20 000
Sonstige westliche Länder		100 000
Sonstige Staatshandelsländer		115 000
Welt insgesamt		3 280 000

Quelle: USBM 1984.

3.1.4 Metallurgische Gewinnung und Verwendung

3.1.4.1 Wolframmetall

Wolfram wird als Metallpulver durch Reduktion von Wolframtrioxid, Wolframhydratsäure oder Ammoniumparawolframat dargestellt:

a) durch Reduktion von Wolframtrioxid mit Kohlenstoff in geheizten Tontiegeln,
b) durch Reduktion von Wolframtrioxid, Wolframhydratsäure oder Ammoniumparawolframat mit Wasserstoff im Durchsatzofen oder im Drehrohrofen.

Für die Herstellung von duktilem Wolframhalbzeug wird ausschließlich das reinere mit Wasserstoff reduzierte Wolframpulver verwendet, das zu Stäben gepreßt im direkten Stromdurchgang gesintert wird. Wolframhalbzeug wird in Form von Drähten, Stäben und Blechen verarbeitet. Die wichtigsten Verwendungsgebiete für Wolframmetall sind nachfolgend aufgeführt:

Elektro- und elektronische Industrie: Leuchtkörperwendel für Glühlampen; Kathoden, Anoden und Gitter von Elektronenröhren; Kathoden und Anoden von Röntgenröhren; elektrische Kontakte; Unterbrecherkontakte und Zündkerzenelektroden.

Schweißtechnik: Elektroden für das Lichtbogenschweißen unter Schutzgas (Arcatom- und Argonarcverfahren); Elektroden von Plasmabrennern.

Hochtemperaturtechnik: Heizelemente in Hochtemperaturöfen; Suszeptoren von Hochtemperturinduktionsöfen; Emissionselektroden von Elektronenstrahlöfen; Permanentelektroden von Lichtbogenöfen; Thermoelemente.

Raumfahrttechnik: Düsen für Feststoffraketen.

3.1.4.2 Pulvermetallurgische Werkstoffe

Hartmetalle auf der Basis von Wolframkarbid zeichnen sich durch ihre Härte und Verschleißfestigkeit aus. Wolframkarbide (WC und W_2C) werden aus reinem Wolframpulver und Ruß im Kohlerohrofen bei Temperaturen von $1400°C$ bis $1600°C$ hergestellt. Das pulverförmige Karbid wird mit Kobalt als Trägermetall vermischt und nach dem Doppelsinterverfahren zunächst kalt gepreßt und vorgesintert, anschließend zu Formlingen verarbeitet und bei hohen Temperaturen gesintert. Beim Drucksintern erfolgen die Formgebung und das Sintern in einem Arbeitsgang in vorbearbeiteten Matrizen unter hohem Druck und hoher Temperatur. Wolframkarbidhartmetalle enthalten zwischen 5 und 30 % Co sowie häufig geringe Zusätze von Titan-, Niob-, Tantal- und Hafniumkarbid. Sie werden zur Herstellung von Schneid- und Drehwerkzeugen für die Metallbearbeitung, Ziehringen zum kalten und warmen Drahtziehen, Bohrkronen und Meißeln für den Bergbau, Geschoßkernen, Spikes für Winterbereifungen sowie von Kugeln für Kugelschreiberminen verwendet.

den vorwiegend für das Hartmetallauftragsschweißen verwendet. Dabei befindet sich das zerkleinerte Karbid in Stahlröhrchen, die beim Schweißen die Matrix für die Karbidteilchen abgeben.

Wolframschwermetalle (heavy metals) sind Verbundwerkstoffe aus Wolfram und Nickel und Kupfer als metallischen Bindern. Sie zeichnen sich durch ihr hohes spezifisches Gewicht (16,5 bis 19,3 g/cm³) und einen hohen Absorptionskoeffizienten für die γ-Strahlung aus und werden für Fliehgewichte von Kreiselkompassen, Exzenterringen von automatischen Uhren sowie für Behälter und Strahlenschutzschirme bei der Lagerung radioaktiven Materials verwendet.

Verbundwerkstoffe aus Wolfram-Silber und Wolfram-Kupfer eignen sich zur Herstellung von elektrischen Kontakten.

3.1.4.3 NE-Metallegierungen

Wolfram wird hochwarmfesten Legierungen auf der Basis Nickel-Chrom und Nickel-Chrom-Kobalt zulegiert. Solche Legierungen werden wegen ihrer Hochtemperaturfestigkeit und Oxidationsbeständigkeit im Hochtemperaturofenbau, der chemischen und petrochemischen Industrie sowie für Gasturbinen- und Düsentriebwerksteile extremer Temperaturbeanspruchung verwendet.

Stellite sind hochwarmfeste, naturharte Gußlegierungen auf der Basis von Kobalt und Chrom. Sie enthalten bis zu 20 % Wolfram in Form von Karbiden und sind den Schnellarbeitsstählen bei Temperaturen von über 650°C und Arbeitsgeschwindigkeiten von mehr als 30 m/min überlegen. Wolfram-Molybdän-Legierungen eignen sich zur Fertigung von Zinkspritzgußdüsen. Wolfram-Rhenium-Legierungen werden für Blitz- und Hochleistungslampen sowie für Thermoelemente im Hochtemperaturbereich verwendet.

3.1.4.4 Chemikalien

Wolframverbindungen werden als Beizmittel zum Färben von Textilien und als Pigmente zur Herstellung von Druckfarben, Öl- und Wasserfarben sowie zum Färben von Glasuren, Papier und Gummi verwendet. Cadmium- und Kalziumwolframat (Scheelit) fluoreszieren und werden im zunehmenden Maße für Leuchtstoffe, Leuchtschirme von Röntgengeräten und Fernsehbildröhren und für Leuchtstoffröhren verwendet. Wolframsulfid hat katalytische Eigenschaften für die Methansynthese und eignet sich ebenso wie das Wolframselenid als Feststoffschmiermittel.

3.1.4.5 Wolfram als Legierungseelemente in der Stahlindustrie

Wolframvorstoffe: Wolfram wird dem Stahl in Form von Ferrowolfram, einer Vorle-

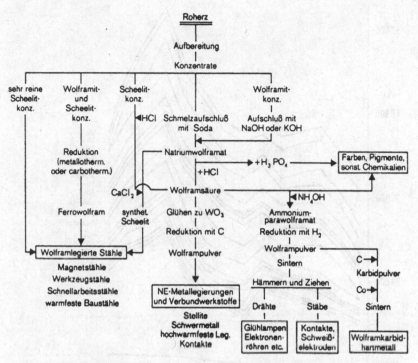

Abbildung III.7. Herstellung und Verwendung von Wolfram und Wolframvorstoffen
(nach Burrows).

gierung von Wolfram und Eisen sowie in Form von agglomeriertem natürlichen und
synthetischen Scheelit, seltener auch als metallisches Wolfram zulegiert.

Ferrowolfram wird aus Wolframit- und Scheelitkonzentraten carbothermisch oder
metallothermisch mit Aluminium und Silizium als Reduktionsmittel erschmolzen.
Nach DIN 17652 ist als Zusammensetzung von Ferrowolfram genannt: 75 - 85 % W,
max. Geh. von 1 % C, 0,05 % P, 0,05 % S, 0,6 % Si, 0,6 % Mn, 0,2 % Cu, 0,1 % As,
0,08 % Sb, 0,1 % Sn (Abb. III.7).

Wolframlegierte Stähle: Der Schwerpunkt der Verwendung von Wolfram als Stahlveredler liegt bei den Werkzeugstählen für Kalt- und Warmarbeit und unter diesen vor
allem bei den Schnellarbeitsstählen. Außerdem wird Wolfram warmfesten und hochwarmfesten Baustählen und Dauermagnetstählen zulegiert.

3.1.5 Wolframmarkt

3.1.5.1 Bergbauproduktion

Die VR China und die UdSSR sind mit Abstand die größten Wolframproduzenten der
Welt (s. Abb. III.8), gefolgt von Australien, den USA, Nordkorea, Südkorea, Bolivien,

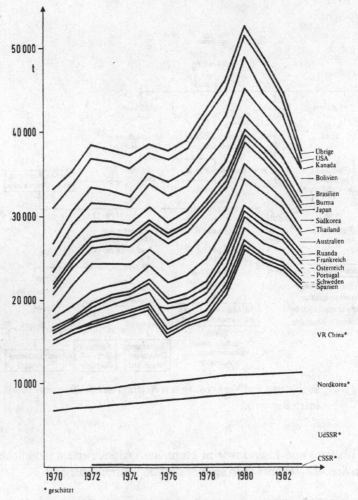

Abbildung III.8. Bergbauproduktion von Wolfram in t Wolfram-Inhalt

Kanada und einer Vielzahl von Ländern mit Jahresproduktionen von wenigen hundert Tonnen bis zu 2000 t W-Inhalt. Die Weltproduktion an Wolfram erreichte im Jahre 1980 ihren vorläufigen Höhepunkt mit 52 500 t W-Inhalt. Davon entfiel etwa 50 % auf die Staatshandelsländer VR China, die UdSSR und Nordkorea.

Aus der Produktionsstatistik läßt sich für den Zeitraum 1970 bis 1980 eine durchschnittliche jährliche Zuwachsrate der Weltproduktion von 5 % errechnen. Bis Ende 1983 ging die Weltproduktion im Zuge des Preisverfalles auf 37 350 t W-Inhalt zurück. Dieser Rückgang der Produktion wirkte sich besonders deutlich für die VR China, die USA, Kanada, Thailand und Australien aus.

3.1.5.2 Verbrauch

Statistische Angaben über den Wolframverbrauch in den einzelnen Bereichen der verarbeitenden Industrie stehen nur für die USA (Tab. III.26) zur Verfügung. Danach ergibt sich die folgende Übersicht, die mit einigen Einschränkungen auch für die übrigen westlichen Industriestaaten gilt.

Tabelle III.26. Wolframverbrauch der USA im Jahre 1980, gegliedert nach Produkten

Stahl	
Rostfreie und Warmarbeitsstähle	0,9 %
Schnellarbeitsstähle und sonstige Werkzeugstähle	5,9 %
Sonstige Stahllegierungen	0,4 %
NE-Metalle	
Hochwarmfeste Legierungen	3,3 %
Andere Legierungen	2,5 %
Wolframmetall	
Drähte, Bleche, Stäbe etc.	16,0 %
Karbide (Hartmetalle)	64,1 %
Chemikalien und keramische Produkte	4,3 %
Sonstiger nicht nachgewiesener Verbrauch	2,6 %
Gesamtverbrauch	9 168,0 t

Der Endverbrauch von Wolframprodukten konzentriert sich zum überwiegenden Teil auf die Werkzeugmaschinenindustrie. Auf diesen Bereich entfällt der gesamte Verbrauch an Schnellarbeitsstählen und Stelliten sowie der überwiegende Teil der Wolframkarbide. Entsprechend empfindlich reagiert die Wolframnachfrage auf konjunkturelle Veränderungen in der metallverarbeitenden Industrie. Die Abbildung III.9 weist diese starken Schwankungen im Wolframverbrauch der westlichen Industriestaaten deutlich aus. Ein stetiges Wachstum ist nicht erkennbar. Dennoch ergibt sich für den Zeitraum 1965 bis 1980 eine durchschnittliche jährliche Zuwachsrate von knapp 2,0 %.

Zu den verfügbaren statistischen Daten über den Wolframverbrauch der einzelnen Länder ist anzumerken, daß es sich um den Wolframinhalt von Konzentraten handelt und damit nicht in jedem Falle ein Endverbrauch verbunden ist, sondern oft Zwischenprodukte, wie Ammoniumparatungstat, Wolframpulver und Wolframkarbidpulver, exportiert werden. Beispiele dafür sind die Rep. Korea (Südkorea) und Österreich, beides Länder mit eigener Bergbauproduktion, deren realer Endverbrauch wesentlich geringer sein dürfte als diese Zahlen ausweisen.

3.1.5.3 Substitution

Ein größeres Ausmaß hat die Substitution von Wolfram bisher lediglich in der Stahl-

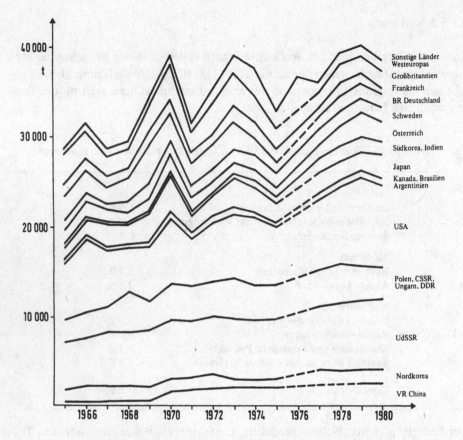

Abbildung III.9. Verbrauch von Wolfram nach Ländern (USBM)

industrie erlangt. Als Legierungselement im Stahl läßt sich Wolfram durch die Kombination einer Reihe anderer Metalle wie Cr, Si, Ni, Mo, V und Co ersetzen. In Schnellarbeitsstählen ist dies in erster Linie Molybdän. Aufgrund der Atomgewichte beider Elemente wird Wolfram durch Molybdän im Verhältnis 2 : 1 ersetzt. Die Entwicklung molybdänlegierter Schnellarbeitsstähle wurde bereits vor dem Zweiten Weltkrieg durch die Climax Molybdenum Co. als größtem Molybdänproduzenten der Welt vorangetrieben. Zugunsten der Verwendung von Molybdän wirkten sich vor allem die hohen und stark schwankenden Wolframpreise sowie Versorgungsengpässe aus, denen zumindest in den USA während und nach dem Zweiten Weltkrieg ein reiches Molybdänangebot gegenüberstand.

Eine vollständige Substitution des Wolframs in Schnellarbeitsstählen ist jedoch mit technischen Nachteilen verbunden, so daß sich eine Legierung mit 6 % Mo, 6 % W und 2 % V weitgehend durchgesetzt hat. Dies entspricht einer Substitution von zwei Dritteln des Wolframgehaltes des klassischen Schnellarbeitsstahls mit 18 % W, 4 % Cr und 1 % V.

Andererseits stehen die Schnellarbeitsstähle in Konkurrenz mit den Wolframkarbidhartmetallen. Letztere zeichnen sich bei höheren Arbeitsgeschwindigkeiten durch eine bessere Schneidhaltigkeit und längere Standzeiten aus.

3.1.5.4 Besondere Kennzeichen des Wolframmarktes

Unter den westlichen Industriestaaten verfügen lediglich die USA, Japan, Österreich, Frankreich und Schweden über eine nennenswerte eigene Bergbauproduktion, die im Falle der USA und Japans sowie Schwedens den Bedarf jedoch bei weitem nicht zu decken vermag.

Der Vergleich der Bergbauproduktion sämtlicher Produzenten der westlichen Hemisphäre im Jahre 1980 in Höhe von 26500 t W-Inhalt mit dem Verbrauch der westeuropäischen Industriestaaten (8600 t W-Inhalt), den USA (9300 t W-Inhalt) und Japans (2450 t W-Inhalt) zeigt, daß ungleich der Verhältnisse im Jahre 1970 der Bedarf nunmehr allein aus der Bergbauproduktion der westlichen Hemisphäre gedeckt werden könnte. Dennoch spielen vor allem die Wolframexporte der VR China nach wie vor eine marktbeeinflussende Rolle.

Ost-West-Handel

Der Ost-West-Handel spielte seit der kommunistischen Machtübernahme in China zunächst keinerlei Rolle, bis die UdSSR 1958 den Export von Wolframkonzentraten nach Westeuropa und Japan aufnahm. Sie übte zwischen 1959 und 1963 einen erheblichen Druck auf den Wolframmarkt aus.

Dieses Verhältnisse änderten sich seit 1964 im Zuge der gespannten Beziehungen der beiden kommunistischen Großmächte grundlegend. Die VR China nahm die Wolframexporte an westliche Industriestaaten wieder auf, stellte 1967 die Lieferungen in die UdSSR völlig ein, exportiert inzwischen aber auch wieder in die UdSSR und die osteuropäischen Länder. Die chinesische Verkaufspolitik war bis vor wenigen Jahren schwer durchschaubar. Angebote an den Handel erfolgten zweimal im Jahr anläßlich der Kanton-Messe im Frühjahr und im Herbst. Inzwischen werden Wolframkonzentrate und Vorprodukte das ganze Jahr über von staatlichen Handelsgesellschaften angeboten.

Die strategischen Vorräte der USA

Die Beschaffung strategischer Vorräte wurde nach Ausbruch des Korea-Krieges erheblich forciert. Dabei bediente man sich langfristiger Lieferverträge mit in- und ausländischen Produzenten zu Festpreisen, die bereits Mitte 1952 weit über den Weltmarktpreisen lagen. Durch den überhöhten Preis und die langfristige Abnahmegarantie konnte die Bergbauproduktion in der westlichen Hemisphäre in bemerkenswert kurzer Zeit von 8500 t W-Inhalt im Jahre 1950 auf 22 000 t W-Inhalt im Jahre 1953 gesteigert werden.

Die Hauptbeschaffungsperiode erstreckte sich von 1950 bis 1956. Mit Auslaufen der Abnahmeverträge legten bereits viele der kleineren Produzenten ihre Gruben still.

Dennoch kam es zu einem Überangebot auf dem Weltmarkt, das 1958 zu einem Verfall der Preise bis auf 60 US-$ pro ltu (22,4 lb WO_3) führte. Die letzten Ankäufe der US-Regierung erfolgten 1962. Gegen Ende dieses Jahres beliefen sich die strategischen Vorräte insgesamt auf 89 400 t W-Inhalt in Konzentraten, einer Menge, die dem 14,4fachen Jahresverbrauch der USA entsprach. Bereits 1962 wurden nur noch 22 680 t W strategisch für erforderlich gehalten; 1965 wurde das Vorratsziel auf knapp 20 000 t W reduziert.

Die Freigabe dieser Überschußbestände übte seither einen erheblichen Einfluß auf den internationalen Wolframmarkt aus. Von 1966 bis Ende 1983 wurden insgesamt ca. 50 600 t W in Form von Konzentraten aus dem "National Stockpile" verkauft. Im Mai 1984 wurde das Vorratsziel von inzwischen 18 400 t W-Inhalt auf 25 152 t W in Konzentraten erhöht. Dennoch verfügte die General Services Administration Ende 1983 noch über insgesamt 13 300 t W in Konzentraten, die den derzeitigen Vorratsspezifikationen nicht entsprechen und zur Abgabe freigegeben sind. Die Abgabe dieser Menge war bis Oktober 1983 auf 2700 t W-Inhalt p.a. begrenzt. Im Zuge der schwachen Nachfrage und des Preisverfalls wurden daraufhin die jährlichen zum Verkauf freigegebenen Mengen bis auf 1100 t W-Inhalt eingeschränkt. Die tatsächlichen Abgaben waren jedoch bereits seit 1981 wesentlich geringer.

Es läßt sich absehen, daß die Abgaben aus dem "National Stockpile" noch für eine Reihe von Jahren einen gewissen Einfluß auf den Wolframmarkt ausüben werden. Die Bedeutung, wie in den Jahren 1969 und 1970, werden sie allein aus Gründen des schwindenden Überschußbestandes nicht wieder erlangen. Der Aspekt der verbraucherorientierten Marktpflege hat für die General Services Administration in den sechziger und siebziger Jahren eine wesentliche Rolle gespielt. Die jüngsten Einschränkungen der Abgaben zeigen jedoch, daß auch die Angebotsseite berücksichtigt wird. Darüber hinaus spielt jedoch der Gesichtspunkt der Mittelbeschaffung für das Aufstocken anderer Rohstoffvorräte eine Rolle. Neben den überschüssigen Wolframkonzentraten kommt dafür nur der Überschußbestand an Zinn infrage.

3.1.6 Handelsform

Die Preise für Wolframkonzentrate beziehen sich auf die WO_3-Einheiten long ton unit (ltu), short ton unit (stu) und metric ton unit (mtu):

$$1 \text{ stu } WO_3 = {}^1/_{100} \text{ st } WO_3 = 20 \text{ lb } WO_3 = 15,86 \text{ lb } W = 7,194 \text{ kg } W,$$
$$1 \text{ ltu } WO_3 = {}^1/_{100} \text{ lt } WO_3 = 22,4 \text{ lb } WO_3 = 17,76 \text{ lb } W = 8,056 \text{ kg } W,$$
$$1 \text{ mtu } WO_3 = {}^1/_{100} \text{ mt } WO_3 = 10 \text{ kg } WO_3 = 7,93 \text{ kg } W.$$

Für die Bewertung von Wolframit- und Scheelitkonzentraten sind neben den WO_3-Gehalten die Verunreinigungen an Zinn, Arsen, Molybdän, Phosphor, Kupfer und Schwefel zu berücksichtigen. Die früher im Konzentrathandel üblichen Hamburg-Kontrakte A, B und C gehen von einem Standardkonzentrat mit 65 % WO_3 bezogen auf das Trockengewicht aus. Geringere Gehalte zwischen 60 und 65 % WO_3 werden mit einfachen Abzügen und Gehalte zwischen 55 und 60 % mit doppelten Abzügen

Tabelle III.27. Spezifikationen für Wolframit- und Scheelitkonzentrate (nach dem früheren Preis-
index der Wolframverarbeiter

Konzentrate	Wolframit	Scheelit I	Scheelit II
WO$_3$	min. 65 %	min. 70 %	65 - 69,99 %
Sn	0,2 - 1,0 %	max. 0,1 %	max. 0,1 %
As	max. 0,2 %	max. 0,2 %	max. 0,2 %
P	0,03 - 0,08 %	max. 0,1 %	max. 0,1 %
S	0,20 - 0,75 %	max. 0,5 %	max. 0,5 %
Cu	0,08 - 0,40 %		
Mo	max. 0,40 %	max. 2,0 %	max. 4,0 %
Sonstige Verunreinigungen		max. 0,2 %	max. 0,2 %

pro % WO$_3$ belegt. Konzentrate mit weniger als 55 % WO$_3$ können vom Käufer zu-
rückgewiesen werden. Ferner werden nach dem Hamburg-Kontrakt B Abzüge bei
Überschreiten eines Maximalgehaltes von 1,5 % Sn und 0,2 % As berechnet.

Wolframit- und Scheelitkonzentrate werden getrennt bewertet. Eine Übersicht über
die Zusammensetzung handelsüblicher Standardkonzentrate enthält die Tabelle III.27.

Über die Qualität der Konzentrate kann bereits ihre Provenienz erste Hinweise geben. So gibt es Produzenten, die seit Jahren ein völlig gleichbleibendes Konzentrat
anbieten, wie die Beralt Tin and Wolfram Ltd. In Portugal, während z.B. thailändische Konzentrate häufig Mischkonzentrate mehrerer kleinerer Produzenten sind,
deren Zusammensetzung nur schwer vorhersehbar ist.

Wolframkontrakte sehen üblicherweise eine Lieferung cif Bestimmungshafen vor.

Wolframvorprodukte, wie Ammoniumparawolframat, werden ebenfalls auf der Basis
von WO$_3$-Einheiten gehandelt. Die Preise für Ferrowolfram und Wolframmetall beziehen sich auf den Wolframinhalt in kg bzw. lb.

3.1.7 Handelsnotierungen und Preise

3.1.7.1 Handelsnotierungen

Der internationale Wolframmarkt vollzieht sich frei von festen Börsenplätzen und
Zeiten je nach Angebot und Nachfrage zwischen Produzenten, dem Handel und den
Verbrauchern. Gehandelt werden überwiegend Konzentrate. Die Verarbeitung zu
Wolframvorprodukten und Halbzeug wird noch immer vorwiegend in den Verbrau-
cherländern vorgenommen, so daß ihr Anteil am internationalen Wolframmarkt ent-
sprechend geringer ist.

Als Orientierung für den internationalen Handel gilt die Preisnotierung für Wolframitkonzentrate durch die Zeitschrift Metal Bulletin, London. Ein gewisser Mangel dieser

Notierung liegt darin, daß langfristige Lieferverträge nicht berücksichtigt werden und die erfaßten Abschlüsse oft nur einen verhältnismäßig geringen Teil des gesamten Umsatzes repräsentieren. Somit kann diese Notierung kurzzeitig unter den Einfluß spekulativer Interessen geraten. Seit 1984 veröffentlicht das Metal Bulletin ferner eine Notierung für Scheelitkonzentrate cif (mindestens 70 % WO_3), die oft beträchtlich von der Notierung für Wolframitkonzentrate abweicht. Schließlich wird seit 1978 der unter notarieller Aufsicht auf Basis gemeldeter Abschlüsse zwischen Produzenten und Verbrauchern ermittelte "International Tungsten Indicator" für Konzentrate mit 60 - 79 % WO_3 in den Zeitschriften Metal Bulletin, Metals Week und in der Financial Times veröffentlicht. Neben dem Durchschnittspreis in US-$ pro mtu (10 kg WO_3) cif werden die umgesetzten Mengen während der Berichtsperiode angegeben.

Wolfram wird in nennenswertem Umfang auch in Form von Ammoniumparawolframat und Ferrowolfram gehandelt. Wolframpulver und Wolframkarbide werden dagegen in der Regel von den Produzenten direkt an die verarbeitende Industrie geliefert ohne Einschaltung des Handels.

3.1.7.2 Wolframpreise

Im Vergleich zu anderen Rohstoffmärkten ist der Markt für Wolframkonzentrate durch extreme Preisschwankungen gekennzeichnet (s. Abb. III.10). Abgesehen von

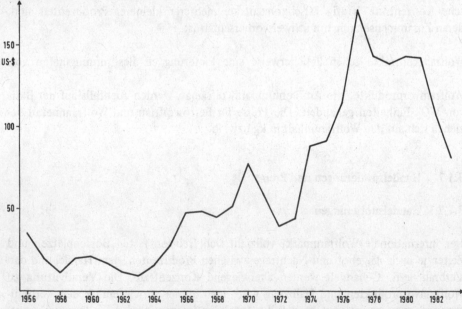

Abbildung III.10.   Preise für Wolframkonzentrate nach den Notierungen des Metal Bulletins in US-$ pro mtu WO_3; vor dem Dezember 1976 wurde in £ pro mtu WO_3 und davor in sh pro ltu notiert. Diese Notierungen sind zu Tageskursen umgerechnet.

kurzzeitigen Bewegungen, die sich innerhalb weniger Tage vollziehen und oft auf Manipulationen des Handels zurückzuführen sind, reagiert der Wolframpreis sehr empfindlich auf Ungleichgewichte zwischen Angebot und Nachfrage. So ist der rapide Preisverfall von 1980 bis 1983 auf die erheblichen Überkapazitäten auf der Angebotsseite bei gleichzeitig rückläufigem Verbrauch zurückzuführen.

Aber auch exogene Faktoren, wie die chinesische Verkaufspolitik, die Abgaben aus den strategischen Reserven der USA und in den letzten Jahren die unsicheren Währungsparitäten üben einen erheblichen Einfluß auf den Markt aus.

Literaturhinweise

Agte, C.; Vacek, J.: Wolfram und Molybdän, (Akademie), Berlin 1959.
Ahlfeld, F.: Zinn und Wolfram. Die Metallischen Rohstoffe, 11, (Enke), Stuttgart 1958.
Barbier, C.: The Economics of Tungsten, (Metal Bulletin Books Ltd.), London 1971.
Burrows, J.C.: Tungsten, an industry analysis, (D.C. Heath), Lexington, Mass./Toronto/London.
Lauprecht, W.E.; Fairhurst, W.: Verbrauch und Verfügbarkeit von Legierungsmetallen aus der Sicht des Bergbaus, Stahl und Eisen, 102, Nr. 13 (1982), 641 - 649.
Kasper, R.: Die Versorgung der Bundesrepublik Deutschland mit den Stahlveredlern Wolfram, Molybdän, Niob und Tantal, Diss. Clausthal 1970.
Li, K.C.; Wang, C.Y.: Tungsten, ACS Monograph, No. 94, 3. Aufl., (Reinhold), New York 1955.
Li, K.C.: Tungsten, in: Hampel, C.A.: Rare Metals Handbook, 2. Aufl., (Reinhold), London 1961.
Rühle, M.: Rohstoffprofil Wolfram, Metall, 39 (1985), 359 - 363 und 462 - 467.
Stafford, Ph.T.: Tungsten, in: Minerals Yearbook 1980, Vol. 1, US Dept. of Interior, Washington, D.C.
Volkert, G.; Dautzenberg, W.: Ferrowolfram, in: Durrer/Volkert: Metallurgie der Ferrolegierungen, 2. Aufl., (Springer), Berlin/Heidelberg/New York 1972.
Wiendl, U.: Zur Geochemie und Lagerstättenkunde des Wolframs, Diss. Clausthal 1970.
Roskills Metals Databook, 4. Aufl., Roskill Information Services Ltd., London 1983.
Tungsten Statistics: Quart. Bull., UNCTAD Committee on Tungsten, Genf.
Wolfram, Band IX der Untersuchungen über Angebot und Nachfrage mineralischer Rohstoffe, BGR-DIW, Hannover 1977.

3.2 Molybdän

Der Name Molybdän leitet sich von dem griechischen Wort für Blei *molybdos* ab. Unter den Sammelbegriff Molybdaena fielen seit Plinius die Minerale Bleiglanz, Graphit und Molybdänglanz, von denen bis ins 17. Jahrhundert angenommen wurde, daß sie alle Blei enthielten. Erst durch die Arbeiten von Scheele und Hjelm wurde 1790 Molybdän als Element und Molybdänglanz als dessen Sulfid nachgewiesen.

3.2.1 Eigenschaften und Minerale

Molybdän ist ein hellgraues, glänzendes, sehr hartes Metall, das in der Wärme gut verformbar ist und auch eine ausreichende Kaltverformbarkeit besitzt. Es ist leicht zu polieren. Seine hohe Festigkeit, vor allem die Warmfestigkeit, der hohe Schmelzpunkt und die elektrische und thermische Leitfähigkeit zeichnen dieses Metall aus (dazu auch Tab. III.24).

Ab $500°C$ ist Molybdän nicht mehr oxidationsbeständig, sondern oxidiert sehr schnell zu dem flüchtigen MoO_3. Darauf beruhen viele Schwierigkeiten der Verarbeitung und der Verwendung von Molybdän.

Gegenüber verdünnten und starken Säuren mit Ausnahme der oxidierenden Säuren (Salpetersäure, konzentrierte Schwefelsäure und Königswasser) ist Molybdän resistent. Es wird auch von flüssigen Metallen wie von Wismut bis zu Temperaturen von $1425°C$ und von Natrium (Natriumdämpfe) bis zu $1500°C$ und auch von den meisten Schlacken und Glasflüssen nicht angegriffen.

In seinen chemischen Verbindungen tritt es 2-, 3-, 4-, 5- und 6wertig auf. Die beständigsten Verbindungen sind die des 6wertigen Molybdäns.

Die wichtigeren *Molybdänminerale* werden nachfolgend nach ihrer Bedeutung aufgeführt:

			Mo-Gehalt
1.	Molybdänglanz	MoS_2	59,65 %
2.	Wulfenit	$PbMoO_4$	26,1 %
3.	Powellit	$Ca(Mo,W)O_4$	39 - 48 %
4.	Molybdänocker (Molybdit)	$Fe(MoO_4)_3 \cdot 8\,H_2O$	ca. 39 %

Wirtschaftliche Bedeutung haben nur die Molybdänglanzvererzungen, während auf die Powellit-, Wulfenit- und Molybdänockererze zusammen nicht einmal 0,1 % der Molybdänproduktion entfällt.

3.2.2 Lagerstätten und Erzvorräte

Die Molybdänlagerstätten lassen sich genetisch den folgenden Gruppen zuordnen:

a) In *Pegmatiten* ist Molybdänglanz neben Zinnstein, Wolframit und Wismutglanz häufig anzutreffen. Die Molybdängehalte können örtlich sehr hoch sein, die Vorräte sind dagegen meist gering. Beispiele für MoS_2-haltige Pegmatite sind die Lacorne Mine, Quebec und Vorkommen in Burma und Japan.

b) Wirtschaftlich wichtig sind vor allem die *Stockwerkslagerstätten*. Sie sind zahlreich vertreten, aber nur wenige enthalten bauwürdige Molybdänglanzvererzungen (Climax und Henderson in Colorado; Endako, B.C.).

Neben Quarz und Molybdänglanz kommen Pyrit, Topas, Kassiterit und Wolframit vor. Die Vererzungen dieses Typs sind vornehmlich an saure hypabyssische oder plutonische Gesteine gebunden. In Climax wird die Quarz-Molybdänglanz-Vererzung auf eine hydrothermale Nachphase im Gefolge einer Quarz-Monozonitintrusion in ältere Granite und Gneise zurückgeführt. Dabei ist horizontal und nach der Teufe zu ein Übergang der stockwerksartigen Durchäderung des Granitmantels bis in den Intrusionskörper selbst zu beobachten.

Die Molybdängehalte dieser Lagerstätten variieren zwischen 0,15 und 0,4 %. Ihre großen Ausdehnungen ermöglichen die Anwendung großräumiger Abbaumethoden (Blockbruchbau), so daß die Bauwürdigkeitsgrenze zwischen 0,2 und 0,3 % Mo liegt.

c) *Kupferlagerstätten vom Typ der porphyry copper ores.* Die Kupferlagerstätten mit Molybdänglanz als gewinnbarem Nebenprodukt sind in ihrer Ausbildung und ihrer Genese untereinander sehr ähnlich und werden als "porphyry copper ores" bezeichnet. Sie sind an saure Intrusionen und Zerrüttungszonen gebunden. Letztere erstrecken sich gewöhnlich auch auf das umgebende Nebengestein. Die Zerrüttungs- bzw. Brekzienzonen sind auf die Deformation des Intrusionskörpers nach seiner Erstarrung zurückzuführen und als Verteilungssystem für die erzbringenden Lösungen anzusehen.

Die wichtigsten primären Minerale der "porphyry copper ores" sind Quarz, Pyrit, Kupferkies und Molybdänglanz. Die Gruben El Teniente und Chuquicamata in Chile, Bingham in Utah und Gibraltar in Kanada seien hier als Beispiele genannt.

Das Verhältnis der Kupfer- und Molybdängehalte bewegt sich zwischen 50 : 1 und 150 : 1. Der Molybdänglanz dieser Lagerstätten enthält bis zu 600 ppm Rhenium (El Teniente 440 ppm Re).

d) *Kontaktpneumatolytische Wolfram-Molybdän-Lagerstätten.* In geringen Konzentrationen ist Molybdän in kalksilikatischen Lagerstätten am Kontakt an granitischen Intrusionen und kalkreichen Sedimenten weit verbreitet. Die Molybdän-Wolfram-Lagerstätte von Pine Creek kann dafür als Beispiel gelten. Neben Molybdänglanz und Scheelit kommen Kupferkies, Bornit, Pyrit in kalksilikatischen Kontaktzonen mit Granat, Diopsid, Quarz und anderen Kontaktmineralen vor.

Die Molybdängehalte liegen zwischen 0,1 und 0,8 %. Die größeren und wirtschaftlich bedeutenderen Lagerstätten haben Gehalte zwischen 0,3 und 0,4 %. Neben Scheelit und Molybdänglanz wird auch vielfach Kupferkies gewonnen.

Diesem Typ werden unter anderen die Lagerstätten von Tyrny Auz im Nordkaukasus und von Azegour in Marokko sowie die von Yan-Schi-Tsang-Zu in China zugeordnet.

e) *Quarz-MoS$_2$-Gänge*, vielfach auch mit Zinnstein, Wolframit und Scheelit, sind in Norwegen (Knaben-Grube), China, Japan, Australien, der UdSSR und den USA bekannt.

f) *Wulfenitanreicherungen in Oxidationszonen von sedimentären Blei-Zink-Lager-stätten.* Die synsedimentären Kalksteinlagerstätten der Ostalpen (Bleiberg, Raibl und Mežica) enthalten örtlich Wulfenit und in geringem Maße auch Vanadinit und Descloizit.

g) *Vanadinit-Molybdänglanz führende bituminöse Schiefer.* Wegen ihrer geringen Gehalte haben sie zur Zeit noch keine wirtschaftliche Bedeutung, enthalten jedoch im Vergleich zu allen anderen Lagerstättentypen des Molybdäns die größten Molybdänmengen.

Die Molybdänkonzentration in bituminösen Schiefern ist an die Kohlensubstanz gebunden und liegt sehr fein verteilt vor, so daß eine flotative Anreicherung nicht mehr möglich ist. Auch aus diesem Grunde sind sie nur langfristig als potentielle Reserven anzusehen.

Als Beispiel für diesen Typ ist der Mansfelder Kupferschiefer mit Mo-Gehalten von 0,013 % zu nennen. Das Molybdän fiel früher bei der Verhüttung in der Ofensau mit ca. 3,5 % Mo an.

Die großen Molybdänlagerstätten vom Typ der Stockwerkslagerstätten und der "porphyry copper ores" kommen in der westlichen Welt vorwiegend im Bereich der Kordilleren Nord- und Südamerikas vor. Dieser geologische Zusammenhang hat sich durch die Entdeckung einer kleineren Lagerstätte vom Typ Climax in Argentinien (Provinz Cordoba) auch für den südlichen Teil Südamerikas neuerdings bestätigt.

Die Vorräte der USA, Chiles und Kanadas, Perus und der UdSSR wurden vom US-Bureau of Mines 1972 wie folgt geschätzt:

Vorräte in t Mo-Inhalt		MoS_2-Gehalte
USA	5 352 500	0,01 - 0,49 % in Mo- und Cu-Mo-Erzen
Chile	2 450 000	Cu-Mo-Erze
Kanada	635 000	Mo- und Cu-Mo-Erze
Peru	227 000	Cu-Mo-Erze

Alle übrigen Vorräte der westlichen Welt sind im Vergleich dazu vernachlässigbar gering. Die USA verfügen damit bei weitem über die größten Molybdänvorräte der Welt. Von den genannten Vorräten der USA entfallen allein mehr als 1 Mio. t Mo-Inhalt auf die Lagerstätten von Climax und Henderson in Colorado.

Über die UdSSR und die VR China liegen nur sehr spärliche Angaben vor, die nur grobe Schätzungen der zur Zeit gewinnbaren Molybdänreserven erlauben. Danach entfallen auf die UdSSR ca. 7 % der Weltreserven in Höhe von 9,8 Mio. t Mo-Inhalt.

3.2.3 Bergbau, Aufbereitung und Rösten sulfidischer Konzentrate zu technischem Molybdäntrioxid

Für die Molybdängewinnung spielen die Lagerstätten vom Typ Climax und die vom Typ der "porphyry copper ores" bei weitem die bedeutendste Rolle. Sie sind charakterisiert durch große Ausdehnungen (bis zu 300 Mio. t Erz) und äußerst geringe Metallgehalte. Letztere liegen bei den Lagerstätten mit Molybdänglanz als Haupterzmineral zwischen 0,15 und 0,5 % MoS_2, bei den Cu/Mo-Lagerstätten zwischen 0,4 und 1,5 % Cu und 0,015 und 0,08 % MoS_2. Solche Lagerstätten vertragen keine hohen Gewinnungskosten und werden daher meist im Großtagebau abgebaut. In einigen Fällen ist der Tagebau wegen eines zu mächtigen Deckgebirges nicht mehr wirtschaftlich oder aus anderen Gründen, wie z.B. der Lawinengefahr in Hochgebirgslagen, nicht möglich, so daß im Tiefbau abgebaut werden muß. Hier bietet sich der Blockbruchbau als ein dem Tagebau vergleichbar großräumiges Abbauverfahren an. Die Gruben Barlett Mountain, Climax und Henderson, Empire in den USA sowie El Teniente und El Salvador in Chile sind als Beispiele für den modernen Tiefbau zu nennen. Tagebau- und Tiefbaugruben mit Förderungen von 30 000 bis 50 000 tato Erz sind im Kupfer- und Molybdänbergbau nicht selten. In den größten Tagebauen (Bingham und Chuquicamata) beträgt die Tagesförderung sogar 90 000 tato Erz.

Molybdänglanz läßt sich dank seiner natürlichen hydrophoben Eigenschaft sehr gut flotieren, so daß dieses Verfahren ausschließlich für die Aufbereitung der sulfidischen Mo- und Cu/Mo-Erze angewendet wird. Im Falle der "porphyry copper ores" werden die Kupfer- und Molybdänsulfide fast ausnahmslos zunächst in einer Allflotationsstufe zu einem Mischkonzentrat mit ca. 1 % Mo aufgeschwemmt und erst anschließend selektiv unter Passivierung der Cu-Sulfide nachflotiert. Um ein verkaufsfähiges Endkonzentrat zu erzielen, sind bei diesen Erzen bis zu 8 Reinigungsstufen erforderlich. Das Molybdänausbringen wurde in den letzten Jahren bei diesen Erzen erheblich verbessert, ist jedoch immer noch in vielen Fällen nicht höher als 60 %. Dies ist zum Teil auf die innige Verwachsung von Kupfersulfiden, Pyrit und Molybdänglanz im Erz und auf die bis zu 5000fache Molybdänanreicherung vom Erz bis zum Endkonzentrat zurückzuführen. Kupfergehalte von bis zu 1 % Cu in den Endkonzentraten lassen sich oft auch durch eine Nachmahlung der Vorkonzentrate nicht vermeiden, so daß diese Konzentrate hydrometallurgisch nachgereinigt werden müssen. Erwünscht ist ein Cu-Gehalt von weniger als 0,5 %. Die Endkonzentratgehalte aus beiden Erztypen liegen im allgemeinen zwischen 85 und 96 % MoS_2 bezogen auf ihr Trockengewicht. Als Standardmaterial gilt ein Konzentrat mit 90 % MoS_2. Die Flotation der Erze vom Typ Climax ist mit wesentlich geringeren Mo-Verlusten verbunden. Das Gesamtausbringen liegt hier bei 90 %.

Molybdänglanzkonzentrate werden bis auf den geringen Anteil, der auf die besonders reinen Qualitäten für die Schmiermittelindustrie entfällt, in Etagenöfen, den Herreshofföfen, zu technischem Molybdäntrioxid geröstet. Verluste durch Staubanfall und Sublimation lassen sich sehr weitgehend durch Staubkammern und Elektrofiltersysteme vermeiden, so daß das Ausbringen ca. 99 % beträgt. Im Waschwasser der Röstgase fällt überdies Rhenium als Nebenprodukt an.

3.2.4 Rückgewinnung aus Abfällen und Schrott

Molybdän fällt in Schrotten und Bearbeitungsabfällen als molybdänhaltiger Stahl der verschiedensten Spezifikationen, als Molybdänmetall sowie in Form von NE-Metall-legierungen an.

Edelstahlschrotte und Bearbeitungsabfälle mit höheren Molybdängehalten (Werkzeugstähle) werden in der Regel unter Berücksichtigung ihres Mo-Gehaltes direkt wieder in dem Schmelzprozeß eingesetzt, während niedriglegierter Stahlschrott mit weniger als 0,5 % Mo den C-Stahlschmelzen zugesetzt wird, so daß ihr Molybdäninhalt durch Verdünnung in dem restlichen Einsatzmaterial wirtschaftlich verloren geht.

Bearbeitungsabfälle aus Molybdänmetall werden wieder eingeschmolzen und gehen direkt in den Verarbeitungsprozeß zurück. Echte Molybdänschrotte werden dagegen zur Herstellung von Ferromolybdän oder NE-Metallegierungen verwendet. Diesen Rücklaufmengen sind durch den geringen Molybdänmetallverbrauch jedoch Grenzen gesetzt.

Eine gebräuchliche Methode zur Rückgewinnung von Molybdän aus Schrotten ist ferner die Oxidverflüchtigung bei ca. 1000°C im Drehrohrofen zu technischem Molybdäntrioxid.

Über den gesamten Rücklauf von Molybdän in der verschiedensten Form gibt es bisher keine zuverlässigen Angaben oder auch begründete Schätzungen, weder für die USA noch für Japan oder die westeuropäischen Industriestaaten.

3.2.5   Metalldarstellung und Verwendungsbereiche

3.2.5.1 Molybdänmetall

Durch oxidierendes Rösten von Sulfidkonzentraten bei ca. 600°C wird technisches Molybdäntrioxid mit Gehalten von 85 - 95 % MoO_3 gewonnen, aus dem durch Sublimation reines Molybdäntrioxid dargestellt wird (Abb. III.11).

Zur Herstellung von Reinmetall wird Molybdäntrioxid oder auch Ammoniummolybdat (Reinstmetall) bei Temperaturen von 1000°C mit Wasserstoff reduziert. Dabei fällt das Metall in Pulverform an, das zu Blöcken gepreßt und unter Wasserstoffschutzgasatmosphäre oder Vakuum gesintert wird. Daneben werden Molybdänblöcke bis zu 1 t auch im Lichtbogenschmelzverfahren durch Abschmelzen selbstverzehrender Molybdänelektroden hergestellt. Diese Blöcke lassen sich walzen, schmieden und strangpressen.

Die wichtigsten Verbrauchsbereiche für Molybdänmetall sind nachfolgend aufgeführt:

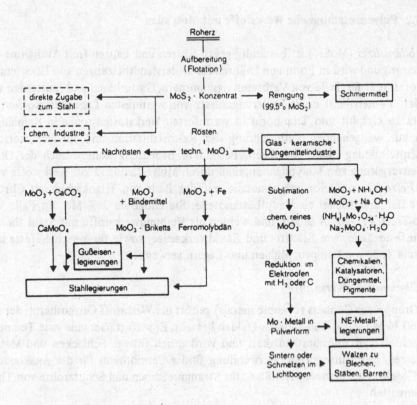

Abbildung III.11. Herstellung und Verwendung von Molybdänvorstoffen und Halbzeug (nach McInnes).

Elektrische und elektronische Industrie	Kontakte (Fernmeldewesen), Elektroden von Hg-Kontakten, Stützteile von Glühlampen; Anoden von Empfänger- und Senderöhren, Kathoden und Gitter; Halbleitertechnik;
Reaktortechnik	Wärmeaustauscher für Alkalischmelzen und Dämpfe; Schiffchen zum Sintern von Brennelementen;
Raumfahrt	Düsen und sonstige hochtemperaturfeste Bauteile;
Glasindustrie	Heizelemente, Rührer und Auskleidungen von Glasschmelzöfen;
Hochtemperaturofenbau	Heizelemente und Hitzeschilde (Vakuum- oder Inertgasöfen);
Spritzmetallisierungen	Kolbenringe, Kurbelwellen und Lagerteile;
Metallaufdampftechnik	Heizdrähte und Schiffchen zum Verdampfen von Metallen;
Gießereitechnik	Spritzgußformen für Stahlguß, Klammern und Abstandhalter zum Abstützen von Sandformen, Schlakkensiebe zum Gießen von Cu-Legierungen.

3.2.5.2 Pulvermetallurgische Werkstoffe mit Molybdän

Molybdänsilizid ($MoSi_2$) ist beständig gegen Säuren und Laugen (mit Ausnahme der Flußsäure) und wird in Form von Drähten für Widerstandsheizungen von Hochtemperaturöfen und für Teile von Verbrennungskammern, Gasturbinen und Sinteröfen verwendet. Ferner dient es als Legierungszusatz von warmfesten Lagerwerkstoffen, als Zusatz zu Graphit und Titanborid in warmfesten Werkstoffen sowie in Reinaluminium zur weitgehenden Verhinderung der Rekristallisation und zur Herabsetzung der Zipfelbildung beim Tiefziehen. Besondere Bedeutung kommt auch der Oberflächenvergütung von Molybdänbauteilen durch Molybdänsilizid zu. Werkstoffe vom Typ *Ferro-Tic* sind Sonderhartmetalle auf der Basis von Titankarbid mit Chrom, Molybdän und Nickel als Hauptbestandteile. Sie enthalten 2 % Mo, im Falle von Ferro-Tic-T (T 70) 14 % Mo, und werden als Verbundwerkstoffe mit Stahl für verschleißfeste Teile, wie Schnitt- und Standwerkzeuge, sowie für verschleißfeste und rostfreie Teile von Pumpen, Mühlen und Lagern verwendet.

Metallkeramische Werkstoffe

Zur Gruppe der Cermets (ceramic metals) gehört der Werkstoff Cermotherm, der aus 40 - 60 % Mo, ZrO_2 und anderen Oxiden besteht. Er verfügt über eine gute Temperaturwechsel- und Formbeständigkeit und wird durch flüssige Schlacken und Metallschmelzen nicht angegriffen. Verwendung findet Cermotherm für die Auskleidung von Tiegeln, Gießpfannen, Kokillen, für Strangpreßdüsen und Schutzrohre von Thermoelementen.

3.2.5.3 Schmiermittel und Chemikalien

Gereinigtes *Molybdänsulfid* hat als Trockenschmiermittel ähnliche Eigenschaften wie Graphit. Als Additiv in Schmierfetten und Ölen (Molykote) verleiht es diesen eine hohe thermische und chemische Stabilität. Es ist korrosionshemmend, verharzt nicht und hat Notlaufeigenschaften. *Molybdänverbindungen* werden als Katalysatoren (Erdölraffination und Kohlehydrierung), *Permomolybdate* als Initialzünder und Polymerisationsinhibitoren, *Chrom-Molybdatrot* als Farbstoff (Kunststoffindustrie) und *Zink- und Kalziummolybdate* als Korrosionsschutz verwendet.

Düngemittelindustrie. Molybdän ist ein lebenswichtiges Spurenelement für luftstickstoffbindende Bakterien und wird in geringen Mengen bestimmten Düngemitteln zugesetzt.

3.2.5.4 NE-Metallegierungen

Es handelt sich bei diesen Legierungen um Sonderlegierungen, denen Molybdän bestimmte Eigenschaften, wie Korrosionsfestigkeit, Warmfestigkeit etc., verleiht. Darunter fallen z.B. hochwarmfeste Ni- und Co-Legierungen.

Nickel-Knetlegierungen

Nickel-Molybdän- und Ni-Cr-Mo-Legierungen werden wegen ihrer Korrosionsfestigkeit gegenüber Säuren im chemischen Apparatebau und für medizinische Instrumente verwendet.

TZM

TZM, eine Legierung auf der Basis von Molybdän mit 0,5 % Ti und 0,08 % Zr, wird als Hochtemperaturwerkstoff für Druckgußformen verwendet und soll sich als Turbinenwerkstoff für die heliumgekühlten Hochtemperatur-Atomreaktoren eignen. Aus *Molybdän-Kupfer- und Molybdän-Silber-Legierungen* werden Starkstrom- und Hochspannungskontakte hergestellt. *Molybdän-Wolfram-Legierungen* werden zur Herstellung von Injektionsdüsen für Zinkspritzgußanlagen und zur Herstellung von Rohren und Heizelementen verwendet.

3.2.5.5 Molybdän als Legierungsmetall in der Eisen- und Stahlindustrie

Molybdän wird in der Stahlindustrie in Form von Ferromolybdän für Legierungen mit > 2 % Mo und sonst als Molybdäntrioxid und Kalziummolybdat sowie als metallisches Molybdän (Schrott oder auch Pellets) eingesetzt.

Ferromolybdän. Zur Darstellung von Ferromolybdän aus Molybdäntrioxid werden heute zwei Verfahren angewendet: Die herkömmliche Darstellung im Lichtbogenofen mit Kohlenstoff als Reduktionsmittel und das silico-aluminothermische Verfahren mit Ferrosilizium unter Zusatz von Aluminium als Reduktionsmittel. Das Molybdänoxid darf für dieses Verfahren nur einen geringen Si-Gehalt aufweisen, da das Silizium zur Schlackenbildung, zu thermischen Ungleichgewichten und damit auch zu Molybdänverlusten führt. Das letztgenannte Verfahren liefert ein kohlenstoffärmeres Ferromolybdän als das herkömmliche erste Verfahren und wird aus wirtschaftlichen Gründen bevorzugt.

Kalziummolybdat wird über eine Zweiphasenröstung aus Molybdänglanzkonzentraten gewonnen.

Molybdänpellets werden gepreßt und gesintert den Vakuumgußlegierungen zugegeben. Vielfach wird auch Mo-Schrott dafür verwendet.

Gußeisenlegierungen

Molybdän wirkt in Eisen-Kohlenstoffschmelzen weder graphitisierend noch stabilisierend auf Karbide. Es ist gut legierbar, verbessert die Vergießbarkeit und verfeinert das Korngefüge der Karbide. Es verbessert die Zug- und Stoßfestigkeit sowie die Härtbarkeit des Gußeisens. Bereits ein Zuschlag von 1 % Mo zu Grauguß mit 2,75 % C und 2,5 % Si erhöht die Zugfestigkeit von 33,6 auf 49,1 kp/mm². Auch die Härte bei hohen Temperaturen wird durch Molybdän wesentlich erhöht.

In Verbindung mit Chrom wird Molybdän verwendet, um den Guß bei höheren Temperaturen oxidationsbeständiger zu machen. Wichtiger z.B. für die gegossenen Walzwerkzylinder ist die hohe Warmverschleißfestigkeit von Mo-legiertem Guß. In der Kraftfahrzeugindustrie werden aus molybdänlegierten Gußwerkstoffen Zylinderblöcke, Zylinderköpfe und Lagerschalen hergestellt.

Tabelle III.28. Beispiele für molybdänlegierte Stähle

	Mo-Geh. in %	Bezeichnung n. DIN 17 006	Verwendung
Baustähle			
Einsatzstähle	0,25	20CrMo 5	Kurbelwellen und Getrieberäder
Nitrierstähle	0,20	34CrAlMo 5	Tauchkolben und Meßwerkzeuge
Vergütungsstähle	0,20	50CrMo 4	Bauteile höchster Festigkeit, z.B. Wellen, Achsen, Steuerungsteile
	0,20	30CrMoV 9	hochbeanspruchte Kurbelwellen, Bolzen und Schrauben
	0,20	28CrNiMo 4	höchstbeanspruchte Teile im Fahrzeug- und Maschinenbau
Warmfeste und hochwarmfeste Baustähle	0,5	21MoV 5 3	Bolzen, Schrauben, Schmiedestücke
	1,00	10CrMo 9 10	Überhitzer, Dampfleitungsrohre
	0,55	24CrMoV 55	Turbinenschaufeln und Scheiben
Druckwasserstoffbeständige Stähle	0,55	12CrMo 19 5	Rohre für Erdöldestillier- und Hydrieranlagen
Ventilstahl	2,75	X45CrNiMo 23 5	Auslaßventile für hochtourige Motoren
Werkzeugstähle			
Kaltarbeitsstähle	1,00	X100CrMoV 51	Gewindewalzbacken, Scherstanzen, Abgratwerkzeuge
Warmarbeitsstähle	1,1	X38CrMoV 51	Druckgußformen für Leichtmetallegierungen, Metallstrangpreßwerkzeuge etc.
	0,50	56NiCrMoV 7	Schmiedehammergesenke für tiefe Gravuren, Formteilgesenke für Schwer- und Leichtmetall
Schnellarbeitsstähle	8,60	(W-Mo-V-Co) S 2-9-1	Spiralbohrer, Gewindeschneidwerkzeuge, Fräser
	5,00	S 6-5-2-5	höchstbeanspruchte Spiralbohrer
	0,80	S 12-1-4	Schicht- und Fräswerkzeuge
Rost- und säurebeständige Stähle	1,2	X35CrMo 17	warmfeste Teile, Wellen, Spindeln
	2,7	X10CrNiMoTi 18 12	Apparate und Teile der chem. Ind., Textilindustrie, Zelluloseherst.
Rost- und säurebeständiger Stahlguß	2,25	G-X10CrNiMo 18 9	Armaturen und Apparatebauteile der Nahrungsmittel-, Molkerei- und chemischen Industrie

Verwendung in der Stahlindustrie

Wie Chrom schnürt auch Molybdän das γ-Gebiet des Eisens ab und wirkt als Ferrit-bildner. Fe-Mo-Legierungen mit mehr als 1,8 % Mo sind rein ferritisch.

Molybdän ist ähnlich wie Wolfram ein karbidbildendes Legierungselement. Im System Fe-Mo-C treten neben den binären Karbiden Fe_3C, MoC und Mo_2C zwei tertiäre Mischkarbide $(Mo,Fe)_{23}C_6$ und $(Mo,Fe)_6C$ auf. Molybdänlegierte Stähle mit sekundär ausgeschiedenen Karbiden sind anlaßbeständig und verleihen den Warmar-beits- und Schnellarbeitsstählen die Rotgluthärte.

Molybdän erhöht die Zugfestigkeit und Härtbarkeit sowie die Korrosionsfestigkeit und Schweißbarkeit des Stahls. Zusammen mit Chrom und Nickel werden hohe Streckgrenzen und Zähigkeitswerte erreicht. Darüber hinaus haben Eisen-Kobalt-Chrom-Molybdän-Stähle brauchbare Eigenschaften als Dauermagneten.

Eine Zusammenfassung der Verwendung molybdänlegierter Stähle gibt Tabelle III.28.

3.2.6 Molybdänmarkt

3.2.6.1 Bergbauproduktion und Kapazitäten

Die Bergbauproduktion an Molybdän der westlichen Hemisphäre hat sich von 1946 bis 1980 von 10 000 t Mo/a auf etwa 100 000 t Mo/a verzehnfacht. Dies entspricht einer durchschnittlichen jährlichen Zuwachsrate von 4,5 %. Zwischen 1956 und 1970 stieg die Produktion sogar mit einer jährlichen Zuwachsrate von fast 13 % an. Im Jahre 1981 stagnierte die Produktion erstmals wieder, um in den folgenden beiden Jahren im Gefolge der schwachen Nachfrage drastisch bis auf ca. 63 000 t Mo p.a. ab-zusinken (s. Abb. III.12).

In der Gewinnung von Molybdän behaupten die USA bereits seit Jahrzehnten eine dominierende Position, gefolgt von Chile, Kanada und Peru. Die Molybdänproduk-tion der USA belief sich 1980 auf 68 350 t Mo. Davon entfielen allein 46 200 t Mo oder 68 % auf die beiden großen Molybdängruben Barlett Mountain und Henderson der American Metal Climax in Colorado. Etwa 30 % der Produktion der USA wird als Nebenprodukt zu Kupfer bei der Aufbereitung der "porphyry copper ores" ge-wonnen. Als Molybdänproduzent unter den zahlreichen Cu/Mo-Gruben war die Gru-be Sierrita in Arizona mit einer Jahresproduktion von fast 8000 t Mo im Jahre 1980 bei weitem die größte. Der Anteil der Molybdänproduktion aus Cu/Mo-Lagerstätten der vier wichtigsten Förderländer der westlichen Hemisphäre liegt etwa bei 45 %.

Bedingt durch die erhöhte Nachfrage und den starken Preisanstieg Ende der siebzi-ger Jahre wurden in den USA und Kanada eine Reihe von Großprojekten beschlos-sen, die inzwischen die Produktion aufgenommen haben, wie die Gruben Thompson Creek, Goat Hill und Tonopath in den USA und Highmont und Kitsault in Kanada und nun angesichts der schwachen Nachfrage wesentlich zum Überangebot an Molyb-dän in den Jahren 1982 und 1983 beitrugen. Eine Reihe von Projekten wurde zurück-

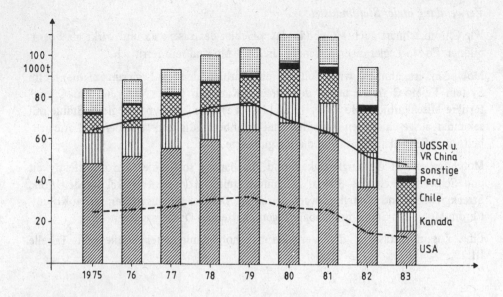

Abbildung III.12. Bergbauproduktion von Molybdän (gestrichelte Linie: USA-Verbrauch, durch-
          gezogene Linie: Verbrauch der westlichen Industriestaaten Westeuropas, der
          USA und Japans)

gestellt, wie das Mt. Emmons Projekt der AMAX, andere weniger aussichtsreiche wurden aufgegeben. Dennoch waren 1982 und 1983 Produktionseinschränkungen und
Stillegungen von Gruben über mehrere Monate angesichts der Vorräte der Produzenten nicht zu umgehen. Davon waren vor allem die Gruben in den USA und Kanada
betroffen. In den USA betrug die Kapazitätsauslastung sämtlicher molybdänprodu-
zierender Gruben 1983 nur 15 %. Wie aus der Produktionsstatistik hervorgeht, waren
die kanadischen Gruben von diesen Maßnahmen weniger betroffen, am wenigsten die
Cu/Mo-Gruben in Chile.

3.2.6.2 Bedeutende Molybdänproduzenten

Insgesamt wird in etwa 50 Gruben, vornehmlich in den Ländern Nord- und Südamerikas, Molybdän als Haupt- oder Nebenprodukt gewonnen. Dennoch ist die Produktion
auf wenige einzelne große Grubenbetriebe konzentriert. So lieferten die Gruben Climax, Henderson, Sierrita, Chuquicamata und Endako 1980 zusammen immerhin
70 % der Gesamtproduktion der westlichen Hemisphäre. An diesem Trend wird sich
auch in der Zukunft nicht viel ändern, wie das Großprojekt Quartz Hill der US Borax
in Alaska zeigt (s. Tab. III.29).

Tabelle III.29. Bergbaukapazitäten der großen molybdänproduzierenden Bergbaugesellschaften in Nord- und Südamerika

Gesellschaft	Grube	Produktionskapazität in t Mo-Inhalt/Jahr in Konzentraten
USA		
Amer. Metal Climax (Tochtergesellschaft: Climax Molybdenum Co.)	Barlett Mountain, Colo. (Climax Mine)*	22 650
	Henderson, Colo.* Mt. Emmons, Colo.* (Projektstadium)	28 000
Duval Corp. (Tochtergesellschaft der Penzoil Co.)	Sierrita, Ariz. (Cu/Mo)*	7 400
	Esperanza, Ariz. (Cu/Mo)*	700
	Mineral Park, Ariz. (Cu/Mo)*	1 800
AMOCO Minerals (Cyprus Mines)	Thompson Creek, Idaho (Cu/Mo)	7 700
	Bagdad (Cu/Mo)	1 500
	Pima (Cu, Mo)*	750
Molybdenum Corp. (Tochtergesellschaft der Union Oil Co.)	Goat Hill, N.M.	9 100
Anaconda	Tonopath, Nev.	3 170
	Butte, Mont. (Cu/Mo)	2 500
Anamax	Twin Buttes, Ariz. (Cu/Mo)*	
U.S. Borax	Quartz Hill, Alaska (Projektstadium, Produktionsaufnahme 1987)	(18 000)
Kanada		
Placer Development Ltd.	Endako, B.C.*	6 500
	Gibraltar, B.C. (Cu/Mo) Adenac, B.C. (Cu/Mo)	590
Noranda Mines Ltd.	Brenda, B.C. (Mo/Cu)* Boss, Montain, B.C.*	2 600
	Gaspé, Qu. (Cu/Mo)*	900
Lornex Mining Co. Ltd. (Rio Algom Ltd.)	Lornex, B.C. (Cu/Mo)	3 400
Teck Corp.	Highmont, B.C. (Cu/Mo)	2 050
AMAX of Canada Ltd.	Kitsault, B.C.*	4 500
Chile		
Corp. del Cobre (CODELCO)	Chuquicamata (Cu/Mo)	9 950
	El Teniente (Cu/Mo)	2 700
	El Salvador (Cu/Mo)	1 200
	Rio Blanco (Cu/Mo)	800

Tabelle III.29. Fortsetzung

Gesellschaft	Grube	Produktionskapazität in t Mo-Inhalt/Jahr in Konzentraten
Peru		
Southern Peru Copper Corp.	Cuajone (Cu/Mo)	1 200
	Toquepala (Cu/Mo)	1 850
Mexico		
Cia. Minera del Cobre	La Caridad (Cu/Mo)	1 850

*) Gruben waren 1982/83 über mehrere Monate stillgelegt oder förderten nur mit einer geringen Kapazitätsauslastung.

3.2.6.3 Standort von Röstanlagen

Die großen Molybdänproduzenten der USA, Kanadas und Chiles verfügen über eigene Röstanlagen, die ihren Standort zum Teil in Grubennähe, wie die Anlage der Endako Mine, B.C., überwiegend aber in Verbrauchernähe haben, wie die Anlage Langeloth, Pa. der Climax Molybdenum. In Westeuropa und Japan gab es bis in die sechziger Jahre nur kleinere Röstanlagen von Ferromolybdän- und Molybdänmetallherstellern, die auf die Konzentratbelieferung durch die von ihnen unabhängigen Bergbauproduzenten Nord- und Südamerikas angewiesen sind. Im übrigen wurde Molybdän bereits in Form von technischem Molybdäntrioxid importiert. Eine Änderung dieser Verhältnisse trat 1966 in Westeuropa mit der Inbetriebnahme der Röstanlage Rozenburg bei Rotterdam der Climax Molybdenum Co. ein, die eine Jahreskapazität von ca. 8500 t MoO_3 hat und den westeuropäischen Bedarf zum erheblichen Teil deckt. Eine weitere Röstanlage betreibt die Climax Molybdenum Co. in Strowmarket, Suffolk und schließlich ist sie an der Anlage der Nippon Moribunden KK in Japan maßgeblich beteiligt. Damit hat die Climax Molybdenum Co. ihren Einfluß auf diese Märkte erheblich erweitert.

3.2.6.4 Vorratswirtschaft

Molybdänvorräte in Form von Konzentraten, Oxiden, Ammoniummolybdat, Ferromolybdän und Molybdänmetall werden von den Produzenten, dem Handel und den Verbrauchern gehalten. Im Gefolge der schwachen Nachfrage haben sich die Lagerbestände vor allem der Bergbauproduzenten, aber auch der verarbeitenden Industrie und der Verbraucher auf ein bisher unbekanntes Maß erhöht. In den USA beliefen sich Ende 1983 die Bestände an Konzentraten der Bergbauproduzenten auf 16 100 t Mo-Inhalt gegenüber 4300 t im Jahre 1979, die der Verarbeiter und Verbraucher auf 24 300 t gegenüber etwa 8000 t Mo-Inhalt im Jahre 1979.

Die strategischen Reserven der USA üben keinen Einfluß mehr auf den Markt aus, wie noch zuletzt im Jahre 1974. Der gesamte restliche Bestand an Konzentraten, technischem Molybdänoxid und Ferromolybdän wurde 1971 angesichts der heimischen Bergbau- und Verarbeitungskapazitäten zu Überschußmaterial erklärt und in den folgenden Jahren bis 1976 verkauft.

3.2.6.5 Ost-West-Handel

Während noch bis Mitte der sechziger Jahre die UdSSR einschließlich der Ostblockstaaten ein Nettoexportvolumen von 1400 t Mo in Konzentraten und Vorprodukten aufwiesen, war das Export- und Importvolumen an Molybdän in Form von Konzentraten und Vorprodukten für diese Länder Ende der sechziger Jahre in etwa ausgeglichen. Inzwischen wird der Nettoimport dieser Länder auf etwa 8000 t Mo pro Jahr geschätzt.

3.2.6.6 Molybdänverbrauch

Der Molybdänverbrauch der westlichen Industriestaaten geht zu etwa 80 % in die Eisen- und Stahlproduktion ein und ist damit auch deren zyklischen Auf- und Abwärtsentwicklungen ausgesetzt (Tab. III.30). Der Verbrauch von Molybdän nahm von 1957 bis 1981 um durchschnittlich 5,5 % zu. Die Zuwachsraten betrugen während dieser Jahre zunächst 9 %, gingen jedoch dann auf etwa 2 % zurück. Seinen bisherigen Höhepunkt erreichte der Molybdänverbrauch einschließlich der Staaten Osteuropas mit etwa 93 000 t Mo im Jahre 1979. Daran waren die USA und die westeuropäischen Industriestaaten mit je 36 % beteiligt und Japan mit 12 %. In den Jahren 1980 bis 1983 ging dann der Verbrauch der westlichen Industriestaaten um

Tabelle III.30.   Der Molybdänverbrauch der westlichen Industriestaaten, gegliedert nach Verwendungsbereichen (Berechnungen der Climax Molybdenum Co.)

	1965 %	1971 %	1983 %
Gußeisen und Stahlwalzen	12	6	6
Werkzeugstähle (einschließlich Schnellarbeitsstähle)	9	11	8
Nichtrostende Stähle	15	20	22
Sonstige legierte Stähle	46	45	44
Summe Eisen und Stahl	82	82	80
Super- und Speziallegierungen	4	5	3
Molybdänmetall	4	4	6
Chemikalien und Schmiermittel	6	8	10
Sonstiges	4	1	1
	100	100	100

ca. 36 % zurück. Am stärksten von dieser Entwicklung waren die USA betroffen, deren Jahresverbrauch von 32 200 t Mo im Jahre 1979 auf 13 600 t Mo im Jahre 1983 abnahm, während der Verbrauch der westeuropäischen Industriestaaten von 34 000 t Mo/a auf 24 000 t Mo/a zurückging und der Verbrauch Japans von 11 300 t Mo/a auf 10 900 t Mo/a nur geringfügig abnahm. Ungeachtet dieses schweren Einbruches im Molbydänverbrauch der westlichen Industriestaaten wird aufgrund von Projektionen der Rohstahl- und Edelstahlerzeugung mit einem Zuwachs von bis zu 5 % p.a. bis Anfang der neunziger Jahre gerechnet.

3.2.7 Marktform und Marktstruktur

Der Molybdänmarkt ist gekennzeichnet durch eine oligopolistische Verfassung auf der Angebotsseite mit wenigen großen Bergbauproduzenten in den USA, Kanada und Chile. Allein auf die Climax Molybdenum Co. entfielen 1980 mehr als 45 % und auf die chilenische Corp. del Cobre (CODELCO) weitere 14 % der Gesamtproduktion der westlichen Welt. Auf der Nachfrageseite stehen diesen eine Vielzahl einzelner Verbraucher, vor allem in der Stahlindustrie der USA, Japans und Westeuropas, gegenüber.

Unter den Molybdänbergbauländern sind es allein die USA, die einen nennenswerten Eigenbedarf an Molybdän haben. Sie sind zugleich größter Produzent, Verbraucher und Exporteur für Molybdän. Die übrigen bedeutenden Molybdänbergbauländer Kanada, Chile und Peru exportieren ihre Produktion nahezu vollständig in Form von Konzentraten, technischen Oxiden und Ferromolybdän. Umgekehrt verfügt Japan nur über eine geringe eigene Bergbauproduktion an Molybdän, während die westeuropäischen Industriestaaten vollständig auf den Import von Molybdänkonzentraten und Vorstoffen angewiesen sind.

Die großen Molybdänproduzenten der USA und Kanadas (Climax Molybdenum Co. und Noranda Mines) unterhalten in Westeuropa und Japan eigene Verkaufsorganisationen. In den sechziger Jahren wurden überdies von der Climax Molybdenum Co. Kapazitäten zur Veredlung von Konzentraten zu technischem Molybdänoxid und zu Molybdaten in Westeuropa und Japan erstellt.

Kleinere Molybdänproduzenten und solche, die Molybdän als Nebenprodukt gewinnen, verkaufen ihre Jahresproduktion an den internationalen Metallhandel oder schließen langfristige Lieferverträge mit Laufzeiten von bis zu 5 Jahren mit einzelnen Verarbeitern ab. Die Sicherung des Absatzes spielte in den letzten Jahren bei der Entscheidung über mehrere Cu/Mo-Bergbauprojekte eine erhebliche Rolle.

3.2.8 Handelsformen

Molybdänkonzentrate, Molybdäntrioxid, Kalzium-, Natrium- und Ammoniummolybdate sowie Ferromolybdän werden pro lb bzw. kg Mo-Inhalt gehandelt. Die Preise für

Molybdänmetall sind abhängig von der Reinheit des Materials und beziehen sich auf lb oder kg.

3.2.9 Preisentwicklung

Eine Folge der oligopolistischen Angebotsstruktur war bis 1983 der Produzentenpreis für Konzentrate bzw. technisches Molybdäntrioxid, der sog. Climaxpreis (vgl. Abb. III.13), auf dessen Basis ein großer Teil des gesamten Molybdänhandels abgewickelt wurde.

Der Händlermarkt spielte zuletzt in der Zeit des Nachfrageüberhangs von 1978 bis 1980 eine Sonderrolle. Zeitweilig wurden damals Umsätze zum bis 2,6-fachen Climaxpreis getätigt. Im Zeichen des knappen Angebotes wurde in diesen Jahren das Produzentenpreisgefüge durch die Cu/Mo-Produzenten durchbrochen. Climax Molybdenum Co. sah sich daher 1983 genötigt, die Bekanntgabe des Listenpreises für technisches Molybdäntrioxid auszusetzen.

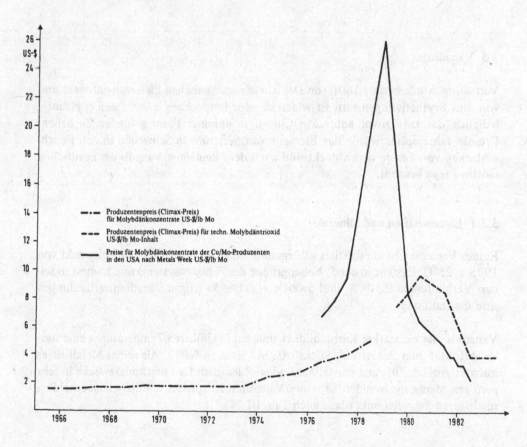

Abbildung III.13. Preise für Molybdänkonzentrate und technisches Molybdäntrioxid

Literaturhinweise

Agte, C.; Vacek, J.: Wolfram und Molybdän, (Akademie), Berlin 1959.

Archer, R.S.; Briggs, J.Z.; Loeb, C.M.: Molybdän-Stähle, Gußeisen, Legierungen, Climax Molybdenum Co., Zürich 1953.

Haag, H.: Die Herstellung von Ferromolybdän und Molybdänmetall, Erzmetall, 15 (1962), 229-234.

Lauprecht, W.E.; Fairhurst, W.: Verbrauch und Verfügbarkeit von Legierungsmetallen aus der Sicht des Bergbaus, Stahl u. Eisen, 102 (1982), 641 - 649.

Lauprecht, W.E.; Barr, R.Q.; Fichte, R.M.; Kuhn, M.: Molybdän, Molybdän-Legierungen und -Verbindungen, in: Ullmanns Encyklopädie der technischen Chemie, Bd. 17, 23 - 50, (Verlag Chemie), Weinheim 1979.

Kummer, J.T.: Molybdenum, Kapitel aus Minerals Yearbook, 1982, Vol. I, 573 - 585, US Dept. of the Interior, Washington, D.C.

Koch, P.: Zu Fragen der Molybdänversorgung, Stahl u. Eisen, 100 (1980), 1285 - 1291.

Rechenberg, H.: Die metallischen Rohstoffe, Bd. 12: Molybdän, (Enke), Stuttgart 1960.

Roskills Metals Databook, 4. Aufl., Roskill Information Services Ltd., London 1983.

Sutulov, A.: Supply-side prospects for Molybdenum, E & M J, S. 145, 1980.

Sutulov, A.: Molibdeno, Universidad de Conception 1962.

Volkert, G.: Ferromolybdän, in: Durrer/Volkert: Metallurgie der Ferrolegierungen, 2. Aufl., (Springer), Berlin/Heidelberg/New York 1972.

3.3 Vanadium

Vanadium wurde bereits 1801 von Del Rio in mexikanischen Bleierzen entdeckt und von ihm Erythorium genannt. Er widerrief seine Entdeckung jedoch, weil er glaubte, lediglich das kurz zuvor entdeckte Chrom in unreiner Form gefunden zu haben. Dreißig Jahre später wurde das Element von Sefström in Schweden in den Frischschlacken von Taberg neuentdeckt und nach dem Beinamen Vanadis der nordischen Göttin Freya benannt.

3.3.1 Eigenschaften und Minerale

Reines Vanadium ist ein duktiles silbergraues Metall und hat einen Schmelzpunkt von 1925 ± 25°C. Es steht in der 5. Nebengruppe des Periodensystems und kommt in seinen Verbindungen 2-, 3-, 4- und 5wertig vor. Die 5wertigen Vanadiumverbindungen sind die stabilsten.

Vanadium ist ein starker Karbidbildner und hat bei höheren Temperaturen eine starke Affinität zum Sauerstoff, Stickstoff und anderen Gasen. Als reines Metall ist es nur mit großem Aufwand darstellbar und wird lediglich für Forschungszwecke in sehr geringen Mengen verwendet. Unreines Vanadium ist spröder und hat einen erheblich niedrigeren Schmelzpunkt (dazu auch Tab. III.24).

3.3.2 Lagerstätten und Erzvorräte

Vanadium ist in den oberen 16 km der Erdkruste im Durchschnitt mit 100 ppm enthalten (Shaw 1954). In der Natur kommen allein 68 Minerale vor, die mehr als 1 % V
enthalten. Davon sind die wirtschaftlich wichtigsten in Tabelle III.31 aufgeführt.

Tabelle III.31. Die wichtigsten Vanadiumminerale

		V-Gehalt in %
Patronit	V_2S_5 bis V_2S_9	ca. 30
Coulsonit	FeV_2O_4	47,7
Montroseit	$VO(OH)$	45,4
Volborthit	$Cu_3[VO_4]_2 \cdot 3\,H_2O$	21,3
Roscoelith	$KV_2[(OH)_2/AlSi_3O_{10}]$	12,5
Descloizit-Mottramit	$(Zn, Cu)\,Pb\,[OH/VO_4]$	11,9
Carnotit	$K_2[(UO_2)_2/V_2O_8] \cdot 3\,H_2O$	11,5
Tyuyamunit	$Ca[(UO_2)_2/V_2O_8] \cdot 5 - 8,5\,H_2O$	11,1
Vanadinit	$Pb_5[Cl/(VO_4)_3]$	10,2

Vanadium wird heute nahezu ausschließlich als Koprodukt zu Eisen, Titan, Uran,
Blei und Zink sowie als Nebenprodukt zur Energieerzeugung aus Erdöl und Ölschie-
fern gewonnen. Bauwürdige Vanadiumkonzentrationen lassen sich genetisch den folgenden Lagerstättentypen zuordnen.

Magmatische Lagerstätten. Vanadiumführende Titanomagnetite

Die Magnetit- und Titanomagnetitlagerstätten der Frühkristallisation basaltischer
Magmen führen häufig Vanadium in höheren Konzentrationen von 0,2 bis 1,0 % V.
Vanadium bildet in diesen Lagerstätten keine eigenen Minerale, sondern wird diadoch
in das Magnetitgitter anstelle des Fe^{3+} 3 eingebaut. Der Coulsonit ist ein extrem vana-
diumreicher Maghemit. Auf die Lagerstätten dieses Typs entfällt bei weitem der größ-
te Anteil der zur Zeit bekannten wirtschaftlich gewinnbaren Reserven. Vanadium aus
Titanomagnetiterzen wird in Südafrika, Finnland, Norwegen, der UdSSR, Chile, der
VR China und wurde kurzzeitig auch in Australien gewonnen.

Südafrika: Die Titanmagnetitbänder der oberen Noritzone des Bushveld Komplexes
werden im östlichen Transvaal abgebaut und enthalten 0,8 - 1,1 % V (Mapochs mine,
Wapadskloof, Bon Accord).

Finnland: Die Ilmenit/Magnetit-Erzkörper von Otanmäki treten am Kontakt zu Anorthositen und Amphiboliten auf. Es wird ein Magnetitkonzentrat mit 69 % Fe,
2,5 % TiO_2 und 0,6 % V aus diesen Erzen gewonnen neben Ilmenitkonzentrat und
einem Cu/Co-haltigen Pyritkonzentrat. In Mustavaara, der zweiten Vanadiumgrube
Finnlands, ist Ilmenit mit Magnetit innig verwachsen. Das Magnetitkonzentrat enthält 62 % Fe, 7,5 % TiO_2 und 0,9 % V.

Norwegen: Die Magnetit-Ilmenit-Lagerstätte von Rødsand enthält ca. 30 % Fe,
4 % TiO_2 und 0,17 % V, das aus diesen Erzen gewonnene Magnetitkonzentrat 62 %

Fe, 0,5 % V und 2 % TiO_2.

Australien: Die Titanomagnetitlagerstätte Coates Siding in Westaustralien enthält Erze mit 0,5 - 1,5 % V_2O_5. Es wurde während der kurzzeitigen Betriebsperiode ein Magnetitkonzentrat mit 1,1 % V erzeugt und in der Anlage Wundowie auf V_2O_5-Flocken verarbeitet.

Chile: Die Grube Romeral produziert ein Magnetitkonzentrat mit 63,5 % Fe und 0,35 % V.

China: Die größten Titanomagnetitlagerstätten befinden sich in der Provinz Sichuan. Hier werden Magnetitkonzentrate mit ca. 52 % Fe, 13 % TiO_2 und 0,3 % V gewonnen.

UdSSR: Die bedeutendsten Vorkommen sind die Titanomagnetitlagerstätten der Gabbro- und Pyroxenitmassive von Katschkanar-Gusevogorsk sowie Pervouralsk im Ural. In Gousevogorsk werden Magnetitkonzentrate mit ca. 62 % Fe und 0,5 - 0,7 % V erzeugt. Weitere Titanomagnetitvorkommen sind im Ural, auf der Kola-Halbinsel, in Armenien (Svarants) und der Ukraine bekannt.

Große Vorkommen an Titanomagnetit sind ferner in den USA (Lake Sandford, N.Y.), Indien (Singhbum und Mayurhanj), Kanada sowie in Neuseeland bekannt.

Vanadiumkonzentrationen des Verwitterungskreislaufes. Vanadiumkonzentrationen in den Oxidationszonen von Pb/Zn-Lagerstätten

Vanadinit, Descloizit und Mottramit kommen deszendent in den tiefgreifenden Oxidationszonen sulfidischer Pb/Zn-Lagerstätten in ariden Gebieten vor. Ein Beispiel dafür ist die Lagerstätte Berg Aukas bei Grootfontein im Otavibergland Südwestafrikas.

Ähnliche Lagerstätten sind in Mexiko, Argentinien und Spanien bekannt. Ihre Vorräte sind begrenzt und inzwischen weitgehend erschöpft.

Uran-Vanadium-Lagerstätten vom Typ Colorado-Plateau

Die schichtgebundenen Uran-Vanadium-Konzentrationen in den kontinentalen Sedimenten des Colorado-Plateaus enthalten neben den Titanomagnetitlagerstätten die bedeutendsten Vanadiumreserven der Welt.

Das Colorado-Plateau erstreckt sich über eine Fläche von ca. 400 000 km^2 und wird aus karbonischen bis tertiären Sandsteinen, Konglomeraten und Kalken aufgebaut. Die tafel- bis linsenförmigen Vererzungen mit Montroseit, Carnotit und Roscoelith als wichtigste Erzminerale sind an einzelne Sandsteinhorizonte oder alte Flußläufe mit Konglomeratfüllungen gebunden. Die Mächtigkeit der Erzkörper variiert zwischen 2 und 6 m, die Vanadiumgehalte zwischen 0,1 und 1 %. Die Ausfällung des Vanadiums aus zirkulierenden Grundwässern ist epigenetisch. Dabei spielen Pflanzenreste und Bitumina als Reduktionsmittel und die Gegenwart von zweiwertigen Uranylionen eine wesentliche Rolle.

Vanadiumkonzentration in mediterranen Bauxiten

Ebenso wie durch das dreiwertige Eisenhydroxid wird Vanadium durch das Aluminiumhydroxid gefällt. Die Bauxite in Frankreich und Jugoslawien und Ungarn enthalten Vanadium in geringen Konzentrationen, das nach dem Bayer-Prozeß als Nebenprodukt anfällt.

Vanadiumkonzentrationen in marinen Flachwasser- und Tiefsee-Sedimenten

Vanadium wird durch Eisenhydroxid (Fe^{3+}) gefällt und kommt in geringen Konzentrationen in den Minetten Lothringens (0,1 % V) und den Eisenerzen von Salzgitter vor. Wichtiger sind die eisenreichen Phosphatschiefer in den USA, die 0,10 - 0,17 % V enthalten und aus denen Vanadium als Nebenprodukt gewonnen wird. Die Manganknollen des indischen und pazifischen Ozeans enthalten neben Ni, Cu, Co auch 0,03 bis 0,07 % V.

Vanadium im Erdöl, in Ölschiefern und Teersanden

Das karibische Erdöl enthält ca. 130 ppm Vanadium, das an die Teer- bzw. Asphaltfraktion gebunden ist und bei der Verbrennung in den Ascherückständen konzentriert wird. Die Gehalte sind so interessant, daß in den USA und Kanada bereits Vanadium aus den Rückständen venezolanischen Erdöls gewonnen wird.

Die großen Ölschiefervorkommen von Julia Creek in Queensland/Australien enthalten ebenfalls Vanadium ebenso wie die Athabasca-Teersande von Alberta, Kanada. Diese Lagerstätten bieten für die Zukunft ein gewaltiges Rohstoffpotential für Vanadium als Nebenprodukt zur Energieerzeugung.

Die *Vanadiumreserven* der Welt werden vom USBM (1984) wie folgt geschätzt (Tab. III.32):

Tabelle III.32. Vanadiumreserven in t V-Inhalt für 1984

USA	2 175 000
UdSSR	4 080 000
VR China	1 045 000
Australien	245 000
Südafrika	7 800 000
Finnland	90 000
Sonstige Länder	1 625 000
Gesamte Reserven	17 060 000

Quelle: USBM.

Diese Zahlen beruhen mit Ausnahme der Angaben für die USA auf Berechnungen des V-Inhaltes bekannter Titanomagnetitlagerstätten, die sowohl nach ihrem Erkundungsgrad als auch nach ihrer Bauwürdigkeit nur mit Einschränkungen vergleichbar sind.

3.3.3 Aufbereitung und metallurgische Verarbeitung

Die herkömmlichen Aufbereitungsverfahren eignen sich zur Anreicherung des Vanadiums der meist armen Roherze nur in Sonderfällen. So wurde bei der Flotation der Blei-Zink-Erze der Grube Berg Aukas in Südwestafrika ein Descloizitkonzentrat mit 18 % V_2O_5 ausgeschwommen. Aus den Magnetit-Ilmenit-Erzen von Otanmäki, Finnland, wird durch Magnetscheidung ein Magnetitkonzentrat mit 0,65 % V gewonnen. Dagegen liefern die Titanomagnetitlagerstätten Südafrikas Erze, deren Vanadiumgehalt sich infolge der innigen Verwachsung von Magnetit und Ilmenit erst durch das Frischen des Roheisens in der Schlacke konzentrieren läßt. Solche Schlacken enthalten je nach Provenienz der Erze zwischen 12 und 35 % V_2O_5. Vanadiumreiche und phosphorarme Schlacken werden direkt zu Ferrovanadium ausreduziert. Im übrigen werden die Schlacken wie V/U-Erze und die erwähnten Magnetitkonzentrate basisch aufgeschlossen und naßchemisch zu technischem Vanadiumpentoxid bei einem Ausbringen zwischen 70 und 80 % aufgearbeitet. Dieses Verfahren besteht im Prinzip aus den folgenden Stufen:

1. oxidierendes Rösten bei 750 bis 850°C unter Zugabe von Alkalisalzen (NaCl, Na_2CO_3 oder Na_2SO_4); Bildung des wasserlöslichen Natriumvanadats;
2. Laugung der gebrannten Pellets oder des Röstkuchens mit heißem Wasser;
3. Fällung des Vanadiums als Hexavanadat (red cake) nach Ansäuren des Filtrats mit H_2SO_4;
4. Waschen, Trocknen und Schmelzen zu technischem Vanadiumpentoxid.
   Technisches Vanadiumpentoxid ist der Ausgangsstoff zur Herstellung von Ferrovanadium ebenso wie zur Darstellung von Ammoniummetavanadat und chemisch reinem Pentoxid. Vanadiummetall wird durch Reduktion von reinstem Pentoxid (99,0 % V_2O_5) mit Aluminium unter Zugabe von Kalk und Flußspat erschmolzen. Sehr reines Metall wird durch Reduktion mit Kalzium unter Zusatz von Kalziumchlorid bei Temperaturen von 900°C in Bomben hergestellt.

3.3.4   Verwendung

3.3.4.1 Katalysatoren und Chemikalien

Vanadiumoxide und Vanadate werden als Oxidationskatalysatoren für eine ganze Reihe von Prozessen der anorganischen und organischen Chemie verwendet. So werden ca. 90 % der Schwefelsäure in den USA nach dem Kontaktverfahren mit Vanadiumpentoxid als Katalysator hergestellt. Divanadiumtrioxid dient als Katalysator bei der Hydrierung ungesättigter Kohlenwasserstoffe zu Paraffinen, Vanadiumpentoxid bei der Oxidation von Naphtalin zu Phtalsäureanhydrid, einem Vorstoff für Farben und Kunstharze. Seit einigen Jahren werden außerdem Versuche mit Vanadiumkatalysatoren zur Entgiftung von Motorabgasen durchgeführt.

Vanadiumverbindungen spielen ferner in der Kunststoffindustrie eine Rolle. Vanadylresinate, Naphtenate und Linoleate werden als Sikkative für Farben und Lacke verwendet. Ammoniummetavanadat wird als Pigment Gläsern und Glasuren zugesetzt. In Gläsern absorbiert Vanadiumpentoxid bereits in geringen Mengen von 0,02 % die UV-Strahlung.

3.3.4.2 NE-Metallegierungen

Nennenswerte Bedeutung haben allein die Legierungen auf der Basis von Titan und Aluminium, denen Vanadium zur Erhöhung der Warmfestigkeit zulegiert wird. Eine sehr gebräuchliche Legierung dieser Art hat die Zusammensetzung TiAl6V4. Sie wird im Flugzeugbau für den Zellenbau, die Beplankung, für Triebwerksteile und in der Raumfahrtindustrie für Brennkammergehäuse, Treibstoffdruckbehälter und sonstige Strukturteile von Raketen verwendet. Vanadium wird diesen Legierungen in Form von Vanadium-Aluminium-Vorlegierungen (s. Tab. III.33) zugesetzt.

Tabelle III.33. Vanadiummetall und handelsübliche Vorlegierungen des Vanadiums

Handelsbezeichnung bzw. Kurzzeichen	Zusammensetzung			
	% V	% C	% Si	% Al
Ferro-Vanadium n. DIN 17 563				
Fe V 60	50 - 65	max. 0,15	max. 1,5	max. 2,0
Fe V 80	78 - 82	0,15	1,5	max. 1,5
Ferro-Vanadium (USA)				
Iron foundry grade	38 - 42	1,00	7,00 - 11,0	
Grade A, open hearth	50 - 55	2,00	7,50	
	70 - 80	2,00	7,50	
Grade B, crucible	50 - 55	0,50	2,25	
	70 - 80	0,50	2,25	
Grade C, primos	50 - 55	0,20	1,25	
	70 - 80	0,20	1,25	
Refined ferro	52 - 57	0,20	0,50	
	70 - 75	0,20	0,50	
High-speed	55	0,15	1,5	
85 per cent ferro	85	0,15	2,5	
Caravan (Union Carbide Corp.)	83 - 86	10,5 - 13		
Ferovan (Foote Mineral Co.)	42 min.	0,60	5,5	
Vanadium-Aluminium				
n. DIN 17 563				
V 80 Al	85	0,1	1,0	15
V 40 Al	40	0,1	1,0	60
V 40 Al 60	40 - 45	0,1	0,3	55 - 60
V 80 Al 20	75 - 85	0,05	0,4	15 - 20
Vanadiummetall				
V 99 (DIN 17 563)	>99	<0,06	<0,1	< 0,01
90 percent grade (USA)	91,45	0,1	0,9	1,0
high purity grade (USA)	99,50	0,1		

3.3.4.3 Verwendung in der Eisen- und Stahlindustrie

Ferrolegierungen. Legierten und unlegierten Stählen sowie Eisenguß wird Vanadium ausschließlich in Form von Ferrolegierungen zugesetzt. In der Tabelle III.33 sind die handelsüblichen Ferrovanadiumlegierungen zusammengefaßt. Sie werden alumino-thermisch, silicothermisch und auch carbothermisch (Carvan der Union Carbide Corp.) durch Reduktion von Vanadiumpentoxid bzw. Calcium- oder Eisenvanadat hergestellt. Vanadiumreiche und phosphorarme Frischschlacken werden in Norwegen auch direkt in zwei Stufen pyrometallurgisch zu Ferrovanadium mit 48 - 50 % V re-duziert. Nach einem ähnlichen Verfahren stellt die Foote Mineral Co. eine kohlen-stoffarme Ferrolegierung namens Ferovan mit mindestens 42 % V und 5,5 % Si her, die sich besonders für die niedriglegierten hochfesten Baustähle eignet. Ferovan und Carvan sind im Vergleich zu den herkömmlichen Ferrovanadiumlegierungen billiger. Ihre Verwendbarkeit wird jedoch durch Verunreinigungen eingeschränkt.

Vanadiumlegierte Stähle. Vanadium ist ein starker Karbidbildner. Es verfeinert das Korn und erhöht die Zugfestigkeit und die Streckgrenzen, vor allem aber die Warm-festigkeit des Stahls. Für Bau- und warmfeste Stähle wird Vanadium bevorzugt in Verbindung mit Chrom, für Schnell- und Warmarbeitsstähle in Verbindung mit Wol-fram verwendet.

Große Bedeutung haben die niedriglegierten Baustähle mit Vanadiumgehalten von 0,02 - 0,1 % V erlangt, die vor allem für Erdöl- und Erdgasleitungen, im Hochbau und für Brückenkonstruktionen verwendet werden. Vanadiumlegierte Schnellarbeitsstäh-le zeichnen sich durch ihre hohe Schneidhaltigkeit aus und enthalten bis zu 5 % V. In den letzten Jahren haben sich in diesem Bereich weitgehend die Molybdänstähle vom Typ S6-5-2 mit 2 % V auf Kosten der Wolframstähle mit 1 % V durchgesetzt. Werk-zeugstähle für Kaltarbeit enthalten zwischen 0,1 und 0,4 % V, die für Warmarbeit 0,01 - 1,0 % V und die warmfesten und hochwarmfesten Baustähle zwischen 0,2 und 0,8 % V. Mit Stickstoff bildet Vanadium stabile Nitride und wird daher einigen Ni-trierstählen mit 0,15 % zulegiert. Chrom-Vanadium-Federstähle mit 0,1 % V werden für Blattfedern und Ringfedern vor allem in der Automobilindustrie verwendet.

Vanadiumlegiertes Gußeisen. Bereits geringe Vanadiumzusätze wirken im Gußeisen der Graphitisierung entgegen, verfeinern das Korn und verbessern die Härte, die Zug-festigkeit sowie den Verschleißwiderstand des Gußeisens. Einzelne Gußsorten ent-halten bis zu 0,2 % V. Zum Beispiel werden die Zylinderlaufbüchsen größerer Diesel-motoren aus Gußeisen mit 0,1 bis 0,2 % V hergestellt.

3.3.5   Vanadiummarkt

3.3.5.1 Bergbauproduktion

Die Vanadiumproduktion der westlichen Welt nahm zwischen 1960 und 1970 von 6550 t V pro Jahr auf 15 800 t V pro Jahr zu. Dies entspricht einer durchschnittli-

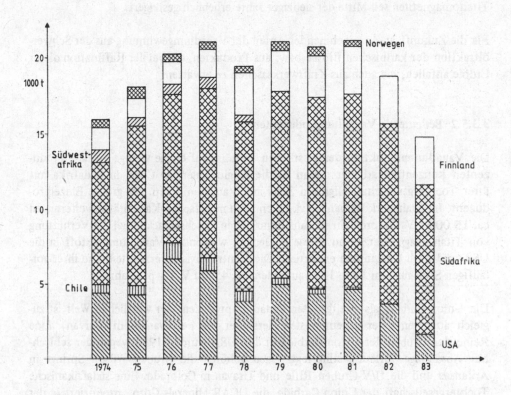

Abbildung III.14. Bergbauproduktion von Vanadium in t V-Inhalt

chen jährlichen Zuwachsrate von 9,2 %. Bis 1977 stieg dann die Jahresproduktion auf
ca. 21 150 t V mit einer durchschnittlichen Zuwachsrate von 4,8 % an, um bis 1981
auf diesem Niveau in etwa zu verharren. In den Jahren 1982 und 1983 war die Produktion infolge der schlechten Absatzlage der Stahlindustrie erstmals seit Jahren
rückläufig und belief sich 1983 nur noch auf knapp 15 000 t V (Abb. III.14).

Auf die USA entfiel im Jahre 1960 noch ca. 70 % der Vanadiumproduktion der westlichen Welt. Bis 1981 verringerte sich dieser Anteil auf 22 %. Im gleichen Zeitraum
stieg der Anteil Südafrikas von 9 % auf 60 %. Dieser Entwicklung liegt die Verschiebung des Schwerpunktes der Vanadiumproduktion von den Uran-Vanadium-Lagerstätten des Colorado-Plateaus auf die Titanomagnetitlagerstätten des Bushveld-Kom-
plexes in Südafrika zugrunde. Insgesamt werden zur Zeit ca. 80 % der Produktion der
westlichen Welt aus Titanomagnetiterzen gewonnen. Die Entwicklung der Vanadiumproduktion in den USA wurde durch die sinkenden Uranpreise und das Auslaufen der Abnahmeverträge mit der Atomic Energy Commission für Urankonzentrate
Ende der sechziger Jahre sehr wesentlich beeinflußt.

Die Vanadiumproduktion der UdSSR und der VR China wird auf 10 000 t V bzw. 5000 t V-Inhalt geschätzt. Vor allem die VR China hat die Vanadiumgewinnung aus Titanomagnetiten seit Mitte der siebziger Jahre erheblich gesteigert.

Für die Zukunft ist ein zunehmender Anteil der Vanadiumgewinnung aus der Schwerölfraktion der karibischen Erdöle bzw. aus Produkten, die bei der Raffination dieser Erdöle anfallen, wie auch aus Kraftwerksaschen zu erwarten.

3.3.5.2 Bedeutende Vanadiumproduzenten

Die Vanadiumproduktion der westlichen Welt ist auf einige wenige größere Produzenten konzentriert. Unter diesen ist die Anglo American Corp. in Südafrika mit ihrer Tochtergesellschaft Highveld Steel and Vanadium Corp. der größte Einzelproduzent. Im Stahlwerk Witbank, Tvl. fallen nach mehrfachen Kapazitätserweiterungen ca. 15 000 t V_2O_5 pro Jahr in vanadiumreichen Frischschlacken bei der Verhüttung von Titanomagnetiterzen an. Diese Schlacken werden als Vanadiumrohstoff in die USA und nach Westeuropa exportiert. Die Vantra Division erzeugte bis zu ihrer vorläufigen Stillegung im Jahre 1983 außerdem ca. 4500 t V_2O_5 pro Jahr.

Die Union Carbide als zweitgrößter Vanadiumproduzent der westlichen Welt ist zugleich auch einer der bedeutendsten Hersteller von Ferrovanadium (Carvan). Eine Reihe der Gruben der Union Carbide in den USA wurden 1983 wegen der schlechten Absatzlage vorläufig stillgelegt. Dazu gehören die Gruben Wilson Springs in Arkansas und die U/V-Gruben Rifle und Uravan in Colorado. Eine südafrikanische Tochtergesellschaft der Union Carbide, die UCAR Minerals Corp., produziert in der Anlage Bon Accord in der Nähe von Pretoria, Tvl. ca. 2500 t V_2O_5 pro Jahr aus Titanomagnetiten. Ebenfalls in Südafrika gewinnt die Otavi Mining Co. ca. 1800 t V_2O_5 aus Titanomagnetiten der Grube Wapadkloof. In Finnland produziert die Rautaruuki Oy in Otanmäki und Mustavaara ca. 3150 t V pro Jahr aus Magnetit-/Ilmenit-Erzen. Die Produktion wird überwiegend nach Westeuropa und zu einem Teil in die UdSSR exportiert. In Südwestafrika gewann die South West Afrika Co. auf der Grube Berg Aukas Descloizitkonzentrate als Nebenprodukt zu Blei und Zink. Die Jahresproduktion belief sich 1971/72 noch auf 8200 t Konzentrat mit 18 % V_2O_5. Die Grube wurde jedoch 1978 stillgelegt.

3.3.5.3 Strategische Reserven

Vanadium gehört zu den von den USA nach dem Zweiten Weltkrieg als kritisch beurteilten strategischen Rohstoffen. Es wurden daher in den fünfziger Jahren nicht unbeträchtliche Mengen an Vanadiumpentoxid und Ferrovanadium aufgekauft und gelagert, die später zum größten Teil zu Überschußbeständen erklärt wurden. Die Abgabe dieser Bestände hatte keinen nennenswerten Einfluß auf den Markt. Lediglich 1966, dem Jahr der Vanadiumverknappung, wurden durch die Freigabe von 2034 t V aus dem National Stockpile und des gesamten Restbestandes der US-Atomic Energy

Commission in Höhe von 1000 t Versorgungsschwierigkeiten für die US-Stahlindustrie vemieden. Inzwischen wurde das Vorratsziel für Vanadiumpentoxid wieder aufgestockt, aber auch die neuerlichen Ankäufe übten keinen nennenswerten Einfluß auf den Vanadiummarkt aus.

3.3.5.4 Ost-West-Handel

Die UdSSR exportiert seit 1966 vanadiumhaltige Schlacken mit 14 - 15 % V_2O_5 in die westlichen Industriestaaten. Der Vanadiuminhalt dieser Schlacken belief sich 1970 noch auf ca. 3450 t V, ist jedoch seither auf ca. 1200 t V p.a. zurückgegangen. Der Export an Ferrovanadium nahm im gleichen Zeitraum nur um ca. 30 % zu. Dies deutet auf einen höheren Eigenverbrauch hin, zumal die UdSSR aus Finnland Vanadiumpentoxid bezieht.

Ein zunehmendes Gewicht beim Export von Vanadiumpentoxid sowie vanadiumhaltiger Schlacken für die westlichen Industriestaaten erlangte dagegen die VR China in den vergangenen fünf Jahren. Die Ausweitung dieser Exporte fiel 1982 mit dem rückläufigen Vanadiumverbrauch der westlichen Industriestaaten zusammen und war eine der Ursachen für den Preisverfall für Vanadiumpentoxid und Ferrovanadium (vgl. Abb. III.15).

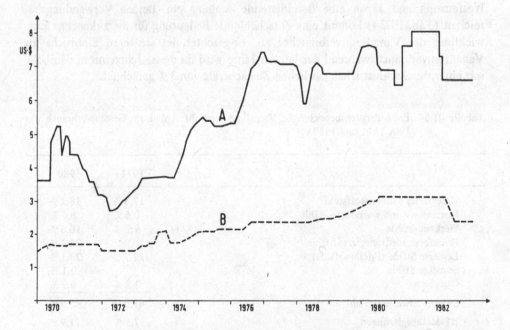

Abbildung III.15. Preisnotierungen des Metal Bulletins für Vanadiumpentoxid (sog. Highveld-Preis) und Ferrovanadium (A = Ferrovanadium $FeV_{50/60}$ in £ pro kg V, ab Juli 1983 FeV_{80} in US-$ pro kg V; B = Vanadiumpentoxid V_2O_5 in US-$ pro lb, Produzentenpreis Highveld Steel and Vanadium Corp.)

3.3.5.5 Vanadiumverbrauch

Im Jahre 1979 belief sich der Vanadiumverbrauch der westlichen Industriestaaten auf 20 700 t V. Größtes Verbraucherland waren die USA mit ca. 6100 t V, gefolgt von der Bundesrepublik Deutschland mit 3680 t V und Japan mit 3230 t V. Nennenswerte Verbräuche von 500 bis 1000 t pro Jahr weisen ferner die übrigen westeuropäischen Industriestaaten sowie Kanada aus. Der Vanadiumverbrauch der UdSSR wurde auf 5450 t geschätzt, der der übrigen Staatshandelsländer auf weitere 3530 t V, so daß sich weltweit ein Verbrauch von knapp 30 000 t V für das Jahr 1979 ergibt.

In den westlichen Industriestaaten ist die Eisen- und Stahlindustrie mit über 80 % am Gesamtverbrauch an Vanadium beteiligt. Daher wirken sich die konjunkturellen Auf- und Abwärtsbewegungen der Stahlindustrie oder einzelner Sektoren auf den Vanadiummarkt in besonderem Maße aus.

Zwischen 1960 und 1969 nahm der Vanadiumverbrauch der USA noch um durchschnittlich 13,2 % pro Jahr zu, um dann bis 1979 nur noch eine Zuwachsrate von knapp 1 % zu verzeichnen. Zu den überdurchschnittlichen Wachstumsraten der sechziger Jahre trug die weltweite Nachfrage nach hochfesten, niedriglegierten Stählen für den Bau von Erdöl- und Erdgasfernleitungen wesentlich bei. In ähnlicher Weise nahm der Verbrauch von Titan-Vanadium-Legierungen zu. Auf diesem Sektor nehmen die USA mit ihrer hochentwickelten Luft- und Raumfahrtindustrie im Vergleich zu Westeuropa und Japan eine dominierende Stellung ein. Beiden Verwendungsbereichen (Tab. III.34) kommt eine entscheidende Bedeutung für die zukünftige Entwicklung des Vanadiumsverbrauches zu. Ungeachtet des schweren Einbruchs im Vanadiumverbrauch während der letzten Jahre wird für dieses Jahrzehnt in den USA mit einer durchschnittlichen jährlichen Zuwachsrate von 3 % gerechnet.

Tabelle III.34. Endverbrauchsbereiche für Vanadium und ihr Anteil am Gesamtverbrauch der USA 1971 und 1980

	1971	1980
Unlegierter Kohlenstoffstahl	17,3 %	18,2 %
Korrosions- und warmfeste Stähle	0,6 %	0,6 %
Werkzeugstähle	9,2 %	10,6 %
Hochfeste, niedriglegierte Stähle		32,4 %
Legierte Stähle (Edelbaustähle)	52,7 %	23,1 %
Sonstige Stähle		0,1 %
Gußeisen	1,2 %	0,9 %
Summe Eisen und Stahl	81,0 %	85,9 %
NE-Metallegierungen	7,5 %	11,9 %
Katalysatoren, Chemikalien und nicht spezifizierter Verbrauch	11,5 %	2,2 %
Gesamtverbrauch	4356 t	5569 t

Quelle: USBM.

3.3.5.6 Möglichkeiten der Substitution von Vanadium in Stahllegierungen

Auf dem für den Vanadiumverbrauch wichtigsten Sektor der hochfesten, niedriglegierten Baustähle kann Vanadium als Legierungselement weitgehend durch Niob
ersetzt werden, in den Schnellarbeitsstählen durch Wolfram und Molybdän. Anstelle
der Chrom-Vanadium-Stähle können nickellegierte Stähle mit ähnlichen Eigenschaften verwendet werden. Die zukünftige Verwendung von Vanadium in der Stahlindustrie wird daher auch von der Preisentwicklung im Vergleich zu den konkurrierenden Legierungselementen abhängen.

3.3.6 Handelsformen

Vanadium wird in Form von Oxiden, Natrium- und Ammoniumvanadaten, Vorlegierungen, als Metall und in Form vanadiumreicher Schlacken gehandelt. Die wichtigsten Handelsformen für Vanadium sind Ferrovanadium und Vanadiumpentoxid.
Technisches Vanadiumpentoxid wird als geschmolzenes Oxid (black flake) mit 82 -
99 % V_2O_5 oder als luftgetrocknetes Oxid mit 83 - 86 % V_2O_5 gehandelt. Chemisch
reines Pentoxid ist luftgetrocknet und enthält 99,5 - 99,94 % V_2O_5. Die verschiedenen handelsüblichen Qualitäten für Ferrovanadium und Vanadium-Aluminium-Vorlegierungen sind in der Tabelle III.33 aufgeführt.

Die Preise für Vanadiumoxide und Vanadate beziehen sich auf den V_2O_5-Inhalt, die
für Ferrovanadium auf den V-Inhalt in kg oder lb.

3.3.7 Preisentwicklung

Die Preise für technisches Vanadiumpentoxid und Ferrovanadium werden von der
Zeitschrift Metals Week für den US-Markt und vom Metal Bulletin für den westeuropäischen Markt veröffentlicht. In einzelnen Fällen handelt es sich dabei um Produzentenpreise, wie den Vanadiumpentoxidpreis des Marktführers Highveld Steel and
Vanadium Corp. bzw. der Union Carbide Corp. Das unmittelbare Marktgeschehen
spiegelt dagegen eher die Preisveröffentlichung des Metal Bulletins für Ferrovanadium
wider. Diese Notierung beruht auf Umfragen bei Produzenten, Handel und Verbrauchern und wurde bis Juli 1983 in £ pro kg V in $FeV_{50/60}$ ermittelt (s. Abb. III.15).
Seither bezieht sich diese Preisveröffentlichung auf das kg V in FeV_{80} bzw. Carvan
und wird in US-$ ermittelt. Ende 1984 wurde ein Preis von 13 US-$/kg V notiert.

Literaturhinweise

Busch, M.: Vanadium, a materials survey Inform. Circular Nr. 8060, US-Bureau of Mines 1961.
Dunn, H.E.; Edlund, D.L.: Vanadium, in: Hampel, C.A.; Rare Metals Handbook, 2. Aufl., (Rein-
    hold), London 1961.
Griffith, R.F.: Vanadium, in: Mineral Facts and Problems, Bureau of Mines Bull., 650, US Dept.
    of Interior, Washington, D.C. 1970.

Hollingsworth, J.S.: Geology of the Wilson Springs Vanadium deposits, Garland County, Arkansas, Geol. Soc., America Guidebook, Field Conf. Nov. 18 - 19, 1967, 22 - 28, prepared by Arkansas Geol. Comm. 1967.

Houdremont, E.: Handbuch der Sonderstahlkunde, 3. Aufl., (Springer), Berlin/Göttingen/Heidelberg 1956.

Kuck, P.H.: Vanadium, in: Minerals Yearbook, 1980, Vol. I, 871 - 878, US Dept. of Interior, Washington, D.C.

Meinecke, G.: Zur Geochemie und Lagerstättenkunde des Vanadiums. Diss. Clausthal 1972.

Mineral Commodity Summeries 1984, US Dept. of Interior, Washington, D.C.

Sage, A.M.: Vanadium, in: Mining Annual Review 1984, S. 72, Mining Journal, London.

Schmidt, H. et alii: Vanadium, Band XIV der Untersuchungen über Angebot und Nachfrage mineralischer Rohstoffe, (Schweizerbart), Stuttgart 1981.

Roskills Metals Databook, 4. Aufl., Roskill Information Services Ltd., London 1983.

IV Buntmetalle (NE-Schwermetalle)

1 Kupfer

Von J. Krüger, unter Mitarbeit von B. Friedrich und U. Kerney *

Die Geschichte des Kupfers umfaßt 9000 Jahre. Es war das erste Nutzmetall der Menschheit und bildet heute eine der wichtigsten Stützen unserer technischen Zivilisation. Schon 7000 v.Chr. wurde in Anatolien Kupfererz verhüttet. Die Kupferzeit, die in Mitteleuropa etwa von 2000 bis 1800 v.Chr. dauerte, begann in Ägypten und Mesopotamien bereits im 4. Jahrtausend v.Chr. Die Verwendung des Kupfers reicht von Werkzeugen, Waffen, vielen Gegenständen des täglichen Gebrauchs über Kupfergeld, Anwendung in der Architektur bis zur Elektro- und Wärmetechnik. Kupfer ist als Spurenelement lebensnotwendig.

1.1 Eigenschaften und Minerale

Kupfer (Cu v. lat. cuprum) ist mit 0,006 % am Aufbau der festen Erdrinde beteiligt und damit ein häufiges Buntmetall.

Physikalische Eigenschaften. Kupfer hat die Ordnungszahl 29 im Periodischen System der Elemente und das Atomgewicht 63,54. Es gibt zwei stabile natürliche und neun instabile künstliche Isotope. Der Schmelzpunkt liegt bei 1083°C, der Siedepunkt bei 2595°C. Dichte: 8,92 g/cm^3.

Das physikalische Verhalten und die vielfältige technische Verwendbarkeit werden durch einige wichtige Eigenschaften bestimmt. Aufgrund der kubisch-flächenzentrierten Gitterstruktur besitzt Kupfer eine hohe Duktilität, also eine sehr gute Verformbarkeit, bei gleichzeitig guten Festigkeitseigenschaften. Infolge der hervorragenden elektrischen Leitfähigkeit, die nur von Silber übertroffen wird, nimmt Kupfer eine bevorzugte Stellung als Leiterwerkstoff der Elektrotechnik ein. Außerdem ist Kupfer wegen der ebenfalls hohen thermischen Leitfähigkeit ein geeigneter Werkstoff für Wärmetauscher.

Durch Zulegieren geeigneter Metalle werden Härte und Festigkeit des Kupfers allerdings unter Einbußen bei der Leitfähigkeit erhöht. Wegen des großen Bedarfs der Elektrotechnik ist daher Kupfer eines der wenigen Gebrauchsmetalle, das in erheblichem Umfang unlegiert verwendet wird.

* Basierend auf dem Beitrag von U.-J. Pasdach aus der 1. Auflage.

Kupfer besitzt eine gute Korrosionsbeständigkeit u.a. gegenüber Sauerstoff, normalen wässrigen Lösungen, schwefelfreien Ölen und anderen organischen Stoffen. Deshalb wird Kupfer für Behälter, Rohrleitungen usw. verwendet. Charakteristisch ist jedoch auch die starke Reaktionsfreudigkeit beim Angriff durch die meisten schwefelhaltigen Substanzen, wobei Schichten von Cu-Sulfiden (CuS, Cu_2S) entstehen. Salpetersäure löst Kupfer leicht auf, und gegen Ammoniak und Ammoniumverbindungen ist Kupfer unbeständig. Im Zusammenwirken mit den Nebenbestandteilen der Luft (Wasserdampf, Kohlensäure, Kohlendioxid) greift der Luftsauerstoff jedoch Kupfer an und bildet die grüne "Patina". Durch die oxidierenden Einflüsse im Bereich der Erdoberfläche wurden sulfidische Erze in oxidische Kupfermineralien umgewandelt.

Tabelle IV.1. Bergbaulich wichtige Kupferminerale

Mineral	Chemische Zusammensetzung	Vorkommen mit bergbaulicher Bedeutung
I. Primäre Kupfermineralien		
Kupferkies (Chalkopyrit)	$CuFeS_2$	Verbreitetstes und bergbaulich wichtigstes Cu-Mineral. Oft vergesellschaftet mit anderen Sulfidmineralien
Buntkupferkies (Bornit)	oft Cu_5FeS_4 (von Cu_3FeS_3 bis Cu_9FeS_6)	Verbreitet; bergbaulich wichtig, aber weniger bedeutend als Kupferkies und -glanz
Enargit	$3Cu_2S \cdot As_2S_5$	} Im allgemeinen selten
Luzonit	$Cu_3(As,Sb)S_4$	} Wichtig im Butte-Distrikt (Montana/USA)
Arsenfahlerz (Tennantit)	$3(Cu_2,Fe,Zn)$ $S \cdot As_2S_3$	}
Antimonfahlerz (Tetraedrit)	$3(Cu_2,Ag_2,Fe,Zn)$ $S \cdot Sb_2S_3$	} Einige Lagerstätten im Westen Nord- und Südamerikas
II. Sekundäre Kupfermineralien		
Kupferglanz (Chalkosin)*	Cu_2S	Zweitwichtigstes Cu-Mineral, viele Lagerstätten
Kupferindig (Covellin)*	CuS	Butte-Distrikt (Montana)
Antlerit	$CuSO_4 \cdot 2Cu(OH)_2$	} Oxidationszonen der Trockengebiete von
Brochantit	$CuSO_4 \cdot 3Cu(OH)_2$	} Arizona, Neumexiko, Nordchile (Atacama-Wüste)
Atacamit	$CuCl_2 \cdot 3Cu(OH)_2$	Trockengebiete von Peru, Bolivien, Chile, Australien
Malachit	$CuCO_3 \cdot Cu(OH)_2$	} Im Ausgehenden fast aller Cu-Vorkom-
Azurit (Kupferglasur, Chessylit)	$2 CuCO_3 \cdot Cu(OH)_2$	} men. Malachit: häufigstes oxidisches Cu-Erz (Zaire)
Chrysokoll (Kieselkupfererz, Kupfergrün, Kieselmalachit)	$CuSiO_3$+aq.	Arizona, Chile, Zaire
Cuprit (Rotkupfererz; Ziegelerz, wenn im Gemisch mit Limonit)	Cu_2O	Weitgehend abgebaut
Gediegen Kupfer	Cu	Halbinsel Keweenaw im Oberen See/USA

* auch als primäres Mineral vorkommend.

Bei der Abkühlung schmelzflüssiger Magmen entstanden die Primärerzlagerstätten. Sie enthalten meist die Kupferminerale (obere Hälfte Tab. IV.1), vor allem Kupferkies, daneben auch Kupferglanz und Buntkupferkies, die die Hauptmenge der Weltkupfererzförderung stellen. Die sekundären Kupferminerale (untere Hälfte Tab. IV.1) sind durch spätere Verwitterungs- und Umwandlungsvorgänge aus den primären Mineralen entstanden.

1.2   Lagerstätten, Vorräte und Bergwerksproduktion

1.2.1 Lagerstätten

Nach der Genese können zwei Hauptgruppen von Kupfervorkommen unterschieden werden:
— magmatische Lagerstätten,
— sedimentäre Lagerstätten.

Die *magmatischen Lagerstättentypen* entstehen durch Entmischung der kupferhaltigen Sulfidschmelzen aus aufsteigenden Magmen bei verschiedenen Temperaturen. Kupfer hat bei der magmatogenen Lagerstättenbildung ein breites Bildungsintervall, das von liquidmagmatischen (über 500°C) bis zum mesothermalen (250° - 150°C), untergeordnet bis zum epithermalen (unter 150°C) Stadium reicht. Bei der Kupferausscheidung aus flüssigem Magma entstehen die *liquidmagmatischen* Lagerstätten. Bei der weiteren Erkaltung des Magmas bilden sich wässrige Metallösungen (Hydrothermen), aus denen *hydrothermale* Lagerstätten entstehen. Ihre geologischen Erscheinungsformen sind sehr unterschiedlich: Ganglagerstätten (wichtig nur noch Butte/Montana) und die sehr häufigen Imprägnationslagerstätten. Letztere werden aufgrund der porphyrischen Ausbildung der Magmenkörper auch "porphyry copper ores" (kurz "porphyries") oder wegen der feinen Verteilung des Cu-Gehaltes im Gestein "disseminated porphyry copper ores" genannt. Haben die hydrothermalen Lösungen das Nebengestein nicht nur durchtränkt (imprägniert), sondern verdrängt, entstanden Verdrängungslagerstätten. Im hydrothermalen, vorwiegend im mesothermalen Bereich liegt der Schwerpunkt der Kupferausscheidung. Zu den hydrothermalen kann man die wirtschaftlich wenig bedeutsamen kontaktmetasomatischen Lagerstätten in Kalken (Kupferausscheidung im meta- bis mesothermalen Bereich) sowie die zeolithischen Lagerstätten und vererzte Mandelsteine rechnen. Im geosynklinalen Stadium können hydrothermale Lösungen bis zum Boden der geosynklinalen Meere aufsteigen und - im Zusammenhang mit der Ablagerung submariner vulkanischer Gesteine im Meer - *vulkanogen-sedimentäre* Lagerstätten bilden.

Sedimentäre Lagerstättentypen.   Bei der Verwitterung von Kupferlagerstätten im ariden und semiariden Klima werden die Kupferlösungen mobilisiert und als imprägnationsartige Kupfervererzungen vorwiegend in Sandsteinen, Konglomeraten und Arkosen angereichert (Verwitterungslagerstätten). Andere sedimentäre Lagerstätten sind durch Kupferimprägnationen in Schiefern, Mergeln und Dolo-

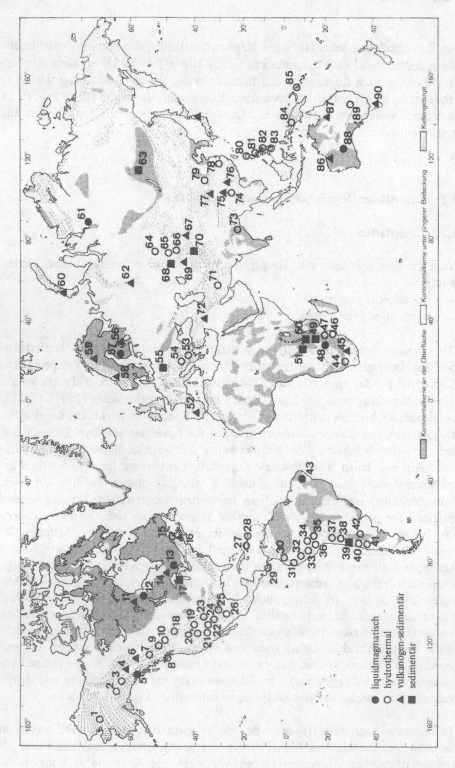

miten teils im Meer, teilweise vielleicht auch in großen Festlandsbecken entstanden.

Für die Weltkupfererzförderung sind in der Reihenfolge ihrer wirtschaftlichen Bedeutung folgende genetische Kupfererzlagerstättentypen wichtig (Abb. IV.1):

a) Die *hydrothermalen Imprägnationslagerstätten* (porphyries) liefern etwa die Hälfte der Kupferförderung der westlichen Welt. Es sind feinkörnige, arme Imprägnationen mit verschiedenen Kupfermineralien, besonders Kupferkies, manchmal auch Enargit, begleitet von Pyrit und Molybdänit, in silifizierten Eruptivgesteinen. Gewöhnliche Durchschnittsgehalte: 0,5 - 1,5 % Cu. Sie werden vielfach im Tagebau abgebaut. Oft ist Molybdän in Gehalten um 0,1 % vorhanden; etwa ein Drittel der Molybdänförderung der westlichen Welt kommt aus diesen Lagerstätten.

Hydrothermale Imprägnationslagerstätten kommen in fast allen größeren Kupferregionen vor, vor allem aber im Kordilleren-Anden-Zug (mit Schwerpunkten in Peru und Chile sowie im Südwesten der USA) und im ostasiatischen Inselbogen (fire belt). Beispiele: Chuquicamata (Chile); Toquepala (Peru); Bingham (Utah/USA); Lobo-Mine (Philippinen); Bougainville (Salomonen).

b) Die *sedimentären Lagerstätten in Schiefern, Mergeln und Dolomiten* liefern etwa 1/4 der Kupferförderung (Kupferinhalt) der westlichen Welt. Dieser Typ tritt nahezu ausschließlich in Afrika auf (Katanga-Typ), wo er die wohl größten Kupfervorkommen der Welt mit vergleichsweise hohen Cu-Gehalten bildet (zen-

---

Abb. IV.1. Die wichtigsten Kupferlagerstätten der Welt

USA: 1 Ruby Creek; 2 Orange Hill; *Kanada:* 3 Patton Hill; *USA:* 4 Sumdum; 5 Yakobi Isld.; *Kanada:* 6 Stewart; 7 Granisle; 8 Benson Lake; 9 Ashcroft/Highland Valley; 10 Peachland; 11 Fox Lake; 12 Thompson Distr.; 13 Sudbury; 14 Manitouwadge Lake; 15 Gaspé; 16 Bathurst; *USA:* 17 White Pine/Mich.; 18 Butte-Anaconda-Distr.; 19 Bingham/Utah; 20 White Pine Country/ Nev.; 21 Yavapai County; 22 Pima County; 23 Pinal County; Gila County; 24 Greenley County; 25 Warren-Distr.; *Mexiko:* 26 Cananea; Dominik. Rep.: 27 Mata Grande; *Puerto Rico:* 28 Adjuntas; *Panama:* 29 Cerro Colorado, Adjuntas; *Kolumbien:* 30 Cerro Plateado, Pantanos; *Ecuador:* 31 Chanca; *Peru:* 32 Marococha-Toromocho; 33 Cobriza; 34 Tintaya; 35 Cerro Verde; 36 Cuajone-Toquepala; *Chile:* 37 Chuquicamata, Antofagasta-Distr.; 38 Potrerillos-El Salvador; 39 Mina Sur; 40 Los Andes; 41 El Teniente; *Argentinien:* 42 Paramillos; *Brasilien:* 43 Caraiba-Distr.; *Südafrika:* 44 O'okiep; 45 Prieska, Kenhart; 46 Phalaborwa; 47 Sibisa-Distr.; *Botswana:* 48 Selebi-Pikwe; *Rhodesien:* 49 Sinoia-Distr.; *Sambia:* 50 Copper Belt (Baluba, N'Kana, Chambishi, N'changa, Bancroft); *Zaire:* 51 Katanga (Kinsenda, Kipushi, Kamoto, Shaba, Mushoshi); *Spanien:* 52 Huelva-Distr.; *Jugoslawien:* 53 Bor; 54 Majdan Pek; *Polen:* 55 Niederschlesien; *Finnland:* 56 Outokumpu; 57 Hitura; *Norwegen:* 58 Joma, Gjeravik; *Schweden:* 59 Aitik; *UdSSR:* 60 Belusha; 61 Norilsk; 62 Krasnouralsk; 63 Udokan; 64 Bostschekul; 65 Shekeshuan; 66 Kounrad; 67 Tekeli; 68 Dsheskasgan; 69 Almalyk-Distr.; 70 Syr-Darja-Tal; *Iran:* 71 Kerman-Distr.; *Türkei:* 72 Ergani Maden; *Indien:* 73 Rakha, Roam; *VR China:* 74 N-Yünnan; 75 Tungschuan; 76 Pengshien; 77 Paiyinchang; 78 Tungkwanshan; 79 Chungtiaoshan; *Philippinen:* 80 Baguio, Mankayan; 81 Marinduque Isld.; 82 Toledo/Cebu; 83 Agusan-Distr.; *Indonesien:* 84 Ertsberg/W.-Irian; *Salomonen:* 85 Bougainville; *Australien:* 86 Pilbara; 87 Mt. Isa, Tennant Creek; 88 Windarra-Distr.; 89 Cobar-Distr.; 90 Mt. Lyell; *Japan:* 91 Ashio, Hitachi.

tralafrikanischer copper belt). In Sambia (z.B. Mufulira) sind es vorwiegend sulfidische Erze bei durchschnittlichen Cu-Gehalten von 3 - 5 %. Kupfermineralien sind vor allem Kupferkies und Kupferglanz.

Die Lagerstätten in Zaire, fast alle konzentriert in der Provinz Katanga (z.B. Kamoto), führen 3 - 6 % Cu; sie sind durch tiefgreifende Verwitterung teilweise in oxidische Erze, besonders in Malachit, umgewandelt worden. Stellenweise treten Kobaltmineralien als Begleiter auf. Zaire lieferte deshalb 1982 rund 51 % und Sambia rund 11 % der Weltbergwerksförderung an Kobalt.

Alle anderen Lagerstättentypen spielen gegenüber den oben beschriebenen Haupttypen eine nur untergeordnete Rolle.

c) Zugenommen hat in den letzten Jahren die Bedeutung der *vulkanogen-sedimentären Lagerstätten*. Sie treten teils als massige Derberzkörper, teils als Imprägnationen auf (z.B. Mt. Isa, Queensland/Australien; Kid Creek, Ontario/Kanada). Vorherrschendes Kupfermineral ist Kupferkies. Aus diesen Lagerstätten wird Kupfer meist zusammen mit Zink, aber auch mit Zink und Blei gewonnen (Kupfer-Zink-Typ). Die Zahl derartiger Vorkommen ist wesentlich größer als bisher angenommen wurde. Zu den vulkanogen-sedimentären Lagerstätten gehören auch die im Roten Meer in ca. 2000 m Tiefe gefundenen Schlämme, in denen besonders Kupfer und Zink angereichert sind (marine Ausscheidungslagerstätten).

d) Die *magmatischen Lagerstätten* umfassen die Vorkommen von Sherritt Gordon, Thompson und Sudbury (Kanada), Kambala (Australien) und Norilsk (UdSSR) (1). In diesen Vorkommen tritt Kupfer immer zusammen mit Nickel auf und wird teilweise wie Platin nur als Beiprodukt der Nickelförderung gewonnen. Die an einen Karbonatitkomplex gebundene Kupferlagerstätte von Phalaborwa in Südafrika (Jahresförderung etwa 28 Mio. t Erz mit Kupfergehalten von 0,5 %) ist ebenfalls magmatischen Ursprungs; hier werden als Beiprodukte das Phosphat-Mineral Apatit, titanhaltiger Magnetit und Vermikulit gefördert.

(e) Die *sedimentären Lagerstätten als aride Konzentration in Konglomeraten und Sandsteinen* (Kupfer-Sandstein-Lagerstätten) kommen zwar relativ häufig vor, werden aber bisher wegen ihrer unregelmäßigen Vererzung nur selten bergbaulich genutzt. Zu den wenigen Kupfer-Sandstein-Vorkommen, die zur Zeit abgebaut werden, gehören die große Lagerstätte Dsheskasgan (Kasachstan/UdSSR) sowie Mina sur und Sagasca (Chile). Sehr bedeutend ist auch Udokan nordöstlich des Baikalsees (UdSSR).

Etwa zwei Drittel der bekannten Vorräte der westlichen Welt sind auf hydrothermale Lagerstätten (fast ausschließlich porphyries) und etwa ein Fünftel auf sedimentäre Lagerstätten (praktisch nur Katanga-Typ) verteilt.

1.2.2 Erzvorräte

Vorratsangaben sind abhängig vom Untersuchungsgrad und von den Bauwürdigkeitsgrenzen, die sich infolge des technischen Fortschritts verringern werden, womit die Einbeziehung von ärmeren Erzen in die Vorräte ermöglicht wird. Die Einteilung der Erzreserven nach dem Untersuchungsgrad (sichere, wahrscheinliche, mögliche, potentielle Vorräte) ist grundsätzlich möglich, die veröffentlichten Schätzungen sind jedoch pauschal und enthalten deshalb Unsicherheiten. Ohnehin kann nur der aktuelle Stand der Prospektion wiedergegeben werden, was nichts aussagt über die tatsächlichen Gesamtvorräte. Hinzu kommen manchmal noch Angaben über hypothetische Vorräte; das sind noch unentdeckte Reserven, die in bereits bekannten Lagerstättendistrikten - ausgehend von deren geologischer Struktur und deren bekannten Reserven - vermutet werden können.

Bei diesen Abschätzungen spielt auch der Kupferpreis eine wichtige Rolle. Steigende Kupferpreise verschieben die Bauwürdigkeitsgrenzen ebenfalls zu geringeren Werten, womit die Erzreserven weiter zunehmen. Umgekehrt verringern sich die abbauwürdigen Erzreserven bei fallenden Kupferpreisen.

1.2.2.1 Welt-Erzvorräte

Bei den derzeitigen Abbaugrenzen wurden die Weltreserven 1981 auf ca. 550,8 Mio. t (1) Kupfermetall geschätzt (incl. Ostblock). Noch 1976 lag die Schätzung bei 456 Mio. t (2) bei einem jährlichen Primärbedarf von 7,3 Mio. t. Bei einer damals angesetzten Zuwachsrate des Bedarfs von 2,94 %, die infolge der immer weiter wachsenden Recyclingpotentiale sehr optimistisch erscheint, ergab sich eine statistische Lebensdauer von 63 Jahren und eine dem wachsenden Bedarf angepaßte Lebensdauer von nur 36 Jahren. Allein die Zunahme der Reserven um 100 Mio. t in 5 Jahren zeigt, daß die Angaben zur Versorgungssicherheit äußerst vorsichtig zu behandeln sind. Geht man von 550,8 Mio. t Reserven und 8,3 Mio. t Bergwerksproduktion aus, so lag die statistische Lebensdauer 1981 immer noch bei 66 Jahren. Eine Verknappung ist also nicht zu erwarten.

1974 lagen ca. 56 % der nachgewiesenen Reserven in den sog. unterentwickelten Ländern (2) (Lateinamerika, Afrika, Asien), die selbst nur durchschnittlich 9 % des produzierten Metalls im Zeitraum zwischen 1971 und 1975 verbrauchten. Für die nächste Zukunft ist hier zwar mit einem leichten Anstieg des Verbrauchs zu rechnen, jedoch bleibt der Anteil von untergeordneter Bedeutung (vgl. Tab. IV.2).

Die Schätzungen der Erzreserven des Ostblocks sind äußerst unsicher. Das United States Bureau of Mines (USBM) schätzt sie auf 36,3 Mio. t (1972); die Angaben des USGS (United States Geological Survey) im Jahre 1973 belaufen sich für die UdSSR und die VR China auf 38,1 Mio. t (davon 35,4 Mio. t in der UdSSR). Andererseits werden die sowjetischen Vorräte von *Sutulov* auf 37 und von *Strishkov* auf 40 Mio. t geschätzt; beide dürften die Udokan-Lagerstätten noch nicht voll berücksichtigt haben. Die bekannten Vorräte der VR China werden mit 2 - 8 Mio. t angegeben. Hinzu kommen sedimentäre Lagerstätten mit etwa 12 Mio. t Kupfer in Zechensteinmergeln (Polen).

Tabelle IV. 2. Die Regionalverteilung der Cu-Reserven und der Bergwerksproduktion 1984*

Land	Anteile der führenden Länder			
	Reserven		Bergwerksproduktion	
	Mio. t	%	Mio. t	%
Chile	97	19,0	1,25	15,4
USA	90	17,6	1,05	12,9
UdSSR	36	7,1	1,00	12,3
Sambia	34	6,7	0,54	6,7
Kanada	32	6,3	0,63	7,8
Peru	32	6,3	0,37	4,6
Zaire	30	5,9	0,53	6,5
Polen	15	2,9	0,38	4,7
Philippinen	18	3,5	0,25	3,1
Australien	16	3,1	0,25	3,1
Sonstige	110	21,6	1,87	23,0
Welt	510	100,0	8,12	100,0

* geschätzt
Quelle: USBM, Washington, D. C. 1985.

Insgesamt dürfte der Anteil der östlichen Länder an den Weltkupferreserven 10 - 15 % nicht übersteigen.
Eine Übersicht über die führenden Kupfererzproduzenten gibt Tabelle IV.3. Inzwischen (1984) hat Chile die USA von Platz 1 der Bergwerksproduktion verdrängt.

Tabelle IV.3. Erzproduktion und Vorräte der Hauptkupfererzförderer über 100 Mio. t Cu-Inhalt (4)

Unternehmen	Erzproduktion	Cu-Inhalt der Produktion	Vorräte an Erz	Cu-Inhalt der Vorräte	statistische Lebensdauer
	Mio. t	1000 t	Mio. t	Mio. t	Jahre
Amax/USA	10,0	72,0	414	2,7	38
Asarco/USA	n.b.	106,5	175	1,2	11
Atlas/USA	37,9	134	907	4,1	31
Phelps Dodge/USA	21,3	150,1	1743	10,2	68
Kennecott/USA	n.b.	n.b.	n.b.	n.b.	n.b.
Inco/Kanada	6,3	59,9	451	4,5	75
Codelco/Chile	73,0	730,0	2793	21,0	29
South Peru/Peru	33,8	285,8	526	4,6	16
Boliden/Schweden	14,6	54,0	550	1,9	35
Rio Tinto/Spanien	4,9	41,5	152	n.b.	n.b.
Zambia Consol./Sambia	32,5	692,3	561	17,4	25
Bougainville/Salomonen	41,7	170,0	760	3,0	18
Mount Isa/Australien	8,3	25,0	175	5,4	217

n.b.: nicht bestimmbar

Eine der möglichen zukünftigen Ressourcen stellen die sog. Manganknollen dar, die in den siebziger Jahren die Lagerstättenforschung stark beeinflußt haben. Mangan-knollen sind kartoffelförmige Agglomerate, die sich auf dem Meeresboden in Tiefen zwischen 1000 und 6000 Meter zumeist um einen Keim herum (z.B. Haifischzahn) gebildet haben. Die Metallgehalte dieser Erzkörper vor allem an Mn, Cu, Co und Ni (vergl. Tab. IV.4) können zukünftig einmal interessant sein.

Tabelle IV.4: Zusammensetzung schwermetallreicher lufttrockener Manganknollen (in Gew.-%)(5)

Element	Gehalt	Element	Gehalt
Mn	29,8	Zn	0,12
Cu	1,2	Fe	4,8
Ni	1,36		
C	0,2	SiO_2	13,0

Quelle: Krüger, J.; Schwarz, K.H.: Processing of Manganese Nodules, in: Review of the Activities, Ed.18, (Metallgesellschaft AG, Frankfurt am Main), 1975.

Im Umweltbericht an den Präsidenten der Vereinigten Staaten wurden, ausgehend von Prognosen aus dem Jahre 1976, die Ressourcen an Cu-Metall in Manganknollen auf ca. 690 Mio. t geschätzt (Weltfestlandsreserven 1977: 456 Mio. t) (2). Auf dem damaligen Trend basierend wurde für 1985 eine Produktion von 180 000 t Cu aus Manganknollen prognostiziert, die ca. 2 % der Gesamtweltproduktion ausmachen sollten. Da jedoch vor allem von den Ländern der Dritten Welt eine Beteiligung an den Schürfrechten gefordert wird, konnte bezüglich der Bildung einer International Seabed Resources Authority (ISRA) zur Aufteilung der Meeresbodenschätze und Überwachung der Förderung bis heute noch keine Einigung getroffen werden. Außerdem ist derzeit eine wirtschaftliche Förderung und Integration der Metalle in die bestehende Marktsituation nicht möglich.

1.2.2.2 Regionale Verteilung der Vorräte

Kupfererzlagerstätten (Abb. IV.1) finden sich nachweislich in fast allen Teilen der Erde. Für die Deckung der heutigen Nachfrage haben sich folgende geographische Schwerpunktgebiete herauskristallisiert.

Über 30 % der westlichen Kupfererzlagerstätten finden sich in Südamerika. Darunter fallen das Gebiet der Kordilleren mit den Lagerstätten in Chile (Chuquicamata, El Salvador, Los Andes und El Teniente), in Peru (Cerro de Pasco, Atacames und Arequipe), in Bolivien (Corocoro), in Mexiko (La Caridad) und in Panama (Cerro Colorado).

Weitere 25 % bilden die Lagerstätten der USA: das west- und südwestliche Gebiet der USA entlang des Colorado-Plateaus in Arizona (Miami, Globe, Ray, Morenci, Bisbee),

Utah (Bingham), New Mexico, Montana (Butte-District) und Nevada (Ely, Chino).

Über 10 % der Lagerstätten der westlichen Welt befinden sich in Kanada im präkambrischen Schild (Manitoba, Ontario, Quebec). Darunter fallen auch Cu-Ni-Vorkommen des Sudbury-Bezirkes.

Der afrikanische Schild enthält weitere 20 % westlicher Lagerstätten, so z.B. den copper belt in der Lagerstättenprovinz Shaba in Zentralafrika, Sambia, Zaire und Simbabwe.

Nur 4 % der Cu-Vorkommen befinden sich in Europa. Nennenswert sind die Lagerstätten im Huelva-District Spaniens und Portugals sowie in Irland, Jugoslawien, Bulgarien, Finnland, Norwegen und wie erwähnt in Polen.

Größere östliche Lagerstätten sind zu finden im Gebiet des mittleren und südlichen Urals, im Kaukasus sowie in Kasachstan, Usbekistan, Usokan im Transbaikal und Norilsk in Nordsibirien.

Wirtschaftlich an Bedeutung gewonnen haben in den letzten Jahrzehnten die Lagerstätten auf den Philippinen und in Ozeanien. Darunter fallen die in Papua-Neuguinea und Fidschi sowie in Australien.

Im ostasiatischen Inselbogen sind Vorräte vor allem in Bougainville (Salomon-Inseln), West-Irian (Indonesien) und in Japan bekannt.

Einen Überblick über die Reserven der von den größten Unternehmen verwalteten Lagerstättenbezirke gibt Tabelle IV.3.

1.2.3 Bergwerksproduktion (Erzförderung)

Bis in die 1. Hälfte des 19. Jahrhunderts lag das Schwergewicht der Kupfergewinnung, sowohl der Bergwerksproduktion (6) als auch der Hüttenproduktion, in Europa. Der mit der Industrialisierung stark steigende Kupferverbrauch konnte von den europäischen Gruben nicht mehr gedeckt werden. Daher verlagerte sich das Schwergewicht der Förderung bald auf andere Kontinente, insbesondere nach Amerika und Afrika, die heute die Hauptfördergebiete der westlichen Welt sind. Wichtiger Bergbauproduzent ist außerdem die UdSSR geworden. Kamen 1972 noch knapp 73 % der Welt-Kupferförderung aus nur 6 Ländern (USA, UdSSR, Chile, Sambia, Kanada, Zaire), so ist 1982 der Anteil auf ca. 63 % gesunken. Dies liegt vor allem daran, daß die USA und Kanada ihre Bergwerksproduktion verringert haben. Die USA beispielsweise produzierten 1982 in etwa soviel wie 1962.

Zurückzuführen ist die Drosselung auf eine weltweite Überproduktion. Die in der CIPEC (Conseil Intergouvernmental des Pays Exportateurs de Cuivre) organisierten

Länder der westlichen Welt nahmen darauf jedoch keine Rücksicht und steigerten ihre Produktion z. T. erheblich (z. B. Chile 1982 um über 15%).

Von den östlichen Ländern konnte vor allem Polen durch die im Abbau befindlichen umfangreichen Lagerstätten mit Gehalten um 1,3% bei Glogau, Lüben und Liegnitz einen Produktionsanstieg verbuchen (vgl. Tab. IV.5).

Tabelle IV. 5. Weltbergwerksproduktion von Kupfer

	1962	1972	1982	
	1000 t	1000 t	1000 t	%
Amerika	2 350,3	3 262,3	3 619,1	44,0
USA	1 114,4	1 510,3	1 147,9	13,9
Chile	585,9	716,8	1 242,2	15,1
Kanada	414,9	719,2	612,5	7,4
Peru	165,4	219,1	356,3	4,3
Mexiko	47,1	78,7	239,1	2,9
Afrika	968,8	1 418,2	1 386,2	16,8
Sambia	562,3	717,1	566,9	6,9
Zaire	297,0	435,7	502,8	6,1
Südafrika	48,3	161,9	207,1	2,5
Asien	233,8	401,1	555,5	6,8
Philippinen	54,7	213,7	292,1	3,5
Indonesien	–	5,0	75,1	0,9
Japan	103,6	112,1	50,7	0,6
Europa	149,2	253,9	305,2	3,7
Jugoslawien	51,7	103,1	119,3	1,4
EG	4,9	2,4	3,8	0,0
Australien	108,7	309,8	415,3	5,0
Westliche Länder	3 810,8	5 645,3	6 281,3	76,3
Ostblock	744,4	1 417,5	1 947,0	23,7
UDSSR	600,0	1 030,0	1 150,0	14,0
Polen	13,0	135,0	376,0	4,6
China	80,0	115,0	175,0	2,1
Gesamt	4 555,2	7 062,8	8 228,3	100,0

Quelle: Metallstatistik, Jg. 1972/1983, Metallgesellschaft AG, Frankfurt am Main.

1.3   Technische Verfahren und Gewinnungskosten des Metalls

1.3.1 Abbauverfahren

Die nahe der Erdoberfläche liegenden Erzkörper werden im allgemeinen im Tagebau abgebaut. Die in größerer Tiefe stehenden Erze werden nach Tief- bzw. Untertage-abbaumethoden gefördert. In den letzten Jahren ist der Anteil des im Tagebau gegenüber des aus dem Tiefbau gewonnenen Kupfers ständig gestiegen. Gegenwärtig kommen ca. 60 % der Weltkupferförderung aus Tagebaubetrieben. In den USA z.B. liegt der Anteil bei über 80 %, in Kanada jedoch nur bei 20 %.

Die besseren Mechanisierungsmöglichkeiten des Tagebaus haben diese Entwicklung begünstigt, so daß im allgemeinen große, oberflächennahe und niedrighaltige Kupfervorkommen im Tagebau mit geringeren Kosten abgebaut werden können als die untertage abgebauten Lagerstätten mit erheblich höheren Kupfergehalten. Große Tiefbaue befinden sich in Chile (El Teniente) und Peru (Cobriza), in Zaire (Kamoto) und Sambia (Mufulira), in Schlesien sowie in Kanada (Sudbury).

Der Gehalt aller im Jahre 1900 geförderten Kupfererze betrug durchschnittlich etwa 5 % Cu. Heute liegt er meist zwischen 0,35 und 1,5 %. Der Abbau armer Kupfererze ist vor allem dann interessant und wirtschaftlich, wenn Begleitelemente in Gehalten vorliegen, die deren wirtschaftliche Gewinnung ermöglichen. So wurden 1975 in den USA als Nebenprodukte der Cu-Erzeugung (1,26 Mio. t aus Erzen) 15 800 t Molybdän, 380,6 t Silber und 10 t Gold gewonnen. Das entspricht in etwa 30 - 35 % der USA-Gesamtproduktion der jeweiligen Metalle (3).

Die Gewinnung von Kupfererz im Tagebau bringt die Bewegung großer Gesteinsmengen mit sich und bedingt eine beachtliche Ausdehnung des Abbaugebietes. In der Regel wird der Erzabbau von der Oberfläche beginnend über Bohrungen und Sprengungen in die Tiefe vorgetrieben. Das so entstehende Tagebauloch wird kreis- und terrassenförmig ausgebaut und verjüngt sich somit mit zunehmender Tiefe.

Der Tagebau Bingham/USA beispielsweise erreicht einen Durchmesser von 6 km (Landschaftshöhe) und eine Tiefe von ca. 1 km. Der Abtransport des Roherzes erfolgt zumeist gleislos mit Lastkraftwagen (Ladegewicht bis zu 250 t) und erreicht einen Umfang von bis zu 100 000 t Roherz pro Tag, wobei auf jede Tonne Erz bis zu 5 Tonnen Abraum zusätzlich anfallen, der abtransportiert werden muß. Die Leistungsfähigkeit eines Tagebaubetriebes liegt zwischen 150 und 350 Tonnen je Mann und Schicht.

Der Untertageabbau von Kupfererzen erfordert einen wesentlich höheren Aufwand an Material (Bohrmaschinen, Förderbänder, Entstaubung usw.), Personal und damit an Kosten. Daher lohnt sich ein solcher Tiefbau nur dann, wenn die Erzkörper klein aber ergiebig sind bzw. einen höheren Gehalt an förderungswürdigen Begleitmetallen aufweisen (Mo, Edelmetalle usw.). Eine nicht unerhebliche Rolle spielt zusätzlich die Beschaffenheit des Nebengesteins.

Grundsätzlich unterscheidet man zwei prinzipielle Abbaumethoden: Firsten- und Streckenbau erfordern einen stützenden Ausbau der Grubenräume und lassen eine nur begrenzte Mechanisierung zu. Daher werden, soweit das Gebirge es zuläßt, aus Kostengründen vorzugsweise Blockbruchbau und Kammerbau betrieben, bei denen der Grubenausbau auf ein Minimum reduziert werden kann.

Die größten Tiefbaugruben wenden den Blockbruchbau in den massiven Erzkörpern der prophyrischen Lagerstätten an, wo sowohl das Erz als auch das überlagernde Nebengestein nicht sehr fest sind. Der hohe Mechanisierungsgrad erlaubt den Abbau von Erzen mit weniger als 1 % Cu-Gehalt. Die Abbaukosten liegen dann niedriger und nähern sich manchmal sogar den Tagebaukosten.

Oxidische Kupfererze werden grundsätzlich im Tagebau abgebaut, da sie nur im oberflächennahen Bereich zu finden sind (Verwitterungserze). Beim Abbau wird versucht, daß durch die nötigen Sprengungen das Erz schon auf die für die sich direkt anschließende Laugung richtige Korngröße gebracht wird und sich somit eine weitere Zerkleinerung nach dem Abtransport (Brechen, Mahlen) erübrigt. Sulfidische Erze müssen nach dem Sprengen und Abtransportieren weiter zerkleinert werden, bevor sie in einer Flotation angereichert werden.

1.3.2 Aufbereitungsverfahen

Die in den Lagerstätten abgebauten Kupfererze müssen für den metallurgischen Prozeß vorbereitet werden. Bei den sulfidischen Erzen ist es möglich, über eine sogenannte *Flotation* (Sink-Schwimm-Aufbereitung) des zuvor fein aufgemahlenen Erzes eine Aufkonzentrierung des Kupfers zu erzielen. Diese basiert auf dem selektiven Ankoppeln der Cu-haltigen Körner an Gasblasen oder Öltropfen, wodurch sie relativ zur Trübe leichter werden und aufschwimmen. Diese so gebildeten Konzentrate enthalten gewöhnlich 25 - 35 % Cu und werden der schmelzmetallurgischen Kupfergewin-

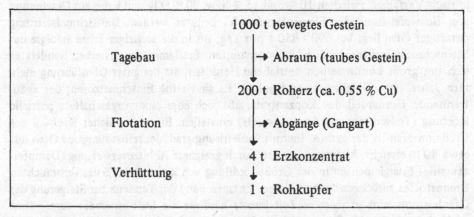

Quelle: Ullmanns Enzyklopädie der technischen Chemie, Bd.15, Verlag Chemie, Weinheim 1978.

Abbildung IV.2. Flußdiagramm der Anreicherung für Kupfererz

nung zugeführt. Die Größenordnung der Anreicherungsschritte eines porphyrischen Kupfererzes läßt sich in einem Flußdiagramm (englisch: flowsheet) zusammenfassen (Abb. IV.2.). (7)

Oxidische Kupfererze können über eine Flotation sehr schlecht aufkonzentriert werden. Die geringen Kupferinhalte lassen ökonomisch nur eine naßmetallurgische Weiterverarbeitung zu, für die je nach Verfahren entweder keine oder eine mehr oder weniger feine Aufmahlung erforderlich ist.

1.3.3   Kupfergewinnung

1.3.3.1 Schmelzmetallurgische Verfahren

Der im Konzentrat enthaltene Chalcopyrit ($CuFeS_2$) wird in einem Schwebeschmelzofen unter Luftzufuhr und Quarzzugabe zu $Cu_2S \cdot FeS$ und $2\ FeO \cdot SiO_2$ verbrannt. Die dabei entstehende Reaktionswärme reicht zum Aufschmelzen der gesamten Aufgabe aus. Es entsteht eine Schmelzphase mit 60 % Cu, 15 % Fe, 25 % S (der Stein), eine für die Ofenausmauerung unschädliche eisensilikathaltige Schlacke sowie ein SO_2-haltiges Abgas. Die Schlacke, die etwa 1 % Cu enthalten kann, wird in einem separaten Elektroofen auf Werte um 0,3 % abgereichert und danach verhaldet.

Weltweit angewendet werden die kontinuierlichen Autogenschmelzverfahren der Firmen Outokumpu Oy/Finnland und INCO/Kanada. Diese zeichnen sich durch hohe Produktivität und geringe Energiekosten aus, da sie zum einen die Verbrennungswärme nutzen, zum anderen mit vorgewärmter oder sauerstoffangereicherter Luft (Outokumpu), bzw. mit technischem Sauerstoff (Outokumpu-,Inco-Ofen) betrieben werden. Ein steigender Sauerstoffanteil der Luft senkt zum einen die Energiekosten der Anlagen (höhere Reaktivität, geringer Wärmeaustrag durch Stickstoff) wie auch die Staubemission durch ein verkleinertes Abgasvolumen. Das Abgas enthält je nach Verfahren zwischen 10 % und 15 % bzw. 80 % SO_2 und kann zur Gewinnung von Schwefelsäure oder Elementarschwefel benutzt werden. Die Schmelzleistung derartiger Öfen liegt bei 600 - 850 t pro Tag. Bis in die sechziger Jahre erfolgte das Steinschmelzen ausschließlich in sogenannten Erzflammöfen. Hierbei handelt es sich um große kontinuierlich betriebene Herdöfen, die bei guter Ofenführung mehrere Jahre ohne Unterbrechung arbeiten. Es sind reine Einschmelzöfen; der abzutrennende Eisenanteil des Konzentrats läßt sich über eine vorgeschaltete partielle Röstung (Teilverbrennung des Schwefels) einstellen. Ein wesentlicher Nachteil der Erzflammöfen ist der geringe thermische Wirkungsgrad, der selbst für große Öfen nur etwa 40 % erreicht. Allerdings können durch geeignete Abhitzeverwertung (Dampferzeugung) Energiemengen in der Größenordnung von mehr als 40 % des verbrauchten Brennstoffes zurückgewonnen werden. Entsprechend der Tendenz zur Steigerung der Ofenleistung wird in jüngster Zeit immer häufiger die Luft entweder vorgewärmt und/oder mit Sauerstoff angereichert. Dies ermöglicht einen ökonomischen Flammofenbetrieb in Hütten geringer Kapazität.

Im derzeit noch chargenweise betriebenen Trommelkonverter werden in zwei Stufen aus dem Stein wiederum unter Luftzufuhr (O_2-angereichert) und SiO_2-Zugabe die unedleren Elemente (S, Fe, As u.a.) nahezu vollständig abgetrennt. Das Produkt dieses Verblaseprozesses ist das Blisterkupfer, das 99 % Cu, 0,5 % O_2 sowie edlere Elemente, wie Au, Ag und Pt enthält. Die die metallischen Verunreinigungen enthaltende Schlacke wird auch hier anschließend arm geschmolzen, bevor sie verhaldet werden kann. SO_2 wird der Schwefelsäureanlage zugeführt. Die im Konverter ablaufenden Reaktionen sind, wie beim autogenen Schmelzen, überwiegend exotherm, d.h. sie entwickeln soviel Wärme, daß keine Beheizung erforderlich ist. Es gibt Überlegungen, diesen Prozeß auch kontinuierlich zu gestalten.

Bestrebungen, das Steinschmelzen und die Konverterarbeit in einem Aggregat zu vereinigen, haben aufgrund der zu hohen Kupferverluste in den Schlacken bisher keinen durchschlagenden Erfolg gehabt. Ein solches Konzept ist von der Noranda/Kanada, entwickelt worden, hat aber endgültig nur zu einem Prozeß geführt, dessen Produkt sog. Spurstein (nur Cu_2S) ist. Eine anschließende Verblasestufe führt auch hier erst zum Blisterkupfer. Mitsubishi/Japan vertreibt eine kontinuierliche Anlage, die sich durch ein Zusammenschalten der drei herkömmlichen Aggregate (Schmelzen-Konvertieren-Armschmelzen) auszeichnet. Hier wird der kontinuierliche Ablauf beim Ausfall eines Aggregates problematisch; so konnte sich auch dieses Verfahren gegenüber der Kombination Schwebeschmelzofen und Konverter bisher nicht durchsetzen.

Da sich während der Konverterarbeit eine gewisse Menge Sauerstoff im Kupfer löst, wird dieser in einer schmelzflüssigen Raffinationsstufe durch Einblasen von Erdgas auf Gehalte um 0,05 % abgesenkt (Feuerraffination).

Die Edelmetalle lassen sich vom Kupfer nur auf elektrolytischem Wege trennen, für den das feuerraffinierte Kupfer zu Anoden vergossen wird. Hierzu stehen zwei kontinuierliche Verfahren zur Verfügung. Im Horizontalguß lassen sich auf einem Gießrad drei plattenförmige Anoden pro Minute mit einem Gewicht von je 400 kg herstellen. Vorteile hinsichtlich Gewichtskonstanz und Oberflächenbeschaffenheit der Anoden bietet das moderne Hazelett-Verfahren, bei dem das Kupfer zwischen zwei umlaufenden und gekühlten Stahlbändern erstarrt. Das austretende Kupferband wird durch Plasmabrenner zu Anoden mit einem Gewicht von 250 kg zurechtgeschnitten.

In einem schwefelsauren Elektrolyten mit einem Kupferinhalt von 40 - 50 g/l wird das zu Platten vergossene Rohkupfer unter Stromzufuhr anodisch aufgelöst und kathodisch wieder abgeschieden. Die edleren Verunreinigungen verbleiben in einem Rückstand, dem sogenannten Anodenschlamm, der auf Ag, Au und die Pt-Elemente weiterverarbeitet wird. Geringe Gehalte an unedleren Elementen, wie Fe oder As, reichern sich im Elektrolyten an und zwingen zur gelegentlichen Reinigung der Lösung. Um den heutigen Anforderungen an die Leitfähigkeit zu entsprechen, darf das Kathodenkupfer in der Summe nicht mehr als 0,006 % Verunreinigungen außer Sauerstoff enthalten.

Von zunehmender Bedeutung ist die Kupfergewinnung aus sekundären Rohstoffen. Je nach Qualität können sie dem Konverter oder dem Raffinierofen der Primärerz- verhüttung zuchargiert werden, bzw. durchlaufen bei hohen Verunreinigungsgehalten (Messing, Bronze, Rotguß, Verbundschrotte) einen separaten Prozeß, dessen Kern- aggregat der Altmetallkonverter ist. Hierbei werden Sn, Pb und Zn vorzugsweise ver- dampft und als Flugstaub aufgefangen. Ein nickel- und evtl. silberhaltiges Rohkupfer wird dem Feuerraffinierofen zugeführt und herkömmlich weiterverarbeitet. Die an- fallende reiche Schlacke (15 bis 35% Cu, 2 - 5% Sn, 10 - 15% Zn, 2 - 5% Pb, Rest- gehalte an Fe und Ni) wird zusammen mit Koks in einem Schachtofen armgeschmol- zen. Dabei fällt ein dem Altmetallkonverter vergleichbarer Flugstaub, eine deponier- fähige Schlacke und eine wertmetallhaltige Bronze an, die wieder in dem Altmetall- konverter eingesetzt wird.

1.3.3.2 Naßmetallurgische Verfahren

Naßmetallurgisch werden derzeit etwa 15% der Weltkupferproduktion gewonnen. Die Produktivität ist hierbei sehr gering, da aufgrund des geringen Wertmetallinhal- tes große Materialmengen transportiert, gelagert und verarbeitet werden müssen. Auf- grund der hohen Transportkosten erfolgt die Verarbeitung der oxidischen Kupfer- erze auf der Grube, wogegen der Transport der Konzentrate zu weit entfernt liegen- den Schmelzhütten durchaus üblich ist.

Die oxidischen Erze werden direkt einem Laugungsverfahren unterworfen. Hierbei wird das Kupfer durch Reaktion mit wässriger H_2SO_4-Lösung aus dem Gestein herausgelöst.

Der Kupferinhalt des Erzes bestimmt die verfahrenstechnische Durchführung. Erze mit niedrigem Kupfergehalt werden vorgebrochen, terassenförmig aufgeschichtet und mit der Säure berieselt (Haldenlaugung). Die Laugezeit einer Halde mit einer Größe von 100 000 m^3 kann bis zu einem Jahr betragen. Steigt der Kupfergehalt auf 1- 1,5%, lohnt es sich, die Erze grob zu mahlen und in große Laugebottiche mit Volumen von 5000 m^3 zu füllen. Läßt man dann verdünnte Schwefelsäure hindurchsickern (Sickerlaugung), kann das Kupfer ausgelaugt werden. Die Prozeß- dauer sinkt auf eine Woche ab.

Die Laugung kann noch effektiver in Rührbehältern durchgeführt werden (Rühr- laugung). Dies bedingt jedoch eine feine Aufmahlung des vorlaufenden Gutes und einen größeren apparativen Aufwand. Die Reaktion ist jedoch bereits nach wenigen Stunden abgeschlossen. Über eine Fest-Flüssig-Trennung (Sedimentation, Filtra- tion) wird die kupferhaltige Produktlösung des Laugungsprozesses von Feststoff- partikeln befreit.

Durch einstufige Verfahrensweise läßt sich ein Kupfergehalt von 1 - 3 g/l erzielen; Das ist jedoch für eine elektrolytische Abscheidung des Kupfers aus dieser Lösung zu gering. Eine Anreicherung ist durch eine mehrstufige Laugung (Chuquicamata/

Chile) oder durch das weit modernere Verfahren der Solventextraktion möglich. Hierbei wird Kupfer selektiv in eine organische Phase überführt und kann daraus in eine hochkonzentrierte wässrige Lösung reextrahiert werden. Gleichzeitig bleiben Verunreinigungen in der Produktlauge zurück und gelangen somit nicht in die Elektrolyse. Dies stellt einen großen Vorteil gegenüber der veralteten Technik dar. Die gereinigte und angereicherte Lösung (50 g/l Cu) wird kontinuierlich dem Elektrolysekreislauf zugeführt. Die Elektrolyse arbeitet mit unlöslichen Anoden. Kupfer wird wie bei der Raffination kathodisch abgeschieden, anodisch scheidet sich dagegen Sauerstoff ab. Dies hat eine zehnfach höhere Badspannung und somit einen zehnfach höheren Energieaufwand zur Folge.

Der Hauptnachteil der naßmetallurgischen Kupfergewinnung besteht im Verlust aller edleren Metalle, da diese in der Laugungsstufe nicht aus dem Erz herausgelöst werden.

1.3.3.3 Verarbeitung des Kathodenkupfers

Die Kathoden der Raffinations- und Gewinnungselektrolyse besitzen gleiche Qualität und werden in einem von der Asarco/USA entwickelten Schachtofen unter leicht reduzierender Atmosphäre kontinuierlich geschmolzen. Das schmelzflüssige Kupfer wird modernen Strang- oder Gießwalzanlagen zugeführt, in denen kontinuierlich Barren, Bänder bis zu 25 mm Dicke und Stränge gegossen werden. Hieraus lassen sich direkt nach der Erstarrung beim Austritt aus der Maschine Bleche, Drähte und Profile durch Umformen herstellen.

1.3.4 Kapital- und Produktionskosten

Den bedeutendsten Kostenfaktor für den Bau und Betrieb einer Kupferhütte stellt der Bergbau dar. Für eine Kupferhütte mit integrierter Erzförderung (Tiefbau) hat *Biswas* 1975 (8) folgende einfache Aufschlüsselung der Kapitalkosten angegeben:

Bergbau einschl. Exploration	2000 US-$ pro Durchschnittsjahrestonne (p.t.)
Aufbereitung	800 US-$ p.t.
Schmelzanlage	1200 US-$ p.t.
Raffinationselektrolyse	300 US-$ p.t.
	4300 US-$ p.t.
	(Kurs: 1975)

Die Angaben beziehen sich auf eine Anlage mit einer Kapazität von 100 000 t Cu pro Jahr und einem Cu-Gehalt im Erz von 1 %. Es wird deutlich, daß für die Bergbausparte fast 50 % aller Kosten aufgebracht werden müssen. Allerdings sind die Kapitalkosten für einen Tagebaubetrieb um 50 % geringer.

Tabelle IV.6.   Kapital- und Betriebskosten (US-$-Kurs vom Dezember 1982 von Kupferhütten
mit einer Kapazität von 100 000 t Cu pro Jahr (9)

Anlagentyp	Kapitalkosten (Mio. US-$)
Outokumpuofen + Konverter + Anodenofen	269
Outokumpuofen + Konverter + Anodenofen + Raffina- tionselektrolyse	349
Röster + Laugung + Solventextraktion + Gewinnungselektrolyse	338

Quelle: Verney, L.R.: The Economics of Sulphide Smelting Precess, in: Advances in Sulphide
Smelting, Vol.2, Conf. Proc., The Metallurgical Soc. of AIME 1983.

Tabelle IV.6 verdeutlicht die Größenordnung der 1982 aufzuwendenden Kapitalkosten einer Kupferhütte mit einer Kapazität von 100 000 t Cu pro Jahr.

Es ist ersichtlich, daß die Kapitalkosten einer Laugungshütte in der gleichen Größenordnung liegen, wie die einer pyrometallurgisch arbeitenden Hütte. Allerdings sind
die Bergbau- und Aufbereitungskosten nicht berücksichtigt, die bei einer reinen Oxid-
hütte durch Entfall der Aufbereitung und geringerer Zerkleinerung beträchtlich niedriger liegen können.

Die produktionsbezogenen Kapitalkosten sinken mit zunehmender Jahreskapazität
einer Hütte beträchtlich. Betrugen 1983 die Kapitalkosten für 100 000 t Jahreskapa-
zität (Standort der Hütte: Küste) ca. 3700 US-$/jato (Kurs 1.1983), so sank der Wert
bei einer 3,5-fachen Anlagenvergrößerung auf 2200 US-$/jato ab. (10) Auch der
Standort der Hütte spielt eine entscheidende Rolle. Für die USA z.B. betrugen die
Kapitalkosten 2200 US-$, für Chile und Kanada 2600 US-$ und für Portugal 2000
US-$, bezogen auf eine Durchschnittsjahrestonne für eine Kapazität von 350 000
Tonnen pro Jahr.

Die Aufteilung der Betriebskosten insgesamt geht aus folgender Aufstellung hervor:

Tiefbau	35,0 %
Aufbereitung	11,5 %
Schmelzanlage	15,0 %
Raffinationselektrolyse	8,0 %
Engineering	8,0 %
Verwaltung	11,5 %
Verkauf	8,0 %
Reparaturen	3,0 %
	100,0 %

Bei Erzen aus dem Tagebau gehen die Betriebskosten der Grube auf 1/3 und der Aufbereitung auf die Hälfte zurück. So beliefen sich z.B. die Betriebskosten 1975 auf
1,3 US-$ pro kg Cu aus Erz der Tiefbauförderung und 1,0 US-$ pro kg Cu bei Tage-

bauförderung.

Der BfB/DIW-Studie zufolge verteilten sich die Gesamtherstellungskosten von Reinkupfer eines Tagebaubetriebes mit 1 % Cu-Gehalt im Erz 1972 folgendermaßen:

Gewinnungskosten (Grube, Aufbereitung)	52 %
Verhüttungskosten	13 %
Raffinationskosten	10 %
Transportkosten (Übersee-Europa)	3 %
Steuern und Abgaben	22 %
Gesamtkosten	100 %

Tab. IV.7. Welterzeugung von Hüttenkupfer (Rohkupfer) und raffiniertem Kupfer * in 1000 t

	1972		1982	
	Hüttenkupfer	raff. Kupfer	Hüttenkupfer	raff. Kupfer
Amerika	2882,9	3131,8	2771,9	3132,5
USA	1533,5	2048,9	975,7	1594,3
Kanada	464,6	495,9	350,4	337,8
Chile	630,6	461,4	1046,8	852,5
Peru	175,2	39,2	323,2	224,9
Europa	453,0	1279,6	523,1	1505,7
EG	138,3	757,8	164,3	1031,8
Bundesrepublik Deutschland	125,3	398,5	161,8	393,6
Jugoslawien	128,6	129,9	84,0	126,9
Afrika	1367,4	958,8	1319,2	932,6
Sambia	697,3	615,2	580,7	587,0
Zaire	428,2	216,3	466,4	175,0
Südafrika	171,7	79,3	191,8	142,5
Asien	738,2	849,9	1167,5	1298,4
Japan	694,8	810,0	948,2	1075,0
Korea (Süd)	10,3	9,1	119,4	115,8
Australien	145,3	173,7	175,5	178,1
Westliche Länder	5586,8	6392,8	5957,2	7047,3
Östliche Länder	1413,7	1706,9	1924,8	2376,3
UdSSR	1030,0	1225,0	1240,0	1490,0
Polen	134,0	131,0	308,0	348,0
VR China	115,0	180,0	205,0	300,0
Welt gesamt	7000,5	8099,7	7882,0	9423,6

* Die Raffinadeproduktion beinhaltet raffiniertes Cu aus Schrott.
Quelle: Metallstatistik 1972 und 1983. Metallgesellschaft AG, Frankfurt am Main.

Tabelle IV.8.   Die Hüttenkapazität für Kupfer nach Unternehmen der westlichen Welt über
                200 000 t Kapazität (Stand Ende 1979) – praktisch nutzbare Kapazität* der
                westlichen Welt: 9,1 Mio. t –

Unternehmen	Land	Kapazität t/Jahr	v.H.**
Nchanga Consolidated Mines	Sambia	800 000	8,79
Codelco	Chile	765 000	8,40
Gecamines	Zaire	525 000	5,77
Phelps Dodge Corp.	USA	445 000	4,89
Noranda Mines Ltd.	Kanada	435 000	4,78
Kennecott Corp.	USA	420 000	4,62
ASARCO Inc.	USA	380 000	4,18
Nippon Mining Co.	Japan	360 000	3,96
Metallurgie Hoboken-Overpelt	Belgien	330 000	3,63
Mitsubishi Metal Corp.	Japan	283 000	3,11
AMAX Inc.	USA	280 000	3,08
Norddeutsche Affinerie	Bundesrepublik Deutschland	240 000	2,64
Anaconda Co.	USA	230 000	2,53

*   Raffinadekupfer einschließlich Kupfer aus der naßmetallurgischen Gewinnung.
**   Anteil an der praktisch nutzbaren Kapazität der westlichen Welt.

Quelle: Müller-Ohlsen, L.: Die Weltmetallwirtschaft im industriellen Entwicklungsprozeß, in:
        Kieler Studien, Nr.165, (Mohr), Tübingen 1981.

1.3.5 Recycling von Kupfer

Der Kupferbedarf wird nicht nur durch Primärkupfer gedeckt, sondern auch durch
Kupferschrott. Hierbei ist zu unterscheiden zwischen Alt- und Abfallmaterial (aus der

Tabelle IV.9.   Rückgewinnung von Kupfer aus Alt- und Abfallmaterialien in der westlichen
                Welt 1982 in 1000 t

Kontinent	Raff. Cu aus Schrott	Direkter Schrott- einsatz	Wiederverwert- barer Schrott	Anteil aus Gesamt- verbrauch (%)
Europa	517,3	885,6	1402,9	39,9
EG	375,7	689,6	1065,3	37,6
Bundesrepublik Deutschland	177,1	227,9	405,0	42,2
USA	67,5	698,2	1165,7	49,3
Japan	126,8	476,0	602,8	35,1
Kanada	24,0	23,0	47,0	27,3
Brasilien	35,7	24,0	59,7	22,2
Westliche Welt	1207,1	2386,8	3593,9	39,4

Quelle: Metallstatistik Jg. 1983, Metallgesellschaft AG, Frankfurt am Main.

Anwendung kommender Schrott) und Produktionsabfällen, die in der ersten Verarbeitungsstufe anfallen und direkt, ohne zum Endverbraucher zu gelangen, wieder umgeschmolzen werden. Tabelle IV.9 verdeutlicht, daß der Anteil des Kupfer- und Kupferlegierungsschrottes am Gesamtkupferverbrauch in den Industrieländern hoch ist.

1982 lag der Anteil bei ca. 39 %. Abbildung IV.3 aber zeigt, daß seit 1980 zumindest in den USA ein Einbruch stattgefunden hat und der Rückgewinnungsanteil stark zurückgegangen ist.

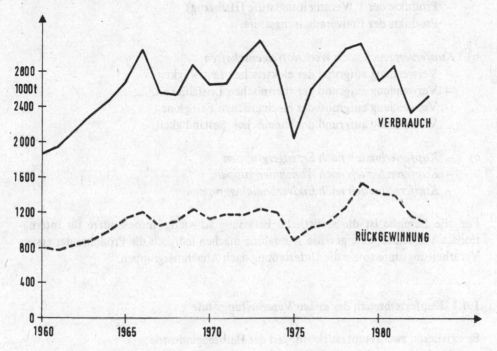

Abbildung IV.3. Entwicklung des Cu-Verbrauchs und der Rückgewinnung von Kupfer insgesamt in den USA ab 1960

Quelle: Metallstatistik mehrere Jg., Metallgesellschaft AG, Frankfurt am Main.

Mit Ausnahme der USA und Großbritanniens, das seit 1960 einen rückläufigen Wiedergewinnungsanteil und Verbrauch aufweist, zeigen alle anderen westlichen Länder weiterhin zunehmende Recyclingquoten. Ob dieser Trend anhält, hängt davon ab, wie sich die Kupferpreise und die Energiekosten zukünftig entwickeln werden und ob weiterhin mit einer Überproduktion zu rechnen ist, die den Kupferpreis drückt.

1.4 Verwendungsbereiche und Abnehmergruppen

Die außerordentlich vielseitigen Verwendungsmöglichkeiten lassen sich nach verschiedenen technischen und wirtschaftlichen Gesichtspunkten, die sich teilweise überschneiden und/oder ergänzen, einteilen. Eine Gliederung des Kupferverbrauchs kann aber eine solche Einteilung unterstützen.

a) *Kupferverbrauch nach Verarbeitungsaufwand*:
   – Produkte der Metallgewinnung,
   – Produkte der 1. Verarbeitungsstufe (Halbzeug),
   – Produkte der Endverarbeitungsstufe.

b) *Kupferverbrauch nach Werkstoffeigenschaften*:
   – Verwendung aufgrund der elektrischen Leitfähigkeit,
   – Verwendung aufgrund der thermischen Leitfähigkeit,
   – Verwendung aufgrund der mechanischen Festigkeit,
   – Verwendung aufgrund der chemischen Beständigkeit.

c) – *Kupferverbrauch nach Erzeugergruppen*
    – *Kupferverbrauch nach Abnehmergruppen,*
    – *Kupferverbrauch nach Endverbrauchergruppen.*

Für alle Bereiche ist die statistische Erfassung schwierig, insbesondere für internationale Vergleiche; eine gewisse Ausnahme machen lediglich die Produkte der ersten Verarbeitungsstufe sowie die Unterteilung nach Abnehmergruppen.

1.4.1 Kupferverbrauch der ersten Verarbeitungsstufe

Es existieren zwei Hauptzielrichtungen der Halbzeugindustrie:
–   die Versorgung der Kabelhersteller und der elektrotechnischen Industrie mit hochleitfähigen Kupferkabeln, Kupferdraht und Profilteilen;
–   die Herstellung anderer Produkte aus Kupfer und Kupferlegierungen für die metallverarbeitende und Maschinenbau-Industrie (Rohre, Gußstücke, Bleche, Stangen).

Die Elektroindustrie verbraucht derzeit mehr als 60 % des produzierten Kupfers.

Von der sonstigen Industrie werden derzeit 30 % des erzeugten Kupfers verarbeitet, davon über die Hälfte in der Rohrproduktion, die verbleibenden 10 % verteilen sich auf den Metallguß (6 - 7 %), die Nebengebiete, wie die Herstellung chemischer Verbindungen (Salze) oder die aus Kupfer und Kupferlegierungspulvern erzeugten Preßlinge und Sinterstücke.
Die USA, Japan und die Bundesrepublik Deutschland sind sowohl die größten Produzenten als auch die größten Verbraucher von Kupfer-Halbzeug in der westlichen Welt (Tab. IV. 10).

Tabelle IV.10. Welt-Kupferraffinadeverbrauch (in 1000 t)

Kontinent bzw. Land	1962	1972	1982	%
Amerika	1690,8	2510,0	2253,4	24,9
USA	1458,8	2029,9	1664,2	18,4
Kanada	137,5	223,8	148,9	1,6
Chile	13,4	36,3	32,8	0,4
Brasilien	39,3	110,6	244,9	2,7
Europa	1917,0	2510,8	2629,7	29,0
EG*	1061,9	1535,0	2144,2	23,7
Bundesrepublik Deutschland	500,6	672,1	730,7	8,1
Frankreich	243,7	390,2	407,4	4,5
Italien	214,0	283,0	342,0	3,8
Großbritannien	526,1	534,6	355,4	3,9
Afrika	39,9	66,1	108,4	1,2
Südafrika	30,0	47,4	80,8	0,9
Asien	401,7	1065,1	1617,2	17,9
Japan	301,0	951,3	1243,1	13,7
Indien	77,7	59,3	83,2	0,9
Korea (Süd)	n.b.	9,8	136,7	1,5
Australien	77,2	112,8	132,8	1,5
Westliche Welt	4126,6	6264,8	6741,5	74,5
Östliche Länder	1075,1	1677,5	2312,1	25,5
UdSSR	735,1	1030,0	1350,0	14,9
VR China	120,0	240,0	400,0	4,4
DDR	70,0	100,0	117,0	1,3
Polen	n.b.	113,0	175,0	1,9
Welt gesamt	5201,7	7942,3	9053,6	100,0

* nur bezogen auf den jeweiligen Mitgliedsstand.
n.b.: nicht bestimmbar

Quelle: Metallstatistik Jg. 1972, 1983, Metallgesellschaft AG, Frankfurt am Main.

1.4.2 Verbrauch nach Abnehmergruppen

Die Verbraucherstruktur der westlichen Industriestaaten sieht wie folgt aus (1):
- Elektroindustrie (Kabel, Leitungen)   55 - 60 %
  davon Telekommunikation (Leitungen, Kabel)   13 - 15 %
- Bauindustrie (Rohre, Bleche, Profile, Abdichtungen usw.)   15 - 17 %
- Maschinenbau (Pumpen, Behälter, Rohre, Armaturen usw.)   12 - 15 %

— Transportwesen (Radiatoren, Anlassermotoren, Ventile, See-   11 - 17 %
    wasserrohre, Schiffspropeller, Leitungen usw.)
— Verschiedenes (Münzen, Haushaltsgegenstände, Kunstgewerbe,   6 - 8 %
    Pflanzenschutz, Chemikalien usw.)

Hauptabnehmergruppe ist die Elektroindustrie, von deren Anteil 70 % für die Produktion von Kabeln, Leitungen, Drähten etc., über 10 % zu Schaltern, 8 % für Generatoren und Elektromotoren und 7 % für Transformatoren verwendet werden.

Über die Hälfte des Gesamtkupferverbrauchs der Bauindustrie entfällt auf die Verwendung bei Messingarmaturen. Der restliche Kupferverbrauch im Bausektor geht zu 25 % in Installationsrohre, zu 10 % in Wasserleitungsrohre und zu 10 % in Kupferbleche oder Wandverkleidungen. Der Messinganteil der aufgezählten Produkte mit Ausnahme der Armaturen liegt bei etwa 30 %.

Im allgemeinen Maschinenbau verarbeitete Kupferprodukte bestehen zu über 85 % aus Messing. Schwerpunkte des Kupferverbrauchs bilden technische Bauelemente und Armaturen. Dieser Verwendungszweig macht ca. 40 % der Erzeugung kupferhaltiger Produkte des Maschinenbaus aus.

Im Transportwesen ist die Kraftfahrzeugindustrie mit rund 70 % neben Schienen-, Luft- und Wasserfahrzeugen der größte Kupferverbraucher. Kupferwerkstoffe werden dort für die elektrische Ausrüstung, für Kühler, Wärmetauscher, Getriebe- und andere Teile verwendet. Der Einsatz von unlegiertem Kupfer beläuft sich auf etwa 20 % des Gesamtverbrauchs für Fahrzeuge und Fahrzeugteile.

1.4.3 Kupferlegierungen

Bei den Kupferlegierungen unterscheidet man hauptsächlich Messing, Neusilber und Bronze.

Messing ist ein Sammelbegriff für Kupferlegierungen mit 5 - 45 % Zink und zumeist geringen Zusätzen anderer Elemente. Die Knetlegierungen (bis 37 % Zn) werden durch Strangpressen, Walzen, Ziehen und Gesenkschmieden zu Halbzeug (Schrauben, Walzen, Federn, Reißverschlüsse) verarbeitet. Messinge höherer Zinkanteile, zumeist niedrig mit Blei oder Tellur legiert, zeichnen sich durch eine verbesserte spanabhebende Bearbeitbarkeit aus (Automatenmessing). Wegen des guten Formfüllungsvermögens lassen sich aus Messinggußlegierungen sowohl im Sand- und Kokillenguß als auch im Schleuder- oder Druckguß direkt Formgußteile herstellen.

Eine besondere Stellung nehmen die Kupfer-Nickel-Zink-Legierungen ein. Sie werden wegen ihrer weißen Farbe *Neusilber* genannt. Die wichtigste Anwendung findet Neusilber in der Besteck- und Tafelgeschirrfertigung, aber auch im Bau- und Kunstgewerbe.

Als *Bronzen* bezeichnet man nahezu alle Kupferlegierungen, die nicht (wie Messing oder Neusilber) Zink als Hauptlegierungszusatz enthalten. Die wichtigsten Bronzen basieren auf Kupfer-Zinn- und Kupfer-Aluminium-Legierungen.

Die Zinn-Bronzen werden je nach Zinngehalt für Federn, elektrische Kontakte, Schaltgetriebe, Lagerschalen, Getrieberäder und Glocken verwendet. Die Legierung von 88 % Cu, 10 % Sn und 2 % Zn ist nach ihrer ursprünglichen Verwendung als Geschützbronze *(Rotguß)* bekannt. Heute wird sie überwiegend für komplizierte Güsse bei Ventilkörpern, Rohrfittings und Kunstguß gebraucht. Die verschiedenen Aluminium-Bronzen sind sehr korrosionsfest und verfügen über gute mechanische Eigenschaften. Daher sind sie zur Verwendung im Seewasser, in Ölraffinerien und Destillationsanlagen, für hochbelastete Lager, Ventile, Kompressorschaufeln und funkenfreie Werkzeuge geeignet.

1.5 Substitutionsmöglichkeiten

Bei elektrischem Leitmaterial, dem wichtigsten Einsatzgebiet von Kupfer, wird Kupfer seit langem allmählich durch Aluminium substituiert. So hat Kupfer heute als Starkstromkabel und beim Freileitungsnetzbau seine dominierende Rolle an das Aluminium verloren. Im Hausbau und in örtlichen Leitungsnetzen hat sich diese Substitution des Kupfers aus Sicherheitsgründen allerdings noch nicht durchgesetzt. Dafür zeichnet sich bei den Telekommunikations- und Computersystemen ein zunehmender Ersatz durch die bedeutend leistungsfähigeren Glasfaserleitungen, dem sogenannten "fibre optic system" ab. Die Faseroptikindustrie weist zur Zeit jährliche Zuwachsraten von 40 % auf, und es ist damit zu rechnen, daß durch den verstärkten Einsatz von Glasfasern bis 1995 kumulativ 5 Mio. t Kupfer (d.h. etwa 80 % der Primärproduktion von 1982) weniger verbraucht werden. Gleichzeitig ist zu beachten, daß durch den Leitungsaustausch bis 1995 etwa 1 Mio. t Kupfer zusätzlich dem Recycling zugeführt werden können. (1)

Aluminium und rostfreier Stahl haben Kupfer und Kupferlegierungen teilweise in der Verkleidung von Bauwerken verdrängt. Stahl wird anstelle von Messing zunehmend für Granaten verwendet. Kupferrohre werden in einigen Bereichen oft durch Kunststoffrohre ersetzt.

Es hat sich gezeigt, daß – technische Substituierbarkeit vorausgesetzt – bei hohen Kupferpreisen die Substitution zunimmt und bei niedrigen Preisen wenigstens teilweise wieder umkehrbar ist.

1.6 Bedarfsprognose

Tabelle IV.11 zeigt, daß die Wachstumsraten des Weltverbrauchs an Raffinadekupfer

Tabelle IV.11. Mittlere Wachstumsraten des Kupfer-Raffinadeverbrauchs ab 1953 in % pro Jahr

	1953 - 73	1958 - 73	1963 - 68	1968 - 73	1973 - 78	1978 - 83
Westliche Welt	3,9	3,9	3,2	2,9	1,7	− 1,3
Östliche Länder	6,3	6,0	5,6	5,9	4,5	+ 0,7
Welt gesamt	4,3	4,3	3,7	3,5	2,2	− 0,9

Quelle: Davies, M.H.: Copper, in: Future Metal Strategy, Conf. Proc., The Metals Society,
          London 1980; Metallstatistik Jg. 1972, 1983, Metallgesellschaft AG, Frankfurt am
          Main.

von 1963 bis 1983 erheblich zurückgegangen sind.

Mit Ausnahme der östlichen Länder, die zumeist nach planwirtschaftlichen Gesichtspunkten produzieren, mußte ab 1978 sogar ein durchschnittlicher Verbrauchsrückgang von 1 % in Kauf genommen werden. Basierend auf Untersuchungen des USBM
von 1976 und von *Malenbaum* 1977 wurden in der Umweltstudie Global 2000
(Drucklegung 1980) (2) noch 2,94 % Zuwachs bis zum Jahre 2000 im Weltgesamtver-
brauch prognostiziert. Dieser Wert scheint angesichts der Marktlage zu hoch gegriffen, zumal der Cu-Bedarf auf dem verbrauchsintensiven Kabelsektor durch die Glas-
fasersubstitution weiter zurückgehen dürfte. Bei gleichbleibend hohen Bergwerks-
und Hüttenkapazitäten ist daher weiterhin mit keiner Verknappung an Kupfer-Metall zu rechnen.

1.7 Marktstruktur und Marktform

Eine Analyse der morphologischen Struktur des Weltkupfermarktes muß vor allem
die Marktanteile der wichtigsten Anbieter und Nachfrager erfassen. Unter dem
Kupfermarkt soll die Gesamtheit aller wirtschaftlichen Beziehungen zwischen Ver-
käufern und Käufern von Kupfer-Metall verstanden werden. In der Praxis ist dieser
Markt teilweise aufgespalten in einen Markt für Rohkupfer (Blisterkupfer) und einen
Markt für Fertigkupfer (Raffinadekupfer). Die Existenz von Lohnhütten und die
Möglichkeit der Direktverarbeitung von Kupferschrott zeigt, daß es neben dem Me-
tallmarkt auch noch einen gewissen Kupfer-Konzentrat-Markt und einen Kupfer-
Schrott-Markt gibt. Die Preise auf allen Kupfermärkten stehen jedoch in einem
engen Zusammenhang.

1.7.1 Angebotsseite

Die bis Ende der sechziger Jahre herrschende hohe Unternehmenskonzentration hat
sich aufgrund steigender Kupfernachfrage und dadurch bedingtem Aufschluß neuer
Gruben stark verringert. Die 13 größten Kupferunternehmen (Tab. IV.12) produ-

Tabelle IV.12. Unternehmenskonzentration bei der Kupferproduktion in der westlichen Welt im Jahre 1982 in %

Unternehmen	Produktion 1000 t	% der Welt- erzeugung	kumuliert
Chile (CIPEC)	1140	14,5	14,5
Sambia (CIPEC)	628	8,0	22,5
Zaire (CIPEC)	468	5,9	28,4
Peru (CIPEC)	307	3,9	32,3
Kennecott (USA)	259	3,3	35,6
Bougainville (Salomonen)	170	2,2	37,8
Anaconda (USA)	149	1,9	39,7
Mount Isa (Australien)	148	1,9	41,6
Phelps Dodge (USA)	136	1,7	43,3
Atlas (Philippinen)	135	1,7	45,0
Magma Copper (USA)	120	1,5	46,5
Palabora (Südafrika)	116	1,5	48,0
ASARCO (USA)	109	1,4	49,4
Westliche Welt	7882	100,0	100,0

Quelle: Metal Bulletin Handbook 1983, Metal Bulletin PLC 1983; Metallstatistik Jg. 1983, Metallgesellschaft AG, Frankfurt am Main.

zieren derzeit knapp 50 % des Hüttenkupfers (75 % in 1959, 66 % in 1968). Die Weltkupfererzeugung (Hüttenproduktion 7,88 Mio. t in 1982) verteilt sich im wesentlichen auf zwei Erzeugergruppen: die angloamerikanischen Kupferkonzerne und fünf CIPEC-Länder. Der Rest wird vor allem von verschiedenen europäischen und japanischen Unternehmen gedeckt.

Die anglo-amerikanischen Kupferproduzenten, voran die Gesellschaften Kennecott, Anaconda, Phelps Dodge, American Smelting und Refining Co. (ASARCO), American Metal Climax (AMAX), International Nickel Co. (INCO), Roan Selection Trust (Großbritannien) und Anglo American (Südafrika) haben von 1966 bis heute durch Nationalisierungen in Zaire, Sambia, Chile, Mexiko und Peru die Verfügungsgewalt über einen wesentlichen Teil ihres Bergwerksbesitzes verloren.

Sie nehmen aber noch immer eine dominierende Stellung ein: knapp 30 % der Erzförderung der westlichen Welt entfallen auf die amerikanischen Unternehmen (Kennecott, Phelps Dodge, Newmont, ASARCO, Anaconda, Duval) und auf die kanadische INCO, die mit über 50 % Marktanteil der führende Nickelproduzent der westlichen Welt ist.

Die 6 US-Konzerne verfügen über 80 % der Bergbaukapazität in den USA und haben weltweite Interessen: in Australien (ASARCO an Mt. Isa), Kanada, Südafrika (AMAX und Newmont an O'Okiep Copper, Newmont an Palabora), Südwestafrika (AMAX und Newmont an Tsumeb).

Durch Enteignung oder zumindest Kontrolle der großen Konzerne ist eine zweite Produzentengruppe entstanden. Chile, Peru, Sambia, Zaire und Indonesien vereinen zusammen mit den assoziierten Ländern Australien, Mauretanien, Papua-Neuguinea und Jugoslawien 40 % der westlichen Bergwerksproduktion auf sich. Die fünf erstgenannten kupferexportorientierten Länder haben sich lose zusammengeschlossen in der CIPEC (Conseil Intergouvernmental des Pays Exportateur de Cuivre).

Die ehemaligen Eigentümer haben allerdings noch einen gewissen Einfluß: manche besitzen noch Anteile am Grundkapital und arbeiten in verschiedener Form mit den neuen Eigentümern zusammen (so hat z.B. Sambia Verkauf und Geschäftsleitung in britischen Händen gelassen). Man kann also die CIPEC-Länder bisher nur mit gewissen Einschränkungen jeweils als Staatsunternehmen ansehen.

Die großen anglo-amerikanischen Kupferkonzerne sind meist vollintegriert vom Bergbau über Hütten und Raffinerien bis zur Halbzeug- und teilweise bis zur Endverarbeitung. Sie nehmen deshalb auch auf dem Hüttensektor eine führende Rolle ein. Allerdings gibt es zwei US-Firmen, die ASARCO und die American Metal Climax (AMAX), die über umfangreiche Hütten- und Raffineriekapazitäten verfügen, für die sie in hohem Umfang Konzentrate kaufen. Diese zwei Firmen kontrollieren zusammen mit den drei Firmen Anaconda, Kennecott und Phelps Dodge über 90 % der US-Raffineriekapazität.

Weitere wichtige Anbieter sind die Kupferhütten der CIPEC-Länder, Japans und Westeuropas. In Westeuropa gibt es darüber hinaus eine hohe Raffineriekapazität, für die zusätzlich Blisterkupfer vor allem aus den CIPEC-Ländern importiert wird, während die japanischen Raffinerien sich stärker aus eigenen Hütten versorgen.

Die beiden "Anbieter-Blöcke" versuchen, ihre hohen Marktanteile auch in Marktmacht umzusetzen. Das Oligopol der anglo-amerikanischen Kupferkonzerne ist ausgerichtet auf die Kupferversorgung von USA/Kanada und hat hier eine beherrschende Marktstellung, die durch die US-Kupferzölle noch geschützt wird, so daß der US-Markt mengenmäßig vom Weltmarkt in hohem Maße isoliert ist.

Fast 40 % der Erzförderung der westlichen Welt entfällt auf die CIPEC-Länder und assoziierte Staaten. Aus diesen Ländern kommen über 70 % des in Westeuropa verbrauchten Primärkupfers. Darauf beruht die potentielle Marktmacht der CIPEC. Bisher sind aber ihre Bemühungen, als Produzentenkartell den westeuropäischen Verbrauchern höhere Preise aufzuzwingen, nicht gelungen.

Japans Bezugsquellen sind stärker diversifiziert als die Westeuropas. Dadurch hat es teilweise andere Bezugsgebiete als Westeuropa, vor allem durch hohe Erzimporte von den Philippinen und aus Kanada. Da der japanische Kupfermarkt, beherrscht durch eine kartellähnliche Zusammenarbeit von sechs großen Kupferkonzernen, außerdem durch Kupferzölle geschützt wird, weist auch er gewisse Unterschiede zum Weltmarkt auf.

Der Kupfermarkt ist also in gewissem Umfang in drei regionale Teilmärkte – mit zumindest zeitweilig unterschiedlichen Kupferpreisen – gegliedert: USA/Kanada, CIPEC-EG, Japan-Südostasien/Kanada/CIPEC. Diese "Regionalisierung" beschränkt den Wettbewerb auf dem Kupfer-Weltmarkt bis zu einem gewissen Grad.

Die Angebotsseite des Kupfermarktes ist somit durch einen hohen Grad von Unnvoll-kommenheit gekennzeichnet, weil sachliche, räumliche und zeitliche Präferenzen vor-handen sind. Das wirkt sich auch in zeitweise stärkeren Unterschieden zwischen dem Londoner Börsenpreis, US-amerikanischen und sonstigen Produzentenpreisen aus. Die Marktform des Konzentratmarktes war auf der Angebotsseite bis in die sechziger Jahre ein relativ enges Oligopol von etwa 11 Bergbaukonzernen: vor allem Anaconda, Kennecott und Phelps Dodge (alle USA), daneben INCO (Kanada), New-mont (USA), ASARCO (USA), Duval (USA), Anglo American (Südafrika), Roan Selection Trust (England), Cerro (USA) und Union Minière du Haut Katanga.

Die Reihe der Nationalisierungen, die u.a. 1967 zur CIPEC-Bildung führte, wurde 1966 von Zaire (damals Kongo-Kinshasa) begonnen. So wurde die Union Minière du Haut Katanga von der Staatsgesellschaft La Générale des Congolais de Minerais (GECOMIN) übernommen. Seit 1973 läuft sie unter dem Namen La Générale de Carrières et des Mines (GECAMINES). Der Vertrieb wird von der Exportgesellschaft Sté. Zaroise de Commercialisation des Minerais (SOZACOM) durchgeführt.

In Chile übernahm 1967 die Regierung 51 % des Kapitals der El Teniente-Mine, die bislang Eigentum der Kennecott Corp. gewesen war. 1970 folgten diesem Prozeß die Anlagen der Anaconda Comp. (Chuquicamata, El Salvador). Beendet wurde die Ver-staatlichung 1971 mit der Gründung der Vertriebsgesellschaft Corporacion del Cobre (CODELCO).

Mittlerweile beschränkt die chilenische Regierung ihren Einfluß jedoch nur auf die großen Gruben und fördert wieder das Mitwirken von privatwirtschaftlich orientier-ten Unternehmen bei kleineren Betrieben. U.a. konnte sich daher Anaconda mit 20 Mio. US-$ in das Kupfervorkommen Los Pelambres einkaufen. (13)

In Peru folgte der Verstaatlichung der Betriebe der ASARCO und der Phelps Dodge Corp. 1973/74 die der Cerro de Pasco Corp. Die Aufsicht wurde der staatlichen Ge-sellschaft Centromin Peru übertragen. Lediglich die Southern Peru Copper Corp. blieb amerikanisches Eigentum.

In Sambia übernahm die Regierung 51 % des ausländischen Kapitals der Kupferin-dustrie (1970). Betroffen davon waren vor allem die Anglo American und der Roan Selection Trust (80 % amerikanisch). Seit 1975 kontrolliert der Staat in Form der Zambia International and Mining Corp. (ZIMCO) über 90 Unternehmen. Handels-gesellschaft ist die Metal Marketing Corp. of Zambia (MEMACO). (3)

Sieht man die CIPEC-Länder als je ein Staatsunternehmen an, dann ist durch die Neuordnung der Eigentumsverhältnisse der Konzentrationsgrad des Kupferkonzentrat-Marktes praktisch kaum verändert worden: auch heute existiert ein Oligopol von etwa 13 Firmen. Neu ist aber die Aufspaltung des Oligopols in die zwei Gruppierungen CIPEC und anglo-amerikanische Kupferkonzerne, wobei jede Gruppe bevorzugt jeweils einen der großen Verbrauchermärkte beliefert: die CIPEC Westeuropa, die anglo-amerikanischen Konzerne Nordamerika. Wie das Verhältnis der beiden Oligopol-"Gruppen" sich gestalten wird, ist heute noch nicht abzusehen. Das Oligopol wird durch eine Reihe mittlerer Anbieter abgeschwächt.

Beim Metallmarkt ist der Konzentrationsgrad geringer, da als zusätzliche Anbieter eine Reihe japanischer und westeuropäischer Kupferhütten und -raffinerien hinzukommen. Man könnte hier von einem weiten Oligopol sprechen, mit einem entsprechend höheren Grad an Wettbewerb.

1.7.2 Nachfrageseite

Die Vielzahl der Verwendungsmöglichkeiten und Abnehmergruppen hat eine weitgehende Aufsplitterung der Nachfrage zur Folge. Bemerkenswerte Marktanteile haben wohl nur die Konzerne der Elektro- und Kabelindustrie. Man kann daher von einem schwachen Teiloligopol der Nachfrage sprechen.

Die Marktbeziehungen zwischen Angebot und Nachfrage werden modifiziert durch teilweise selbständige Schrott-Umschmelzwerke und Halbzeughersteller, die den Wettbewerbsgrad auf dem Metallmarkt erhöhen. Wettbewerbsbeschränkend wirkt das Eindringen der Raffinerien in die Weiterverarbeitung, was vor allem in den USA, Japan und Belgien häufiger vorkommt.

1.8 Kupferpreise

Der Preis wird durch Angebot und Nachfrage bestimmt, d.h. im wesentlichen durch Produktion und Verbrauch. Weitere wichtige Bestimmungsgründe für den Kupferpreis sind: Marktform, Verhaltensweisen (Preisabsprachen, Kampf um Marktanteile), Marktorganisation (z.B. durch Börsen), wirtschaftspolitische Eingriffe (z.B. Zölle), internationale Konflikte, Verstaatlichungen, oft monatelange Streiks, Auf- und Abbau des US-amerikanischen Stockpiles, Außenhandelssaldo des Ostblocks gegenüber der westlichen Welt.

Einige dieser teilweise kaum vorhersehbaren Einflußgrößen verursachen die oft abrupten Preisschwankungen, weil — wie auf vielen Rohstoffmärkten — sowohl Angebot als auch Nachfrage in bezug auf den Preis auf kurze Sicht sehr unelastisch sind. Mittel- und längerfristig erfolgt aber durchaus eine mengenmäßige Anpassung an die Preisentwicklung (Abb. IV.4).

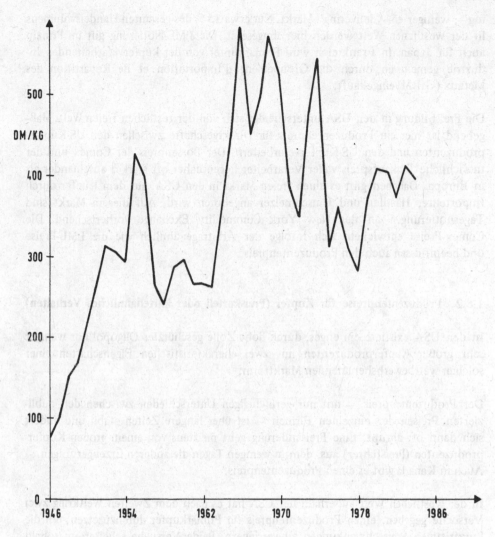

Abbildung IV.4. Entwicklung des Kupferpreises an der LME nach dem Zweiten Weltkrieg
in DM/kg

1.8.1 Der Börsenpreis

Die Preisbildung für Kupfer erfolgt im wesentlichen an zwei Metallbörsen, der Londoner Metallbörse (London Metal Exchange – LME) und der New York Commodity
Exchange (Comex), an denen die täglichen Preisnotierungen registriert werden (siehe
auch Kap. I.2).

Die Produzenten von Primärkupfer schließen mit den Verarbeitern in Westeuropa
meist langfristige Lieferverträge ab; der Preis richtet sich jedoch in der Regel nach
dem LME-Preis am Tag der Lieferung. Kleinere Kupfermengen werden auch von
Händlern oder direkt aus den LME-Beständen gekauft. Die LME ist also ein "pric-

ing"-, weniger ein "delivering"-Markt. Nur etwa 15 % des gesamten Handelsvolumens in der westlichen Welt werden hier umgesetzt. Die LME-Notierung gilt im Prinzip auch für Japan. In Frankreich wird Primärkupfer von der kupferverarbeitenden Industrie gemeinsam durch die Groupement d'Importation et de Répartition des Metaux (GIRM) eingekauft.

Die Preisbildung in den USA unterscheidet sich von der restlichen freien Welt. Maßgebend ist hier ein Produzentenpreis für Direktgeschäfte zwischen den US-Kupferproduzenten und den US-Kupferverarbeitern. Der Börsenpreis der Comex und der tatsächliche Einkaufspreis vieler Verarbeiter liegen daher oft stärker auseinander als in Europa. Daneben gibt es einen freien Markt in den USA, auf dem Kupfer durch Importeure, Händler und Umschmelzer angeboten wird. Auf diesem Markt sind Tagesnotierungen an der New York Commodity Exchange vorherrschend. Die Comex-Preise entwickeln sich infolge der Arbitrage ähnlich wie die LME-Preise und beeinflussen auch den Produzentenpreis.

1.8.2   Produzentenpreise für Kupfer (Preiskartell oder kartellähnliches Verhalten)

In den USA existiert ein enges, durch hohe Zölle geschütztes Oligopol nur weniger sehr großer Kupferproduzenten mit zwei charakteristischen Eigenschaften einer solchen wettbewerbshemmenden Marktform.

Der Produzentenpreis — mit nur geringfügigen Unterschieden zwischen den publizierten Preisen der einzelnen Firmen — ist über längere Zeiten stabil und ändert sich dann oft abrupt. Eine Preisänderung geht meistens von einem großen Kupferproduzenten (Preisführer) aus, dem in wenigen Tagen die anderen Erzeuger folgen. — Auch in Kanada gibt es einen Produzentenpreis.

In der westlichen Welt außerhalb der USA hat es nach dem Zweiten Weltkrieg zwei Versuche gegeben, einen Produzentenpreis für Primärkupfer durchzusetzen, um die kurzfristigen Preisschwankungen zu verringern. Beide Versuche scheiterten, sobald ein Produzentenpreis abweichend von der Börsenpreistendenz, d.h. gegen die tatsächliche Marktentwicklung gehalten werden sollte.

Der erste Versuch begann nach Wiederaufnahme des Exportgeschäfts der Kupferproduzenten in Afrika und Südamerika im Mai 1955 auf Initiative von zwei Firmen von Roan Selection im Zeichen steigender LME-Preise. Die Verbraucher mit langfristigen Kontrakten wurden zunächst zu einem etwas niedrigeren Preis beliefert *(Preisdiskriminierung)*. Als 1956 der LME-Preis fiel, versuchten die Produzenten den Preis etwa 1 1/2 Jahre lang auf einem höheren Niveau zu halten. So lange brauchten sie für die Erkenntnis, daß das Produzentenfestpreissystem im Wettbewerb mit der LME, d.h. mit der freien Marktpreisbildung, unterliegen mußte. Im September 1957 gaben die Produzenten auf.

Bei einer ausgeglichenen Marktsituation 1962/63 hatten die Kupferproduzenten in

Sambia ohne Schwierigkeit wieder einen Produzentenpreis eingeführt. Im Januar 1964 wurde deshalb ein zweiter Versuch begonnen, der diesmal alle wichtigen Kupferproduzenten erfaßte, die nach Westeuropa exportierten. Doch einige Monate später setzte eine bis 1966 dauernde Angebotsverknappung ein. Die LME-Preise stiegen ständig an, die großen Produzenten verkauften dennoch unter LME-Preis. Im März 1966 forderte die chilenische Regierung die aus Chile exportierenden Gesellschaften auf, ihre Verkaufspreise dem LME-Preis anzugleichen, damit das Land nicht noch länger Verluste an Devisenerlösen hinnehmen müsse. Daraufhin kehrten bis August 1966 die afrikanischen, kanadischen und chilenischen Produzenten zum LME-Preis zurück.

Einen dritten – bis heute aber auch noch nicht erfolgreichen – Versuch, einen Produzentenpreis einzuführen, diesmal mit dem erklärten Ziel eines stabilen Preises, möglichst über dem Marktpreis, unternahmen die CIPEC-Länder.

Alle bisherigen Versuche – auch zwei Anläufe zwischen den Weltkriegen – haben gezeigt, daß grobe Marktverzerrungen entstehen, falls die Kupferproduzenten die Preise in den Zeiten niedrig halten, in denen das Metall knapp ist oder wenn sie bei Überproduktion den Preis hochzuhalten versuchen. Sie haben damit Mangellagen und Überschußsituationen nur verschärft und teilweise die Preisschwankungen an der Börse verstärkt. Die besonderen Marktverhältnisse in den USA, wo Kupfererzeugung und -verbrauch fast gleich sind, lassen sich auf den Weltmarkt nicht übertragen.

1.8.3 Probleme eines möglichen Kupferrohstoffabkommens

Eine allgemeine Preisstabilisierung nur durch die Produzenten hat bisher nie den gewünschten Erfolg gehabt. Deshalb wird, heute auch aus Gründen der Entwicklungshilfepolitik, die Möglichkeit eines Rohstoffabkommens für Kupfer diskutiert, das Erzeuger- und Verbraucherländer umfassen soll. Dabei wären grundsätzlich die drei Instrumente des Zinnabkommens anwendbar: Festsetzung von Höchst- und Mindestpreisen, Bildung eines Marktausgleichlagers (bufferstock), Exportkontrollen.

Gegen ein Kupferabkommen sprechen zunächst die allgemeinen Einwendungen gegen Rohstoffabkommen überhaupt, vor allem:
- Verhinderung marktwirtschaftlicher Lenkungs- und Anpassungsprozesse, d.h. Erhaltung von überholten Produktionsstrukturen und damit unwirtschaftliche Kapitalverwendung. Auch für die (kapitalarmen) Entwicklungsländer sind Rohstoffabkommen ein Hemmschuh der wirtschaftlichen Entwicklung.
- Gefahr künstlich überhöhter Preise. Diese fördern Substitution und Überproduktion.

Die Überproduktion drückt dann entweder wieder den Preis oder muß vom Bufferstock aufgekauft werden, was wie die EG-Agrarpolitik zeigt, mit erheblichen finanziellen Aufwendungen verbunden wäre.

Bei einem Kupferabkommen würden sich darüber hinaus eine Reihe spezifischer Probleme ergeben:

a) *Inhomogenität der Kupferindustrie und Außenseiterprobleme.* Ein so kleiner,
überschaubarer Teilnehmerkreis, wie bei Zinn, ist bei Kupfer nicht gegeben.
Wichtige Bergbauproduzenten sind sowohl Entwicklungsländer als auch Industrieländer mit unterschiedlichen Kostenstrukturen und Preisvorstellungen.
Schon für den kleinen Kreis der CIPEC-Länder hat sich bisher keine einheitliche Preispolitik durchsetzen lassen. Bei der Hütten- und Raffinadeproduktion
ist der Anteil der Industrieländer noch größer als bei der Erzförderung, was
das Gewicht der erzfördernden Entwicklungsländer verringern, die Preisdiskussion aber verschärfen könnte. Die stark divergierenden Interessen würden entweder das Abkommen mit Konflikten belasten oder zu einem größeren Kreis von
Außenseitern führen, die am Abkommen nicht teilnehmen. Beides würde die
Funktionsfähigkeit des Abkommens verringern.

b) *Sekundärkupfer.* Ein wirksames Abkommen müßte auch die bedeutende Sekundärkupferproduktion umfassen. Es dürfte äußerst schwierig sein, diese "Ausweichmenge" zu regulieren.

c) *Kosten des Bufferstocks.* Geht man vom Bufferstock des Zinnabkommens aus,
der mit maximal 20 000 t von vielen noch als zu klein gehalten wird, so müßte
das Kupferlager auf ca. 160 000 t ausgerichtet werden (japanische Vorschläge
im Jahre 1972 glaubten, schon mit 50 000 t auskommen zu können). Bei einem
Marktpreis von 5000 DM/t wäre also ein Finanzierungsvolumen (ohne Lagerhaltungskosten) von über 800 Mio. DM erforderlich.

1.8.4 Strategische Reserve der USA (Stockpile)

Kurz vor Beginn des Zweiten Weltkrieges wurde 1939 in den USA eine strategische
Reserve angelegt, die 77 Rohstoffe umfaßt. Nach dem Korea-Krieg verschob sich die
militärische Aufgabenstellung zugunsten binnenwirtschaftlicher Zielsetzungen, um
entweder durch Ankäufe die Industrie zu unterstützen oder durch Verkäufe das inländische Preisniveau zu beeinflussen. Der Kupferstockpile wurde auch tatsächlich
für beide Zwecke eingesetzt; er erforderte aber erhebliche finanzielle Aufwendungen
und Verluste.

Der Aufkauf brachte den Kupferproduzenten erhebliche Vorteile. So erhielt die
Duval Corp. 1958 einen Kredit von der mit der Stockpile-Verwaltung beauftragten
Behörde GSA (General Services Administration) für einen langfristigen Liefervertrag für die strategische Reserve bei festen Abnahmepreisen.

Seit Mitte der sechziger Jahre wird der Stockpile zur Dämpfung des Preisauftriebs
gegen den dauernden Widerstand der Produzenten abgebaut.

Im Jahre 1973 führte eine neue Untersuchung zu insgesamt erheblich reduzierten Stockpile-Zielen, wonach die Kupferbestände bis 1976 vollständig abgebaut wurden. Seit Oktober 1976 wird jedoch bei den Stockpile-Zielen von einem Dreijahresbedarf ausgegangen, wobei erstmals zivile und militärische Anforderungen unterschieden werden. Die Bestände stiegen daraufhin bis 1980 auf 26 400 t und liegen damit erst bei 10 % des neu gesteckten Stockpile-Zieles für Kupfer. (3)

1.9 Kupferpolitik

Die staatliche und internationale Wirtschaftspolitik beeinflußt die Kupferindustrie und den Kupfermarkt mit einer Reihe von Instrumenten: handels- und steuerpolitische Maßnahmen, Bürgschaften und Kredite, Maßnahmen zur privaten oder staatlichen Lagerhaltung, Wettbewerbspolitik, internationale Bemühungen zur Stabilisierung der Exporterlöse.

Die Kupferpolitik der USA ist zwiespältig. Auf der einen Seite schützt und unterstützt sie das den Wettbewerb einschränkende Oligopol der großen Kupferkonzerne durch Stockpile-Ankäufe, Abschreibungsvorteile ("depletion allowance" für Bergbau- und Mineralölindustrie). verschiedene Förderungsmaßnahmen für Investitionen in Entwicklungsländern und durch Einfuhrzölle. Diese weisen unterschiedliche Sätze für Einfuhren aus der westlichen Welt (begünstigt) und den Ostblockstaaten auf (für Polen, Jugoslawien, Rumänien und Ungarn gelten Sondertarife). Im Mai 1985 war der Import von Kupfererzen zollfrei, dagegen bestanden diverse Zollsätze für Kupferprodukte, von denen einige in Tabelle IV.13 zusammengestellt sind.

Tabelle IV.13. Zollsätze der USA für ausgewählte Kupferprodukte in %

Kupferprodukt	westliche Länder		östliche Länder
	*	**	
Zementkupfer	1,7	n.b.	6
Blister- und Anodenkupfer	1,2	n.b.	6
Kupfervorlegierungen	2,6	n.b.	12
Kupferschrott	0,8	n.b.	6
Kupferhalbzeug Stangen	1,3	n.b.	7,5
Bleche	9,8	9,3	38
Bänder	8,2	7,8	48
Neusilber	5,7	4,3	24

* bei einem Marktpreis von Cu über 24 cts/lb.
** bei einem Marktpreis von Cu unter 24 cts/lb.
n.b.: nicht bestimmbar

Quelle: Bulletin International des Douanes, Jg. 1983 - 84, Internationales Bureau für Zolltarife, Brüssel.

Auf der anderen Seite ist der Kupferpreis in den USA ein "Politikum", und die Regierung versucht, Preissteigerungen durch "moral suasion", Stockpile-Verkäufe, Zollaussetzung bzw. schrittweisen Zollabbau, wie er bis 1987 vorgesehen ist, zu dämpfen.

Japan hat in den letzten 25 Jahren eine bedeutende Kupferindustrie für seinen enorm gestiegenen Eigenverbrauch aufgebaut. Die staatliche Wirtschaftspolitik hat das durch zahlreiche, für sich genommen unbedeutende Maßnahmen unterstützt: Import- und Investitionskredite, Direktfinanzierung von Investitionen durch halbstaatliche Organisationen, Versicherungen gegen bestimmte Risiken, steuerliche Erleichterungen von Auslandsinvestitionen, Zölle. Der Import von Erzen, Roh- und Zementkupfer ist zollfrei, Kupferschrott und Kathodenkupfer wird mit 5 %, Blisterkupfer mit 7,8 % verzollt. Die Zollsätze für viele Halbzeuge liegen zwischen 10 und 16 %. Japan ist Mitglied des GATT und gewährt den übrigen GATT-Mitgliedsstaaten, z.B. der Bundesrepublik Deutschland, die GATT-Zollsätze. Der Erfolg der japanischen Kupferpolitik wäre jedoch ohne die Dynamik der privaten Unternehmen und Banken, die eine große Risikobereitschaft bei Auslandsinvestitionen zeigen, undenkbar.

In der EG ist der Import von Erzen und Rohkupfer zollfrei, die Zollsätze für viele Kupfererzeugnisse liegen zwischen 5,2 und 7,0 %. Daß die EG keine, einzelne EG-Mitgliedsstaaten höchstens in Ansätzen, eine Kupferpolitik betreiben, hat die Versorgung der EG bisher nie gefährdet.

Kupferexporte sind für einige Entwicklungsländer von entscheidender Bedeutung. Sie streben daher eine Verringerung ihrer Exporterlösschwankungen an. Es gibt verschiedene Pläne zur Absicherung der Entwicklungsländer gegen starke Schwankungen der Gesamtexporterlöse, insbesondere aus Grundstoffen. Verwirklicht wurde bisher die IWF-Ausgleichsfinanzierung.

Bereits mit der Gründung der Europäischen Gemeinschaft wurde eine Assoziation für außereuropäische Länder vorgesehen, um einerseits die wirtschaftliche und soziale Entwicklung dieser Gebiete und andererseits deren enge Wirtschaftsbeziehungen zur EG zu sichern.

So wurde im Juli 1963 das Abkommen von Jaunde (Jaunde I) unterzeichnet, daß zwischen 18 souveränen afrikanischen Staaten und der EG Freihandelszonen errichtete und finanzielle Hilfe sowie paritärische Institutionen vorsah. (15) Das Abkommen wurde seitdem nach jeweils 5 Jahren den aktuellen Handelsbeziehungen angepaßt unter Berücksichtigung der Assoziation neu beigetretener Länder.

Am 1. März 1985 trat das Abkommen von Lomé (Lomé III) zwischen der EG und nunmehr 65 afrikanischen, karibischen und pazifischen Staaten (AKP-Staaten) in Kraft. (16)

Der mit dem Abkommen von Lomé (Lomé II) geschaffene Sonderfonds für Bergbauerzeugnisse (SYSMIN) wird fortgeführt. Aus dem 6. Europäischen Entwicklungsfonds werden für diese besonderen Finanzhilfen für AKP-Staaten, deren Wirtschaft

vom Bergbau abhängt, 415 Mio. ECU (gegenüber 280 Mio. ECU in Lomé II) bereitgestellt. Die Mittel sollen zur Sanierung des Bergbausektors bei vorübergehenden
oder unvorhersehbaren und von dem Willen der betroffenen AKP-Staaten unabhängigen schweren Störungen beitragen, um der Verringerung ihrer Kapazität zur
Ausfuhr von Bergbauerzeugnissen in die Gemeinschaft und dem Rückgang ihrer Aus-
fuhrerlöse entgegenzuwirken. Allerdings entsteht jedoch bei einem Erlösrückgang
nicht automatisch ein Ausgleichsanspruch, sondern die Mittel werden für konkrete
Projekte oder Programme eingesetzt. Mit diesen Vorgaben soll eine Stabilisierung
der Exporterlöse u.a. für Kupfer als begünstigtes Metall erreicht werden. Da jedoch
von den CIPEC-Ländern Sambia und Zaire, nicht aber Chile und Peru, als große
Kupferexporteure der Assoziation angehören, kann man von einer regional begren-
ten Ergänzungsfinanzierung sprechen, die sich unter Umständen zum Nachteil Chiles
und Perus auswirkt.

Die mit dem Abkommen gewährte Erlösgarantie, die z.B. unter bestimmten Bedingungen bei den Ländern in Kraft tritt, die stark auf Kupferexporte angewiesen
sind, fördert in starkem Maße die Überproduktion und wirkt strukturkonservierend.
Das Kreditgewährungssystem ist dem in der EG-Agrarpolitik vergleichbar.

1.10   Handelsregelungen

1.10.1 Börsenplätze für Kupfer

An der London Metal Exchange (LME) wird derzeit Kupfer von 12.00 - 12.05 Uhr,
12.30 - 12.35 Uhr, 15.35 - 15.40 Uhr, 16.10 - 16.15 Uhr Ortszeit gehandelt. Die
Kontraktmenge beträgt 25 t $\pm$ 2 %; verschiedene Preise werden für prompte Lieferung im laufenden Monat (Kassageschäft) oder für Dreimonatslieferungen (Termingeschäft) notiert. Die Notierung erfolgt heute in £ je metrischer Tonne.

An der New York Commodity Exchange (Comex) wird Kupfer von 9.50 - 15.00 Uhr
Ortszeit notiert, doch sind hier die Umsätze erheblich geringer. Die Kontraktmenge
beträgt etwa 25 00 lbs $\pm$ 2 %, die Preisangaben erfolgen in US-cents pro pound
(cts/lb). Es werden Kassageschäfte und Termingeschäfte mit einer maximalen Laufzeit von 14 Monaten getätigt.

In der Bundesrepublik Deutschland werden Preisnotierungen als DEL-Notiz (Deutsches Elektrolytkupfer für Leitzwecke) bekanntgegeben, die ein gewogenes Mittel
der Verkaufs- und Einkaufspreise deutscher Unternehmen darstellen und vom LME-
Preis abhängig sind (s. auch Kap. I.2.).

1.10.2 Reinheitsgrade, Handelsformen und Handelsmarken

Die DIN-Vorschriften für Hüttenkupfer (DIN 1708) berücksichtigen wie auch die britischen Standards nur Kupfer mit einem Cu-Gehalt von mehr als 99,9 %. Man unterscheidet drei Gruppen:

Sauerstoffhaltiges Kupfer aus der Feuerraffination wird mit ca. 0,02 % Sauerstoff vergossen. (17) Sauerstoff hat für Kupfer neben Vorzügen (wirtschaftliche Erzeugung, Gießbarkeit und Reinheit durch Bindung von Spurenelementen) den Nachteil, daß Kupfer beim Glühen in wasserstoffhaltiger Atmosphäre und beim Schweißen und Hartlöten mit offener Flamme durch die sog. Wasserstoffkrankheit, d.h. der Gasblasenbildung im Metall durch Reaktion von gelöstem Wasserstoff und Sauerstoff, gefährdet ist. So wird das Kupfer beim Gasschweißen und Flammlöten in wasserstoffhaltiger Atmosphäre spröde und brüchig.

Sauerstofffreies aber nicht desoxidiertes Kupfer wird aus Kathoden erschmolzen und weist die höchste elektrische Leitfähigkeit auf. Die dritte Gruppe schließlich bildet mit *Phosphor desoxidiertes Kathodenkupfer*, dessen Leitfähigkeit mit steigendem Desoxidationsgrad stark abnimmt.

Für Feinst- und Lackdraht wurde von 15 europäischen Ländern und Japan eine Norm "high grade cathode" vorgeschlagen, die mittlerweile Handelsmaßstab geworden ist. Sie besagt, daß darunter *Kupfer aus hochreinen Kathoden* fällt, bei denen die Summe aller Verunreinigungen im Kupfer (außer Sauerstoff) höchstens 65 g/t betragen darf.

Die üblichen Lieferformen für raffiniertes Kupfer sind die Drahtbarren (wire bars), die Rund- und Walzflachbarren und die Kathoden. Draht- und Rundbarren werden unmittelbar zu Draht, Walzflachbarren zu Blech oder Band weiterverarbeitet.

Sauerstoffhaltiges Kupfer ohne besondere Anforderungen an die Leitfähigkeit (F-Cu) wird ausschließlich in Masseln und Kerbblöcken geliefert, was auch bei den anderen sauerstoffhaltigen Kupfersorten möglich ist. Größere Bedeutung gewinnen die durch Stranggießverfahren halb- und vollkontinuierlich hergestellten Rundbolzen, Vierkantknüppel und Walzplatten, die durch Strangpressen bzw. Walzen zu Rohren, Profilen, Blechen und Bändern verformt werden und besonders die nach verschiedenen Gießwalzverfahren erzeugten Drahtbunde (coils) mit Gewichten bis zu 5 und 10 t und Drahtdurchmessern von 8 mm, die direkt in den Drahtziehereien eingesetzt werden können und das Gießen und Warmwalzen von "wire bars" verdrängen. Gießwalzdraht (rod) wurde erstmals 1964 in den USA, 1971 in Frankreich und 1973 in Deutschland und Belgien hergestellt und findet immer weitere Verbreitung.

Kupfermetall mit einem Gehalt unter 99,9 % Cu findet als Leiterwerkstoff keine Anwendung und wird z.B in Legierungen weiterverarbeitet.

In London wird Kupfer in mehreren Qualitäten gehandelt. Kupferhöhergradig (copper higher grade) kommt in Form von Kathoden (cathodes higher grade) oder Drahtbarren von 90 - 125 kg auf den Markt. Zweite Handelsform ist Kupfer-Standard (copper standard cathodes), Elektrolytkupfer in Form von Kathoden mit mindestens 99,9 % Cu (einschließlich Ag). Dritte Handelsform ist feuerraffiniertes Kupfer der Klasse A (hochgradiges feuerraffiniertes Kupfer mit mindestens 99,88 % Cu einschließlich Ag in Form von Blöcken und Barren zum Kontraktpreis) und der Klasse B (mit ≥ 99,7 % Cu einschließlich Ag in Form von Blöcken und Barren zum Kontraktpreis abzüglich 7 £/t).

Der Handel mit Kupferkathoden hat seit einigen Jahren stark zugenommen. Dagegen geht der Handel mit "wire bars" zugunsten von Gießwalzdraht (rods) entsprechend zurück.

In New York wird Elektrolytkupfer in Form von Blöcken, Blöckchen, Drahtbarren und Platten in Standardgewichten und Abmessungen entsprechend A.S.T.M. zum Kontraktpreis gehandelt. Ebenfalls lieferbar sind: hochleitfähiges, feuerraffiniertes Kupfer, "Lake" Copper mit mindestens 99,90 % Cu, Elektrolytkupferkathoden mit einem Abschlag von 1/8 US-cent per lb und feuerraffiniertes Kupfer mit mindestens 99,88 % Cu und einem Abschlag von 1/4 US-cent per lb.

Die Kupferproduzenten versehen ihre Produkte mit Handelsmarken, sog. "brands", aus denen Rückschlüsse auf Erzeuger und Qualität gezogen werden können. An der LME sind vom Börsenkomitee offiziell über 120 Marken zugelassen, an der Comex über 50.

Literaturhinweise

1. Saager, R.: Metallische Rohstoffe von Antimon bis Zirkonium, (Bank Vontobel), Zürich 1984.
2. Kaiser, R. (Hrsg.): Global 2000 – Der Bericht an den Präsidenten, (2001), Washington, D.C. 1981.
3. Müller-Ohlsen, L.: Die Weltmetallwirtschaft im industriellen Entwicklungsprozeß, in: Kieler Studien, Nr.165, (Mohr), Tübingen 1981.
4. Mining 1984 (Financial Times International Yearbook, Longman GB).
5. Krüger, J.; Schwarz, K.H.: Processing of Manganese Nodules, in: Review of the Activities, 18, (Metallgesellschaft AG), Frankfurt am Main 1975.
6. Metallstatistik, Jg. 1972, 1983, Metallgesellschaft AG, Frankfurt am Main.
7. Ullmanns Enzyklopädie der technischen Chemie, Bd.15, (Chemie), Weinheim 1978.
8. Biswas, A.K.; Davenport, W.G.: Extractive Metallurgy of Copper, (Pergamon), USA 1980.
9. Verney, L.R.: The Economics of Sulphide Smelting Process, in: Advances in Sulphide Smelting, Vol.2, Conf.Proc., The Metallurgical Soc. of AIME 1983.
10. Rooney, P.; Stohn, W.: Selection of a location for a Copper Smelter, in: Advances in Sulphide Smelting, Vol.2, Conf. Proc., The Metallurgical Soc. of AIME 1983.
11. Davies, M.H.: Copper, in: Future Metal Strategy, Conf. Proc., The Metal Society, London 1980.
12. Metal Bulletin Handbook 1983, Metal Bulletin PLC 1983.
13. Forster, M.: Struktur und Risiken der deutschen NE-Metallversorgung, ITE, Hamburg 1976.
14. Bulletin International des Douanes, Jg. 1983 - 84, Internationales Bureau für Zolltarife, Brüssel.

15. Kommission der Europäischen Gemeinschaften (Hrsg.): Die Gemeinschaft hilft der Dritten Welt, Das Lomé-Abkommen, S.5.
16. Bundesstelle für Außenhandelsinformationen (Hrsg.): EWG und AKP-Staaten, Lomé III-Abkommen, in: Marktinformation, Köln 1985.
17. Münster, P.; Kirchner, G.: Taschenbuch des Metallhandels, 7. Aufl., (Metall), Berlin 1982.

2 Blei und Zink

Von D. Schwer

2.1 Blei

Blei (Pb v. lat. plumbum) gehört zu jenen Metallen, die dem Menschen sehr früh bekannt waren. Die Ägypter schürften bereits um 3000 v.Chr. nach diesem Metall und um 550 v.Chr. begannen die Griechen auf Rhodos und Zypern, die Phönizier in Spanien und die Römer in England und Deutschland mit dem Bleibergbau. Im Mittelalter wurden in Deutschland bedeutende Lagerstätten im Harz (Rammelsberg), im Erzgebirge und in Oberschlesien entdeckt. Das 16. Jahrhundert gilt allgemein als die europäische Blütezeit der Bleigewinnung. Erst im 19. und im 20. Jahrhundert wurden größere Bleilagerstätten in den USA, Mexiko, Kanada und Australien entwickelt.

2.1.1 Eigenschaften und Minerale

Blei ist in der Lithosphäre, der etwa 12 km starken äußeren Silikatschicht der Erde, mit 12,5 ppm (parts per million) vertreten. Bei einem Atomgewicht von 207,21 hat es die Ordnungszahl 82 im Periodischen System der Elemente. Der Schmelzpunkt liegt bei 327,4°C, der Siedepunkt bei 1751°C, jedoch setzt die Verdampfung schon weit unter dem Siedepunkt ein. Die Dichte von Blei beträgt 11,336 g/cm^3 bei 20°C.

Das *physikalische Verhalten* des Metalls läßt sich folgendermaßen charakterisieren: Blei ist eines der weichsten Metalle, die Brinellhärte beträgt nur 2,5 bis 3 kp/mm^2. Die Elastizität ist gering, die Dehnbarkeit dagegen ziemlich groß. Die Zugfestigkeit erreicht nur 1 bis 2 kp/mm^2. Die Leitfähigkeit für Wärme und Elektrizität beträgt weniger als ein Zehntel derjenigen von Kupfer. Die genannten mechanischen Eigenschaften zeigen, daß Blei zu den sehr leicht verarbeitbaren Werkstoffen gehört; sie erklären die relativ frühe Verwendung dieses Metalls. Eine Grenze für den Einsatz von Blei in industriellen Produkten können jedoch die toxischen Eigenschaften sein.

Für eine Reihe von Verwendungen ist das *chemische Verhalten* von Blei bedeutsam, insbesondere die Resistenz gegen viele Säuren. Es bildet mit Phosphor-, Salz- und

Schwefelsäure dünne Niederschläge an der Oberfläche, die einen weiteren Angriff durch die Säure verhindern. Blei ist widerstandsfähig gegen Chlor, Flußsäure und kohlensäurehaltiges Leitungswasser. Von manchen organischen Säuren, wie Kali- und Natronlauge sowie von Kalkmörtel und Zement, wird es jedoch langsam angegriffen, von Salpeter- und Essigsäure wird es rasch gelöst. Blei ist 2- und 4-wertig; am häufigsten und beständigsten sind die zweiwertigen Verbindungen.

In gediegener Form kommt Blei nicht vor, in Verbindungen dagegen häufig. Von den über 130 *Bleimineralien* hat der Bleiglanz (silberhaltiges Bleisulfid), auch Galenit genannt, die größte wirtschaftliche Bedeutung. 90 % der Bleigewinnung basieren auf diesem Mineral. Erwähnenswert für die Bleigewinnung sind noch die Bleiminerale Cerussit, Anglesit und Wulfenit (vgl. Tab. IV.14).

Tabelle IV.14. Wichtige Bleiminerale

Mineralname (Synonym)	Chemische Formel	Kristallografie	Bleigehalt
Bleiglanz (Galenit)	PbS	kubisch	86,6 %
Cerussit (Weißbleierz)	$PbCO_3$	rhombisch	83,5 %
Anglesit (Vitriolbleierz)	$PbSO_4$	rhombisch	73,6 %
Wulfenit (Gelbbleierz)	$PbMoO_4$	tetragonal	60,7 %

Im Bleiglanz sind fast immer Silbergehalte zwischen 0,01 % und 0,3 % vorhanden. Höhere gelöste Silbergehalte (bis zu 1 %) bedingen stets auch Wismut- (bis zu 0,9 %) und Antimon- (bis zu 0,6 %) Gehalte durch Mischkristallbildung. Des weiteren finden sich in diesem Mineral geringe Mengen Selen, Tellur und in selteneren Fällen Arsen als Begleitminerale. Der Cerussit, der Anglesit und der Wulfenit sind Minerale der Oxidationszone von Bleierzlagerstätten. Der Anglesit ist das Oxidationsprodukt des Galenit.

2.1.2 Genese der Blei-Zink-Lagerstätten

Blei (Pb) und Zink (Zn) stehen sich geochemisch-lagerstättenkundlich sehr nahe und treten daher meistens miteinander vergesellschaftet auf. Nach dem jeweiligen Blei- bzw. Zinkgehalt im Erz werden, wie in Tabelle IV.15 dargestellt, vier Lagerstättenarten unterschieden. Es gibt Lagerstätten mit vorherrschend blei- bzw. zinkhaltigen Erzen, mit annähernd gleich hohen Gehalten von Blei und Zink in den Erzen sowie komplexe Lagerstätten von Kupfer- und Zinkerzen bei untergeordneter Bleiführung.

Die Mischerzlagerstätten haben sowohl für die Blei- als auch für die Zinkförderung die bei weitem größte Bedeutung. Etwa 70 % der in der Welt geförderten Mengen von Blei und etwa 60 % der geförderten Mengen von Zink stammen von Lagerstätten dieser Art. Als Begleitminerale kommen bei Lagerstätten mit vorherrschend bleihaltigen Erzen vor allem Silber und bei Lagerstätten mit vorherrschend zinkhaltigen Erzen

Tabelle IV.15. Blei-Zink-Lagerstättenarten und ihr Anteil an der Blei- bzw. Zinkförderung in der
Welt

Lagerstätten mit:	Anteil an Weltbleiförderung in %	Anteil an Weltzinkförderung in %
Vorherrschend Bleierzen	20	5
Blei-Zink-Mischerzen	70	60
Vorherrschend Zinkerzen	5	25
Komplexen Erzen	5	10

Cadmium vor. Bei Lagerstätten mit Mischerzen und komplexen Erzen treten zumeist
noch Pyrit, Kupferkies und andere Schwermetallsulfide auf, besonders von Antimon,
Wismut und Arsen.

Lagerstättengröße, durchschnittliche Metallbilanz, infrastrukturelle Faktoren sowie
der Metallpreis bestimmen die Wirtschaftlichkeit, d.h. die Abbauwürdigkeit einer Lagerstätte. Die Metallbilanz beschreibt die Zusammensetzung und die Konzentration
der auftretenden Metalle im Erz. Nach der Genese (Bildung) der Erzlagerstätten werden verschiedene Typen *hydrothermaler Lagerstätten* unterschieden. Als hydrother-
mal werden solche Lagerstätten bezeichnet, in welchen die Metalle zunächst in warm-
wässrigen Lösungen vorhanden sind, aus dem tieferen Untergrund aufsteigen und in
entsprechenden Bildungsräumen durch Auskristallisation feste Form annehmen.

Die Erzgänge der *Ganglagerstätten* erscheinen räumlich meist als steile oder halbsteile
mineralische Ausfüllungen von Gangspalten, die zumeist größeren Bruchsystemen
(Störungen) folgen. Die durchschnittlichen Gehalte liegen bei 5 - 8 % Pb und 7 - 10 %
Zn. Da bei Ganglagerstätten die Erzvorkommen aber in starken Qualitätsschwan-
kungen auftreten, verursacht ihre Gewinnung erhebliche Kosten. Deshalb hat die
Bleigewinnung in Ganglagerstätten seit den fünfziger Jahren stark nachgelassen.

Bei den *Imprägnationslagerstätten* handelt es sich um unregelmäßig-geometrische
Erzkörper, wobei die Vererzung an den Porenraum des Korngefüges gebunden ist,
beispielsweise Erzimprägnationen in porösen Sandsteinen und kavernösen Kalken.
Die Wirtschaftlichkeit dieses Lagerstättentyps wird durch die geringe Metallbilanz
beeinträchtigt, da die Bleigehalte der Erze selten 5 % und die Zinkgehalte selten
1 % übersteigen. Bergwerksbetriebe können nur dann wirtschaftlich arbeiten, wenn
vor allem größere Vorräte vorhanden sind.

Die Erzkörper der *Verdrängungslagerstätten* erscheinen als plattenförmige Körper
in Karbonatgesteinen, deren Unregelmäßigkeit von Spalten, Schichtgrenzen und
anderen Unstetigkeitsflächen bestimmt wird. Verdrängungslagerstätten haben mit
2 - 4 % Pb und 5 - 8 % Zn häufig geringere Durchschnittsgehalte als die Ganglagerstätten. Die Erzmengen, die teilweise im Tagebau gewonnen werden können, sind
in der Regel aber groß, so daß ein wirtschaftlicher Abbau möglich ist.

Die *magmatogen-sedimentären Lagerstätten* treten als schichtgebundene, oft massige Erzkörper auf, welche mit marinen Sedimenten, submarinen Tuffen und – nicht immer – vulkanischen Gesteinen verknüpft sind. Durch tektonische Einflüsse sind diese schichtgebundenen Lagerstätten oft gegen das umgebende Nebengestein scharf abgesetzt. Durch Metamorphose haben sich ihr Mineralbestand und ihre primären Strukturen häufig geändert. Dieser Lagerstättentyp liefert meist mittlere, aber auch relativ große bis riesige Erzkörper, die mit 13 % Pb und 10 % Zn (North Broken Hill/Australien) hohe Metallgehalte erreichen können. Er stellt für den Blei-Zink-Bergbau den mit Abstand wichtigsten Lagerstättentyp dar. In Kanada stammen beispielsweise aus den vulkanogen-sedimentären Lagerstätten über 90 % der Zinkbergwerksproduktion.

2.1.3 Regionale Verteilung der Blei-Zink-Lagerstätten

Blei- und Zinkerze werden in 55 Ländern auf allen fünf Kontinenten dieser Welt gefördert (vgl. Abb. IV.4). Es gibt etwa 400 Bergwerke mit Kapazitäten zwischen 1000 und 250 000 tpa Metallproduktion. Gegliedert nach den einzelnen Kontinenten werden im folgenden die wichtigsten Blei-Zink-Lagerstätten vorgestellt.

In *Nordamerika* gibt es zahlreiche Lagerstätten in der inneramerikanischen Plattformzone, die im Westen durch die Rocky Mountains und im Osten durch die Appalachen begrenzt wird. Diese nicht gefaltete und damit einfach gebaute Zone reicht von Kanada durch die USA bis fast zum Golf von Mexiko. In diesem Lead Belt liegen die vielen Einzellagerstätten des Mississippi- und Missouri-Gebietes. Zur Mississippital-Provinz gehören der Tri-State-District (Missouri, Oklahoma, Kansas), der S.E.-Missouri Lead Belt (Buick, Magmont, Missouri) und die Reviere des Upper Mississippi Valley. Die Lagerstätten Missouri und Buick enthalten nahezu ausschließlich Bleierze; sie zählen zu den größten in der Welt. Die Appalachen-Provinz zieht sich von Ost-Tennessee (Tennessee, Gordonsville) über Pennsylvania, New Jersey und New York (Balmat) nach den kanadischen Provinzen Quebec (Mattagami Lake) und New Brunswick (Brunswick). In Kanada befinden sich weitere wichtige Vorkommen in den Provinzen Ontario (Kidd Creek, Mattabi, Geco) und im North West Territory (Polaris, Pine Point, Prairie Creek, Strathcona Sound).

In *Lateinamerika* liegen Blei-Zink-Lagerstätten vor allem in Mexiko (Santa Barbara, Chihuahua, San Martin), in der Andenprovinz, die sich von Peru (Cerro de Pasco) und Nordbolivien bis nach Brasilien (Vazante) erstreckt, und in Argentinien (Aguilar).

In *Afrika* sind große Lagerstätten mit Pb/Zn-Erzen in Zaire (Gécamines, Kipushi), Sambia (Kabwe) und Namibia (Tsumeb) bekannt. Die Atlas-Provinz enthält Lagerstätten in Marokko (Zeida, Touissit), Algerien und Tunesien.

Bedeutende Lagerstätten bestehen auch in *Europa*. Beginnend in Spanien (Aznalcollar, Rubiales, Reocin) und Italien (Masua/Sardinien) erstrecken sie sich im Süden bis auf den Balkan, nach Jugoslawien (Trepca) und Bulgarien (Gorubso). Die drei in

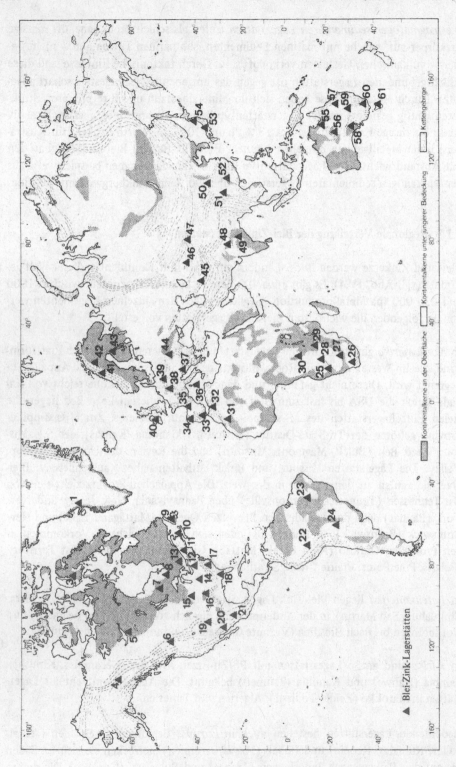

der Bundesrepublik Deutschland betriebenen Pb/Zn-Gruben sind Rammelsberg, BadGrund und Meggen. In Irland gibt es eine Reihe von Vorkommen die größte Grube ist Navan. In Nordeuropa liegen vor allem in Schweden bedeutende Lagerstätten (Laisvall, Kristineberg, Boliden Mill).

Die wichtigsten Pb/Zn-Lagerstätten *Asiens* liegen in der Sowjetunion, und zwar im Ural, in Kazakhstan (Zyryanovsk und Leninogorsk) und in Uzbekistan (Almalyuk). Bedeutsame Vorkommen sind außerdem in China (Hui Dong, Chang Ba, Fangkou), in Indien (Rajpura-Dariba) und in Japan (Kamioka, Fukazawa) bekannt.

Die in *Australien* explorierten Lagerstätten gehören zusammen mit den "Missouri-Gruben" zu den größten der Welt. Hier sind vor allem die Pb/Zn-Gruben Mount Isa/Queensland, Broken Hill/New South Wales und Read Rosebery/Tasmania zu nennen.

2.1.4 Vorräte und Bergwerksproduktion von Blei

Die bekannten *Bleierzvorräte* der Welt betrugen Ende 1983 100 Mio. t, wobei sich die Angaben auf den Metallinhalt beziehen (vgl. Tab. IV.16). In die Berechnung der Erzreserven wurden dabei nur jene Vorkommen miteinbezogen, die unter den heute geltenden wirtschaftlichen Gegebenheiten abbauwürdig sind. Diese Restriktion hat zur Folge, daß beispielsweise mit steigendem (fallendem) Bleipreis Lagerstätten in die Reserveberechnung miteinbezogen (herausgenommen) werden, die vorher nicht aufgeführt bzw. mitgerechnet worden sind. Die größten Bleireserven liegen in den USA (20 Mio. t) und in den rohstoffreichen Industrieländern Australien (14,5 Mio. t) und Kanada (12 Mio. t). Mit 14 Mio. t gehören die Bleireserven der UdSSR zu den drittgrößten der Welt. In den vergangenen zehn Jahren sind vornehmlich in Kanada und Australien neue Bleivorkommen exploriert worden. Bezieht man die bekannten, unter heutigen Bedingungen aber noch nicht wirtschaftlich abbaubaren Reser-

---

Abbildung IV.5. Die wichtigsten Blei-Zink-Lagerstätten

Grönland: 1 Black Angel; *Kanada*: 2 Polaris/N.W.T.; 3 Strathcona Sound/N.W.T.; 4 Prairie Creek/N.W.T.; 5 Pine Point/N.W.T.; 6 Sullivan/B.C.; 7 Geco/Ontario; 8 Kidd Creek/Ontario; 9 Newfoundland Zinc/Newfoundland; 10 Brunswick/New Brunswick; 11 Mattagami Lake/Quebec; 12 Mattabi/Ontario; *USA*: 13 Balmat/New York; 14 Gordonsville/Tennessee; 15 Magmont/Missouri; 16 Buick/Missouri; 17 Tennessee/Tennessee; 18 Tri-State-District; *Mexiko*: 19 Santa Barbara; 20 Chihuahua; 21 San Martin; *Peru*: 22 Cerro de Pasco; *Brasilien*: 23 Vazante; *Argentinien*: 24 Aguilar; *Namibia*: 25 Tsumeb; *Südafrika*: 26 Prieska; 27 Aggeneys; *Sambia*: 28 Kabwe; *Zaire*: 29 Gécamines; 30 Kipushi; *Marokko*: 31 Zeida; 32 Touissit; *Spanien*: 33 Aznalcollar; 34 Rubiales; 35 Reocin; *Italien*: 36 Masua; *Jugoslawien*: 37 Trepca; *Bundesrepublik Deutschland*: 38 Meggen; 39 Rammelsberg; *Irland*: 40 Navan; *Schweden*: 41 Laisvall; 42 Kristineberg; 43 Boliden Mill; *Bulgarien*: 44 Gorubso; *Sowjetunion*: 45 Almalyuk/Uzbekistan; 46 Leninogorsk/Kazakhstan; 47 Zyryanovsk/Kazakhstan; *Indien*: 48 Rajpura-Dariba; 49 Balaria; *China*: 50 Hui Dong; 51 Chang Ba; 52 Fangkou; *Japan*: 53 Kamioka; 54 Fukazawa; *Australien*: 55 Mount Isa/Queensland; 56 New Broken Hill/N.S.W.; 57 North Broken Hill/N.S.W.; 58 Broken Hill/N.S.W.; 59 Elura/N.S.W.; 60 Woodlawn/N.S.W.; 61 Read Rosebery/Tasmania.

Tabelle IV.16. Bergwerksproduktion und Erzreserven von Blei

	Bergwerksproduktion		Erzreserven
	1973 in 1000 t	1983 in 1000 t	1983 in 1000 t
UdSSR	570	580	14 000
Australien	403	477	14 500
USA	547	463	20 000
Kanada	388	252	12 000
Peru	183	205	2 500
Mexiko	179	182	4 000
VR China	130	160	2 000
Jugoslawien	119	114	4 000
Marokko	93	97	1 000
Südafrika	2	88	3 500
Summe	2 614	2 618	77 500
Übrige Länder	1 024	832	22 500
Welt	3 638	3 450	100 000

Quelle: Metallstatistik 1973 - 1983 und Bureau of Mines, Mineral Commodity Profil Lead 1983.

ven mit ein, dann summieren sich die Bleierzreserven auf 145 Mio. t.

Die *Weltbergwerksproduktion* von Blei belief sich 1983 auf 3,5 Mio. t und lag damit um 0,2 Mio.t unter der Fördermenge von 1973. In den zwischen 1973 und 1983 liegenden Jahren zeigte die Bergwerksproduktion kaum Schwankungen. Größere Veränderungen gab es aber in der Förderleistung einzelner Länder, wenngleich sich damit die Reihenfolge der zehn größten Bergbauländer in der Welt kaum verschob. An erster Stelle steht die UdSSR, gefolgt von Australien und den USA. Der Anteil dieser drei Länder an der Weltbergwerksproduktion belief sich 1983 auf 41,1 %. Danach folgen die Länder Kanada, Peru, Mexiko, VR China, Jugoslawien, Marokko und Südafrika, die zusammen einen Anteil von 31,9 % erreichten. Während in Australien, Südafrika und der VR China die Bleiförderung in den vergangenen zehn Jahren gesteigert worden ist, kam es in Kanada und den USA zu Produktionseinschränkungen.

In den nächsten Jahren werden nur sehr wenige Gruben neu in Betrieb gehen. Viele Großprojekte, deren Produktionsbeginn bislang mit "Ende der achtziger Jahre" terminiert war, laufen jetzt mit der Zeitvorgabe "Anfang der neunziger Jahre". Es ist aber damit zu rechnen, daß in nächster Zeit vor allem in Australien (Woodcutters) und in Mexiko (Bismarck) explorierte Vorkommen in Betrieb genommen werden. Produktionserweiterungen sind in Spanien (Reocin) und Honduras (El Mochito) vorgesehen.

2.1.5 Technische Gewinnung des Metalls

2.1.5.1 Aufbereitung

Im überwiegenden Teil der Blei-Zink-Erze liegt der Metallgehalt zu niedrig, um daraus direkt Metalle gewinnen zu können. Die Bauwürdigkeitsgrenze der Blei-Zink-Lagerstätten liegt zwischen 3 bis 6 % Metallgehalt im Erz. Diese Angaben müssen als grobe Schätzung angesehen werden, denn sie berücksichtigen weder nützliche (Silber, Gold, Kupfer) noch schädliche (Arsen, Eisen, Wismut) Nebenbestandteile der Erze, die diese Grenzen beträchtlich verschieben können.

Der erste Schritt zur technischen Gewinnung von Blei ist die physikalische Vorkonzentration, die allerdings nicht bei oxidischen Erzen durchführbar ist. Sie geschieht in der Regel durch *Flotation*. Dabei wird das Erz, welches mit Metallgehalten von 5 bis 20 %, durchschnittlich etwa 10 %, gefördert wird, gebrochen und dem Verwachsungsgrad der Mineralbestandteile entsprechend aufgemahlen. Das Erz wird mit Wasser und Chemikalien versetzt und in eine mit einem Rührwerk versehene Flotationszelle gegeben. Die Bewegungen des Rührwerks und die eingeblasene Luft bewirken nun, daß die schwer benetzbaren Metallteilchen aufschwimmen und an der Oberfläche einen Schaum bilden, der abgezogen wird. Die leicht benetzbare Gangart sammelt sich am Boden der Flotationszelle. Das abgezogene, feinkörnige Konzentrat wird durch Filtration vom Wasser getrennt.

Da die meisten Erze sowohl Blei als auch Zink enthalten, wird häufig eine selektive Flotation vorgenommen: Durch Zusatz geeigneter Chemikalien wird zunächst der Bleiglanz ausflotiert und die Zinkblende zurückgehalten, die dann nach der Abtrennung des Bleikonzentrats ausgeschwemmt wird. Aus einem Fördererz werden also zwei Konzentrate gewonnen, die entweder überwiegend Blei (Bleikonzentrate) oder überwiegend Zink (Zinkkonzentrate) enthalten. Da der Flotationsvorgang aber zu keiner vollkommenen Trennung beider Komponenten führt, wird noch eine dritte Art von Konzentraten (Mischkonzentrate) hergestellt. Von Mischkonzentraten spricht man in der Regel dann, wenn der Anteil von Blei und Zink jeweils über 7 % liegt. Bleikonzentrate enthalten bis zu 80 % (durchschnittlich 60 - 70 %) Blei, Zinkkonzentrate etwa 60 % (durchschnittlich 55 - 60 %) Zink. Es sind auch wesentlich niedrigere Gehalte möglich, insbesondere dann, wenn nützliche Nebenbestandteile vorliegen.

2.1.5.2 Verhüttung

Das immer noch wichtigste Bleigewinnungsverfahren ist das *Röstreduktionsverfahren*. Es besteht aus zwei voneinander unabhängigen Prozeßschritten, nämlich erstens dem Sinterrösten und zweitens der Reduktion. Unter *Sinterrösten* wird die Oxidation der fein- und feinstkörnigen Konzentrate bei gleichzeitiger Agglomeration verstanden. Es ist die notwendige Vorstufe zur pyrometallurgischen Bleigewinnung im Schachtofen. Bis etwa 1955 wurde die Saugzugsinterung betrieben. Danach wurde

die Drucksinterung eingeführt, die heute die ausschließliche Methode zur Sinter-
röstung darstellt.

Die Drucksinteranlage besteht aus einzelnen Kästen, die zu einem endlosen Band zu-
sammengefügt sind. Das Sintergut, in der Regel eine Mischung aus verschiedenen
Konzentraten und Zuschlägen, wird auf das sich langsam bewegende Band gegeben
und gezündet. Durch die Roststäbe der Kästen wird Luft hindurchgedrückt. Die beim
Rösten freiwerdende Wärme wird — gegebenenfalls mit Hilfe von Zusatzbrennstof-
fen — gleichzeitig zum Sintern verwendet. Der Abbrand wird agglomeriert und in
stückige Charge gebrochen.

Das beim Röstprozeß entstehende Schwefeldioxid wird in Kontaktanlagen zu Schwefelsäure verarbeitet.

Die *Reduktion* erfolgt im Schachtofen. Die Beschickung besteht aus selbstgängigem
Sinter, der unter Zugabe anderer Zuschläge und Hüttenkoks reduzierend niederge-
schmolzen wird. Die Schmelzprodukte lassen sich aufgrund geringer gegenseitiger
Löslichkeit und unterschiedlicher Dichten in Werkblei mit 90 bis 99 % Pb und
Schlacke trennen.

Ein ebenfalls für die Bleigewinnung bedeutendes Verfahren ist das *Imperial Smelting-
(IS-)Verfahren*. Hierbei handelt es sich um ein Röstreduktionsverfahren, das sich für
die Verarbeitung von Mischkonzentraten eignet. Der Mischsinter enthält in der Regel
doppelt soviel Zink wie Blei. Das reduzierte Blei sammelt sich im Ofenherd und wird
als Werkblei abgestochen. Das Zink verdampft und wird in einem Spezialkondensa-
tor als Metall gewonnen. Das Verfahren ist hinsichtlich der Konzentratzusammen-
setzung in weiten Grenzen variabel. Auch bietet es die Möglichkeit, besonders vor-
bereitetes Sekundärmaterial einzusetzen.

Neben dem Schachtofenprozeß gibt es neue pyrometallurgische Verfahren, die sich
vor allem dadurch auszeichnen, daß die Röstung der Sulfide sowie die Reduktion
und das Schmelzen der Beschickung in einem Reaktor erfolgten. Die großen Vorteile
dieser Direktschmelzverfahren liegen darin, daß die Gewinnungskosten hinsichtlich
des Energieverbrauchs gesenkt und die Emissionen von Schadstoffen drastisch reduziert werden können.

Beim *Kivcetverfahren* wird die Sulfidröstung und teilweise die Reduktion mit
technisch reinem Sauerstoff in einem Zyklon und senkrechten Brennschacht bei
Temperaturen bis 1400°C durchgeführt. Die oxidische Schmelze mit 10 - 20 %
metallischem Blei fließt unter einer wassergekühlten Trennwand in einen elektrisch
beheizten Ofenraum, wo unter Zusatz von Koksgrus ein Werkblei mit 98,2 % Pb und
0,1 - 0,2 % S entsteht. In Zusammenarbeit mit den Erfindern Queneau und Schuh-
mann jr. hat die Lurgi GmbH den *QSL-Prozeß* für die Bleigewinnung entwickelt. In
einem langgestreckten, zylinderförmigen Reaktor, der mit bodenblasenden Düsen
ausgerüstet ist, werden Grünpellets, bestehend aus Konzentrat, Zuschlägen und Flugstaub, kontinuierlich in die Oxidationszone des Reaktors eingetragen. Das Einblasen

von technisch reinem Sauerstoff in das Bad führt zur Entstehung von Werkblei. Die Boliden Metall AB, Schweden, konzipierte ein Direktschmelzverfahren, das den *Kaldokonverter*, der in Nordamerika TBRC (Top Blown Rotary Converter) genannt wird, nutzt. Schließlich hat Outokumpu Oy, Finnland, das bei der Kupfergewinnung weitverbreitete *Flash-Smelting-Verfahren* auf die Bleigewinnung übertragen.

2.1.5.3 Raffination

In dem Werkblei, das bei der Verhüttung entsteht, befinden sich aber noch verschiedene metallische Beimengungen, die in einem *Raffinationsprozeß* entfernt werden müssen. Das Werkblei verläßt den Schachtofen bei Temperaturen weit über dem Schmelzpunkt. Bei der Abkühlung auf eine Temperatur kurz oberhalb des Schmelzpunktes scheiden sich infolge abnehmender Löslichkeit Kupfer und eine Reihe anderer Elemente in Form von festen Seigerprodukten, den sogenannten Kupferschlickern, ab, die an der Oberfläche abgezogen werden. Zur Entfernung des restlichen Kupfers wird Schwefel eingerührt. Dann erfolgt die Abtrennung von Arsen, Antimon und Zinn. Man nutzt dabei die relativ hohe Affinität dieser drei Metalle zu Sauerstoff, der entweder durch Luft auf die Schmelze geblasen oder in Form von $NaOH\text{-}NaNO_3$-Salzschmelzen eingebracht wird. Die oxidierten Verunreinigungen werden abgezogen und zu Metallen, Metalloxiden oder Salzen verarbeitet. Die Abtrennung der noch im Blei vorhandenen Edelmetalle erfolgt durch Einrühren von Zinkmetall. Dabei bilden sich Schäume, die die Edelmetalle aufnehmen und von der Oberfläche abgehoben werden. Im Blei verbleibendes Zink wird durch eine Vakuumbehandlung entfernt. Die Entwismutung erfolgt üblicherweise durch Einrühren von Calcium und Magnesium und Entfernen der sich bildenden Schäume. In Sonderfällen, z.B. bei hohen Wismutgehalten, wird elektrolytisch raffiniert ; das Blei wird anodisch aufgelöst und auf der Kathode niedergeschlagen. Das Wismut und eventuell noch vorhandene sonstige Verunreinigungen gehen in den Anodenschlamm.

2.1.6 Standorte und Kapazitäten der Blei- und Zinkhütten

Tabelle IV.17 gibt einen Überblick über die Kapazitäten der Blei- und Zinkhütten der Welt sowie ihre Standorte. Die Kapazitätsangaben beziehen sich, soweit die Zahlen nicht in Klammern gesetzt sind, immer auf die Raffination von Blei und Zink. Die Kapazitätsangaben, die in Klammern gesetzt sind, kennzeichnen die Werkbleikapazitäten einer Gesellschaft ohne angeschlossene Raffinerieanlage. Bei der Interpretation der Kapazitätsangaben muß berücksichtigt werden, daß die Kapazität keine fest fixierte Größe ist. Die Metallausbringung hängt entscheidend von den eingesetzten Vorstoffen, dem Ausmaß ihrer Verunreinigungen und der Menge der vorhandenen Energie ab. Die angegebene Kapazität kann nur dann erreicht werden, wenn eine optimale Konstellation aller für die Metallproduktion relevanten Einflußgrößen vorliegt. Besteht diese Optimalsituation nicht, so unterschreitet trotz Vollauslastung der Hütte die Metallproduktion die angegebene Kapazität.

Tabelle IV.17. Die Kapazitäten der Primärblei- und Zinkhütten in der Welt
(Stand: September 1984)

Land	Gesellschaft	Standort	Blei	Zink (Verfahren)
Europa				
Bundesrepublik Deutschland	Berzelius Metallhütten GmbH	Duisburg	(32)	85 IS
		Binsfeldhammer	90	
	Ruhr-Zink GmbH	Datteln		135 E
	Norddeutsche Affinerie	Hamburg	45	
	Preussag-Boliden Blei GmbH	Nordenham	120	
	Preussag Weser Zink GmbH	Nordenham		120 E
Belgien	Sté. des Mines et Fonderies de Zinc de la Vieille Montagne S.A.	Balen-Wezel		180 E
	Métallurgie Hoboken-Overpelt	Hoboken	125	
		Overpelt		120 E
		Lommel		25 RT
Finnland	Outokumpu Oy	Kokkola		160 E
Frankreich	Sté. Minière et Métallurgique de Penarroya	Noyelles-Godault	150	110 IS
	Sté. Mines et Fonderies de Zinc de la Vieille Montagne	Viviez		110 E
		Creil		8 RT
	Asturienne-France	Auby		115 E
				22 RT
Griechenland	E.M.M.E.L.	Laurium	20	
Großbritannien	Britannia Refined Metals	Northfleet	150	
	Commonwealth Smelt.Ltd.	Avonmouth	40	100 IS
Italien	SAMETON S.p.A.	San Gavino	50	
		Ponte Nossa		10 E
	SAMIN S.p.a.	Porto Vesme		70 IS
	Pertusola Sud S.p.a.	Crotone		100 E
Jugoslawien	Rudarsko-Metalursko-Hemijski Kombinat Olova i Cinka 'Trepca'	Kosovska-Mitrovica	90	35 E
	Rudniki Svinca in Topilnica 'Mezica'	Mezica	30	
	Topilnica 'Zletovo'	Titov Veles	30	60 IS
	Hemijska Ind. 'Zorka'	Sabac		30 E
Niederlande	Budelco B.V.	Budel-Dorplein		210 E
Norwegen	Norzink A/S	Eitrheim		90 E
Österreich	Bleiberger Bergwerks-Union-A.G.	Gailitz	25	25 E
Portugal	Quimica de Portugal E.P.	Barreiro		11 E
Schweden	Boliden Metall AB	Rönnskär	55	

Tabelle IV.17. Fortsetzung

Land	Gesellschaft	Standort	Kapazität (1000 jato)	
			Blei	Zink (Verfahren)
Spanien	Cia. La Cruz Minas & Fundiciones de Plomo S.A.	Limares	40	
	Penarroya Espana	Cartagena	70	
	Asturiana de Zinc S.A.	San Juan de Nieva		200 E
	Espanola del Zinc S.A.	Cartagena		60 E
Türkei	Cinko Kursun Metal Sanyii	Kayseri		34 E
Asien				
Burma	Mining Corp. No. 1	Namtu	10	
Indien	Cominco Binani Zinc	Cochin		20 E
	Hindustan Zinc	Debari		48 E
		Tundoo	8	
		Vishakhapatnam	22	30 E
Japan	Mitsui Mining & Smelting	Kamioka	34	72 E
		Takehara	44	
		Miike		58 V
		Hikoshima		84 E
	Toho Zinc	Chigirishima	72	5 RT
		Annaka		139 E
	Mitsubishi Metal	Hosokura	22	22 E
		Akita		101 E
	Mitsubishi Cominco Smelting Co.	Naoshima	36	101 E
	Nippon Mining	Saganoseki	36	
		Mikkaichi		120 ET
	Sumiko I.S.P. Co.	Harima	26	79 IS
	Dowa Mining	Kosaka	25	
	Hachinohe Smelting	Hachinohe	(29)	84 IS
	Nisso Smelting	Aizu		31 E
	Akita Smelting	Akita-Iijima		156 E
Südkorea	Korea Mining & Smelting	Changhang	10	
	Korea Zinc Corp. Ltd.	Onsan		65 E
	Young Poong Corp.	Sukpo		31 E
Thailand	Padaeng Industry	Mae Sod		60 E
Afrika				
Algerien	Sté. Nat. de Sidérurgie	Ghazaouet		40 E
Marokko	Sté. des Fonderies de Plomb de Zellidja	Qued-el-Heimer	70	
Südafrika	Zinc Corp. of S. Africa	Vogelstruisbult		105 E
Namibia	Tsumeb Corp. Ltd.	Tsumeb	82	
Tunesien	Sté. Minière et Métallurgique de Tunisie	Mégrine	23	

Tabelle IV.17. Fortsetzung

Land	Gesellschaft	Standort	Kapazität (1000 jato)		
			Blei	Zink	(Verfahren)
Sambia	Zambia Consolidated Copper Mines Ltd. (ZCCM)	Kabwe	17	3	JS
		Kabwe		13	E
Zaire	Gécamines	Kolwezi		69	E
Amerika					
Argentinien	NL Industries Inc.	Puerto Villelas	30		
	Martin Munster S.A.	Jujuy	10		
	Noar	Lastenia	9		
	Sulfacid S.A.	F.L. Beltran		25	E
	Coop de Trab. Zarate	Zarate		6	E
Brasilien	Cia. Brasileira de Chumbo "Cobrac"	Santo Amarao	22		
	Plumbum Sa. A.	Panelas	19		
	INGA	Itaguai		12	ET
	Cia. Mineria de Metais	Tres Marias		65	E
	Cia. Paraibuna de Metais	Juiz de Fora		35	E
Bolivien	Comibol ENAF	Karachi Pampa	22		
Kanada	Cominco	Trail	145	272	E
	Brunswick Mining & Smelt.	Belledune	72		
	Canadian Electrolytic Zinc Ltd.	Valleyfield		227	E
	Kidd Creek Mines Ltd.	Timmins		127	E
	Hudson Bay Mining & Smelting Corp. Ltd.	Flin Flon		75	E
Mexiko	Industrial Minera Mexico SA	Monterrey	120		
		Nueva Rosita		60	H
		San Luis Potosi		114	E
	Zincamex	Saltillo		30	H
	Met. Mex. Penoles SA	Torreon	180	105	E
Peru	Minero Peru	Cajamaquilla		102	E
	Centromin Peru	La Oroya	95	68	E
USA	Amax-Homestake Lead Tollers	Boss	127		
	Amax Zinc Co.	East St. Louis		76	E
	Asarco Incorp	Corpus Christi		98	E
		Glover	140		
		Omaha	163		
	St. Joe Minerals Corp.	Herculaneum	205		
	St. Joe Resources Co.	Monaca		77	ET
	National Zinc	Bartlesville		51	E
	New Jersey Zinc	Palmerton		107	V
	Jersey Minière Zinc Co.	Clarksville		82	E

Tabelle IV.17. Fortsetzung

Land	Gesellschaft	Standort	Kapazität (1000 jato)	
			Blei	Zink (Verfahren)
Australien	Broken Hill	Port Pirie	235	45 E
	Mount Isa Mines	Cockle Creek	(30)	75 IS
	Sulphide Corp.			
	Electrolytic Zinc Austr.	Risdon		210 E
Östliche Länder				
UdSSR	staatlich	Tschimkent	250	30 E
		Leninogorsk	150	100 E
		Ust-Kamenogorsk	10	300 E
		Tetjuche	75	
		Ordshonikidze	150	180 E
		Konstantinowka	25	70 E
		Tscheljabinsk		200 E
		Belovo		130 H
		Kemorovo		30
		Karlyuk	40	
DDR	VEB Albert Funk	Freiberg	42	
	VVB Buntmetall	Freiberg		20 E
Bulgarien	K.S.M. Dimitar Blogoev	Kardjali	60	30 E
		Plovdiv	70	60 E
Polen	Huta Metali Niezelaznych 'Szopienice'	Kattowitz		60 E
	Kombinat Gorniczo-Hutniczy 'Boleslaw'	Krakau		80 E
	Huta Cynku 'Miasteczko Slaskie'	Miasteczko	75	120 IS
Rumänien	Baia Mare	Maramures	5	
	Usina Chimica Metalurgica	Copsa Mica	35	70 IS
VR China	staatlich	Shanghai	7	
		Sungpai	15	5 H
		Kunming	30	
		Shenyang	50	20 E
		Zhuzhou	50	100
		Shaokuan	18	35 IS
		Huludao		60 HV
Nordkorea	Korea Metals & Chemicals	Nampo	70	60 E
		Mumpyong		60 E

Zink-Verfahren: H = horizontale Retorte, V = vertikale Retorte, ET = elektrothermisches Verfahren, IS = Imperial Smelting, E = Elektrolyse, RT = thermische Raffination.

Quelle: Minemet 1983.

Die Hütten – und dies gilt unabhängig vom Metall – werden in Hütten mit eigener Erzbasis (integrierte Hütten) und ohne eigene Erzbasis (Lohnhütten) eingeteilt. Viele Hütten, die früher einmal integrierte Hütten waren, sind im Laufe der Zeit infolge der Erschöpfung ihrer Erzvorkommen Lohnhütten geworden.

Die Primärbleihüttenindustrie in der westlichen Welt steht in den nächsten zwanzig Jahren vor einem grundlegenden Technologiewandel. Mit dem konventionellen Schachtofenprozeß können die steigenden Kosten für Energie kaum aufgefangen und die immer weiter verschärften Umweltschutzauflagen kaum eingehalten werden. Ohne die Umstellung des Produktionsverfahrens auf eines der neuentwickelten Direktschmelzverfahren laufen die Betreiber von Primärbleihütten Gefahr, ihre Hütte schließen zu müssen. In der Bundesrepublik Deutschland läuft bei der "Berzelius" Metallhütten GmbH eine Demonstrationsanlage für das QSL-Verfahren. Der Prozeß zur kontinuierlichen Erzeugung von Werkblei wurde soweit optimiert, daß ein großtechnischer Einsatz erfolgen kann.

Die VR China hat 1985 der Lurgi GmbH den Auftrag für den Bau einer *Primärbleihütte* nach dem QSL-Verfahren mit einer Jahreskapazität von 52 000 t erteilt. In Südkorea wurde die Feasibility Study für eine Primärbleihütte mit einer Jahreskapazität von 35 000 t abgeschlossen die Produktion soll 1986 anlaufen. Pläne für die Erweiterung bestehender Bleihüttenkapazitäten gibt es in Marokko, Indien und Iran. Eine Erweiterung ihrer *Zinkhütten*kapazität planen Südkorea (Raffinerie Supko) und Indien (Hindustan Zinc). In Frankreich soll die Produktionskapazität der Elektrolyse Auby von 100 000 t auf 200 000 t erhöht und gleichzeitig die Elektrolyse Viviez (100 000 t Kapazität) stillgelegt werden.

2.1.7 Das Bleiangebot

Die Produktion von Raffinadeblei betrug 1983 in der Welt 5,3 Mio. t (vgl. Tab. IV.18). Die größten Produzentenländer waren die USA und die UdSSR mit einem Anteil von 18 % bzw. 15 % an der Weltbleiproduktion. Danach folgen die Bundesrepublik Deutschland, Großbritannien, Japan, Kanada, Frankreich, VR China, Mexiko und Spanien. Da die Jahre 1973 und 1983 weder im Zeichen einer scharfen Rezession noch einer überhitzten Konjunktur standen, scheinen sie für einen groben Überblick zur Entwicklung der Bleiproduktion in den vergangenen zehn Jahren geeignet zu sein. Die Weltbleiproduktion des Jahres 1983 übertraf die von 1973 um lediglich 4,4 %. Die bislang höchste Bleiproduktion wurde 1979 mit 5,7 Mio. t erreicht. Die Analyse der Produktionsentwicklung in einzelnen Ländern zeigt, daß signifikante Steigerungen nur in den östlichen Ländern, allen voran die UdSSR und die VR China, eingetreten sind. Die für die östlichen Länder angegebenen Produktionswerte beruhen auf Schätzungen, da diese Länder entweder keine oder unvollständige Statistiken veröffentlichen. Mit Ausnahme von Japan, Kanada und Spanien lag dagegen die Bleiproduktion in den Industrieländern 1983 deutlich unter dem Niveau von 1973. Den größten Rückgang mußten die USA hinnehmen. Der Vergleich der Zusammen-

Tabelle IV.18. Produktion und Verbrauch von Raffinadeblei

	Produktion		Verbrauch	
	1973 in 1000 t	1983 in 1000 t	1973 in 1000 t	1983 in 1000 t
Bundesrepublik Deutschland	367	353	370	318
Belgien-Luxemburg	99	126	69	70
Frankreich	209	198	233	196
Großbritannien	344	322	363	293
Italien	94	127	237	229
Jugoslawien	133	140	103	133
Niederlande	39	26	56	44
Spanien	114	145	130	101
Übriges Europa	118	113	179	190
Europa	1517	1550	1740	1574
Japan	296	322	368	360
Taiwan	–	38	13	48
Indien	8	21	41	55
Indonesien		5	–	13
Südkorea	8	19	7	41
Übriges Asien	39	34	32	117
Asien	351	439	461	634
Südafrika	–	24	27	38
Namibia	66	35	–	–
Übriges Afrika	73	89	29	67
Afrika	139	148	56	105
USA	1041	964	1446	1135
Kanada	235	242	112	95
Brasilien	58	50	83	50
Mexiko	179	177	100	86
Peru	89	73	–	15
Übriges Amerika	79	52	67	58
Amerika	1681	1558	1808	1439
Australien/Ozeanien	235	229	98	67
Westliche Welt	3923	3924	4163	3819
UdSSR	680	800	680	805
Bulgarien	100	116	85	117
VR China	130	195	170	220
Nordkorea	70	60	20	26
Rumänien	39	49	40	44
Polen	68	81	92	83
Übriger Ostblock	53	62	146	170
Östliche Länder	1140	1363	1233	1465
Welt insgesamt	5063	5287	5396	5284

Quelle: Metallstatistik 1973 - 1983.

setzung der Bleiproduktion nach Ländern in den Jahren 1973 und 1983 zeigt eine Auflockerung der Angebotsseite. Während die zehn größten Produzentenländer 1973 noch 71,4 % der Weltbleiproduktion auf sich vereinigten, reduzierte sich dieser Anteil 1983 auf 64,9 %. Die traditionellen Produzentenländer haben Marktanteile verloren, die Schwellenländer und die östlichen Länder Marktanteile hinzugewonnen.

Am gesamten Angebot von Raffinadeblei war 1983 Primärblei mit 60 % und Sekundärblei mit 40 % beteiligt (vgl. Tab. IV.19). Unter Primärblei wird die Bleigewinnung aus Erzen und unter Sekundärblei die Bleigewinnung aus Alt- und Abfallmaterialien verstanden. Der Anteil der Sekundärbleiproduktion erreichte 1973 36,7 % und stieg bis 1981 auf 45,1 %. In den folgenden beiden Jahren fiel er auf 40,3 % zurück. Der Anteil der Primärbleiproduktion ging somit von 63,3 % (1973) auf 54,9 % (1981) zurück und stieg bis 1983 wieder auf 59,7 % an. Die Sekundärbleihüttenkapazität ist besonders in den siebziger Jahren stark ausgebaut worden. Mehr als zwei Fünftel der gegenwärtig betriebenen Anlagen sind nicht älter als zehn Jahre. Sekundärbleihütten gibt es in 55 Ländern der Welt, wobei 95 % der Kapazität auf Länder der westlichen Welt entfallen. In der Bundesrepublik Deutschland verteilt sich die Hüttenkapazität für Raffinadeblei von insgesamt 451 000 jato (Jahrestonnen) auf drei Primärhütten (280 000 jato) und acht Sekundärhütten (171 000 jato).

Aus rein statistischen Gründen müßte das Angebot an Sekundärblei in Industrieländern mit sinkenden Zuwachsraten des Verbrauchs relativ zunehmen. Denn das Recyclingpotential entspricht dem Bleiverbrauch zurückliegender Jahre, und damit steigt das Potential auch mit den Zuwachsraten, die der Verbrauch in früheren Jahren aufwies. Dieser Effekt kann allerdings durch gegenläufige Wirkungen kompensiert werden, beispielsweise die Verlängerung der Lebensdauer von Bleiakkumulatoren, welche die wesentliche Quelle des Schrottangebots darstellen.

Tabelle IV.19. Anteil der Primär- und Sekundärbleiproduktion an der Raffinadeproduktion in der westlichen Welt

	Raffinadeproduktion in 1000 t	Primärbleiproduktion in %	Sekundärbleiproduktion in %
1973	4163	63,3	36,7
1974	4055	62,0	38,0
1975	3644	60,8	39,2
1976	3901	60,5	39,5
1977	4157	56,9	43,1
1978	4144	57,3	42,7
1979	4369	55,1	44,9
1980	4141	55,4	44,6
1981	4037	54,9	45,1
1982	3924	57,9	42,1
1983	3924	59,7	40,3

Quelle: Metallstatistik 1973 - 1983 und eigene Berechnungen.

Die Entwicklung der Sekundärbleiproduktion ist in stärkerem Maße vom Bleipreis abhängig als die der Primärbleiproduktion. Die niedrigen Bleipreise der Jahre 1982 und 1983 können als Erklärung für den rückläufigen Anteil der Sekundärbleiproduktion an der gesamten Raffinadeproduktion angesehen werden. Die Ursache für die preisunelastischere Primärbleiproduktion liegt vor allem darin begründet, daß es sich bei Primärblei zumeist um ein Kuppelprodukt handelt. Die Bergwerksproduktion von Blei wird nicht allein durch die Nachfrage nach diesem Metall bestimmt. Zahlreiche Gewinnungsbetriebe halten die Produktion auch bei niedrigen Bleipreisen aufrecht, weil die Erträge der Kuppelprodukte, beispielsweise Zink und Silber, einen wirtschaftlichen Betrieb ermöglichen. Bei der Sekundärbleiproduktion sieht es dagegen anders aus. In Zeiten niedriger Preise werden die Kosten für das Sammeln von Alt- und Abfallmaterial nicht durch die Erlöse gedeckt. Die Sekundärbleihütten sehen sich zunehmenden Problemen bei der Beschaffung von Material gegenübergestellt, so daß es bei niedrigen Bleipreisen zu Produktionseinschränkungen und Stilllegungen gerade bei Sekundärbetrieben kommt.

2.1.8 Die Bleinachfrage

2.1.8.1 Verbrauch von raffiniertem Blei nach Ländern

1983 wurden 5,3 Mio. t Raffinadeblei in der Welt verbraucht (vgl. Tabelle IV.18). Gegenüber 1973 fiel damit der Bleiverbrauch um 2,1 %. Wenngleich 1979 der Verbrauch bei 5,6 Mio. t lag und damit einen bisherigen Höchststand erreichte, wird deutlich, daß Blei nicht zu den Wachstumsmetallen gehörte. Der Weltbleimarkt ist ein stagnierender Markt. Die größten bleiproduzierenden Länder sind auch die größten bleiverbrauchenden Länder. An den ersten beiden Stellen stehen die USA und die UdSSR, die 21 % bzw. 15 % des gesamten Weltbleiverbrauchs auf sich vereinigen. Dahinter folgen Japan, die Bundesrepublik Deutschland, Großbritannien, Italien, die VR China, Frankreich, Jugoslawien und Bulgarien. Obwohl die USA die größten Bleiproduzenten sind, reicht die eigene Produktion nicht aus, um die heimische Nachfrage zu decken. Sie sind auf umfangreiche Importe angewiesen. Einen erheblichen Importbedarf haben auch Japan, Italien und die VR China. Die größten Bleiexportländer sind dagegen Kanada, Australien und Mexiko.

Einen deutlichen Verbrauchszuwachs konnten in dem Zeitraum von 1973 bis 1983 lediglich die Schwellenländer verzeichnen. Hier ist vor allem Südkorea zu nennen, das seinen Bleiverbrauch in diesem Dezennium versechsfacht hat, sowie Indien und Indonesien. Deutlich gestiegen ist auch der Bleiverbrauch in der UdSSR und der VR China. Den größten Bleiverbrauch haben trotz rückläufiger Tendenz nach wie vor die Industrieländer. Unter den zehn größten bleiverbrauchenden Ländern befinden sich ausschließlich Industriestaaten. Dies wird sich trotz des geänderten Umweltbewußtseins in den Industrieländern und den damit verbundenen Bemühungen, Blei durch andere Werkstoffe zu substituieren, auch in Zukunft nicht nachhaltig ändern.

2.1.8.2 Verwendungszwecke

Die Verwendungsstruktur von Blei hängt von der Industriestruktur eines jeden Landes ab. Da der industrielle Schwerpunkt in den einzelnen Industrieländern differiert, haben die wichtigsten Verwendungsgebiete von Blei in den einzelnen Industrieländern unterschiedliches Gewicht. Stellvertretend für die Verbrauchsstruktur aller Länder wird die der Bundesrepublik Deutschland betrachtet. In der Tabelle IV.20 sind die wichtigsten Verwendungsgebiete, die Anteile des Bleiverbrauchs der Verwendungsgebiete am Gesamtbleiverbrauch sowie die Veränderung des Bleiverbrauchs in den einzelnen Verwendungsgebieten in den letzten zehn Jahren dargestellt.

Tabelle IV.20. Verwendungsstruktur von Blei in der Bundesrepublik Deutschland

| | 1973 | | 1983 | | Veränderung |
	in 1000 t	Anteil in %	in 1000 t	Anteil in %	1973 genüber 1983 in %
Akkumulatoren	132,8	38	144,4	48	+ 8,7
Chemikalien	83,6	24	82,9	27	− 0,8
Halbzeug und Formguß	59,0	17	49,8	17	− 15,6
Kabel	54,6	15	16,3	5	− 70,1
Legierungen	5,7	2	8,2	3	+ 43,9
Sonstiges	14,4	4	−	−	−
Gesamtverbrauch	350,1	100	301,6	100	− 13,9

Quelle: Metallstatistik 1973 - 1983.

Bei einem insgesamt rückläufigen Bleiverbrauch in der Bundesrepublik Deutschland nahm der Bleiverbrauch zur Herstellung von *Akkumulatoren* zu. Der Bleiakkumulator, der schon eine fast 100-jährige Geschichte hat, stellt den bedeutendsten Verbrauchssektor für Blei dar — und zwar mit steigender Tendenz. Nahezu die Hälfte des Bleiverbrauchs in der Bundesrepublik Deutschland wird für die Herstellung von Starterbatterien, Traktionsbatterien und ortsfesten Batterien eingesetzt. Auch in den USA und Japan kommt dem Akkumulatorenbereich die größte Bedeutung für den Bleiverbrauch zu.

Blei wird in *Akkumulatoren* in zwei verschiedenen Formen eingesetzt. Die gitterförmig gestalteten Elektroden bestehen aus einer Hartbleilegierung, die geringe Mengen Antimon und Arsen enthalten. Die aktive Masse, die in die Gittermaschen gefüllt wird, besteht auf der positiven Seite aus Mennige und Fettglätte (Bleidioxid) und auf der negativen Seite aus fein verteiltem porösen Blei (metallischem Bleipulver). Der Elektrolyt ist 20 %ige Schwefelsäure.

Der hohe Anteil des Bleiverbrauchs für die Akkumulatorenherstellung ist auf den Einsatz von *Starterbatterien* in den Kraftfahrzeugen zurückzuführen. Etwa 85 % des gesamten Akkumulatoreneinsatzes entfallen auf Starterbatterien. Die Bleinachfrage im Automobilbereich wird einmal durch die Produktion von Straßenfahrzeugen (Erstausstattung mit Starterbatterien) und zum anderen vom jeweiligen Kraftfahrzeugbestand (Ersatzbedarf) bestimmt. Die Lebensdauer einer Starterbatterie beträgt drei bis vier Jahre, so daß für jedes Kraftfahrzeug bei einer angenommenen Lebensdauer von zehn Jahren etwa drei Starterbatterien benötigt werden. Im Durchschnitt entfallen damit von der Nachfrage nach Starterbatterien etwa zwei Drittel auf den Ersatzbedarf und ein Drittel auf die Erstausstattung. Aufgrund technischer Verbesserungen und der Verdoppelung der Lebensdauer der Batterie stieg die Nachfrage nach Starterbatterien nicht proportional zur Entwicklung des Kraftfahrzeugbestands und der Kraftfahrzeugproduktion. Da der Trend zu leichteren und wartungfreien Starterbatterien mit längerer Lebensdauer auch in Zukunft anhalten wird, dürfte sich die unterproportionale Verbrauchsentwicklung in diesem Verwendungsgebiet fortsetzen.

Außer als Starterbatterie wird der Bleiakkumulator auch als *Traktionsbatterie* in Kraftfahrzeugen eingesetzt. Hierfür werden 10 % des in der Akkumulatorenindustrie verwendeten Bleis gebraucht. Traktionsbatterien dienen als Stromquellen für den Antrieb von Flurfördergeräten (Gabelstapler), (Gruben-) Lokomotiven und Elektrostraßenfahrzeugen. Die aus dem zunehmenden Umweltbewußtsein resultierende Notwendigkeit, auch elektrochemische Speicher mit elektrischen Antrieben anstelle konventioneller Antriebe für Straßenfahrzeuge einzuführen, ist mehr und mehr erkannt worden. Die bisherigen Untersuchungen haben aber gezeigt, daß kein in absehbarer Zeit zur Verfügung stehendes elektrochemisches System ausreicht, die Energie für Fernverkehrsfahrzeuge zu liefern. Für den Nahverkehr liegen die Verhältnisse dagegen günstiger. Bereits seit einigen Jahren werden Straßenfahrzeuge, die von Bleibatterien angetrieben werden, erfolgreich erprobt. Die sich aus der begrenzten Speicherkapazität der Bleisammler ergebenden Beschränkungen des Aktionsradius sind für Nahverkehrsfahrzeuge weniger problematisch. Gute Chancen ergeben sich daher, insbesondere für elektrisch angetriebene, im Go-Stop-Betrieb kommunaler Bereiche arbeitende Ver- und Entsorgungsfahrzeuge sowie für Fahrzeuge, die vornehmlich in Fußgängerzonen eingesetzt werden.

Auf *ortsfeste Akkumulatoren* entfällt mit 5 % nur ein verhältnismäßig kleiner Anteil der Akkumulatorenanwendung. Sie werden zur Notstromversorgung als Dieselstarterbatterien, Notlichtbatterien, Netzersatzanlagen im Telefondienst, Batterien für unterbrechungslose Stromversorgung im Bereitschaftsparallelbetrieb und Sicherheitsbatterien in Kraftwerken, Krankenhäusern, Geschäften, Kinos und Theatern gebraucht.

Das zweitwichtigste Verwendungsgebiet von Blei sind die *Chemikalien*. Hierzu zählen sowohl die aus Bleioxid hergestellten Bleiverbindungen Mennige und Feinglätte als auch die Organo-Bleiverbindungen Tetraäthylblei und Tetramethylblei. Die Verminderung des Bleigehalts im Benzin führte in den vergangenen Jahren zu einem starken Verbrauchsrückgang von Tetraäthylblei. Demgegenüber stieg die Nachfrage nach Mennige und Feinglätter, die aufgrund der gemeinsamen Verwendung als Füllmasse für Akkugitter in den letzten zehn Jahren einen Verbrauchsanstieg verzeichneten, so daß insgesamt der Bleiverbrauch im Chemikalienbereich 1983 nur geringfügig unter dem Niveau von 1973 lag. Die Mennige wird auch zu der Herstellung von Kristallgläsern, technischen Gläsern, Glasuren (Fritten), Emails und als Grundierungsfarbe für Rostschutzanstriche verwendet. Zu den wichtigsten Erzeugnissen der Bleiglätte zählen die Buntpigmente und die Kunststoffstabilisatoren. Pigmente sind im Gegensatz zu Farbstoffen in Wasser sowie anderen Medien unlöslich und werden sowohl zur oberflächlichen Anfärbung für Metalle und Holz als auch zur Massefärbung für Kunststoffe und Gummi verwendet. Ein relativ neues Anwendungsgebiet ist die Stabilisierung des Kunststoffes Polyvinylchlorid (PVC). Bleiglätte verbessert die Verarbeitungs- und Gebrauchseigenschaften von PVC und hat somit dazu beigetragen, daß diesem außerordentlich interessanten Kunststoff die heutige, weltweite Bedeutung zukommt.

Die *Halbzeug*verarbeitung des Bleis ist durch die günstigen technologischen Eigenschaften dieses Werkstoffs gekennzeichnet. Wenngleich der Verbrauch von Blei für die Herstellung von Halbzeugen in dem Zeitraum von 1973 bis 1983 zurückgegangen ist, stellen Halbzeuge dennoch den drittwichtigsten Verwendungsbereich dar. Halbzeuge umfassen Rohre, Bleche, Bänder und Draht. Das Bleiblech wird im Bauwesen als Verkleidungs- und Isoliermaterial in Gestalt von Kamineinfassungen, für Auskehlungen und Dachgauben eingesetzt. Dünnere Bleibleche dienen zur Abschirmung energiearmer Gammastrahlen in medizinischen oder technischen Röntgenräumen. Für den Transport und die Aufbewahrung von radioaktiven Präparaten wird eine Vielzahl von gegossenen oder fließgepreßten Bleibehältern produziert. Transportbehälter und Wechselflaschen für Brennelemente, Stahltanks für Forschungsreaktoren und andere kerntechnische Apparate werden aus Gründen der Festigkeit aus Stahl erstellt, jedoch sodann mit Blei ausgegossen. Draht wird vorwiegend zur Herstellung von Geschoßkernen verwendet.

Die Eignung des Bleis für die *Ummantelung* von Starkstrom- und Fernmeldekabeln ergibt sich aus seiner sehr guten plastischen Verformbarkeit und seinen guten Korrosionseigenschaften. Kabelmäntel aus Blei finden vornehmlich im Bereich der See- und Erdkabel Verwendung.

Die Bleiverwendung für *Legierungen* hat in den letzten zehn Jahren zugenommen. Das wichtigste Legierungsmetall ist Zinn. Zinn steigert die Härte und Festigkeit von Blei und erhöht die Gießbarkeit von Bleilegierungen. Zinnhaltige Legierungen werden hauptsächlich als Weichlote mit 2 bis 70 % Zinn, als Bleidruckgußlegierungen sowie als Zusatz in Bleilagermetallen verwendet. Etwa die Hälfte der Bleilegierungen wird als Weichlot verwendet, ca. ein Drittel als Letternmetalle, der Rest für Bronzen und Messinge. Die Lote werden vor allem in der Automobilindustrie sowie in der elektrischen und elektronischen Industrie eingesetzt.

2.1.8.3 Entwicklung der Bleinachfrage

In dem Hauptverwendungsgebiet für Blei, dem *Akkumulator*, ist in absehbarer Zeit keine Substitution zu erwarten. Wartungsfreie Batterien auf der Legierungsbasis Blei-Antimon-Selen oder Blei-Zinn-Calcium finden zunehmende Verbreitung. Der Hartbleigehalt der wartungsfreien Batterien liegt nur geringfügig unter dem der konventionellen Bleisäure-Akkumulatoren; bei der Lebensdauer gibt es keinen Unterschied. Die zum Speichern elektrischer Energie entwickelten neuen Metallkombinationen, wie Nickel-Cadmium, Nickel-Zink und Silber-Zink, reichen in ihren elektrischen Eigenschaften oftmals nicht aus, um den von der Industrie gestellten volumenmäßigen Anforderungen zu entsprechen, oder erfüllen noch nicht die Wirtschaftlichkeitsanforderungen.

Die Nachfrage nach *Starterbatterien* hängt von der Entwicklung der Kraftfahrzeugindustrie ab. Da auch in Zukunft mit einem weiteren Anwachsen des Bestandes von Kraftfahrzeugen gerechnet werden kann, wird auch die Nachfrage nach Starterbatterien weiter zunehmen. Eine positive Nachfrageentwicklung ist auch bei *Traktionsbatterien* zu sehen. Der Anteil der Elektrofahrzeuge wird überall dort zunehmen, wo die zurückzulegenden Wege kurz sind und keine große Geschwindigkeit verlangt wird. Dies gilt beispielsweise auf Flughäfen und innerhalb von Werksanlagen. Auch im innerstädtischen Verkehr wird der Anteil der Elektrofahrzeuge zunehmen.

Die Substitutionsvorgänge in der *Kabelindustrie* sind weitgehend abgeschlossen. Blei wird auf dem Kabelsektor nur noch für spezielle Gebiete eingesetzt, wo es die chemischen und physikalischen Bedingungen erfordern. Dies sind vornehmlich Hochspannungs- und Spezialkabel. Zwar können von diesem Verwendungsbereich in Zukunft keine positiven Effekte auf den Bleiverbrauch erwartet werden, Einbußen sind aber ebenso unwahrscheinlich. Im *Halbzeugbereich* sind besonders Rohre der Substitutionskonkurrenz ausgesetzt. In der Bauindustrie werden sie vorwiegend durch Kunststoff- und Kupferrohre ersetzt. Keine Substitutionsvorgänge sind dagegen im Bereich der Herstellung von Schrotkugeln zu erwarten.

Der Bleiverbrauch für *Legierungen* ist vor allem durch neue rationellere Produktionsmethoden gefährdet. Hier sind beispielsweise die Miniaturisierung in der Elektrotechnik und die veränderten Techniken in der Druckindustrie, der Offset-Druck, zu nennen. In der *Farbenherstellung* wird Blei wegen seiner Toxizität zunehmend durch andere Materialien ersetzt. Mennige kann durch Eisenoxid oder Zinkstaub, Bleiglätte durch Titandioxidpigmente substituiert werden.

Zusammenfassend läßt sich feststellen, daß in den letzten zehn Jahren Blei in zahlreichen Verwendungsgebieten durch andere Materialien ersetzt worden ist. Es kam zu einem starken Rückgang des Bleiverbrauchs für Rohre, Halbzeug, Kabelummantelungen und als Antiklopfmittel in der Form von Tetraäthylblei. Dieser Prozeß der strukturellen Veränderung des Bleiverbrauchs scheint aber abgeschlossen zu sein. Ein weiterer Verlust von Marktanteilen in diesen Bereichen scheint unwahrscheinlich. Andererseits gibt es Verwendungsbereiche, in denen die Nachfrage nach Blei zunehmen dürfte. Auf den Bereich der Traktionsbatterien wurde bereits hingewiesen. In der Röntgenmedizin und in Atomreaktoren wächst die Verwendung von Blei als Strahlenschutz. Im Schallschutz bewähren sich Bleibleche aufgrund der hohen Dichte und des geringen Elastizitätsmoduls. Schichtverbundwerkstoffe, bestehend aus Bleiblechen und Trägerwerkstoffen, werden im Bauwesen verwendet. Spezielle Matten aus Kunststoffschaum und Bleiblech lassen sich zur Schallisolierung von lärmenden Maschinen, wie Kompressoren, Brechern, Pumpen, Turbinen u.a., einsetzen.

Blei war in der Vergangenheit kein Wachstumsmetall und wird es mit Sicherheit auch in Zukunft nicht werden. Aber die Verbrauchsaussichten sind nicht pessimistisch zu beurteilen. Das Verbrauchswachstum dürfte bis 1990 im Rahmen der historischen Rate von 1 % liegen. Der Verbrauch von Raffinadeblei in der Welt, der 1983 bei 5,3 Mio. t lag, dürfte 1985 das Volumen von 5,4 Mio. t überschreiten und 5,8 Mio. t in 1990 erreichen. Dies würde bezogen auf 1983 einer durchschnittlichen Wachstumsrate von 1,4 % entsprechen.

2.1.8.4 Internationale Institutionen der Verbrauchsförderung

Die International Lead Zinc Research Organization (ILZRO) in New York hat ihren Ursprung in dem Expanded Research Program, das 1958 vom American Zinc Institute und der Lead Industries Association im Auftrag bedeutender Blei- und Zinkerzeuger aufgestellt wurde. Die ILZRO hatte Ende 1984 30 Mitglieder. Finanziert wird sie durch Beiträge ihrer Mitglieder entsprechend deren Zinkproduktion. Die ILZRO führt Forschungsprogramme durch und vergibt in diesem Zusammenhang Aufträge an Industrielaboratorien und öffentliche sowie private Forschungsinstitute. Ziele dieser Forschung sind, neue Kenntnisse über Blei und Zink zu gewinnen, vorhandene Erzeugnisse zu verbessern sowie neue Erzeugnisse und neue Anwendungsgebiete zu entwickeln.

Die zweite große internationale Institution zur Verbrauchsförderung ist die Lead Development Association (LDA). Sie wurde im Jahre 1961 mit der Zinc Development Association (ZDA) vereinigt. Die ZDA/LDA hatte Ende 1984 27 Mitglieder und wird ebenfalls durch Beiträge ihrer Mitglieder entsprechend deren Zinkproduktion finanziert. Sie veranstaltet internationale Fachtagungen über die Anwendung von Blei und Zink. Ein wesentlicher Teil ihrer Tätigkeit ist die technische Beratung der Blei- und Zinkverbraucher durch Experten der verschiedensten Anwendungsgebiete.

2.1.9 Marktstruktur und Marktform

Wie bei den meisten Metallen, so unterscheidet man auch bei Blei zwischen dem Markt für Vorstoffe und dem Metallmarkt. Die Vorstoffe werden in der Regel nicht zu einem vorher festgelegten Preis gekauft und geliefert. Ihre Bezahlung richtet sich vielmehr nach den Metallgehalten, die zu den Notierungen der Londoner Metallbörse bewertet werden. Dabei erhält die Lohnhütte zur Deckung der Verhüttungskosten einen Verarbeitungslohn (Schmelzlohn), der vom Metallpreis abgezogen wird. Für die eigentliche Metallpreisbildung, die sich an der Börse vollzieht, hat der Vorstoffmarkt keine unmittelbare Bedeutung.

Das Angebot am *Vorstoffmarkt* gliedert sich in Konzentrate und sonstige Vorstoffe, insbesondere Alt- und Abfallmaterialien. Die Anbieter am Vorstoffmarkt sind die Konzentratproduzenten, d.h. die Bergbauunternehmen, und die Händler für sekundäre Vorstoffe. Als Nachfrager treten im wesentlichen die Hütten und die Umschmelzwerke auf. Die Zahl der Anbieter am Konzentratmarkt ist dadurch beschränkt, daß die meisten großen Bergbauunternehmen auch eigene Verhüttungskapazitäten besitzen. Die Versorgung auf dem Bleikonzentratmarkt war in den vergangenen Jahren aber nur in wenigen Fällen angespannt. Dies resultierte zum einen aus den geologischen Gegebenheiten der Vergesellschaftung von Blei und Zink, wodurch beim Abbau zwangsweise beide Materialien anfallen. Der stärkere Verbrauchsanstieg bei Zink führte zum Aufschluß von Pb/Zn-Gruben, vornehmlich wegen der Zinkerze. Blei erhält für viele Gruben mehr und mehr den Charakter eines Kuppelprodukts. Das hat gerade in den letzten Jahren zu einem ausreichenden Angebot von Bleikonzentraten geführt. Zum anderen ist wegen der schwächeren Nachfrage ein Ausbau der Hüttenkapazitäten unterblieben. Die Angebotsstruktur am Markt für sekundäre Vorstoffe ist durch eine sehr große Zahl von Anbietern gekennzeichnet, die vor allem in den Industrieländern Material anbieten. Die Angebotsseite des Vorstoffmarktes ist polypolistisch geprägt.

Ein großer Teil der Nachfrage am Vorstoffmarkt entfällt auf die Metallhütten, die nicht oder nur zum Teil aus eigenen Gruben versorgt werden können. Ihre genaue Zahl ist nicht bekannt, doch dürften die meisten der in Tabelle IV.17 genannten Hütten unter diese Kategorie fallen. Die verhältnismäßig niedrigen Transportkosten und die zollfreie Einfuhr von Konzentraten in die EG und nach Japan, die USA erheben einen geringen Einfuhrzoll, verhindern weitgehend die Bildung regionaler Präferenzen. Die Nachfrageseite des Konzentratmarktes trägt, wenn die in der Regel vorhandene gute Markttransparenz der Nachfrager noch berücksichtigt wird, Züge vollkommener Konkurrenz.

Die Angebotsseite des *Bleimetallmarktes* ist durch eine große Zahl von Betrieben geprägt (vgl. Tab. IV.17). Da in dieser Tabelle die kleineren Umschmelzwerke und Raffinerien nicht aufgeführt sind, kann von der Zahl her von einem polypolistischen Angebot gesprochen werden. Andererseits werden etwa 40 % der Bleihüttenkapazität der westlichen Welt von nur 10 Gesellschaften kontrolliert und in der EG, in den USA und in Japan bestehen auf Bleimetall Einfuhrzölle bis zu 10 %, so daß diese Aussage infrage gestellt werden könnte. Die Angebotsstruktur am Bleimarkt zeigt aber keine oligopolistischen Züge, denn die Möglichkeiten der Bleiproduzenten, ihre Marktmacht preispolitisch auszunutzen, sind durch die Substitutionskonkurrenz beschränkt. Die Durchsetzung eines Produzentenpreises, dessen Voraussetzung ein weitgehend oligopolistisches Angebot erfordert, ist bisher für den Bleimarkt nicht gelungen; der Grund hierfür dürfte in erster Linie die hohe Rückgewinnungsquote sein, die in der westlichen Welt im Durchschnitt bei über 40 % des gesamten Bleiverbrauchs liegt (vgl. Tab. IV.18). Hinzu kommt, daß die Bleirückgewinnung technisch unkompliziert ist und in kleinen Produktionseinheiten durchgeführt werden kann. Kleinere Unternehmen erreichen zwar keine großen Marktanteile, können aber die Durchsetzung preispolitischer Zielsetzungen größerer Produzenten erheblich stören. Die Nachfragestruktur am Bleimarkt ist ebenfalls durch eine große Zahl von Marktteilnehmern gekennzeichnet und hat damit einen polypolistischen Charakter. Vereinzelt gibt es aber sehr starke Nachfrager (vor allem Batteriehersteller), die eine marktbeeinflussende Stellung besitzen. Hinzu kommt das Bestehen regionaler Präferenzen, das den im ganzen polypolistischen Charakter der Bleinachfrage abschwächt.

2.1.10 Preisentwicklung

Die Notierungen der Londoner Metallbörse bilden die Basis für den größten Teil der in der westlichen Welt gehandelten Vorstoff- und Metallmengen. Dies gilt auch für den Ost-West-Handel. In den Metallverträgen, die zwischen Produzenten und Verbrauchern geschlossen werden, sind in der Regel Aufschläge oder Abschläge vorgesehen, durch die Abweichungen in der Qualität der gehandelten Ware von der Börsenqualität (mindestens 99,97 % Pb) berücksichtigt werden.

Die Betrachtung der Preisentwicklung für Blei in der Vergangenheit zeigt, daß sie im wesentlichen die konjunkturelle Entwicklung widerspiegelt. In den Zeiten der Prosperität, in der die Nachfrage nach Blei rege war, stiegen die Bleipreise überproportional an, und in den Zeiten der Depression, in der die Bleinachfrage gering war, sanken die Bleipreise überproportional. Das ist vor allem auf die geringe Elastizität des Angebots und der Nachfrage zurückzuführen, die allen Metallmärkten eigen ist. Auch in Zukunft wird sich der Bleimarkt dieser Tendenz nicht entziehen können, wenngleich das zunehmende Schrottangebot preiselastischer ist und damit die Preisausschläge dämpfen könnte.

Eine spürbare Beeinflussung der Metallmärkte der westlichen Welt ging in den letzten drei Jahren vom *Ost-West-Handel* aus. Im Zeichen der wirtschaftlichen Annäherung zwischen Ost und West und der von östlicher Seite forcierten Industrialisierung - dies trifft vornehmlich für die VR China zu — dürfte in den nächsten Jahren der Importbedarf der östlichen Länder weiter zunehmen. Da die östlichen Länder aber mit Nachdruck ihre eigenen Vorkommen erschließen und nutzen wollen, ist mittel- bis langfristig mit einem Rückgang des Bleiexports in den Osten zu rechnen.

Ein wichtiger Faktor für die langfristige Preisentwicklung ist die Kostenentwicklung im Bergbau- und Hüttenbereich. Neue Vorkommen werden in immer unwirtlicheren und infrastrukturell kaum erschlossenen Gebieten, wie beispielsweise im Norden Kanadas und auf Grönland, entdeckt. Der Aufschluß von Gruben in diesen Gebieten führt zu höheren Kosten. Die in nahezu allen Industrieländern verschärften Umweltschutzauflagen erfordern bei der Bleiverhüttung eine Ausrüstung aller Betriebsanteile mit modernen Filteranlagen. Dies erhöht die Produktionskosten, die durch Rationalisierungen in nur begrenztem Maße abgefangen werden können.

Die Bleipreise werden aufgrund der geringen Elastizität von Angebot und Nachfrage auch in Zukunft stark schwanken. Hiergegen können sich die Marktteilnehmer aber durch Abschluß von Hedgegeschäften an den Börsen, das sind Warentermingeschäfte, absichern. Die steigenden Kosten bei der Gewinnung und Produktion werden dazu führen, daß die Bleipreise zumindest im Rahmen der allgemeinen Inflation steigen.

2.1.11 Handelsformen

Hüttenblei und Bleilegierungen werden in Barren verschiedener Formen mit Gewichten bis 50 kg gehandelt. Blei ist nach DIN 1719, Hartblei (Blei-Antimon-Legierung) nach DIN 17640 sowie Blei und Bleilegierungen für Kabelmäntel nach DIN 17641 genormt. Nach DIN 1719 lassen sich folgende Bleisorten unterscheiden:

Feinblei 99,99,	Kurzzeichen	Pb 99,99,	max. Beimengungen 0,01 %
Feinblei 99,985,	Kurzzeichen	Pb 99,985,	max. Beimengungen 0,015 %
Hüttenblei 99,94,	Kurzzeichen	Pb 99,94,	max. Beimengungen 0,06 %
Hüttenblei 99,9,	Kurzzeichen	Pb 99,9,	max. Beimengungen 0,1 %
Umschmelzblei 99,75,	Kurzzeichen	Pb 99,75,	max. Beimengungen 0,25 %
Umschmelzblei 98,5,	Kurzzeichen	Pb 98,5,	max. Beimengungen 1,5 %

2.2 Zink

Zink (Zn v. lat. zincum) wurde im Vergleich zu Blei erst spät entdeckt. In China, Indien und Persien begann der Bergbau im 6. Jahrhundert n.Chr. Die Babylonier und die Syrer kannten Zink lediglich als Legierungskomponente, die Gewinnung in reiner Form war nicht möglich. Griechen und Römer verschmolzen karbonatisch-silikatische Zinkerze (Galmei) zusammen mit Kupfer zu Messing. In Europa gelang erst 1746 durch Erhitzen von Zinkoxid mit Kohle unter Luftabschluß die Darstellung von metallischem Zink.

2.2.1 Eigenschaften und Minerale

Zink ist in der Lithosphäre, der etwa 12 km starken äußeren Silikatschicht der Erde, mit 70 ppm (parts per million) vertreten. Zink kommt damit sechsmal häufiger vor als Blei. Bei einem Atomgewicht von 65,37 hat es die Ordnungszahl 30 im periodischen System der Elemente. Der Schmelzpunkt liegt bei 419,4°C, der Siedepunkt bei 904°C. Die Dichte beträgt 7,13 8,5g/cm^3 bei 20°C.

Das *physikalische Verhalten* des Metalls läßt sich folgendermaßen beschreiben: Zink ist härter als Blei, die Brinellhärte beträgt zwischen 30 und 45 kp/mm^2. Die Zugfestigkeit ist abhängig von der Art der Verarbeitung. Gegossen beträgt sie nur 3 bis 4 kp/mm^2, gepreßt und gewalzt hingegen zwischen 12 und 15 kp/mm^2. Die elektrische Leitfähigkeit ist fast um das Vierfache höher als die von Blei, sie wird jedoch für praktische Zwecke nicht genutzt, da mit Kupfer und Aluminium zwei wesentlich bessere Leiter zur Verfügung stehen. Die Wärmeleitfähigkeit ist ebenfalls bedeutend höher als bei Blei, aber wesentlich geringer als bei Kupfer und Silber.

Das *chemische Verhalten* von Zink ist durch die ausschließliche Bildung von zweiwertigen Verbindungen charakterisiert. In feuchter Luft verliert Zink seinen bläulich-weißen Glanz und überzieht sich mit einer grauen, porenfreien, gut haftenden und wasserundurchlässigen Schicht aus Zinkoxid und basischem Zinkcarbonat. Die Schicht schützt das darunterliegende Metall vor weiterer Zerstörung. Damit eignet sich Zink in hervorragender Weise als Korrosionsschutzmittel. Gegen organische und anorganische Säuren ist Zink im allgemeinen nicht beständig.

Zink kommt in der Natur nur in Verbindungen vor. Das für die Zinkgewinnung wichtigste *Mineral* ist die Zinkblende (ZnS), die fast stets von Bleiglanz begleitet wird. Die Zinkblende enthält eine ganze Menge anderer Elemente (Eisen, Cadmium, Mangan), wobei diese sowohl als isomorphe Gitterbestandteile in fester Lösung als auch in entmischter Form als winzige bis feine Entmischungskörperchen vorliegen können. Zinkspat entsteht in Kalken und Karbonaten aus sulfatischen, aus der Verwitterung der Zinkblende stammenden Zinklösungen. Es bildet zusammen mit dem Kieselzinkerz das wichtige Zinkerz Galmei (Tab. IV.21).

Tabelle IV.21. Wichtige Zinkminerale

Mineralname (Synonym)	Chemische Formel	Kristallographie	Zinkgehalt
Zinkblende (Sphalerit)	ZnS	kubisch	67,1 %
Zinkspat (Smithsonit)	$ZnCO_3$	trigonal	51,1 %
Kieselzinkerz (Hemimorphit)	$Zn_4(OH)_2(Si_2O_7)H_2O$	rhombisch	54,3 %
Willemit	Zn_2SiO_4	trigonal	58,0 %

2.2.2 Vorräte und Bergwerksproduktion von Zink

Die bekannten *Zinkerzvorräte* der Welt betrugen Ende 1983 168 Mio. t, wobei sich die Angaben auf den Metallinhalt beziehen (vgl. Tab. IV.22). In die Berechnung der Zinkerzreserven sind dabei nur jene Vorkommen miteinbezogen, die unter den heute geltenden wirtschaftlichen Gegebenheiten abbauwürdig sind. Die größten Zinkerzreserven liegen in den rohstoffreichen Industrieländern Kanada (26 Mio. t) und Australien (21 Mio. t); die beiden Länder besitzen zusammen 28 % der ausgewiesenen Erzreserven. Über umfangreiche Zinkerzreserven verfügen auch Indien (9 Mio. t), Spanien (6 Mio. t) und die VR China (5 Mio. t). In den vergangenen zehn Jahren sind vornehmlich in Kanada und Australien neue Zinkvorkommen exploriert worden. Bezieht man die bekannten, unter heutigen Bedingungen aber noch nicht wirtschaftlich abbaubaren Reserven mit ein, dann summieren sich die Zinkerzreserven auf 290 Mio. t. Angaben über Zinklagerstätten sind in Kapitel 2.1.2 und 2.1.3 gemacht.

Tabelle IV.22. Bergwerksproduktion und Erzreserven von Zink

	Bergwerksproduktion		Erzreserven
	1973 in 1000 t	1983 in 1000 t	1983 in 1000 t
Kanada	1 358	1 070	26 000
UDSSR	900	1 025	11 000
Australien	481	695	21 000
Peru	391	553	8 000
USA	434	293	14 000
Mexiko	271	275	7 000
Japan	264	256	4 000
Schweden	119	203	3 500
Polen	203	189	3 000
Irland	69	186	5 000
Summe	4 490	4 745	102 500
Übrige Länder	1 552	1 753	65 500
Welt	6 042	6 498	168 000

Quelle: Metallstatistik 1973 - 1983 und Bureau of Mines, Mineral Commodity Profil Zinc 1983

Die *Weltbergwerksproduktion* von Zink belief sich 1983 auf 6,5 Mio. t und lag damit um 7,6 % über der Fördermenge von 1973. Im Gegensatz zur Bleibergwerksproduktion ist die Zinkbergwerksproduktion in den Jahren zwischen 1973 und 1983 nahezu kontinuierlich gestiegen. Die Förderleistung der wichtigsten Zinkbergbauländer hat sich in dem betrachteten Dezennium teilweise beträchtlich verändert, wenngleich sich damit an der Struktur der zehn größten Bergbauländer in der Welt kaum eine Veränderung ergab. An erster Stelle steht Kanada, gefolgt von der UDSSR und Australien. Der Anteil dieser drei Länder an der Weltbergwerksproduktion betrug 42,9 % in 1983. Danach folgen die Länder Peru, USA, Mexiko, Japan, Schweden, Polen und Irland, die zusammen einen Anteil von 30,1 % erreichten. Während die Förderleistung Kanadas deutlich zurückgegangen ist, wurde sie in der UDSSR und in Australien beträchtlich erhöht.

In den nächsten Jahren ist weniger mit dem Aufschluß neuer Gruben als mit dem Ausbau bestehender Bergwerkskapazitäten zu rechnen. Produktionserweiterungen sind in Spanien (Reocin) und Honduras (El Mochito) vorgesehen. Lediglich in Australien (Woodcutters) und in Mexiko (Bismarck) sollen neue Gruben aufgeschlossen werden.

2.2.3 Technische Gewinnung des Metalls

2.2.3.1 Aufbereitung

Die Aufbereitung der Zinkerze zu Konzentraten erfolgt in der gleichen Weise wie die der Bleierze. Es wird auf die Ausführungen im Kapitel 2.1.5.1 verwiesen.

2.2.3.2 Verhüttung

Die Art der Röstung der Zinkkonzentrate hängt von dem nachfolgenden Zinkgewinnungsverfahren ab. Bei einer pyrometallurgischen Verhüttung, beispielsweise nach dem Imperial-Smelting-Verfahren, werden die Konzentrate auf dem *Sinterband* geröstet (vgl. hierzu die Ausführungen im Abschnitt 2.1.5.2). Erfolgt die Zinkgewinnung dagegen in der Elektrolyse, also auf hydrometallurgische Weise, so werden die Konzentrate in dem *Wirbelschichtofen* geröstet.

Unter *Rösten* wird die Umwandlung fein- und feinstkörniger Konzentrate (Zinkblende) zu Oxiden verstanden. Hierfür wird die Technik der Wirbelschichtröstung eingesetzt. Das Rösten im Wirbelschichtofen ist durch eine hohe Durchsatzmenge, hohe spezifische Leistung pro Volumeneinheit des Ofens und Wiedergewinnung der Reaktionswärme in Abhitzekesseln gekennzeichnet. Der zylindrische Ofen ist unten durch einen Rost abgeschlossen, auf den das zu röstende, feinkörnige Gut eingetragen wird. Nach Zündung des Sulfids wird durch den Rost Luft in die heiße Beschickung geblasen, die dadurch ins Wirbeln kommt. Die Oxidation läuft in Sekundenschnelle ab. Das Röstgut wird entweder direkt aus dem Röstraum oder indirekt mit den Röstgasen ausgetragen. Die Wärme der heißen Feststoffe und Gase werden zur Dampferzeugung genutzt. Die Röstgase, die Schwefeldioxid enthalten, werden in Schwefelsäure-Kontaktanlagen geleitet und zu Schwefelsäure verarbeitet. Der Abbrand steht zur hydrometallurgischen Verhüttung bereit.

Die hydrometallurgische Zinkgewinnung ist heute das dominierende Zinkgewinnungsverfahren. Das Zink wird durch *Reduktionselektrolyse* aus den hierfür präparierten Elektrolyten abgeschieden. Ohne weitere Raffination des gewonnenen Metalls fällt Zink hoher Reinheit (99,995 % Zn) an. Das Zinkoxid wird mit verdünnter Schwefelsäure gelaugt, wobei die löslichen Wertmetalle, wie Zink und Cadmium, in ihre wasserlöslichen Sulfate übergeführt werden. Nach der Reinigung der so gewonnenen Lösung wird mit Hilfe von Gleichstrom das Zink an Aluminiumkathoden abgeschieden. Nach einer Abscheidezeit von 25 bis 48 Stunden ist die auf den Kathoden entstandene Zinkschicht so dick, daß sie abgeschält werden kann.

Die Zinkelektrolysetechnologie ermöglicht ein Zinkausbringen von etwa 85 %; der Rest sind Rückstände. Die Rückstände aus der Laugung des Röstgutes bestehen aus Eisenhydroxiden und Zinkferriten, in denen noch viel Zink enthalten ist. Wirtschaftliche Aufarbeitungsmethoden waren lange Zeit nicht bekannt und erklären die zunächst zögernde Verbreitung dieser Technologie, die bereits Anfang des 20. Jahrhunderts entwickelt wurde. Seit 1960 stehen aber wirtschaftliche Aufarbeitungsmethoden zur Verfügung, die unter dem Namen Jarosit-, Goethit- und Hämatitverfahren bekannt sind. Mit diesen Aufarbeitungsmethoden kann der Zinkrohstoff vollständig zu weiterverwendbaren Produkten aufgearbeitet werden. Beim Hämatitverfahren wird die konventionelle Laugungs- und Fällungstechnik durch Druckbehandlungen in Autoklaven — dies sind besondere Reaktoren — ersetzt. Hämatit ist ein Eisenrohstoff, der in der Stahlherstellung Verwendung findet.

Einen wesentlichen Beitrag zur Verbreitung der Zinkelektrolysetechnologie leistete in den letzten zwanzig Jahren auch die Automatisierung in der Bäderhalle. Bis etwa 1960 mußte die Zinkschicht auf den Kathoden manuell abgezogen werden, bevor mechanische Strippmaschinen entwickelt und eingesetzt wurden. Zur Illustration des Problems sei erwähnt, daß je nach Leistung und Stromdichte in den Bäderhallen täglich bis zu 20 000 Kathoden aus den Bädern genommen, gestrippt und wieder in die Bäder eingesetzt werden müssen. Diese Arbeitsvorgänge sind heute mechanisiert und automatisiert.

Unter den pyrometallurgischen Zinkgewinnungsverfahren ist heute lediglich das *Imperial-Smelting-Verfahren* noch von Bedeutung. Dieses Verfahren findet seit Ende der fünfziger Jahre Anwendung und erlaubt die gleichzeitige Gewinnung von Zink und Blei. Das Kernstück der Imperial-Smelting-Anlage ist ein Schachtofen mit geschlossener Gicht, dessen Wände und Düsen mit Wasser gekühlt werden. Die Beschickung des Ofens besteht aus Blei-Zink-Sinter und Koks, der auf 750 - 900°C vorgewärmt wird. Die dem Ofen durch die Düsen zugeführte Luft wird in gichtgasbeheizten Rekuperatoren auf 700 - 800°C vorgewärmt. Das zu Zink reduzierte Zinkoxid verläßt den Ofen gasförmig zusammen mit den Gichtgasen. Diese werden durch einen Kondensator geleitet, in dem durch Rührwerke in einem Bleibad ein Bleinebel erzeugt wird. Dadurch kühlen sich die Ofengase ab, das Zink kondensiert und löst sich im Bleibad. Über ein Kühlrinnensystem verläßt die Zinkbleischmelze den Kondensator. Bei sinkender Temperatur nimmt die Löslichkeit von Zink in Blei ab. Wegen des niedrigeren spezifischen Gewichts schwimmt das Zink an der Oberfläche des flüssigen Bleis und wird an einem entsprechend gestalteten Überlauf abgezogen. Das Blei wird in den Kondensator zurückgeführt.

In der Zinkhüttenindustrie der westlichen Welt hat sich in den vergangenen 25 Jahren ein grundlegender Technologiewandel vollzogen (vgl. Tab. IV.23). Die Zinkgewinnungsverfahren der vertikalen und horizontalen Retorten schrumpften zur Bedeutungslosigkeit, das Elektrolyseverfahren und das Imperial-Smelting-Verfahren avancierten zu den beiden dominierenden Zinkgewinnungsverfahren. Während 1960 der Anteil der Verfahren der vertikalen und horizontalen Retorte bei 45,5 % lag, fiel er bis 1983 auf nur noch 4,5 %. Nach dem Zweiten Weltkrieg wurde lediglich eine Hütte nach dem Verfahren der horizontalen Retorte errichtet. Dies war 1964 in Mexiko die Hütte Satillo. Im Gegenzug nahm die Bedeutung der Zinkelektrolyse zu. Während 1960 die Elektrolysekapazitäten erst 45,0 % an den gesamten Zinkhüttenkapazitäten in der westlichen Welt ausmachten, stieg ihr Anteil bis 1983 auf 80,0 %. Der Anteil des Imperial-Smelting-Verfahrens liegt seit 1970 bei etwa 12 %.

Tabelle IV.23. Zinkgewinnungsverfahren und ihr Anteil an der Jahreskapazität der westlichen Welt

Verfahren	1960 in %	1970 in %	1983 in %
Elektrolyse	45,0	56,0	80,0
Imperial Smelting	2,0	12,5	12,0
Elektrothermische Verfahren	7,5	6,5	3,5
Vertikale Retorte	11,0	10,0	3,0
Horizontale Retorte	34,5	15,0	1,5

Quelle: Minemet 1984 und eigene Berechnungen.

Dem großen Vorteil der gleichzeitigen Gewinnung von Blei und Zink im IS-Ofen sowie der Möglichkeit, Sekundärmaterial einzusetzen, steht der Nachteil gegenüber, im IS-Ofen Zink nur in einer Qualität von 98,5 % gewinnen zu können. Der Erhalt höherer Reinheiten ist nur durch zusätzliche Raffination möglich. Damit kann die Zinkgewinnung nach dem Imperial-Smelting-Verfahren teurer als nach dem Elektrolyseverfahren sein. Andererseits ist das Elektrolyseverfahren ein sehr stromintensives Verfahren. Zur Erzeugung einer Tonne Zink werden in der Regel 4500 kWh benötigt. Hohe Strompreise können die Wirtschaftlichkeit des Elektrolyseverfahrens in hohem Maße beeinträchtigen. Für eine Zinkelektrolyse mit einer Kapazität von 100 000 t pro Jahr bedeutet beispielsweise eine Strompreiserhöhung von 1 Dpf/kWh eine jährliche Kostenerhöhung von 4,5 Mio. DM. Bei voller Überwälzung hätte dies eine Preissteigerung von etwa 2 % zur Folge.

2.2.4 Das Zinkangebot

Die Produktion von Hüttenzink betrug 1983 in der Welt 6,3 Mio. t (vgl. Tab. IV.24). Die größten Produzentenländer waren die UdSSR und Japan mit einem Anteil von 17 % bzw. 11 % an der Weltzinkproduktion. Danach folgen Kanada, die Bundesrepublik Deutschland, USA, Australien, Belgien-Luxemburg, Frankreich, Spanien und Niederlande. Die Weltzinkproduktion des Jahres 1983 übertraf die von 1973 um 8,2 %. Die bislang höchste Zinkproduktion wurde im Jahre 1979 mit 6,4 Mio. t erreicht.

Die Analyse der Produktionsentwicklung in den einzelnen Ländern zeigt, daß in dem betrachteten Zehnjahreszeitraum beträchtliche Verschiebungen eingetreten sind. Die größten Produktionseinschränkungen gab es in den USA, was im Zusammenhang mit der Stillegung veralteter Zinkhütten nach dem Verfahren der horizontalen Retorte stand. Noch im Jahre 1969 produzierten die Betriebe in den USA über 1 Mio. t Hüttenzink, 1973 waren es nur noch 600 000 t und 1983 nur noch 300 000 t! Dagegen modernisierte die europäische Zinkhüttenindustrie in den siebziger Jahren ihre Betriebe und erzielte dadurch Wettbewerbsvorteile. Zu Produktionssteigerungen kam

Tabelle IV.24. Produktion und Verbrauch von Hüttenzink

	Produktion		Verbrauch	
	1973 in 1000 t	1983 in 1000 t	1973 in 1000 t	1983 in 1000 t
Bundesrepublik Deutschland	395	356	438	406
Belgien-Luxemburg	277	263	180	166
Frankreich	258	250	290	271
Finnland	81	155	16	24
Großbritannien	84	88	305	181
Italien	182	156	220	208
Jugoslawien	63	88	64	90
Niederlande	31	188	36	54
Spanien	106	190	102	99
Übriges Europa	97	116	163	130
Europa	1574	1850	1814	1629
Japan	844	701	815	771
Südkorea	13	108	23	113
Indien	12	54	78	120
Übriges Asien	–	15	133	313
Asien	869	878	1049	1317
Algerien	–	30	1	12
Südafrika	53	82	62	83
Zaire	66	63	–	–
Übriges Afrika	54	38	26	56
Afrika	173	213	89	151
USA	605	305	1371	934
Kanada	533	617	153	144
Brasilien	22	100	80	102
Mexiko	71	180	59	89
Peru	67	154	10	16
Übriges Amerika	34	34	70	78
Amerika	1332	1390	1743	1363
Australien	300	299	114	77
Ozeanien	–	–	21	19
Australien/Ozeanien	300	299	135	96
Westliche Welt	4248	4630	4830	4556
UdSSR	940	1060	840	1050
Bulgarien	80	91	40	70
VR China	120	185	180	300
Nordkorea	130	95	–	–
Polen	235	170	147	143
Übriger Ostblock	70	69	197	236
Östliche Länder	1575	1670	1404	1799
Welt	5823	6300	6234	6355

Quelle: Metallstatistik 1973 - 1983.

es vor allem in den Niederlanden, in Spanien und Finnland. Auch in Südkorea, Brasilien und besonders in Mexiko lag die Zinkproduktion 1983 im Vergleich zu 1973 deutlich höher. Die Zusammensetzung der Zinkproduktion nach Ländern in den Jahren 1973 und 1983 zeigt – ähnlich wie bei Blei – eine Auflockerung der Angebotsstruktur. Während die zehn größten Produzentenländer 1973 noch 75,5 % der Weltzinkproduktion auf sich vereinigten, reduzierte sich dieser Anteil 1983 auf 67,1 %. Tendenzen zur Monopolisierung sind, ähnlich wie auf dem Bleimarkt, auf dem Zinkmarkt in den letzten zehn Jahren nicht festzustellen.

Am gesamten Angebot von Hüttenzink war 1983 Primärzink mit 89,2 % und Sekundärzink mit 10,8 % beteiligt (vgl. Tab. IV.25). Der Anteil der Sekundärzinkproduktion erreichte 1973 7,1 % und stieg in den folgenden zehn Jahren nahezu kontinuierlich auf 10,8 %. In absoluten Zahlen bedeutet dies eine Zunahme von 302 000 t (1973) auf 498 000 t (1983). Verarbeitet werden nicht nur Reststoffe aus der industriellen Anwendung von Zink, wie beispielsweise Verzinkereiaschen, Zinkoxide und Krätzen aus der Herstellung von Zinklegierungen. Eine besondere Stellung nimmt die Verarbeitung von Materialien ein, die bisher noch als Abfallstoffe deponiert werden mußten. Zu nennen sind hier die Stäube aus den Elektrostahlwerken, die im wesentlichen mit Schrott alimentiert werden und die zum Teil erhebliche Gehalte an Zink – meist bei Anwesenheit von etwas Blei – aufweisen.

Tabelle IV.25. Anteil der Primär- und Sekundärzinkproduktion an der Hüttenproduktion in der westlichen Welt

	Hüttenproduktion in 1000 t	Primärzinkproduktion in %	Sekundärzinkproduktion in %
1973	4247	92,9	7,1
1974	4363	92,1	7,9
1975	3749	91,9	8,1
1976	4093	90,2	9,8
1977	4264	90,3	9,7
1978	4298	90,2	9,8
1979	4694	91,0	9,0
1980	4454	90,4	9,6
1981	4533	90,0	10,0
1982	4310	88,9	11,1
1983	4629	89,2	10,8

Quelle: Metallstatistik 1973 - 1983 und eigene Berechnungen.

2.2.5   Die Zinknachfrage

2.2.5.1 Verbrauch von Hüttenzink nach Ländern

1983 wurden 6,4 Mio. t Hüttenzink in der Welt verbraucht (vgl. Tab. IV.24). Der bisherige Höchststand des Jahres 1979 wurde damit nur knapp verfehlt. Gegenüber 1973 stieg der Zinkverbrauch aber lediglich um 120 000 t. Die größten zinkverbrauchenden Länder sind die UdSSR und die USA, die 17 % bzw. 15 % des gesamten Weltzinkverbrauchs auf sich vereinigen. Dahinter folgen Japan, Bundesrepublik Deutschland, VR China, Frankreich, Italien, Großbritannien, Belgien-Luxemburg und Kanada. Infolge der Stillegung von Hüttenkapazitäten sind die Vereinigten Staaten der größte Importeur von Hüttenzink in der Welt geworden. Zu einem großen Zinkimporteur ist auch die VR China — hier allerdings aufgrund einer starken Zunahme der Nachfrage — aufgestiegen. Die größten Zinkexporteure der Welt sind dagegen Kanada, Australien, Mexiko, die Niederlande und Spanien. Beim Vergleich der Verbrauchs- und Produktionszahlen in den Jahren 1973 und 1983 wird deutlich, daß in jenen Ländern, die eine starke Zunahme des Verbrauchs aufwiesen, auch die Produktion stark ausgeweitet worden ist. Das gilt vornehmlich für die Länder Südkorea, Indien, Brasilien und die VR China. Die Tendenz, Metallhütten in den Zentren des Verbrauchs zu errichten, hat auch in den vergangenen Jahren angehalten.

2.2.5.2 Verwendungszwecke

Stellvertretend für die Verbrauchsstruktur aller Länder wird die der Bundesrepublik Deutschland betrachtet. In der Tabelle IV.26 sind die wichtigsten Verwendungsgebiete, die Anteile des Zinkverbrauchs der Verwendungsgebiete am Gesamtzinkverbrauch sowie die Veränderung des Zinkverbrauchs in den einzelnen Verwendungsgebieten in den letzten zehn Jahren dargestellt.

Bei einem insgesamt rückläufigen Zinkverbrauch in der Bundesrepublik Deutschland nahm der Zinkverbrauch zur Herstellung von Halbfabrikaten und der Einsatz in Chemikalien zu. Alle anderen Verwendungsbereiche mußten Absatzeinbußen hinnehmen, die im Bereich der Druckgußlegierungen am stärksten waren.

Tabelle IV.26. Verwendungsstruktur von Zink in der Bundesrepublik Deutschland

	1973		1983		Veränderung
	in 1000 t	Anteil in %	in 1000 t	Anteil in %	1973 gegenüber 1983 in %
Verzinkung	161,4	35	142,2	34	− 11,9
Messing	110,9	24	92,9	23	− 16,2
Druckgußlegierung	100,0	22	76,6	19	− 23,4
Zinkhalbfabrikate	64,7	14	74,5	18	+ 15,1
Chemikalien	6,7	2	12,0	3	+ 79,1
Sonstiges	14,6	3	12,0	3	− 17,8
Gesamtverbrauch	458,2	100	410,2	100	− 10,5

Quelle: Metallstatistik 1973 - 1983.

Der Einsatz von Zink zum *Verzinken* von Stahl beruht auf den schon beschriebenen korrosionshemmenden Eigenschaften des Metalls. Unter den verschiedenen Verfahren, Stahl mit Zink zu schützen, kommt dem Feuerverzinken die weitaus größte Bedeutung zu. In der Bundesrepublik Deutschland gibt es etwa 200 Feuerverzinkereien. Neben dem Feuerverzinken kann die Auftragung des metallischen Überzugs auch durch elektrolytisches Verzinken und Spritzverzinken (mittels Zinkpulver) erfolgen. Weitere Zinkanwendungen für den Korrosionsschutz sind die Beschichtung mit Zinkstaubfarben und der kathodische Schutz mit Zinkanoden.

Die *Feuerverzinkung* unterscheidet zwischen zwei Hauptverfahren, der Stückverzinkung und der kontinuierlichen Breitbandverzinkung. In beiden Fällen ist durch eine entsprechende Vorbehandlung des Verzinkungsgutes für eine fett-, oxid- und zunderfreie, d.h. metallisch-blanke, Stahloberfläche zu sorgen. Bei der *Stückverzinkung* erreicht man diesen hohen Reinheitsgrad durch Beizen in verdünnter Mineralsäure und durch eine abschließende letzte intensive Feinreinigung mit einem chloridhaltigen Flußmittel. Das Flußmittel kann als Überzug auf das Verzinkungsgut in einem dem Zinkbad vorgeschalteten Tauchbad aufgebracht und aufgetrocknet (Trockenverzinkung) oder als schwimmende Flußmitteldecke auf das Zinkbad aufgebracht werden (Naßverzinkung). Die Forderungen des Umweltschutzes zwingen die Verzinkereien in den letzten Jahren in zunehmendem Maße mit neu entwickelten raucharmen Flußmitteln zu arbeiten, die sich bisher vornehmlich bei der Trockenverzinkung bewährt haben. Bei der kontinuierlichen *Breitbandverzinkung* (bis ca. 1500 mm Breite) nach dem Sendzimir-Verfahren mit einer Durchlaufgeschwindigkeit bis zu 120 m/min. wird die Beiz- und Flußmittelbehandlung durch ein oxidierendes und reduzierendes Glühen des Bandes ersetzt. Die dabei vom Band mitgebrachte Wärme wird zum Teil für die Beheizung des Zinkbades benutzt.

Von der Vielfalt der bewährten Einsatzgebiete der Feuerverzinkung sind die wichtigsten die Stahlkonstruktionen für den gesamten Bausektor (Hallen aller Art, Brükken, Gerüst- und Hausinstallationsrohre, Tür- und Fensterrahmen), Anlagen für Luft- und Kältetechnik (Wärmeaustauscher, Rippenrohrsysteme), Beregnungsanlagen für Gartenbaubetriebe, Bergbauausrüstungen, Freileitungsmaste, Drähte und Drahtgeflechte, Schrauben und andere Massenteile sowie Preß-, Zieh- und Stanzteile aus Band. Im Automobilbau wird seit 1975 für das Porschemodell 911 serienmäßig die gesamte Karosserie aus feuerverzinktem Stahl gefertigt.

Bei der *elektrolytischen Verzinkung* werden mittels Gleichstrom dicke, glänzende Überzüge erzeugt. Sie sind ausreichend bei geringer Korrosionsbeanspruchung. Bei der Spritzverzinkung wird Zinkdraht im Brenngas-Sauerstoff-Gemisch oder im Lichtbogen an der Mündung einer Spritzpistole aufgeschmolzen. Das nicht ortsgebundene *Spritzverfahren* wird angewendet, wenn wegen der Objektgröße eine Feuerverzinkung nicht möglich ist oder wenn Ausbesserungen, z.B. an Schweißnähten, erforderlich sind.

Zinkstaubfarbe kann durch Streichen, Rollen, Tauchen, Fluten usw. aufgetragen werden. Moderne Applikationsmethoden der großtechnischen Anwendung von Zinkstaubfarbe sind die Bandbeschichtung nach dem Immozinc- und Zincrometal-Verfahren. Beim *kathodischen Korrosionsschutz* werden Zinkanoden hoher Reinheit (99,995 % Zn) zur Verhinderung der Eigenpolarisierung eingesetzt. Zinkanoden zeigen in wässrigen Elektrolyten mittlerer und hoher Leitfähigkeit eine optimale Wirkung und verhindern damit die Auflösung des Eisens.

Messing ist eine Kupfer-/Zinklegierung, die zum größeren Teil Kupfer enthält. Der Zinkanteil kann bis zu 40 % (durchschnittlich 35 %) betragen. Als weitere Legierungszusätze kommen Aluminium, Eisen, Mangan, Nickel, Silizium und Zinn in Betracht. Man spricht dann von Sondermessingen. Die allgemeinen Eigenschaften von Messing, nämlich seine Korrosionsbeständigkeit, seine leichte Verformbarkeit und gute Wärmeleitfähigkeit, bedingen einen weiten Anwendungsbereich. Messing wird in der Waffentechnik für Munition, in der Möbelindustrie für Beschläge und Leuchten sowie im Bauwesen als Rohre in Wärmetauschern und Wasserarmaturen verwendet. Weitere Anwendungsgebiete liegen in der Feinmechanik, Optik, dem Kunstgewerbe und der Schmuckwarenindustrie. Messing kann zu Blechen, Bändern und Drähten gewalzt oder gezogen werden. Es läßt sich strang- und fließpressen sowie gießen und schmieden. Messinge mit hohen Kupfergehalten zeigen gute Kaltverformungseigenschaften. Die meisten Messinge haben auch eine gute Zerspanbarkeit.

Der starke Rückgang des Zinkverbrauchs zur Herstellung von *Druckgußlegierungen* ist vor allem auf neue materialsparende Fertigungsweisen zurückzuführen. Der Übergang zu Gußerzeugnissen mit erheblich dünneren Wandstärken hatte zwar Einfluß auf die verbrauchten Zinkmengen, aber nicht auf die Produktionszahl oder auf den Umsatz der Gießereien. Im Druckguß wurde bis vor kurzem ausschließlich die Zink (96 %)-Aluminium(4 %)-Legierung verwendet, die unter dem Namen ZAMAK und MAZAK bekannt ist. Inzwischen sind eine Reihe zusätzlicher Zink-/Aluminiumlegierungen (ZA-8, ZA-12, ZA-27) entwickelt und erfolgreich getestet worden. Der Aluminiumanteil beträgt hier 8 %, 12 % bzw. 27 %. Die neuen Legierungen zeichnen sich durch einen niedrigen Schmelzpunkt und hervorragende Gießeigenschaften aus, die es erlauben, sehr dünnwandige und komplizierte Teile zu gießen. Infolge der geringen, leicht beherrschbaren Schrumpfung der Legierung ist die Herstellung maßgenauer Produkte möglich. Hauptabnehmer von Zinkdruckgußteilen ist der Straßenfahrzeugbau. So bestehen beispielsweise das Gehäuse des Sicherheitslenkschlosses, das Gehäuse für die Benzinpumpen und Vergaser sowie die Halterahmen für Kraftfahrzeugfrontleuchten aus Zinkdruckguß. Dies gilt ebenso für viele Teile am Motor und Fahrwerk. Neben dem Straßenfahrzeugbau finden Zinkdruckgußteile auch in Haushaltsgeräten, Büromaschinen, Spielzeug und Zubehörteilen für die elektrotechnische Industrie Anwendung.

Der Verbrauch von *Zinkhalbzeug* ist in den letzten zehn Jahren deutlich gestiegen. Den bei weitem größten Teil des Zinkhalbzeugs machen gewalzte Bleche und Bänder aus. Sie werden vorwiegend in der Bauindustrie verwendet, und zwar für Bedachungen, Regenrinnen und Rohre. Um eine Vorstellung über die Bedeutung dieser Fertigung zu geben, sei erwähnt, daß jährlich in der Bundesrepublik Deutschland fast 23 Mio. m Dachrinnen und Regenfallrohre allein aus Zinkblech hergestellt und verlegt werden. In den letzten Jahren haben die Architekten das gestaltete Metalldach wiederentdeckt. Als bevorzugtes Material wird Zink verwendet.

Der überwiegende Teil des Zinkverbrauchs für *Chemikalien* entfällt auf Zinkoxid. In der Reihenfolge ihrer Wichtigkeit und Verbrauchsmenge folgen danach Zinkstaub, Zinksulfat und Zinkchlorid. 50 % des Zinkoxids verbraucht die Kautschukindustrie. Für die Herstellung eines jeden Reifens werden etwa 0,2 kg Zinkoxid verbraucht. Es dient hier als Vulkanisationsaktivator und teilweise als Füllstoff. Zinkoxid wird desweiteren zur Herstellung von Fotokopierpapier sowie Farben und Pigmenten eingesetzt. Zinkstaub dient in erster Linie als Pigment für korrosionsschützende Anstriche und Überzüge. Zinksulfat wird in nennenswerten Mengen weltweit in der Landwirtschaft verwendet. Es dient zum Ausgleich von Zinkdefiziten im Boden. Die Hauptanwendungsgebiete von Zinkchlorid liegen im Bereich der Gerätebatterien und der Metallurgie. Im Batteriebereich wird Zinkchlorid als Elektrolyt in Verbindung mit einer Zinkanode und einer Manganoxidkathode verwendet. Die metallurgischen Anwendungen beziehen sich vornehmlich auf den Verzinkungsbereich. Andere Anwendungen von Zinkchlorid liegen in der Agrarwirtschaft und in der Wasseraufbereitung.

2.2.5.3 Entwicklung der Zinknachfrage

Im Prinzip bestehen auf allen Verwendungsgebieten für Zink Substitutionsmöglichkeiten durch andere Werkstoffe. Die wichtigsten Konkurrenzprodukte sind Aluminium und Kunststoffe. Entscheidend für die Substitution von Zink durch andere Werkstoffe ist neben den technischen Eigenschaften der Materialien die Preisrelation von Zink zu den Konkurrenzprodukten. Verändert sich die gegenwärtige Preisrelation nicht zu Ungunsten von Zink, so wird dieses Metall auch langfristig auf seinen wichtigsten Anwendungsgebieten seine bisherige Position sichern.

Auf dem Gebiet des *Korrosionsschutzes* läßt sich Zink durch Kunststoffüberzüge oder entsprechende Anstriche ersetzen. Beide Verfahren sind aber von der Wartung und Lebensdauer her der Verzinkung gegenüber benachteiligt. In einigen Bereichen, vornehmlich in der Bauindustrie, kann anstelle verzinkten Stahls auch Aluminium eingesetzt werden. Die neuentwickelten Schutzbeschichtungen Galvalume (55,0 % Aluminium, 43,5 % Zink und 1,5 % Silizium) und Galfan (5 % Aluminium, 95 % Zink) dürften aber eine weitgehende Substitution verhindern. Auf dem Gebiet des *Druckgusses* sind die Hauptsubstitutionsprodukte für Zink Aluminium und Magnesium. Die Eigenschaften der neuentwickelten Zink-/Aluminiumlegierungen ZA-8, ZA-12 und ZA-27 dürften auch hier eine weitgehende Substitution verhindern. Der Zinkanteil liegt aber mit 92 %, 88 % bzw. 73 % niedriger als bei der traditionellen Legierung (96 %).

Aluminiumlegierungen, rostfreier Stahl und Kunststoffe zählen zu den wichtigsten Substitutionsprodukten für *Messing* und für gewalztes Zink. Die Substitution von *Zinkoxid* als Weißpigment durch Titandioxidpigmente ist weitgehend abgeschlossen. Der Verbrauch pendelt sich auf eine bestimmte konstante Menge ein, die in

Anwendungen gehen, die immer noch interessant bleiben. In dem wichtigsten Verbrauchssektor, der Kautschukindustrie, ist der Zinkverbrauch nur insofern gefährdet, als Gummi selbst durch andere Materialien substituiert wird. Der Verbrauch von Zinkoxid als UV-Stabilisator bei der Produktion von Kunststoffen zeigt steigende Tendenz.

Der zukünftige Zinkverbrauch wird im wesentlichen von dem Hauptanwendungsgebiet der Verzinkung bestimmt. Unter dem zunehmenden Zwang eines sparsamen Verbrauchs der Weltrohstoffvorräte und einer allgemein notwendigen Energieeinsparung gewinnt die Werterhaltung der Gebrauchsmetalle, ihr Korrosionsschutz, immer mehr an Bedeutung. Gerade die neuen Verzinkungslegierungen Galvalume und Galfan dürften überall dort zum Einsatz kommen, wo nach traditioneller Methode aus technischen und wirtschaftlichen Gründen bisher nicht verzinkt worden ist. Entscheidend für den Zinkverbrauch ist dabei, ob Galvalume oder Galfan zur Anwendung kommt. Sollte sich Galvalume durchsetzen, dann wird trotz steigender Verzinkung der Zinkverbrauch in diesem Verwendungssektor zurückgehen. Sollte sich dagegen Galfan durchsetzen, dann dürfte der Zinkverbrauch für die Verzinkung insgesamt zunehmen. Neue Einsatzmöglichkeiten für Produkte aus Zinkdruckguß dürften die ebenfalls neuentwickelten Zink-Aluminium-Legierungen bringen, da sie das Spektrum der Materialeigenschaften erheblich vergrößert haben. Ihr Mengenverbrauch ist gegenwärtig zwar gering, doch waren diese Legierungen vor fünf Jahren noch gar nicht existent. Ein Verbrauchszuwachs kann auch bei den chemischen Verwendungszwecken erwartet werden, die jedoch wegen der relativ geringen Bedeutung dieses Verwendungsgebietes die Gesamtverbrauchszunahme nicht entscheidend beeinflussen werden.

Der Beginn der siebziger Jahre markierte für den Weltverbrauch von Zink den Eintritt in eine Stagnationsphase, nachdem in den fünfziger und sechziger Jahren noch jahresdurchschnittliche Zuwachsraten von über 4 % zu verzeichnen waren. Diese hohen Wachstumsraten werden in Zukunft sicherlich nicht erreicht werden. Eine weitere Stagnation ist aber angesichts der geschilderten Verbrauchsaussichten, vor allem wenn sich die Verzinkungslegierung Galfan durchsetzt, unwahrscheinlich. Das Verbrauchswachstum dürfte auf der Basis des Jahres 1983 bis 1990 bei ungefähr 2,5 % liegen. Der Verbrauch von Hüttenzink in der Welt, der 1983 bei 6,4 Mio. t lag, würde damit 1985 das Volumen von 6,7 Mio. t und 1990 das Volumen von 7,6 Mio. t erreichen.

2.2.6 Marktstruktur und Marktform

Der Markt für *Zinkvorstoffe* zeigt von der Zahl der Anbieter und Nachfrager her eine ähnliche Struktur wie der für Bleivorstoffe. Folgende wesentliche Unterschiede lassen sich jedoch feststellen:

1. Für die Bergbauunternehmen, die Zinkkonzentrate anbieten, ist Zink in der Regel das Hauptprodukt. Das Charakteristikum des Kuppelprodukts, das vielen Bleikonzentraten eigen ist, fehlt also bei Zink. Dies hat zur Folge, daß der Auf-

schluß von Vorkommen stärker am Markt ausgerichtet wird.

2. Die gegenüber Blei günstigere Entwicklung des Verbrauchs ging einher mit einer Expansion der Hüttenkapazität. Die Entwicklung von Angebot und Nachfrage auf den Vorstoffmärkten war in der Regel ausgeglichen.

3. Das Angebot an Sekundärvorstoffen ist viel geringer als bei Blei, da Zink oftmals mit Materialien verbunden ist, beispielsweise bei der Verzinkung von Stahl, die in geringerem Umfang dem Recycling zugeführt werden.

Die Angebotsseite des *Zinkmetallmarktes* ist im Gegensatz zum Bleimarkt eher oligopolistisch geprägt. Dies liegt weniger daran, daß die Konzentration des Angebots — zehn Unternehmen kontrollieren 43 % der Zinkhüttenkapazitäten der westlichen Welt — etwas stärker ist als bei Blei. Regionale Präferenzen, Einfuhrzölle auf Zinkmetall in der EG, in den USA und in Japan sowie eine verhältnismäßig niedrige Sekundärzinkproduktion stärken aber die Stellung der einzelnen Zinkanbieter. Diese Angebotsbedingungen dürften mit dazu beigetragen haben, daß im Gegensatz zum Bleimarkt hier die Einführung eines Produzentenpreises gelungen ist.

Die Nachfragestruktur am Zinkmarkt ist durch eine sehr große Zahl von Marktteilnehmern gekennzeichnet. Die Nachfrage dürfte noch weiter aufgesplittert sein als am Bleimarkt, da auf den beiden Hauptverwendungsgebieten, der Verzinkung und dem Druckguß, vorwiegend kleinere Unternehmen tätig sind. Die Kennzeichen für ein Angebotsoligopol und Nachfragepolypol sind auf dem Zinkmarkt also etwas stärker ausgeprägt als auf dem Bleimarkt. Da die Substitutionskonkurrenz auf dem Zinkmarkt aber größer als die auf dem Bleimarkt eingeschätzt werden kann, können die Zinkanbieter ihre aus der oligopolnahen Struktur resultierende Marktmacht nur bedingt ausüben.

2.2.7 Preisentwicklung

1964 führten die westlichen Zinkerzeuger außerhalb der USA einen Produzentenpreis ein, um Zink von den Schwankungen der Börsennotierungen unabhängiger zu machen. Die Initiatoren wollten durch diesen "G.O.B. Producer Price" (Good Ordinary Brand), veröffentlicht im Metal Bulletin, allzu große Preisausschläge nach oben und unten verhindern, um so Substitutionsvorgänge zu hemmen und damit den Absatz zu fördern. Der Produzentenpreis muß sich aber laufend dem Test durch die Londoner Metallbörse unterwerfen. Da hier Zink auch physisch umgeschlagen wird, übt die Börse einen wesentlichen Einfluß auf die Marktpreisbildung aus. Bei starken Preisschwankungen an der Börse können die einzelnen Erzeuger den Produzentenpreis oft nur nominell durchhalten, d.h. durch Rabatte und Prämien werden die im Metal Bulletin veröffentlichten Preise den Börsennotierungen angenähert. Während der Zinkproduzentenpreis bei den Verhandlungen zwischen Gruben- und Hüttenbetrieben nach wie vor von großer Bedeutung ist, hat er bei den Preisverhandlungen zwischen Hütte und Verarbeitern weitgehend an Bedeutung verloren. Hier sind die Börsennotierungen maßgeblich (vgl. Kap. I.2).

Die Betrachtung der Preisentwicklung für Zink in der Vergangenheit zeigt, daß der

Einfluß der konjunkturellen Entwicklung auf den Zinkpreis unverändert stark ist. Die Preisschwankungen lassen sich wegen der mangelnden Elastizität von Angebot und Nachfrage auch in Zukunft nicht ausschalten. Um die Auswirkungen der Preisschwankungen zu mildern, können die Marktteilnehmer aber an der Börse Hedgegeschäfte, das sind Warentermingeschäfte, durchführen.

Eine spürbare Beeinflussung der Zinkmärkte der westlichen Welt ging in den letzten drei Jahren vom Ost-West-Handel aus, der wesentlich umfangreicher als bei Blei ist. Allerdings zeigen sich hier große Schwankungen in den Export- und Importmengen während 1980 die Nettoexporte der westlichen Industrieländer in die östlichen Länder lediglich 17 000 t betrugen, lagen die Nettoexporte 1984 bei 270 000 t. Einen beträchtlichen Anteil am Ost-West-Handel besitzt – wie bei Blei – die VR China.

Im langfristigen Trend gesehen wiesen die Notierungen an der Londoner Metallbörse umgerechnet in DM nur eine geringe Steigerungsrate auf. Real gesehen, also unter Abzug der allgemeinen Preissteigerung, blieben die Zinkpreise in den letzten 30 Jahren annähernd konstant. Seit 1984 sind die Preise an der Londoner Börse aber deutlich gestiegen und liegen über ihrem langfristigen Durchschnitt. Diese Entwicklung ist vornehmlich auf den starken Konjunkturanstieg in den USA zurückzuführen, der eine starke Zinknachfrage auslöste.

2.2.8 Handelsformen

Zink wird in Form von Barren und Platten gehandelt, die ein Gewicht zwischen 12 und 25 kg haben. Für den Einsatz in Verzinkereien gibt es Blöcke im Gewicht bis zu 6 t (sog. Jumbo-Blöcke). Fein- und Hüttenzink sind nach DIN 1706 und Feinzinkgußlegierungen nach DIN 1743 genormt. DIN 1770 regelt die Walzzink- und Mischzinkgüte für Zinkbleche und -bänder. Nach DIN 1706 lassen sich die folgenden Zinksorten unterscheiden:

Feinzink 99,995,	Kurzzeichen	Zn 99,995,	max. Beimengungen 0,005 %
Feinzink 99.95,	Kurzzeichen	Zn 99,95,	max. Beimengungen 0,05 %
Hüttenzink 99,5,	Kurzzeichen	Zn 99,5,	max. Beimengungen 0,5 %
Hüttenzink 98,5	Kurzzeichen	Zn 98,5,	max. Beimengungen 1,5 %
Hüttenzink 97,5,	Kurzzeichen	Zn 97,5,	max. Beimengungen 2,5 %.

In den USA werden die drei Zinksorten Special High Grade (99,990 % Zn), High Grade (99,90 % Zn) und Prime Western (98,0 % Zn) unterschieden.

Literaturhinweise

Abrahams, Allan, E: Märkte und Markttrends für Zinkchemikalien, in: Metall, 38.Jg. (1984), S. 1211 - 1213.
Hiscock, S.A.: Langfristtendenzen im Weltbleiverbrauch und seinen Verwendungsstrukturen zwischen 1973 und 1982, in: Metall, 37.Jg. (1983), S. 276 - 280.

International Lead and Zinc Study Group: Joint Production of Lead and Zinc, London 1983.
International Lead and Zinc Study Group: World Directory: Lead and Zinc Mines and Primary Metallurgical Works, London 1984.
Jörs, Bernd: Die Bedeutung der Buntmetallhütten des mitteleuropäischen Raumes im Rahmen der Versorgung der Bundesrepublik Deutschland – am Beispiel der Zinkindustrie, Frankfurter Wirtschafts- und Sozialgeografische Schriften, Heft 44, Frankfurt a.M. 1983.
Jolly, James H.: Mineral Commodity Profil Zinc, Bureau of Mines, United States Department of the Interior, Washington, D.C. 1983.
Metallgesellschaft AG: Mitteilungen aus den Arbeitsbereichen, Ausgabe 20, Blei – Werkstoff mit Zukunft, Frankfurt a.M. 1977.
Metallgesellschaft AG: Mitteilungen aus den Arbeitsbereichen, Ausgabe 22, Zink – der vielseitige Werkstoff, Frankfurt a.M. 1980.
Metallstatistik 1973 - 1983, hrsg. v. Metallgesellschaft AG, Frankfurt a.M. 1984.
Minemet 1983, hrsg. v. Service Etudes et Statistiques Penarroya, Paris 1984.
Müller-Ohlsen, Lotte: Die Weltmetallwirtschaft im industriellen Entwicklungsprozeß, Kieler Studien, Nr.165, Tübingen 1981.
Münster, Hans P.: Kirchner, Günter: Taschenbuch des Metallhandels, 7. Aufl., Berlin 1982.
o.V.: Gedämpfte Zukunftsaussichten für Blei, in: DIW, Wochenbericht 28/29, 1983, 21.7.1983, S. 363 - 365.
Sies, Walter: Die Metallhütten in der Bundesrepublik Deutschland dürfen nicht sterben, in: Handelsblatt, Nr.109, 9.6.1983.
Sies, Walter: Versorgungsprobleme und deren Lösung aus der Sicht eines Rohstoffunternehmens, in: Umfeldanalysen für das strategische Management, hrsg. v. Gerhard Buchinger, Wien 1983, S. 199 - 217.
Wall, A.J.: MacGregor, B.R.: Der Zinkmarkt und Bestimmungsgrößen seiner zukünftigen Entwicklung, in: Metall, 38.Jg. (1984), S. 1206 - 1210.
Woodbury, William D.: Rathjen, John A.: Mineral Commodity Profil Lead, Bureau of Mines, United States Department of the Interior, Washington, D.C. 1983.

3 Zinn

Von W. Gocht

Zinn gehört zu den Metallen, die sich der Mensch schon frühzeitig nutzbar gemacht hat. In China und in Mesopotamien konnten Bronzegegenstände gefunden werden, die älter als 5000 Jahre sind. Vermutlich wurde aber bei der Herstellung der Bronze nicht metallisches Zinn verwendet, sondern der Kupferschmelze ein Erz, der "Zinnstein" (Kassiterit), beigefügt. Die ältesten Gegenstände aus reinem Metall konnten bis 1000 v.Chr. zurückdatiert werden und wurden in nordpersischen Gräbern gefunden.

3.1 Eigenschaften und Minerale

Zinn (stannum, Sn) ist mit 0,002 - 0,004 % am Aufbau der festen Erdrinde beteiligt und damit relativ selten. Das stark glänzende, silberweiße Metall hat die Ordnungszahl 50 im Periodischen System der Elemente und das Atomgewicht 118,69. Der Schmelzpunkt liegt bei 231,9°C und der Siedepunkt bei 2687°C, jedoch kommt es bereits bei Temperaturen von 1200°C zu erheblichen Verflüchtigungen.

Aus der Schmelze erstarrt ein tetragonal kristallisiertes, weißes Zinn (β-Zinn; Dichte 7,28 g/cm³), das sich unterhalb 12,4°C in ein graues, kubisches Zinn umwandelt (a-Zinn; Dichte 5,75 g/cm³). Als weitere Modifikation entsteht oberhalb 161°C ein sprödes, rhombisches Zinn (γ-Zinn; Dichte 6,54 g/cm³). Die langsame Umwandlung von β-Zinn in a-Zinn wird als Zinnpest bezeichnet.

Das *physikalische Verhalten* des Metalls wird bestimmt durch einige wichtige Eigenschaften. Aufgrund der Geschmeidigkeit und guten Dehnbarkeit läßt sich Zinn zu sehr dünnen Folien auswalzen (Stanniol). Die außerordentlich geringe Oberflächenspannung im geschmolzenen Zustand eignet sich für extrem dünne Überzüge (Weißblech) und das starke Lösungsvermögen für andere Metalle im Schmelzfluß begünstigt die Herstellung von Legierungen.

Das *chemische Verhalten* ist charakterisiert durch die Bildung von zweiwertigen Stanno-Verbindungen und vierwertigen Stanni-Verbindungen. Bei Zimmertemperatur ist Zinn recht korrosionsbeständig und überzieht sich nur allmählich mit einer dünnen, festen Oxidschicht. Gegen schwache Säuren unempfindlich, wird Zinn jedoch von starken Säuren und Basen leicht angegriffen.

Nur eines von den bekannten Zinnmineralen (Tab. IV.27) hat wirtschaftliche Bedeutung, der Kassiterit (Zinnstein). Lediglich Stannit (Zinnkies) dient daneben mitunter zur Gewinnung des Metalls. Die Kristalltracht von Kassiterit ist charakteristisch für den primären Lagerstättentyp: pyramidal-gedrungene Kristalle deuten auf pegmatische Genese, kurzprismatisch-gedrungene auf pneumatolytische und langprismatische auf hydrothermale. Die hohe Dichte (D = 6,8 – 7,1 g/cm³) und die chemische Widerstandsfähigkeit bedingen die Konzentration von Kassiterit in Seifen.

Tabelle IV.27. Die wichtigsten Zinnminerale

Kassiterit (Zinnstein) (Abart: Holzzinn)	SnO_2	tetragonal
Stannit (Zinnkies)	$Cu_2(Fe,Zn)SnS_4$	tetragonal
Thoreaulith	$SnTa_2O_7$	monoklin
Nigerit	$(Zn,Fe,Mg)(Sn,Zn)_2(Al,Fe)_{12}(O,OH)_{24}$	hexagonal
Varlamoffit (Hydrokassiterit)	$(Sn,Fe)(O,OH)_2$	tetragonal
Malayait	$CaO \cdot SnO_2 \cdot SiO_4$	monoklin
Teallit	$PbSnS_2$	rhombisch
Herzenbergit	SnS	rhombisch
Franckeit	$Pb_5Sn_3Sb_2S_{14}$	rhombisch

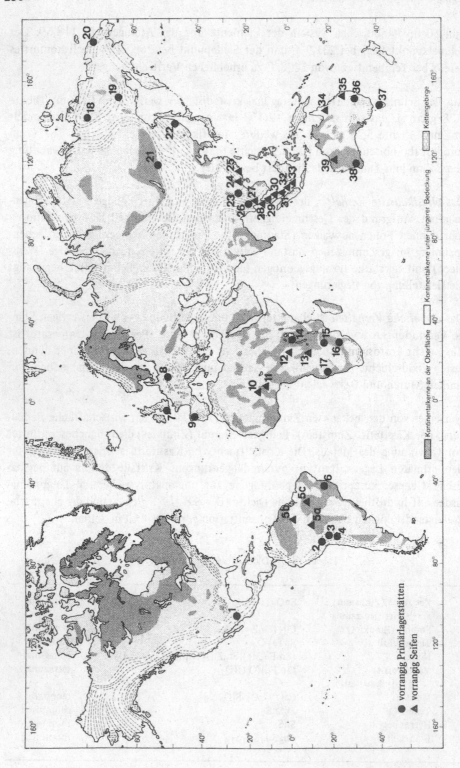

3.2 Regionale Verteilung der Lagerstätten

Nach der *Genese* können zwei Hauptgruppen von Zinnvorkommen unterschieden werden (Abb. IV.6):
primäre Lagerstätten ("Bergzinn"),
sekundäre Lagerstätten (Zinnseifen).

Die größere Menge von Kassiterit wird noch immer aus Seifenlagerstätten gewonnen. Der Anteil liegt bei 60 - 70 %.

Die primären Zinnvererzungen sind an *palingene*, saure bis intermediäre magmatische Gesteine gebunden und wurden meist im Bereich des Exo- und Endokontaktes der Intrusivkörper ausgeschieden. In vielen Zinndistrikten ist ein deutliches "zoning" erkennbar, wobei Kassiterit in verschiedenen Generationen auftreten kann. Die wirtwirtschaftlich wichtigen Zinnerze stehen in genetischer Verbindung mit Granitoiden in Orogenen (Faltengebirgen), wobei die Mineralisationen vorrangig postorogen und an Störungszonen orientiert vorkommen.

Als primäre Lagerstättentypen sind zu nennen *(Hosking, 1974)*
- Imprägnationen von Kassiterit in granitischen Gesteinen (Ranong/Thailand),
- pegmatitische Gänge (Manono/Zaire, Rondonia/Brasilien, Phuket/Thailand),
- Skarne ("pyrometasomatische Vererzungen" in Kalken) mit Malayait (Malaysia),
- hydrothermale Gänge (Typ Cornwall),
- hydrothermale Gangschwärme, z.B. mit Greisenkontakten (Südostasien, Sibirien) oder mit subvulkanischen Vererzungen (Bolivien),
- massive Sulfiderzkörper (Australien),
- epithermale, vulkanogene Vererzungen (Typ Mexiko).

Kassiterit-Seifenlagerstätten entstehen bei Verwitterung primärer Vererzungen in situ oder nach Transport der Verwitterungsprodukte. Andere Seifenminerale, wie

---

Abbildung IV.6. Die wichtigsten Lagerstätten von Zinn

Mexiko: 1 Zentralplateau (Zacatecas); *Peru:* 2 Puno (San Rafael); *Bolivien:* 3 Oruro, Catavi, Huanuni, Potosi; 4 Quechisla, Tasna; *Brasilien:* 5a Rondonia; 5b Mapuera (Pitinga); 5c Rio Xingu; 6 Minas Gerais; *Großbritannien:* 7 Cornwall; *DDR:* 8 Erzgebirge; *Spanien/Portugal:* 9 Coruna/Panasqueira; *Nigeria:* 10 Kano-Zaria; 11 Jos-Plateau; *Zaire:* 12 Kivu; 13 Shaba (Manono-Kitotolo); *Ruanda:* 14 Rutongo; *Simbabwe:* 15 Wankie; *Südafrika:* 16 Warmbath, Potgietersrus; *Namibia/SWA:* 17 Brandberg, Uis; *Sowjetunion:* 18 Yakutia (Ese-Khaya); 19 Magadan; 20 Chukotka; 21 Transbaikal (Chita); 22 Primorskiy Kray (Sikhote-Alinskiy) *China:* 23 Yunnan (Kochiu); 24 Guangxi, 25 Guangdong; *Burma:* 26 Mawchi; 27 Tavoy (Heinda), Mergui; *Thailand:* 28 Ranong, Takuapa ; 29 Phuket; *Malaysia:* 30 Kinta Valley; 31 Selangor (Sungei Besi); *Indonesien:* 32 Bangka; 33 Belitung; *Australien:* 34 Herberton; 35 Queensland (Ravenshoe,Sandy Flat); 36 Ardlethan; 37 Tasmania (Renison, Aberfoyle, Mt. Cleveland); 38 Greenbushes; 39 Pilbara.

Columbit, Monazit, Xenotim und Ilmenit können oft als Nebenprodukte gewonnen werden. Folgende wichtige Typen von Kassiteritseifen lassen sich unterscheiden:

a) *Eluviale Seifen* als Schwermineralkonzentrationen in unmittelbarer Umgebung primärer Zinnvorkommen. Die Anreicherung kann durch Auswaschung oder Ausblasen leichterer Verwitterungsprodukte oder durch gravitative Sonderung bei Hangrutschungen geschehen (Blockschuttseifen).

b) *Alluviale Seifen* (fluviatile Seifen) nach Transport von kassiterithaltigem Verwitterungsschutt im fließenden Wasser durch selektive Ablagerung in Flußtälern, Rinnen oder morphologischen Senken. Die erzhaltigen Schichten sind meist an der Basis der fluviatilen Sedimente anzutreffen. Aus alluvialen Seifen wurde lange Zeit der größte Teil aller Kassiteritkonzentrate gewonnen.

c) *Marine Seifen* bei einer Verfrachtung von Seifenerzen bis ins Meer, wobei die Ablagerung im Küstenbereich geschieht (Strandseifen oder laterale Seifen). Außerdem entstehen marine Seifen, wenn fossile alluviale Vorkommen bei eustatischen Meeresspiegelschwankungen oder tektonischen Bewegungen in Schelfgebiete geraten (z.B. Sunda-Schelf/Indonesien).

d) *Glaziale Seifen* als Moränen oder fluvioglaziale Bildungen mit Kassiterit. Dieser Lagerstättentyp ist besonders in den bolivianischen Anden verbreitet.

Die wesentlichen Zinnvorkommen der Erde gruppieren sich zu 26 Zinnprovinzen. Ihre Einordnung in Faltungsgebiete gelingt vollständig, da die Vererzungen an orogene Granite oder Granodiorite gebunden sind. Bei einer stratigraphischen Betrachtung ergibt sich, daß den mesozoischen Lagerstätten des pazifischen Raumes und den präkambrischen Lagerstätten des Gondwanalandes (Brasilien, Zaire, Südafrika, Australien) die weitaus größte Bedeutung zukommt. Nachfolgend ein kurzer Überblick über die wichtigsten Zinnprovinzen.

A. Südostasiatische Provinz: Seit Jahrzehnten stammen 50 - 60 % der Bergwerksproduktion von Zinn in Konzentraten aus dem 2500 km langen Zinngürtel, der sich vom südlichen Shan-Plateau in Burma über West- und Südthailand sowie Westmalaysia bis zu den indonesischen Sunda-Inseln Singkep, Bangka und Belitung erstreckt (vgl. Tab. IV.28). Die Zinnerze sind hier vornehmlich an mesozoische Granit-Intrusionen im Malaiischen Orogen gebunden, wobei die radiometrischen Altersdatierungen zwischen 260 und 55 Mio. Jahren variieren, mit Maxima bei 190 und bei 65 Mio. Jahren. Im Abbau stehen zahlreiche Seifenlagerstätten, wobei 1982 auch 30 000 t Zinn (1983: 18 000 t) aus Meeresregionen vor SW-Thailand und im Sunda-Schelf/Indonesien gewonnen wurden. Tendenziell nimmt der Anteil von Primärerzen an der Bergwerksförderung zu, da neben den Gangerzen (Mawchi/Burma, Hermyingyi/Burma; Pahang/Malaysia; Kelapa Kampit/Indonesien) immer mehr tiefgründig verwitterte Primärvererzungen abgebaut werden. Die wirtschaftlich bedeutsamsten Bergbaudistrikte sind:

— Malaysia: Bundesstaaten Perak (Kinta Valley), Selangor (Sungei Besi, Kuala Langat), Pahang und Johore.
— Thailand: Provinzen Phuket, Phangnga/Takuapa, Ranong, Songkhla (Hat Yai), Ratchaburi und Lampang.
— Indonesien: Auf und vor den Inseln Bangka, Belitung und Singkep sowie bei Pulau Tujuh.

– Burma: Mawchi, Tavoy-Distrikt (Heinda, Hermyingyi, Heinze Basin), Mergui-Distrikt.

Tabelle IV.28. Bergwerksproduktion von Zinn (Zinninhalt der Konzentrate)

	1953 (long tons)	1962 (long tons)	1982 (t)	1984* (t)
Malaysia	56 404	58 603	52 342	41 300
Indonesien	33 822	17 310	33 800	23 200
Thailand	10 126	14 679	26 207	21 600
Burma	1 361	1 041	1 598	1 900
Japan	733	859	529	500
Laos	264	367	600	600
Bolivien	34 825	21 800	26 773	19 900
Brasilien	209	731	8 279	20 000
Argentinien	154	571	300	300
Mexiko	476	576	27	–
Übriges Amerika	343	340	2 001	3 400
Zaire	13 299	7 197	2 483	2 400
Nigeria	8 215	8 210	1 708	1 300
Ruanda	2 064	1 325	1 174	1 100
Südafrika	1 360	1 422	3 035	2 300
Namibia	210	369	800	800
Übriges Afrika	404	1 090	1 450	1 400
Großbritannien	1 103	1 181	4 175	5 000
Frankreich	501	290	–	–
Portugal	1 508	679	388	300
Spanien	1 241	231	470	400
Australien	1 553	2 715	12 308	8 100
Sowjetunion	9 500	28 000	16 000*	17 000
VR China	6 400	30 000	16 000*	17 500
DDR	600	1 000	1 700*	1 600
CSSR	200	200	180	200
Weltproduktion	186 800	180 900	224 600*	205 000

Quelle: ITC Statistical Yearbook 1964, 1968 und 1983; Metallgesellschaft AG, Frankfurt a.M. (*).

B. *Südchinesische Provinz:* An mesozoische Granite gebunden, zieht sich ein Zinngürtel von der Provinz Yunnan (Kochin) über die Provinz Guangxi (He Xian, Fuchuan Zhongshan) zur Provinz Guangdong (Pandan). Neben Seifenabbau werden auch Primärerze untertage und übertage gefördert, wobei die Zinngehalte vergleichsweise hoch liegen.

C. Bolivianische Provinz: Obwohl die Zinnproduktion in Bolivien seit 1977 tendenziell rückläufig ist, stammten 1983 noch einmal 22 % der Weltproduktion (ohne Ostblock) aus diesem Andenland, 1984 dagegen nur noch 15 %. Die Mineralisationen sind auf ein ausgeprägtes tektonisches Strukturelement, das "Orthoandino", der Ostkordilleren beschränkt. Im nördlichen Teil werden Granite vermutlich triassischen Alters für die Zinn-Wolfram-Wismut-Vererzungen verantwortlich sein, während in Zentral- und Südbolivien polymetallische Paragenesen mit Kassiterit, Silbererzen und vielen Metallsulfiden vorkommen. Die Entstehung dieser komplexen Erze ist noch nicht restlos geklärt. Es wird vornehmlich an subvulkanische, oberflächennahe, hydrothermale Zinn-Silber-Mineralisationen gedacht *(Ahlfeld, 1967)*, aber auch an eine Hybridisierung, bei der altmesozoische Sn-W-Bi-Vererzungen durch jungtertiären, silberreichen Subvulkanismus regeneriert worden sein sollen *(Schneider-Scherbina, 1962)*. Zu den großen Lagerstätten zählen die COMIBOL-Minen Catavi/Siglo XX, Huanuni, Unificada (Potosi), Colquiri, San José (Oruro), Caracoles, Viloco und Quechisla (Tasna, Chorolque) sowie die Privatminen Fabulosa, Milluni, Chojilla und Avicaya-River (Seifen).

D. Sibirische Provinzen: Im Rahmen eines umfangreichen Explorationsprogrammes zur Erschließung der ostsibirischen Rohstoffe wurden während der fünfziger Jahre in Jakutien und im Fernen Osten auch zahlreiche neue Zinnlagerstätten gefunden. Die Vorkommen in Jakutien (Ese-Khaya, Verkhoyansk, Yana, Kolyma) und an der Chukchi-See (Chukotka) sind weitgehend mesozoische, hydrothermale Primärvererzungen, die metallogenetisch dem zirkumpazifischen Zinngürtel zugerechnet werden können. In der Primorskiy-Provinz des sowjetischen Fernen Ostens treten außerdem komplexe Paragenesen auf, die mit den Lagerstätten in Zentralbolivien verglichen werden können. Es können regional drei verschiedene Zinnprovinzen im östlichen Sibirien unterschieden werden: Die *Transbaikalische Provinz* mit der Hauptlagerstätte Tscherlowaja Govra, die *Jakutische Provinz* mit den Regionen Yana, Ese-Khaya, Burgawlinsk, Ilintas im Verkhoyansk-Distrikt; Orotukan, Galimyi an der Oberen Kolyma und Krasnoarmejskij, Jultin auf der Chukchi-Halbinsel sowie die *Primorskiy-Provinz* mit den Lagerstätten Spassk-Dalnij, Lifudsin, Chrustalnisk, Jaroslawsk. Außerdem: Solnetschnoje/Amur.

E. Ostaustralische Provinz: In der zweiten Hälfte des 19. Jahrhunderts gehörte Australien zu den wichtigsten Zinnbergbauländern, verlor diese Bedeutung aber nach der schrittweisen Erschöpfung der Seifenvorräte. Eine intensive Exploration führte dann seit 1960 zur Erschließung weiterer Primärvorkommen in Tasmanien. Nach Ausweitung der Produktion wurde das Land 1970 in den Kreis der sieben Produzentenländer des Internationalen Zinnabkommens eingereiht. Erzträger in Südost- und Ostaustralien sind Biotitgranite und Quarzporphyre obersilurischen bis permischen Alters. Nahezu alle Lagerstättentypen sind vorhanden, im Abbau stehen dabei heute in Tasmanien vornehmlich Gangerze, in New South Wales und Queensland auch noch immer Seifen. Über größere Reserven verfügen die Lagerstätten Gibsonvale, Ardlethan-Area und Dominion-Tullabong in New South Wales sowie Renison, Luina, Mt. Lyell, Mt. Cleveland, Aberfoyle und Mt. Bischoff in Tasmanien.
Außerhalb der Provinz sind die Vorkommen Mt. Garnet und Irvinebank/Queensland

sowie Pilbara und Greenbushes in West-Australien bedeutsam.

F. Zentralafrikanische Provinzen: Hierzu gehören eine Zinnprovinz am Kivu-See mit Lagerstätten im östlichen Zaire (Kivu-Region), in Ruanda (Rwinkwavu, Rutongo, Kigali) und eine Zinnprovinz im südlichen Zaire (Shaba-Region: Manono-Kitotolo-Distrikt). Die Kassiteriterze treten in Verbindung mit Graniten des präkambrischen Kibara-Systems (Ruanda-Urundi-System) in Pegmatiten, Greisenzonen und hochthermalen Quarzgängen auf. Die albitreichen Pegmatite sind tiefgründig kaolinisiert, was zur Bildung von eluvialen Seifen führte, die gegenwärtig bevorzugt abgebaut werden.

G. Südafrikanische Provinzen: Im südlichen Afrika sind Zinnvererzungen aus der Bushveld-Region Südafrikas (Warmbath, Potgietersrus), aus Swasiland (Sinceni), aus der Namib-Wüste in Namibia/SWA (Brandberg West, Uis) und aus dem Wankie-Distrikt (Kamativi) in NW-Simbabwe bekannt, die an spätpräkambrische Granite gebunden sind, wobei pegmatitische Erztypen vorherrschen.

H. Nigerianische Provinz: Hier liegen die zinnführenden Granite in jungpräkambrischen Gesteinsserien: Als wichtiges Nebenprodukt der nigerianischen Zinnminen wird ein niobreicher Columbit gewonnen. Eine Fortsetzung im Air-Massiv/Niger ist festgestellt worden, ohne daß dort bislang nennenswerte Vorkommen entdeckt werden konnten. Die wichtigen Lagerstätten befinden sich in der nigerianischen Plateau-Provinz mit dem Jos-Distrikt und in Nordnigeria mit dem Kano-Distrikt und dem Zaria-Distrikt.

I. Europäische Provinzen: Die klassischen Zinnvorkommen Europas sind alle bei der Intrusion spätvariskischer Granite entstanden. Schon die Phönizier sollen Zinnerz aus den Küstenregionen von Cornwall ("Cassideriden") geholt haben. Seit dem 15. Jahrhundert wurden in Cornwall insgesamt 1,3 Mio. t Zinn und im Erzgebirge 200 000 t Zinn gewonnen, so daß diese ehemals bedeutsamen Lagerstättendistrikte jetzt nahezu ausgebeutet sind. In Europa lassen sich drei Zinnprovinzen voneinander trennen: Zum einen die *Kornisch-Bretannische Provinz* mit gegenwärtig drei produzierenden Gruben in Cornwall (South Crofty, Geevor, Wheal Jane, Mt.Wellington) und einer Mine in der Bretagne (Montbelleux); weiterhin die *Erzgebirgische Provinz* mit der Grube Altenberg in der DDR sowie den Minen Cinovéc (= Zinnwald) und Krasno in der CSSR. Schließlich noch die *Iberische Provinz* mit einer Anzahl kleiner Minen in Portugal (Panasqueira/Beira) und Nordostspanien (z.B. Lousame/Provinz Coruna, Serradilla/Provinz Caceres).

J. Brasilianische Provinzen: Die Zinnerze Brasiliens treten in zwei verschiedenen präkambrischen Struktureinheiten auf. Eine östliche umfaßt Gebiete der Küstenregion von Porto Alegre bis Salvador/Bahia, wobei die Mineralisationen jungpräkambrisch sind und hauptsächlich Lagerstätten in Minas Gerais wie São João de Rei, Rio de Montes, Aracuai im Abbau stehen. Seit etwa 1959 wurden daneben umfangreiche Seifen in der westlichen Provinz Rondonia erschlossen, deren ursprüngliche Primärvererzungen auf 1 Mrd. Jahre datiert (mittl. Präkambrium) wurden und dem Mato

Grosso-Goias-Block zuzuordnen sind. Derzeit produzieren in Rondonia insbesondere Minen südwestlich von Porto Velho (São Lourenco-Distrikt), im Jacunda-Distrikt bei Macangana und bei Candedias. Seit 1980 gewinnen auch die Mapuera Region (Rio Pitinga, Jacutinga) und die Rio Xingu Region (São Felix) an Bedeutung.

Ergänzend erwähnt werden sollen noch junge, an Rhyolithe gebundene Zinnerze in Mexiko (Zacatecas) und Japan (Akenobe).

3.3 Erzvorräte

Vorratsangaben stehen auch in bezug auf Zinnlagerstätten in Relation zu den Bauwürdigkeitsgrenzen und zum Untersuchungsgrad.

Die Bauwürdigkeitsgrenzen der Primärerze unterscheiden sich sehr wesentlich von denen der Seifen. Da eine Vielzahl von Indikatoren zur Ermittlung herangezogen werden muß, ist die Bauwürdigkeitsgrenze grundsätzlich projektbezogen. Daher können auch für die verschiedenen Erztypen nur folgende Intervallgrenzen angegeben werden. Die Bauwürdigkeitsgrenze für Gangerze lag 1985 zwischen 0,3 und 0,6 % Sn, für Imprägnations- und Greisenerze zwischen 0,2 und 0,5 % Sn, für Haldenerze zwischen $0,1 - 0,3$ % Sn und für Seifen zwischen 0,01 und 0,04 % Sn ($0,3 - 1,2$ lbs/yd^3 SnO_2).

Tabelle IV.29. Die Zinnvorräte der Welt (ohne Ostblock, in 1000 t Metallinhalt)

	Paley Report 1952	Robertson Report 1964	US Geological Survey 1973	US-Bureau of Mines 1984
Malaysia	1500	900	830	1200
Indonesien	1000	650	2360	1550
Thailand	800	1500	1217	1200
Burma	300	*	500	500
Zaire	500	190	195	200
Nigeria	250	110	276	280
Bolivien	500	514	985	980
Brasilien	*	*	600	400
Australien	*	83	188	350
Übrige westliche Welt	150	107	707	480
Gesamtvorräte	5000	4054	7858	7090

*) Vorräte bei den übrigen Ländern berücksichtigt.

Die Vorräte der VR China werden auf 1,5 Mio. t, die der Sowjetunion auf 1 Mio. t veranschlagt (USBM 1984).

In den meisten Zinnbergbaudistrikten nehmen die *durchschnittlichen Zinngehalte* des Fördererzes ständig ab. Ursache dafür ist neben der naturbedingten Verarmung auch eine Verringerung der Bauwürdigkeitsgrenze, was die Einbeziehung von ärmeren Erzen in die Planungsvorräte ermöglicht.

Bei der Berechnung der Erzvorräte wird zwar weltweit eine Einteilung in Kategorien nach dem Untersuchungsgrad vorgenommen (sichere, wahrscheinliche, mögliche, potentielle Vorräte), doch erst das US Geological Survey berücksichtigte 1973 eine solche Differenzierung, während vorher nur pauschale Angaben gemacht wurden (Tab. IV.29). Alle Bilanzierungen von Vorräten können nur den aktuellen Explorationsstand wiedergeben und sagen nichts über die tatsächlichen Ressourcen aus. Unter Berücksichtigung der Lagerstättengenese und der Ausdehnung der Zinnprovinzen kann aber der Versuch unternommen werden, die potentiellen Gesamtvorräte der Welt abzuschätzen. Dabei ergibt sich eine Größenordnung von 25 bis 30 Mio. t Zinninhalt *(Gocht, 1969)* oder 37 Mio. t *(US Geol. Surv., 1973)*.

3.4 Technische Gewinnung des Metalls

3.4.1 Abbau und Aufbereitung

Grundsätzliche Unterschiede bestehen auch bei Abbau und Aufbereitung zwischen Seifen und Primärerzen. Die Methoden zur Gewinnung von verhüttungsfähigen Kassiteritkonzentraten aus den derzeit noch bevorzugt abgebauten *Seifen* sind besonders vielseitig. Die gebräuchlichsten Verfahren lassen sich jedoch in vier Gruppen zusammenfassen:

a) *Handwäsche* mit Waschpfannen (Batea) oder Setzkästen. Etwa 6,5 % aller Seifenkonzentrate der westlichen Welt werden noch immer auf diese primitive Art produziert, von 80 - 100 000 "Dulang-Wäschern", "Tributers", "Garimpeiros" oder "Pirquinieros" in Südostasien, Afrika, Brasilien und Bolivien.

b) *Abspülen* des Roherzes mit Hilfe von Wasserkanonen (Monitore), die hydraulisch oder durch Pumpen betrieben werden und einen Wasserdruck von 5 - 10 atü erreichen. Danach Förderung des gelösten Erzes — häufig mit Kiespumpen — auf Setzrinnen (sluices), bei vorheriger Absiebung gröberer Berge. In den Rinnen mit einer Neigung von etwa 3 - 6° und einer Länge von 50 - 80 m, die in Südostasien früher auf ein Bambusgerüst (Palong) montiert waren, setzen sich gravitativ die schweren Erzteilchen ab, und es entsteht ein Vorkonzentrat mit 20 - 40 % Zinngehalt. Eine modernere Form der Schwerkraftkonzentration geschieht mit Setzmaschinen (jigs, Typen: Harz, Pan American, Yuba und neuerdings Cleveland). Mitunter kann in Kiespumpenbetrieben eine Kombination von Setzrinnen und Setzmaschinen angetroffen werden, wobei letztere dann vor allem zur Gewinnung des feinkörnigen Kassiterits dienen. Nachreinigung erfolgt nach einer Klassierung manuell in kurzen Rinnen (lanchutes) oder auf Herden mit anschließender Trocknung und Magnetscheidung. So entsteht ein verkaufsfähiges Konzen-

trat mit 70 - 74 % Sn. Spiralscheider und Conusscheider befinden sich erst in der
Erprobung.

c) *Trockener Abbau* von Seifen in kleineren und mittleren Tagebauen mit Bull-
    dozer, Lader (Löffelbagger, Radlader) und LKW-Transport zur Aufbereitung,
    die wieder aus Rinnenwäschen oder Setzmaschinen oder einer Kombination aus
    beiden bestehen kann.

d) In größeren Minen erfolgt der Erzabbau durch Hydraulik-*Bagger* oder bei ver-
    festigten Seifen bzw. bei Verwitterungserzen auch durch *Schießen und Laden*.
    Der Roherztransport geschieht mit LKW oder auf Bändern. Die Aufbereitungs-
    stammbäume gliedern sich dann grundsätzlich in eine *Erzvorbereitung* (Zerklei-
    nerung, Tondispergierung u.a.), eine Sieberei, eine Wäsche oder Sortierung
    (Grobkorn- und Feinkornkonzentration) und eine *Nachaufbereitung*, wobei in-
    nerhalb der Abschnitte verschiedene Alternativen im Einsatz sind.
    Nach der Klassierung durch Siebe erfolgt eine Dichtesortierung in Naß-Setzma-
    schinen (jigs). Die Hauptsetzwäsche geschieht dabei häufig auf "Rougher"-Ma-
    schinen, denen normalerweise Zyklone vorgeschaltet sind, eine Kontrollsetz-
    wäsche in Cleaner-Maschinen, auf die der Unterlauf der "Rougher"-Setzmaschi-
    nen aufgegeben wird. Weitere Anreicherung kann auf Herden erzielt werden. Die
    Nachaufbereitung schließlich besteht aus Nachwäsche und aus Magnetscheidung,
    bei der insbesondere Ilmenit, Hämatit und Columbit abgetrennt werden. Das
    Ausbringen kann bis 90 % betragen.

e) Alluviale Seifen in rezenten Flußtälern und marine Seifen in Küstengebieten kön-
    nen mit *Schwimmbaggern* (dredges) gewonnen werden. Ende 1907 begann im
    Hafen von Tongkah vor der südthailändischen Insel Phuket der erste Versuch,
    mit Hilfe von Eimerkettenbaggern kassiterithaltige Sande zu fördern. Vor allem
    am Ende der zwanziger Jahre stieg die Zahl der Schwimmbagger sprunghaft an
    und nach 1950 tendierte die Entwicklung zum Bau immer größerer Einheiten,
    sowohl für den Einsatz auf dem Land als auch vor den Küsten. Vornehmlich
    werden Eimerkettenbagger betrieben, vereinzelt auch Saugbagger. In jedem
    Schwimmbagger ist gleichzeitig die Aufbereitungsanlage untergebracht. Der Ver-
    fahrensstammbaum gliedert sich auch hier in Sieben, wobei das Erz durch einen
    Wasserstrahl aus den Baggereimern in ein Drehsieb entleert wird, in die Wäsche,
    die in Setzmaschinen und mitunter anschließend noch in nahegelegenen Anlagen
    auf Herden vorgenommen wird sowie die Nachaufbereitung mit Magnetschei-
    dern. 1984 arbeiteten in Malaysia 31 Schwimmbagger-Einheiten, in Indonesien
    27, davon 17 offshore und in Thailand 20, davon 8 offshore. Auch in Austra-
    lien sind 2 mittlere Schwimmbagger tätig und in Burma 1 Offshore-Schwimm-
    bagger seit 1981. Erwähnenswert sind noch kleinere bis mittlere Saugboote, die
    vor der Küste von SW-Thailand marine Seifen abbauen. Ihre Zahl ist von fast
    3000 auf 600 zurückgegangen, da inzwischen größere Einheiten gebaut werden.
    Die Saugboote haben kurze Setzrinnen oder lokal gefertige Setzmaschinen an
    Bord und können nur 7 Monate im Jahr (außerhalb der Monsunzeit) arbeiten.

Bergbau auf Primärerze wird meist untertage betrieben. Bei Gangerzen herrscht stoßartige Bauweise vor, vielfach Firstenstoßbau mit oder ohne Bergeversatz. Für stock-

werksförmige Lagerstätten oder Imprägnationskörper eignet sich auch blockartiger oder kammerartiger Abbau. In Bolivien kann in kleinen Minen ein gefahrvoller Stollenbergbau mit vernachlässigtem Ausbau angetroffen werden. "Pirquinieros" oder "Cooperativistas" beuten auf diese Weise unsystematisch Sichtreserven aus.

Die *Aufbereitung der Primärerze* ist wegen der komplexen Verunreinigungen betriebsspezifisch. Sulfidische Beimengungen werden normalerweise durch Flotation von Kassiterit getrennt, der danach in Setzmaschinen und auf Herden konzentriert wird. In Potosi/Bolivien wurde 1972 damit begonnen, aus geringhaltigen Vorkonzentraten (5 - 10 % Sn) durch Volatilisation (Erzeugung von Oxidstäuben durch Verflüchtigung in Kurztrommelöfen) Konzentrate mit 50 - 60 % Sn zu erzeugen. Besonderer Vorteil dieses Verfahrens ist ein wesentlich höheres Ausbringen gegenüber den herkömmlichen Aufbereitungen in Bolivien, die Verluste von mehr als 50 % aufweisen. Eine Gewinnung von sehr feinkörnigem Kassiterit durch Flotation ist erst vereinzelt im Einsatz (Australien).

3.4.2 Verhüttung und Raffination

Aus Seifenlagerstätten werden sehr reine, hochprozentige Konzentrate gewonnen, während Primärlagerstätten verunreinigte, niedrigprozentige Konzentrate liefern.

Zur *Reinigung* von Kassiteritkonzentraten vor der Verhüttung bedient man sich der *Röstung* oder manchmal auch der *Laugung*. Durch Oxidationsröstung läßt sich Schwefel und Arsen, bei nachfolgender Magnetscheidung auch Eisen entfernen. Bei einem Laugungsprozeß mit Salzsäure wird Kassiterit gereinigt.

Der eigentliche *Verhüttungsvorgang* besteht aus einer thermischen Reduktion des Kassiterits mittels Kohlenstoff zu metallischem Zinn. Schwierigkeiten macht die Schlackenbildung, da bei der Schmelzarbeit Stannosilikate entstehen, so daß der Zinngehalt primärer Schlacken 10 - 25 % betragen kann. Die traditionelle Schlackenarbeit besteht dann in mehrfacher Nachbehandlung mit Kohle und Eisenschrott (auch Weißblechabfälle); in der neuen Hütte in Vinto/Bolivien wurde aber erstmals das Schlackenverblasen mit Erfolg in die Zinnmetallurgie eingeführt.

Die *Charge* zur Beschickung der Schmelzöfen setzt sich zusammen aus reinen Kassiteritkonzentraten oder dem Röstgut, Zwischenprodukten, wie Zinnstaub, Reichschlacke und Mischzinn, Kalkstein, Holzkohle oder Koks und mitunter zur Regulierung der Schlackenbildung Flußspat oder Soda.

Normalerweise geschieht die Schmelzarbeit heute in *Flammöfen*, die aus den niedrigen Schachtöfen des Mittelalters entwickelt wurden. Kleinere Flammöfen haben eine Kapazität von etwa 20 t Charge pro Tag, größere Flammöfen von rund 50 t/Tag. Bei Schmelztemperaturen um 1300°C dauert der Schmelzvorgang 10 bis 12 Stunden.

In modernen Hütten sind auch Drehrohröfen (z.B. in Mentok/Indonesien) oder elektrische Öfen (z.B. in Phuket/Thailand) installiert worden, allerdings ohne durchschlagenden Erfolg. Kurze Drehrohröfen mit kontinuierlichem Schmelzvorgang haben sich dagegen in Hütten mit kleinere Kapazitäten (2 - 4000 t/Jahr) bewährt. Anfang der achtziger Jahre wurde der "Sirosmelt"-Prozeß in Australien entwickelt, ebenfalls ein kontinuierlicher Prozeß, der geringere Kosten verursachen und höhere Ausbringungen aus Zinnkonzentraten erreichen soll.

Das Rohzinn ("schwarzes Zinn") enthält bis 3 % Verunreinigungen und muß deshalb einer Raffination unterzogen werden. Bei der Verhüttung sehr reiner Konzentrate aus Seifenlagerstätten genügt ein Umschmelzen mit Polen, um Reinzinn mit 99,8 % Sn zu erzielen. Hütten, die Primärerze verarbeiten, müssen dagegen eine thermische Raffination, eine elektrolytische Raffination oder beides durchführen.

Bei der *thermischen Raffination* (Seigern) wird in erster Linie der Eisengehalt (ca. 2 %) entfernt, indem das Rohzinn in Kesseln abgekühlt wird, wobei eisenreiche Mischkristalle auf der Schmelze erstarren und abgeschöpft werden. Eine *elektrolytische Raffination* beseitigt die restlichen Gehalte an Arsen, Antimon, Wismut, Kupfer und Blei, indem z.B. in einem kresolsulfonhaltigen, schwefelsauren Elektrolyten eine Anode aus Rohzinn resp. thermisch raffiniertem Zinn aufgelöst wird und sich ein 99,9 % reines Zinn ("Elektrolytzinn") an der Kathode absetzt.

Abschließend wird das Rohzinn in Barren gegossen und mit der Hüttenmarke ("brand") versehen (vgl. Kap. IV.3.10.3).

Eine Reihe von Zinnhütten, meist Legierungshütten, in Industrieländern haben sich auch auf die Rückgewinnung von Zinn aus Zwischen- und Abfallprodukten speziali-

Tabelle IV.30. Rückgewinnung von Zinn aus Alt- und Abfallmaterial im Jahre 1982 als Metall und in Umschmelzlegierungen (in t)

	Legierungen	Reinzinn
USA	12 400	1 641
Bundesrepublik Deutschland	1 100	1 251*
Großbritannien	4 000	5 419
Belgien	2 000	240
Portugal	500	452
Niederlande	200	180
Norwegen	100	60
Australien	500	455
Übrige	10 900	867
Insgesamt	31 700	10 565

*) 1981.

Quelle: Metallgesellschaft AG, Frankfurt/M. 1983; ITC: Statistical Bulletin, London, Oktober 1983.

siert. Als Rohstoffe dienen Abfälle von Weichloten, Lagerweißmetallen, Bronzen und verzinnten Werkstoffen, während eine Entzinnung von Weißblech wegen der neuerdings sehr dünnen Zinnauflage (0,00038 - 0,00154 mm) selten rentabel ist. Die Rückgewinnung von Zinn aus Schrottmaterial, meist in Form von Umschmelzlegierungen, belief sich in den letzten Jahren auf etwa 42 000 t/Jahr (vgl. Tab. IV.30) und erreichte damit etwa ein Viertel der Bergwerksproduktion (ohne Ostblock).

3.5 Standorte der Zinnhütten und ihre Kapazitäten

Die metallurgische Gewinnung von Zinn in primitiven Schachtöfen wird in Südostasien und Europa seit vielen Jahrhunderten betrieben. Auch nach der weitgehenden Erschöpfung der Lagerstätten in Cornwall und im Erzgebirge wurde in Westeuropa die Verhüttung von Kassiteritkonzentraten aufgrund der technologischen Erfahrungen fortgesetzt. Rohstofflieferanten waren in der ersten Hälfte des Jahrhunderts für Hütten in Großbritannien, den Niederlanden und Belgien die entsprechenden Kolonialgebiete.

Ein Prozeß der Standortverlagerung begann 1962 mit der Inbetriebnahme einer neuen Hütte in Nigeria. Seitdem wurden in allen wichtigen Zinnbergbaugebieten moderne Verhüttungsanlagen gebaut, so daß die Produktion von Feinzinn nun weitgehend in den Rohstoffländern vorgenommen wird. Traditionsreiche Hütten in Industrieländern wurden geschlossen (Kirkby/Großbritannien, Hoboken/Belgien, Duisburg-Wanheim/ Deutschland) oder mußten ihre Kapazitäten stark verringern (Texas City/USA, North Ferriby/GB). Dennoch sind noch immer Überkapazitäten vorhanden, wie aus Tabelle IV.31 hervorgeht (Hüttenkapazitäten 295 000 t/Jahr, Weltproduktion 1983: 203 700 t, einschließlich Ostblock).

Tabelle IV.31. Standorte und Kapazitäten bedeutsamer Zinnhütten 1983

Land	Standort	Eigentümer	Kapazität (t Feinzinn/ Jahr
Produzentenländer:			
Malaysia	Butterworth	Malaysia Smelting Corp.	45 000
	Penang	Datuk Keramat Smelting	30 000
Indonesien	Mentok/Bangka	Peleburan Timah	38 000
Thailand	Phuket	THAISARCO (Billiton)	38 000
	Phatum Thani	Thai Pioneer (1984 geschlossen)	3 600
	Phuket	Thai Present (für 1985 geplant)	3 600
	Bangkok	Thai Tin Smelter Co.	1 800
VR China	Kochiu/Yunnan	Yunnan Tin Corp. (staatl.)	25 000
	Liuchow/Guangxi	staatlich	2 000
	Kwangchow/Guangdong	staatlich	1 000
	Ping Gui/Guangxi	staatlich	1 000

Tabelle IV.31. Fortsetzung

Land	Standort	Eigentümer	Kapazität (t Feinzinn/ Jahr)
Singapur	Jurong	Kimetal	6 000
Burma	Syriam	Myanma Oil Corp. (staatl.)	1 000
Bolivien	Vinto I	ENAF (staatl.)	20 000
	Vinto II (Baja Ley)	ENAF (staatl.)	10 000
	Oruro	Funestano	5 000
	La Paz	Hormet	1 000
Brasilien	Volta Redonda	Brascan	12 000
	São Paulo	Mamoré	12 000
	Manaus	Industrial Amazon.	4 800
	São Joao del Rei	Industrial Fuminense	1 200
	São Paulo	BEST	1 200
Mexiko	San Luis Potosi	Metales Potosi	2 900
	Tlalnepantla	Estano Electro	1 300
	San Luis Potosi	Fundidora de Estano	1 200
Argentinien	Palpala/Jujuy	Estansa	1 500
Australien	Alexandria/Sydney	Assoc. Tin Smelters	7 400
	Greenbushes	Greenbushes Tin	1 200
Nigeria	Jos	Makeri Smelting	13 500
Zaire	Manono/Shaba	Zairétain (staatl.)	7 000
Ruanda	Kururuma/Kigali	SOMIRWA	2 000 (4 000)
Simbabwe	Bulawayo	Kamativi Tin Mines	1 800
Südafrika	Rooiberg	Rooiberg Tin	2 000
	Potgietersrus	Zaaiplaats Tin Mining	1 000
	Vanderbijlpark	ISCOR	1 000
Verbraucherländer:			
USA	Texas City	Tex Tin Corp.	8 000
Großbritannien	North Ferriby	Capper Pass	15 000
Niederlande	Arnhem	Billiton	4 000
Spanien	Villagarcia	MENSA	7 000
	Medina del Campo	Ferroaleaciones Esp.	4 300
	Villaralbo	Agueda	1 500
	Madrid	Min. Met. Estano	1 000
Japan	Naoshima, Ikuno	Mitsubishi Metal	3 300
Korea	Seoul	Kimetal	3 000
	Changhang	Korea Mining & Smelting	1 200
UdSSR	Novosibirsk	staatlich	ca. 25 000
	Ryazan	staatlich	ca. 2 000
	Podolsk	staatlich	ca. 2 000
DDR	Freiberg	Hüttenkomb. A. Funk	1 500

Quellen: International Tin Council; – Tin International, März 1985.

3.6 Verwendungsbereiche

Die zahlreichen Verwendungsarten können in folgende Bereiche gegliedert werden:
a) Verzinnungen, insbesondere Herstellung von Weißblech,
b) Legierungen,
c) Chemikalien,
d) Verarbeitung von metallischem Zinn zu Zinnwaren.

Über die Bedeutung der einzelnen Verwendungsbereiche in den wichtigsten Verbraucherländern gibt Tabelle IV.32 Auskunft, wobei allerdings der hohe Anteil für "andere Zwecke" darauf zurückzuführen ist, daß die statistischen Erhebungen unvollständig sind.

Tabelle IV.32. Prozentanteile der Verwendungsbereiche von Zinn 1971 und 1983

	USA		Japan		Bundesrepublik Deutschland	
	1971	1983	1971	1983	1971	1983
Weißblech	45,0	27,2	46,8	33,0	31,8	21,1
Weichlot	22,7	29,4	30,4	38,7	15,6	15,1
Lagerweißmetalle	5,5	7,5	3,8	1,5	2,6	1,8
Bronzen und Messing	4,6	4,1	7,5	–	1,7	1,1
Verzinnungen	2,9	5,1	1,9	–	6,5	2,4
Andere Zwecke	15,7	26,7	9,6	26,8	41,8	58,5

Quelle: International Tin Council, Statistical Bulletin.

Generell kann aber angesagt werden, daß der Zinnverbrauch für Weißblech rückläufig ist, für Weichlote dagegen tendenziell steigt und für Chemikalien schon etwa 10 % des Gesamtverbrauches verwendet werden.

3.6.1 Verzinnungen

Reines Zinn wird als Überzug für andere Metalle zum Korrosionsschutz verwendet. Erste Anfänge gehen fast bis ins 14. Jahrhundert zurück, als im Erzgebirge Schmiedeeisenbleche in flüssiges Zinn getaucht wurden, um das Rosten zu verhindern. Hieraus entwickelte sich die Herstellung von *Weißblech*, dessen hauptsächliches Einsatzgebiet auf dem Verpackungssektor liegt, da 90 % der Weißblechprodukte zur Konservierung von Nahrungsmitteln dienen.

Die Technik der Weißblecherzeugung konnte ständig verbessert und verbilligt werden. Entscheidend dafür war die Erfindung der *elektrolytischen Verzinnung* im Jahre 1937 durch die U.S. Steel Corp. Seitdem ist die herkömmliche Feuerverzinnung

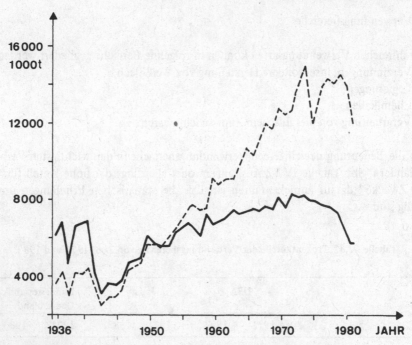

Abbildung IV.7. Produktion von Weißblech und dafür verbrauchtes Feinzinn

schrittweise abgelöst worden. Inzwischen ist die entsprechende Umstellung nahezu abgeschlossen. Besonderes Merkmal der elektrolytischen Verzinnung ist die Verringerung des spezifischen Zinnverbrauches, denn die Auflage auf den etwa 0,25 mm dicken Feinblechen beträgt nur noch 0,00038 - 0,00154 mm (= 5,6 - 22,4 g/m²) statt 0,00154 - 0,00309 mm (= 22,4 - 45 g/m²) bei der Feuerverzinnung. Durch diese Entwicklung ging das Gewichtsverhältnis von Zinn zu Weißblech stetig zurück. 1950 enthielt 1 t Weißblech 15 kg Feinzinn, 1960 noch 10 kg, 1970 noch 6,5 kg und 1980 nur noch 5,5 kg. Einzelheiten der Entwicklung der Weißblechproduktion in Relation zum Zinnverbrauch sind aus Abbildung IV.7 ersichtlich. Um die Wettbewerbsfähigkeit von Weißblech zu erhalten, wird ständig an Qualitätsverbesserungen gearbeitet. Dabei konzentrieren sich die Forschungen auf chemische Wechselwirkungen von Behälter und Füllgut, auf die Oberflächenbehandlung der Bleche und auf Verbesserung der Lötbarkeit, wobei auch an die Entwicklung nahtloser Dosen durch Abstrecktiefziehen gedacht ist. Technologische Fortschritte in der Dosenherstellung (fliegende Scoll-Schere, jet-Löten [Conowald-Verfahren], doppelt reduzierte Weißbleche, feste Sprühdosen für Aerosole) verbesserten die Wirtschaftlichkeit.

Die Anteile des Zinnverbrauches für Weißblech sind langsam aber stetig zurückgegangen, bis 1983 auf 35 % des Gesamtverbrauches. Die Weißblechproduktion ist ohnehin seit 1979 rückläufig und betrug 1983 nur noch 11,2 Mio. t, wobei die Produktionskapazitäten nur zu etwa 60 % ausgenutzt werden konnten. Die größten Kapazitäten sind in den USA vorhanden (5,72 Mio. t/Jahr), gefolgt von Japan (2,24

Mio. t/Jahr), Großbritannien (1,54 Mio. t/Jahr) und der Bundesrepublik Deutschland (1,5 Mio. t/Jahr).

Andere Verzinnungen werden noch immer nach der Methode der *Feuerverzinnung* hergestellt. Ein Zinnüberzug von 4 - 25 μm bietet Korrosionsschutz für Gegenstände aus Stahl, Gußeisen, Kupfer, Messing, Bronze oder Nickel, wobei auch hier die Oberflächenvorbereitung (Entfetten, Beizen, Erhöhung der Benetzbarkeit) sehr wichtig ist. Verzinnt werden beispielsweise Zylinderblöcke, Kolbenringe und Kupplungsplatten aus Gußeisen, Kupfer- und Stahldraht, Röhren von Kühlaggregaten.

3.6.2 Legierungen

Die gebräuchlichsten zinnhaltigen Legierungen sind Zinn-Blei-Legierungen und Zinn-Kupfer-Legierungen, doch neuerdings erweitert sich das Angebot ständig, etwa um Zinn-Antimon-Legierungen oder Zinn-Aluminium-Legierungen.

Etwa 30 % der Zinnproduktion wird zu *Weichloten* verarbeitet, denn die Legierungen aus Zinn und Blei mit geringen Mengen Antimon (ca. 0,5 %), gelten noch immer als bestes und preiswertestes Lötmaterial. Die niedrige Gebrauchstemperatur ist speziell für das Löten elektrischer Anschlüsse, Kühler, Dosen und Behälter geeignet (vgl. Tab. IV.33). In allen drei Hauptanwendungsgebieten, Anfertigung gedruckter Schaltungen in der elektronischen Industrie, Löten von Weißblechdosen sowie Herstellung von Autokühlern, haben sich Massenlötungen durchgesetzt (bis 300 Lötstellen pro Sekunde). Die Verwendung sehr reinen Zinns für Weichlote ist Voraussetzung für die Haltbarkeit der Lötstellen.

Tabelle IV.33. Gebräuchliche Weichlote

Zusammensetzung	Schmelzbereich °C	Anwendungsgebiete
Sn 60 Pb 40	183 - 188	Elektronik, Instrumente
Pb 50 Sn 50	183 - 212	Bleche, Installationen
Pb 60 Sn 40	183 - 234	Maschinenbau, Kapillarlötungen
Pb 70 Sn 30	183 - 255	Autokühler, Klempnerlot
Pb 98 Sn 2	315 - 322	Weißblechdosen, Außennähte
Sn 80 Zn 20	200 - 265	Löten von Aluminium

Quelle: Z. Zinn und seine Verwendung, 90, Düsseldorf 1971.

Die Weichlote wurden jahrzehntelang in größeren Mengen zur Glättung von Schweißnähten im Automobilkarosseriebau verwendet. Seitdem die Autokarosserien immer mehr aus einem Stück gepreßt werden, nimmt die Bedeutung dieses Verwendungsbereiches ab.

Zinn-Blei-Legierungen werden auch als Metallüberzüge benutzt, etwa zur Herstellung von Mattweißblech ("terneplate"), das zum Dachdecken oder zur Herstellung von Benzintanks und Ölwannen dient.

Seit dem Altertum wird dem Kupfer zum Härten Zinn zugesetzt. Die Bronzen enthalten heute meist 6 % Zinn und werden weniger zur Herstellung von Waffen ("Geschützbronze") als für Drähte, Sprungfedern, Bierleitungen, Ventile oder auch Münzen (mit 10 % Sn) und Glocken (mit 20 - 25 % Sn) benötigt.

Eine vielseitige Verwendung haben Lagerweißmetalle gefunden, die vornehmlich Zinn-Kupfer-Antimon-Legierungen sind. Diese Werkstoffe werden in der Automobilindustrie, im Schiffs- und Kranbau und in Werkzeugmaschinenfabriken verarbeitet.

Geringe Mengen Zinn (ca. 0,1 %) werden dem Gußeisen und Gußstahl zulegiert, um das Gießverhalten und die Verschleißfestigkeit zu verbessern. Komplizierte Werkstücke, wie Motorblöcke oder Kurbelgehäuse, werden aus zinnlegiertem Gußeisen gefertigt. Auch als Zusatz zu Eisenpulver zur Verbesserung des Sinterverhaltens kann Zinn eingesetzt werden.

3.6.3 Zinnverbindungen

Zinnoxid wird schon lange für weiße Glasuren und Emaillen verwendet, als "Zinnasche" auch als Reinigungsmittel. Zinntetrachlorid dient zum Beschweren von Kunstseide, Zinnhexachlorid ("Pinksalz") als Beizmittel in Färbereien. Erfolge konnten auch bei Versuchen erzielt werden, Zinnverbindungen (z.B. Zinn-Vanadium-Oxid) als Katalysator zur Oxidation von Kohlenmonoxid im Rahmen der Abgasentgiftungen einzusetzen.

Ein modernes Verwendungsgebiet für Zinn stellt die *Organozinnchemie* dar. Dabei werden vor allem die toxischen und katalytischen Eigenschaften von Organozinnverbindungen (OZV) genutzt. Verschiedene biozide Tributylzinnverbindungen sind als Desinfektionsmittel ("Indicin"), als Holzschutzmittel oder als Schutzfarben für Schiffe im Handel. Auch Schädlingsbekämpfungsmittel (Pestizide), wie Brestan oder Plietran, werden aus Organozinnverbindungen hergestellt. Im Hinblick auf den Umweltschutz ist bemerkenswert, daß sich OZV im Boden nicht anreichern und relativ schnell zu nicht-toxischen Verbindungen abgebaut werden.

Gut bewährt haben sich auch Verbindungen, wie Dibutylzinndilaurat oder Zinn (II)-octoat als Katalysatoren bei der Erzeugung von Massenkunststoffen oder Silikonen, ebenso wie Alkylderivate als Stabilisatoren beim Aufbau von organischen Großmolekülen (PVC).

3.6.4 Zinnwaren

Zinnwaren ("pewter") kommen wieder in Mode, wobei nicht wie früher manchmal

Tabelle IV.34. Verbrauch von Feinzinn in den wichtigsten Industriestaaten

	1953 (long tons)	1962 (long tons)	1983 (t)
USA	53 959	54 602	34 301
Kanada	3 968	4 507	3 907
Übriges Amerika	4 510	5 640	9 432
Großbritannien	18 405	21 439	5 943
Bundesrepublik Deutschland	5 814	11 623	13 792
Frankreich	8 000	11 200	7 564
Italien	2 800	5 413	4 500
Übriges Europa	12 600	13 540	29 971
Japan	5 000	13 818	30 394
Indien	3 700	4 500	2 218
Übriges Asien	2 100	4 180	9 958
Südafrika	1 400	1 474	1 563
Übriges Afrika	1 100	1 330	1 527
Australien/Ozeanien	2 600	4 800	2 670
Westliche Welt	126 000	158 000	154 700
Ostblock*	20 000	50 000	59 100
Welt insgesamt	146 000	208 000	213 800

*) Schätzungen der Metallgesellschaft AG, Frankfurt/Main.

Quelle: ITC, Statistical Bulletin, London.

üblich Blei, sondern etwas Antimon (bis 7 %) oder Kupfer (bis 2 %) zulegiert werden. In Deutschland müssen Zinnwaren mindestens 90 % Sn enthalten (DIN 1704). Faltbare Tuben für pharmazeutische oder kosmetische Erzeugnisse bestehen auch heute noch teilweise aus Stanniol, dem zur Folie ausgewalzten Feinzinn. Der Aufschwung in der Pulvermetallurgie schließlich hat neue Anwendungsmöglichkeiten für Zinnpulver gebracht. Über die Entwicklung des Welt-Zinnverbrauchs informiert Tabelle IV.34.

3.7 Entwicklung des Bedarfs

3.7.1 Substitutionsmöglichkeiten

Die Substitution von Zinn geschieht auf drei Arten:
– Ersatz durch anderes Material,
– Ersatz von Produktfunktionen,
– Materialeinsparung durch Verringerung des spezifischen Einsatzes von Zinn oder durch Verkleinerung des Produktes.

Der wichtigste Verbrauchssektor für Zinn, die Weißblecherzeugung, war bisher dem größten Konkurrenzdruck von Substitutionsgütern ausgesetzt. Die Konservenindustrie verwendet in zunehmendem Maße Aluminium, Kunststoffe, Glas oder auch zinnfreie Stähle ("Schwarzblech", Stahl mit sehr dünner Chromauflage) als Verpackungsmaterial. Außerdem wirken sich die Fortschritte der Tiefkühltechnik aus. Besonders bei Getränken haben Dosen aus Aluminium oder zinnfreiem Stahl einen beachtlichen Marktanteil erobert. In Farbe, Konsistenz und Geschmacksbeeinträchtigung ist die Weißblechdose jedoch den Substituten noch überlegen. Die Produktion von Weißblech ist schon seit 1968 rückläufig, in Westeuropa und Japan erst seit Ende der sechziger Jahre. Ein rascherer weltweiter Rückgang wird lediglich vom Nachholbedarf der Entwicklungsländer, insbesondere der Schwellenländer, verhindert, denn der Pro-Kopf-Verbrauch von Weißblech liegt in den USA bei 15 kg, in der Bundesrepublik Deutschland bei 10 kg, in Japan bei 8,5 kg, in Brasilien bei 5 kg, in Kenia, Indonesien und Syrien bei 1 kg und in Indien bei nur 0,4 kg.

Der Bedarf an Lötzinn in der elektronischen Industrie dürfte kontinuierlich steigen, da bisher kein zuverlässigeres Weichlot entwickelt werden konnte. Anders sieht es beim Löten von Weißblechdosen aus, denn die nahtlose Dose wird bereits produziert. Auch der künftige Verbrauch in der Autoindustrie ist nicht gesichert. Hier werden jetzt in verstärktem Maße zinnreiche Lote durch zinnarme, bleireiche Lote ersetzt. Mitte der sechziger Jahre wurden die ersten Aluminiumkühler gebaut. Auch für das Glätten von Schweißnähten der Autokarosserie wird immer weniger Lötzinn benötigt, da die Karosserien aus einem Stück gepreßt werden.

Eine Reihe von anderen Zinnlegierungen — wie einige Bronzen — besitzen hohe Verwendungspräferenz wegen spezifischer Eigenschaften zur Herstellung von bestimmten Werkstoffen. Den Beimengungen von Zinn zu Gußeisen wird ein weiterer Bedarfszuwachs prognostiziert. Derzeit beträgt der Zinnverbrauch auf diesem Verwendungssektor zwischen 1000 und 2000 t pro Jahr.

Die Organozinnchemie begann vor 15 Jahren mit der Eroberung des Marktes und konnte trotz geringen spezifischen Verbrauches einen Anteil von mehr als 5 % erreichen. Allerdings gibt es sogar auf diesem Sektor schon Materialeinsparungen, denn der Anteil von Organozinnstabilisatoren von PVC konnte um 50 % reduziert werden.

3.7.2 Bedarfsprognose

Während in den sechziger Jahren der Zinnverbrauch nur um etwa 1 % pro Jahr anstieg, in den sechziger Jahren stagnierte (etwa 185 000 t/Jahr), war von 1980 - 1983 eine rückläufige Tendenz erkennbar. Damit werden alle Prognosen hinfällig, die von kontinuierlichen Zuwachsraten bis zum Jahre 2000 ausgegangen sind. Nur ein deutlicher, weltweiter Aufschwung der Konjunktur kann eine Wende bringen. 1984 ließen sich zumindest Anzeichen für einen Stop des Verbrauchsrückganges erkennen.

3.7.3 Institutionen zur Verbrauchsförderung

Im Jahre 1932 wurde der *International Tin Research Council* gegründet, der von Malaysia, Indonesien, Thailand, Nigeria und Zaire finanziert wird (etwa 2 Mio. US-$/a), um wissenschaftlich-technische Forschungsarbeiten über die Verwendungsmöglichkeiten von Zinn, seinen Legierungen und seinen Verbindungen zu leisten. Ausführende Forschungseinrichtung ist das "International Tin Research Insitute" in Greenford bei London, wo gut eingerichtete Laboratorien zur Verfügung stehen. Außenstellen bestehen in Düsseldorf, Den Haag, Brüssel, Mailand, Columbus/Ohio, Tokio, Rio de Janeiro und Sydney.

Marktpflege auf dem Gebiet der Weißblechverwendung betreibt das *European Committee for Tinplate Promotion*, in dem Vertreter aus der Bundesrepublik Deutschland, Großbritannien, Frankreich, Italien, Belgien und den Niederlanden arbeiten.

3.8 Marktstruktur und Marktform

Eine Analyse der morphologischen Struktur des Weltzinnmarktes muß die Marktanteile der wichtigsten Anbieter und Nachfrager erfassen. Unter Zinnmarkt soll hier die Gesamtheit der ökonomischen Beziehung zwischen Verkäufern und Käufern von Zinnmetall verstanden werden. Als wesentliche Marktteilnehmer kommen deshalb die Zinnhütten auf der Angebotsseite und die Reinzinnverarbeiter auf der Nachfrageseite in Betracht. Allerdings soll nicht verkannt werden, daß es maßgebende Einflüsse des Zinnbergbaus auf der Angebotsseite gibt, weil vom Bergbau die Angebotsmengen mitbestimmt werden. Auf die strukturellen Beziehungen zwischen dem Bergbau und den Hütten wird deshalb bei der Analyse des Angebotes hingewiesen.

3.8.1 Angebotsseite

In den siebziger Jahren hat sich auf dem Zinnhüttensektor ein Strukturwandel vollzogen. Durch den Ausbau von Hüttenanlagen in Produzentenländern (Bolivien, Brasilien, Ruanda, Burma, Singapur), durch die Schließung von Hütten in Westeuropa (Großbritannien, Belgien, Bundesrepublik Deutschland) und durch Änderung der Besitzverhältnisse hat sich die Struktur der Angebotsseite verändert.

1972 entfielen auf die Consolidated Tin Smelters Ltd. (CTS) in London etwa 40 % der Hüttenproduktion an Feinzinn. Die CTS war 1929 durch einen Integrationsprozeß in der damaligen Zinnindustrie hervorgegangen, indem der bolivianische "Zinnkönig" Patiño verschiedene Hüttengesellschaften in Großbritannien, Malaysia und den Niederlanden ganz oder teilweise erwarb. Verflochten war übrigens die CTS auch mit dem Zinnbergbau, einerseits durch Patiños Minenbesitz in Bolivien, aber auch durch eine Minderheitsbeteiligung an der 1925 entstandenen London Tin Corporation mit Bergbaubesitz in Malaysia und Nigeria.

1972 gehörten zur CTS die großen Zinnhütten der Sharikat Eastern Smelting Bhd. in Penang/Malaysia, der Williams, Harvey & Co. Ltd. in Kirkby/Großbritannien, der Makeri Smelting Co. in Jos/Nigeria und Anteile an der Associated Tin Smelters Ltd. in Alexandria/Australien. Vier weitere, mittelgroße Anbieter schwächten allerdings die exponierte, monopolartige Marktstellung der CTS ab. Es waren dies damals die Straits Trading Co. in Butterworth/Malaysia mit gut 15 % Marktanteil bei Feinzinn, die THAISARCO in Phuket/Thailand mit etwa 12 % Marktanteil, die P.T. Timah in Mentok/Indonesien mit etwa 8 % Marktanteil und die neugegründete ENAF in Vinto/Bolivien mit 4 % Marktanteil. Die Struktur des Angebotes konnte deshalb 1972 nach den Anteilen der Hüttengesellschaften als abgeschwächtes Monopol bezeichnet werden.

Innerhalb von 10 Jahren änderten sich die Besitzverhältnisse in der Zinnhüttenindustrie ganz erheblich. Die Consolidated Tin Smelters Ltd. wurde 1975 von der Holdinggesellschaft Patino N.V. mit der 1968 gegründeten Amalgamated Metal Corporation (AMC) in London verschmolzen. 1978 erwarb dann die Preussag AG von der Patino N.V. 79,3 % der AMC, die zwar weiterhin die Hüttengesellschaften in Penang (jetzt: Datuk Keramat Smelting Bhd., 50,5 %), in Jos/Nigeria (58 %) und in Australien (33,3 %) maßgeblich kontrolliert, deren Marktanteile aber auf etwa 25 % gesunken sind.

Auch die Straits Trading Co. Ltd. ist von den Kapitalumschichtungen nicht verschont geblieben. 1981 erwarb die neugegründete Malaysia Mining Corporation (MMC) 42 % der Aktien und hat damit erheblichen Einfluß auf die neue Malaysia Smelting Corp. Sdn. Bhd. in Butterworth/Malaysia und den 10 %igen Marktanteil dieser Hüttengesellschaft. Mit der MMC ist übrigens im Zinnbergbau eine Konzentration erfolgt, da dieser von der staatlichen malaysischen Holding PERNAS kontrollierte Konzern schrittweise die Anteile der London Tin Corp. und der Charter Consolidated übernommen hat.

Die THAISARCO ist inzwischen ganz in den Besitz von Billiton N.V. (Shell) übergegangen, nachdem 1975 die Union Carbide/USA ihre Anteile veräußerte. Der Anteil von THAISARCO an der Welt-Hüttenproduktion beträgt ca. 15 %.

Steigern konnte auch die ENAF/Bolivien ihre Marktanteile, nachdem die Hütte in Vinto bei Oruro erheblich vergrößert wurde. Inzwischen werden dort etwa 12 % der Weltproduktion erzeugt. Noch stärker stieg der Anteil der P.T. Timah/Indonesien nach der Erhöhung der Verhüttungskapazität in Mentok auf Bangka, denn die Staatsgesellschaft vereinte 1982 fast 15 % der Weltproduktion.

Die morphologische Marktstruktur hat sich demnach auf dem Zinnmarkt innerhalb von 10 Jahren durchgreifend geändert. Aus einem abgeschwächten Monopol wurde nun ein deutliches Oligopol mit fünf hauptsächlichen Anbietern.

3.8.2 Nachfrageseite

Die Vielzahl der Verwendungsmöglichkeiten zieht eine weitgehende Aufsplitterung der Nachfrage nach sich. Der Verbrauch des Rohstoffes Zinn ist an die Industrialisierung gebunden, da der hauptsächliche Bedarf in der Konserven-, Auto- und Elektroindustrie entsteht. Bemerkenswerte Marktanteile konnten nur auf dem wichtigsten Verwendungsgebiet, der Weißblechindustrie, erzielt werden. Streng genommen gibt es hier auch wieder zwei Teilmärkte, nämlich Nachfrage nach Zinn zur Herstellung von Weißblech und Nachfrage nach Weißblech zur Dosenproduktion, doch sind beide Industrien eng verflochten.

Die sechs wichtigsten Weißblechhersteller sind US Steel Co. mit einer Fabrikationskapazität von 2,23 Mio. t/Jahr (= 20 % der Weißblechproduktion, d.h. etwa 7 % des Weltzinnbedarfes), die British Steel Corp. mit 1,54 Mio. t/Jahr, die National Steel/ USA mit 1 Mio. t/Jahr, Bethlehem Steel/USA mit 1,16 Mio. t/Jahr, Nippon Steel mit 1 Mio. t/Jahr und Rasselstein AG mit 0,94 Mio. t/Jahr.

Daraus ergibt sich auch für die Nachfrage eine oligopolistische Marktform, wobei dieses Oligopol durch zahlreiche weitere, kleinere Anbieter erheblich abgeschwächt ist.

Sowohl Angebot als auch Nachfrage sind in bezug auf den Preis recht unelastisch.

3.9   Bestimmungsgründe der Preisentwicklung

Aus der Vielzahl der Einflußgrößen soll hier nur auf die wichtigsten näher eingegangen werden.

3.9.1 Statistische Positionen des Weltmarktes

Auf dem Zinnmarkt sind periodische Schwankungen erkennbar, wobei strukturelle Ungleichgewichte die Zeiträume zwischen Perioden mit Angebotsüberschuß und solche mit Angebotsdefizit recht lang gestalten. So kam es nach einer Hausse während des Korea-Krieges zu einem Produktionsüberhang in den fünfziger Jahren. Erst einschneidende dirigistische Maßnahmen des Internationalen Zinnrates verringerten ab 1958 die Produktion (vgl. Abb. IV.8). Da keine Erfahrungen über die Wirksamkeit der Kontrollinstrumente vorlagen, wurde damals jedoch übertrieben. Die Folge war wiederum ein strukturelles Ungleichgewicht, diesmal als Produktionsdefizit, das erst 1966 ausgeglichen werden konnte. Fast 10 Jahre lang konnte dann annähernd ein Marktgleichgewicht gehalten werden, wobei die Kontrollen des Internationalen Zinnrates stabilisierend wirkten, bevor dann 1977 eine Periode mit deutlichem Überangebot begann, die auch 1985 noch anhielt.

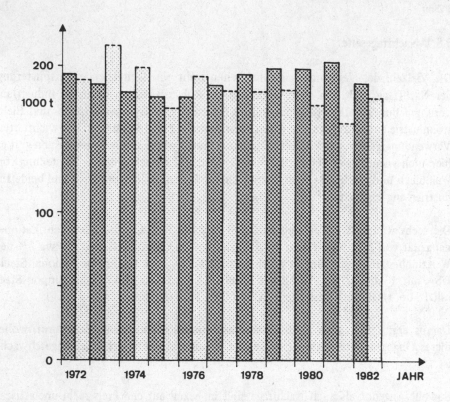

Abbildung IV.8. Bergwerksproduktion von Zinn in Konzentraten und Verbrauch von Feinzinn

3.9.2 Marktregulierungen des Internationalen Zinnabkommens

Bisher ist das Internationale Zinnabkommen das einzige Rohstoffabkommen dieser
Art auf Metallmärkten geblieben. Die hauptsächlichen Gründe dafür sind wohl in der
weitreichenden Tradition kartellartiger Zusammenschlüsse für Zinn (schon 1921 -
1925 Bandoeng-Pool, 1929 Gründung der Tin Producers Association, 1931 - 1946
International Tin Control Scheme) und in der deutlichen Trennung von einigen wichtigen Produzentenländern ohne nennenswerten Eigenverbrauch gegenüber einigen
wichtigen Verbraucherländern ohne nennenswerte Eigenproduktion zu suchen.

Nach langen Vorverhandlungen unter der Ägide der Vereinten Nationen (seit Okto-
ber 1950) trat am 1. Juli 1956 das *1. Internationale Zinnabkommen* (International
Tin Agreement, ITA) mit einer Laufzeit von fünf Jahren in Kraft. Danach kommen
Anschlußverträge zustande, wobei das 5. ITA (1. Juli 1976 - 30. Juni 1982) um ein
Jahr verlängert wurde. Gegenwärtig gilt das 6. Abkommen, bis 30. Juni 1987.

Die Mitglieder des Abkommens werden gruppiert in Produzentenländer, zu denen
von Anfang an Malaysia, Bolivien (bis 1982), Thailand, Indonesien, Nigeria und Zaire
gehörten und zu denen sich 1971 Austraien gesellte sowie in Verbraucherländer,
deren Zahl ständig schwankt. Mit 23 Verbraucherländern erfreute sich das 5. ITA

der höchsten Beteiligung. Dabei ist hervorzuheben, daß nicht nur alle wichtigen westlichen Industriestaaten, wie die USA, Japan und die EG-Staaten, Mitglied waren, sondern auch zahlreiche COMECON-Länder, wie die UdSSR, Ungarn, Polen, Bulgarien und die CSSR. Sogar Indien hatte sich dem 5. Abkommen als Verbraucherland angeschlossen. Die Bundesrepublik Deutschland konnte sich übrigens erst im Juli 1971 zu einer Teilnahme am ITA durchringen, die USA sogar erst im Juli 1976. Die USA sind auch nur während der 6-jährigen Laufzeit des 5. ITA Mitglied gewesen und dann wegen Kontroversen über die dirigistischen Exportkontrollen 1982 wieder ausgeschieden.

Zu den wichtigsten Zielen der Abkommen zählen die Stabilisierung des Zinnpreises, Steigerung der Exporterlöse der Produzentenländer, gerechte Verteilung bei Angebotsverknappung und Unterstützung der Verwendungsforschung.

Als Organe wurden gebildet:
— Der "Internationale Zinnrat" (International Tin Council, ITC), in dem die Gruppe der Erzeugerländer und die Gruppe der Verbraucherländer je 1000 Stimmen erhielten (Tab. IV.35).
  Der Rat besteht aus je einem Delegierten der Mitglieder und tagt mindestens viermal im Jahr.
— Ein ständiges "Sekretariat" des ITC in London zur Durchführung der Ratsbeschlüsse und zur Veröffentlichung von Statistiken.
— Der Verwalter der Preisstabilisierungsreserve (Pool-Manager), der wie der Sekretär vom ITC ernannt wird.

Als wichtigste Instrumente zur Marktregulierung stehen dem ITC zur Verfügung:

Die *Preisstabilisierungsreserve* ("Zinnpool", "bufferpool", *"bufferstock"*), ein Ausgleichslager zur Manipulation von Angebot und Nachfrage zum Zwecke der Preisstabilisierung. Ein solches Instrument verändert die Marktdaten, ohne jedoch den Markt-

Tabelle IV.35. Stimmverteilung im Internationalen Zinnrat (Stand Mai 1985)

Produzenten		Verbraucher		Verbraucher	
Australien	94	Belgien/Luxemburg	27	Italien	54
Indonesien	247	Kanada	47	Japan	341
Malaysia	401	Dänemark	6	Niederlande	61
Nigeria	22	Finnland	7	Norwegen	10
Thailand	216	Frankreich	98	Polen	47
Zaire	20	Bundesrepublik		Schweden	7
		Deutschland	156	Schweiz	13
	1000	Griechenland	9	Großbritannien	81
		Irland	5		
		Indien	31		1000

Quelle: International Tin Council, London 1985.

mechanismis auszuschalten und gilt deshalb als marktkonform.

Über das Volumen des *Ausgleichslagers* gab es häufig Diskussionen. Der Pool sollte umfangreich genug sein, um seine Funktionsfähigkeit möglichst lange zu erhalten, doch die Finanzierung eines solchen Lagers setzte natürlich Grenzen für den Umfang. Beides muß deshalb im Zusammenhang gesehen werden. Zu Beginn war der Pool mit 25 000 t Zinn bzw. dem Äquivalent in Geld (damals 16 Mio. £) ausgestattet, und die Beiträge dazu wurden ausschließlich von den Produzentenländern geleistet. Im 2. ITA enthielt der Pool 20 000 t (bzw. 14,6 Mio. £), im 3. und 4. ITA wurde der Umfang von 20 000 t volumenmäßig beibehalten, was jedoch wertmäßig eine Aufstockung auf 20 Mio. £ bzw. 27 Mio. £ bedeutete. Während der 5-jährigen Laufzeit eines Abkommens reduzierte sich jedoch bei steigenden Zinnpreisen die Kaufkraft des Pool-Managers.

1971/72 wurden zur Finanzierung des Pools erstmals zunächst freiwillige Beiträge von den Verbraucherländern Frankreich und den Niederlanden eingebracht. Im 5. ITA wurden dann Pflichtbeiträge der Produzentenländer von 20 000 t und "freiwillige" Beiträge der Verbraucherländer in gleicher Höhe von 20 000 t vereinbart (die aber nur von Großbritannien, Frankreich, den Niederlanden und Belgien erbracht wurden). Das 6. ITA stockte den Pool schließlich auf nominell 50 000 t Zinnmetall auf, von denen 30 000 t durch Pflichtbeiträge der Produzenten- und der Verbraucherländer bereitgestellt werden müssen und 20 000 t durch Kredite finanziert werden können. Durch die Nichtratifizierung wichtiger Länder reduzierte sich die Kaufkapazität des Pools.

Für die Tätigkeit des Pool-Managers enthält das Abkommen Direktiven. Es wurden Preisgrenzen festgelegt, zwischen denen die Stabilisierung des Zinnpreises erfolgen soll. Über die Höhe der Preisgrenzen gab es im Zinnrat immer heftige Diskussionen. Sie wurden in der Geschichte des Zinnabkommens oft revidiert. 1956 war der Mindestpreis auf 640 £/t und der Höchstpreis auf 880 £/t festgelegt worden, im 6. ITA ab 1982 liegen diese Grenzen bei 29,15 Ringgit (M$) per kg ex-work Penang (entspricht rund 7250 £/t) bzw. bei 37,89 M$/kg (ca. 9400 £/t). Die Preisgrenzen sind noch in drei gleiche Sektoren unterteilt, die für die Aktionen des Pool-Managers von Bedeutung sind.

Die *Exportkontrollen*, eine Festlegung von Exportkontingenten, die ein sehr wirksames Mittel zur Angebotsverknappung und damit zur Preissteigerung sind, aber einen marktinkonformen Eingriff bedeuten. Exportkontrollen werden verfügt, wenn der Zinnpreis unter den festgesetzten Mindestpreis zu fallen droht. Das ITC proklamiert dann in der Regel dreimonatige Kontrollperioden, für die jedes Produzentenland eine Exportquote erhält.

Zum Mittel der dirigistischen Exportkontrollen mußte schon mehrfach gegriffen werden, um den Mindestpreis zu garantieren. Erstmals mußten vom 15. Dezember 1957 bis 30. September 1960 Kontrollperioden mit Exportquoten für die Produzentenländer proklamiert werden, dann wieder vom 19. September 1968 bis 31. Dezember

1969 und schließlich ab 27. April 1982. Diese letzte Kontrollperiode 1982/85 signalisiert ein strukturelles Marktungleichgewicht, das trotz stark erhöhten Ausgleichslagers mit 50 000 t Pool-Einlagerungen nicht ausgeglichen werden konnte. Mitte 1985 dauerten die Exportkontrollen noch an und machten fast 40 % Produktionseinschränkungen aus.

Vor allem die geringe Elastizität des Angebotes in bezug auf den Preis bewirkt kurzfristige Preisschwankungen von erheblichem Ausmaß. Die *Preisstabilisierungsreserve* hat sich zur Minderung solcher Preisschwankungen bewährt und kann auch als marktkonformes Instrument betrachtet werden, da nur Marktdaten verändert werden, aber der Marktmechanismus nicht außer Kraft gesetzt wird. Die Größe des Pools ist für seine Wirksamkeit von Bedeutung. Seine Ausstattung mit 20 000 t Zinn hatte sich als zu gering erwiesen, was Mitte 1982 zur Aufstockung auf nominell 50 000 t (tatsächlich 40 000 t) führte. Die USA hatten sogar 70 000 t vorgeschlagen, was aber an der Finanzierung scheiterte. Allerdings wird der Pool wirkungslos, wenn strukturelle Marktungleichgewichte bestehen, wie sich 1982 zeigte, als der Pool innerhalb von 6 Monaten fast 50 000 t Angebotsüberschüsse einlagern mußte und damit funktionsunfähig wurde.

Anlaß zur Kritik gaben häufig die Kontingentierungen in den Exportkontrollperioden. Zwar konnten diese marktinkonformen Maßnahmen wirkungsvoll das Angebot drosseln, doch blieben Schäden für den Zinnbergbau selten aus. Vorwiegend kleinere und mittlere Betriebe waren von den Produktionseinschränkungen betroffen. Den Regierungen der Erzeugerländer ist die Überwachung der Restriktionen aufgebürdet. Vorteile größerer Gesellschaften, durch persönliche Beziehungen oder Einfluß auf die Verwaltungen, sind nicht immer auszuschließen. Die kleinen und mittleren Minen sind besonders betroffen, weil sie meist Grenzkostenbetriebe sind und geringere Kapazitätsausnutzung dann nicht überstehen. In Südostasien mußten deshalb in Kontrollperioden viele traditionelle Kiespumpenminen schließen. In Zeiten einer künstlichen Angebotsverknappung verstärkten außerdem die Verbraucher ihre Substitutionsbemühungen. Exportkontrollen stehen deshalb streng genommen im Widerspruch zu einem der Ziele der Internationalen Rohstoffabkommen, die stetige Marktentwicklung zu gewährleisten.

Die Rezession in den Industrieländern hat auch den weltweiten Zinnverbrauch eingeschränkt und somit die Zinnpreise gedrückt, was die Produzenten in große Bedrängnis bringt. Vor allem Bolivien, aber auch Malaysia, Indonesien und Thailand sind mit dem Verhandlungsergebnis des 6. ITA und der Beitrittsverweigerung der USA unzufrieden. Das hat dazu geführt, daß die Produzentenländer eine neue kartellartige Vereinigung gebildet haben. Der Vertrag über die Bildung einer "Association of Tin Producing Countries" (ATPC) zwischen Malaysia, Indonesien, Thailand, Bolivien, Australien, Nigeria und Zaire wurde am 2. April 1983 in London unterzeichnet und trat am 16. August 1983 formal in Kraft. Noch versteht sich die ATPC nicht als Konkurrenz zum ITA. Der Etat (ca. 400 000 US-$/Jahr) ist auch zu klein, um wirksam Kontrollmaßnahmen durchzuführen, doch wird dieses Kartell sofort bei einem Scheitern des ITA zu Aktionen bereit sein.

3.9.3 Strategische Reserven

Die Vereinigten Staaten verfügen über keine eigenen Zinnlagerstätten und begannen deshalb 1939, einen nichtkommerziellen Vorrat (stockpile) zur Sicherung der strategischen Rohstoffversorgung anzulegen. Verstärkt wurde die Lagerhaltung nach Verabschiedung des "Strategic und Critical Materials Stock Piling Act" im Juli 1946. In den Jahren bis 1956 konnten insgesamt 348 310 lg. t Zinn eingelagert werden, was vor allem 1953 und 1954 zu überhöhter Nachfrage und Preissteigerungen führte. Nach einer Revision des Stockpiles im März 1962 durch die mit der Verwaltung beauftragte Behörde GSA (General Services Administration) wurden Bestände in Höhe von 164 000 lg. t zu Überschüssen erklärt, die schrittweise an den Markt abgegeben werden sollten. Allein das Vorhandensein eines solchen umfangreichen Lagers hatte seitdem Einfluß auf die Preisentwicklung. Die Verkaufspolitik wurde zwar mit dem Zinnrat in London abgestimmt – insbesondere während der Mitgliedschaft der USA im Zinnrat von 1976 - 1982 – doch wird auch künftig dieser Stockpile als wesentlicher Preisbestimmungsfaktor wirken. Abgaben erfolgte erstmals am 26. September 1962 und danach besonders zwischen 1964 und 1966. Vom 10. Mai 1968 - 8. Juni 1973 suspendierte die GSA wegen der ungünstigen Marktlage die kommerziellen Verkäufe und nahm sie erst am 15. September 1978 wieder auf. Am 2. Mai 1980 wurde als Einlagerungsziel 42 674 t festgelegt. Damit standen 1985 noch fast 150 000 t als Überschüsse bereit.

3.9.4 Ost-West-Handel

Da die VR China seit jeher und die UdSSR seit Erschließung der sibirischen Lagerstätten in den fünfziger Jahren zu den großen Zinnproduzentenländern gehören, haben Angebot und Nachfrage aus dem Ostblock einen wichtigen Einfluß auf das Marktgleichgewicht. Der Ost-West-Handel war seit Kriegsende manchem Wandel

Tabelle IV.36. Ost-West-Handel in Zinn (lg. t, ab 1970 t)

	Exporte	Importe des Ostblocks		Exporte	Importe des Ostblocks
1967	2 944	5 949	1975	12 900	12 713
1968	3 576	8 293	1976	6 503	12 317
1969	3 278	9 349	1977	3 497	16 200
1970	4 950	13 022	1978	5 486	20 184
1971	7 684	10 644	1979	3 291	21 136
1972	8 425	9 686	1980	3 912	21 330
1973	10 036	12 278	1981	4 722	16 821
1974	10 176	14 258	1982	4 335	15 772
			1983	3 284	13 442

Quelle: Tin International, Mai 1985.

unterworfen. Zunächst exportierte die VR China wegen großer Lieferungen in die UdSSR nur geringe Mengen in westliche Länder. Während der Krise auf fast allen Metallmärkten 1958 bis 1960 verkaufte die UdSSR erstmals erhebliche Mengen, was häufig als Störversuch gedeutet wurde, aber wohl auch mit echten Überschüssen durch die Produktionssteigerungen zusammenhängt. Zwischen 1962 und 1970 importierte die UdSSR immer mehr Zinn und auch die Importe der osteuropäischen Länder mit Zentralverwaltungswirtschaft stiegen. Seit 1971 hat sich diese Entwicklung schlagartig verändert, so daß aus einem erheblichen Importüberschuß des Ostblocks 1975 sogar ein Exportüberschuß entstand. Die Exporte kommen seit 1962 ausschließlich aus China. Da dort aber der Inlandsverbrauch steigt, dürften diese Exporte (1982: 4330 t; 1983: 3284 t) tendenziell noch weiter zurückgehen.

Wie Tabelle IV.36 zeigt, ist der Ost-West-Handel starken Schwankungen unterworfen. Da Angebot oder Nachfrage aus dem Ostblock nicht vorausschaubar sind, kann dieser Preisbestimmungsfaktor besondere Unsicherheiten für den Zinnmarkt bringen.

3.10   Handelsregelungen

3.10.1 Börsenplätze für Zinn

Der Börsenhandel für Zinn wird fast ausschließlich in London und Kuala Lumpur (bis 1984 Penang) abgewickelt. Mehr als 60 % des Handelsvolumens wird dort umgesetzt, während der Rest auf direkte Verkäufe von Hütten an Verbraucher oder im Sonderfall auf Abgaben der US-Stockpile-Behörde GSA an die verarbeitende Industrie entfällt.

An der *London Metal Exchange (LME)* wird Zinn von 12.05 - 12.10 Uhr, 12.40 - 12.45 Uhr, 15.40 - 15.45 Uhr und 16.20 - 16.25 Ortszeit gehandelt. Die Kontraktmenge beträgt mindestens 5 t ± 2 %. Der Terminhandel erzielt die höheren Umsätze. Die Notierung erfolgt seit dem 1. Januar 1970 in £ per metrische Tonne (vorher £/long ton). Bei Schließung der offiziellen Vormittagsbörse wird ein sog. Settlement-Preis genannt (vgl. Kap. I.2 und Abb. I.7).

Aufgrund der standortgünstigen Lage zu den wichtigsten Produzenten gewinnt die Börse in Malaysia immer größere Bedeutung für den Effektivhandel mit Zinn. Dies wurde auch mit dem Beschluß des Internationalen Zinnrates vom 4. Juli 1972 unterstrichen, die Preisgrenzen des Abkommens an den Notierungen in Penang zu orientieren. Von 1886 - 1965 wurde in Singapur um 11.00 Uhr Ortszeit von der Straits Trading Co. ein Preis ermittelt, der sich nach der Höhe der Kassiteritkonzentratangebote und den Kaufofferten der Händler richtete. Nach dem Ausscheiden Singapurs aus dem Staatenbund Malaysia wurde diese Börse zunächst nach Penang und ab 1. Oktober 1984 nach *Kuala Lumpur (KLCE)* verlegt. Der Preis, angegeben in malaysischen Ringgit pro kg (M $/kg) bezieht sich auf Metall, das erst bis zu 60 Tagen später von den Hütten aus angebotenen Konzentraten ausgeschmolzen wird

("ex works"). Die Mindestmenge für einen Zinnkontrakt in Kuala Lumpur wurde auf
1 t festgesetzt.

An der *New York Commodity Exchange* (COMEX) wurde der offizielle Handel mit
Zinn eingestellt. Dafür verkauft die General Services Administration, Washington, aus
überschüssigen Beständen des US-Stockpile "Grade A"-Zinn (mindestens 99,8 % Sn)
an amerikanische Verbraucher.

Für die Bundesrepublik Deutschland gilt offiziell eine Notiz des Hamburger Börsen-
vorstandes für Reinzinn 99,9 % loco Duisburg, die aber nur informellen Charakter
hat.

3.10.2 Handelsformen

Reinzinn kommt in der Regel als Barren (ingots) in den Handel. Die Barren haben
unterschiedliches Gewicht; so gießen die malaysischen und thailändischen Hütten
Barren von 100 lbs, die indonesische Hütte von ca. 75 lbs und die nigerianische Hütte
solche von 56 lbs. Kleinere Mengen werden als Stangen (3 - 5 lbs), größere Partien
auch mitunter in Blöcken bzw. Platten (160 - 180 kg) verkauft.

In London wird seit 1912 "Standard Tin" mit mindestens 99,75 % Sn gehandelt, das
von guter handelsüblicher Qualität sein muß. Zum Qualitätsnachweis dient die Biege-
probe, bei der aus dem Barren ein keilförmiges Stück herausgekerbt und gebogen
wird. Nach dem Biegen dürfen keine Risse an der Oberfläche erkennbar sein. Am
1. November 1974 kam ein "Feinzinn-Kontrakt" hinzu, wobei eine Reinheit von
mindestens 99,85 % verlangt wird. Nach DIN 1704 sind fünf Qualitätsstandards in
Deutschland zugelassen, nämlich mindestens 99,0 %, 99,5 %, 99,75 %, 99,9 und
99,95 %.

Lizensierte Lagerhäuser der LME für Zinn befinden sich in London, Liverpool, Hull
und Manchester, auf dem Kontinent in Rotterdam, Hamburg und Antwerpen. In
Kuala Lumpur (bis 1984 Penang) wird nur "Straits Refined Tin" in Barren verkauft
mit mindestens 99,85 % Sn. Die Lieferungen erfolgen über die Hütten in Penang und
Butterworth.

Neben Reinzinn gibt es auch Reinstzinn, das einen Mindestgehalt von 99,999 % Sn
aufweisen muß und im individuellen Umfang von der britischen Hüttengesellschaft
Copper Pass Ltd. produziert wird.

3.10.3 Handelsmarken

Die Zinnhütte versehen ihre Produkte mit Handelsmarken ("brands"). Die an der
Londoner Börse vom Börsenkomitee offiziell zugelassenen Marken garantieren gleichzeitig den Reinheitsgrad des "Standard"-Zinns von 99,75 % Sn und des "Reinzinns"

von 99,85 % Sn. Registriert sind beispielsweise folgende Zinnmarken (Reinzinn):

"E.S. Coy. Ltd. Straits Refined Tin"	der Hütte in Penang/Malaysia,
"Banka"	der Hütte in Mentok/Indonesien,
"Kimetal"	der Hütte in Singapur,
"Pass No. 1"	der Hütte in North Ferriby/Großbritannien,
"Thaisarco"	der Hütte Phuket/Thailand,
"Makeri"	der Hütte in Jos/Nigeria,
"Geomines" (Standard-Zinn)	der Hütte in Manono/Zaire,
"ATS"	der Hütte in Alexandria/Australien,
"XXX"	der Hütte in Novosibirsk/Sowjetunion,
"Rose" und "Baum"	der Hütte in Duisburg/Deutschland,
"Windmill"	der Hütte in Arnheim/Niederlande,
"Concha A"	der Hütte in Villaverde/Spanien.

Literaturhinweise

Gesamtdarstellungen

Ahlfeld, F.: Zinn und Wolfram, Die metallischen Rohstoffe, 11, (Enke), Stuttgart 1958.
Deller, C.V.: The World of Tin, (Oxford Univ.), Kuala Lumpur 1963.
Fawns, S.: Tin Deposits of the World, London 1912.
Gocht, W.: Der metallische Rohstoff Zinn, (Duncker & Humblot), Berlin 1969.
Harrison, H.: Alluvial Mining for Tin and Gold, (Min. Publ.), London 1962.
Hoare, W.E.: Weißblech-Handbuch, Dt. Ausgabe, Düsseldorf 1965.
Hedges, E.S.: Tin in Social and Economic History, (Arnold), London 1965.
International Tin Council: World Tin Mining: Operation, Exploration and Development, London 1982.
Jones, W.R.: Tinfields of the World, (Min. Publ.), London 1925.
La Spada, A.: Pattern of World Tin Consumption 1957 - 1968, (ITC), London 1970.
Mantell, C.L.: Tin, its Mining, Production, Technology and Application, 2. Aufl., (Reinhold), New York 1949.
Robertson, W.: Report on the World Tin Position with Projections for 1965 and 1970, (ITC), London 1964.
Sainsbury, C.L.: Tin Resources of the World, (US Geol. Survey), Washington 1969.
Stodieck, H.: Bestimmungsgründe der Preisentwicklung auf dem Zinnmarkt, (Weltarchiv), Hamburg 1970.
Thoburn, J.: Multinationals, Mining and Development. A Study on the Tin Industry, (Gower), Westmead/England 1980.

Einzeldarstellungen

Ali, L.: Principles of Buffer Stock and its Mechanism and Operation in the International Tin Agreement, Weltwirtsch. (Kiel), Abh. 96, (1966), 141 - 187.
Bismarck, F. von; Volz, E.: Bewertung von Zinnvorkommen − Internationale Kooperation, Bd. 24, (Nomos), Baden - Baden, 1983.
Engel, B.C.: Tin Production and Investment, International Tin Council, 5. World Conf. on Tin, Kuala Lumpur 1981.
Gocht, W.: Entwicklungstendenzen auf dem Zinnmarkt, Metall, 23, (1969), 858 - 861.
Gocht, W.: Die Bedeutung mariner Zinn-Lagerstätten, Metall, 25, (1971), 1061 - 1064.
Gocht, W.: Standorte der Zinnhütten und ihre Verlagerung, Metall, 26 (1972), 957 - 960.

Gocht, W.: Wirtschaftsgeologische Bewertungsdeterminanten für Zinnseifen in Südostasien, Erz-
metall, 30, 1977, 200 - 204.
Hosking, K.F.G.: Search for deposits from which tin can be profitably recovered new and in the
foreseeable future, 4. World Tin Conf., Kuala Lumpur 1974.
Müller, B.F.: Weißblech zu Beginn der siebziger Jahre, Metall, 25, (1971), 693 - 694.
Price, J.W.; Smith, R.: Tin, – Handbook of Analytical Chemistry, Vol. 4a, (Springer), Berlin/Hei-
delberg/New York 1978.
Sainsbury, C.L. Hamilton, J.C.: Geology of Lode Tin Deposits, (ITC), London 1967.
Taylor, R.G.: Geology of Tin Deposits, Developments in Economic Geology, 11, (Elsevier),
Amsterdam/Oxford/New York 1979.
United Nations: Tin Ore Resources of Asia and Australia, New York 1964.
Wright, P.A.: Extractive Metallurgy of Tin, 2. Aufl., (Elsevier), Amsterdam/Oxford/New York
1982.

Periodika

Department of Mines, Malaysia: Tin Mining Statistics, Kuala Lumpur.
International Tin Council: Statistical Year Book, seit 1959, London.
International Tin Council: Statistical Bulletin, monatl., 1957 - 1983, London.
International Tin Council: Quarterly Statistical Bulletin, viertelj., seit 1984, London.
Tin International: Mining, Processing, Application, Marketing, seit 1928, London.
Tin Research Institute: Zinn und seine Verwendung. Dt. Ausgabe, vierteljährlich, seit 1961, Düs-
seldorf.

4 Antimon, Wismut, Cadmium, Quecksilber, Indium und Thallium

Von W. Gocht

4.1 Antimon

Nachdem T. Bergmann 1780 das reine Metall darstellen konnte, begann die technische Verwendung von Antimon im 19. Jahrhundert. Allerdings war Antimonit bereits im Altertum als Schönheits- und Heilmittel bekannt (lat.: stibium, Sb). Antimon ist ein silberweißes, sehr sprödes Metall, schmilzt bei 630,5°C, verbrennt mit
weißleuchtender Flamme und wird nur von oxidierenden Säuren angegriffen. Für
die technische Verwendung ist wichtig, daß weiche Metalle, wie Zinn und Blei, durch
Zusätze von Antimon entscheidend gehärtet und korrosionsbeständiger werden.
Außerdem zeichnet sich das Antimontrioxid durch feuerhemmende Eigenschaften
aus. Antimonit ist heute das mit Abstand wichtigste Erzmineral, während aus einigen anderen der *112 Antimon-Minerale* das Metall nur teilweise als Nebenprodukt
gewonnen wird.

Antimonit (Antimonglanz)	Sb_2S_3	rhombisch	(71 % Sb)
Tetraedrit (Antimonfahlerz)	$(Cu_2,Zn,Fe)Sb_2S_6$	kubisch	(24 % Sb)
Jamesonit	$4\,PbS \cdot FeS \cdot Sb_2S_3$	monoklin	(29 % Sb)

Pyrargyrit (Rotgültigerz)	Ag_3SbS_3	trigonal	(22 % Sb)
Valentinit (Weißspießglanz)	Sb_2O_3	rhombisch	(83 % Sb)
Bindheimit	$Pb_2Sb_2O_7 \cdot H_2O$	kubisch	(22 % Sb)

4.1.1 Regionale Verteilung der Lagerstätten

Sulfidische Antimonerze treten überwiegend — an saure Intrusionen gebunden — als nestförmige hydrothermale Gangfüllungen mit Quarz auf, Antimonit meist epithermal, die anderen Sulfide dagegen mesothermal. Auch flözartige Imprägnationszonen an Schichtkontakten sind bekannt, haben aber nur in China und Mexiko örtlich Bedeutung. Als schichtgebunden an sehr alte, vulkanogen-sedimentäre Gesteine werden schließlich die bedeutsamen Antimonerze der Murchinson-Range in Südafrika gedeutet. Komplexe Antimonerze sind als Antimonit-Cinnabarit-Erze, Antimonit-Gold-Erze, Antimonit-Kupfer-Erze, Antimon-Blei-Silber-Erze, Antimonit-Realgar-Erze und Antimon-Wolfram-Erze ausgebildet. Der größte Teil der Bergwerksproduktion stammt aus drei metallogenetischen Provinzen (vgl. Abb. IV.9).

a) *Südchinesische Provinz:* Gebunden an mesozoische Granite sind vor allem in der Provinz Honan niedrigthermale Antimonitgänge verbreitet. Bekannt sind die Lagerstätten Hsi-Kuang-Shan im Hsinhua-Distrikt, die Pan-Shi-Mine und Lagerstätten am Tse-Fluß im Yi-Yang-Distrikt sowie die Tung-Hsin-Minen im An-Hua-Distrikt (alles Provinz Honan). Auch in den Provinzen Yunnan, Kwangtung, Kwangsi, Szechuan, Kweichow und Hupei sind verschiedene Lagerstätten im Abbau. Die chinesischen Erze weisen Sb-Gehalte bis 6 % auf.

b) *Bolivianische Provinz:* Im südlichen Teil des polymetallischen Erzgürtels in den bolivianischen Ostkordilleren produzieren zahlreiche kleine und wenige mittlere Antimongruben (z.B. Caracota Mine). Die Antimonitzone erstreckt sich von Oruro über Potosi nach Süden bis in das Quechisla-Gebiet an der argentinischen Grenze mit Bergbauzentren bei Unica, im San Martin-Distrikt, im Tasna-Chorolque-Distrikt und bei Tupiza-San Juan.

c) *Südafrikanische Provinz:* Seit 1967 stammen 15 - 20 % der Bergwerksproduktion der Welt an Antimonitkonzentraten aus der Murchison-Range zwischen Gravelotte und Monarch Kop im Letaba-Distrikt, Transvaal, wo 1935 der Abbau begann.

Außerdem gibt es noch nennenswerten Antimonbergbau in (vgl. Abb. IV.9 und Tab. IV.37):

— Der *UdSSR* mit Lagerstätten im Fergana-Becken/Usbekien und bei Leninsk in Ost-Sibirien.

— *Kanada* mit der bedeutsamen Lake George Mine bei Fredrikton in New Brunswick.

— *Mexiko* mit zahlreichen kleinen Vorkommen, die sich von Norden nach Süden erstrecken in den Provinzen San Luis Potosi, Queretaro und Oaxaca.

— *Thailand* mit einer Anzahl kleiner Minen im westlichen Faltengebirge, wobei die Zentralregion mit den Provinzen Chon Buri und Kanchanaburi die größte Produktion aufweist. Jenseits der Grenze im südlichen *Burma* sind gleichfalls ver-

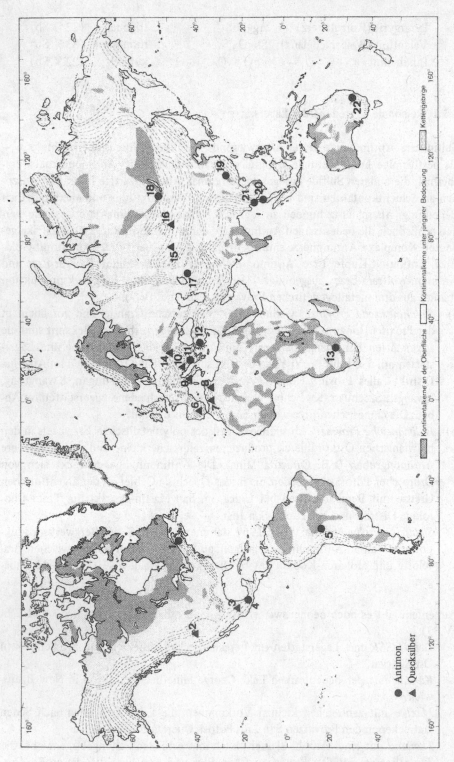

Tabelle IV.37. Bergwerksproduktion von Antimon (t Sb-Inhalt in Konzentraten)

	1971	1975	1979	1984
Bolivien	11 672	16 089	13 019	9 281
Südafrika	14 400	15 737	11 614	7 509
Mexiko	3 361	3 137	2 872	3 064
Thailand	2 294	3 133	2 935	2 874
Türkei	2 700	1 550	495	203
Österreich	467	509	655	523
Jugoslawien	2 002	2 183	2 037	945
USA	930	804	655	505
Australien	1 362	2 205	1 539	900
Guatemala	1 060	856	639	92
Kanada	145	2 654	2 954	510
Marokko	1 927	1 052	850	994
Italien	1 175	1 029	950	244
Sonstige westliche Länder	1 804	2 172	2 554	1 590
VR China	14 000	11 000	10 000	13 500
UdSSR	7 500	7 500	7 500	6 500
CSSR	600	724	530	1 000
Sonstige östliche Länder	100	100	100	450
Welt	67 429	72 434	61 898	50 684

Quelle: Metallgesellschaft AG, Frankfurt/Main 1973, 1985.

schiedene Gangerze im Abbau, insbesondere im Raum von Moulmain.

- *Australien*, wo verschiedene Vorkommen in New South Wales entdeckt wurden, die Erzgewinnung sich aber auf die Hillgrove Mine bei Armidale konzentriert.
- Der *Türkei* mit einigen kleineren Minen in Anatolien östlich von Iszmir, wobei die Turhal Mine die mit Abstand größte Produktion aufweist. Erzreserven sind auch in der Region Balikesir-Kutahya nachgewiesen worden und werden sporadisch abgebaut.
- *Jugoslawien*, wo in Serbien einige neue Bergwerke erschlossen wurden, insbesondere die Winogradi Mine in Loznia, die Brus Mine und die Rajiceva Mine im Kopaonik-Gebirge.

Abbildung IV.9. Die wichtigsten Lagerstätten von Antimon und Quecksilber

Kanada: 1 Lake George; *USA:* 2 Mc Dermitt/Nev.; *Mexiko:* 3 Prov. Zacatecas; 4 Prov. San Luis Potosi/Prov. Querétaro; *Bolivien:* 5 Tasna-Chorolque-Distr./Unica; *Spanien:* 6 Almadén, *Algerien:* 7 Ismail/Azzaba; *Tunesien:* 8 Arja; *Italien:* 9 Mte. Amiata; *Jugoslawien:* 10 Idrija; 11 Serbien; *Türkei:* 12 Iszmir (Turhal); *Südafrika:* 13 Murchison Range, *Sowjetunion:* 14 Ukraine (Zakarpatskaya); 15 Khaydarkan/Kirgisien, 16 Dzhidhikrutski/Tadschikistan; 17 Fergana-Becken, 18 Leninsk; *VR China:* 19 Prov. Honan; *Thailand:* 20 Chon Buri; *Burma:* 21 Moulmain; *Australien:* 22 Hillgrove/N.S.W.

Ergänzend sollen noch *Marokko* erwähnt werden mit vielen sehr kleinen Minen, *Österreich* mit der Schleining Mine, *Italien* mit Lagerstätten auf Sardinien und die *USA*, wo Antimon als Nebenprodukt der Sunshine Silbermine in Idaho gewonnen wird.

4.1.2 Erzvorräte

Die Angaben über Vorräte an Antimonerzen sind erheblichen Schwankungen unterworfen. Einerseits liegen aus der VR China und der UdSSR nur vage Schätzungen vor (vgl. Tab. IV.38), andererseits sind zumindest die Reservemengen vom fluktuierenden Antimonpreis abhängig.

Tabelle IV.38. Antimonvorräte der Welt (in 1000 sh. t)

	1952^1	1973^2	1980^2	1985^3
Bolivien	500	420	400	350
Südafrika	150	300	350	280
Mexiko	500	200	240	250
Australien	–	150	150	–
Türkei	–	120	120	–
USA	110	200	120	100
Jugoslawien	50	100	100	100
Kanada	–	–	70	–
VR China	2000	5300	2400	}
UdSSR	150	300	300	} 2960
CSSR	50	–	50	}
Insgesamt*	3510	7200	4800	5600

*) Einschließlich übrige Länder.

Quelle: 1) Paley-Report; 2) US Geol. Survey; 3) US Bureau of Mines.

4.1.3 Gewinnung des Metalls und Standorte der Hütten

Beim *Abbau* der meist kleinen, gangförmigen oder nestförmigen Lagerstätten ist einfacher Tiefbau mit Stollen, kurzen Schächten und stoßartige Bauweise üblich. Die Großlagerstätte Murchison in Südafrika dagegen hat blockartige Bauweisen verschiedener Modifikationen eingeführt. – Die *Aufbereitung* der reicheren, sulfidischen Antimonerze (6 - 12 % Sb) geschieht in zahlreichen kleinen Minen noch immer durch Handscheidung. Ansonsten ist Flotation des Antimonites oder Schwerekonzentration der oxidischen Erze üblich und auch die Trennung von antimonhaltigen Mineralen in komplexen Sulfiderzen geschieht durch Flotation. Zur Gewinnung von Antimonmetall werden reiche Konzentrate (südafrikanische Konzentrate enthalten 60 - 62 % Sb, bolivianische 40 - 50 % Sb) zunächst im Flammofen geschmolzen und

Tabelle IV.39. Standorte und Kapazitäten wichtiger Antimonhütten

	Standort	Unternehmen	Kapazität (t/Jahr Regulus)
Bolivien	Vinto/Oruro	ENAF	12 000
VR China	Hsi Kuang Shan	Prov. Honan	11 000
USA	Laredo, Tex.	Anzon, Inc.	10 000
	Kellogg, Idaho	Sunshine	1 200
	El Paso, Tex.	ASARCO	1 200
Japan	Suita/Osaka	Hibino	3 000
	Niihama	Sumitomo	1 800
	Osaka	Mikuni	1 200
	Yoshii	Nihon Seiko	1 200
Südafrika	Gravelotte	Cons. Murchison	6 500
UdSSR	Fergana	staatlich	8 000
Jugoslawien	Zajača	staatlich	3 000
	Kosovska Mitrovica	Komb. Trepča	2 500
Großbritannien	Wallsend	Anzon Ltd.	2 000
	North Ferriby	Capper Pass	2 000
Frankreich	Le Genest	Sté. Nouv. Min. Lucette	2 000

das Sb_2S_3 durch Seigern angereichert (Antimon crudum), anschließend entweder nach einer Röstung mit Kohle reduziert oder durch eine Niederschlagsarbeit aus dem Sulfid mit Eisenschrott direkt gewonnen. Arme Konzentrate (12 - 30 % Sb) werden durch verflüchtigende Röstung angereichert und dann im Flammofen reduziert. Modernere Hütten hatten zur Verarbeitung von geringerhaltigen (10 - 30 % Sb) Konzentraten, Oxiden, Schlacken oder Sb-Schrotten einen Wassermantelschachtofen eingesetzt. Außerdem fällt Antimon in Bleihütten als Nebenprodukt an. Das Rohantimon (Regulus) mit 98 - 99 % Sb muß noch einer Raffination unterzogen werden, damit handelsübliches Metall mit 99,6 - 99,8 % Sb entsteht. Einen Überblick über die wichtigsten Antimonhütten vermittelt Tabelle IV.39. In der Bundesrepublik Deutschland wird von der Preussag in der Bleihütte Oker eine Blei-Antimon-Legierung erzeugt.

Eine steigende Bedeutung erringt die Rückgewinnung von Antimon aus alten Batterieplatten, das dann auch hauptsächlich wieder zur Herstellung von Hartblei verwendet wird. In den USA und Westeuropa werden 30 - 40 % des gesamten Antimonverbrauches durch Recycling gewonnen, wobei Batterieschrotte schon bis 90 % ausmachen. Da sich andere Verwendungsbereiche kaum für Recycling eignen, sind die Möglichkeiten weitgehend ausgeschöpft.

4.1.4 Verwendungsgebiete und Bedarfsentwicklung

Fast zu gleichen Teilen wird Antimon verwendet
a)   in Form von Metall für Legierungen,
b)   in Form von Oxid für Farben und pharmazeutische Präparate.

Die Hauptmenge von metallischem Antimon wird zur Herstellung von Hartblei eingesetzt, einer Legierung aus 5 - 11 % Antimon und Blei. Neuerdings sind auch Legierungen mit nur 2,5 Gew.-% Antimon entwickelt worden, bei denen durch gezielten
Zusatz von Keimbildnern das zuvor schwierige Problem eines fehlerfreien Gießens be-
wältigt wurde. Hartblei wird überwiegend zu Akkumulatorenplatten verarbeitet,
außerdem für Handfeuerwaffen-Geschosse. Auch Lagermetalle ("Britannia-Metall",
"Babbit-Metall") oder Letternmetalle auf Zinnbasis enthalten 4 - 8 % Antimon zum
Härten. Antimonoxid hat vielseitige Verwendungsbereiche bei der Keramik-, Gummi-
und Kunststoffproduktion. Es dient außerdem zur Herstellung von Farben und Pigmenten sowie als Imprägnierungsmittel für feuergeschützte Textilfasern, wie Boden-
beläge, Möbelstoffe oder Gardinen. Antimonsulfid schließlich wird in der Zündholz-
industrie verwendet. Die Endverbraucher hatten in den USA 1980 folgende Bedarfs-
anteile: Transportwesen (insbesondere Batterien) 43 %, Feuerschutzchemikalien
21 %, Gummi- und Plastikprodukte 6 %, Farben und Pigmente 13 %, Keramik 5 %,
Maschinenbau 5 %, andere 7 %.

Seit 1974 kann ein Rückgang der Nachfrage nach Antimon beobachtet werden, der
zurückgeführt werden muß auf:
a)   Substitutionsbemühungen der Verbraucher, besonders in den Bereichen Pigmen-
     te, Gummi- und Kunststoffprodukte. Hierbei kann Sb vielfach ersetzt werden
     durch Hg, Ti, Pb, Zn oder Cr.
b)   Verringerung des spezifischen Verbrauches von Antimon zur Herstellung von
     Hartblei für Batterien. In diesen Legierungen wurde der Sb-Anteil schrittweise
     von 12 % über 8 % und 6 % auf teilweise bereits 2,5 % gesenkt.
c)   Verstärkung der Rückgewinnung aus Batterieschrott in den siebziger Jahren,
     die nun jedoch kaum noch erhöht werden kann.

Obwohl die Produktion von feuerfesten Textilien tendenziell stieg und auch der Ersatz der 6-V-Batterien in Pkws durch 12-V-Batterien einen erhöhten Bedarf von Hartblei in der Autoindustrie bedingt hatte, ließ die Nachfrage nach Antimon aus den genannten Gründen nach und erholte sich erst 1983/84 im Zuge einer Konjunkturver-
besserung.

4.1.5 Marktstruktur

Auf dem *Bergbausektor* sind zwei große Anbieter erwähnenswert, die Consolidated
Murchison Ltd., Südafrika (25 % JCI) und die Empresa Minera Unificada (EMUSA),
Bolivien, von denen jeder rund 25 % der Bergwerksproduktion (ohne Ostblock) an-
bieten kann. Der Welthandel mit Antimonkonzentraten spielt jedoch nur noch eine

untergeordnete Rolle, seitdem Murchison in Gravelotte, Südafrika und ENAF in Vinto, Bolivien, Antimonhütten errichtet haben. Der *Hüttensektor* zeigt eine abgeschwächt oligopolistische Marktform mit den drei bedeutsamen Anbietern ENAF,
Anzon und Murchison (vgl. Tab. IV.39) und einer Reihe mittlerer Produzenten in
Japan, in den USA, Großbritannien und Frankreich.

Die *Nachfrageseite* des Antimonmarktes weist eine atomistische Struktur auf. Lediglich große Hersteller von Autobatterien kontrollieren Marktanteile, die bis zu wenigen Prozenten reichen können.

4.1.6 Preisentwicklung

Der rückläufige Bedarf zwischen 1974 und 1983 hat vor allem spürbare Auswirkungen auf die Preise am freien Markt gehabt (vgl. Abb. IV.10), während die amerikanischen Produzenten ihren Listenpreis relativ stabil halten konnten. Die verringerte

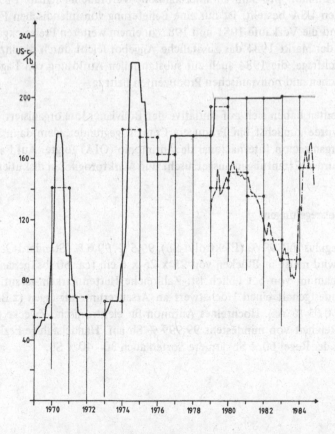

Abbildung IV.10. Preise für Antimon (Produzentenpreis für 99,5 % Sb, fob Laredo: Monatsdurchschnitt ——— /Jahresdurchschnitt ●--●; Freier Markt, New York, 99,5 -
99,6 % Sb ex dock: Monatsdurchschnitt —-·/Jahresdurchschnitt ●--●)

Nachfrage erzwang substantielle Produktionseinschränkungen, insbesondere in Bolivien, aber auch in Südafrika. Das Angebot auf dem Antimonweltmarkt wird außerdem von zwei Faktoren beeinflußt, die den Preis in erheblichem Maße bestimmen können. Dabei handelt es sich um Lieferungen aus der VR China und um Abgaben aus dem Stockpile der USA.

Die VR China exportiert sowohl Antimonmetall als auch Erzkonzentrate (meist nach Japan). Die offizielle chinesische Statistik weist für 1982 die Ausfuhr von 10100 t Antimon aus, wobei Erze, Konzentrate und Metall zusammengezählt sind. Der Antimoninhalt kann auf etwa 3000 t geschätzt werden. Seit 1952 schwankten die Exportmengen häufig zwischen 2000 und 3000 t Antimon in Konzentraten bzw. Regulus. Die Verkäufe wurden in der Regel über Händler aus Hongkong am Freimarkt in London durchgeführt.

Der *Stockpile der USA* enthielt Ende März 1980 rund 40 730 t Antimon. Das Einlagerungsziel wurde aber auf 36 000 t festgelegt, was seit 1981 zum Verkauf von bis zu 1000 t Antimon pro Jahr an amerikanische Verbraucher führte. Da ein Exportverbot in den USA besteht, ist nur eine Belieferung von inländischen Firmen möglich. Während die Verkäufe 1981 und 1982 zu einem weiteren Preisrückgang führten, absorbierte der Markt 1984 das zusätzliche Angebot leicht durch die inzwischen gestiegene Nachfrage, die 1984 auch zur substantiellen Auflösung von Lagern bei den südafrikanischen und bolivianischen Produzenten beitrug.

Die Produzenten haben sich auf Initiative der Bolivianer lose organisiert. Im November 1980 wurde zunächst ein Producers Council gegründet, dem dann im Oktober 1983 die Organizacion Internacional de Antimonio (OIA) folgte. Auf Fachtagungen in La Paz wurden Erfahrungen ausgetauscht und Marktprognosen diskutiert.

4.1.7 Handelsregelungen

Antimon-Regulus mit 99 % (Elektrolyt-Sb), 99,5 %, 99,6 % (Standard-Qualität) oder 99,8 % Sb wird meist in Blöcken von 25 x 25 x 6 cm (ca. 60 lbs) gehandelt, wobei ein Basis-Quantum von 5 t üblich ist. Zahlreiche Hüttenmarken garantieren neben dem Sb-Mindestgehalt einen Höchstwert an Arsenverunreinigungen (z.B. Lone Star aus Laredo 0,05 % As). Hochreines Antimon für elektronische Zwecke (Halbleiter) weist eine Reinheit von mindestens 99,999 % Sb auf. Handelsfähige Erzkonzentrate enthalten in der Regel 60 % Sb, ärmere Sorten auch 30 - 40 % Sb.

4.2 Wismut

Erste Erwähnung findet das silberweiße, weiche (Schmelzpunkt 271,4°C, Siedepunkt 1580°C) Metall Wismut (bismutum, Bi) im 13. Jahrhundert (Albertus Magnus, später Valentinus, Agricola und Paracelsus), denn es war im Erzgebirge mit den Silber-,

Nickel- und Kobaltmineralen vergesellschaftet. Die hinsichtlich der Verwendung wichtigen Eigenschaften sind die Katalysatorwirkung, die Schmelzpunkterniedrigung von Blei-Zinn-Legierungen und eine gewisse Heilwirkung der Wismutverbindungen.

Nur wenige *Minerale* haben wirtschaftliche Bedeutung:

Wismutglanz (Bismuthin)	Bi_2S_3	rhombisch,
gediegen Wismut	Bi	trigonal,
Tetradymit	Bi_2Te_2S	trigonal,
Bismit (Wismutblüte)	Bi_2O_3	monoklin,
Bismutit (Wismutspat)	$Bi_2(O_2/CO_3)$	tetragonal,
Wismutocker (Gemenge aus Bismit und Bismutit).		

4.2.1 Regionale Verteilung der Lagerstätten

Wismut tritt als Sulfid oder in gediegener Form in magmatischen Lagerstätten auf. Meist an granitische Intrusionen gebunden, wird es in hydrothermalen Mineralisationsphasen abgeschieden. Die Konzentrationen sind mit einer Ausnahme so gering, daß Wismut nur als Nebenprodukt einiger magmatischer Erze gewonnen wird, so in Peru aus Blei-Silber-Kupfer-Erzen (Cerro de Pasco), in Bolivien aus Zinnerzen (Tasna, Caracoles) und Wolframerzen (Esmoraca), in Mexiko aus Nickel-Kobalt-Erzen, in den USA aus Bleierzen, in Kanada aus Molybdänerzen (Malartic-Distrikt/Que.), Blei-Zink-Erzen (Trail), Kupfererzen (Gaspé) und Uranerzen (Port Radium), in Australien aus Kupfer-Gold-Erzen (Peko, Warrengo, Juno/N. Territories) oder in Korea aus Wolframerzen (Sandong, Saldung, Nakdong). Eigentliche Wismutlagerstätten existieren nur noch in Südbolivien. Gangerze im Tasna-Distrikt (Mine Rosario) und bei Esmoraca (Mine Candelaria) führen etwa 2 % Bi und waren jahrzehntelang wichtigste Rohstoffquelle. Seit 1980 stehen die beiden Bergwerke still. Eine Wiederaufnahme des Erzabbaus ist erst bei deutlich höheren Wismutpreisen zu erwarten.

4.2.2 Vorratssituation

Eine Ermittlung der Lagerstättenvorräte ist wegen des untergeordneten Auftretens von Wismut in verschiedenartigen Paragenesen schwierig. In den Wismutlagerstätten Südboliviens betrugen die ermittelten Vorräte 1984 rund 15 000 t Bi-Inhalt. Das USBM schätzte 1985 die Weltvorräte in komplexen Erzen auf rund 200 000 sh. t, wobei die Hauptmengen auf Japan (63 000), Australien (29 000), Mexiko (15 000), USA (15 000), Peru (14 000) und Kanada (10 000) entfielen.

4.2.3 Gewinnung des Metalls und Standorte der Hütten

Wismut fällt heute hauptsächlich bei der Verhüttung von Blei im Flugstaub oder bei

Tabelle IV.40. Wichtigste Wismuterzeuger (Hütten)

Land	Ort	Produzent	Kapazität (t/Jahr)
Peru	La Oroya	Centromin Peru S.A.	520
Bolivien	Telemayo/ Potosi	COMIBOL	750
Japan	Kamioka/Gifu	Mitsui Mining & Smelting Co.	100
	Niihama/ Ehime	Sumitomo Metal Mining Co.	50
	Chigirishima	Toho Zinc Co.	60
	Miyako	Rasa Industries	180
USA	Omaha/Neb.	ASARCO Inc.	300
Mexiko	Monterrey	Met. Mex. Peñoles (AMAX)	500
	Monterrey	Industrial Minera Mex.	355
Australien	Tennant Creek	Peko-Wallsend Metals	800
Kanada	Trail/B.C.	Cominco	200
	Belledune	Brunswick Mining & Smelting	55
Korea	Daegu	Korea Tungsten Mining Co.	120
Belgien	Hoboken	Metallurgie Hoboken	200
	Tilly	Sidech	1200
Frankreich	Salsigne	Mines & Produits Chimiques de Sal.	50
	Noyelles-Godault	Peñarroya	100
Bundesrepublik Deutschland	Hamburg	Norddeutsche Affinerie	400
	Goslar	Preussag	100
	Düsseldorf	Gesellschaft für Elektrometallurgie	50

der Bleiraffination an. Auch aus Flugstäuben der Kupferhütten oder aus Anodenschlämmen der Kupferelektrolyse kann Wismut gewonnen werden. Die gebräuchlichen Verfahren zur Wismutgewinnung aus Bleihüttenrückständen sind der Kroll-Betterton-Prozeß (pyrometallurgische Abtrennung) und der Betts-Prozeß (Elektrolyse mit anschließendem Schmelzen des Anodenschlammes, wobei sich Wismut in der Schlacke konzentriert).

Bei der traditionellen Gewinnung aus den Wismutlagerstätten Boliviens wird zunächst durch Handklaubung oder einfache Schwerkraftaufbereitung ein Konzentrat mit 13 - 15 % Bi hergestellt, das im Röstofen in Oxid übergeführt wird, aus dem dann durch reduzierendes Schmelzen mit Kohlenstoff das Metall entsteht.

Da oft nur sehr reines Wismut (99,99 bis 99,999 %) verkaufsfähig ist, muß eine Raffination (meist mit geschmolzener Kaustischer Soda) erfolgen. — Recycling von Wismut spielt kaum eine Rolle. Eine unbedeutende Rückgewinnung aus Katalysatorenrückständen und aus Legierungsabfällen wird mitunter in den USA durchgeführt.

Von den zahlreichen Blei- und Kupferhütten, die Wismut als Nebenprodukt erzeugen, sollen nur die wichtigsten genannt werden (Tab. IV.40).

4.2.4 Verwendungsbereiche und Bedarfsentwicklung

Wismut wird verarbeitet für
a) kosmetische und pharmazeutische Artikel (1984: ca. 60 %),
b) niedrigschmelzende Legierungen (ca. 30 %),
c) metallurgische Zusätze und andere Legierungen (ca. 8 %).

In der Kosmetikindustrie wird Wismut vor allem in Form von Wismutoxichlorid zur Herstellung von Lippenstiften, Nagellack, Gesichtspuder oder Lidschatten gebraucht. Andere Salze, wie das Karbonat oder das Nitrat, dienen als Bestandteil von Heilmitteln.

Extrem niedrigschmelzende Legierungen mit Schmelzpunkten zwischen $47°C$ ("Cerolow 117") und $227°C$ ("Cerromatrix") bestehen aus Wismut (40 - 99 %), Blei und Zinn, teilweise mit Cadmium. Ihre Verwendung reicht von Kontrollinstrumenten über Feuerwarnsysteme bis zu Spezialloten. Lange bekannt sind das Woodsche Metall aus 50 % Bi, 25 % Pb, 12,5 % Cd, 12,5 % Sn und das Rose-Metall aus 50 % Bi, 25 % Pb, 25 % Sn.

In der Metallurgie hat sich Wismut als Additiv für Kohlenstoffstähle und Schmiedeeisen bewährt, da die Bildung von Graphit verhindert wird und sich dadurch vor allem die Bearbeitungseigenschaften verbessern. Der Einsatz von Wismut als Katalysator ist rückläufig. Quantitativ besondere Bedeutung haben Wismutkatalysatoren bei der Fabrikation von Acrylnitril für die Kunstfaserproduktion.

Tabelle IV.41. Produktion von Wismut (t)

	1972	1983
USA	800	600
Bolivien	750	5
Peru	850	620
Mexiko	700	600
Japan	400	550
Kanada	400	200
Australien	200	1 500
Korea	100	90
Ostblock	425	500
Welt	4 625	4 665

Quelle: US-Bureau of Mines, 1973 und 1985.

Der Wismutmarkt stagniert seit 1970 (vgl. Tab. IV.41). Während der metallurgische Sektor (Legierungen, Stahladditive) noch geringe Zuwachsraten aufweist und auch die Verwendungsbereiche Heilmittel und Farben etwa konstanten Bedarf erkennen lassen, ist die Verwendung von Wismut für Kosmetika rückläufig. Für Verwendungs-forschungen wurde Ende 1972 von sechs großen Produzenten ein "Bismuth In-stitute" in La Paz/Bolivien gegründet.

4.2.5 Marktstruktur

Auf der Angebotsseite ist allein die Struktur des Hüttensektors (Tab. IV.40) maß-gebend, da Wismut vorzugsweise als Nebenprodukt in einigen Buntmetallhütten ge-wonnen wird. Den größten Produktionsanteil erzielt derzeit die Peko Wallsend Metals (Australien) mit etwa 25 % der Welterzeugung (ohne Ostblock). Auch die staatliche Centromin in Peru und die Industrias Penoles in Spanien mit je ca. 15 %, der ameri-kanische Konzern ASARCO (zusammen mit seiner mexikanischen Tochter Industrial Minera Mexicana) mit ca. 10 % und die Mitsui Mining & Smelting Co. mit etwa 10 % gehören zu den mittleren Produzenten, so daß auf der Angebotsseite des Wismut-marktes eine oligopolistische Marktform besteht.

Wie bei den meisten Metallmärkten weist dagegen die Struktur der Nachfrageseite keinerlei nennenswerte Konzentration auf.

4.2.6 Preisentwicklung

Die Produzentenpreise erreichten 1974 einen Höchststand und fielen dann bis 1984 kontinuierlich (vgl. Abb. IV.11). Auf dem amerikanischen Markt übernimmt norma-lerweise die ASARCO die Preisführerschaft. Daneben wird Wismut in London auch am freien Markt notiert, der ebenfalls 1974 eine ungewöhnliche Hausse erlebte.

Die strategische Reserve der USA spielt auf dem Wismutmarkt keine Rolle mehr. Nach der Revision des Stockpiles 1967 wurde das Hortungsziel zunächst auf 1200 sh. t, danach auf 1100 sh. t festgelegt. Ende 1984 waren 1040 t eingelagert.

4.2.7 Handelsregelungen

Üblich ist der Handel von Wismut in Mengen von 1 t, wobei eine Reinheit von min-destens 99,99 % und – bei Verwendung für Kosmetika und Pharmazeutika – absolu-te Arsenfreiheit vorgeschrieben wird. Hochreines Metall (Reinstwismut mit min-destens 99,999 %) wird in einigen Hütten erzeugt (Preussag, Centromin/Peru, Comin-co).

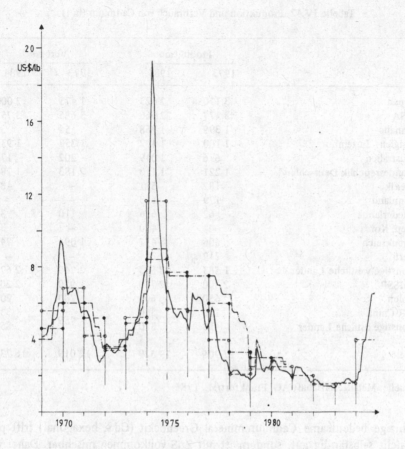

Abbildung IV.11. Preise für Wismut (Produzentenpreis USA: Monatsdurchschnitt ——— /Jahres-
durchschnitt ⊶--⊸ ; Freier Markt London: Monatsdurchschnitt –·– /Jahres-
durchschnitt ⊷--⊸)

4.3 Cadmium

Das silberweiße, relativ weiche, duktile Metall Cadmium (Schmelzpunkt 320,9°C,
Siedepunkt 767,3°C) wurde 1817 von F. Strohmeyer als Verunreinigung in Zink-
Hüttenprodukten (Zinkkarbonat) von Salzgitter entdeckt und 1827 erstmals aus
oberschlesischen Zinkblendekonzentraten gewonnen.

4.3.1 Minerale, Lagerstätten und Erzvorräte

Zu den bemerkenswerten Eigenschaften gehört die sehr hohe Korrosionsbeständigkeit gegenüber Atmosphärilien, Salzwasser und Alkalien. Sowohl Cadmium als auch
seine Verbindungen (besonders die Oxide) sind hochgiftig.

Tabelle IV.42. Produktion und Verbrauch von Cadmium (in t)

	Produktion		Verbrauch	
	1973	1984	1973	1984
Japan	3 170	2 423	1 475	2 000
USA	3 477	2 066	5 685	3 751
Kanada	1 399	1 768	55	34
Belgien - Luxemburg	1 100	1 472	1 357	1 936
Australien	676	1 049	202	170
Bundesrepublik Deutschland	1 221	1 110	2 183	1 289
Mexiko	182	571	–	488
Finnland	179	610	–	–
Niederlande	62	636	110	38
Rep. Korea	–	410	–	34
Frankreich	606	417	1 094	741
Peru	212	384	–	–
Sonstige westliche Länder	1 583	2 533	2 749	2 673
UdSSR	2 800	2 750	1 950	2 200
Polen	650	600	200	200
VR China	170	360	959	330
Sonstige östliche Länder	418	370		855
Welt	17 905	19 529	18 019	16 739

Quelle: Metallgesellschaft AG, Frankfurt/M., 1985.

Das einzige bedeutsame Cadmiummineral Greenockit (CdS, hexagonal) tritt praktisch nicht selbständig auf, sondern ist mit ZnS vollkommen mischbar. Daher wird CdS sowohl in Zinkblende (kubisches ZnS) als auch besonders in Wurtzit (hexagonales ZnS mit bis 2 % CdS) abgefangen.

Natürliche Zinkblenden sind diadoche Mischungen aus ZnS mit 0,2 - 0,5 % CdS (sowie FeS und MnS). In gleicher Weise kann Cadmium in Zinkspat (= Smithonit $ZnCO_3$) in Form von Cadmiumspat (= Otavit $CdCO_3$) getarnt auftreten.

Es gibt also keine Cadmiumlagerstätten, sondern nur cadmiumhaltige Zinkerze, aus denen das Metall während der Verhüttung gewonnen wird (vgl. Kap. IV.2). Der durchschnittliche Gehalt in Zinkkonzentraten schwankt zwischen 0,1 % und 0,5 % Cd.

Über die Erzvorräte können nur indirekte Angaben unter Berücksichtigung der nachgewiesenen Vorräte an Zinkerzen gemacht werden. Als Größenordnung wurden 1 Mio. t (1985) gewinnbare Cadmiumvorräte (Reserven) angenommen, wobei davon ausgegangen wird, daß pro t Hüttenzink 2 - 5 kg Cd anfallen. Die potentiellen Vorräte werden wesentlich höher (10 - 15 Mio. t) eingeschätzt. Die umfangreichsten Reserven sind in Kanada (75 000 t), USA (55 000 t), Australien (55 000 t) und Irland (50 000 t) nachgewiesen worden.

4.3.2 Gewinnung des Metalls und Standorte der Hütten

Als Vorstoffe zur Gewinnung von Cadmium dienen vor allem Flugstäube und Elektrolyseschlämme, die bei der Zinkverhüttung entstehen. Bei der Röstung sulfidischer Erze bzw. Erzkonzentrate sammelt sich das relativ leicht flüchtige Cadmium im Flugstaub an. Auch bei der Zinkgewinnung nach dem New Jersey-Verfahren entstehen cadmiumreiche Stäube. Außerdem bringt die Reinigung des Elektrolyten in Zinkraffinerien durch Zementation mit Zinkstaub Vorstoffe mit nennenswerten Cadmiumgehalten. Die Vorstoffe werden in der Regel noch durch erneute Verflüchtigung im Kurztrommelofen angereichert, bevor die Cadmiumextraktion durch mehrfache Laugung und Zementation beginnt. Dabei entsteht ein Cadmiumzement, aus dem das Rohmetall ausgeschmolzen werden kann, das durch Raffination zum verkaufsfähigen Reinmetall (99,95 - 99,99 % Cd) verarbeitet wird.

Das *Recycling* von Cadmium ist auf 5 - 10 % der Primärproduktion begrenzt, da fast nur die Rückgewinnung aus Verarbeitungsabfällen und aus gebrauchten Nickel-Cadmium-Batterien möglich ist. Die Wiedergewinnung aus cadmiertem Stahlschrott ist eng begrenzt.

In allen größeren Zinkraffinerien (vgl. Kap. IV.2) wird auch Cadmium als Nebenprodukt gewonnen. Über beachtliche Kapazitäten verfügen dabei:

- in den *USA* die Hütten der ASARCO in Denver/Col. und Corpus Christi/Texas mit 300 t Jahreskapazität sowie die Hütten der AMAX Zinc Co. in East St. Louis/Ill. (350 t), der National Zinc Co. in Bartlesville/Okla. (350 t) und der Bunker Hill Co. in Silverking/Ida. (300 t);
- in *Japan* die Hütten der Toho Zinc Co. in Annaka (660 t), der Akita Zinc. Co. in Akita (600 t), der Nippon Mining Co. in Mikkaichi (720 t) sowie der Mitsubishi Metal Corp. in Akita (530 t) und Hosokura (140 t);
- in *Kanada* die Hütten der COMINCO in Trail/B.C. (540 t), der Canadian Electrolytic Zinc in Valleyfield/Que. (540 t) und der Texasgulf in Timmins/Ont. (485 t);
- in *Belgien* die Hütten der Sté des Mines et Fonderies de Zinc in Balen (750 t) und der Metallurgie Hoboken-Overpelt in Overpelt (400 t);
- in *Australien* die Hütte der Elektrolytic Zinc Co. of Australasia in Risdon/Tasm. (550 t);
- in der *Bundesrepublik Deutschland* die Hütten der Preussag in Goslar (850 t), der Ruhr-Zink in Datteln und Duisburg (650 t) und der Marquardt GmbH in Bonn (300 t);
- in *Finnland* die Hütte der Outokumpu in Kokkola (700 t);
- in *Mexiko* die Hütte der Met-Mex Peñoles in Torreon (1160 t);
- in *Korea* die Hütte der Korea Zinc Co. in Onsan (430 t).

4.3.3 Verwendungsbereiche und Bedarfsentwicklung

In folgenden Industriesektoren wird Cadmium benötigt:

a)   Oberflächenschutz für Metalle (Galvanotechnik),
b)   Batteriekomponenten,
c)   Farben und Pigmente,
d)   Stabilisatoren und Katalysatoren in der Organochemie,
e)   Legierungen.

Auf die Galvanisationstechnik einschließlich Fahrzeugbau entfällt etwa 50 %, auf die Batterieherstellung 20 - 25 %, auf Farben 12 - 15 % und auf Kunststoffe 10 - 12 % des Bedarfs.

Für Schutzüberzüge eignet sich Cadmium wegen der außergewöhnlichen Korrosionsbeständigkeit, der gleichmäßigen Beschichtung, der hohen Duktilität, der guten Lötbarkeit und des dauerhaften Glanzes. Die Metalloberflächen werden entweder im Cyanidbad galvanisiert oder elektrolytisch beschichtet. Cadmiumüberzüge erhalten Werkstoffe für den Bau von Kraftfahrzeugen, Schiffen und Flugzeugen, optischen und elektronischen Instrumenten oder Metallkurzwaren, wie Bolzen, Nieten, Schrauben, Federn.

Weite Verbreitung haben Cadmiumverbindungen als Pigmente und Farbstoffe gefunden. Cadmiumsulfide färben zitronengelb bis orange, Cadmiumsulfoselenide orange, hellrot bis kastanienbraun. Autolacke, Lasuren für Glas und Keramik und Kunststoffe enthalten Cadmiumfarbstoffe. In der Organochemie wird Cadmiumstearat als Stabilisator für Vinyl-Plastiks benötigt, oder andere Cadmiumverbindungen dienen als Katalysatoren zur Hydrierung ungesättigter Fettsäuren.

Trockenbatterien aus Nickel-Cadmium-Legierungen (oder auch Ag-Cd) sind fast wartungsfrei und werden in Rasierapparaten und Taschenlampen, in der Raumfahrt oder als Notstromaggregate verwendet. Der Markt für Kleinbatterien wächst rasch. Einige Lote und niedrigschmelzende Legierungen (Woodsches Metall) enthalten Cadmium, das sich auch für spezielle Lagermetalle (aus 99 % Cd und 1 % Ni oder 98,7 % Cd und 0,7 % Ag, 0,6 % Cu) eignet.

Neue Anwendungen hat Cadmium im Bereich der Legierungen gefunden, wo mehrphasische Eisen-Cadmium-Legierungen mit bis zu 40 % Cd als Werkstoff für Maschinenwerkzeuge und für Matrizen entwickelt wurden. Auch Ag-Cd-Legierungen für elektrische Kontakte oder Cd-Se-In-Legierungen als Datenspeichermedien sind erprobt worden. Zn-Cd-Legierungen und Pb-Cd-Legierungen haben sich als geeignet für Gleit- und Schmiermittel erwiesen und Gußmagnete werden neuerdings hergestellt, indem Pulvermagnetmaterial einer Cd-Zn-Schmelze zugegeben wird. Die Forschungsarbeiten konzentrieren sich auf die Verwendung von Cadmium in Form von Cd-Sulfid oder Cd-Tellurid in Solarzellen.

Der *Cadmiumbedarf* stagniert seit Anfang der siebziger Jahre oder war sogar rückläufig. Dafür sind verschiedene Entwicklungstendenzen verantwortlich:
—   Das wachsende Umweltbewußtsein und die Umweltschutzgesetzgebung, die eine Substitution von Cadmium bewirkte oder erzwang. Cadmium und einige Cad-

miumverbindungen sind toxisch und können zu schweren Erkrankungen der inneren Organe sowie zu Knochenerweichungen (Itai-Itai-Krankheit) führen. Deshalb wird in einer Reihe von Ländern die Verwendung von Cadmiumpigmenten in Kunststoffen eingeschränkt oder verboten (Schweden 1982), die zu Spielzeug oder Haushaltsartikel verarbeitet werden. Die deutsche PVC-Industrie schränkte den Cadmiumverbrauch freiwillig um 50 % ein. Als Substitut bieten sich Organozinnverbindungen als Stabilisator an. Bei den Cadmiumüberzügen liegt das Umweltproblem bei der schadstoffarmen Aufbereitung der Galvanisierabwässer und der "Endlagerung" der Galvanoschlämme. Deshalb ist auch auf diesem wichtigen Einsatzgebiet mit Substitution zu rechnen. Hierfür kommen insbesondere Zink oder auch aufgedampftes Aluminium in Betracht.

– Eine wachsende Nachfrage nach Kleinbatterien für tragbare Elektrogeräte hat den Bedarf an Nickel-Cadmium-Batterien erhöht. Sie sind als Wegwerfprodukte zwar auch kritisiert worden, doch ist die Produktion im letzten Jahrzehnt ständig gestiegen. Ein Teil des Bedarfsrückganges konnte auch durch die erwähnten neuen Cadmiumlegierungen wettgemacht werden.

Die Stagnation des Cadmiumverbrauches auf einem Niveau von rund 18 000 t wird für die nächsten Jahre vorausgesagt. Das Angebot ist extrem unelastisch, da Cadmium ein Kuppelprodukt der Zinkgewinnung ist.

4.3.4 Marktstruktur

Wie aus der Zusammenstellung der Cadmiumproduzenten (vgl. Kap. IV.4.3.2) hervorgeht, gibt es eine ganze Reihe von Anbietern, die zwischen 2 und 5 % der Weltproduktion anbieten können. Da diese Erzeuger aber vorrangig in Industrieländern beheimatet sind, spielt der Welthandel nur eine untergeordnete Rolle. Die Angebotsseite und auch die Nachfrageseite weisen keinen nennenswerten Konzentrationsgrad auf.

4.3.5 Preisentwicklung

Ein geologisch-lagerstättenkundlicher Preisbestimmungsfaktor hat besondere Bedeutung. Da Cadmium und Zink durch die Lagerstättengenese typische Kuppelprodukte des Bergbaus sind, ist das Cadmiumangebot unmittelbar von der Zinkproduktion abhängig. Die Angebotselastizität in bezug auf den Preis ist demnach ganz gering. Als weitere Einflußgröße hat sich der *Ost-West-Handel* gezeigt. Die Sowjetunion als drittgrößter Weltproduzent exportiert normalerweise nach Westeuropa. Unvorhersehbare Erhöhungen oder Verringerungen der Lieferungen können Preisschwankungen hervorrufen, insbesondere am freien Markt in London.

Auch der *Stockpile* der USA hat vorübergehend als Preisbestimmungsfaktor gewirkt. Zur Minderung eines Angebotsdefizits 1969 und 1970 autorisierte der Kongreß die GSA zum Verkauf von Überschüssen. 1985 lag das Einlagerungsziel bei 5307 t, doch der Stockpile enthielt nur 2871 t. Die GSA wird dadurch zu einem potentiellen Nachfrager.

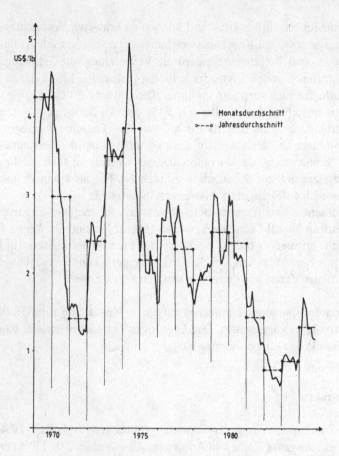

Abbildung IV.12a. Cadmiumpreise in London (Freier Markt, Stangen, 99,95 % Cd)

Die Umweltschutzgesetzgebung wirkt sowohl auf das Angebot als auch auf die Nachfrage und hat deshalb erheblichen Einfluß auf den Cadmiumpreis. Das Angebot wird tendenziell erhöht durch Auflagen, die Hütten und sogar Müllverbrennungsanlagen zwingen, Cadmium möglichst vollständig aus den Abgasen und Flugstäuben zu gewinnen. Die Nachfrage wird tendenziell eingeschränkt durch Verwendungsverbote auf einigen Einsatzgebieten.

Der Cadmiumpreis ist erheblichen Schwankungen unterworfen (Abb. IV.12a/b), wobei der Londoner Freimarktpreis besonders betroffen ist. 1982 erreichte der Preis einen Tiefstand, der aus dem Zusammenspiel von konjunkturellen und ökologischen Bedarfseinbußen resultierte. Der Produzentenpreis in den USA ist richtungsweisend für viele Lieferanten. Die großen US-Produzenten wechseln sich bei der Preisführerschaft ab, wobei der ASARCO eine ausschlaggebende Rolle zukommt.

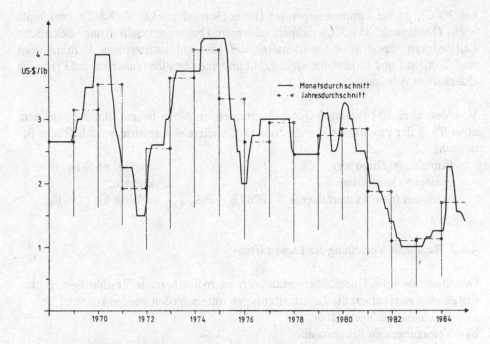

Abbildung IV.12b. US-Produzentenpreis für Cadmium (Stangen, 99,95 % Cd)

4.3.6 Handelsregelungen

Cadmium 99,95 % wird vom Hersteller in 250 mm langen und 10 · 12 mm dicken
Stangen (sticks) oder in kleinen Gußblöcken geliefert. Für die Pigmentierungen wird
mindestens 99,99 % reines und Thallium-freies Cadmium benötigt, das als linsenförmige Anoden (Gewicht ca. 2 kg) oder Granalien angeboten wird. Reincadmium
hat mindestens 99,995 % Cd und Reinstcadmium 99,9999 % Cd.

4.4 Quecksilber

Quecksilber gehört zu den wenigen Metallen, die in der Antike als solche genutzt
wurden (griech.: hydargyrum, Hg – lat.: mercurius). Schon die Phönizier kannten
die Zinnoberlagerstätte Almadén in Spanien und Theophrast (372 - 287 v.Chr.) beschreibt die Darstellung von Quecksilber aus dem "spanischen Zinnober". Die Etrus-
ker betrieben Abbau am Monte Amiata in Italien, und die Alchimisten des Mittelalters experimentierten mit Quecksilber sehr intensiv bei ihrer Suche nach Gold.

4.4.1 Eigenschaften und Minerale

Das silberweiße, stark glänzende Metall hat eine relativ hohe Dichte (D = 13,6 g/cm³ bei 20°C), ist bei Zimmertemperatur flüssig (Schmelzpunkt − 38,8°C), verdampft leicht (Siedepunkt 357,3°C), oxidiert schwer und besitzt eine sehr geringe elektrische Leitfähigkeit. Spezifische Eigenschaften der ein- und zweiwertigen Verbindungen sind Toxizität und Explosionsneigung. Mit anderen Metallen (außer Fe und Pt) bildet Quecksilber Amalgame.

Von den über 20 bekannten Quecksilbermineralen haben neben Zinnober, aus dem etwa 95 % der Produktion stammt, nur zwei weitere eine gewisse wirtschaftliche Bedeutung:

Cinnabarit (Zinnober)	HgS	trigonal 86 % Hg,
gediegen Quecksilber	Hg	kubisch,
Schwazit (Quecksilberfahlerz)	$(Cu,Hg)_3 SbS_{3-4}$	kubisch bis 17 % Hg.

4.4.2 Regionale Verteilung der Lagerstätten

Genetisch sind die Quecksilbervorkommen an hydrothermale Restlösungen gebunden, wobei zwei verwandte Lagerstättentypen unterschieden werden können:
a) Imprägnationslagerstätten,
b) Vererzungen an Bruchzonen.

Imprägnationslagerstätten treten in tektonisch beanspruchten Bereichen zwischen lithologisch verschiedenartigen Gesteinen auf, wobei etwa Brekzien, zerklüftete Sandsteine oder Quarzite von aufsteigenden Erzlösungen imprägniert wurden (Spanien, Jugoslawien, China, UdSSR). Wenn sich Quecksilbererze sehr deutlich unmittelbar an Bruchzonen konzentrieren, werden die Lagerstätten als eigener Typ betrachtet (Italien, USA). Anfang der siebziger Jahre wurden daneben auch in einigen hydrothermalen Buntmetallerzen Gehalte an Quecksilber entdeckt, so daß es als Nebenprodukt gewonnen werden kann (Finnland, Irland).

Die wichtigsten Bergwerke sind auf folgende Länder verteilt (vgl. auch Abb. IV.9):

Spanien: In der Provinz Ciudad Real liegt die reichste Lagerstätte der Welt, Almadén, wo gangförmige Quarzitkörper mit Zinnober imprägniert sind. In fast zweieinhalb Jahrtausenden wurden hier über 6 Mio. Flaschen Quecksilber gewonnen. Die Metallgehalte im Haufwerk gingen dabei von fast 20 % Hg auf nunmehr wenig über 2 % Hg zurück. Die Minas de Almadén eröffneten 1980 den neuen Großtagebau El Entredicho und planen die Erschließung einer neuen Mine "Las Cuevas" bis 1987. Die Rationalisierungsmaßnahmen haben die Wirtschaftlichkeit wesentlich verbessert.

Italien: Der bereits den Etruskern bekannte Erzdistrikt am Monta Amiata in der Toskana war zeitweilig der bedeutendste Quecksilberproduzent der Welt. Bis 1976 wurden vor allem aus der Hauptmine Abbadia S. Salvadore Erze mit ca. 1 % Hg gefördert. Die Mineralisation ist an eine fast 100 km lange vulkanische Bruchzone in mesozoischen und tertiären Sedimenten gebunden. Die potentiellen Vorräte sind noch immer beträchtlich und eine Wiedereröffnung der Minen wird in Abständen diskutiert.

USA: Quecksilbervererzungen sind im Westen der USA an tertiären Vulkanismus gebunden, der mit Bruchzonen der Rocky Mountains in Verbindung steht. Über 100
kleine und mittlere Minen waren noch bis Mitte der siebziger Jahre in Kalifornien,
Nevada, Oregon und Idaho in Betrieb. 1985 produzierte nur noch die McDermitt
Mine in Nevada (Placer Amax), weil die kleineren Betriebe die strengen Umweltschutzauflagen kostenmäßig nicht mehr verkraften konnten.

Mexiko: Tertiärer Vulkanismus ist auch verantwortlich für die Entstehung zahl-
reicher kleiner Quecksilbervorkommen auf dem mexikanischen Zentralplateau,
beispielsweise in den Provinzen Torreon und Zacatecas. Seit Anfang der siebziger
Jahre geht die Produktion wegen Zechenschließungen ständig zurück.

Algerien: 1971 wurde die mit russischer Unterstützung erschlossene Ismail Mine bei
Azzaba in Betrieb genommen und entwickelte sich zu einem bedeutsamen Produzenten.

Jugoslawien: Im Gebiet von Idrija/Slowenien treten Quecksilbererze als Imprägnationen in tektonisch zerrütteten Muschelkalken auf. 1983 wurde die neue Idrija Mine in
Betrieb genommen.

Sowjetunion: Seit 1970 ist die Sowjetunion der wichtigste Quecksilberproduzent der
Welt. Als bedeutsame Lagerstätten können angeführt werden: Khaydarkan im Süden
Kirgisiens, Dzhidhikrutski in Tadschikistan, das Nikitovski-Kombinat im Donez-
becken (Ukraine) mit den Untertagebetrieben Novaya und Novozavodskaya sowie
dem Tagebau Polukupol Novyi und das Kombinat Zakarpatskaya Oblast in der Ukraine mit den Minen Borkutnoye und Shayanskoye.

VR China: Das Zentrum des Quecksilberbergbaus liegt in der Provinz Kweitschou
(Wantschou-Tschou-Revier). Auch in der Provinz Honan stehen kleinere Minen im
Abbau.

Ergänzend wird noch hingewiesen auf die Djebel Arja Mine in Tunesien, die El Brocat
Mine in Peru, die Pueblo Viejo Mine in der Dominikanischen Republik (Nebenprodukt der Goldgewinnung) und auf die Pinchi Lake Mine in British Columbia/Kana-
da, die von 1965 bis 1975 zu den bedeutsamsten Quecksilberproduzenten der Welt
zählte, aber aus Rentabilitätsgründen zumindest vorübergehend stilliegt.

Beachtung verdient auch die Gewinnung von Quecksilber als Nebenprodukt bei der
Verhüttung komplexer Buntmetallkonzentrate, beispielsweise seit 1969 in Irland
(Gorthdrum Mine) und seit 1970 in Finnland (Kokkola).

4.4.3 Vorratssituation

Die umfangreichsten Vorräte sind aus dem Bereich der Grube Almadén/Spanien bekannt, wo die potentiellen Erzvorräte sogar auf 6 Mio. Flaschen geschätzt werden.
Auch die Sowjetunion als derzeitiger Hauptproduzent verfügt über erhebliche Reserven (Tab. IV.43).

Tabelle IV.43. Quecksilbervorräte der Welt (in Flaschen zu 76 lbs)

	Paley-Report 1952	Janković 1963	Bureau of Mines 1980
Spanien	2 000 000	1 200 000	1 450 000
Jugoslawien		225 000	500 000
USA	1 500 000	330 000	350 000
Mexiko	185 000	480 000	250 000
Kanada	200 000	300 000	120 000
Italien	1 250 000	2 250 000	350 000
Übrige westliche Welt		360 000	470 000
Ostblock	75 000	750 000	1 000 000
Welt insgesamt	5 210 000	5 895 000	4 490 000

4.4.4 Gewinnung des Metalls und Standorte der Hütten

Auch Zinnobererze müssen heute wegen der zurückgegangenen Metallgehalte aufbereitet werden. Eine Voranreicherung kann durch Zerkleinern und Absieben erfolgen. Tradition hat die Schwerekonzentration, während in modernen Aufbereitungsanlagen auch flotiert wird. Komplexe Hg-Sb-Erze, Hg-As-Erze oder quecksilberhaltige Sulfiderze verlangen dabei komplizierte Flotationsprozesse.

Bei der metallurgischen Verarbeitung der Konzentrate kommen vorrangig pyrometallurgische und selten auch hydrometallurgische Verfahren zur Anwendung (Ausbringen über 95 %).

Bei den *pyrometallurgischen* Prozessen werden die großstückigen Konzentrate in Schachtöfen, die feinstückigen Sorten in Schüttrostöfen unter Luftzutritt bei 700 - 750°C geröstet, wobei Hg und SO_2 entweichen. In wassergekühlten Röhrenkondensatoren aus glasiertem Steinzeug werden die Quecksilberdämpfe kondensiert. Aus dem entstandenen "Strupp" (Hg mit Staub, Ruß und Teer) wird das Quecksilber ausgepreßt. Die noch quecksilberhaltigen Preßrückstände werden in die Röstöfen zurückgeführt. Bei der *hydrometallurgischen* Verarbeitung wird Zinnober aus den Konzentraten mit einer Natriumsulfidlösung ausgelaugt und das Quecksilber anschließend mit Hilfe von metallischem Aluminium gefällt. Das so gewonnene Metall weist hohe Reinheitsgrade auf (99,99 %) und bedarf keiner weiteren Raffination.

In der Kupferhütte von Gortdrum/Irland wird der Quecksilbergehalt der Erze vor dem Abrösten durch vorsichtiges Abdestillieren gewonnen, während die Abscheidung von flüchtigem Hg aus den Abgasen der NE-Metallhütten noch immer technische Probleme aufgibt.

Die Gewinnung von Quecksilber aus Schlacken, Flugstäuben und Abfällen wird immer mehr praktiziert, schon um eine Gefährdung der Umwelt zu mindern. Auch das

Tabelle IV.44. Weltproduktion von Quecksilber (in Flaschen zu 76 lbs)

	1960	1970	1980**	1984**
Spanien	53 369	47 689	59 329	52 400
Italien	55 420	44 347	103	*
Mexiko	20 114	30 232	4 999	13 238
USA	33 223	27 303	36 473	22 649
Kanada		23 981	*	*
Jugoslawien	14 058	15 449	*	2 482
Türkei	2 143	8 580	8 481	6 274
Japan	33 565	5 855	*	*
Philippinen	3 014	4 647	*	*
Peru	3 034	3 397	*	*
Irland		1 304	*	*
Finnland		400	2 586	2 758
Bundesrepublik Deutschland	*	*	1 931	*
UdSSR	25 000	48 000	62 052	55 158
VR China	20 000	20 000	27 579	27 579
CSSR	720	1 160	5 481	4 826
Welt insgesamt	268 140	285 194	235 041	200 430

*) keine Angaben; **) umgerechnet von t in Flaschen.

Quelle: Penarroya – Annuaire Minerais et Métaux, Paris;
Metallgesellschaft AG, Frankfurt/Main 1985.

Recycling aus elektrischen Apparaten, Kontrollinstrumenten und alten Chlor-Alkali-Anlagen hat beträchtliche Ausmaße angenommen.
Da Quecksilber mit so einfachen Verhüttungsprozessen gewonnen wird, ist praktisch an jede mittlere und große Lagerstätte eine Hütte angeschlossen. Die größten Kapazitäten weisen auf:

Spanien	Almadén de Azoqué	Minas de Almadén
Jugoslawien	Idrija	Rudnic Zivega Srebra
Mexiko	Sain Alto Torreon	Cia. Minera de Mercurio Nuevo Mercurio
USA	McDermitt/Nev.	Placer Amax Inc.
Finnland	Kokkola	Outokumpu Oy
Bundesrepublik Deutschland	Goslar Frankfurt/M.	Preussag-Metall DEGUSSA
UdSSR	Nikitovski Khaydarkan Zakarpatskaya	staatliche Kombinate
VR China	Kweitchou	staatlich

Zur Zeit stillgelegt sind die großen Hütten der Monte Amiata in Abbadia San Salvatore (Italien) und der Cominco Ltd. in Pinchi Lake (Kanada).

4.4.5 Verwendungsbereiche

Die wichtigsten Endverbrauchsgebiete für Quecksilber sind aus Tabelle IV.45 zu entnehmen, die auch Hinweise auf die Bedarfsentwicklung gibt.

Der mengenmäßig größte Bedarf besteht für die Herstellung von elektrischen Apparaten, wie Quecksilberdampflampen, Höhensonnen oder Gleichrichtern und in erheblichem Maße für die Produktion von Quecksilberoxid-Trockenbatterien.

Ein anderes wichtiges Verwendungsgebiet ist der Gebrauch von Quecksilberzellen zur elektrolytischen Erzeugung von Chlor und Kaustischer Soda.

Die toxischen Eigenschaften von Quecksilber werden zur Herstellung von Schutzfarben ausgenutzt, die insbesondere für Schiffsanstriche Verwendung finden. Auch für Kontrollinstrumente, wie Manometer oder Barometer, sind noch gewisse Mengen an Quecksilber eingesetzt.

Früher wurden in größerem Umfange aus Quecksilbersalzen Zündstoffe hergestellt ("Knallquecksilber"). Die strategische Bedeutung ging jedoch verloren, da mehr und mehr das billigere Bleiacid Verwendung findet.

Der Einsatz von Quecksilber in der Metallurgie beruht auf der Eigenschaft, daß sich andere Metalle leicht in Hg lösen und Legierungen, sog. Amalgame, bilden. Silberamalgame finden als Zahnfüllungen Verwendung.

4.4.6 Bedarfsentwicklung

Seit 1969 geht der Verbrauch von Quecksilber tendenziell zurück, da ein steigendes Umweltschutzbewußtsein und verschärfte Umweltschutzgesetzgebung zur freiwilligen oder erzwungenen Substitution führte. Die Belastung der Luft und des Wassers durch Hg und Hg-Verbindungen hat bis in die siebziger Jahre ständig zugenommen und alarmierende Berichte über Anreicherungen in Lebensmitteln, wie Fisch und Getreide, führten zur strengen Kontrolle der industriellen Schadstoffemissionen.

Aus Japan wurden Quecksilbervergiftungen als "Minimatakrankheit" bekannt, die sich in Nervenschäden, Sehstörungen und Gliederlähmungen äußert. Der Chemiekonzern Chisso hatte quecksilberhaltige Abwässer in die Minimatabucht geleitet und dort den Fischbestand vergiftet.

In Pakistan, Irak und Guatemala traten Vergiftungen nach dem Verzehr von Saatgut auf, das mit quecksilberhaltigen Schädlingsbekämpfungsmitteln behandelt worden war.

Tabelle IV.45. Verbrauch von Quecksilber in den USA (in Flaschen)

	1965	1971	1981	1982
Elektrische Apparate, Batterien	18 887	16 938	37 900	31 320
Elektrolytzellen	8 753	12 262	7 323	6 224
Schutzfarben	8 466	8 605	7 049	6 794
Kontollinstrumente	10 330	4 879	328	272
Zahnersatz	3 196	2 387	1 866	1 213
Katalysatoren	924	1 141	815	499
Schädlingsbekämpfung	3 116	1 477	79	36
Pharmazeutika	418	682	–	–
Andere Zwecke	19 470	4 109	3 884	2 585
Insgesamt	73 560	52 475	59 244	48 943

Quelle: US-Bureau of Mines, Washington, D.C.

Wie aus Tabelle IV.45 hervorgeht, sind eine ganze Reihe von Verwendungsbereichen von Substitutionsprozessen betroffen. So wird in den USA (und gleichfalls in anderen westlichen Industrieländern) Quecksilber zur Herstellung von Pharmazeutika gar nicht mehr, zur Herstellung von Pflanzenschutzmitteln fast nicht mehr und zur Herstellung von Amalgamen als Zahnersatz in stark verminderten Quantitäten eingesetzt. Auch bei der Herstellung von Schutzfarben wird immer mehr auf Quecksilber verzichtet. Schließlich haben die Chlor-Alkali-Fabriken Schutzmaßnahmen ergriffen. Teilweise wurde das Quecksilberverfahren durch die neue Technologie des Diaphragmaverfahrens ersetzt, teilweise wurden durch Verbesserung der Quecksilber-Elektrolysezellen die umweltgefährdenden Verluste stark vermindert. Allerdings ist dann kein ständiger Ersatz der Elektroden mehr nötig, und der Bedarf beschränkt sich auf den Neubau oder die Modernisierung ganzer Chlor-Alkali-Anlagen.

Bemerkenswert ist auf der anderen Seite die Zunahme des Quecksilberverbrauches bei der Herstellung von elektrischen Geräten und vor allem von Trockenbatterien. Hierbei ist Verhinderung von Hg-Emissionen leichter zu beherrschen und ein Recycling relativ einfach.

4.4.7 Marktstruktur

Da der Bergwerkssektor sehr eng mit dem Hüttensektor verknüpft ist, unterscheiden sich beide strukturell kaum. Mit etwa 40 % der Weltproduktion (ohne Ostblock) steht die staatliche Minas de Almadén S.A./Spanien an der Spitze der Anbieter und hat nach dem vorläufigen Ausscheiden von einflußreichen Konkurrenten, wie AMMI/Italien, Cominco/Kanada (vorübergehend auch Rudnic Zivega Srebra/Jugoslawien) eine monopolartige Marktstellung auf der Angebotsseite erobert. Diese monopolartige Marktform wird abgeschwächt durch einige mittlere Produzenten, wie Placer

Amax Inc./USA, Cia. Minera de Mercurio/Mexiko oder Outokumpu Oy/Finnland, die
1 - 5 % des Weltmarktangebotes auf sich vereinen.

Auf der Nachfrageseite gehören einige Chemiekonzerne zu größeren Verbrauchern,
ohne daß ihr Marktanteil wenige Prozente übersteigt. Allein in den USA verarbeiten
etwa 170 Firmen Quecksilber.

Nachdem sich wichtige Produzenten Ende 1973 in Queretare/Mexiko getroffen hatten und eine stärkere Zusammenarbeit anstrebten, wurde im April 1975 die "Association Internationale des Producteurs des Mercure" (Assimer) in Paris gegründet. Die
offiziellen Mitglieder sind Algerien, Italien, Jugoslawien, Peru, Spanien und die
Türkei, doch sind nur Algerien, Spanien und die Türkei aktiv. Die Assimer ist bemüht,
die neuen Verwendungsbereiche für Quecksilber zu unterstützen und die verarbeitende Industrie zu beraten, um einem weiteren Bedarfsrückgang entgegenzuwirken.

4.4.8 Preisentwicklung

Die Preiskurve für Quecksilber (Abb. IV.13) zeigt einen ausgeprägt zyklischen Ver-

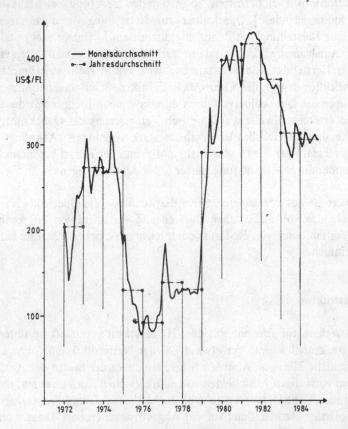

Abbildung IV.13. Preise für Quecksilber 99,99 % (Freier Markt, London)

lauf ("Quecksilberzyklus"), der durch schwankende statistische Marktpositionen bedingt ist, die einem Wechsel durch Substitutionsprozesse, Umweltschutzgesetzgebung und kommerzielle Lagerdispositionen unterliegen. In den Jahren 1966 - 1968 hatte der Stockpile der USA erheblichen Einfluß als Preisbestimmungsfaktor. Die Abgaben betrugen 1966 rund 7200 Flaschen, 1967 insgesamt 11 114 Fl. und 1968 sogar 19 160 Fl. Wegen des Überangebotes ab 1969 reduzierte dann die GSA ihre Verkäufe und stellte sie im September 1970 vorübergehend ein. Als Hortungsziel sind nur noch 10 500 Fl. vorgesehen, so daß 1985 noch immer 174 223 Fl. als Überschüsse vorhanden waren, von denen jährlich etwa 5000 Fl. verkauft werden.

Auch die Verkäufe der Sowjetunion spielen eine bedeutsame Rolle als Preisbestimmungsfaktor, der allerdings schwer zu prognostizieren ist. Während 1979 und 1980 fast 10 000 Fl. exportiert wurden, stellte die Sowjetunion in den Jahren 1981 - 1984 ihre Verkäufe fast ganz ein.

Die staatliche spanische Minas de Almadén setzt einen Abgabepreis für ihr Quecksilber fest. In London kommen trotzdem zwei Kurse zustande. Eine Notierung bezieht sich auf kleinere Lieferungen ex warehouse, die andere seit 1965 auf cif europäische Häfen und gilt als Freimarktpreis (vgl. Abb. IV.13). Seit 1972 wird der Preis in US-$/ Fl. statt £/Fl. veröffentlicht.

4.4.9 Handelsregelungen

Quecksilber kommt in Flaschen zu 76 lbs (= 34,5 kg) zum Verkauf, bei Reinheitsgraden von mindestens 99,9 %. Quecksilber 99,999 % wird als chemisch rein angeboten. Die Cominco American Co. stellt auch hochreines Quecksilber 99,99999 % her.

4.5 Indium und Thallium

Indium wurde 1863 von F. Reich und Th. Richter aus Zinkblende isoliert, Thallium 1861 von W. Crookes bei spektrographischen Untersuchungen von Bleikammerschlamm entdeckt und 1862 von Lamy als Metall dargestellt.

Indium (In) ist wachsweich (Schmelzpunkt 156,2°C), stark dehnbar und gegen Atmosphärilien beständig. Einige Verbindungen besitzen Halbleitereigenschaften (InAs, InSb, InSe, In_2Te_3). Flüssiges In hat ein hohes Benetzungsvermögen. Thallium (Tl) ist ebenfalls recht weich (Schmelzpunkt 302,5°C), aber zäh, oxidiert an feuchter Luft und hat sehr giftige Salze. Wie In zeigt Tl Supraleitfähigkeit.

4.5.1 Hauptminerale, Lagerstätten und Vorratssituation

Nur wenige, sehr seltene Minerale, wie Indit $FeIn_2S_4$, Lorandit ($TlAsS_2$) oder

Crookesit (Cu, Ag, Tl)$_2$ Se sind bekannt, aber ohne wirtschaftliche Bedeutung. Als typisch chalkophile Elemente kommen In und Tl in sulfischen Erzen vor, wo sie vornehmlich in Zinkblende (0,005 - 0,1 % In, 0,01 - 0,3 % Tl) oder Kupfersulfiden (bis 0,015 % In) abgefangen sind. Beide Metalle treten deshalb stets als Spuren in Zinkerzen auf, doch größere Konzentrationen sind nur aus Zinklagerstätten in Peru, USA, Kanada, Australien, Irland und der Sowjetunion bekannt. Gelegentlich sind auch Kohleaschen als Rohstoffquelle geeignet. Zur Deckung der geringen Nachfrage sind ausreichende Gewinnungsmöglichkeiten in Zinkhütten vorhanden. Weltreserven 1985: 1600 t In, 540 t Tl.

4.5.2 Technische Gewinnung

Bei der Verhüttung von Zinkkonzentraten reichert sich *Indium* entweder in Restbleimengen an (0,5 - 1,2 % In), die aus Rohzink durch fraktionierte Destillation entstehen. Vom Blei wird das Indium dann durch Säurelaugung und Zementation getrennt. Auch aus Röstgut-Laugen, Rückständen der Rohbleiraffination und aus Flugstäuben läßt sich auf ähnliche Weise Indium gewinnen. Die Reinigung des Rohindiums erfolgt durch elektrolytische Raffination.

Vorstoffe für das *Thallium* sind thalliumhaltige Zwischenerzeugnisse der Buntmetallverhüttung, wie Flugstäube und seltener Schlämme oder Rückstände von Destillationsprozessen, Laugenreinigungen oder Restelektrolysen. Die Flugstäube beim Abrösten von Zinkkonzentraten enthalten bis 1 % Tl und einige Prozent Cadmium. Die Vorstoffe werden mit heißer Schwefelsäure gelaugt und nach Filtrieren mit NaCl als Thalliumchlorid gefällt, das reduzierend zu Rohthallium (95 % Tl) verschmolzen wird. Umschmelzen ergibt 99,7 % Tl. Zur Verwendung in der Halbleitertechnik ist eine Feinstreinigung von In und Tl durch mehrstufige elektrolytische Raffination nötig. – Weltproduktion 1984: Indium rund 50 t, Thallium ca. 13 t. Prognosen des US-Bureau of Mines rechnen für das Jahr 2000 mit einem Indiumweltbedarf von 100 t und einem Thalliumweltbedarf von nur 10 - 12 t.

4.5.3 Verwendungsbereiche und Bedarfsentwicklung

Indium: Das Metall hat gute Gleiteigenschaften und wird deshalb zur Erhöhung der Verschleißfestigkeit von Lagermetallen (Gleitlager) durch Oberflächenschutz (Galvanisierung oder dünne Plattierung mit Wärmebehandlung, denn erhitztes In diffundiert in das Grundmetall ein) oder Zulegieren (1 - 3,5 % In) eingesetzt. – Außerdem ist Indium Legierungsbestandteil verschiedener Weichlote, von "Glasloten" (Haftlegierungen) und speziellen ferromagnetischen Bauteilen für die Hochfrequenztechnik. Verwendung findet Indium inzwischen auch in der Halbleitertechnik, als Weichlot in Siliziumhalbleitern sowie als Indiumoxid zum Beschichten von Leuchtstoffröhren oder Spezialgläsern. 1985 wurden 45 % der Indiumproduktion in der Elektronikindustrie als Weichlote, 30 % in der Metallindustrie für Oberflächenschutz, 10 % in der Reaktortechnik und 5 % für Gleitlagerherstellung eingesetzt.

Thallium: Die Verwendung des Metalls beschränkt sich auf die Herstellung von Schädlingsbekämpfungsmitteln (Rattengift), Enthaarungsmitteln und einige Leuchtfarben. Eine Blei-Zinn-Thallium-Legierung (Pb70,Sn20,Tl10) wird als Anode bei der Chromelektrolyse verwendet. Auch für elektronische Zwecke kann Tl in einigen Legierungen zum Einsatz kommen.

Während für Indium eine Erhöhung der Nachfrage erwartet wird, vor allem im Bereich der elektrischen und elektronischen Komponentenherstellung, wird für Thallium ein stagnierender Verbrauch prognostiziert.

4.5.4 Marktstruktur

Der *Indiummarkt* zeigt auf der Angebotsseite ein ausgeprägtes Oligopol mit 6 mittleren bis größeren Anbietern. Dazu gehören die Indium Corp. of America mit ihren Werken in Utica/NY und Palmerton/Pa. (Kapazität: 30 t In/Jahr), die kanadische Cominco Ltd. in Trail, B.C. (9 t), die belgische Metallurgie Hoboken-Overpelt in Olen (18 t), die Preussag AG-Metall in Goslar (15 t) und die japanische Nippon Mining Co. in Hitachi (4,3 t). Die anderen 16 Anbieter (darunter ASARCO/USA, DEGUSSA, Toho Zinc/Japan, Centromin/Peru) schwächen dieses Oligopol etwas ab.

Die Angebotsseite des *Thalliummarktes* weist ebenfalls eine oligopolistische Marktform auf, die sogar noch ausgeprägter ist. Von insgesamt nur 9 Anbietern sind die bedeutsamsten ASARCO/USA, mit der Produktionsstätte Globe Plant, Denver/Col., die Toho Zinc/Japan, die Sté. des Mines et Fonderies de Zinc/Belgien in Balen, die Cominco in Trail/Kanada und die Preussag AG-Metall in Goslar.

4.5.5 Preisentwicklung und Handelsregelungen

Indium wurde zunächst von 1950 - 1973 immer billiger, da die Produktion schneller stieg als der Bedarf. Von 1,75 US-$/troz 1973 stieg dann der Preis bis auf 17,00 US-$/troz 1980, um vor allem konjunkturbedingt bis 1984 rasch bis auf 2,24 US-$/troz zurückzufallen. Der Thalliumpreis blieb dagegen von 1973 - 1980 stabil auf einem Niveau von 7,50 US-$/lb.

Beide Metalle kommen in den Handel als Standardlieferungen in kleinen Blöcken (100 troz) oder Stangen (30 - 90 troz) von 99,97 % In bzw. 99,0 - 99,9 % Tl oder hochrein 99,999 - 99,9999 % In/Tl.

Literaturhinweise

Bascle, R.J.: Thallium, Mineral Facts and Problems, US-Bureau of Mines, Washington, D.C. 1980.
Bascle, R.J.; Carlin, J.F.:Bismuth, Mineral Facts and Problems, US-Bureau of Mines, Washington, D.C. 1980.

Carlin, J.F.: Indium, Mineral Facts and Problems, US-Bureau of Mines, Washington, D.C. 1980.

Carrico, L.C.: Mercury, Minerals Yearbook, US-Bureau of Mines, Washington, D.C. 1983.

Drake, H.J.: Mercury, Mineral Facts and Problems, US-Bureau of Mines, Washington, D.C. 1980.

Feiser, J.: Nebenmetalle, Die metallischen Rohstoffe, Bd. 17, (Enke), Stuttgart 1966.

Goldwater, L.J.: Mercury – A History of Quicksilber, (York Press), Baltimore 1972.

Peters, W.: Quecksilber-Weltmarkt, Bergwirtschaft, Bergbau, Erzmetall, 35, 326 - 332, Stuttgart 1982.

Plunkert, P.A.: Antimony, Minerals Yearbook, US-Bureau of Mines, Washington, D.C. 1983.

Plunkert, P.A.: Cadmium, Minerals Yearbook, US-Bureau of Mines, Washington, D.C. 1983.

Quiring, H.: Antimon, Die metallischen Rohstoffe, Bd. 7, (Enke), Stuttgart 1945.

Rathjen, J.A.: Antimony, Mineral Facts and Problems, US-Bureau of Mines, Washington, D.C. 1980.

Roskill Information Services Ltd.: The Economics of Indium, 2. Aufl., London 1980.

Roskill Information Services Ltd.: Mercury, in: Roskill's Metals Databook, London 1979.

Schmitz, C.P.J.: World non-ferrous metals, Production and prices 1700 - 1976, London 1976.

Schreiter, W.: Seltene Metalle, 2. Aufl., Leipzig 1963.

Stubbs, R.L.: Cadmium: das verleumdete Metall? Metall, 33, 310 - 312, Berlin 1979.

Wiese, U.: Der Reinstoff Indium – Erzeugung und Anwendung, Erzmetall, 34, 190 - 196, Stuttgart 1981.

V Leichtmetalle

Von M. Herda

Zu der Gruppe der Leichtmetalle zählen Metalle und deren Legierungen mit einer Dichte bis zu 3,8 g/cm^3. Die wichtigsten sind:

	Dichte g/cm^3
Aluminium	2,70
Strontium	2,60
Cäsium	1,87
Beryllium	1,85
Magnesium	1,74
Calcium	1,54
Natrium	0,97
Kalium	0,86
Lithium	0,53

Innerhalb dieser Gruppe kommt dem Aluminium eine dominierende Bedeutung zu. Die stürmische wirtschaftliche Entwicklung des Aluminiums setzte mit Beginn dieses Jahrhunderts ein. Im Jahre 1900 lag die Produktion noch bei 7300 t, 16 Jahre später stieg sie bereits auf 100 000 t an und im Jahre 1941 wurde erstmals die Millionengrenze überschritten. Heute liegt die Aluminiumproduktion der westlichen Welt bei über 12,7 Mio. t.

Diese Entwicklung wurde durch die hervorragenden Eigenschaften des Leichtmetalls und seiner Legierungen, die nahezu unbegrenzten Rohstoffvorkommen und durch den technologischen Fortschritt bei der Metallerzeugung ermöglicht. Sie wurde gefördert durch eine maßvolle, an den Erzeugungskosten orientierte Preispolitik der Hüttenaluminiumproduzenten, die diesem jungen Werkstoff zahlreiche neue Anwendungsgebiete erschloß. Insbesondere im Verkehrswesen, im Bauwesen, in der Verpakkungs- und elektrotechnischen Industrie hat Aluminium in den letzten Jahrzehnten andere Werkstoffe verdrängt und die Entwicklung neuer aluminiumspezifischer Produkte begünstigt. Aluminium ist daher in einer modernen Industriegesellschaft aus dem Alltagsleben nicht mehr wegzudenken (Abb. V.1).

Außer dem Aluminium kommt nur noch dem Magnesium eine — wenn auch vergleichsweise geringe — wirtschaftliche Bedeutung zu. Die übrigen Leichtmetalle gehören nicht zu den Gebrauchsmetallen im üblichen Sinne und spielen mengenmäßig nur eine untergeordnete Rolle. Sie werden als Legierungsmetalle verarbeitet und bei zahlreichen technologischen Prozessen unterschiedlicher Art eingesetzt. Auf diese Metalle wird daher in den folgenden Ausführungen nur kurz eingegangen.

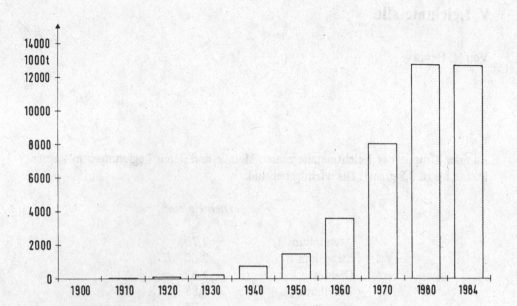

Abbildung V.1. Hüttenaluminiumproduktion in 1000 t (ab 1960 westliche Welt)

1 Aluminium

Aluminium (Al v. lat. alumen) ist mit einem Gewichtsanteil von ca. 8 % in Form seiner Minerale das dritthäufigste Element in der äußeren Erdkruste. Allerdings tritt es in der Natur niemals in reiner Form auf. Die höchste Aluminiumkonzentration ist im Sedimentgestein Bauxit zu finden.

Angeregt durch die Arbeiten des dänischen Physikers Oerstedt gelang Friedrich Wöhler (1827) erstmals die Isolierung des Metalls im Laboratorium. Im Jahre 1855 wurde das Metall in Form eines Aluminiumblocks auf der Weltausstellung in Paris der Öffentlichkeit vorgestellt. Eine geringe Menge Aluminium wurde 1859 von Sainte-Claire Deville auf chemischem Wege produziert. Der Durchbruch zur industriellen Produktion erfolgte jedoch erst 1888/1889 mit der Errichtung von Elektrolysen in Pittsburgh (USA) und Neuhausen (Schweiz).

1.1 Eigenschaften

Aluminium ist ein silberglänzendes Metall mit nur geringer Dichte. Im Vergleich zu Stahl ist es um etwa zwei Drittel leichter. Der Schmelzpunkt liegt bei 660,2°C, der Siedepunkt bei 2330°C. Das Metall kristallisiert kubisch-flächenzentriert.

Das reine Metall ist weich und hat nur eine geringe mechanische Festigkeit. Durch geringfügige Beimengungen von Legierungselementen wird Aluminium verfestigt. Eine Reihe von Aluminiumlegierungen erreicht – zum Teil nach Wärmebehandlung und Verformung – die Festigkeit von Stahl. Aluminium und Aluminiumknetlegierungen sind gut verformbar und werden durch Walzen, Pressen, Schmieden und Ziehen zu Halbzeug verarbeitet. Aus Aluminiumgußlegierungen werden Formgußteile nach dem Druck-, Kokillen- und Sandgußverfahren hergestellt.

Aluminium ist in hohem Maße korrosions- und verwitterungsbeständig, da die Metalloberfläche an der Luft eine schützende Oxidschicht ausbildet. Vor allem diese Eigenschaft hat dem Werkstoff die Einsatzmöglichkeiten in der Bauindustrie eröffnet.

Aluminium ist ein guter elektrischer Leiter sowie ein guter Wärmeleiter. Obwohl die elektrische Leitfähigkeit bei Raumtemperatur um ein Drittel niedriger als bei Kupfer liegt, ist das Gewicht leitwertgleicher Teile aus Aluminium nur halb so groß wie bei Kupferleitungen gleicher Länge. In bezug auf das Gewicht ist demnach Aluminium der günstigere elektrische Leiter.

Die Anwendung des geschmacksneutralen Metalls ist gesundheitlich unbedenklich und schützt darüber hinaus vor Temperaturschwankungen und vor Licht. Diese Eigenschaften des Aluminiums führten – vor allem in den letzten 20 Jahren – zu einer erheblichen Zunahme seines Marktanteils im Bereich der Verpackungsindustrie.

1.2 Rohstoffe

1.2.1 Chemisch-mineralogische Merkmale

Der für die Aluminiumproduktion nahezu ausschließlich eingesetzte Rohstoff Bauxit ist ein Mineralgemenge vorwiegend hydroxidischer Aluminiumminerale, von Eisen- und Titanoxiden sowie Kieselsäure, letztere meist in Form von Kaolinit und/oder Quarz. Bauxite sind aus der chemischen Verwitterung alumosilikatischer Ausgangsgesteine hervorgegangen.

Für die Bildung von Bauxitlagerstätten durch lateritische Verwitterung aluminiumhaltiger Ausgangsgesteine sind insbesondere die paläoklimatischen, geomorphologischen und hydrogeologischen Bedingungen entscheidend. Daher sind Bauxite vor allem in Gebieten zu finden, die in früheren Zeiten hohen Temperaturen und starken Regenfällen ausgesetzt waren.

Die Aluminiumindustrie klassifiziert die Bauxite nach ihrer mineralogischen Zusammensetzung: Die Bauxite werden, je nach vorherrschendem Aluminiummineral, eingeteilt in:

Bauxit-Typ	Hauptaluminiumträger	
Trihydrat-Bauxit	Hydrargillit	Al(OH)$_3$
Monohydrat-Bauxit	Böhmit	AlOOH
	Diaspor	AlOOH

Trihydrat-Bauxite sind nach dem weltweit angewandten modifizierten Bayer-Verfahren mit geringeren Kosten aufschließbar als Böhmit-Bauxite und Diaspor-Bauxite. Diaspor-Bauxite werden derzeit nur in geringem Umfang genutzt (China, Mittelmeerraum). Neben der in einem Bauxit vorherrschenden Mineralart ist für das Aufschlußverhalten des Bauxits insbesondere auch die Bindungsform der Kieselsäure entscheidend. Kieselsäure, die silikatisch im Bauxit gebunden ist - meist als Kaolinit - reagiert mit der beim Bayer-Verfahren eingesetzten Natrium-Aluminatlauge zu laugenunlöslichem Natrium-Aluminium-Silikat und bewirkt dann Alkali- und Aluminiumverluste. Die Gehalte an reaktionsfähiger Kieselsäure (SiO_2) sollten in den Bauxiten daher unterhalb 5 % liegen. Die Kieselsäure, die in den Bauxiten frei als Quarz auftritt, ist unter den üblichen Aufschlußbedingungen kaum oder nur teilweise löslich und verbleibt im Aufschlußrückstand. In Tabelle V.1 sind typische chemische Analysen derzeit verarbeiteter Bauxite zusammengefaßt.

Tabelle V.1. Chemische Zusammensetzung von Bauxiten (Angaben in Gew.-%)

	Weipa Australien	Boké Guinea	Trombetas Brasilien	Darling Ranges Australien	Jamaika	Parnass Griechenland
Al$_2$O$_3$	55,0	59,5	55,8	37,0	48,0	56,0
SiO$_2$	5,3	1,4	4,8	24,0 (vorwiegend Quarz)	2,0	4,0
Fe$_2$O$_3$	12,7	6,7	9,2	18,0	19,0	21,6
TiO$_2$	2,7	3,2	1,3	1,0	2,4	2,7
CaO	0,1	0,1	0,1		0,4	1,9
ZnO	0,01	0,005	0,001		0,05	0,01
C (organisch)	0,3	0,1	0,03		0,20	0,04
Glühverlust	24,1	29,7	28,5	20,0	25,4	13,1

Quelle: Bielfeldt, K.; Winkhaus, G.: Aluminiumverbindungen, in: Winnacker-Küchler, Chemische Technologie, Bd.3, 4. Aufl., (Hauser), München/Wien 1983.

1.2.2 Rohstoffversorgung

Die Gewinnung von Bauxit erfolgt überwiegend in Tagebaubetrieben, die eine Förderkapazität bis zu 9 Mio. t pro Jahr erreichen. Die gegenwärtigen Hauptförderländer sind Australien, Guinea, Jamaika, Brasilien, Jugoslawien, Surinam und Griechenland (Tab. V.2).

Tabelle V.2. Bauxitproduktion in der westlichen Welt (in 1000 t)

Land/Kontinent	1973	1983
Frankreich	2 970	1 662
Griechenland	2 748	2 422
Jugoslawien	2 167	3 500
Übrige	56	23
Westeuropa insgesamt	7 941	7 607
Brasilien	849	5 239
Jamaika	13 600	7 682
Surinam	6 976	2 978
Übrige	7 360	1 766
Amerika insgesamt	28 785	17 665
Guinea	3 800	12 986
Übrige	1 047	878
Afrika insgesamt	4 847	13 864
Indien	1 251	1 850
Übrige	2 724	1 590
Asien insgesamt	3 975	3 440
Australien	17 596	24 539
Westliche Welt insgesamt	63 144	67 115

Quelle: Metallstatistik 1973 - 1983, 1984. Herausgeber: Metallgesellschaft AG, Frankfurt/M.

Im Vergleich zu den übrigen Gebrauchsmetallen ist die Rohstoffsituation für das Leichtmetall Aluminium außerordentlich günstig. Allein das Potential an Bauxit ist groß genug, um die Aluminiumindustrie auch langfristig ausreichend mit Rohstoffen zu versorgen. Die in der westlichen Welt bekannten Bauxitvorräte werden zur Zeit auf ca. 49 Mrd. t geschätzt (Tab. V.3). Ausgehend von einer Bauxitproduktion von derzeit rund 70 Mio. t pro Jahr wäre die Rohstoffversorgung für die Aluminiumindustrie der westlichen Welt 700 Jahre gesichert. Darüber hinaus werden weitere noch nicht entdeckte Bauxitvorräte in der Größenordnung von 50 Mrd. t vermutet. Von den bekannten Bauxitvorräten der westlichen Welt sind heute etwa 80 % noch nicht erschlossen worden (Tab. V.3). Einschließlich des noch weitgehend ungenutzten Potentials an nicht-bauxitischen Armerzen sind die Vorräte an Aluminiumrohstoffen nahezu unerschöpflich.

Die Industrieländer der westlichen Welt, die gleichzeitig die wichtigsten Aluminiumverbraucher sind, verfügen über keine oder nur unzureichende Bauxitvorräte. Diese Abhängigkeit in der Rohstoffversorgung hat wesentliche Bauxit-Förderländer veranlaßt, 1974 eine an der OPEC orientierte kartellähnliche Vereinigung, die International Bauxite Association (IBA) zu gründen. Ihr gehören zur Zeit elf Mitgliedsländer

Tabelle V.3. Bekannte Bauxitvorräte in der westlichen Welt (in Mio. t)

Land/Kontinent	Erschlossene Vorräte	Unerschlossene Vorräte	Bekannte Vorräte insgesamt
Europa	1 150	325	1 475
Brasilien	620	3 880	4 500
Guyana	340	820	1 160
Jamaika	1 800	600	2 400
Surinam	200	1 770	1 970
Übrige	70	2 620	2 690
Amerika insgesamt	3 030	9 690	12 720
Guinea	1 460	17 335	18 795
Kamerun	–	2 000	2 000
Übrige	50	2 605	2 655
Afrika insgesamt	1 510	21 940	23 450
Indien	50	2 565	2 615
Indonesien	80	1 000	1 080
Übrige	40	950	990
Asien insgesamt	170	4 515	4 685
Australien	3 390	3 010	6 400
Westliche Welt insgesamt	9 250	39 480	48 730

Quelle: Lotze, J.: Bewertung von Aluminium-Rohstoffen, insbesondere von Armerzen, Schriftenreihe GdMB, H.35, Clausthal-Zellerfeld 1980.

an: Australien, Dominikanische Republik, Ghana, Guinea, Guyana, Indien, Indonesien, Jamaika, Jugoslawien, Sierra Leone, Surinam.

Um ihr Versorgungsrisiko zu mindern, haben die Industrieländer als Reaktion auf die Gründung der IBA das einheimische Potential an nicht-bauxitischen Rohstoffvorräten eingehend erkundet. Danach überschreiten die Alternativrohstoffe die bekannten Vorräte an Bauxit bei weitem. Tabelle V.4 zeigt eine Auswahl nicht-bauxitischer Rohstoffe.

Allerdings liegt der Aluminiumoxidgehalt dieser nicht-bauxitischen Rohstoffe deutlich niedriger als in den derzeit verarbeiteten Bauxiten. Lediglich in der UdSSR werden zur Zeit in geringem Umfang Alunit und Nephelin wirtschaftlich genutzt. Die nicht-bauxitischen Aluminiumerze erfordern besondere Aufschlußverfahren. Mit einer wirtschaftlichen Verarbeitung in großtechnischen Anlagen ist jedoch in überschaubarer Zukunft nicht zu rechnen.

Tabelle V.4. Nicht-bauxitische Aluminiumrohstoffe

Rohstoff	Wesentliche Al_2O_3-Träger	Al_2O_3-Gehalt in %
Kaolin	Kaolinit $Al_4[(OH)_8 Si_4 O_{10}]$	20 - 35
Ton	Kaolinit, Illit	18 - 30
Anorthosit	Na-Ca-Feldspäte $Na[AlSi_3 O_8]$ $Ca[Al_2 Si_2 O_8]$	25 - 30
Alunitgestein	Alunit $KAl_3[(OH)_6/(SO_4)_2]$	5 - 15
Nephelin(-Syenit)	Nephelin $KNa_3[AlSiO_4]_4$	18 - 25
Leucitgestein	Leucit $K[AlSi_2 O_6]$	10 - 20
Dawsonit-Ölschiefer	Dawsonit $NaAl[(OH)_2/CO_3]$	4
Steinkohlenwaschberge	Illit, Kaolinit	18 - 25
Steinkohlenaschen, Flugaschen	Mullit $3 Al_2O_3 \cdot 2 SiO_2$	15 - 25

Quelle: Bielfeldt, K.; Winkhaus, G.: Aluminiumverbindungen, in: Winnacker-Küchler, Chemische Technologie, Bd.3, 4. Aufl., (Hauser), München/Wien 1983.

1.3 Die Erzeugung von Aluminium

Die großtechnische Gewinnung von Aluminium erfolgt bis heute nach einem im Prinzip vor etwa 100 Jahren eingeführten zweistufigen Verfahren:

a) In der Oxidfabrik wird aus dem Rohstoff Bauxit das reine Zwischenprodukt Aluminiumoxid gewonnen.
b) In der Aluminiumhütte wird das in einer Kryolithschmelze gelöste Oxid elektrochemisch zum Metall reduziert.

Die Verfahrenstechnik der Gewinnung ist seit ihrer Einführung in beiden Stufen wesentlich verbessert worden und hat sich seitdem gegenüber zahlreichen alternativen Verfahrensvorschlägen wirtschaftlich behaupten können. Insbesondere ist der Energiebedarf in den letzten Jahrzehnten drastisch gesenkt worden.

1.3.1 Gewinnung von Aluminiumoxid

Das weltweit nahezu ausschließlich praktizierte Gewinnungsverfahren für das Oxid ist nach dem österreichischen Chemiker Karl Josef Bayer benannt, der die Prinzipien des Prozesses in zwei deutschen Patenten 1887 und 1892 niederlegte.

Das Bayer-Verfahren ist ein Kreislaufprozeß. Der Prozeß besteht aus
— der Extraktion der im Rohstoff Bauxit enthaltenen Aluminiumhydroxide mit Natronlauge bei erhöhter Temperatur;
— der Abtrennung des ungelösten Rückstandes (Rotschlamm);
— der Kristallisation von Aluminiumhydroxid aus der nach Abkühlung erhaltenen übersättigten Lauge (unter Einsatz von rückgeführtem Hydroxid als Impfer).
Das der Weiterverarbeitung zugeführte gewaschene Aluminiumhydroxid wird thermisch zum Aluminiumoxid dehydratisiert.

In einer modernen Anlage wird Bauxit mit Rücklauflauge, d.h. mit dem bei der Aluminiumhydroxid-Kristallisation anfallenden Filtrat naßvermahlen. Die Extraktion der Aluminiumhydroxide aus dem Bauxit erfolgt bei den in Europa hauptsächlich eingesetzten böhmithaltigen Bauxiten kontinuierlich in Hochdruckanlagen bei Temperaturen um 230 bis 260°C. Hierbei werden unterschiedliche Techniken angewandt. Hinsichtlich des Energieverbrauchs und des Stoffaustausches hat sich dabei der Rohrreaktor (Verfahren der VAW Vereinigte Aluminium-Werke AG Bonn) als besonders günstig erwiesen. Aus der anfallenden Suspension wird nach Entspannung der Rotschlamm in Eindickern und über Vakuumtrommelfilter bei etwa 90°C abgetrennt und ausgewaschen. Die an Aluminiumhydroxid übersättigte Lauge wird nach weiterer Abkühlung auf 60 bis 70°C der "Ausrührung" (Kristallisation) von Aluminiumhydroxid zugeführt. Die Kristallisation erfolgt kontinuierlich in Batterien von Ausrührbehältern unter Zusatz von rückgeführtem Aluminiumhydroxid. Das kristallisierte Hydroxid wird über Scheibenfilter abgetrennt. Zwei Drittel verbleiben als Impfer und ein Drittel wird auf Vakuumtrommelfiltern oder auf Scheibenfiltern nachgewaschen und zu Aluminiumoxid dehydratisiert. Diese Kalzination erfolgt heute vorwiegend in Wirbelschichtöfen bei 1050 bis 1150°C. Das in der Ausrührerei anfallende Filtrat wird nach Wärmetausch mit der eintretenden Lauge zum erneuten Bauxitaufschluß rückgeführt.

Aus 4 t Bauxit werden im Durchschnitt ca. 2 t Aluminiumoxid gewonnen.

Als schwierig erweist sich die Beseitigung bzw. die Verwertung des bei der Oxidproduktion anfallenden Rotschlamms. Da es bis heute nur wenige wirtschaftlich sinnvolle Einsatzmöglichkeiten gibt, wird der überwiegende Teil des Rotschlamms deponiert.

Insgesamt wurden im Jahre 1983 in der westlichen Welt fast 25 Mio. t Aluminiumoxid produziert. Mit dem Einsatz von Massengutfrachtern konnten die Transportkosten für Bauxit wesentlich verringert werden, so daß auch Standorte ohne eigene Rohstoffvorkommen wirtschaftlich betrieben werden können. Die wichtigsten

Tabelle V.5. Produktion von Aluminiumoxid in der westlichen Welt (in 1000 t)

Land/Kontinent	1973	1983
Bundesrepublik Deutschland	922	1 580
Frankreich	1 112	1 009
Griechenland	470	436
Italien	486	402
Jugoslawien	275	1 010
Spanien	—	732
Übrige	97	199
Westeuropa insgesamt	3 362	5 368
Brasilien	201	629
Guyana	269	—
Jamaika	2 506	1 907
Kanada	1 134	1 116
Surinam	1 380	1 146
USA	6 662	4 220
Venezuela	—	560
Amerika insgesamt	12 152	9 578
Afrika (Guinea)	615	573
Indien	350	443
Japan	1 987	1 378
Übrige	164	57
Asien insgesamt	2 501	1 878
Australien	4 089	7 231
Westliche Welt insgesamt	22 719	24 628

Quelle: Metallstatistik 1973 - 1983, 1984. Herausgeber: Metallgesellschaft AG, Frankfurt am Main.

Produzentenländer sind zur Zeit Australien, die USA, Jamaika, die Bundesrepublik Deutschland und Japan (Tab. V.5).

Für den Standort einer Aluminiumoxidfabrik sind neben den Transportkosten insbesondere die Lage zu Wasserwegen und Hafenanlagen, die Erschließungs- und Investitionskosten, die Kosten für Energie und Wasser sowie in zunehmendem Maße die Möglichkeiten zur Beseitigung des Rotschlamms von Bedeutung.

1.3.2 Gewinnung von Aluminium

Aus dem synthetischen Zwischenprodukt Aluminiumoxid wird das Metall durch Schmelzflußelektrolyse gewonnen. Das als Hall-Héroult-Prozeß bekannte Verfahrensprinzip besteht in der elektrochemischen Reduktion des in einer Kryolithschmelze bei 950 bis 970°C gelösten Oxids unter Verwendung von Kohlenstoffelektroden.

Die Elektrolyse liefert kathodisch das flüssige Aluminium, das sich auf dem Kohlenstoffboden der Zelle unterhalb der Elektrolytschicht ansammelt. An der Anode wird primär Sauerstoff abgeschieden, der sich mit dem Kohlenstoff der Anode zu CO_2 und CO umsetzt. Die Kohlenstoffanode wird bei dem Vorgang energieliefernd verbraucht. Der vom Kraftwerk zu deckende Bedarf an elektrischer Energie liegt unter Berücksichtigung der erforderlichen Aufheizenergie theoretisch bei 9300 kWh/t Aluminium. Der praktische Verbrauch liegt in modernen Zellen bei 13 500 bis 15 000 kWh/t Aluminium. Durch verfahrenstechnische Maßnahmen wie Vergrößerung der Zellen und Automation des Betriebes ist der Stromverbrauch seit den fünfziger Jahren um mehr als 25 % reduziert worden.

Die Aussichten alternativer Verfahrensvorschläge zur Gewinnung von Aluminium (Aluminiumchlorid-Elektrolyse, Carbothermische Aluminiumgewinnung), die zum Teil in technischen Versuchsanlagen studiert wurden, sind zur Zeit ungewiß.

Eine Aluminiumhütte besteht aus:
Hafen- und Transporteinrichtungen. Sie dienen der Anlieferung und Entladung der in der Hütte benötigten Rohstoffe — im wesentlichen von Petrolkoks (zur Anodenfertigung) und von Aluminiumoxid. Darüber hinaus sind diese Einrichtungen zur Lagerung der Rohstoffe in Silos sowie zum innerbetrieblichen Transport, z.B. des Aluminiumoxids in die Ofenhäuser, notwendig.
Anodenfabrik. Sie besteht aus der Anodenmassefabrik (Mahlen, Mischen und Formen des insbesondere aus Petrolkoks und Pech bestehenden Anodenmaterials) und den Anodenbrennöfen. Hütten, die über keine Anodenfabrik verfügen, sind beispielsweise auf die Belieferung durch konzerneigene Werke angewiesen.
Anodenanschlägerei. Zum Einsatz in der Elektrolyse werden die gebrannten Anoden an die Anodenstangen angeschlagen.
Hoch- und Mittelspannungsschaltanlage mit Gleichrichteranlage. Die Umwandlung von Dreh-/Wechselstrom in Elektrolyse(gleich)strom erfolgt durch Siliziumgleichrichter.
Elektrolysesystem. Das System besteht aus einem oder mehreren bis zu 800 m langen und nebeneinander liegenden Ofenhäusern, in denen die in Reihe geschalteten Elektrolysezellen in Längs- oder Queraufstellung untergebracht sind. Der kathodische Ofenteil ist bei allen Zellentypen prinzipiell gleich. Im anodischen Aufbau unterscheidet man hauptsächlich zwischen vorgebrannten Blockanoden und kontinuierlichen, selbstbackenden Söderberg-Anoden. In neuerer Zeit wird wieder den Zellentypen mit vorgebrannten, diskontinuierlichen Anodenkohlen der Vorzug gegeben. Die Öfen werden entweder seiten- oder zentralbedient. Um eine nahezu vollständige Abgaserfassung zu erreichen, wird in modernen Anlagen die Zentralbedienung bevorzugt. Die Regelung des Polabstandes, die Zugabe von Aluminiumoxid und das Setzen der Anoden sind weitgehend automatisiert. Für die Steuerung der Zellen werden Prozeßrechner eingesetzt. Einen wesentlichen Bestandteil moderner Aluminiumhütten stellen die Reinigungsanlagen zur Fluorentfernung aus den Zellenabgasen dar. Hier haben sich trockene Abgasreinigungsverfahren durchgesetzt, die den Rohstoff

Aluminiumoxid als Adsorbens für den Schadstoff Fluorwasserstoff verwenden.
Gießerei. Das aus der Eiektrolyse abgesaugte Flüssigmetall wird - mit oder ohne Legierungszusätze - in die gewünschten Formate vorzugsweise in Preßbolzen, Walzbarren und Masseln abgegossen. Teilweise erfolgen noch weitere Arbeitsgänge wie Homogenisieren, Sägen etc.
Nebenanlagen. Hierzu zählen Werkstätten, Labors, Sozialeinrichtungen und die Verwaltung.

Die Herstellung einer Tonne Aluminium erfordert etwa:
- 1,9 t Aluminiumoxid,
- 400 kg Petrolkoks,
- 100 kg Pech,
- 30 kg Schmelzmittel (Kryolith, Aluminiumfluorid),
- 13 500 bis 15 000 kWh elektrische Energie,
- 7 bis 10 Lohnstunden für Bedienungs- und Reparaturaufwand.

Die Investitionskosten einschließlich Bauzeitzinsen und Umlaufvermögen für eine Aluminiumhütte liegen je nach Standort, Größe und Ausstattung im Bereich von 4000 bis 6000 US-$ je Tonne Jahreskapazität. Als wirtschaftliche Größenordnung gelten heute für eine neue Hütte 100 000 bis 120 000 t Anfangskapazität. Die Wahl des Standortes für eine Aluminiumhütte wird vor allem bestimmt durch die Verfügbarkeit kostengünstiger Energie und hängt darüber hinaus maßgeblich ab von der Höhe der Kapitalkosten und guten Verkehrsverbindungen. Bei ausschließlich wirtschaftlich orientierten Investitionsentscheidungen spielt der Standort für die internationale Konkurrenzfähigkeit einer neuen Aluminiumhütte die entscheidende Rolle.

Die Herstellkosten für Hüttenaluminium sind vor allem eine Funktion der Strom-, Aluminiumoxid- und Kapitalkosten. Sie schwanken von Standort zu Standort und können auch innerhalb eines Landes erhebliche Unterschiede aufweisen. Verantwortlich hierfür sind insbesondere die Bezugsbedingungen für elektrische Energie, die durch langfristige individuelle Verträge mit den Energieversorgungsunternehmen ausgehandelt und nicht zuletzt durch die verfügbaren Primärenergieträger bestimmt werden. Besonders günstige Konditionen können von Energieversorgungsunternehmen eingeräumt werden, die ausschließlich oder überwiegend Wasserkraftwerke betreiben. Eine Reihe von Aluminiumproduzenten verfügt über eigene Kraftwerksanlagen und sind daher von den Einflüssen und Entwicklungstendenzen auf den Energiemärkten unabhängiger (Tab. V.6).

Die gegenwärtige Struktur der Herstellkosten für Hüttenaluminium wird für Westeuropa wie folgt geschätzt:
- Aluminiumoxid   25 %,
- Anoden   10 %
- Strom und andere Energie   25 %,
- Lohn einschließlich Instandhaltung, Reparatur und Verwaltung 20 %,
- Kapitalkosten   10 %,
- andere Kosten   10 %.

Diese Schätzung unterstellt die derzeitige in Europa gegebene Struktur der installierten Hüttenbetriebe hinsichtlich ihrer Größe und ihres Alters. Bei der Errichtung
neuer Produktionsanlagen liegt insbesondere der Anteil der Kapitalkosten wesentlich höher.

Im Jahre 1983 lag die Produktion von Hüttenaluminium in der westlichen Welt bei
rund 11,1 Mio. t und erhöhte sich 1984 auf mehr als 12,7 Mio. t. Die Schwerpunkte
der Erzeugung liegen in den Industrieländern Europas und Amerikas, insbesondere in

Tabelle V.6. Produktion von Hüttenaluminium in der westlichen Welt (in 1000 t)

Land/Kontinent	1973	1983
Bundesrepublik Deutschland	533	743
Frankreich	359	361
Großbritannien	252	253
Italien	184	196
Jugoslawien	91	258
Norwegen	618	715
Niederlande	181	236
Spanien	160	358
Übrige	473	465
Westeuropa insgesamt	2 851	3 585
Brasilien	112	401
Kanada	930	1 091
USA	4 109	3 353
Venezuela	25	335
Übrige	90	202
Amerika insgesamt	5 266	5 382
Ägypten	–	140
Republik Südafrika	53	164
Übrige	196	120
Afrika insgesamt	249	424
Bahrain	103	172
Dubai	–	151
Indien	154	205
Indonesien	–	115
Japan	1 097	256
Übrige	85	82
Asien insgesamt	1 439	981
Australien und Ozeanien	324	695
Westliche Welt insgesamt	10 129	11 067

Quelle: Metallstatistik 1973 - 1983, 1984. Herausgeber: Metallgesellschaft AG, Frankfurt am
Main.

den USA, in Kanada, Norwegen und der Bundesrepublik Deutschland. Daneben haben in den letzten Jahren eine Reihe von Entwicklungs- und Schwellenländern erhebliche Marktanteile gewonnen (Tab. V.6).

Neben der Primäraluminiumproduktion spielt die Metallgewinnung aus Schrotten und Produktionsabfällen, die Sekundärproduktion oder das Recycling, eine immer wichtigere Rolle. Die Vorteile des Recyclings sind:

— *Energieersparnis.* Für das Wiederaufbereiten der Produktionsabfälle und Schrotte sind nur 5 % der für die Hüttenaluminiumproduktion erforderlichen Energie notwendig. Durch die erhebliche Energieeinsparung beim Recycling verbessert sich die Wettbewerbsposition des Aluminiums beispielsweise gegenüber Eisen und Stahl.

— *Rohmaterialersparnis.* In der westlichen Welt wurden 1983 bereits über 25 % des gesamten Aluminiumverbrauchs durch die Metallgewinnung aus Produktionsabfällen und Schrotten gedeckt. Damit wurden Rohstoffreserven im Gegenwert von 4,2 Mio. t Aluminium eingespart.

— *Entlastung der Umwelt.* Die Verringerung von Umweltbelastungen stellt eine wichtige gesellschaftspolitische Aufgabe dar. Vor allem die Eindämmung des erheblich angestiegenen Müllaufkommens hat zu Überlegungen geführt, verwertbare Materialien wieder in den Produktionsprozeß zurückzuführen. Das Recycling der Aluminiumindustrie leistet daher seit vielen Jahren einen aktiven Beitrag zur Erhaltung einer sauberen Umwelt.

In umweltfreundlichen Salztrommelöfen werden Produktionsabfälle und Altschrotte, Späne und Krätzen nach Aufbereitung in Shredder- und Flotationsanlagen zu Aluminiumgußlegierungen und Aluminiumumschmelzlegierungen verarbeitet. Die Wirtschaftlichkeit des Recyclingprozesses erhöht sich noch dadurch, daß Verunreinigungen, wie beispielsweise Magnesium und Mangan, als wertvolle Legierungselemente erhalten bleiben. Aus Abfällen und Schrotten gewonnenes Metall erfüllt hohe konstruktive Ansprüche und zeichnet sich durch gute Gieß- und Bearbeitungseigenschaften aus.

Erzeugnisse, die aus Aluminium hergestellt wurden, haben eine sehr unterschiedliche Lebensdauer. Schrotte aus dem Verkehrswesen kommen nach ca. 10 bis 30 Jahren, aus dem Bauwesen nach ca. 30 bis 50 Jahren in die Schmelzwerke zurück. Unter Berücksichtigung der Lebensdauer der jeweiligen Aluminiumprodukte kann der Prozentsatz des wiederverwerteten Aluminiums, je nach Einsatzbereich, heute schon bis zu 70 % betragen.

	geschätzte Lebensdauer (Jahre)	mögliche Rückgewinnung (in %)
Fabrikationsabfälle	0	100
Einsatzbereich:		
Verkehrswesen	10 - 30	50
Bauwesen	30 - 50	70
Verpackungsindustrie	1 - 2	5 - 50
Haushalt	0,5 - 2	5 - 20

Die europäische Aluminiumindustrie hat in jüngster Zeit ihre Anstrengungen forciert, für die Aluminiumgetränkedose ein sich wirtschaftlich selbst tragendes Recyclingsystem zu entwickeln. Die Aluminiumgetränkedose kann als Verpackung für
Bier oder Erfrischungsgetränke in dem Freizeit- und Unterwegsmarkt nur etabliert
werden, wenn in Anbetracht des sensiblen Umweltbewußtseins der Bevölkerung die
Vorteile des Werkstoffes Aluminium durch ein funktionsfähiges und funktionstüch-
tiges Recyclingsystem ergänzt wird. Das Recycling ist hier Voraussetzung für die
Durchsetzung der Aluminiumgetränkedose im Markt.

Wegen des hohen Schrottwertes der gebrauchten Aluminiumgetränkedose — beispielsweise im Gegensatz zum Weißblech — ist die Sammlung der Dosen vor dem Hausmüll,
ihre Wiederaufbereitung und die Herstellung neuer Dosen in einem geschlossenen
Kreislauf wirtschaftlich möglich. Dabei spielen Legierungsunterschiede von Dosen-

Tabelle V.7. Gesamtverbrauch von Aluminium in der westlichen Welt (in 1000 t)

Land/Kontinent	1973	1983
Bundesrepublik Deutschland	1 141	1 555
Belgien/Luxemburg	226	273
Frankreich	585	756
Großbritannien	688	437
Italien	532	755
Jugoslawien	108	177
Norwegen	115	129
Schweiz	123	140
Spanien	223	255
Übrige	414	599
Westeuropa insgesamt	4 155	5 076
Brasilien	177	310
Kanada	337	351
USA	6 203	6 238
Übrige	212	328
Amerika insgesamt	6 929	7 227
Afrika	119	232
Japan	1 975	2 444
Südkorea	36	133
Übrige	365	915
Asien insgesamt	2 376	3 492
Australien und Ozeanien	209	328
Westliche Welt insgesamt	13 788	16 355

Quelle: Metallstatistik 1973 - 1983, 1984. Herausgeber: Metallgesellschaft AG, Frankfurt am
Main.

körper und Dosendeckel nur eine untergeordnete Rolle. Diese Vorteile haben in den USA, in Australien und Japan bei Getränkedosen zu einem Anteil des Werkstoffes Aluminium bis zu 90 % und zu Recyclingquoten bis zu 50 % geführt. 1983 wurden in den USA bei einem Verbrauch von 61 Mrd. Getränkedosen ca. 600 000 t Aluminium durch Recycling zurückgewonnen.

Die Aluminiumindustrie hat die Einsatzmengen von Produktionsabfällen und Schrotten in den letzten Jahren kontinuierlich erhöht. Diese Entwicklung ist auch vor dem Hintergrund gestiegener Energiekosten und zunehmender Umweltauflagen bei der Errichtung neuer Hüttenkapazitäten zu sehen.

Die Entwicklung der gesamten Aluminiumnachfrage, also einschließlich des Umschmelzaluminiums, ist aus der Tabelle V.7 zu ersehen.

1.4 Aluminiumverarbeitung

Von dem gesamten Aluminiumverbrauch entfielen in der Bundesrepublik Deutschland im Jahr 1984 rund 71 % auf Walz-, Strangpreß- und Schmiedeerzeugnisse, 23 % auf Aluminiumformgußteile und 6 % auf andere Verwendungsbereiche.

1.4.1 Aluminiumhalbzeug

Für die Herstellung von Aluminiumhalbzeug werden Reinaluminium, Aluminiumlegierungen und Reinstaluminium eingesetzt. Die Weiterverarbeitung ist in Abbildung V.2 vereinfacht dargestellt.

Hüttenaluminium und in jüngster Zeit in zunehmendem Umfang auch Metall aus dem Recyclingprozeß wird vorrangig in den Hütten, aber auch in den Gießereien der Halbzeugbetriebe legiert und im Stranggießverfahren zu Walzbarren und Preßbarren vergossen. Die dabei anfallenden Verarbeitungsabfälle werden zum überwiegenden Teil wieder in den Produktionsprozeß zurückgeführt.

Die nächste Verarbeitungsstufe ist die Warmverformung (Warmwalzen, Strangpressen und Schmieden) mit hohen Umformgraden bei Temperaturen im Bereich von 450 bis 500°C. Bei Bändern schließt sich das Kaltwalzen auf dünnere Abmessungen bis hin zu Dünnband und Folien an. Rohre und Stangen werden vielfach kalt nachgezogen, ebenso natürlich Draht.

Durch Gießwalzen werden aus dem Schmelzfluß anstelle des klassischen Stranggießens Bänder und Drähte bestimmter Kategorien im kontinuierlichen Prozeß wirtschaftlich hergestellt.

Folgende Erzeugnisse fallen unter den Begriff *"Halbzeug"* und werden überwiegend

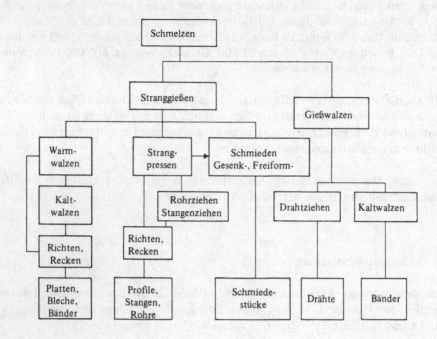

Abbildung V.2. Vereinfachtes Arbeitsschema für die Herstellung von Aluminiumhalbzeug

ohne zusätzliche Bearbeitung an die weiterverarbeitende Industrie ausgeliefert.
Walzfabrikate: Bänder, Dünne Bänder, Bleche, Platten, Ronden, Butzen für Fließ-
preßteile.
Strangpreß- und Zieherzeugnisse: Stangen, Drähte, Profile, Rohre.
Schmiedestücke: Freiform- und Gesenkschmiedestücke.
Vielfach werden auch längsnahtgeschweißte Rohre und Fließpreßteile dem Halb-
zeug zugeordnet.

Durch Zulegieren unterschiedlicher Metalle werden *Legierungen* mit den jeweils gewünschten Eigenschaften erzielt. Die wichtigsten Legierungsgruppen sind:
nicht aushärtbare: AlMg, AlMn, AlMgMn;
aushärtbare: AlMgSi, AlZnMg, AlZnMgCu, AlCuMg.

Die verfügbaren Legierungen besitzen ein breites Spektrum an Eigenschaften, die sie
für viele Anwendungsbereiche prädestinieren. Durch Wärmebehandlung lassen sich
bei den dafür geeigneten Legierungen besonders hohe Festigkeitswerte erzielen.

Wirtschaftlich zur Zeit noch ohne große Bedeutung, aber in rascher Entwicklung befinden sich hochfeste und warmfeste Aluminiumlegierungen, die auf pulvermetallur-
gischem Wege erzeugt werden. Hierzu zählen auch die Faserverbundwerkstoffe mit
Aluminium-Matrix sowie die speziell für den Einsatz im Flugzeugbau entwickelten
Aluminium-Lithium-Legierungen.

Die natürliche Beständigkeit von Aluminium läßt sich durch vielerlei Arten von Oberflächenschutz noch erhöhen. Eine wesentliche Rolle spielt hierbei die Anodische Oxidation (Eloxieren). Sie bietet zusätzlich noch interessante Möglichkeiten der Farbgebung von Silber-, Neusilber- über Bronze- bis zu grauen oder schwarzen Farbtönen in witterungsbeständiger und lichtechter Qualität.

1.4.2 Aluminiumguß

Das Gießen ist der kürzeste Weg vom Rohmaterial zum Fertigprodukt. Aluminiumgußlegierungen werden entweder als Hüttenlegierungen durch Legieren von Reinaluminium mit verschiedenen Metallen oder als Umschmelzlegierungen aus Aluminiumabfällen und -schrotten hergestellt. Wichtigste Legierungselemente sind Silizium, Kupfer und Magnesium. Das Silizium führt zu einer wesentlichen Verbesserung des Fließ- und Formfüllungsvermögens. Bei Gehalten von mehr als ca. 6 % Silizium verändert es das Erstarrungsverhalten der Legierung und verringert die Warmrißneigung. Kupfer erhöht die Festigkeit, verringert jedoch die Korrosionsbeständigkeit. Magnesium verbessert die Korrosionsbeständigkeit und die Festigkeit. Vor allem in Verbindung mit Silizium ermöglicht es eine Aushärtung, allerdings werden die Gießeigenschaften durch Magnesium negativ beeinflußt.

Die wichtigsten Gießverfahren sind *Sandguß, Kokillenguß, Druckguß.*

Sandguß ist das tpyische Gießverfahren für geringe Stückzahlen und besonders große Gußteile. Neuerdings werden jedoch auch für Aluminium vollautomatische Form- und Gießanlagen eingesetzt.

Kokillenguß ist bei mittleren Stückzahlen wirtschaftlich. Im Gegensatz zum Sandguß, bei dem die Form nur für einen Abguß verwendet wird, werden hier Dauerformen aus Gußeisen oder Stahl eingesetzt. Hohlräume mit Hinterschneidungen können mittels Sandkern geformt werden.

Beim Druckgießen wird das Metall unter hohem Druck in eine Stahlform gegossen. Dies gewährleistet hohe Produktivität, gute Maßhaltigkeit und niedrige Wanddicken. Eine dekorative Oberflächenbehandlung der Gußstücke ist nicht möglich, eine Weiterbehandlung setzt Spezialverfahren voraus.

1.4.3 Aluminiumpulver

Aluminiumgrieß oder -pulver findet Anwendung in der Aluminothermie, d.h. zur Reduktion von Metalloxiden, wie Manganoxid, Chromoxid, Strontiumoxid u.a. sowie beim Thermitschweißen. Grieß ist Ausgangsstoff für aluminiumorganische Verbindungen.

Durch Stampfen oder Mahlen von Aluminiumfolien bzw. durch Verdüsen von flüssigem Aluminium oder Aluminiumlegierungen werden Pulver hergestellt, die als Bestandteil von Farben, als Zusatzstoff bei der Gasbetonherstellung sowie in der Pyrotechnik Verwendung finden. Aluminium-Granalien finden Anwendung bei der Stahl-Desoxidation.

In der Bundesrepublik Deutschland wurden 1983 ca. 4600 t von der pulververarbeitenden Industrie nachgefragt; 7400 t Pulver und Flitter wurden exportiert. Im Vergleich zum Halbzeug und Formguß spielt dieser Produktbereich nur eine untergeordnete Rolle.

1.5 Anwendungsbereiche für Aluminium

Um die Jahrhundertwende noch kaum von Bedeutung ist Aluminium heute das meistverwendete Gebrauchsmetall nach Stahl und Eisen. Seitdem sind dem Werkstoff Aluminium dank seiner Eigenschaften viele und einige ganz charakteristische Verwendungsbereiche erschlossen worden. Die wesentlichen Anwendungsbereiche für die wichtigsten aluminiumverbrauchenden Länder sind in der Tabelle V.8 zusammengefaßt.

Tabelle V.8. Aluminiumverbrauch nach Verbrauchergruppen 1983 (in %)

Verbrauchergruppe	Bundesrepublik Deutschland	Frankreich	Großbritannien	Italien	USA	Japan
Verkehrswesen	19,4	21,2	12,5	26,9	16,4	25,5
Bauwesen	11,2	7,7	17,5	21,3	19,8	29,0
Verpackungsindustrie	7,6	6,1	10,1	10,3	26,9	6,6
Elektrotechnische Industrie	4,2	9,4	8,3	3,8	9,1	6,7
Maschinenbau	4,5	3,2	4,8	7,0	5,5	4,4
Haushaltswaren	4,3	3,4	5,1	9,8	7,3	4,9
Metallwaren	8,4	8,7	13,6	3,5	*)	8,7
verschiedene Bereiche	5,0	4,5	5,9	5,2	6,5	5,1
Export	35,4	35,8	22,2	12,2	8,5	9,1
Summe	100,0	100,0	100,0	100,0	100,0	100,0

*) unter der Position"verschiedene Bereiche" enthalten

Quelle: European Aluminium Statistics, 1983. Herausgeber: Aluminium-Zentrale e.V., Düsseldorf.

Nachstehend wird auf die wichtigsten Anwendungsbereiche kurz eingegangen.

1.51 Verkehrswesen

Wegen seines geringen spezifischen Gewichtes trägt Aluminium erheblich zur Einsparung von Energie und damit zur Verbesserung der Wirtschaftlichkeit von Fahrzeugen bei. Daneben spielt im Verkehrswesen die Korrosionsbeständigkeit des Metalls eine wichtige Rolle.

Aus der klassischen Anwendung im Flugzeugbau hat sich eine erhebliche Ausweitung des Aluminiumverbrauchs im Kraftfahrzeugbau entwickelt. Für Personenkraftwagen werden heute Motorblöcke, Zylinderköpfe, Kolben, Räder, Stoßfänger, Karosserieelemente, Kühler und zahlreiche weitere Bauteile und für Nutzfahrzeuge beispielsweise Fahrzeugböden, Aufbauten und Bordwände aus Aluminium gefertigt. Bei Schienenfahrzeugen, insbesondere für den Nahverkehr, haben Aluminiumkonstruktionen vor allem durch die Bauweise mit Großprofilen eine bedeutende Position gewonnen. Selbst für Fahrräder ist Aluminium wegen seiner Beständigkeit und seines Aussehens ein interessanter Werkstoff geworden. Im Schiff- und Bootsbau, beim Bau von Containern und Transportbehältern für Flüssiggas, bei beweglichen Rampen usw. finden Aluminiumbauelemente auch bei hohen Beanspruchungen Verwendung.

1.5.2 Bauwesen

Im Bauwesen kommt dem leichten Metall vor allem seine Beständigkeit gegen Witterungseinflüsse zugute. In der Bundesrepublik Deutschland ist das Bauwesen die zweitgrößte Verbrauchergruppe. Aluminium wird vor allem eingesetzt für

- Fassaden von Repräsentativ- und Wohnbauten, Fenster, Türen, Veranden, Trennwände, Geländer, Brüstungen;
- Wandverkleidungen und Bedachung von Industriebauten, im Wohnungsbau und in der Altbausanierung.

Der Anteil von vorbeschichtetem, z.B. bandlackiertem Material, hat sich deutlich vergrößert. Generell hat das Angebot vielseitiger Oberflächenbehandlung erhebliche Bedeutung in diesem Absatzbereich. Aluminiumkonstruktionen bieten sich auch für Maßnahmen zur Energieeinsparung in Absorberanlagen auf Dächern und in Zäunen sowie bei Verbundplatten und Elementen an.

1.5.3 Verpackungsindustrie

Die für Verpackungszwecke eingesetzten Mengen an Aluminium sind erheblich gestiegen und werden voraussichtlich noch weiter zunehmen. Für Verpackung und Konservierung vor allem von Lebensmitteln werden Folien unterschiedlicher Dicken, blank sowie in Kombinationen mit Papier und Kunststoffen, ferner Getränke- und sonstige Dosen, Aufreißdeckel, Flaschenverschlüsse, Fässer, Kannen und Behälter bis hin zu Großtankbehältern verwendet.

1.5.4 Elektrotechnische Industrie

Aluminium wird in der elektrotechnischen Industrie als Leitmaterial in Form von Drähten, Stromschienen (Stangen, Rohre), Kabeln usw. eingesetzt und als Konstruktionswerkstoff für viele Geräte, Bauelemente und Einrichtungen im Bereich der Nachrichtentechnik und Elektronik verwendet. Stranggepreßte verrippte Bauelemente erfüllen besonders gute Bedingungen zur Ableitung von Wärme in entsprechenden Geräten.

Obwohl die Nachfrage nach Aluminium für elektrotechnische Zwecke in der Bundesrepublik Deutschland zur Zeit stagniert, stellt dieser Bereich noch immer ein erhebliches Absatzpotential dar.

1.6 Entwicklung der Nachfrage

Die Anwendungsmöglichkeiten für den Werkstoff Aluminium sind außerordentlich vielfältig. Vor allem Produkte, deren Herstellung ein hohes Maß an technologischem Wissen voraussetzen, wie beispielsweise Erzeugnisse des Fahrzeugbaus, der Elektrotechnik und des Maschinenbaues, sind klassische Anwendungsbereiche für das leichte Metall. Aber auch die zahlreichen Einsatzmöglichkeiten im Haushalt, für Verpackungszwecke und im Bauwesen sind typisch für die Industriestaaten der westlichen Welt. Mit steigendem Wohlstand gewinnt Aluminium in der Investitionsgüter- und der Konsumgüterindustrie eine immer größere Bedeutung. Es ist daher auch nicht verwunderlich, daß die hochentwickelten Staaten Europas und Nordamerikas gleichzeitig auch die mit Abstand wichtigsten Verbraucherländer sind. Vor allem in den USA hat der Einsatz von Aluminium ein überdurchschnittlich hohes Niveau erreicht.

Im Zeitraum 1950 bis 1970 stieg die Nachfrage nach Hüttenaluminium in der westlichen Welt im Durchschnitt mit einer jährlichen Wachstumsrate von 9,1 % deutlich stärker an als die Industrieproduktion. In dieser Entwicklungsphase erreichte der Substitutionsprozeß zugunsten des noch jungen Werkstoffs seinen Höhepunkt. Diese Expansion der Nachfrage wurde nicht nur durch das allgemeine Wirtschaftswachstum in den Industrieländern der westlichen Welt und durch die Eigenschaftsmerkmale des Werkstoffs gefördert, sondern zusätzlich durch eine weitgehend stabile Preispolitik der Aluminiumproduzenten stimuliert.

Seit Beginn der siebziger Jahre hat sich jedoch das Wachstum des Hüttenaluminiumverbrauchs verlangsamt. Verantwortlich hierfür war die kräftige Verteuerung des Energiepreises im Zuge der Politik der OPEC-Länder, die Erhöhung der Einstandskosten für Bauxit als Ergebnis der Politik der IBA-Länder und nicht zuletzt die erheblichen Kostensteigerungen für die Errichtung neuer Hüttenbetriebe als Konsequenz der inflationären Entwicklung in Westeuropa und Nordamerika. Der Preis für Hüttenaluminium stieg daher stärker an als die Preise der konkurrierenden Werkstoffe und schränkte die Wettbewerbskraft und die Wachstumsmöglichkeiten des Aluminiums erheblich ein. Dieser Verlust an substitutiver und innovativer Kraft muß aber auch als Anzeichen dafür gewertet werden, daß Aluminium nunmehr seine Wachstumsphase verlassen hat und in die Reifephase eingetreten ist.

Besonders markant zeigt sich diese Entwicklung am Beispiel der Vereinigten Staaten, wo die Wachstumsrate des Hüttenaluminiumverbrauchs in den letzten Jahren unter das Niveau der Industrieproduktion absank. Auch in einigen Staaten Westeuropas deutet sich bereits eine Angleichung des Aluminiumbedarfs an die durchschnittliche langfristige Wachstumsrate der Industrieproduktion an.

Überdurchschnittlich hohe Zuwachsraten wurden in den letzten Jahren nur von einigen Entwicklungs- und Schwellenländern erzielt, deren Nachfragepotential bei weitem noch nicht ausgeschöpft ist. Aber auch einige dieser Länder haben in jüngster Vergangenheit insbesondere wegen ihrer internationalen Verschuldung Rückschläge hinnehmen müssen. Daher ist für die überschaubare Zukunft in der westlichen Welt nur noch mit einem jährlichen Anstieg der Hüttenaluminiumnachfrage von etwa 3 % zu rechnen.

1.7 Preisentwicklung und Marktstruktur

Seit der Rückkehr zu marktwirtschaftlichen Verhältnissen nach dem Ende des Zweiten Weltkrieges wurde die Preisgestaltung auf den Hüttenaluminiummärkten der westlichen Welt maßgeblich durch die Listenpreise der großen nordamerikanischen Aluminiumproduzenten bestimmt, da die USA und Kanada seit Jahrzehnten Produktions- und Verbrauchsschwerpunkte sind. Preisführer in den Vereinigten Staaten ist der größte US-Produzent, die Aluminum Company of America (Alcoa). Preisführer auf dem Weltmarkt war bisher der größte Hüttenaluminiumexporteur der Welt, die Alcan Aluminium Limited (Alcan). Der kanadische Exportpreis war über mehrere Jahrzehnte hinweg Maßstab für die Bildung der Listenpreise auf den wichtigen nationalen Märkten, vor allem in Europa.

Die Listenpreise waren im wesentlichen kostenorientiert, knapp kalkuliert und boten den Abnehmern eine stetige und verläßliche Dispositionsgrundlage. Sie deckten bei ausgeglichenen Marktverhältnissen die Erzeugungskosten der Produzenten und schlossen eine angemessene Verzinsung des eingesetzten Kapitals ein. In Zeiten eines Angebotsüberhangs mußten jedoch Rabatte auf die Listenpreise gewährt werden. Diese Listenpreise hatten zeitweilig ihre Marktgeltung auch durch die Entwicklung beispielsweise der europäischen Währungen gegenüber dem US-$ verloren. Während in den siebziger Jahren der umgerechnete kanadische Exportpreis in nationaler Währung deutlich unter den kostenorientierten Listenpreisen der europäischen Erzeuger lag, haben sich die europäischen Produzenten seit der Wiedererstarkung der amerikanischen Währung mehr und mehr vom kanadischen Exportpreis lösen können. Die Alcan hat daher seit Oktober 1984 ihren Exportpreis suspendiert (siehe auch Kap. I.2).

In den letzten 15 Jahren haben sich in der Hüttenaluminiumindustrie der westlichen
Welt wesentliche Strukturverschiebungen vollzogen:

— Der Anteil der großen Gesellschaften, die überwiegend vertikal integriert sind,
  also über eigene Bauxitgruben, Aluminiumoxidfabriken, Hüttenwerke und Weiterverarbeitungsbetriebe verfügen, ist in diesem Zeitraum kontinuierlich zurückgegangen. Während im Jahre 1970 die sechs größten Produzenten

  -   Alcoa,
  -   Alcan,
  -   Reynolds Metals Company,
  -   Kaiser Aluminum & Chemical Corporation,
  -   Pechiney,
  -   Schweizerische Aluminium AG (Alusuisse)

  über knapp zwei Drittel der installierten Hüttenaluminiumkapazitäten der westlichen Welt verfügten, reduzierte sich ihr Anteil bis zum Jahre 1985 auf etwa 50 %
  (Tab. V.9).

Tabelle V.9. Hüttenaluminiumkapazitäten der sechs größten Produzenten

	1970		1985	
	Kapazität in 1000 t	in %	Kapazität in 1000 t	in %
Alcoa	1 400	15,6	1 833	12,3
Alcan	1 343	15,0	1 897	12,7
Reynolds	1 080	12,0	1 145	7,7
Kaiser	766	8,5	1 087	7,3
Pechiney	663	7,4	786	5,3
Alusuisse	393	4,4	782	5,2
Westliche Welt insgesamt	8 975	100,0	14 959	100,0

Quelle: VAW Vereinigte Aluminium-Werke AG, Bonn.

— Der Anteil neuer, unabhängiger Produzenten vor allem in rohstoff- und energie-
  reichen Ländern   ist deutlich angestiegen. Während im Jahre 1970 in Südamerika,
  Afrika und Australien (einschließlich Ozeanien) lediglich 6,8 % der installierten
  Kapazitäten der westlichen Welt angesiedelt waren, erhöhte sich ihr Anteil bis zum
  Jahre 1985 auf 20,1 % (Tab. V.10).

Die veränderte Struktur der Hüttenaluminiumindustrie begünstigte die Aufnahme
eines Aluminiumkontraktes an der Londoner Metallbörse (LME) und der Commodity
Exchange (Comex) in New York. Am 2. Oktober 1978 wurde der Börsenhandel an
der LME und am 6. Dezember 1983 auch an der Comex aufgenommen. Gehandelt
werden 25 t-Kontrakte für Hüttenaluminium-Masseln oder T-Barren der Qualitäten
99,5 % bzw. 99,7 % für Kassa- und üblicherweise 3-Monatsware.

Gegen den Börsenhandel mit Aluminium wurden und werden auch heute noch zahl--

Tabelle V.10. Regionale Aufteilung der Hüttenaluminiumkapazitäten

	1970		1985	
	Kapazität in 1000 t	in %	Kapazität in 1000 t	in %
Europa	2 328	25,9	3 961	26,5
Nordamerika	4 924	54,9	6 238	41,7
Südamerika	225	2,5	1 278	8,5
Afrika	166	1,8	625	4,2
Asien	1 111	12,4	1 750	11,7
Australien und Ozeanien	221	2,5	1 107	7,4
Westliche Welt insgesamt	8 975	100,0	14 959	100,0

Quelle: VAW Vereinigte Aluminium-Werke AG, Bonn.

reiche Argumente vorgebracht. Die Wichtigsten sind:

- Die Aluminiumindustrie ist anders strukturiert als die übrigen NE-Metallindustrien, sie ist in wesentlich stärkerem Maße integriert, die Versorgungsfunktion der LME und Comex ist daher vergleichsweise gering.
- Die Produktion von Hüttenaluminium ist wesentlich kapitalintensiver als die Erzeugung der übrigen NE-Metalle. Spekulative Übertreibungen, wie sie für das Börsengeschehen typisch sind, tangieren daher die Ertragsentwicklung der Hüttenaluminiumproduzenten stärker als die Erzeuger der übrigen NE-Metalle.
- Aluminium ist kein typisches Börsenmetall, da die von den Kunden gewünschten Spezifikationen bezüglich Legierungen und Formaten außerordentlich vielfältig sind.

Die Börse wurde bisher von allen Hüttenmetallproduzenten ohne eigene Weiterverarbeitungsbetriebe oder ohne Absatzmöglichkeiten im eigenen Land sowie von den Ostblockländern genutzt.

Tabelle V.11. Handel an der Londoner Metallbörse

	1982	1983	1984
Umsätze in Mio. t	24,3	34,2	30,6
Auslieferungen aus den Lagerhäusern der LME in 1000 t	125	176	218
Bestände in den Lagerhäusern der LME in 1000 t	249	224	142
Preise in £ je t (Jahresdurchschnitt)			
- Kasse	566,64	950,28	933,06
- 3 Monate	586,51	977,09	955,62

Quelle: Metal Bulletin, verschiedene Berichte, London.

Nach sechs Jahren Erfahrung mit dem Aluminiumkontrakt hat sich gezeigt, daß die vorgetragenen Argumente durchaus berechtigt waren. Das verdeutlicht die Tabelle V.11, die die Aktivitäten an der Londoner Metallbörse seit 1982 zusammenfaßt. Unstrittig ist, daß die Notierung in London die Preispolitik der großen Aluminiumproduzenten beeinflußt. Ebenso unstrittig ist, daß der Börsenhandel ein wesentliches Element einer marktwirtschaftlichen Ordnung darstellt und daß die LME-Notierungen zu einem beachteten Indikator für die Knappheitsverhältnisse auf dem Weltmarkt geworden sind.

2 Magnesium

Magnesium (Mg von Magnesia) wurde als Metall erstmals 1808 von Davy, später von Bussy (1828), Bunsen (1852) und Sainte-Claire Deville (1857) isoliert. Die erste Elektrolyseanlage (Carnallitelektrolyse) wurde 1886 in Hemelingen bei Bremen errichtet. 1928 wurde durch die Chemische Fabrik Griesheim-Elektron in Bitterfeld eine Magnesium-Chloridelektrolyse gestartet. Der Magnesiumverbrauch gewann jedoch erst Mitte der dreißiger Jahre an Bedeutung und erreichte im Zweiten Weltkrieg 250 000 t pro Jahr. Nach dem Kriege fiel der Verbrauch zunächst stark ab und wies in den fünfziger bis siebziger Jahren wieder einen steten Zuwachs auf.

Führende Magnesiumproduzenten in der westlichen Welt sind heute Dow Chemicals in den USA sowie Norsk Hydro in Norwegen.

2.1 Eigenschaften

Magnesium ist mit einer Dichte von 1,74 g/cm^3 das spezifisch leichteste Gebrauchsmetall. Das silberweiße Metall bedeckt sich bei Raumtemperatur an der Luft mit einer dünnen Oxidschicht. Oberhalb 400°C beschleunigt sich an der Luft die Oxidation. Flüssiges Magnesium (Schmelzpunkt 650°C, Siedepunkt 1105°C) entzündet sich leicht an der Luft und wird daher unter Schutzgas (SO_2, SF_4) gehandhabt. In Pulverform reagiert das Metall schon unterhalb 500°C mit Luftstickstoff unter Bildung von Magnesiumnitrid. Gegen Wasser ist Magnesium bei Raumtemperatur recht beständig. Mineralsäuren lösen das Metall unter Wasserstoffentwicklung. Gegen Flußsäure ist es infolge einer sich bildenden Schutzschicht aus Magnesiumfluorid beständig.

2.2 Rohstoffe

Magnesium ist mit 2,1 % in Form von Verbindungen in der Erdrinde weit verbreitet. Für die Gewinnung sind vor allem Magnesiumchlorid und Magnesiumcarbonate von

Bedeutung. Konzentrierte Magnesiumchloridlösungen fallen als Nebenprodukt in der Kali-Industrie an und stehen in natürlichen Solen zur Verfügung. Reichste Magnesiumchloridquelle sind die Weltmeere. Das Doppelsalz Magnesiumchlorid-Kaliumchlorid (Carnallit) tritt in Lagerstätten auf. Magnesiumcarbonate sind als gesteinsbildende Minerale in Dolomit- und Magnesitvorkommen vorzufinden.

2.3 Gewinnung des Metalls

Etwa 75 % der heutigen Weltproduktion an Magnesiummetall werden durch Schmelzflußelektrolyse von Magnesiumchlorid und etwa 25 % durch thermische Reduktion von gebranntem Dolomit mittels Ferrosilizium erzeugt.

2.3.1 Elektrochemische Gewinnung

Einsatzstoff für die Schmelzflußelektrolyse ist Magnesiumchlorid. Das Dow-Verfahren geht von Meerwasser aus, aus dem mit Kalkmilch Magnesiumhydroxid gefällt wird. Das Magnesiumhydroxid wird mit Salzsäure zu Magnesiumchlorid-Hydrat umgesetzt, thermisch teilhydratisiert und als $MgCl_2 \cdot 2H_2O$ den Elektrolysezellen zugeführt.

Bei dem Norsk-Hydro-Verfahren werden Magnesiumchlorid-Lösungen durch stufenweise thermische Behandlung in wasserfreies Magnesiumchlorid überführt.

Nach dem I.G.-Verfahren wird Magnesiumoxid mit Chlor und Kohlenstoff in wasserfreies Magnesiumchlorid umgewandelt.

Die Schmelzflußelektrolyse wird in gekapselten Zellen unter Einsatz einer Lösung von Magnesiumchlorid in geschmolzenen Alkalichloridmischungen bei etwa 750°C durchgeführt. Die Anoden bestehen aus Graphit, die Kathoden aus Stahl. Das kathodisch abgeschiedene flüssige Metall sammelt sich auf der Elektrolytoberfläche, das anodisch entwickelte Chlor wird über Sammelleitungen zur Gewinnung von weiterem Magnesiumchlorid wiederverwertet.

Während in früheren Jahren die Elektrolyse in I.G.-Zellen oder Dow-Zellen mit Stromstärken von 60 bis 120 kA durchgeführt wurde, sind heute auch moderne Zellen mit Stromstärken bis 250 kA in Betrieb. Der Verbrauch an elektrischer Energie liegt in modernen Zellen bei 14 000 kWh/t Magnesium gegenüber 20 000 kWh/t Magnesium in älteren Zellen. Die Stromausbeute liegt in modernen Betrieben bei 90 %.

2.3.2 Thermische Magnesiumgewinnung

Zur thermischen Reduktion von Magnesiumoxid sind zahlreiche Reduktionsmittel erprobt worden. In der Praxis hat sich nur der Einsatz von Ferrosilizium durchgesetzt.

Verfahrensprinzip ist die Umsetzung von gebranntem Dolomit mit Silizium (in Form von Ferrosilizium) nach:

$$2 \, (MgO \cdot CaO) + Si \longrightarrow Ca_2SiO_4 + 2 \, Mg$$

bei Temperaturen $> 1200°C$. Die Umsetzung wird unter Schutzgas oder im Vakuum durchgeführt. Das gebildete dampfförmige Magnesium wird an Kühlflächen niedergeschlagen.

Magnesium wird vor allem in den USA und in Norwegen produziert. In Deutschland, dem einst führenden Produzenten, wird kein Metall mehr erzeugt (Tab. V.12).

Tabelle V.12. Produktion von Magnesium in der westlichen Welt (in 1000 t)

Land/Kontinent	1973	1983
Frankreich	7,0	9,7
Italien	8,9	9,8
Jugoslawien	–	4,7
Norwegen	37,5	29,9
Westeuropa insgesamt	53,4	54,1
Brasilien	–	0,5
Kanada	6,2	7,8
USA	110,7	104,7
Amerika insgesamt	116,9	113,0
Asien	11,2	6,1
Westliche Welt insgesamt	181,5	173,2

Quelle: Metallstatistik 1973 - 1983, 1984. Herausgeber: Metallgesellschaft AG, Frankfurt am Main.

2.4 Verwendung des Metalls

Knapp 50 % des erzeugten Magnesiums findet Einsatz als Legierungsmetall in der Aluminiumindustrie. Ca. 25 % werden als Gußerzeugnisse in der Luftfahrt, im Automobilbau und in anderen Bereichen verwendet. Weitere 25 % dienen der Entschwefelung von Eisen und Stahl, als Grignard-Reagens in der organischen Chemie sowie als Reduktionsmittel z.B. zur Titangewinnung.

Tabelle V.13 zeigt die Entwicklung des Magnesiumverbrauchs in der westlichen Welt. Während noch im Zeitraum 1963 bis 1973 die durchschnittliche jährliche Wachstumsrate 6,4 % betrug, sank der Verbrauch von Magnesium insbesondere in den Hauptverbraucherländern im Zeitraum 1973 bis 1983 im Jahresdurchschnitt um 1,8 % ab. Diese Entwicklung wurde unter anderem durch die erheblich gestiegene Preisdifferenz zwischen Magnesium und Aluminium verursacht. Bei einer durchschnittlichen Produktionsmenge im Zeitraum 1973 bis 1983 von ca. 195 000 t lag die Produktion der westlichen Welt 1983 auf einem vergleichsweise niedrigen Niveau.

Tabelle V.13. Verbrauch von Magnesium in der westlichen Welt (in 1000 t)

Land/Kontinent	1973	1983
Bundesrepublik Deutschland	43,4	27,3
Frankreich	6,5	9,8
Übrige	22,4	21,8
Westeuropa insgesamt	72,3	58,9
USA	105,2	74,4
Übrige	18,8	16,1
Amerika insgesamt	124,0	90,5
Afrika	0,3	1,6
Japan	15,8	19,6
Übrige	0,5	4,1
Asien insgesamt	16,3	23,7
Australien und Ozeanien	1,0	3,6
Westliche Welt insgesamt	213,9	178,3

Quelle: Metallstatistik 1973 - 1983, 1984. Herausgeber: Metallgesellschaft AG, Frankfurt am Main.

2.5 Preis

In den USA stieg der Preis für Magnesium seit den siebziger Jahren um das Vierfache an. Im Durchschnitt des Jahres 1984 wurde Reinmagnesium (99,8 %) in den USA mit 145,50 U$-cts/lb gehandelt.

3 Lithium

Lithium (Li v. grch. lithos) wurde 1817 von Berzelius und Arfveson bei der Analyse von Petalit entdeckt. Das Metall wurde von Bunsen und Mathiessen erstmals 1885 durch Elektrolyse von geschmolzenem Lithiumchlorid gewonnen.

Eigenschaften

Das Metall ist sehr reaktionsfähig und reagiert heftig mit Wasser. An der Luft bildet sich Oxid. Lithium ist mit einer Dichte von 0,53 g/cm³ das leichteste aller Metalle. Schmelzpunkt (180,5°C) und Siedepunkt (1347°C) liegen höher als bei den übrigen Alkalimetallen. Das Metall kristallisiert kubisch-raumzentriert.

Vorkommen

Mit 0,0065 % in der Erdkruste ist Lithium kein seltenes Element. Hauptminerale sind Lepidolith, Petalit, Spodumen. Die Hauptvorkommen sind in Kanada, USA und Südafrika zu finden. In den USA und Chile werden Lithiumsalze auch aus Salzsolen gewonnen.

Gewinnung des Metalls

Der Aufschluß der Erzkonzentrate erfolgt entweder mit starker Schwefelsäure bei einer Temperatur von 200 bis 400°C nach vorhergehemden Kalzinieren bei 1100°C oder durch Sintern mit Kalk. Nach Auslaugen der Aufschlußprodukte werden Lithiumcarbonat oder andere Salze isoliert. Die Gewinnung des Metalls geschieht durch Elektrolyse von Lithiumchlorid-Kaliumchlorid-Schmelzen.

Verwendung des Metalls

Lithium wird in Form seiner Verbindungen als Zusatz zur Elektrolyseschmelze in der Aluminiumindustrie, bei der Herstellung hochwertiger Schmierfette und in der Porzellan- und Glasindustrie verwendet. Metallisches Lithium wird in der organisch-chemischen Industrie als Katalysator sowie als Aluminium-Lithium-Legierung in Batterien eingesetzt. Das Isotop ^{7}Li findet Anwendung in der Kerntechnik. Zur Zeit gewinnt das Metall an Bedeutung als Legierungselement in Aluminium-Lithium-Legierungen für den Flugzeugbau.

4 Beryllium

Beryllium wurde 1797 von Vauquelin beim Aufschluß des Minerals Beryll entdeckt.

Eigenschaften

Chemisch ist das Metall dem Aluminium verwandt. Wie Aluminium bedeckt es sich an der Luft mit einer dichten Oxidschicht. Die Dichte liegt bei 1,85 g/cm³, der Schmelzpunkt bei 1285°C, der Siedepunkt bei 2477°C. Das Metall kristallisiert in hexagonal dichter Packung. Beryllium legiert sich mit den meisten Metallen.

Wegen der hohen Giftigkeit von berylliumhaltigem Staub sind die technischen Anwendungsmöglichkeiten limitiert. Daher sind auch für die Handhabung und Verarbeitung von Beryllium und Berylliumverbindungen strenge Schutzmaßnahmen vorgeschrieben.

Vorkommen

Mit ca. 0,0006 % in der Erdkruste ist Beryllium ein relativ seltenes Element. Es ist jedoch angereichert in Pegmatiten, die vor allem in Südafrika, Brasilien, Argentinien, Indien und den USA vorkommen. Hauptmineral ist der Beryll, ein Beryllium-Aluminium-Silikat.

Gewinnung des Metalls

Zunächst wird das Erzkonzentrat durch Sintern mit einem Fluorid oder durch Aufschmelzen im Lichtbogen aufgeschlossen. Nach Laugung des Aufschlußproduktes und Isolierung des Berylliumsalzes wird das Metall durch Elektrolyse von berylliumchloridhaltigen Schmelzen oder durch Reduktion von Berylliumfluorid mit Magnesium gewonnen.

Verwendung des Metalls

Wichtigster Anwendungsbereich des Metalls ist die Kerntechnik. Hier wird es wegen des geringen Einfangquerschnitts für thermische Neutronen, als Neutronenreflektor und als Bestandteil von Neutronenquellen eingesetzt. In der Luft- und Raumfahrtindustrie gewinnt Beryllium wegen seines günstigen Festigkeit-Dichte-Verhältnisses an Bedeutung. Daneben findet Beryllium wegen seiner Durchlässigkeit für Röntgenstrahlen als Austrittsfenster für Röntgenröhren Verwendung.

5 Cäsium

Cäsium (Cs v. lat. caesius) wurde spektralanalytisch von Bunsen im Jahre 1860 nachgewiesen.

Eigenschaften

Das Metall hat eine Dichte von 1,87 g/cm^3, der Schmelzpunkt liegt bei 28,7°C, der Siedepunkt bei 690°C. Cäsium kristallisiert kubisch-flächenzentriert und ist wie die übrigen Alkalimetalle sehr reaktionsfähig.

Vorkommen

Hauptmineral ist Pollucit, das vor allem in den USA, in Schweden, Südwestafrika und auf Elba vorkommt. Daneben sind Lepidolith und Carnallit von Bedeutung.

Gewinnung des Metalls

Pollucit wird mit Salzsäure aufgeschlossen. Das Metall wird durch die Reduktion des Carbonats mit Magnesium oder des Chlorids mit Calcium gewonnen.

Anwendung des Metalls

Wegen der niedrigen Elektronenaustrittsarbeit des Elements findet Cäsium vor allem in Photozellen und Photomultipliern Verwendung.

6 Strontium

Strontium (Sr) wurde 1790 bei der Analyse des Minerals Strontianit entdeckt.

Eigenschaften

Strontium hat eine Dichte von 2,60 g/cm³, der Schmelzpunkt liegt bei 768°C, der Siedepunkt bei 1380°C. Das Metall kristallisiert kubisch-flächenzentriert.

Vorkommen

Strontium gehört mit 0,03 % in der Erdkruste zu den häufigeren Elementen. Hauptminerale sind Cölestin und Strontianit mit Vorkommen in Großbritannien, Spanien, Italien, Nord- und Südamerika und Indien.

Gewinnung des Metalls

Das Metall wird aluminothermisch aus Strontiumoxid oder durch Elektrolyse von geschmolzenem Strontiumchlorid gewonnen.

Anwendung des Metalls

Während das Metall nur in kleinen Mengen Verwendung als Legierungsbestandteil in Kupfer- und Bleilegierungen findet, werden Strontiumsalze sowie das Oxid in großen Mengen überwiegend in der Farbfernsehtechnik sowie in der Pyrotechnik eingesetzt.

Literaturhinweise

Aluminium-Zentrale e.V.: Aluminium-Taschenbuch, 14. Aufl., (Aluminium-Verlag), Düsseldorf 1983.

Bielfeldt, K.; Winkhaus, G.: Aluminiumverbindungen, in: Winnacker-Küchler, Chemische Technologie, Bd.3, 4. Aufl., (Hauser), München/Wien 1983.

Escherich, R.: Perspektiven der nationalen und internationalen Aluminiumindustrie in überschaubarer Zukunft, Aluminium, 60. Jahrg., (1984), S. 862 ff.

Ginsberg, W.: Aluminium und Magnesium, Die metallischen Rohstoffe, Bd.15, (Enke), Stuttgart 1971.

Grjotheim, K.; Krohn, C.; Malinovsky, M.; Malinovsky, K.; Thonstad, J.: Aluminium Electrolysis - The Chemistry of the Hall-Héroult-Process, 2. Aufl., (Aluminium-Verlag), Düsseldorf 1982.

Hirt, W.; Johnson, H.K.; Wilkening, S.; Winkhaus, G.: Aluminium und Magnesium, in: Winnacker-Küchler, Chemische Technologie, Bd.4, 4. Aufl., (Hauser), München/Wien 1985.

Lewinski, A. von: Aluminium-Recyclingaktivitäten in Europa unter besonderer Berücksichtigung der Getränkedosen, Aluminium, 60. Jahrg., (1984), S. 944 ff.

Lotze, J.: Bewertung von Aluminium-Rohstoffen, insbesondere von Armerzen, Schriftenreihe GdMB, H.35, Clausthal-Zellerfeld 1980.

Rauch, E: Geschichte der Hüttenaluminiumindustrie in der westlichen Welt, (Aluminium-Verlag), Düsseldorf 1962.

Seebauer, H.: Anmerkungen zur Preissituation - Versuch einer Prognose für Aluminium-Gußwerkstoffe, Aluminium, 60. Jahrg., (1984), S. 628 ff.

Seebauer, H.: Die Aluminiumindustrie zur Jahreswende 1983/1984, Metall, 38. Jahrg., (1984), S. 57 ff.

Valeton, I.: Developments in Soil Science, Bd.1: Bauxites, (Elsevier), Amsterdam/London/New York 1972.

Statistiken:

Metallstatistik, verschiedene Jahrgänge. Herausgeber: Metallgesellschaft AG, Frankfurt am Main.
European Aluminium Statistics, 1983. Herausgeber: Aluminium-Zentrale e.V., Düsseldorf.
Metal Bulletin, verschiedene Berichte, London.

VI Edelmetalle

Von W. Knies, H. Renner und U. Tröbs

1 Gold

1.1 Geschichtliches

Gold ist neben Meteoreisen das erste metallische Material, das den Menschen prähistorischer Epochen aufgefallen und bekannt geworden ist. Seine Nutzanwendungen und damit erste Grundstufen der Metalltechnologie fallen in die Zeit um 8000 - 6000 v.Chr., in der sich im östlichen Mittelmeer der Übergang vom Wanderdasein zur Seßhaftigkeit der Bewohner vollzog. Erste Belege aus der Zeit um 4000 v.Chr. stammen aus Mesopotamien und Ägypten. Entsprechend, wenn zum Teil auch zu anderen Zeiten, ist zweifelsohne die Entwicklung in anderen, archäologisch weniger erforschten Gebieten verlaufen.

Mit dem Aufblühen des ägyptischen Staatswesens um 2000 v.Chr. wuchs dem Gold eine außerordentliche kultische und wirtschaftliche Bedeutung zu. Die Goldproduktion in Ägypten erreichte in ihrer Hauptperiode zwischen 1900 und 1300 v.Chr. zeitweise über 10 jato. In diese Zeit fällt auch die Entdeckung der Gold-/Silberscheidung durch Glühen der nativen Legierung mit Natriumchlorid (4). Um etwa 1000 v.Chr. hatte sich die Goldgewinnung von Oberägypten bis ins südöstliche Afrika ausgedehnt. Die Argonautensage ("goldenes Vlies") deutet auf die Goldgewinnung der Griechen am Schwarzen Meer. Zwischen 500 - 200 v.Chr. war in Gallien ein Schwerpunkt der Goldgewinnung. Die Römer, die in Spanien den Goldbergbau betrieben und die dabei durch Spülbergbautechniken gewaltige Erdmassen (über 10^8 m^3) bewegten, förderten innerhalb von zwei Jahrhunderten ca. 1500 t Gold. Das ägyptische Gold war zuvor weitgehend in den Besitz Alexanders des Großen und in der Folge nach Rom gelangt. Die Auflösung der politischen Strukturen des Altertums dezimierte jeweils die staatliche Hortung. Kriegerische Ereignisse förderten die Zerstreuung der Vorräte und bewirkten zum Teil endgültigen Verlust. Auch der sich vertiefende Handelsaustausch führte zum Abfluß von Gold.

Von der Zeitenwende bis zur Entdeckung Amerikas war die Goldproduktion auf der Welt ausgesprochen gering. Mit ca. 2000 - 3000 t wurde in diesem Zeitraum insgesamt nur ein Viertel der im gesamten Altertum geförderten Menge gewonnen. Es fehlten große Abbauzentren und der Abbau war geographisch breit gestreut. Zu den alten, weitgehend erschöpften Abbaugebieten traten neue Vorkommen in Europa, Westafrika, China, Indien und anderswo hinzu. Auch der indianische Goldbergbau fällt hauptsächlich in diese Epoche. — Um 1000 n.Chr. wird die Goldgewinnung durch Amalgamation erstmals beschrieben. Seit 1450 stand die Gold-/Silberscheidung mittels Salpetersäure (Scheidung durch die Quart) zur Verfügung, die erst 350 Jahre später durch die Schwefelsäurescheidung (Affination) abgelöst wurde.

Ab 1700 erhöhte sich die Goldproduktion durch Entdeckung der Seifenvorkommen im Ural auf ca. 10 t/a. Zwischen 1730 und 1800 stand Brasilien an erster Stelle der goldproduzierenden Länder, nachdem man zuvor während zweier Jahrhunderte zunächst vergeblich nach den Quellen, aus denen das vorkolumbianische Gold stammt, gesucht hatte. Das bisnun größte Vorkommen wurde 1848 in Kalifornien gefunden. In wenigen Jahren hatte sich durch dessen Ausbeutung (Gold-Rush) die Welterzeugung auf 200 t/a erhöht. Nach dem Versiegen der kalifornischen Vorkommen, die insgesamt 830 t geliefert hatten, wurden in rascher Folge die Vorkommen in Alaska (Klondike/Yukon) und Australien entdeckt und ausgebeutet. Aus diesem Zeitabschnitt stammen zwei Raffinationsverfahren, der Miller-Prozeß und die Wohlwill-Elektrolyse, die beide bis heute in technischer Anwendung sind. Im 19. Jahrhundert wandte sich auf der Suche nach neuen Goldlagern den kleineren Vorkommen allgemein verstärktes Interesse zu; so wurden in dieser Zeit z.B. aus dem Oberrhein 0,3 t Flußgold gewonnen. 1884 wurden schließlich die großen tiefliegenden Vorkommen am Witwatersrand in Transvaal/Südafrika entdeckt. Wegen der hohen Feinheit der Goldpartikel lieferten die vorherigen Anreicherungsprozesse nur minimale Ausbeuten. Erst die Entdeckung und Einführung der Cyanidlaugung kurz vor der Jahrhundertwende brachte den Durchbruch. Schon im folgenden Jahrzehnt wurde die 500 jato-Marke und damit die Hälfte der heutigen Weltproduktion überschritten.

Die Entwicklung im 20. Jahrhundert ist gekennzeichnet durch stetige Verbesserung der Technologien, vor allem auch beim Erzabbau und den Untertageverfahren. Neue Aspekte ergaben sich in den letzten zehn Jahren durch die Entdeckung bisher unbekannter Vorkommen, besonders in Brasilien, aber auch in Kanada und den USA sowie in Papua-Neuguinea (Ok Tedi), wo in der größten Kupfermine der Welt auch Gold zutage tritt. - Die heutigen Recyclingverfahren für Sekundärrohstoffe gehen größtenteils auf Entwicklungen des vorigen Jahrhunderts zurück.

Unter allen Stoffen, die sich der Mensch zunutze machte, hat das Gold eine einzigartige Stellung errungen und unbeschadet aller Wandlungen von Denkweisen und Weltbild erhalten können. Die Wertschätzung beruht in erster Linie auf dem prachtvollen Aussehen, verbunden mit der großen Beständigkeit, hoher Kompaktheit und relativ einfacher Verarbeitbarkeit. Diese Eigenschaften prädestinieren es als Tausch- bzw. Zahlungsmittel mit einem über die Zeiten nahezu absoluten Wertmaßstab. Allerdings ist Gold trotzdem nicht zum primären Währungsmetall geworden. Als Währungsmetall spielt es noch heute eine Rolle. Es ist nicht abzusehen, daß das Gold seine Bedeutung verlieren könnte. (1), (2), (3), (5), (6), (7)

1.2 Eigenschaften

Gold (chemisches Symbol Au von lateinisch aurum, Ordnungszahl 79, Atomgewicht

196,9665, Reinelement, d.h. nur ein natürlich vorkommendes Isotop) ist ein rötlich-gelbes, in sehr dünnen Folien blaugrün durchscheinendes, kubisch kristallisierendes typisches Edelmetall mit einem Schmelzpunkt von 1063°C und einer Siedetem-peratur von etwa 2660°C.

Mit einer Dichte von 19,32 g/cm³ (bei 20°C) zählt Gold zu den spezifisch schwersten Metallen. Mechanisch nicht verfestigtes Gold besitzt eine geringe Härte (2,5 nach Mohs bzw. 18 HB nach Brinell), ist das duktilste aller Metalle und ausgezeichnet po-lierbar. Es lassen sich Drähte von weniger als 10 μm Durchmesser und Folien von 0,2 μm Dicke herstellen. Die Leitfähigkeiten für Wärme und für Elektrizität (Wärme-leitzahl 314 J/s · m · K bzw. spezifischer elektrischer Widerstand 2,06 $\mu\Omega$cm, jeweils bei 0°C) sind relativ hoch und erreichen 75 bzw. 70 % der Werte des in dieser Hin-sicht an der Spitze stehenden Silbers.

Gold ist mit einer Vielzahl von anderen Metallen legierbar, wobei für die Praxis die Legierungen mit Silber und/oder Kupfer, mit denen Gold eine lückenlose Reihe von Mischkristallen bildet, die größte Bedeutung haben. Neben einer Verbesserung der Gebrauchseigenschaften, vor allem der Härte und der Abriebfestigkeit, ist durch Le-gierungszusätze auch eine drastische Veränderung der ursprünglichen Farbe des Gol-des erreichbar (z.B. Weißgold durch Zusatz von Kupfer und Nickel oder Palladium).

Die chemischen Eigenschaften des Goldes prägen den Begriff des Edelmetalls schlechthin. So wird Gold bei normaler Temperatur von trockener und feuchter Luft, Wasser, Sauerstoff, Ozon, Fluor, Jod, Schwefel sowie von den weitaus meisten Säu-ren, wäßrigen Salzlösungen und von den Alkalien unabhängig von der Konzentration nicht angegriffen. Lediglich Medien mit sehr hohem Oxidationspotential, wie z.B. halogen- oder salpetersäurehaltige Halogenwasserstoffsäuren vermögen Gold (Nor-malpotential ϵ_O = + 1,42 V für Au/Au³⁺) zu lösen. Bei gleichzeitiger Anwesenheit eines Oxidationsmittels ist Gold auch in Komplexbildner enthaltenden Agentien durch Erniedrigung seines Redoxpotentials relativ leicht löslich, wobei vor allem Cyanid bei der Gewinnung und der technischen Anwendung des Goldes eine wichtige Rolle spielt.

Kennzeichnend für den edlen Charakter des Goldes ist auch die leichte thermische und chemische Zersetzlichkeit seiner chemischen Verbindungen, in denen es ein-, zwei- (sehr selten) oder dreiwertig auftritt. Schon durch relativ milde Reduktions-mittel (Oxalsäure, Schwefeldioxid) läßt sich aus goldhaltigen Lösungen elementares Gold abscheiden, ebenso wie sich viele Verbindungen schon bei gelindem Erwär-men unter Bildung des Metalls zersetzen. Technisch von Bedeutung sind Kaliumdi-cyanoaurat(I) (K[Au(CN)₂], farblose Kristalle) und Tetrachlorogold(III)-säure (H[AuCl₄], hygroskopische gelbe Kristallnadeln).

Im Gegensatz zu den anderen Edelmetallen besitzt Gold praktisch keine Bedeutung als Katalysatormetall.

1.3 Mineralien

In den meisten Goldvorkommen liegt das Gold metallisch vor, am häufigsten in Form von feinen Körnern, Schuppen oder etwas größeren Klumpen (nuggets). Der Edelmetallgehalt dieses nativen Goldes liegt in der Regel bei über 90 %, wobei wechselnde Mengen an Silber (bis etwa 40 %) enthalten sind. Hauptverunreinigungen sind Eisen und Kupfer. In seinen Primärvorkommen (Berggold) ist das elementare Gold üblicherweise in Quarz oder sulfidische Erze (Kupfer-, Eisen-, Arsenkies) eingeschlossen. Durch Verwitterung und Erosion der das Gold umgebenden Gesteinsmassen und Transport des elementaren Metalls durch Wasser oder Eis entstanden Sekundärvorkommen (Seifengold), in denen das Gold leicht abtrennbar freiliegt.

Die natürlich vorkommenden Goldverbindungen beschränken sich, der geringen Neigung des Goldes zur Bildung von Verbindungen entsprechend, auf wenige Fälle. Am wichtigsten sind die Telluride Calaverit (Krennerit) $AuTe_2$, Sylvanit (Schrifterz) $AuAgTe_4$, Kalgoorlit und Petzit $(Au,Ag)_2Te$. Auch der Nagyagit (Blättererz), ein Doppeltellurid und -sulfid von Gold, Blei und Antimon besitzt vereinzelt Bedeutung.

1.4 Lagerstätten und Vorräte

Die Erkenntnisse der letzten Jahre haben vielfach zu neuen Deutungen über die Entstehung der Goldlagerstätten geführt. Ihr Gros ist nicht direkten magmatischen Eruptionen zuzuordnen. Sie gehen in erster Linie auf eine hydrothermal- oder erosionsbedingte Umverteilung und Konzentrierung des Goldgehaltes der Erdkruste zurück.

In allen Vorkommen liegt Gold fast ausschließlich in elementarer Form vor. Entsprechend der Lage der Formationen spricht man von Berggold oder Seifengold. Oft sind beide Arten regional miteinander verknüpft.

Die größte geschlossene Lagerstätte der Welt am Witwatersrand in Südafrika besteht aus inzwischen sehr stark verdichtetem Sand und Geröll (Konglomeratlagerstätte) eines Sees oder Flußdeltas, in das sich vor mehr als 2 Milliarden Jahren Gold eingelagert hatte. Das Material entstammt ursprünglich der Erosion eines Gebirges, liegt heute jedoch bis zu 5000 m tief. Die Goldgehalte der eigentlichen goldführenden ca. 1 m dicken Schichten liegen bei rund 10 ppm.

Die auf der Erde sehr verbreiteten goldhaltigen Quarzgänge sind durch Auflösung und Wiederausscheidung (Segregation) aus näheren und entfernteren Umgebungsgesteinen, meist lokalisiert an Verwerfungen, gebildet worden. Entsprechendes trifft bei goldhaltigen Erzgängen anderer Wertmetalle zu.

Die oberflächennahen, durch Erosion entstandenen alluvialen Seifenvorkommen sind meist jünger als eine Million Jahre. Sie sind wesentliche Träger der Goldvorkommen Sibiriens und eines Großteils der brasilianischen Vorkommen.

Praktisch keine Bedeutung mehr haben die Vorkommen in Sanden gegenwärtiger Flüsse; sie waren bereits um die Jahrhundertwende weitestgehend ausgebeutet. Auch die Goldvorkommen, die in den Oxidationszonen infolge chemischer Veränderungen der Begleitmaterialien, etwa als "eiserner Hut", zutage treten, sind jungen Ursprungs. Ein typisches Beispiel hierfür ist das seit 1984 im Abbau befindliche Vorkommen von Ok Tedi/Papua-Neuguinea; ähnliche Vorkommen gibt es in Brasilien.

Eine Übersicht über die derzeit bekannten und abbauwürdigen Goldvorräte der Erde gibt Abbildung VI.1. In nur 3 Ländern sind 90 % der Weltreserven lokalisiert. Es muß aber generell berücksichtigt werden, daß sich durch neue Prospektierungen schnell andere Verhältnisse ergeben können. Vor 10 Jahren hatte man beispielsweise nicht annähernde Kenntnisse vom Umfang der brasilianischen Vorkommen. Auch die Sicherheit einer Aussage kann in weiten Grenzen schwanken. Als am genauesten untersucht gilt heute der Witwatersrand, während die Angaben über Brasilien noch als relativ unsicher angesehen werden müssen. Besonders zuverlässig sind die Kenntnisse über die mehr als 1000 t Gold, die in den Sandaufschüttungen rund um Johannesburg enthalten sind. Das Material ist in den letzten 100 Jahren nach der cyanidischen Entgoldung angefallen und enthält jetzt noch ca. 0,5 ppm Au. Immer ist die Verwertbarkeit eines Vorkommens von der Relation zwischen technischem Gesamtaufwand und jeweiligem Goldpreis abhängig. Beim Berggold erfordern bergbautechnische Arbeitsgänge den Hauptanteil der Kosten.

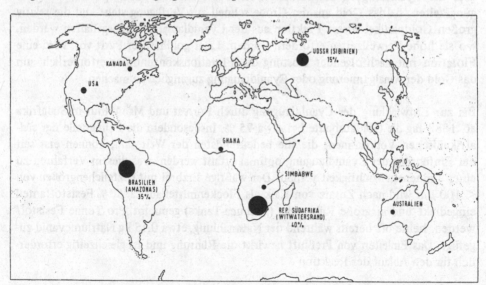

Abb. VI.1. Regionale Mengenverteilung der derzeit bekanntesten Goldvorräte in Lagerstätten (6000 t ≙ 60-fache Jahresproduktion)

Obgleich eine rentable Gewinnung nicht abzusehen ist, muß der Goldgehalt der Weltmeere erwähnt werden. Er liegt in der Größenordnung von 10^{-4} ppm mit regionalen Schwankungen um mindestens eine Zehnerpotenz nach beiden Seiten. Hieraus resultiert eine Gesamtmenge von ~ 10^8 t Gold. (1), (2), (6), (12), (13), (14), (15)

1.5 Gewinnung

Aus den Seifenlagerstätten wird das Gold auch heute noch durch Schwerkrafttrennung angereichert. Je nach Größe der "claims" sind hierbei die seit dem Altertum üblichen Goldwaschschüsseln, mit geriffelten Gummimatten bespannte Rütteltische oder bei Großanlagen Schwimmbagger mit nachgeschalteten Anreicherungsaggregaten in Gebrauch. Alle diese Einrichtungen nutzen die hohe Dichte des Goldes aus, die es ermöglicht, die taube Gangart wegzuschwemmen, während sich das Gold absetzt. In der Praxis erhöht man die Ausbeute durch einen Amalgamierungsprozeß, bei dem man das aufgeschlämmte Material über mit Quecksilber bedeckte Kupferplatten leitet, wobei die feinen Goldteilchen als Amalgam gebunden werden. Aus dem Amalgam erhält man dann durch Abdestillieren das Rohgold. Enthält die Gangart Sulfide oder Telluride, wird eine Röstung vorgeschaltet. Feinste Goldteilchen, die sich beiden Verfahren entziehen, erfaßt man durch eine ergänzende Cyanidlaugung.

Berggold und komplexe Erze werden nach dem bergmännischen Abbau zunächst mechanisch zerkleinert. Hierzu bedient man sich der üblichen mechanischen Brecher und Mühlen, wobei sowohl Trocken- als auch Naßmahlung gebräuchlich sind. Zweckmäßig schließt sich eine Klassierung z.B. im Hydrozyklon in Gröbe und Feine an. Die Gröbe wird der Schweretrennung und der Amalgamierung unterworfen, die Feine über die Cyanidlaugung aufgearbeitet. Hierdurch erreicht man optimale Ausbringungszeiten, da das Gold aus der Gröbe schnell zur Verfügung steht und die relativ großen Goldpartikel dieser Fraktion aus der Cyanidlaugung herausgehalten werden, wo sie hohe Verweilzeiten erfordern würden. Liegt goldhaltiger Pyrit vor, wird eine Flotation mit nachfolgender Röstung des Flotationskonzentrates erforderlich, um das Gold der Amalgamierung oder Cyanidlaugung zugänglich zu machen.

Bis zur Entwicklung der Cyanidlaugung durch Forrest und MacArthur in Südafrika ab 1888 lag die Goldausbeute bei etwa 75 %. Insbesondere die Feinanteile der südafrikanischen Vorkommen, die die bedeutendsten der Welt sind, können erst seit der Einführung der Cyanidlaugung optimal erfaßt werden, was diesem Verfahren zu einer eminenten Wichtigkeit verhalf. Der wäßrige Erzbrei mit Erzteilchengrößen von $< 100 \ \mu m$ wird nach Zusatz von Kalk als Flockenmittel auf ca. 50 % Feststoffanteil eingedickt und in große Rührtanks (Pachuca-Tanks) gepumpt. Pro Tonne Feststoff werden, heute oft bereits während der Naßmahlung, etwa 0,15 kg Natriumcyanid zugefügt. Das Einleiten von Preßluft bewirkt die Rührung und ist gleichzeitig erforderlich für den Ablauf der Reaktion

$$4 \ Au + 8 \ NaCN + 2H_2O + O_2 \rightarrow 4 \ Na[Au(CN)_2] + 4 \ NaOH, \qquad (4)$$

durch die das Gold in Lösung gebracht wird, wofür meist ca. 12 Stunden benötigt werden. Anschließend wird der Feststoff von der Lösung mit Hilfe von tuchbekleideten Vakuumdrehfiltern abgetrennt und die Lösung in Vakuumzylindern von noch enthaltenem Sauerstoff befreit. Durch Zementation mit Zink, die durch Zusatz von Bleinitrat erleichtert wird, erhält man metallisches Gold nach der Reaktion

$$2 \, Na[Au(CN)_2] + Zn \rightarrow Na_2[Zn(CN)_4] + 2 \, Au, \qquad\qquad (5)$$

welches zusammen mit überschüssigem Zink über Filterpressen abfiltriert wird. Nach Entfernung des Zinks mit verdünnter Schwefelsäure wird der verbliebene Gold-schlamm mit Flußmitteln eingeschmolzen und das Rohgold, von der Schlacke ge-trennt, zu Barren für die nachfolgende Raffination vergossen. Durch den Einsatz von Lichtbogenöfen kann man das Zink destillativ entfernen und die Schwefelsäurebe-handlung einsparen. Da der Cyanidverbrauch ein wesentlicher Kostenfaktor ist, führt man die Cyanidlösung, soweit möglich, im Kreislauf. Oxidation des Cyanids und andere Nebenreaktionen erfordern jedoch deutlich über dem theoretischen Wert lie-genden Cyanideinsatz. Die Entgiftung der Abfallösungen geschieht durch allmähliche Oxidation durch Luftsauerstoff von selbst, wird aber aus Umweltschutzgründen mehr und mehr durch Zerstörung des Cyanids mit Wasserstoffperoxid vorgenommen.

In den letzten zehn Jahren wurde die Cyanidlaugung durch das *Carbon-in-pulp-Ver-fahren* so modifiziert, daß die Filtration der Goldlösung von der Gangart umgangen wird und damit Betriebskosten und Metallverluste durch in der Gangart verbleibende Goldlösung vermieden werden können. Man setzt hierbei der Aufschlämmung in den Rührtanks gekörnte Aktivkohle zu, die den Goldkomplex aus der Lösung selektiv adsorbiert. Dieser Prozeß wird mehrstufig im Gegenstrom geführt, so daß eine sehr gute Ausbeute erreicht wird. Von der feingemahlenen Gangart kann die goldbela-dene Kohle ohne großen Aufwand abfiltriert werden. Durch Behandlung mit kon-zentrierterer Cyanidlösung bei erhöhter Temperatur wird anschließend das Gold von der Kohle eluiert, die nach Regenerierung mit Wasserdampf wiederverwendet werden kann. Besonderen Wert legt man auf die Abriebfestigkeit der Aktivkohle, da Abrieb zu Goldverlust führt; bewährt hat sich hier vor allem Aktivkohle aus Ko-kosnußschalen. Das Verfahren wurde in Südafrika zur Produktionsreife entwickelt. Neuanlagen zur Goldproduktion arbeiten nur noch nach dem neuen Verfahren.

Daneben finden beim *Resin-in-pulp-Verfahren* anstelle der Aktivkohle Ionenaus-tauschharze als Adsorptionsmittel für das Gold Verwendung. Diese Harze können dem Einsatzzweck leichter angepaßt werden als die Aktivkohle, sind aber teurer als diese und machen derzeit noch mehr Schwierigkeiten bei der Regenerierung. Welches Verfahren sich zukünftig durchsetzen wird, läßt sich daher noch nicht sagen.

Bei der Gewinnung anderer Metalle, vor allem Kupfer, Silber, Blei und der Platin-gruppenmetalle, fällt oft auch Gold als Nebenprodukt an. Es gelangt dabei in die Anodenschlämme der Raffinationselektrolysen (Kupfer, Silber (auch aus der Blei-entsilberung)) oder verbleibt bei chemischen Verfahren als Rückstand. Von den Pla-tingruppenmetallen wird es vor deren Trennung reduktiv gefällt oder durch Solvent-extraktion abgetrennt. Auch in diesen Fällen gelangt man zu einem hochprozenti-gen Rohgold, das der Raffination unterworfen wird.

Die *Rückgewinnung* des Goldes aus Sekundärrohstoffen liegt bei etwa 20 % der Pri-märproduktion. Im Falle goldhaltiger Legierungen lassen sich vielfach die Unedelme-talle und auch Silber mit Säuren gut herauslösen, vor allem, wenn vorher die Oberfläche durch Verdüsen kompakten Materials zu Pulver vergrößert wurde. Sind nicht-metallische Bestandteile in größerem Umfang enthalten, wird dieses als "Gekrätz" be-zeichnete Material in den Edelmetallscheidereien dem Silberschachtofen zugeführt. Von oberflächlich vergoldetem Material, z.B. aus der Elektroindustrie, wird mit Na-triumcyanidlösung, der Oxidationsmittel zugesetzt wird, das Gold abgelöst und die Lösung ähnlichen Verfahrensschritten wie bei der Primärgewinnung unterworfen.

Das aus primären oder sekundären Rohstoffen isolierte Rohgold, ist meist etwa 80 %ig und enthält neben Silber je nach Herkunft Kupfer, Zink, Blei und andere Un-edelmetalle.

Die an den Metallbörsen handelsübliche Qualität von mindestens 99,5 % ("good delivery") erreicht man überwiegend durch Raffination über den Miller-Prozeß. Da-bei wird in die Rohgoldschmelze bei ca. 1100°C Chlorgas eingeleitet, wobei sich Zink, Eisen und Blei als Chloride verflüchtigen. Silber und Kupfer werden ebenfalls in Chloride umgewandelt, die jedoch, vermischt mit dem als Flußmittel eingesetzten Borax, eine Schlacke bilden, die auf Silber weiterverarbeitet wird. Etwa zwei Drittel der Weltprimärproduktion werden nach diesem Verfahren raffiniert.

Zu höherer Reinheit (gebräuchlich sind bis 99,999 %) gelangt man ausgehend von der "good delivery"-Qualität hauptsächlich durch Elektrolyse (Wohlwill-Zelle mit salzsaurem Elektrolyten) oder chemische Verfahren (Lösen in Salzsäure/Chlor, Fäl-lung durch Reduktionsmittel), in einigen Fällen auch durch Solventextraktion.

1.6 Technische Anwendung

Weit mehr als die Hälfte des in der *Primärgewinnung* geförderten Goldes geht in die Schmuckindustrie. Starke Schwankungen des Bedarfs treten in Abhängigkeit von der Goldpreisentwicklung auf; davon ist meist Massenware betroffen, während der Ver-brauch für kostbare und wertbeständige Schmuckstücke und Uhren konstanter ist. Klassisches Juweliergold enthält 750/000 Au (= 18-karätig). Auch die Qualität 585/000 (= 14-karätig) ist verbreitet, doch sind hier bereits verminderte Anlaufbe-ständigkeit und merkliches Verblassen der typischen Goldfarbe zu erkennen. Ein Mindestgehalt von 333/000 Au (= 8-karätig) kann bei Schmuckgold nicht unter-schritten werden. In neuester Zeit wird im Juwelierbereich in geringem Umfang auch Feingold und Gold der Qualität 916/000 (= 22-karätig) verwendet. Weißgoldle-gierungen können in gewissem Sinn als Platinersatz angesehen werden. Halb- und Fer-tigprodukte aus Weißgold sind unter anderem aufgrund der leichteren Verarbeitbar-keit wesentlich preiswerter als Platin. Die Farbgoldlegierungen enthalten als Le-gierungskomponente Kupfer und/oder Silber sowie Cadmium, die Weißgoldlegie-rungen hauptsächlich Nickel oder Palladium, daneben kleinere Anteile an Kupfer, Silber, Zink. (6)
Der nächstgrößte Anteil des in der Primärgewinnung geförderten Goldes geht, aller-dings in einem über die einzelnen Jahre besonders stark schwankenden Umfang in

die staatliche und private Hortung. Bevorzugte Anlageformen sind Barren in "good delivery"-Qualität zu ca. 12,5 kg, Feingoldbarren in gegossener Form (1000 g, 500 g, 250 g, 116,64 g = 10 Tola) und in geprägter Form (100 g, 50 g, 20 g, 10 g, 5 g, 1 g) sowie Münzen (vor allem der südafrikanische Krüger Rand aus Au 916,6/000 mit 1 oz, 1/2 oz, 1/4 oz, 1/10 oz Au-Inhalt, der kanadische Maple Leaf aus Feingold mit 1 oz, 1/4 oz, 1/10 oz und der sowjetrussische Tscherwonez aus Au 900/000 mit 1/4 oz Au-Inhalt). Die Fertigungstechnik, d.h. Schmelzen, Gießen, Walzen, Stanzen liegt weitgehend in den Händen der Raffinerien. – Für Kurrentmünzen spielte Gold nur vom Anfang des 19. Jahrhunderts bis zum Ersten Weltkrieg eine wesentliche Rolle. Der Feingehalt betrug in der Regel 900/000 und 916,6/000.

Die Beschichtung mit Gold, von technischen Bauteilen wie von Gebrauchs- und Schmuckgegenständen, hat sich zu einem eigenständigen Industriezweig entwickelt. Im Vordergrund stehen galvanische Verfahren, wobei hauptsächlich Kaliumdicyanoaurat(I), $K[Au(CN)_2]$, Basis der galvanischen Bäder ist. Zusätze von Cu, Ag, Cd, Co, Ni, Sn, In oder Pd ermöglichen Variationen von Härte und Farbe der Schichten bis hin zum Weißgold. Für spezielle Zwecke werden galvanische Bäder mit Natriumdisulfitoaurat(I), $Na_3[Au(SO_3)_2]$, oder Kaliumtetracyanoaurat(III), $K[Au(CN)_4]$, als Goldträger eingesetzt. Die Vergoldung keramischer Bauteile und von Gebrauchsporzellan geschieht mittels Einbrennpräparaten. Für spezielle Anwendungen sind auch Aufdampfverfahren in Benützung. Walzgoldplattierungen (Doublé) sind seit längerem im Rückgang begriffen.

Seit nahezu zwei Jahrzehnten benötigt die Elektroindustrie etwa ein Zehntel des geförderten Goldes. Es spielt vor allem bei Kontaktierungen eine wichtige Rolle, da Gold auch an den Grenzflächen keine hochohmigen Schichten ausbildet, die als Übergangswiderstand wirken würden. Die dünnen Goldschichten werden in der Regel elektrolytisch aufgebracht, in Sonderfällen wie in der Dickfilmtechnik auch durch Einbrennen. Feinste Goldbonddrähte von ca. 25 μm Durchmesser dienen als Leitungsträger. Der Expansion der Branche stehen die Tendenz zu immer dünneren und in der Ausdehnung begrenzteren Goldschichten sowie der Ersatz des Goldes durch das billigere Palladium gegenüber.

In der Dentaltechnik, wo ca. 5 % der Goldproduktion verbraucht werden, sind die lange Zeit üblichen 20-karätigen Au/Ag/Cu-Legierungen mit Au 833/000 durch komplexere Legierungen im System Au/Pd/Pt/Ag/Cu/Zn/Sn ersetzt worden. Dabei sind zur Erzielung der erforderlichen Eigenschaften meist 50 Mol-% an Au+Pd+Pt üblich. Sogenannte Aufbrennlegierungen, die in der zahnärztlichen Prothetik als Träger keramischer Massen verwendet werden, können neben Au, Pt, Pd und Ag zusätzlich Fe, In, Ga, Zn u.a. enthalten.

Mengenmäßig unbedeutend ist der Einsatz von Gold in Loten, der Medizin, der Elektronenmikroskopie, als Katalysator, als photographischer Sensibilisator, in der Buchbinderei, in Solarzellen und bei modernsten Technologien wie die der Raumfahrt[12], [20], [24].

1.7 Gold als Währungsmetall

Gold hat – ähnlich dem Silber – eine lange Vergangenheit als Währungsmetall. Die
ersten Goldmünzen stammen wahrscheinlich von den Lydiern. Im persischen Kaiser-
reich war Gold als Währungsmetall vorherrschend, und auch Rom prägte während der
ersten Kaiserzeit massenhaft Goldmünzen. Durch Jahrhunderte hindurch hat Gold
diese bevorzugte Stellung unter den Metallen bewahrt. Eine Änderung in der monetären Verwendung des Goldes trat erstmals ein, als zu Anfang des 19. Jahrhunderts
in England das Gold nicht nur in Form von Münzen geprägt und ausgegeben, sondern
zum ersten Mal als gesetzliche Deckung für die in Umlauf gesetzten Banknoten eingesetzt wurde. England war damit zum klassischen Land des Goldstandards geworden. Eine umgekehrte Entwicklung, nämlich die Preisgabe des Goldstandards, trat
als Folge des Ersten Weltkrieges ein. Die Entwicklung der Weltwirtschaft in dieser
Zeit führte zu einem Übergang der wirtschaftlichen Vorherrschaft von Großbritannien auf die USA. Diese Wandlung brachte auch eine Umschichtung des monetären
Goldbestandes mit sich. Während von dem Goldbestand der Welt, welcher 1913
16,6 Mrd. US-$ ausmachte, 9,8 Mrd. US-$ auf Europa und 3,2 Mrd. US-$ auf die USA
entfielen, besaß Europa im Jahre 1925 bei einem nur unwesentlich veränderten Ge-
samtbestand nur noch Gold im Wert von 5,4 Mrd. US-$, die USA aber 7,5 Mrd. US-$.
Aus dieser Entwicklung kommt die Bedeutung des amerikanischen Goldpreises, der
zum internationalen Preis für monetäres Gold wurde. Der amerikanische Goldpreis
hatte von 1837 bis April 1933 20,67 US-$ per Troyunze betragen. Am 31. Januar
1934 wurde er auf 35 US-$/troz festgesetzt. Dieser Preis galt bis zum 17. Dezember
1971, als infolge einer Abwertung des US-Dollars der monetäre Goldpreis auf
38 US-$/troz erhöht wurde. Nur etwa 14 Monate später, nämlich am 14. Februar
1973, wurde im Rahmen einer erneuten Abwertung des US-Dollars der Preis für
monetäres Gold auf 42,22 US-$/troz festgesetzt.

Anhand der Produktionszahlen läßt sich leicht erkennen, daß die Marktstruktur ganz
wesentlich dem Einfluß des größten Produzenten, nämlich Südafrikas, unterliegen
muß. Drosselt Südafrika die Goldabgabe an den Markt, wie das im Jahr 1972 geschah, dann ist ein Anstieg des Goldpreises unvermeidlich. Auch das Verhalten der
UdSSR, je nachdem, ob sie als Verkäufer auftritt oder sich vom Markt fernhält,
spielt eine bedeutende Rolle. Ein wichtiger Einflußfaktor in den Jahren um 1970
herum ist auch in der unsicherer gewordenen Währungssituation zu sehen. So führte
zum Beispiel die Währungskrise vom März 1968 zur Einstellung der Intervention der
Mitgliedsländer des sogenannten Goldpools am Londoner Markt. Seit dieser Zeit
gibt es einen gespalteten Goldpreis, und zwar den monetären Goldpreis und den
freien Goldpreis, der sich nach Angebot und Nachfrage auf den Goldmärkten bildet.

Dieses Abkommen wurde am 14. November 1973 von den Notenbanken der sieben
wichtigsten westlichen Industrieländer wieder aufgehoben. Das führte einerseits zu
einem einheitlichen Goldpreis auf dem Weltmarkt zurück (die Notenbanken handeln
Gold untereinander weiterhin zum Festpreis von 42,22 US-$/troz), andererseits hatte
dieser Beschluß sofort Kurseinbrüche zur Folge.

Die Rolle des Goldes im Währungssystem hat gegenüber früher an Bedeutung verloren. Freilich kann es daraus auch nicht völlig entfernt werden, weil die riesigen Goldbestände der Notenbanken am Markt gar nicht untergebracht werden könnten. Eine praktische Verwendung haben in den letzten Jahren Goldbestände von Notenbanken als Deckung für Kredite gefunden oder in einer Reihe von Fällen durch Goldverkäufe zur Devisenbeschaffung. Es ist wohl in absehbarer Zeit nicht damit zu rechnen, daß sich an diesem Status des Goldes als Währungsmetall etwas ändert (Tab. VI.1).

Tabelle VI.1. Offizielle Goldbestände

Länder	Bestände per 30. September 1983 in Tonnen
USA	8 198
Kanada	629
Österreich	657
Belgien	1 063
Frankreich	2 546
Bundesrepublik Deutschland	2 960
Italien	2 074
Japan	754
Niederlande	1 367
Portugal	639
Südafrika	240
Schweiz	2 590
Großbritannien	591
OPEC-Länder	1 310
Andere Länder in Asien	981
Andere Länder in Europa	1 253
Andere Länder im Mittleren Osten	462
Andere Länder der westlichen Hemisphäre	621
Restliche Länder	341
Nichtspezifizierte Bestände	134
Alle Länder	29 410

(Die Liste enthält die Zahlen für Rumänien und Ungarn, jedoch nicht die Zahlen für die UdSSR und die anderen Ostblockstaaten).

Quelle: Internationaler Währungsfonds.

1.8 Marktverhältnisse und Handelspraktiken

Bis vor wenigen Jahren gab es nur zwei Handelsplätze von weltweiter Bedeutung: London und Zürich. Das am *Londoner Goldmarkt* übliche System des *"Fixing"* besteht seit dem 12. September 1919, als es zum ersten Mal in den Räumen der

Firma N. M. Rothschild & Sons praktiziert wurde, wo es auch noch heute stattfindet. Der Goldmarkt wird von fünf Firmen dargestellt, die täglich um 10.30 Uhr
und 15.00 Uhr den Goldpreis fixieren. Zu Beginn der Sitzungen wird ein Eröffnungspreis genannt, und auf dieser Basis beginnt das Handeln. Der Preis, zu dem ein Ausgleich zwischen Angebot und Nachfrage möglich ist, gilt als der zu veröffentlichende
"Fixed Price". Im Gegensatz zum Fixing des London Silver Market, das ohne Kontakt zur Außenwelt stattfindet, steht das Gold-Fixing in ständiger Verbindung mit
Anbietern und Abgebern in der ganzen Welt.

Barren, die am Londoner Goldmarkt als "gute Lieferung" gelten sollen, müssen einen Goldinhalt von mindestens 350 und höchstens 430 Troyunzen Feingold und einen Feingehalt von mindestens 995/000 haben. Sie müssen ferner eine Seriennummer
sowie den Stempel eines am Londoner Goldmarkt zugelassenen Herstellers oder
"Assayers" tragen. Bezahlung und Lieferung des am Londoner Markt gehandelten
Goldes erfolgen zwei Arbeitstage nach dem Abschluß des Geschäftes. Für alle Käufe
im Fixing ist eine Kommission von 0,25 % zu zahlen; die Verkäufe sind von einer
Kommission nicht belastet.

Zürich gelangte zu seiner jetzigen Bedeutung als Goldhandelsplatz als unmittelbare
Folge der vorübergehenden Schließung des Londoner Goldmarktes im März 1968. Bis
dahin verkaufte Südafrika seine Goldproduktion ausschließlich am Londoner Markt,
wobei die Bank von England als Agent der südafrikanischen Reserve Bank fungierte.

Die Struktur des Goldmarktes änderte sich wesentlich, als am 31. Dezember 1974 die
Comex in *New York* und der IMM in *Chicago* den Goldterminhandel aufnahmen. In
den folgenden Jahren nahm der Umsatz ein so großes Volumen an, daß die Preisbildung für Gold weltweit ganz entscheidend von den Terminmärkten ausgeht. Dies
wird durch folgende Zahlen verdeutlicht. Die Goldumsätze an der Comex betrugen
9 115 504 Kontrakte zu je 100 troz in 1984. Dies entspricht rund 28 352 t. Zum
Vergleich dazu: Die Erzeugung des größten Produktionslandes, Südafrika, beträgt zur
Zeit etwa 680 t jährlich, und insgesamt beläuft sich die Produktion der westlichen
Welt auf etwas mehr als 1000 t jährlich. Das große Volumen an der Comex ist auf
Hedgegeschäfte auf spekulative Operationen zurückzuführen.

Am 19. April 1982 wurde in London mit der Gründung des London Gold Futures
Market der Versuch unternommen, auch in Europa ein Goldtermingeschäft aufzubauen. Die Entwicklung war aber bisher keineswegs zufriedenstellend, weshalb bereits Überlegungen aufkamen, diesen Terminmarkt wieder zu schließen. Der Grund
dürfte darin zu sehen sein, daß in Europa einfach kein ausreichendes Interesse vorhanden ist, um dem Markt zu der notwendigen Liquidität zu verhelfen.

Alle anderen Börsen, wie *Frankfurt, Paris, Hongkong und Singapur,* haben mehr lokale Bedeutung. Ihre Existenz ermöglicht jedoch einen Goldhandel rund um die
Uhr.

In den letzten Jahren hat das Geschäft mit *Goldoptionen* einen großen Umfang angenommen. Außer an der Comex werden auch durch einige große Handelsfirmen Optionen gehandelt. Es gibt Call- und Put-Optionen. Der Käufer einer Call-Option erwirbt gegen Zahlung einer Prämie das Recht, aber nicht die Pflicht, vom Verkäufer einer Option die Lieferung einer bestimmten Goldmenge zum vereinbarten Preis zu einem ebenfalls vereinbarten Zeitpunkt zu verlangen. Der Käufer einer Put-Option erwirbt - ebenfalls gegen Zahlung einer Prämie - das Recht, aber nicht die Pflicht, dem Verkäufer einer Put-Option eine bestimmte Menge Gold zu einem vereinbarten Zeitpunkt zu einem ebenfalls vereinbarten Preis zu liefern. Der Vorteil beim Kauf einer Option liegt im Vergleich zu einem spekulativ erworbenen Börsenkontrakt darin, daß der Käufer nicht mehr als die von ihm gezahlte Prämie verlieren kann.

1.9 Bedarfsentwicklung

Die Bedarfsentwicklung der westlichen Welt in den Jahren 1978, 1980 und 1983 zeigt Tabelle VI.2.

Tabelle VI.2. Bedarfsentwicklung der westlichen Welt für Gold

Verwendungszweck	1978 in t	1980 in t	1983 in t
Schmuckgold	1 003,9	126,4	598,5
Elektrotechnik und Elektronik	88,5	88,8	96,4
Dentallegierungen	90,4	62,1	52,6
Sonstige industrielle und dekorative Verwendung	74,9	65,6	57,9
Medaillen, nicht offizielle Münzen	50,5	35,9	33,7
Offizielle Münzen	286,9	240,0	176,0
Gesamtbedarf	1 595,1	618,8	1 015,1

Ein Teil dieser Mengen (wie z.B. offizielle Münzen, Medaillen) ging in die Hortung. Für diesen Zweck standen weitere Mengen z.B. als Barren zur Verfügung, nämlich 149 t in 1978, 268 t in 1980 und 297 t in 1983. Ähnliche Schwankungen hat es auch auf der Angebotsseite gegeben. Die Summe der Lieferungen an neugewonnenem Gold sowie der Verkäufe westlicher und östlicher offizieller Abgeber betrugen 1744 t 1978, 812 t 1980 und 1299 t 1983. Hierzu kamen noch gewisse Mengen, die aus Schrott zurückgewonnen wurden.

Der dominierende Verbrauchssektor ist weltweit die Schmuckindustrie, die auf Preisbewegungen empfindlich reagiert. Die nachfolgende Übersicht (Tab. VI.3) macht insofern die Mengenveränderungen verständlicher.

Tabelle VI.3. Preisentwicklung für Gold (in US-$/troz)

Jahr	Durchschnitt der Londoner Fixings	Höchstkurs	niedrigster Kurs
1978	193,51	243,65	165,70
1980	614,62	850,00	474,00
1983	423,68	511,50	374,25

Der bisher höchste Preis für Gold wurde im Januar 1980 mit 850 US-$ erreicht.

Andere wichtige Faktoren, die den Goldpreis und damit auch den Bedarf beeinflussen, sind der Zinssatz für den US-Dollar und die Inflationsrate. So sind z.B. hohe Zinssätze und eine niedrige Inflationsrate keine für eine Investition in Gold günstige Marktgegebenheiten. Da das zeitliche Auftreten und das jeweilige Gewicht dieser Einflußfaktoren nicht vorhersehbar sind, ist auch eine zuverlässige Bedarfsprognose nicht möglich.

(Die in diesem Kapital verwendeten Zahlen stammen aus Berichten von Consolidated Gold Fields.)

2 Silber

2.1 Geschichtliches

Silber wurde, später als Gold und Kupfer, um 4000 v.Chr. bekannt. Die ältesten Funde stammen aus Ägypten, wo zu dieser Zeit die Silber/Bleitrennung durch Treiben bekannt war. Silber erlangte in den frühen Kulturkreisen bei weitem nicht die Bedeutung von Gold. Seine relative Seltenheit machte es jedoch zeitweise wertvoller als Gold.

Zu einer massierten Silberproduktion kam es erst um 500 v.Chr. durch die Griechen, die die Gruben von Laurion, Attika, aber auch zahlreiche Vorkommen im weiteren nordöstlichen Mittelmeerraum ausbeuteten. Der Silberreichtum gab Athen sein politisches Gewicht. Athen machte Silber zum Währungsmetall des Altertums, neben dem Gold nur eine bescheidene Rolle spielte.

Das Römische Reich besaß reiche Silbervorkommen, jedoch weniger im Mutterland als in den eroberten Provinzen, d.h. in Südspanien, auf dem Balkan und in den Karpaten. 296 v.Chr. führte Rom den Silberdenar als allgemeine Währungsmünze ein. Mit dem Niedergang Westroms war später ein Stagnieren der Silberproduktion verbunden. Mit der Herrschaft der Karolinger begann für Mitteleuropa die Hauptperiode einer breit gestreuten und intensiven Silberproduktion, wiederum stimuliert durch seine Stellung als Währungsmetall. Der Schwerpunkt lag im deutschsprachigen Raum. Die Vorräte in Mitteleuropa waren zu Beginn der Neuzeit weitgehend erschöpft.

Nach der Entdeckung Amerikas kamen in rascher Folge große Mengen Silber aus dem Besitz der Ureinwohner nach Europa. Bald wurden in den neuen spanischen Provinzen in Mittel- und Südamerika neue Vorkommen erschlossen. Im 19. Jahrhundert schließlich verlagerte sich die Produktion mehr nach Nordamerika. In diesen Zeitraum fallen auch die wichtigen, hauptsächlich in Europa durchgeführten technologischen Neuentwicklungen wie Pattinson-Prozeß, Parkes-Prozeß, Thiosulfatlaugung, Möbius-Elektrolyse und Cyanidlaugung, während die einfache Seigerung und die Amalgamation schon im 16. Jahrhundert praktiziert wurden.

Neben seiner Rolle als Währungsmetall erlangte Silber ab dem ausgehenden Mittelalter große Bedeutung für die Herstellung von Gebrauchssilber. In dieser Form war es zunächst an den Höfen konzentriert, wo es in gewissem Sinn auch die Funktion einer staatlichen Silberhortung hatte. Erst im 20. Jahrhundert kam es zur breiteren technischen Anwendung von Silber, deren Schwerpunkte heute auf den Sektoren Photographie, Elektrotechnik, Löttechnik, Katalyse und Oberflächenbeschichtung liegen. - Während Münz- und Gebrauchssilber weitgehend durch Umschmelzen und Umlegieren neuen Verwendungen zugeführt werden konnte, wurden mit Zunahme des industriellen Silberverbrauchs die Recyclingprozesse immer bedeutungsvoller und differenzierter. (2), (4), (5), (6), (7), (8)

2.2 Eigenschaften

Silber (chemisches Symbol Ag von lateinisch argentum, Ordnungszahl 47, Atomgewicht 107,868, natürlich vorkommende stabile Isotope 107 (51,4 %) und 109 (48,6 %)) ist ein weißglänzendes, in sehr dünnen Folien blaugrün durchscheinendes, kubisch kristallisierendes Metall mit einem Schmelzpunkt von 960,8°C und einer Siedetemperatur von 2212°C. Seine Dichte bei 20°C beträgt 10,49 g/cm³.

Silber leitet von allen Metallen Wärme und Elektrizität am besten (Wärmeleitzahl 418 J/s · m · K, spezifischer elektrischer Widerstand 1,5 $\mu\Omega$cm) und besitzt den geringsten elektrischen Kontaktwiderstand sowie das höchste optische Reflexionsvermögen. Seine Duktilität ist nur wenig geringer als die des Goldes. Mit einer Brinell-Härte von 26 HB ist Silber relativ weich und ausgezeichnet polierbar.

Silber ist mit einer Vielzahl von Metallen legierbar. Die Legierungen mit Kupfer haben besondere technische Bedeutung, da ihre mechanischen Eigenschaften durch thermische Behandlung verbesserbar sind und der Silberglanz auch bei 20 % Kupferzusatz noch erhalten bleibt.

Mit einem Normalpotential E_0 von +0,8 V für Ag/Ag^+ zählt Silber zu den ausgesprochen edlen Metallen und wird von Luft und nicht oxidierenden Säuren auch bei höhererer Temperatur nicht angegriffen. Auch gegen Ätzalkali-Schmelzen ist Silber bemerkenswert stabil. Leicht löslich ist es dagegen in Salpetersäure und, durch Verschiebung seines Normalpotentials, in Cyanidlösungen bei Anwesenheit von Sauerstoff. Das Anlaufen des Silbers beruht auf der Bildung des schwarzen Silbersulfids Ag_2S durch Reaktion mit dem in der Luft fast immer spurenweise vorhandenen Schwefelwasserstoff.

In seinen chemischen Verbindungen ist das Silber fast immer einwertig, selten zwei- und in Einzelfällen dreiwertig. Wichtigste Verbindung, auch als Ausgangsmaterial für andere Silbersalze, ist das Silbernitrat ($AgNO_3$, farblose Kristalle). Die Lichtempfindlichkeit vieler Silberverbindungen, insbesondere des Silberbromids ($AgBr$, gelbliches Pulver), ist Grundlage des photographischen Prozesses.

2.3 Mineralien

Silber kommt in der Natur, hauptsächlich mit Gold oder Kupfer legiert, gediegen vor. Außerdem gibt es etwa 60 Silbermineralien, die meist Schwefel, Antimon oder Tellur enthalten und bis auf wenige Ausnahmen heute keine Rolle mehr bei der Silbergewinnung spielen. Aus dieser Gruppe seien Pyrargyrit (Antimonsilberblende, dunkles Rotgültigerz, Ag_3SbS_3, ca. 60 % Ag, trigonal), Proustit (Arsensilbererz, lichtes Rotgültigerz, Ag_3AsS_3, ca. 65 % Ag, trigonal) und Stephanit (Melanglanz, Schwarzgültigerz, Ag_5SbS_4, ca. 68 % Ag) erwähnt, die auch heute noch abgebaut werden. Der Argentit (Silberglanz, Ag_2S, ca. 87 % Ag, kubisch) ist zwar auch als Silbermineral, besonders jedoch als sehr weitverbreiteter Silberträger in anderen sulfidischen Erzen (Blei- und Zinkglanz, Kupferglanz/Stromeyerit/Jalpait) von Bedeutung. Er bildet mit anderen Sulfiden Mischkristalle, findet sich aber auch in Form kleinster Einsprengungen. Seltener sind Polybasit (Mildglanzerz, Ag_9SbS_6), Keragyrit (Hornsilber, AgCl), Bromargyrit (Bromsilber, AgBr) und Jodargyrit (Jodsilber, AgJ). Auch die Fahlerze Freibergit, Tennantit und Tetraedrit enthalten einige Prozent Silber.

2.4 Lagerstätten und Vorräte

Die Silbervorkommen sind weit mehr über den Erdglobus verstreut als die der anderen Edelmetalle (Abb. VI.2). Dies hängt mit der hohen Reaktivität des Silbers zu den weitverbreiteten chalkogenidischen Bestandteilen der Erdmaterie zusammen. Entsprechend sind auch die typologischen Kennzeichen vielseitiger als bei Gold und den Platingruppenmetallen.

Die Anreicherung des Silbers in der dem Bergbau zugänglichen Sphäre ist oft durch vulkanisch bedingte Rekristallisationen in Imprägnationszonen zustande gekommen. Dabei bildeten sich sulfidische und verwandte Formationen mit Silber als Haupt-

oder als Nebenmetall. Hydrothermale Reaktionen führten zu Lagerstätten aus gedie-
genem Silber in manchmal sehr kompakter Form.

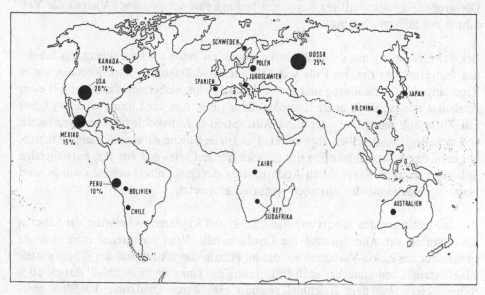

Abbildung VI.2.   Regionale Mengenverteilung der derzeit bekannten Silbervorräte in Lagerstätten (250 000 t ≙ 25-fache Jahresproduktion)

Eigentliche Silbererze, bei denen Begleitmetalle wertmäßig kaum eine Rolle spielen,
sind oft an den 50 Millionen Jahre zurückliegenden Vulkanismus der Tertiärzeit gebunden. Das Silber tritt hier sowohl in Verbindung als auch gediegen auf. Diese Vorkommen sind in Europa erschöpft. In Amerika, wo sie sich an der ganzen Westküste
des Kontinents entlang ziehen, haben sie mit ca. 10 - 15 % der Weltproduktion noch
beträchtliche Bedeutung.
Heute spielen silberhaltige Blei-/Zinkerze die Hauptrolle; Silber ist hier im wesentlichen im sulfidischen Mischkristall eingebaut. Bereits die antike Silbergewinnung zu
Laurion und in Indien basierte auf Bleierzen. Auch sulfidische Kupfererze sind eine
ins Gewicht fallende Quelle für Silber.
Golderze führen in der Regel 10 - 20 % Silber bezogen auf den Goldinhalt und liefern
somit nur wenige Prozent der Silberneuproduktion. Der Silbergehalt der Ozeane liegt
durchschnittlich in der Größenordnung von 10^{-3} ppm und damit zehnmal höher als
der Goldgehalt. Die Gewinnung des Metalls aus silberreicherem Wasser mancher Fluß-
mündungen ist Gegenstand von Vorstudien.

Die bekannten Silbervorräte sind, bezogen auf den Bedarf, relativ begrenzt. Daraus
ergeben sich für die nähere Zukunft nicht unbedingt Versorgungsengpässe, da die
Verteilung der Ressourcen über die politischen Machtbereiche stark gestreut und die
staatlichen Bevorratungen seit jeher beträchtlich sind. Am ehesten könnte sich der
Umstand, daß die Silberneuproduktion heute an die Blei- und Zinknachfrage gebunden ist, nachteilig für Versorgung und Preisentwicklung bemerkbar machen. (2),
(6), (8), (12), (13), (14), (15), (16)

2.5 Gewinnung

Die große Zahl silberhaltiger Rohstoffe bedingt eine entspechende Vielfalt der Verfahren zur Silbergewinnung.

Bei der Gewinnung aus den Silbererzen dominiert heute die Cyanidlaugung, bei der das feingemahlene Erz, im Falle von Seleniden und Telluriden nach Röstung, einige Tage lang mit Cyanidlösung und Luft behandelt wird, wobei sich das Silber mit einer Ausbeute von ca. 98 % unter Komplexbildung löst. Aus der Lösung wird das Silber mit Zinkstaub zementiert oder durch Adsorption an Aktivkohle oder Ionenaustausch von den Begleitmaterialien abgetrennt. Das früher übliche Amalgamierungsverfahren, bei dem das feingemahlene Erz mit Quecksilber verknetet und aus dem entstehenden Silberamalgam das Silber durch Abdestillieren des Quecksilbers erhalten wurde, wird heute aus Kostengründen nur noch vereinzelt eingesetzt.

Bei der Isolierung des Silbers aus Blei-, Zink- und Kupfererzen begleitet das Silber in allen Stufen der Anreicherung die Unedelmetalle. Vom Blei trennt man es heute meist über das Parkes-Verfahren ab, das im Prinzip eine Extraktion des Silbers mittels Zink darstellt und zunächst nach Entfernung des Zinks ein "Reichblei" mit ca. 10 % Silber liefert. Aus dem Reichblei gewinnt man durch Oxidation des Bleis unter ständigem Abzug der entsprechenden Bleiglätte ("Treibarbeit") ein etwa 95 %iges Rohsilber. Bei der Kupfergewinnung findet sich das Silber schließlich in den Anodenschlämmen der Raffinationselektrolyse und wird aus diesen mit Hilfe chemischer Trennverfahren als Rohsilber isoliert.

Größte Bedeutung hat auch die *Rückgewinnung* des Silbers aus Sekundärrohstoffen, wie Produktionsabfällen der Foto- und Elektro-Industrie, Altfilmen, Fixierbädern, chemischen Katalysatoren sowie Silberwaren und -münzen. Silberreiche Legierungen werden meist eingeschmolzen und der Treibarbeit direkt zugeführt. Sind schwer schmelzbare Verunreinigungen vorhanden, bedient man sich häufig eines der Bleiverhüttung gleichenden Verfahrens, bei dem das Silber in einem Schachtofen mit Blei unter Verschlackung der Begleitmaterialien extrahiert wird. Das so erhaltene "Werkblei" geht gleichfalls in die Treibarbeit. Organische Bestandteile können durch Verbrennen entfernt werden (Filme, fotografische Papiere). Auch chemische Löseverfahren sind üblich (Katalysatoren, versilberte Gegenstände). Aus Flüssigkeiten (Fixierbäder, galvanische Bäder) läßt sich das Silber elektrolytisch, über Ionenaustauscher oder mit chemischen Fällungsmitteln abscheiden.

Das Rohsilber enthält bei einem Gesamtedelmetallgehalt von ca. 98 - 99,5 % auch Gold und Platinmetalle und wird fast ausschließlich elektrolytisch auf die handelsübliche Reinheit von 99,9 % raffiniert. Hierfür sind in Europa die Zellen nach Möbius, in den USA mehr die Zellen nach Balbach-Thum gebräuchlich, die sich vor allem in ihrer Elektrodenanordnung unterscheiden. Wiederholung der Elektrolyse liefert für technische Zwecke benötigtes Silber mit einer Reinheit bis 99,999 %. Der Anodenschlamm der Silberelektrolyse wird auf die anderen Edelmetalle weiterverarbeitet.

2.6 Technische Anwendung

Silber, das über zweieinhalb Jahrtausende das eigentliche Münzmetall war, hat diese Rolle im vorigen Jahrzehnt vollkommen und voraussichtlich endgültig eingebüßt. Selbst die Prägung von Gedenkmünzen aus Silber ist in der Bundesrepublik Deutschland im Jahre 1979 eingestellt worden. — Die private Hortung von Silber ist, von spekulativen Übersteigerungen abgesehen, im Vergleich zu Gold gering. Hierbei spielten die geringe Wertkonzentrierung bezüglich Gewicht und Volumen und die nervöseren Preisbewegungen eine Rolle. (21) Private Anlagen werden heute hauptsächlich in Form von Feinsilber getätigt. Gegossene Barren in den Größen von ca. 30 kg, 5 kg, 1 kg, 500 g, 250 g und geprägte Barren zu 100 g, 50 g, 1 oz, 20 g und 10 g sind im Handel. — Die staatlichen Hortungen aus der Neuproduktion haben sich seit der Verfügbarkeit der demonetisierten Münzen eher vermindert als erhöht.

Wenngleich Gebrauchssilber und Silberschmuck nicht mehr denselben Stellenwert haben wie in vergangenen Jahrhunderten, ist der Silberbedarf für massives Tafelsilber, wie Bestecke und Korpusware, immer noch beträchtlich. Der Trend zu silberplattierten Teilen ist allerdings, vor allem bei Bestecken, rückgängig zugunsten von Edelstahlteilen. Für Tafelsilber sind heute Feinheiten von 925/000 (Sterlingsilber) und 800/000 üblich, in allerneuester Zeit sogar gelegentlich Feinsilber. Für Schmuck wird die Qualität 835/000 bevorzugt. Die Silbergehalte galvanisch aufgebrachter Silberschichten liegen im Feinsilberbereich. Die galvanische Abscheidung erfolgt fast ausschließlich aus cyanidischen Bädern auf Basis von Kaliumdicyanoargentat(I), $K[Ag(CN)_2]$; Glanz- und Härtungszusätze enthalten Se, Te, As und organische, meist schwefelhaltige Verbindungen. Versilberungen durch chemische Reduktion haben Bedeutung bei der Herstellung von Spiegeln und Christbaumschmuck. Mechanische bzw. mechanisch-thermische Plattierungen sind auf wenige technische Anwendungen beschränkt.

Silberhalogenide sind Träger des photographischen Prozesses. Etwa 30 % des Silberbedarfs auf der Welt entfällt auf diesen Bereich. Ausgangsprodukt ist reinstes Silbernitrat, $AgNO_3$. In der Schwarz/Weiß- und der Röntgenphotographie ist die lichtempfindliche Schicht aus AgBr-Kristallen, die auch Chlorid und Jodid enthalten und in einer Gelatineschicht verteilt sind, aufgebaut. Die bei der Belichtung von Lichtquanten getroffenen einzelnen Silberhalogenidkörner werden bei der Entwicklung total zu elementarem Silber reduziert; daraus ergibt sich die Schwärzung. Die Absorption nur weniger Quanten reicht aus, um das gesamte Korn entwickelbar zu machen. Unreduzierte Silberhalogenidkörner werden im Fixierprozeß durch Auflösung mittels Natriumthiosulfat eliminiert. Bei der Farbphotographie werden übereinander drei für die einzelnen Grundfarben rot, blau und gelb spezifisch sensibilisierte Silberhalogenid-/Gelatineschichten der Belichtung ausgesetzt. In jeder Schicht entsteht beim Entwickeln zunächst ein separates Schwarz/Weiß-Bild aus elementarem Silber. An diesem Entwicklungsprozeß sind auch die Entstehung der drei Farbbilder in gelb, purpur und blaugrün durch Bildung unterschiedlicher Azofarbstoffe in jeder Schicht gekoppelt. Übereinander ergeben sie das Farbbild. Über Fixier- bzw. Bleichprozesse werden Silberhalogenid und alles elementare Silber, bei manchen der firmenspezifischen Verfahren auch ein Teil vorgegebener Farbstoffe, entfernt.

Silberhaltige Hartlote haben ein breites Anwendungsfeld. (24) Neben hoher Festigkeit und relativ niedrigen Schmelz-, d.h. Arbeitstemperaturen (ca. 600 - 800°C gegenüber 900°C bei Messinglot), besitzen sie eine hohe Oxidationsbeständigkeit. Quarternäre Legierungen auf der Basis Ag/Cu/Zn/Cd haben die größte Bedeutung. Beim gebräuchlichsten Lot liegt der Silbergehalt bei 40 %. Hauptanwendungsgebiete sind Automobilbau, Heizungs- und Sanitärinstallation sowie der Haushaltsgerätebau. Silber als Werkstoff hat Bedeutung beim Apparatebau für die chemische und die Lebensmittelindustrie.

In der Elektrotechnik wird Silber wegen seiner hohen elektrischen und Wärmeleitfähigkeit sowie seiner Oxidationsbeständigkeit verwendet. In der Starkstromtechnik sind Feinsilber, Silberlegierungen (Ag/Cu, Ag/Cd) sowie Verbundmetalle (Ag/Ni, Ag/W, Ag/Mo), in denen die Komponenten nicht legierbar sind und Verbundstoffe (Ag/CdO, Ag/SnO$_2$, Ag/Graphit, Ag/WC) für hoch belastete Kontakte in Anwendung.

Metallisches Silber in Form von Kristallen oder silberimprägnierte keramische Träger werden als Katalysator für die großtechnische Oxidation von Äthylen zu Äthylenoxid eingesetzt. Die Dehydrierung von Methanol zu Formaldehyd erfolgt an Silberdrahtnetzen.

In der Medizin sind einige entzündungshemmende Silberverbindungen und Präparate in Anwendung, neuerdings vor allem bei der Behandlung schwerer Hautverbrennungen. Kolloides Silber wird zur Sterilisation von Gebrauchswasser verwendet. - Die Zahnmedizin benützt zur Füllung kariöser Kavitäten Ag/Sn/Cu-Amalgam, das nach Einfüllung unter schwacher Volumendilatation erhärtet. (6), (12), (16), (20), (24)

2.7 Marktverhältnisse und Handelspraktiken

Aus den statistischen Angaben (Tab. VI.4) geht hervor, wie sich die dem Markt zur Verfügung stehende Angebotsmenge zusammensetzt. Sie zeigt auch insbesondere die bedeutende Rolle, die die sekundären Silberquellen sowie die Anlage und die Auflösung von Hortungsmengen spielen. In der jüngeren Vergangenheit ist der 10. November 1970 für die Versorgung des Marktes ein wichtiges Datum. An diesem Tag stellte das amerikanische Schatzamt seine Silberverkäufe aus der strategischen Reserve wegen Erschöpfung der Vorräte ein. Allein in den Jahren von 1967 bis zum Ende der Verkäufe flossen aus dieser Quelle rund 9500 t Feinsilber auf den Weltmarkt im Rahmen wöchentlicher Auktionen zu schwankenden Preisen, und ebenfalls sehr große Mengen waren aus der gleichen Quelle in den dieser Periode vorangehenden Jahren zu festen Abgabepreisen an den Markt gelangt. So belief sich in den Jahren 1964 - 1966 der Silberpreis allein deshalb auf 1,293 US-$/troz, weil zu diesem Preis das amerikanische Schatzamt bereit war, jede gewünschte Menge zu verkaufen.

Mit der Einstellung der Verkäufe durch das Schatzamt endete der 1934 begonnene Einfluß der amerikanischen Regierung auf den Silbermarkt. Ohne staatliche Eingriffe erfolgt die Preisbildung nun frei nach Angebot und Nachfrage an den Börsen. Eine weltweit führende Rolle spielt dabei die *New Yorker Börse*, die New York Commodity Exchange, die am 12. Juni 1963 nach Abschaffung der Silver Transactions Tax zum ersten Mal ihre Tätigkeit im Silberhandel seit dem 9. August 1934 wieder aufnahm. Während die Bedeutung der New Yorker Börse zum größten Teil im Termingeschäft ihren Ausdruck findet, kommt dem täglich von der New Yorker Firma Handy & Harman veröffentlichten Silberpreis eine Funktion für das Promptgeschäft in Silber zu. Freilich geschieht dies notwendigerweise stets im Einklang mit der Entwicklung an der Börse.

Von Bedeutung für den Silberhandel ist in den USA noch der *Chicago Board of Trade*. In London hingegen gibt es einen weiteren Silbermarkt mit Preisfixierungen von weltweiter Resonanz. Allerdings gibt es in London zwei Institutionen, die zusammen den dortigen Markt darstellen. Es handelt sich einmal um den sogenannten Broker's Markt, der von den Firmen Samuel Montagu & Co., Sharps, Pixley & Co. und Mocatta & Goldsmid gebildet wird sowie um die *London Metal Exchange*.

Die Broker treffen sich täglich um 12.15 Uhr, um die sogenannten Fixingnotierungen anhand der vorliegenden Aufträge für Silber zur prompten Lieferung sowie auf Termin in 3, 6 und 12 Monaten zu ermitteln. Im Gegensatz zu den an einer Börse

Tabelle VI.4. Weltproduktion und Marktangebote von Silber (in t)

Minenproduktion	1979	1980	1981	1982	1983
USA	1 185	974	1 266	1 244	1 275
Kanada	1 148	1 070	1 126	1 204	1 238
Mexiko	1 536	1 471	1 655	1 471	1 592
Peru	1 350	1 334	1 387	1 655	1 711
Australien	834	768	744	908	964
Andere Länder	2 358	2 320	2 631	2 684	2 800
Gesamte Minenproduktion	8 411	7 937	8 809	9 166	9 580
Andere Quellen					
Abgaben des US-Schatzamtes	3	3	65	97	367
Abgaben anderer Regierungen	96	162	62	249	93
Demonetisierte Münzen	793	1 711	373	404	249
Lieferungen aus Indien	1 042	1 390	1 042	1 039	1 456
Rückgewinnung und Sonstiges	2 504	3 779	3 266	2 519	2 753
Veränderung privater Hortung*	1 521	−3 530	−2 861	−2 230	−3 095
Gesamte andere Quellen	5 959	3 515	1 947	2 078	1 823
Verfügbar für Verbrauch	14 370	11 452	10 756	11 244	11 403

* Negative Werte bedeuten Aufstockung, positive Werte bedeuten Abgabe.

Quelle: Handy & Harman.

üblichen Vorgängen erfolgt die Festsetzung des Preises in einer geschlossenen Sitzung. Ebenfalls in Abweichung von den Usancen an der Börse geben die Broker nicht die Höhe der Umsätze bekannt.

Der LME-Silberhandel datiert aus dem Jahre 1935, jedoch brach dieser Silbermarkt mit Beginn des Zweiten Weltkrieges zusammen. Am 19. Februar 1963 erst wurde der Silberhandel wieder aufgenommen. Die Börsenzeiten sind vormittags von 12.05 Uhr bis 12.10 Uhr (1. Ring) und 13.00 Uhr bis 13.05 Uhr (2. Ring) sowie 15.55 Uhr bis 16.00 Uhr und 16.30 Uhr bis 16.35 Uhr.

An der LME betragen die Kommissionen bei Kauf und beim Verkauf eines Kontraktes 1/8 %, während bei den Operationen im Fixing des London Silver Market nur die Käufe mit einer Kommission von 1/4 % belastet werden.

Seit Jahren ist Silber ein beliebtes Spekulationsobjekt, und dieser Trend wird sich fortsetzen. Die Preisentwicklung wird nicht im wesentlichen auf dem Markt für prompt lieferbares Silber bestimmt, sondern sie unterliegt dem entscheidenden Einfluß der spekulativen Trends an den Börsen. So wurde im Jahre 1983 allein an der New York Commodity Exchange eine Silbermenge gehandelt, die mehr als 90 mal größer ist als der gesamte industrielle Silberverbrauch der Welt ohne die Ostblockländer. Selbstverständlich entfällt ein Teil des Börsenumsatzes auf Hedge-Operationen. Das spekulative Element ist jedoch ausschlaggebend. Silber, das in Erfüllung eines Börsenkontraktes oder eines Kontraktes mit den Londoner Silberbrokern geliefert werden soll, muß bestimmten Voraussetzungen entsprechen, um als sogenannte "good delivery" gelten zu können. So müssen die Barren, um die Bedingungen des Londoner Silbermarktes zu erfüllen, ein Mindestgewicht von ca. 15 kg und ein Höchstgewicht von ca. 40 kg haben. Der Feingehalt an Silber muß mindestens 999/000 sein. Ferner müssen die Barren gestempelt sein mit einer Seriennummer, dem in Troyunzen (1 Troyunze = 31,1035 g) oder Kilogramm ausgedrückten Gewicht und dem Namen eines am Markt zugelassenen Herstellers oder "Assayers". Am Broker's Markt in London sind etwa 70 Firmen als Hersteller und "Assayers" zugelassen. Die Namenslisten an den verschiedenen Börsen sind unterschiedlich; die übrigen Bedingungen sind im wesentlichen gleich.

In den letzten Jahren hat sich auch bei Silber ein nicht unbedeutendes Optionsgeschäft entwickelt. In diesem Zusammenhang wird auf die Ausführungen in Kapitel *Gold* verwiesen.

2.8 Bedarfsentwicklung

In den letzten 10 Jahren schwankte auf dem industriellen Nachfragesektor der Verbrauch sehr stark. Im Jahre 1975 wurden weltweit - ohne Ostblock - ca. 11 700 t Silber industriell verarbeitet. Danach hatte der Verbrauch eine steigende Tendenz und erreichte 1978 mit ca. 13 700 t einen Höhepunkt. Die scharfen Preissteigerungen während des Booms in 1979 führten zu einem drastischen Rückgang des Verbrauchs, zu dem dann auch noch die Rezession beitrug. In 1981 lag die Verbrauchsmenge nur noch bei ca. 10 500 t. Danach trat allmählich eine Erholung ein, die den Verbrauch in 1983 auf ca. 10 800 t ansteigen ließ. Per Saldo waren in diesem Zeitraum besonders deutliche Rückgänge in der Photoindustrie, bei Silberwaren und Silberloten zu verzeichnen.

Auch der Bedarf für Münzprägezwecke verlor in dem genannten Zeitraum viel von seiner früheren Bedeutung. Während 1975 noch ca. 1200 t Silber auf diesem Sektor verwendet wurden, waren es 1981 nur noch ca. 280 t. Zwar stieg die Menge danach wieder an und erreichte 1983 ca. 580 t. Ohne die einmalige Prägung von Olympiamünzen und der George-Washington-Gedenkmünze in den USA wären es jedoch nur 230 t gewesen.

Es scheint, daß auch in den nächsten Jahren mit einem Angebot zu rechnen ist, das über den industriellen Bedarf hinausgeht. Die Entwicklung des Anlegerbedarfs wird im wesentlichen von den Inflationsraten und Zinssätzen in den USA abhängen, wobei sich das Silber in dieser Hinsicht wohl ähnlich verhalten wird wie das Gold.

3 Platinmetalle

3.1 Geschichtliches

Bereits aus dem 7. Jahrhundert v.Chr. ist ein ägyptisches Metallgefäß mit Intarsien aus Platin bekannt. Auch im vorkolumbianischen Inkareich ist Platin für Geräte verwendet worden. Die erste Beschreibung des Platins als eigenständiges Metall stammt aus dem Jahre 1557. Seine wissenschaftliche Erforschung begann um 1750. Bald danach setzte seine Verarbeitung zu technischen Geräten ein. Im Zuge der Herstellung von schmiedbarem Platin wurde die Platinraffination durch Fällung und anschließende thermische Zersetzung des Ammoniumhexachloroplatinat(IV), $(NH_4)_2[PtCl_6]$, entwickelt. In den verbleibenden Mutterlaugen wurden um 1800 Palladium und Rhodium sowie Iridium und Osmium entdeckt; Ruthenium folgte 1844.

Alles Platin stammte in der damaligen Zeit aus dem spanischen Vizekönigreich Neugranada, dem heutigen Kolumbien. Um 1820 wurde Rußland mit seinen Seifenvorkommen im Ural Hauptproduzent. Da die Förderung schnell mehr als 1 jato erreicht hatte und über den Weltbedarf hinaus stark zunahm, entschloß man sich zur Prägung von insgesamt 15 t russischen Platinmünzen in den Jahren 1828 - 1843. Ein starker Anstieg der Nachfrage trat erst um 1880 ein, als sich der Bedarf in der Elektroindustrie, in der Dentaltechnik und in der chemischen Technik erhöhte. Auch Bijouteriegegenstände aus Platin konnten in dieser Zeit einen Aufschwung verzeichnen, der zunächst bis in die Periode von Jugendstil und Art Déco anhielt.

Nach dem Ersten Weltkrieg verlagerte sich der Schwerpunkt der Förderung bald nach Südafrika, nachdem zuvor in Kanada und in der UdSSR zusätzliche Produzenten für Platingruppenmetalle, hier als Nebenprodukt aus der Nickelgewinnung, hinzugetreten waren. Der Bedarf war durch die großtechnische Ammoniakoxidation zu Salpetersäure an Pt/Rh-Netzkatalysatoren stark gestiegen. Die Suche nach neuen Lagerstätten gipfelte in der Entdeckung der Vorkommen des südafrikanischen Merensky-Reef. Anfängliche technische Schwierigkeiten bei der Verarbeitung des sich von den Seifenvorkommen stark unterscheidenden sogenannten Bergplatins brachten, verbunden mit der Weltwirtschaftskrise, der Platinwirtschaft einen vorübergehenden Rückschlag. Bald war diese Phase überwunden, und die Produktion stieg seitdem kontinuierlich an. 1950 wurden 20 t Platingruppenmetalle gefördert, seit 1980 sind es jährlich nahezu 200 t. Südafrika ist der Hauptproduzent für die Platingruppenmetalle insgesamt wie für Platin allein geblieben. Das Stillwater-Vorkommen wird in den kommenden 10 Jahren voraussichtlich die USA zum drittgrößten Primärproduzenten für die Platingruppenmetalle machen. Der Anstieg des Bedarfs in den letzten 50 Jahren ist, in zeitlicher Reihenfolge, der Meßtechnik, den heterogenen Katalysatoren der Erdölverarbeitung, der homogenen Katalyse bei der chemischen Synthese, der Autoabgaskatalyse und schließlich der Renaissance des Platinschmucks zuzuschreiben. – Das chemische Recycling der Platingruppenmetalle wird seit etwa 100 Jahren in Verbindung mit dem Scheiden in die Einzelmetalle systematisch betrieben. (2), (6), (7), (9), (10), (11)

3.2 Eigenschaften

Unter den Metallen der Platingruppe faßt man die auch als Platinbeimetalle bezeichneten Elemente Ruthenium, Rhodium, Palladium (leichte Platinmetalle mit Dichten um 12 g/cm^3), Osmium und Iridium sowie das Platin selbst (schwere Platinmetalle, Dichten um 22 g/cm^3) zusammen. Die Platinmetalle bilden mit Eisen, Kobalt und Nickel die 8. Nebengruppe des Periodensystems und zeichnen sich durch Säurebeständigkeit, Schwerschmelzbarkeit und hervorragende katalytische Eigenschaften aus. Einige wichtige Eigenschaften finden sich in der Tabelle VI.5.

3.3 Mineralien

Man kennt mehr als 30 Mineralien der Platinmetalle, von denen jedoch nur sieben für die Gewinnung von Bedeutung sind. Sie lassen sich dem Typ nach in Legierungen der Platinmetalle untereinander oder mit anderen Metallen (Eisen, Gold, Kupfer, Nickel) und in Verbindungen der Platinmetalle vorwiegend mit Schwefel, Arsen oder Antimon unterteilen. Eine dritte Gruppe von Mineralien enthält die Platinmetalle in Form isomorpher Einlagerungen in Eisen-, Kupfer- oder Nickelsulfide.

Zum Legierungstyp zählen Ferroplatin (Fe/Pt), Osmiridium (Os/Ir), Iridiumplatin

Tabelle VI.5. Eigenschaften der Platinmetalle

		Ru	Rh	Pd	Os	Ir	Pt
Ordnungszahl		44	45	46	76	77	78
rel. Atommasse		101,07	102,91	106,4	190,2	192,22	195,09
Kristallgitterstruktur		H	K	K	K	H	K
Farbe d. kompakt. Metalls		silber-weiß	silber-weiß	grau-weiß	grau-blau	silber-weiß	grau-weiß
Wichtige Oxidationsstufen		3,4,6,8	3	2,4	4,6,8	3,4	2,4
Schmelzpunkt	°C	2300	1970	1552	3000	2450	1769,3
Siedepunkt	°C	3900	3730	2930	5500	4500	3830
Dichte bei 25°C	g/cm^3	12,4	12,4	12,02	22,4	22,5	21,45
Brinell-Härte	HB	220	101	52	>250	172	50
Spez. elektr. Widerstand	$\mu\Omega$ cm	6,7	4,33	9,93	8,5	4,71	9,85
Wärmeleitfähigkeit	J/s·m·K	106	89	75	87	59	73
Normalpotential M/M^{2+}	V	+ 0,45	+ 0,6	+ 0,987	+ 0,05	+ 1,1	+ 1,2
Beständigkeit g. Königswasser/100°C		A	A	C	C	A	C
Beständigkeit g. NaOH/Luft/500°C		C	B	B	C		B
Beständigkeit g. NaOCl-Lösung/100°C		C	B	C	C	B	A

A: beständig; B: bedingt beständig; C: nicht beständig; H: hexagonal dichteste Packung, K: kubisch dichteste Packung.

(Ir/Pt) und Polyxen (Fe/Pt/Pt-Beimetalle). Diese Mineralien sind üblicherweise mit Trägermaterialien wie Kupfer-Nickel-Kiesen oder Magnetkiesen verbunden. Vertreter der zweiten Gruppe sind Sperrylith ($PtAs_2$), Cooperit (PtS), Stibiopalladinit (Pd_3Sb) und der zum Pyrit homologe Laurit (RuS_2). Konzentration und Mischungsverhältnisse der Platinmetalle in den Mineralien entsprechen nur selten den stöchiometrischen Verhältnissen und schwanken meist in weiten Grenzen.

3.4 Lagerstätten und Vorräte

Lange Zeit spielten nur Platinseifen, d.h. Sekundärvorkommen, eine Rolle, die in Kolumbien und im Ural ausgebeutet wurden. Der Durchschlag eines platingruppenmetallhaltigen Dunitkörpers aus dem Erdinnern war in der Folgezeit wesentliche Quelle des russischen Platins; abgebaut wurde zunächst die Oxidationszone ("Eiserner Hut"), dann auch das Primärgestein.

Als in Südafrika die Suche nach Gold forciert wurde, stieß man auf kleinere platinhaltige Dunitdurchschläge ("Pipes"). Weit größere Bedeutung hat aber der flache, platingruppenmetallführende Magmaausfluß aus dem Erdinnern, der zur Bildung des nach seinem Entdecker (1924) benannten Merensky-Reef führte. Ähnlich struktu-

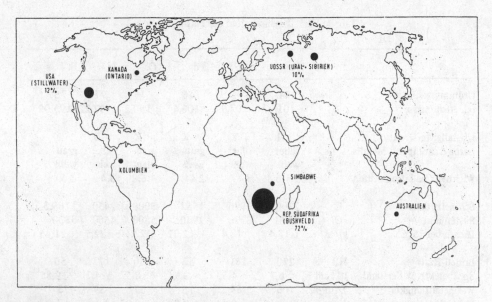

Abbildung VI.3.   Regionale Mengenverteilung der derzeit bekannten Vorräte an Platingruppenmetallen in Lagerstätten (70 000 t $\hat{=}$ 350-fache Jahresproduktion)

riert ist das ebenfalls im südafrikanischen Bushveld liegende und erst in den letzten
Jahren prospektierte Vorkommen Upper Group UG2. Wegen seines relativ hohen
Rhodiumgehalts von 9 % bezogen auf PGM gegen 3 % im Merensky-Reef ist es be-
sonders bedeutungsvoll. Aufgrund ihres Umfangs und der konstanten Qualität des
Erzes sind diese beiden Vorkommen heute wichtigste Basis der Produktion der Pla-
tingruppenmetalle auf der Welt.

Ähnlichen Ursprungs wie die großen südafrikanischen Vorkommen ist das Stillwater-Vorkommen in Montana/USA. Hier erfolgte die Platingruppenmetallaus-
scheidung jedoch in der Folge einer unterirdischen Magmainjektion. Merensky-
Reef und UG2 liegen nahezu horizontal, während Stillwater eine heute an der Erdoberfläche angeschnittene, fast senkrechte Linse darstellt. PGM-Gehalte liegen beim
Stillwatervorkommen bei ca. 5 ppm, in den Bushveldvorkommen etwas darüber.
Die Genesis der drei Vorkommen reicht 3 Milliarden Jahre zurück.

Einen bedeutenden Anteil an der Platingruppenmetall-, besonders der Palladiumproduktion, haben die Nickel/Kupfer-Erze in Sibirien und Kanada, deren PGM-Ge-
halt bei ca. 0,5 ppm liegt.

Außer in Osmiridium, das unvergesellschaftet oder an Goldvorkommen gebunden
auftritt, sind alle sog. Platinbeimetalle an das Vorhandensein von Platin gebunden.

Die geographische Verteilung und den Umfang der Ressourcen zeigt Abbildung VI.3.
Die erstrangige Position Südafrikas wird noch verstärkt durch die Konzentrierung von
95 % der bekannten Weltvorräte an dem technologisch besonders wichtigen Rhodium. Ein großes Platingruppenmetallvorkommen wird in der Antarktis vermutet

(18), die noch lange nach der Entstehung der Bushveldvorkommen als Gondwana eine geographische Einheit mit dem heutigen afrikanischen Schild bildete.

In den Weltmeeren erreichen die Platingruppenmetalle mit ca. 10^{-6} ppm bei weitem nicht den Wert für Gold. (2), (6), (11), (12), (13), (14), (15), (17), (19)

3.5 Gewinnung

Die Gewinnung der Platinmetalle ist sowohl aus Primär- als auch aus Sekundärrohstoffen sehr aufwendig und wird nur an wenigen Orten in der Welt durchgeführt. Die platinmetallhaltigen Erze werden wie üblich durch Mahlung, Schweretrennung, Flotation u.ä. aufbereitet, um die Gangart abzutrennen. Dies gilt natürlich auch, wenn, was sehr häufig der Fall ist, die Gewinnung anderer Metalle (Nickel, Kupfer, Silber, Gold) zunächst im Vordergrund steht. Die Platinmetalle verbleiben dann zumeist bei der elektrolytischen Raffination der Begleitmetalle in den Anodenschlämmen oder bilden bei chemischen Verfahren unlösliche Rückstände. Für die Herstellung der einzelnen Platinmetalle geht man im allgemeinen von 70 - 90 %igen Konzentraten aus.

Auch Sekundärrohstoffe werden entsprechend vorkonzentriert. Für Materialien mit nur wenigen Zehntel Prozent Platinmetallen und überwiegend nichtmetallischen Hauptbestandteilen wählt man vielfach den pyrometallurgischen Weg über den Silberschachtofen. Häufig stehen jedoch bereits direkt edelmetallreiche Legierungen der Platinmetalle zur Aufarbeitung an. Hier ist in manchen Fällen (Schrottlegierungen aus der Glas- oder Textilfaserindustrie) eine Trennung der einzelnen Platinmetalle nicht zweckmäßig, da oberflächlich anhaftende Verunreinigungen mechanisch oder durch Abbeizen mit Säuren entfernt werden können und die Legierung (in vielen Fällen Pt/Rh 90/10) direkt wieder eingeschmolzen und weiterverarbeitet werden kann.

Die Konzentrate werden im allgemeinen zunächst bei Temperaturen um 80°C einem Löseprozeß mit Königswasser oder chlorgesättigter Salzsäure unterworfen, wobei man, auch durch Oberflächenvergrößerung des zu behandelnden Materials, eine möglichst hohe Auslöserate der Platinmetalle anstrebt. Mitunter arbeitet man auch unter erhöhtem Druck. Wenn, wie bei Legierungen mit mehr als 15 % Rhodium, die Löslichkeit in Säuren zu gering ist, überführt man die Platinmetalle durch oxidierenden Aufschluß, z.B. mit Natriumchlorid/Chlor bei 600°C, in wasserlösliche Salze. Die Aggressivität der Reagentien führt dabei oft zu Werkstoffproblemen. Um die Ausbeute zu erhöhen, wird die Lösestufe häufig mehrfach durchlaufen. Für die Weiterverarbeitung der Platinmetall-Lösungen hat sich eine Anzahl teils firmenspezifischer Verfahren herausgebildet, an die sehr hohe Anforderungen bezüglich Ausbeute und Geschwindigkeit gestellt werden. Generell werden die einzelnen Metalle zunächst grob getrennt und anschließend auf die handelsübliche Reinheit von 99,9 % raffiniert.

Für Lösungen aus Primärmaterialien, die oft eine in nur engen Grenzen schwankende Zusammensetzung haben, hat in den letzten Jahren die Solventextraktion, auch kombiniert mit Komplexierungs- und Ionenaustauschvorgängen, an Bedeutung gewonnen. Als Extraktionsmittel finden Trialkylphosphate, Thioäther und langkettige Amine und Ketone Verwendung. Aus der organischen Phase, in die sich die einzelnen Platinmetalle sehr selektiv extrahieren lassen, sind sie meist leicht wieder in wäßrige Lösungen reextrahierbar und können der Raffination zugeleitet werden. Das Extraktionsmittel steht anschließend wieder zur Verfügung, wird also im Kreislauf gefahren. Der Gesamtprozeß läßt sich weitgehend kontinuierlich und automatisch betreiben, was die Betriebskosten senkt.

Für Lösungen mit stark schwankender Zusammensetzung, wie sie aus der Verarbeitung von Sekundärrohstoffen erhalten werden, ist die Solventextraktion weniger geeignet. Hier setzt man für die Grobtrennung überwiegend die selektive Kristallisation ein. Durch spezielle Oxidations- und Reduktionsschritte und Zugabe von Ammoniumchlorid wird jeweils ein einziges Platinmetall in ein schwer lösliches Salz (Ammoniumhexachlorometallat) überführt, das sich aus der Lösung kristallin abscheidet und abfiltriert wird. Entscheidend für die gute Abrennung mit Hilfe dieses "klassischen" Verfahrens sind hauptsächlich die Konzentrationsverhältnisse und die Temperatur der Lösung sowie die Geschwindigkeit der Salzkristallisation. Ruthenium und Osmium lassen sich durch oxidierende Destillation (Bildung der leicht flüchtigen Tetroxide) relativ einfach von den übrigen Platinmetallen trennen. Hierbei müssen jedoch Maßnahmen getroffen werden, um das u.U. mögliche Auftreten explosiver Verbindungen auszuschließen.

Die Platinmetallsalze sind fast immer nach der ersten Fällung noch nicht rein genug und werden speziellen Reinigungsschritten unterworfen. Im Falle des Platins wird das Salz bei etwa 800°C geglüht (Calcination), der entstehende Platinschwamm erneut gelöst und der Kristallisationsschritt wiederholt. Dieser Zyklus wird sooft durchlaufen, bis der Schwamm die geforderte Reinheit hat. Im Falle des Palladiums erfolgt die Reinigung über einen Löseprozeß mit Ammoniak und Ausfällung des gereinigten Salzes mit Salzsäure. Auch dieser Zyklus wird bis zum Verglühen des Salzes zum Palladiumschwamm häufig mehrfach wiederholt. Rhodium und Iridium werden aus Kostengründen meist nicht über die Kristallisation, sondern mit Hilfe der Solventextraktion kombiniert mit Ionenaustausch raffiniert und erst aus der gereinigten Lösung in Salzform isoliert. Verglühen der Salze in Wasserstoffatmosphäre liefert diese Metalle ebenso wie Ruthenium und Osmium in Pulverform. Zur Überführung der Platinmetallsalze in die Metalle sind auch chemische Reduktionsverfahren gebräuchlich.

Da alle Trennstufen und Verfahrensschritte auch bei sorgfältigster Ausführung nicht ideal arbeiten, treten vielfältige Verschleppungen der Platinmetalle ein. Um Verlusten zu begegnen, werden alle auch nur noch geringe Mengen Platinmetalle enthaltenden Lösungen möglichst in den Trennungsgang zurückgeführt. Vor einer endgültigen Abwasseraufbereitung steht in jedem Falle eine Abrennung der Edelmetalle bis auf geringste Spuren durch Zementation, Reduktion oder Ionenaustausch.

3.6 Technische Anwendung

Wenn man von den strategisch bedingten staatlichen Bevorratungen der z.T. für die Schlüsselindustrie wichtigen Elemente Platin, Palladium und Rhodium sowie von der kürzerfristigen Stockbildung der Industrie für spezielle Prozesse der Großchemie absieht, spielen die Platingruppenmetalle keine wesentliche Rolle auf dem Anlagesektor. Platin macht eine gewisse Ausnahme. Seit Einführung des sog. Platinnobel (1 oz) im Jahre 1983 als offizielle Währung der britischen Kanalinsel Isle of Man und als Konkurrenz zu Krüger Rand und Maple Leaf ist bereits 1 t Platin in Form dieser Münzen ausgeprägt worden. Vergleichsweise sind in Rußland 15 t Platin zwischen 1828 und 1845 in 3-, 6- und 12-Rubelstücken (zu 1/3 oz, 2/3 oz, 1 1/3 oz) und 1979/80 in der UdSSR 3 t Platin als Olympiamünzen zu 150 Rubel (1/2 oz) geprägt worden (23). Während die früheren Platinmünzen pulvermetallurgisch hergestellt werden mußten, geht man heute von Ronden aus geschmolzenen Bolzen aus.

Ein Schwerpunkt des Bedarfs an Platingruppenmetallen liegt auf dem Sektor der Katalysatoren. Die Autoabgaskatalysatoren beanspruchen weltweit ca. 10 %, in Kürze wohl 20 %, in den USA heute sogar schon 50 % des Gesamtverbrauchs an Platingruppenmetallen. Der heutigen Abgastechnologie entsprechen die sog. Dreiwegkatalysatoren, die Kohlenoxid CO, Stickoxide NO$_x$ und Kohlenwasserstoffe in die unschädlichen Folgeprodukte Kohlendioxid, Stickstoff und Wasser überführen. Wirksam ist Platin mit Zusätzen von Palladium und Rhodium. Die Konverter enthalten einen keramischen, von Kanälen durchzogenen Träger (Monolith), dessen innere Oberflächen mit einem γ-Al$_2$O$_3$ – Coat überzogen sind, der seinerseits mit 1 - 2 g Pt/Pd/Rh imprägniert ist. Auch pelletförmige Katalysatoren mit allerdings größerem Raumbedarf sind noch gebräuchlich. - In der Mineralölindustrie werden zur Reformierung der relativ hochsiedenden Erdölfraktionen zu Autobenzin, zu Heizöl und den Ausgangsmaterialien der Petrochemie wie Naphta pelletförmige Trägerkatalysatoren auf der Basis Pt/γ-Al$_2$O$_3$ eingesetzt. Die Hydroformierungsprozesse der Mineralölindustrie verwenden neben Unedelmetallkatalysatoren Pd- und Pt-Katalysatoren auf Trägern. In der Produktion von Wasserstoffperoxid sind trägerfreie Palladiummohrkatalysatoren sowie bei anderen Verfahrensvarianten Pd-Trägerkatalysatoren in Anwendung. Ein klassischer Edelmetallkatalysator ist der Pt/Rh-Drahtnetzkatalysator, der seit rund 70 Jahren zur Oxidation von Ammoniak zu Stickoxiden bzw. Salpetersäure im großtechnischen Einsatz ist. Die pharmazeutische Industrie benötigt für Hydrierungen im großen Umfang Pd/Kohle-Katalysatoren, außerdem geringere Mengen an Pt/Kohle-, Rh/Kohle- und Ru/Kohle-Katalysatoren. - Homogene Pd/Cu-Katalysatoren haben große Bedeutung bei der Äthylenoxidation zu Acetaldehyd nach dem Wackerverfahren. Homogene Rhodiumkatalysatoren, meist auf der Basis komplexer Phosphane, sind im starken Vordringen bei der Oxosynthese, der Essigsäuresynthese und für die Durchführung stereospezifischer Hydrierungen. Der steigende Rhodium-Bedarf für solche großtechnischen Prozesse ist wesentlich für das überproportionale Ansteigen des Rhodiumpreises verantwortlich.

Der Platinbedarf für Schmuck steigt ständig. Weltweit erreicht er den Bedarf für Abgaskatalysatoren. Einen ausgesprochenen Schwerpunkt bildet Japan, wo hierfür ca. 20 jato Platin verarbeitet werden. Es sind vor allem Legierungen der Feinheit 950/000 üblich. Auch ein großer Teil der an sich nicht sehr umfangreichen Beschichtungen mit Rhodium und Platin fällt in den Juwelierbereich.

Die Glasindustrie ist ein bedeutender Abnehmer für Platin. Bauteile, die mit flüssigem Glas in Berührung kommen, wie Schmelzwannen, Spinndüsen für Glaswolle usw., werden aus Platin, zum Teil dispersionsgehärtet mit feinverteiltem ZrO_2 oder Platin-/Rhodiumlegierungen gefertigt, wenn andere Materialien wegen geforderter hoher Glasqualität (optische Gläser, Fernsehröhren) oder starker Beanspruchung (automatische Hohlglasfertigung) nicht resistent genug sind. Auch Viskosefasern werden mittels Düsen aus Platinlegierungen versponnen.

In der elektrischen Meßtechnik sind Thermopaare aus Pt+Pt/Rh nach wie vor in großem Umfang in Einsatz. Schichtmeßwiderstände aus Pt erreichen für die Temperaturmessung zunehmend mehr Bedeutung, vor allem wegen des im Vergleich mit den früheren Widerstandsthermometern geringeren Platinbedarfs. Begrenzte Bedeutung haben Platin, Platin-/Rhodiumlegierungen und Rhodium, meist in Bandform, für Hochtemperaturheizwicklungen. RuO_2-beschichtete Titananoden werden in großem Umfang bei der Elektrolyse von Natriumchlorid zur Herstellung von Chlor und Natronlauge eingesetzt. Platinierte Bleche aus Titan, Tantal und Niob dienen als unlösliche Anoden beim anodischen Korrosionsschutz von Anlagen und Stahlbauten. In der Elektronikindustrie dringt Palladium, mit Einschränkung auch Ruthenium, auf Kosten des teuren Goldes immer mehr vor.

Laborgeräte, wie Tiegel und Schalen, werden seit langem nicht mehr aus Reinplatin hergestellt. Zulegieren von Iridium u.a. oder die Dispersionshärtung mit ZrO_2 erhöhen die Festigkeit, vor allem die Warmfestigkeit. Neuerdings kommen preisgünstige Platintiegel mit Palladiummittelschicht auf dem Markt. Ein beträchtlicher Anteil der Iridiumproduktion wird zur Herstellung von Tiegeln aus Reiniridium für die Züchtung oxidischer Einkristalle verwendet, die in der Laser- und in der piezoelektrischen Technik benötigt werden. (6), (10), (12), (17), (20), (24).

3.7 Marktverhältnisse

3.7.1 Wichtige Produzenten und Angebotsstruktur

Die Platinversorgung der Welt hängt im wesentlichen von drei Produktionsländern ab, nämlich Südafrika, UdSSR und Kanada. Nach den Veröffentlichungen des US Bureau of Mines (Tab. VI.6) handelte es sich in den letzten Jahren um folgende Mengen: Der bedeutendste südafrikanische Platinproduzent ist Rustenburg Platinum Mines Ltd., deren Gründung 1931 erfolgte. Ihre Anfänge gehen auf die Schürfarbeiten eines deutschen Geologen namens Hans Merensky zurück. Er entdeckte in den zwanziger

Tabelle VI.6. Wichtigte Platinproduzentenländer

	1978	1979	1980	1981	1982
	in 1000 Troyunzen				
Südafrika	1 775	1 950	2 044	2 080	1 626
UdSSR	263	375	334	345	334
Kanada	147	84	175	163	97

Jahren die später nach ihm benannte platinführende Gesteinsschicht, das Merensky-Reef. Im Hinblick auf die erwartete Bedarfssteigerung, auf die an anderer Stelle eingegangen wird, erklärte Rustenburg im Oktober 1972 seine Absicht, die Kapazität auf 1,5 Mio. Troyunzen Platin jährlich auszudehnen. Bis vor relativ kurzer Zeit wurden nur die ersten Stufen der Aufarbeitung der Platinerze in Südafrika durchgeführt, während die Gewinnung der Feinmetalle durch Johnson Matthey & Co., London, erfolgt. Hierin ist nun eine grundlegende Änderung eingetreten. Am 31. März 1972 gaben Rustenburg und Johnson Matthey die Gründung ihrer gemeinsamen Tochtergesellschaft Matthey Rustenburg Refiners (Proprietary) Ltd. bekannt, die nun alles von Rustenburg geförderte Material aufarbeitete.

Die Aufarbeitungsarbeiten werden in Südafrika von Matte Smelters (Proprietary) Ltd. und Johnson Matthey Refiners (Proprietary) Ltd. ausgeführt, die beide Tochtergesellschaften von Johnson Matthey Refiners sind. Die bislang zu Johnson Matthey & Co. gehörenden Raffinerien Brimsdown und Royston sind beide von Matthey Refiners übernommen worden, die wiederum eine Tochter von Matthey Rustenburg Refiners ist. Somit hat nun Rustenburg eine 50 %ige Beteiligung an allen Aufarbeitungs- und Raffinationsprozessen, eine wesentliche Aufstockung gegenüber dem früheren Zustand. Im Jahre 1969 kam die Firma Impala Platinum Limited als neuer Platinproduzent hinzu. Diese Firma hat von Anfang an die gesamte Aufarbeitung bis zum Feinmetall in Südafrika konzentriert. Die Produktionskapazität liegt bei knapp über 1 Mio. Troyunzen jährlich. Die bekannten Reserven reichen auf der Basis der jetzigen Produktionsmengen deutlich über 25 Jahre hinaus.

Ebenfalls ein Neuling unter den südafrikanischen Platinproduzenten ist Western Platinum, eine Gesellschaft, die gemeinsam von Lonrho und dem kanadischen Konzern Falconbridge betrieben wird. Die Produktionskapazität, die ursprünglich auf 85 000 troz jährlich ausgelegt war, dürfte sich jetzt in der Größenordnung von 140 000 troz bewegen.

Während es sich in Südafrika also um Erze handelt, die wegen ihres Gehaltes an Platin und Platinbeimetallen, wie Palladium, Rhodium, Iridium, Osmium und Ruthenium, gefördert werden und die Produktion somit mehr oder weniger flexibel gestaltet werden kann, fällt das Platin in Kanada bei der Erzeugung von Nickel durch die International Nickel Company of Canada als Nebenprodukt an. Aus diesem Grunde ist dort die Produktion von Platin und Palladium vom Volumen der Nickelgewinnung abhängig.

Über die Flexibilität der russischen Platinerzeugung, bei der das Platin zum Teil als Nebenprodukt bei der Erzeugung von Nickel anfällt, stehen keine fundierten Angaben zur Verfügung.

An dieser Stelle soll nochmals kurz auf die Produktion der bereits erwähnten Platinbeimetalle eingegangen werden (Tab. VI.7). Sie fallen zusammen mit der Gewinnung von Platin an, jedoch ist ihr Vorhandensein in den Erzen der drei wichtigsten Produktionsländer sehr unterschiedlich, wie die folgenden Durchschnittsangaben zeigen:

Tabelle VI.7. Verteilung der Platinmetalle-Produktion .

	Kanada	Südafrika	UdSSR
Platin	43 %	61 %	25 %
Palladium	45 %	26 %	67 %
Iridium	2 %	1 %	2 %
Rhodium	4 %	3 %	3 %
Ruthenium	4 %	8 %	2 %
Osmium	2 %	1 %	1 %

3.7.2 Entwicklung des Bedarfs

Da Platin und seine Beimetalle schon immer sehr teuer waren, kann man davon ausgehen, daß ihre Verwendung sich nur dort gehalten hat, wo sie technisch und wirtschaftlich vertretbar ist. Eine Substitution auf wichtigen Anwendungsgebieten ist deshalb in absehbarer Zeit nicht zu erwarten (Tab. VI.8).

Ab dem Jahre 1974 hat sich in den USA ein neuer Nachfragesektor entwickelt, und zwar der Platinbedarf für die Autoabgaskatalysatoren. Dieser Nachfragesektor ist größer als alle anderen in den USA, und seit dem Jahre 1978 macht die Nachfrage dieses Sektors mehr als die Hälfte des gesamten Platinverbrauchs in den USA aus.

Tabelle VI.8. Industrielle Nachfrage nach Platin

	1978	1979	1980	1981	1982
	in 1000 Troyunzen				
Japan	1 197	932	980	1 188	1 074
USA	1 196	1 409	1 118	873	780
Westeuropa	390	400	380	340	294
Andere	110	110	100	90	87

Quelle: J. Aron.

3.8 Preisentwicklung

Für Platin und andere Platinmetalle gab es viele Jahre lang sogenannte Produzenten-preise, bei denen es sich um die Abgabepreise der beiden großen südafrikanischen Produzenten handelte. Wichtigster Zweck dieser Produzentenpreise war es, eine vor-sichtige Preispolitik zu verfolgen, um nicht eine verstärkte Suche nach Substitutions-stoffen zu provozieren.

Die beiden südafrikanischen Produzenten ließen sich von diesem Preis auch dann nicht abbringen, als der Freimarktpreis einige Jahre lang über dem Produzentenpreis lag. Inzwischen hat jedoch Rustenburg diese Preispolitik aufgegeben und veröffent-licht über seinen Verkaufsagenten täglich einen Abgabepreis, der stets in Marktnähe liegt. Impala hingegen veröffentlicht weiterhin seinen Produzentenpreis (Tab. VI.9).

Für Spotmengen, die im Markt umgesetzt werden, gelten im Regelfall die jeweiligen Händlerpreise. Seit dem 9. Juni 1975 wird zweimal täglich durch ursprünglich drei und zur Zeit nur noch zwei Handelsfirmen die sogenannte Londoner Platinnotierung

Tabelle VI.9. Preise für Platinmetalle

	1980	1981	1982	1983	1984
	in US-$ per Troyunze zum Jahresanfang				
Platin					
Produzentenpreis	420	475	475	475	475
Freimarktpreis*	800 - 810	555 - 565	381 - 383	390 - 392	388 - 390
Palladium					
Produzentenpreis	150	200	110 - 140	110 - 140	130
Freimarktpreis*	202 - 205	141 - 143	67,5- 69	101 - 103	164 - 166
Rhodium					
Produzentenpreis	800	700	600	600	600
Freimarktpreis*	870 - 875	620 - 635	385 - 400	265 - 270	343 - 348
Ruthenium					
Produzentenpreis	45	45	45	45	45
Freimarktpreis*	32 - 35	33 - 35	30 - 32	25 - 27	38 - 40
Iridium					
Produzentenpreis	350	600	600	600	600
Freimarktpreis*	335 - 340	680 - 700	400 - 420	285 - 305	325 - 335
Osmium					
Produzentenpreis	150 - 155	150 - 155	150 - 155	110 - 115	110 - 115
Freimarktpreis*	130 - 135	130 - 135	130 - 135	130 - 135	140 - 145

* New York Dealer-Preis

zu einem bestimmten Zeitpunkt ermittelt und veröffentlicht. Ab dem 26. April 1976 gibt es auch eine Londoner Palladiumnotierung, die von dem genannten Tag ab zunächst einmal und vom 1. August 1983 zweimal täglich veröffentlicht wird. Dies ist lediglich eine Indikation und nicht mit den Fixingnotierungen für Gold und Silber vergleichbar.

Platin und Palladium werden außerdem börsenmäßig in New York gehandelt.

3.9 Handelsregelungen

Zu dem Platinhandel an der New Yorker Börse ist noch zu bemerken, daß dieser in Kontrakten von je 50 Troyunzen erfolgt. Die Reinheit des in Erfüllung eines Kontraktes gelieferten Platins muß mindestens 99,9 % Platin betragen und von einem an der Börse zugelassenen Produzenten oder "Assayer" stammen. Bei Palladium beträgt die Kontraktmenge 100 Troyunzen, die Reinheitsanforderung beläuft sich auf 99,9 % Palladium. Die Kommission für die an der Börse getätigten Geschäfte mit Platin und Palladium ist frei verhandelbar.

Der Verkauf der südafrikanischen und kanadischen Platin- und Palladiumproduktion erfolgt freilich nicht über die Börse. Verkaufsagent für die Rustenburg Produktion ist Johnson Matthey PLC, London und ausschließlich in den USA die Firma Engelhard in Newark, N.J.; Impala bedient sich der Firma Ayrton Metals Ltd., London.

Literaturhinweise

(1) Friedensburg, F.; Quiring, H.: Die metallischen Rohstoffe, Bd.3: Gold, 2. Aufl., (Enke), Stuttgart 1953.
(2) Gmelins Handbuch der Anorganischen Chemie: System-Nrn. 62 (Gold), 61 (Silber), 68 (Platin), 65 (Palladium), 64 (Rhodium), 67 (Iridium), 63 (Ruthenium), 66 (Osmium), (Springer), Berlin 1938 - 1975; Ergänzungsbände ab 1970.
(3) Gold Bulletin, Bd.1 (1968) – Bd.18 (1985) fortlaufend, Herausgeber: Chamber of Mines of South Africa (bis 1977) und International Gold Corp. (ab 1978).
(4) Moesta, H.: Erze und Metalle - ihre Kulturgeschichte im Experiment, (Springer), Berlin 1983.
(5) Cornelius, G.: Die Entwicklung der Edelmetallscheidung in Frankfurt: Jahresbericht 1974 des Physikalischen Vereins zu Frankfurt am Main, Frankfurt 1975.
(6) Ullmanns Encyklopädie der technischen Chemie: 4. Aufl., 25 Bände, Stichwörter: Gold, Gold-Legierungen; Gold-Verbindungen; Silber, Silber-Verbindungen und Silber-Legierungen; Platinmetalle und -Verbindungen, Dentalchemie; Dünne Schichten; Galvanotechnik; Erdölverarbeitung; Katalyse und Katalysatoren; Keramische Farben; Löten und Lote; Photographie; (Chemie), Weinheim 1972 - 1984.
     Ullmann's Encyclopedia of Industrial Chemistry: 5. Aufl., 36 Bände, (Chemie), Weinheim, ab 1984.
(7) Neuburger, A.: Die Technik des Altertums, (Voigtländers Verlag), Leipzig 1920; Neudruck, (Prisma), Gütersloh 1983.

(8)   Kerschagl, R.: Die metallischen Rohstoffe, Bd.13: Silber, (Enke), Stuttgart 1961.

(9)   McDonald, D.; Hunt, L.B.: A History of Platinum and its Allied Metals, (Johnson Matthey), London 1982.

(10) Platinum Metals Review: Bd.1 (1957) - Bd.29 (1985) fortlaufend, (Johnson Matthey), London.

(11) Quiring, H.: Die metallischen Rohstoffe, Bd.16: Platinmetalle, (Enke), Stuttgart 1962.

(12) Saager, R.: Metallische Rohstoffe von Antimon bis Zirkonium, (Bank Vontobel), Zürich 1984.

(13) Lurie, J.: South African Geology for Mining, Metallurgical, Hydrological and Civil Engineering, (McGraw-Hill), Johannesburg 1981.

(14) Coetzee, C.B.: Mineral Resources of the Republic of South Africa, Department of Mines, Pretoria 1976.

(15) Schneiderhöhn, H.: Erzlagerstätten, (Fischer), Stuttgart 1962.

(16) Butts, A.; Coxe, C.D.: Silver - Economics, Metallurgy and Use, (R.E. Krieger), Huntington 1975.

(17) Hargreaves & Williamson: The Platinum Industry, Prospects in Recovery, (Shearson/ American Express), London 1984.

(18) Hempel, G.: Wozu Polarforschung?, Erzmetall, 37, S. 577 - 584 (1984).

(19) Merian, E.: Metall in der Umwelt, (Chemie), Weinheim 1984.

(20) Rapson, W.S.; Groenewald, T.: Gold Usage, (Academic Press), London 1978.

(21) DEGUSSA: Edelmetalltaschenbuch, Frankfurt 1967.

(22) Bandulet, B.: Gold Guide, (Fortuna Finanz), Hiederglatt ZH 1984.

(23) Bachmann, H.-G.; Renner, H.: Nineteenth Century Platin Coins, Platinum Metals Review, 28, pp. 126 - 131 (1984).

(24) Zimmermann, K.-F.: Berichte-Band 90, Dt. Verband für Schweißtechnik, Düsseldorf 1984.

(25) Winnacker-Küchler: Chemische Technologie, Bd.4: Metallurgie, (Hanser), München 1985.

VII Sondermetalle

Von W. Gocht

1 Titan, Zirkonium und Hafnium

1.1 Titan

Obwohl Titan mit 0,44 % am Aufbau der Erdkruste beteiligt ist und damit wesentlich häufiger vorkommt als alle Buntmetalle, wurde es als Oxid erst 1791 durch W. Gregor in Ilmenitsanden von Cornwall entdeckt und von M.A. Hunter 1910 als noch unreines Metall durch Reduktion von TiO_2 durch Na dargestellt. Die großtechnische Gewinnung begann sogar erst 1947, nachdem W.J. Kroll zwischen 1937 und 1946 das nach ihm benannte metallurgische Verfahren bei Krupp entwickelt hatte. Die seitdem rasch steigende Bedeutung des modernen Metalls ist eng mit der Entwicklung der Düsenflugzeuge und der Raumfahrttechnik verbunden.

1.1.1 Eigenschaften und Minerale

Zu den bemerkenswertesten physikalischen Eigenschaften zählen die geringe Dichte ($D = 4,51$ g/cm^3), hohe Festigkeit in Relation zum niedrigen Gewicht, hoher Schmelzpunkt ($1677°C$), hoher Siedepunkt ($3262°C$), hohe Kriechbeständigkeit, gute Verformbarkeit und ausgezeichnete Korrosionsbeständigkeit. Elektrolyttitan besitzt eine Zugfestigkeit von 229 N/mm^2, eine Streckgrenze von 103 N/mm^2 und eine Bruchdehnung von 55 %.

In natürlichen Mineralen kommt das typisch lithophile Titan nur vierwertig vor, meist als Oxid, seltener als Silikat. Die starke Sauerstoffbindung ist verantwortlich für die schwierige Darstellung des Metalls.

Zwar sind mehr als 140 *Titanminerale* bekannt, wirtschaftliche Bedeutung haben aber nur:

Ilmenit	$FeTiO_3$	hexagonal
Rutil	TiO_2	tetragonal
(Modifikationen: Brookit, Anatas)		
Titanomagnetit	$Fe(Fe,Ti)_2O_4$	kubisch
Titanit	$CaTi(O/SiO_4)$	monoklin
Perowskit	$CaTiO_3$	monoklin

Als Erz gilt auch Leukoxen, ein Verwitterungsprodukt von Titanmineralen aus amorphem $FeTiO_3$ oder aus einem Gemisch von kryptokristallinem TiO_2 mit Hämatit und gelegentlich Titanit. Analysen von Ilmenit aus bekannten Lagerstätten ergaben wechselnde Titangehalte zwischen 37 % TiO_2 (massiges Primärerz von Allard Lake, Quebec) und 66 % TiO_2 (Strandseife von Monmouth County, New Jersey), da oberhalb $600°C$ unbegrenzte Mischbarkeit mit Hämatit besteht.

1.1.2 Regionale Verteilung der Lagerstätten

Zwei grundverschiedene Lagerstättengruppen lassen sich unterscheiden:
- magmatische Primärerzlagerstätten,
- sekundäre Seifenlagerstätten.

Die primären Eisen-Titan-Erze sind an juvenil-basaltische Magmen gebunden. Von den meisten Autoren wird die Genese auf Kristallisationsdifferentiation zurückgeführt, wobei Ilmenit und Titanomagnetit in basischen (mafischen) Gesteinen wie Gabbros, Norite oder Anorthosite konzentriert auftreten, während Rutil und auch Titanit in sauren Gesteinen und pegmatitischen Restlösungen angereichert wurden. Sowohl konkordante (flözartige, schlieren- oder linsenförmige) als auch diskordante (gangartige, massige) Lagerstättenformen sind anzutreffen.

Die relativ hohe Dichte sowie mechanische und chemische Widerstandsfähigkeit machen Ilmenit (D = 4,5 - 5,0 g/cm³), Rutil (D = 4,2 - 4,5 g/cm³) und Titanomagnetit (D = 5,0 - 5,2 g/cm³) zu Seifenmineralen. Aus fluviatilen Seifen und besonders aus Strandseifen oder marinen Seifen stammt die überwiegende Bergwerksproduktion. Die Seifenbildung aus den magmatischen Primärvererzungen wird durch lateritische Verwitterungsprozesse begünstigt, so daß die Seifen vornehmlich in subtropischen Gebieten entstehen. Als Nebenprodukt können die Titanminerale bei der Aufbereitung anderer Seifen (Zinnstein, Monazit, Zirkon) oder von Bauxit gewonnen werden.

Die Ilmenitlagerstätten konzentrieren sich auf Erzprovinzen an der Ostküste und der Westküste Australiens und auf Erzdistrikte in den USA, Kanada, Norwegen und Südafrika. Rutillagerstätten sind derzeit praktisch auf Australien, Sierra Leone und Südafrika beschränkt (vgl. Abb. VII.1).

Australien: Die Seifenvorkommen mit Rutil oder Ilmenit ziehen sich entlang der Ostküste von Rockhampton/Queensland bis südlich Newcastle/N.S.W., mit Bergbauzentren auf Fraser Island, auf North Stradbroke Island, im Cudgen-Byron Bay-Gebiet, bei Coffs Harbour und im Newcastle-Gebiet sowie entlang der Westküste von der Southwestern Area (südlich Perth) bis zur Midlands Area (nördlich Perth) mit Bergbauzentren bei Eneabba (280 km nördlich Perth) und Capel-Banbury (200 km südlich Perth). – Weitere Rutilseifen werden auf King Island/Bass-Street gewonnen.

USA: Nachdem 1984 die letzte Mine bei Tahawus, N.Y., in der primäre Magnetit-Ilmenit-Erze gewonnen wurden, ihren Betrieb einstellte, werden nur noch Seifen mit

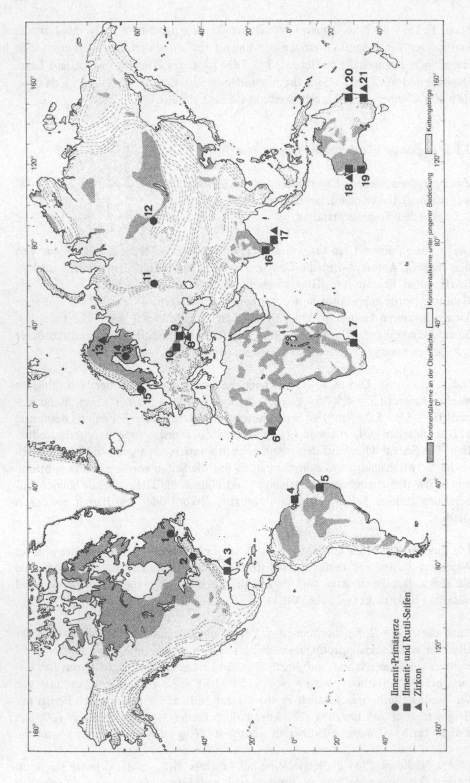

vorrangig Ilmenit sowie nachgeordnet Rutil und Zirkon in Florida bei Green Cove Springs südlich Jacksonville und in der Highland Mine bei Starke abgebaut.

Kanada: Die Hämatitgroßlagerstätte von Allard Lake/Quebec enthält in ihren magmatischen Erzen auch bemerkenswerte Ilmenitgehalte, die bei der Verhüttung als Titanschlacken (70 - 72 % TiO_2) anfallen. Die Vorräte in dieser Mine sind beträchtlich.

Sierra Leone: Im Küstengebiet der Southern Provinz sind umfangreiche Rutilseifen erkundet worden, insbesondere im Bonthe-Distrikt und im Nitti-Distrikt. Nachdem 1971 der Rutilbergbau in Sierra Leone zum Erliegen kam, begann Ende 1979 die Mogwembo Mine bei Nitti wieder zu produzieren. 1982 kam es wegen rückläufiger Rutilpreise für einige Monate erneut zur vorübergehenden Schließung dieses Bergwerkes.

Indien: Einst lieferten die Strandseifen von Travancore/Kerala mehr als die Hälfte der Ilmenitweltproduktion. Die reichen Seifen enthalten teilweise bis 80 % Schwerminerale. Der Abbau konzentriert sich derzeit auf das Küstengebiet zwischen Kayankulam/Kerala und Kanniyakumari/Tamil Nadu. Hauptsächlich wird Ilmenit gewonnen, als Nebenprodukte auch Rutil und Zirkon. 1982 wurden vor der Küste bei Konkan/Maharashtra umfangreiche Ilmenitmeeresseifen entdeckt.

Norwegen: Der Ilmenitgehalt der titanhaltigen Magnetiterze von Tellnes und kleinerer Vorkommen an der Westküste wird seit 1985 wie in Kanada bei der Verhüttung als Titanschlacke (75 % TiO_2) gewonnen.

Sowjetunion: Ilmenitseifen stehen vor allem in der Ukraine im Abbau, wo an Nebenflüssen des Dnepr Lagerstätten erschlossen sind, vornehmlich nördlich von Schitomir (Irshansk, Streminogorsk, Selenogorsk), nordwestlich von Dnepropetrovsk (Samotkansk, Volnogorsk, Volchansk) und nahe Kiev (Tarasovsk). Auch an Nebenflüssen des Urals treten Ilmenitseifen auf, ebenso in Küstenbereichen des Schwarzen Meeres. Primäre Magnetit-Ilmenit-Erze sind bekannt aus Irsha, Mezhdurechye, Lemnen und Kusa.

Südafrika: Fluviatile und Strandseifen mit Ilmenit, Rutil und Zirkon werden seit 1978 mit Schwimmbaggern in der Richards Bay/Natal abgebaut. Die Titan-Rohstof-

---

Abbildung VII.1. Die wichtigsten Lagerstätten von Titan und Zirkonium

Kanada: 1 Allard Lake/Que.; *USA:* 2 Tahawus/N.Y., 3 Green Cove Springs, Highland/Fla.; *Brasilien:* 4 Grajau, 5 Tapira; *Sierra Leone:* 6 Mogwembo; *Südafrika:* 7 Richards Bay; *Sowjetunion:* 8 Zhdanov-Distr., 9 Dnepropetrovsk-Distr., 10 Kiev-Distr., 11 Kusa/Ural, 12 Irsha-Distr., 13 Kola-Halbinsel; *Finnland:* 14 Otanmäki; *Norwegen:* 15 Tellnes; *Indien:* 16 Kerala; *Sri Lanka:* 17 Kokkilai; *Australien:* 18 Eneabba, 19 Capel-Banbury, 20 Newcastle-Coffs Harbour, 21 North Stradbroke Island.

fe werden hier sowohl als Mineralkonzentrate als auch als Titanschlacke produziert. − Die Magnetite des Bushvelt-Komplexes enthalten übrigens nennenswerte Gehalte an Titan, ohne daß bislang eine Gewinnung erfolgte.

Erwähnenswert sind noch die primäre Magnetit-Ilmenit-Lagerstätte Otanmäki in *Finnland*, strandnahe und Offshore-Seifen an der Nordostküste von *Sri Lanka* bei Kokkilai, Seifen im Tapira-Distrikt/Bahia und neuerdings in einer Großlagerstätte am Grajan-Strand in Mataraca/*Brasilien* sowie die Produktion von Ilmenitkonzentraten als Nebenprodukt des Zinnbergbaus in Malaysia (Ipoh) und Thailand (Phuket).

Tabelle VII.1. Bergwerksproduktion von Ilmenit und Rutil (in 1000 sh. t Konzentrate)

Ilmenit	1980	1984**	Rutil	1980	1984
Australien	1473	1130	Australien	324	210
Kanada	964	770	Sierra Leone	55	95
Norwegen	913	730	Südafrika	53	60
USA	549	263*	Sri Lanka	16	10
Südafrika	379	420	Indien	8	9
Finnland	165	170	Ostblock	10	11
Malaysia	176	120			
Sri Lanka	–	90			
Brasilien	–	17			
UdSSR	350	475			
VR China	110	150			
Insgesamt	5079	4335	Insgesamt	466	395

*) 1982, **) geschätzt

Quelle: US-Bureau of Mines, Washington, D.C.

1.1.3 Vorratssituation

Tabelle VII.2. Reserven an Ilmenit- und Rutilkonzentraten (Mio. sh. t)

Ilmenit (4 t = 1 t TiO_2-Inhalt)		Rutil (2 t = 1 t TiO_2-Inhalt)	
Indien	50	Brasilien	60
Kanada	49	Australien	6
Norwegen	40	Indien	5
Südafrika	33	Südafrika	3,2
Australien	18	Sierra Leone	1,8
USA	17	USA	1
Übrige westliche Länder	6	Sri Lanka	0,2
UdSSR	4	Übrige westliche Länder	2,7
		UdSSR	1,6
Insgesamt	217	Insgesamt	81,5

Quelle: US-Bureau of Mines, Washington, D.C. 1980.

Die potentiellen Vorräte von Ilmeniterzen, besonders als Seifen, sind sehr umfangreich (Mehr als 1 Mrd. t TiO_2-Inhalt). Geringhaltige, noch nicht bauwürdige Rutilstrandseifen sind auch in größerer Menge vorhanden (Indien, Brasilien). Bei den hohen Rutilvorräten in Brasilien (Tab. VII.2) handelt es sich vornehmlich um Anatas-Erze, die seit 1984 in der Erschließung stehen.

1.1.4 Technische Gewinnung des Metalls

Die Rutilerze mit 0,3 - 0,5 % TiO_2 in Australien oder 0,75 - 1% TiO_2 in Sierra Leone lassen sich in den Minen aufbereiten durch Dichtesortierung in Setzmaschinen und auf Herden mit anschließender Magnetscheidung, bis ein Konzentrat mit rund 95 % TiO_2 entsteht. Ilmenitsande (1 - 5 % TiO_2) werden gebaggert und in der Regel ebenfalls durch Naß-Schwerkraft-Aufbereitung konzentriert.

Normalerweise eigenen sich nur reine Rutilkonzentrate zur Metallgewinnung, doch wurden in den sechziger Jahren einige spezielle Verfahren entwickelt, um aus Ilmenitkonzentraten einen "synthetischen Rutil" bzw. "angereicherten Rutil" zu erzeugen. Drei Typen von Prozessen lassen sich dabei unterscheiden:

Thermische Reduktion, wobei im Elektroofen oder im Drehrohrofen eine Reduktion des Eisens in Ilmenit erfolgt und daneben eine Titanschlacke mit 74 - 80 % TiO_2 entsteht.

Selektive Chlorierung, die den Eisengehalt des Ilmenits nach der Reduktion mit Koks mit Hilfe von Chlorgas als $FeCl_2$ abführt und das TiO_2 bis 97,5 % anreichert. Technische Schwierigkeiten bereitet dabei noch die wirtschaftliche Wiedergewinnung des Chlors; auch eignet sich nur angewitterter Ilmenit für diesen Prozeß.

Selektive Säurelaugung, indem der Eisengehalt des Ilmenits nach der Reduktion mit Koks im Drehofen mit verschiedenen Säuren (Salzsäure, Schwefelsäure u.a.) herausgelöst wird, bis ein "synthetischer Rutil" mit 94 − 97 % TiO_2 entsteht.

Etwa 10 % des TiO_2 wird weiter zu Titanmetall verarbeitet, während 90 % zur Pigmentherstellung gebraucht werden.

Prinzipiell gliedert sich der Verfahrensgang zur Titanmetallgewinnung in:
a) Chlorierung des feingemahlenen und brikettierten Rutils zu Titantetrachlorid. Bei etwa 950°C reagiert dabei TiO_2 mit Koks·und Chlorgas im Fließbettreaktor.
b) Reinigung des $TiCl_4$ von anderen Metallchloriden und Gasen durch Filtrieren und fraktionierte Destillation.
c) Reduktion des $TiCl_4$ in Tiegeln mit Magnesium (Kroll-Verfahren) oder Natrium (Hunter-Verfahren) bei etwa 900°C in einer inerten Argonatmosphäre zu Ti-Schwamm.
d) Reinigung des Titanschwammes von Magnesiumresten durch Auswaschen mit Salzsäure und Vakuumdestillation.
e) Schmelzen des gereinigten Titanschwammes (99,3 % Ti) zu kompakten Titanmetallblöcken im Vakuumlichtbogenofen mit Abschmelzelektrode oder mit Fremd-

elektrode.

Die Occidental Research Corp. erprobt ein neues Verfahren, bei dem Ilmenit fluoriert wird und das Titanfluorid im Schmelzfluß durch Aluminium reduziert wird.

Da noch immer 90 % der Titanerze zu Weißpigmenten verarbeitet werden, soll noch kurz auf die Gewinnung des TiO_2-Pigmentes eingegangen werden.

Beim traditionellen *Sulfatverfahren*, 1918 gleichzeitig in den USA und Norwegen eingeführt, wird Ilmenit mit Schwefelsäure gelaugt, wobei Eisensulfat und Titanylsulfat entsteht. Beim Abkühlen der Lösung kristallisiert zunächst das Eisen als $FeSO_4$ · 7 H_2O aus, danach wird das TiO_2 in kolloidaler Form abgeschieden, ausgewaschen und im Trockenofen so getrocknet, daß die optimalen Pigmentkristalle entstehen.

Moderner ist das *Chloridverfahren*, das immer stärker bevorzugt wird, auch weil eine Umweltverschmutzung durch Abgänge geringer ist. Als Rohstoff muß allerdings reines Rutilkonzentrat oder "synthetischer Rutil" verwendet werden, was die Produktion von "synthetischem Rutil" künftig noch mehr anregen wird. Das Chloridverfahren vollzieht sich in zwei Stufen, erstens einer Reduktion des Rutils durch Koks bei gleichzeitiger Reaktion mit Chlorgas zu $TiCl_4$ und zweitens ein Abtrennen des $TiCl_4$ mit Sauerstoff in Spezialbrennern, wobei sofort das TiO_2-Pigment in gewünschter Kristallform entsteht.

Eine *Rückgewinnung* von Titanmetall nimmt an Bedeutung zu, da bei der Verarbeitung erhebliche Mengen Abfälle anfallen. 1984 betrug die Produktion von Titanmetall in den USA aus Abfällen 15 000 t bei einer Gesamtproduktion von 23 000 t.

1.1.5 Standorte der Metallhütten

a) *Produzenten von Titanschwamm*

	Standort	Gesellschaft	Kapazität t/a
USA	Henderson/Nev.	Titanium Metal Corp. of America	13 600
	Ashtabula/Ohio	Reactive Metals Incorp.	8 600
	Albany/Ore.	Oregon Metallurgical Corp.	4 000
	Albany/Ore.	Albany Titanium	5 000 (1986)
Japan	Osaka	Osaka Titanium Co.	20 000
	Tokyo	Toho Titanium Co.	12 000
	Toyoma	Showa Titanium	2 000
Großbritannien	Wilton	Imperial Chemical Industries	2 000
	Clwyd	Deeside Titanium	5 000

Timet, Oremet, Osaka und Toho haben das Kroll-Verfahren eingesetzt, die anderen die Natrium-Reduktion.

Die Kapazitäten der sowjetischen Ti-Schwamm-Hütten werden auf 43 000 t/a geschätzt. Die wichtigsten Hütten befinden sich in Ust-Kamenogorski (25 000), Saporoshje (5000), Podolsk (8000) und Berezviki (5000) (s. auch Tab. VII.3).

b) *Produzenten von Titanmetallblöcken (ingots)*

USA   Timet in Henderson, Howmet in Whitehall/Mich., Teledyne Titanium in Monroe, N.C., Oremet in Albany/Ore. und Albany Titanium in Albany/Ore.

Japan   Nihon Kogyo Kabushiki Kaisha in Kawasaki.

Japan ist ein wichtiger Titanschwammexporteur für die kleineren Hersteller von Ingots und Halbzeug. Auch die Sowjetunion tritt auf dem Weltmarkt als Titanschwammlieferant auf.

Tabelle VII.3. Produktion von Titanschwamm (in t)

	1970	1975	1982	1983	1984*
USA	13 810	14 400	14 000	11 700	23 000
Japan	9 230	7 580	16 800	10 800	18 000
Großbritannien	1 090	2 270	2 400	1 800	3 000
UdSSR	25 000	36 000	40 000	40 000	46 000

*) geschätzt

Quelle: US-Bureau of Mines, Washington, D.C. 1985.

1.1.6 Verwendungsbereiche

Rund 90 % der Bergwerksproduktion von Titanerzkonzentraten wird in Form des Titanoxides für Weißpigmente (Titanweiß), etwa 10 % als Metall oder Metallegierungen und geringe Mengen in Form des Oxides als Schweißelektroden verwendet. Da Titanoxid nicht giftig und außergewöhnlich beständig ist, wurde es zum wichtigsten Weißpigment für Lacke, Farben, Emaille, Kautschuk, Plastik, Textilien und Papier.

Die Verwendung des *Metalls* und seiner Legierungen hat im Rahmen der Flugzeug- und Raumfahrttechnik erheblichen Aufschwung genommen. Da Festigkeit, Dehnbarkeit und Kriechbeständigkeit durch Zusätze von Mo, V, Cr, Al, Nb, Ta oder C noch wesentlich verbessert werden (Zugfestigkeit bis 142 kp/mm^2), sind die verschiedensten Titanlegierungen (z.B. 90 Ti-6 Al-4V, 90 Ti-8 Al-1 Mo-1V, 73 Ti-13 V-11 Cr-3Al) und Titankarbidwerkstoffe entwickelt worden.

In den USA, wo der überwiegende Teil des erzeugten Metalls verbraucht wird, hatte bis 1965 die staatliche Rüstungs- und Raumfahrtindustrie den höchsten Bedarf. Seitdem wuchs der zivile Sektor vor allem mit der Konstruktion von Großraumjets, wie Boeing 747, DC 10 oder Airbus, die durchschnittlich 13,5 t Titan pro Flugzeug enthalten.

In der westlichen Welt wurden 1983 immerhin 65 % des Titanmetalles im Flugzeugbau, 14 % im Chemieanlagenbau (Druckbehälter, Rohre), 10 % für Energieanlagen (Wärmetauscher in Erdölraffinerien, Kondensatoren in Kraftwerken), 8 % in Meerwasserentsalzungsanlagen und 3 % für andere Zwecke (Papierfabriken, Schiffbau, Rauchgasentschwefelungsanlagen) eingesetzt. Die Struktur des Titanverbrauches in den USA geht aus Tabelle VII.4 hervor.

Tabelle VII.4. Endverbrauch von Titanmetall in den USA (1000 t)

Verbrauchssektor	1982	1984	1990 (Prognose)
Luftfahrt	13,8	14,9	16,4
Petrochemie	1,6	1,8	2,2
Energieerzeugung	0,9	1,1	1,6
Meerwasserentsalzung	0,1	0,1	0,3
Papierherstellung	0,2	0,2	0,4
Sonstige	1,5	1,7	1,8

Quelle: Z. Metall, 38, Berlin, Juni 1984.

1.1.7 Entwicklung des Bedarfs

Die rasche Zunahme des Metallverbrauchs erhielt 1970 einen Rückschlag, der durch den vorläufigen Verzicht der amerikanischen Flugzeugindustrie auf den Bau von Überschallverkehrsflugzeugen ausgelöst wurde (eine Boeing 2707-300 sollte fast 200 t Titan enthalten). Immerhin stieg jedoch der Bedarf zwischen 1970 und 1981 um 7 % jährlich, ging dann aus konjunkturellen Gründen zurück, um 1984 wieder zu wachsen, beispielsweise durch den Bau des Bombers B-1 B.

Zahlreiche neue Verwendungsbereiche kündigen sich an, wie der Bau von Raumstationen (bereits jede Apollo-Mission verbrauchte 65 t Titan), die Herstellung von Supraleitern (Nb-Ti- oder Ni-Ti-Legierungen), der Einsatz in der Implantationschirurgie und der Verbrauch im Anlagenbau für Petrochemie, Erdölraffinerien und Chemiefaserindustrie. Auch der verstärkte Bau von Rauchgasentschwefelungsanlagen und von Offshore-Erdölanlagen gehört zu modernen Einsatzgebieten, die den Bedarf erhöhen werden, zumal die Substitutionsmöglichkeiten auf allen Verwendungsbereichen sehr begrenzt sind.

1.1.8 Marktstruktur

Der Titanmarkt zerfällt auf der Angebotsseite in eine Reihe von Teilmärkten, nämlich im Bergbaubereich in einen Ilmenitmarkt und einen Rutilmarkt, im Vorstoffbereich in Märkte für titanhaltige Schlacken, synthetischen Rutil und Titandioxid sowie im Verhüttungsbereich in einen Titanschwammarkt und einen Titanmetallmarkt. Für die Preisbildung auf dem Weltmarkt sind vor allem die Strukturen des Bergbausektors und des Titanschwammsektors interessant. Auf diesen drei Teilmärkten haben sich als Marktform ausgeprägte Oligopole herausgebildet. Der *Ilmenitmarkt* wird bestimmt durch sechs einflußreiche Anbieter, die Marktanteile zwischen 5 und 15 % auf sich vereinen. Hierzu gehören die drei australischen Produzenten Westralian Sands Ltd., Renison Goldfields Cons. Ltd. und Allied Eneabba Ltd., die kanadische Gesellschaft QIT Fer et Titane Inc. mit der südafrikanischen Tochter Richards Bay Minerals Ltd., die staatliche norwegische Titania und die staatliche finnische Rautaruuki Oy. Der *Rutilmarkt* wird von vier Anbietern beherrscht, die jeweils 15 - 25 % Marktanteil aufweisen. Es sind dies die australischen Firmen Renison Goldfields und Allied Eneabba, die kanadische QIT und die Sierra Rutil Ltd. (Bethlehem Steel) in Sierra Leone. Acht Anbieter bilden ebenfalls ein Oligopol auf dem Markt von Titanschwamm (vgl. Kap. VII.1.1.5), nämlich Timet, RMI, Oremet und Albany Titanium in den USA, Osaka und Toho in Japan sowie Deeside und ICI in Großbritannien.

Während die *Nachfrageseite* bei Titandioxid eine atomistische Marktform erkennen läßt, hat sich auf dem Titanmetallmarkt ein Oligopol herausgebildet, das von den großen amerikanischen Flugzeugherstellern (Boeing, Lockheed, Douglas) und der europäischen Airbus Industries bestimmt wird.

1.1.9 Preisentwicklung

Der Preis für Ilmenitkonzentrate stieg zwischen 1972 und 1975, um dann bis 1980 wieder geringfügig abzusinken. Danach kam es zu tendenziell gut erholten Preisen. 1984 betrug der Preis für Ilmenitkonzentrate (54 % TiO_2) 69 - 74 US-$/t, doch wurde dieser Listenpreis am 1.1.1985 suspendiert. Die Rutilpreise verhielten sich ähnlich, doch war Anfang der achtziger Jahre die Schwächeperiode ausgeprägter. Mitte 1985 wurden für Rutilkonzentrat (95/97 % TiO_2) fcb australische Häfen 460 - 490 US-$/t bezahlt.

Nachdem von 1964 - 1972 der US-Produzentenpreis mit 1,32 US-$/lb für Titanschwamm konstant blieb, stieg er bis Anfang 1979 allmählich auf 3,28 US-$/lb an, um dann 1979 und 1980 auf 6,00 - 6,50 US-$/lb zu klettern. Auf dem Freimarkt wurden Ende 1979 sogar bis 15,00 US-$/lb erzielt. Trotz Nachfragerückgang 1981/82 konnte sich der US-Produzentenpreis für Titanschwamm auf einem Niveau von 5,50 US$/lb bis 1985 halten, während den japanischen Herstellern nur 3,00 - 4,00 US-$/lb bei Exporten bezahlt wurden und sowjetische Lieferungen sogar nur um 2,75 - 3,00 US-$/lb notierten.

Einfluß auf die Preisgestaltung können die sporadischen Exporte von Titanschwamm aus der Sowjetunion nach Westeuropa ausüben, mehr aber noch die 1984 angekündigten umfangreichen Käufe der USA für den amerikanischen Stockpile. Als Hortungsziel wurden nämlich 195 000 sh. t festgelegt, von denen Ende 1984 erst 21 465 sh. t eingelagert waren. Allein 1984 waren 4500 t gekauft worden, zu Preisen, die unter dem Listenpreis der Anbieter lagen (3,75 US-$/lb statt 5,50 US-$/lb). 1983 wurde die Titanium Development Association (IDA) gegründet, die sich Marktforschung und Verwendungsforschung zum Ziel gesetzt hat.

1.1.10 Handelsregelungen

Als landesübliche Sorten von Titan oder titanhaltigen Rohstoffen lassen sich anführen:

Ilmenitkonzentrat mit mindestens 54 % TiO_2 (fob australische Häfen), Rutilkonzentrat mit 95 - 97 % TiO_2 (fob australische Häfen), Leukoxenkonzentrat mit 70 - 90 % TiO_2 (fob Florida oder Brasilien), Titanschlacke mit 85 % TiO_2 (Südafrika), 80 % TiO_2 (Kanada) oder 75 % TiO_2 (Norwegen), Titanschwamm mit 99 % Ti (USA), 99,6 - 99,85 % Ti (Japan) oder 99,3 % Ti (Großbritannien) und einer Brinellhärte von max. 120. − Titanmetall mit 99,3 - 99,8 % Ti und maximal 0,2 - 0,35 % Fe, Ferrotitan als Fe-Ti-30 mit 28 - 32 % Ti oder Fe-Ti-50 oder Fe-Ti-70. Titanschwamm kommt in Blöcken, umgeschmolzenes Metall in Barren oder in Form von Blechen und Stäben in den Handel.

1.2 Zirkonium und Hafnium

Die leichten Metalle Zirkonium und Hafnium sind geochemisch so eng verwandt, daß sie in natürlichen Mineralen immer gemeinsam vorkommen. In der Erdkruste sind 0,02 % Zr und 0,0004 % Hf enthalten, so daß Zirkonium zu den häufigen Metallen und selbst Hafnium keineswegs zu den seltenen Elementen zählt.

Während Zirkonium 1789 von M.H. Klaproth als Oxid ("Zirkonerde") entdeckt und 1824 von J.J. Berzelius als (unreines) Metall erstmals dargestellt wurde, gehört Hafnium zu den sehr modernen Metallen, dessen Gewinnung erst 1922 dem Holländer B. Coster gemeinsam mit dem Ungarn G. de Hevesy gelang.

1.2.1 Eigenschaften und Minerale

Die homologen Metalle Titan, Zirkonium (Schmelzpunkt 2128°C) und Hafnium (Schmelzpunkt 2150°C) weisen ein sehr ähnliches physikalisches und chemisches Verhalten auf (vgl. Kap. VII.1.1.1), wobei die wichtigsten Eigenschaften, wie Festigkeit und Korrosionsbeständigkeit, sehr stark vom Reinheitsgrad beeinflußt werden.

Als spezifische Eigenschaften sollen für reines Zirkonium die hohe Elektronendurchlässigkeit (0,18 Barn) und die ausgezeichnete Gitterwirkung bei höheren Temperaturen sowie für reines Hafnium der große Einfangwinkel für thermische Elektronen (113 Barn) angeführt werden, weil die Verwendungsbereiche davon bestimmt werden.

Für die industrielle Gewinnung von Zirkonium und Hafnium kommen nur zwei Minerale in Betracht, wobei Hafnium in den Zirkoniummineralen abgefangen ist, die 0,05 - 2,5 % Hf enthalten (Ausnahme: Alvit bis 20 % HfO_2):

Zirkon $\qquad\qquad\qquad\qquad$ $ZrSiO_4$ $\qquad$ tetragonal $\quad$ 60 - 66 % ZrO_2
(Varietäten: Alvit, Melaconit)
Baddeleyit $\qquad\qquad\qquad$ ZrO_2 $\qquad\quad$ monoklin $\quad$ 90 - 95 % ZrO_2

Von vereinzeltem Interesse sind Eudialyt (Halbinsel Kola), ein komplexes Zirkoniumsilikat mit etwa 15 % ZrO_2 und Zirkit (Afrika), ein Gemenge aus $ZrSiO_4$ und ZrO_2 oder Thortveitit (Skandinavien), ein Sc-Hf-Zr-Silikat mit etwa 10 % ZrO_2.

1.2.2 Lagerstätten und Erzvorräte

Die typisch lithophilen Elemente Zirkonium und Hafnium sind im intermediären bis sauren Bereich der magmatischen Abscheidungsfolge als Zirkon angereichert, der metallogenetisch häufig mit Rutil auftritt. Als widerstandfähiges Mineral kommt Zirkon mit Rutil gemeinsam in Fluß-, Strand- und Dünenseifen vor.

Die Bergwerkproduktion von Zirkon ist praktisch auf Australien, Südafrika und die USA beschränkt (vgl. Abb. VII.1 und Tab. VII.5). Aus den Rutillagerstätten der westaustralischen Provinz (North Stradbroke Island, Byron Bay, Newcastle) und aus

Tabelle VII.5. Bergwerksproduktion von Zirkonkonzentraten in der westlichen Welt (in sh. t)

	1970	1980	1984
Australien	429 902	506 000	700 000
USA	45 000*	60 000*	50 000*
Indien	7 649	12 000	13 000
Malaysia	948	550	8 000
Thailand	953	60	200
Südafrika	423	105 000*	140 000*
Andere	123	13 000*	6 000*
Insgesamt	484 498	696 610	917 200

*) Schätzung.

Quelle: US-Bureau of Mines, Washington, D.C.

einigen Rutil-Ilmenit-Minen nördlich Perth (Eneabba) stammt etwa 75 % der Weltproduktion.

Auch in Schwermineralseifenlagerstätten der USA wird ein Zirkonkonzentrat erzeugt; derzeit nur in Florida (Green Cove Springs Mine bei Jacksonville und Highland Mine bei Starke).

1978 begann die Förderung von Rutil und Zirkon aus Strandseifen in der Richards Bay/Südafrika.

Geringe Mengen an Zirkon aus verschiedenen Schwermineralseifen werden separiert in Sierra Leone (Rutilseife), in Brasilien (Pocos de Caldas-Distrikt), Sri Lanka (Monazitseifen), Indien (Monazit- und Ilmenitseifen), Malaysia (Zinnseifen), Thailand (Zinnseifen) und China (Zinnseifen). In Thailand wird nördlich von Prachuap Khiri Khan ein Schwermineralkonzentrat mit 40 % Zirkon und 20 % Ilmenit gewonnen.

Die südafrikanische Kupfermine Palabora/Ost-Transvaal gewinnt als Nebenprodukt Baddeleyit, der spezielle Verwendung in der Keramikindustrie und als hochfeuerfestes Material gefunden hat.

Die Sowjetunion verfügt über primäre Zirkonvorkommen. Bekannt sind die Lagerstätten von Eudialyt auf der Halbinsel Kola sowie Zirkonerze in albitreichen Plutoniten nördlich von Zhdanov am Azov'schen Meer, die dort stark verwittert im Tagebau gefördert werden können.

Da Zirkon in vielen Schwermineralsanden auftritt, sind potentiell umfangreiche Erzvorräte vorhanden. In den derzeit produzierenden Minen sind folgende Reservemengen ermittelt worden (US-Bureau of Mines, 1985): USA 8 Mio. sh. t, Australien 14 Mio. sh. t, Südafrika 12 Mio. sh. t, Indien 1 Mio. sh. t, andere westliche Länder 5 Mio. sh. t, UdSSR 5 Mio. sh. t.

Die Hafniumreserven können aus dem durchschnittlichen Verhältnis Zr : Hf = 50 : 1 geschätzt werden.

1.2.3 Gewinnung der Metalle und Standorte der Hütten

Die Schwermineralseifen werden gebaggert und zunächst mit Dichtesortierverfahren (Setzmaschinen, Herde) konzentriert, anschließend durch magnetische und elektrostatische Methoden getrennt. Dabei läßt sich Zirkon von Ilmenit durch Magnetscheider trennen und von Rutil oder Monazit durch Elektrosortierung, wobei Rutil zu den Leitern (Konduktoren) und Zirkon zu den Nichtleitern zählt und damit durch Einsatz von elektrostatischen Scheidern (high tension separator) vollständig separiert werden können. Das Zirkonkonzentrat enthält oft über 99 % Zirkon.

Die metallurgische Verarbeitung der Zirkonkonzentrate zu Zirkoniummetall geschieht in drei Stufen:

a) *Aufschluß der Rohstoffe durch Chlorierung:* Eine Mischung aus gemahlenem Zirkonkonzentrat und Holzkohle bzw. Koks wird brikettiert oder pelletiert, getrocknet und unter Luftabschluß bei 300 - 1000°C mit Chlor umgesetzt. Die dabei entstehenden Produkte $ZrCl_4$ und $SiCl_4$ werden durch fraktionierende Kondensation getrennt. Zirkoniumtetrachlorid ($ZrCl_4$) kann zu metallischem Zirkonium reduziert werden. Anstelle von Zirkonkonzentrat kann auch Zirkoniumdioxid als Einsatzstoff verwendet werden.

b) *Abtrennung von Hafnium:* Die große chemische Verwandtschaft beider Metalle macht die Trennung technisch und wirtschaftlich sehr aufwendig. Als großtechnische Verfahren haben sich nur die in den USA (Teledyne, Western Zirconium) benutzte Extraktion mit organischen Lösungsmitteln und die bei der Firma CEZUS in Frankreich verwendete extraktive Destillation durchgesetzt.

Bei der Flüssig-Flüssig-Extraktion wird das Hafnium in Extraktionskolonnen aus salzsaurer $ZrCl_4$-Lösung mit Isobutylmethylketon (Hexon) und Ammoniumthiocyanat extrahiert. Dabei werden gleichzeitig weitere Verunreinigungen, wie Fe, U, Th, Al und Ca, entfernt. Nach Trennung der hafniumfreien Zirkonchloridlösung und der zirkoniumfreien Hafnium-Hexon-Lösung werden beide Metalle mit Ammoniak gefällt und zu den Oxiden verglüht. Bei der extraktiven Destillation wird die Trennung von $ZrCl_4$ und $HfCl_4$ mit Hilfe eines Lösungsmittels aus geschmolzenem KCl und $AlCl_3$ erreicht.

c) *Herstellung von Zirkoniumschwamm und von Hafniumschwamm nach dem Kroll-Verfahren* (vgl. Kap. VII.1.14) durch Reduktion von $ZrCl_4$ (bzw. $HfCl_4$) mit Magnesium in Flußstahltiegeln. Die Reduktion von $ZrCl_4$ durch Natrium anstelle von Magnesium ist grundsätzlich auch möglich, hat sich aber industriell nicht durchgesetzt. Da die Reinheit der Metallschwämme auf 99,5 - 99,8 % Zr bzw. Hf gesteigert werden konnte, verzichtet man meist auf ein Raffinationsverfahren. Nur Hafniumschwamm wird bei unerwünschten Sauerstoffgehalten nach dem de Boer-Van-Arkel-Verfahren oder moderner durch Umschmelzen im Elektronenstrahlofen gereinigt. Aus den Metallschwämmen werden wie bei Titan im Lichtbogenofen unter Vakuum Blöcke von 100 kg bis 1000 kg Gewicht geschmolzen.

Wichtige Produzenten von Zirkoniumschwamm

USA:	Teledyne Wah Chang Albany Corp. in Albany/Ore. (Kap.: 3000 t/a)
	Western-Zirkonium Inc. in Goldendale/Wash. (Kap.: 1500 t/a)
Frankreich:	Cie. Europeenne du Zirconium Ugine Sandvik (CEZUS) in Jarrie
Japan:	Nihon Kogyo Kabushiki Kaisha in Kawasaki (Kap.: 150 t/a)

Kanada:	Eldorado Nuclear Ltd. in Port Hope/Ont. (Kap.: 300 t/a)
Bundesrepublik Deutschland:	DEGUSSA in Hanau

Wichtige Produzenten von Hafniumschwamm

USA:	AMAX Specialty Metal Corp. in Parkersburg/W.Va
Frankreich:	CEZUS in Jarrie
Bundesrepublik Deutschland:	DEGUSSA in Hanau

Wichtige Produzenten von Zirkoniummetall

USA:	AMAX, NL Industries, Union Carbide, Teledyne Wah Chang
Frankreich:	Ugine Aciers
Kanada:	Eldorado Nuclear
Japan:	Nihon K.K.K.
Bundesrepublik Deutschland:	DEGUSSA, Hermann C. Starck

1.2.4 Verwendungsbereiche

Von der Bergwerksproduktion an Zirkonkonzentraten wurden 1983 verwendet:

49 % als Formsand ($ZrSiO_4$) in Gießereien,
21 % als feuerfestes Material (ZrO_2),
 8 % in der Keramik- und Porzellanindustrie,
 4 % für Schleif- und Poliermittel,
18 % zur Herstellung von metallischem Zirkonium, Zirkoniumlegierungen und Zirkoniumchemikalien.

Für die Produktion von *Zirkoniummetall* werden nur 5 - 8 % der Zirkonproduktion eingesetzt. Mehr als 90 % Zirkoniummetall wird als Werkstoff in der Reaktorindustrie verwendet.

Die hohe Transparenz für Elektronen, die nur noch von Beryllium übertroffen wird, gepaart mit hohem Schmelzpunkt (2128°C) und großer Festigkeit (55 kp/mm^2) lassen den Einsatz von metallischem Zirkonium als Umhüllung für Brennstoffelemente in Kernreaktoren zu. Voraussetzung ist allerdings ein möglichst reines Metall, das vor allem von Hafnium befreit wurde (Toleranzgrenze: 200 ppm Hf). Das Zirkonium wird dann in Form von Zircaloy, Legierungen mit 1,5 % Sn und geringen Mengen Fe, Cr, Ni in den Reaktoren eingesetzt.

Die Verwendung von Zirkonium als Hülsenwerkstoff in Kernkraftwerken oder atomgetriebenen Schiffen und U-Booten war der eigentliche Anlaß zur Gewinnung von

Hafnium. Erst die Verfügbarkeit des Metalls schuf Einsatzmöglichkeiten, wie Fabrikation von Regelstäben und Absorptionsmaterial für Kernreaktoren oder Elektroden für Röhren oder hochtemperaturbeständige Legierungen mit Tantal (20 %) und Niob für Flugzeugtriebwerke.

Für die restlichen Anwendungsgebiete von metallischem Zirkonium ist kein hafniumfreies Zirkonium notwendig. Zirkonium wird dann in begrenzten Mengen verwendet für chemische Apparaturen (Alkoholdestillation, Spinndüsen, Harnstoffsynthese), als Gittermaterial in Vakuumröhren, zur Herstellung von Blitzlichtlampen oder Leuchtkugeln, als Pulver in festen Raketentreibstoffen, als Zusatz in Stählen (0,1 % Zr), Magnesiumlegierungen (0,4 - 1 % Zr) oder Kupferlegierungen (0,15 % Zr) oder schließlich als Legierungselement in FeZrSi- oder CaSiZr-Legierungen.

Zirkoniumsilikat ($ZrSiO_4$) wird durch Mahlen und Reinigen des natürlich vorkommenden Zirkonsandes hergestellt. Die wichtigsten Eigenschaften sind hoher Schmelzpunkt (2420°C), hoher elektrischer Widerstand, auch bei hohen Temperaturen (10^5 Ω . cm bei 1000°C), gute Säurebeständigkeit, hohe Verschleißfestigkeit und hohe Temperaturwechselbeständigkeit. Hauptanwendungsgebiet von $ZrSiO_4$ ist die Herstellung von feinkeramischen Isolierstoffen.

Zirkoniumdioxid (ZrO_2) wird durch Aufbereitung von Baddeleyit oder künstlich durch Oxidation von metallischem Zirkonium, Zirkoniumkarbid oder -nitrid hergestellt. Das Hauptanwendungsgebiet von ZrO_2 liegt an der Hochfeuerfestkeramik zur Herstellung von Steinen und Formstücken (Tiegel, Raketendüsen, Rohre, Heizdrahtträger). In ZrO_2-Tiegeln können bis auf Lithium, Titan, Thorium und Zirkonium selbst alle Metalle geschmolzen werden. Darüber hinaus wird Zirkoniumdioxid als Pigment für Gläser und Porzellan sowie in begrenztem Umfang für Katalysatoren oder Polier- und Schleifmittel eingesetzt.

1.2.5 Entwicklung des Bedarfs

Der Verbrauch von Zirkon als Formsand und von Zirkondioxid als feuerfestes Material hat seit mehr als 10 Jahren stetig zugenommen und soll auch weiter um 3 - 5 % pro Jahr steigen. Ein wachsender Bedarf ist für die Stahlindustrie prognostiziert, weil einerseits die fortschreitende Automatisierung einen verstärkten Einsatz von Formsanden bewirkt und andererseits der vollständige Ersatz von Quarzsand wegen der Silikosegefahr angestrebt wird. Zwar sind Substitutionsgüter, wie Chromit oder auch Olivin, vorhanden, Zirkon besitzt aber unbestrittene Qualitätspräferenzen.

Der Bedarfsanstieg wäre noch deutlicher, wenn nicht ein Recycling von Zirkon begonnen hätte. Vor allem in größeren Gießereien und Stahlwerken läßt sich bis zu 75 % des Zirkonformsandes wiedergewinnen.

Der Bedarf an Zirkoniummetall hängt unmittelbar mit der Konjunktur der Kernkraftwerke zusammen. Nach der ersten Ölpreiserhöhung 1973/74 erhöhte sich die Nachfrage deutlich; Anfang der achtziger Jahre ging sie dagegen zurück, da eine merkliche Zurückhaltung beim Bau neuer Kernreaktoren geübt wurde.

Der Bedarf an Hafnium hält sich seit vielen Jahren weltweit auf einem Niveau von 100 t/Jahr und dürfte auch so lange nicht wesentlich zunehmen, wie die Verwendungsbereiche begrenzt sind. Allerdings zählen zu den potentiellen Bedarfssektoren die Wiederaufbereitungsanlagen für Brennelemente und der Bau von Regelelementen in Leichtwasserreaktoren. Daraus könnte sich eine Bedarfssteigerung ergeben.

1.2.6 Marktstruktur

Ähnlich wie bei Titan hat die Herstellung des reinen Zirkoniums nur einen bescheidenden Anteil (5 - 8 %) an der Produktion des Rohstoffes Zirkon. Trotzdem soll kurz die Struktur des Bergbausektors erläutert werden. Mit je etwa 20 % der Weltproduktion besitzen die australischen Minengesellschaften Allied Eneabba und Renison Goldfields eine herausragende Marktposition. Weitere Oligopolisten sind die südafrikanische Richards Bay Minerals Ltd. (Tochter von QIT/Kanada) und schon mit deutlich geringeren Marktanteilen Associated Minerals (USA) Ltd. sowie E.L. du Pont de Nemours/USA.

Auch die Angebotsseite auf den Märkten von Zirkonium und Hafnium weist eine oligopolistische Marktform auf, wobei die beiden amerikanischen Produzenten von Zirkoniumschwamm, Teledyne Wah Chang Albany und Western Zirconium, besonders ausgeprägte Marktpositionen innehaben, die zu einer Preisführerschaft ausreichen.

Auf der Nachfrageseite beider Metallmärkte ist auch ein gewisser Konzentrationsgrad erkennbar, da der Bedarf fast ganz von der begrenzten Anzahl der Hersteller von Kernreaktoren bestimmt wird.

1.2.7 Preisentwicklung und Handelsformen

Lagerstättenkundliche Bestimmungsfaktoren können wirksam werden, da Zirkon als Nebenprodukt des Rutilbergbaus gewonnen wird. Falls beispielsweise technische Fortschritte eine kostengünstige Erzeugung von "synthetischem Rutil" aus Ilmenit erlauben, kann ein Produktionsdefizit für Zirkonkonzentrate entstehen, das mit Sicherheit Einfluß auf die Preisbildung hat.

Technische Faktoren bestimmen andererseits in hohem Maße den Preis für Hafnium, da es ein typisches Kuppelprodukt der Zirkoniumgewinnung ist.

Der *Ost-West-Handel* als Einflußgröße für die Preisentwicklung bei Zirkonium kann temporäre Bedeutung haben, wenn die Sowjetunion das Metall (als Zr-Schwamm) oder das Oxid zu Dumpingpreisen anbietet.

Der strategische Stockpile der USA enthält kein Zirkonium oder Hafnium als offizielle Reserven. In anderen staatlichen Lagern der USA befinden sich lediglich Baddeleyit und die amerikanische Atomenergiekommission (AEC) hat gewisse Vorräte an Zirkoniumschwamm, Zircaloy, Hafniumoxid und Hafnium angesammelt.

Die Preise für Zirkonkonzentrate erlebten 1974 und Anfang 1975 einen bemerkenswerten Anstieg (bis 400 $A/t), fielen dann aber wieder rasch auf 140 $A/t zurück und lagen 1984 bei 120 - 130 $A/t.

Preisschwankungen nach Qualität und Verschiffungshafen sind üblich. So kostete 1984 Zirkonkonzentrat in den USA 160 US-$/t, in Indien 120 US-$/t und in Sri Lanka 88 US-$/t.

Der amerikanische Produzentenpreis für Zirkoniumschwamm lag 1985 bei 12 - 17 US-$, für Zirkoniumpulver bei 75 - 150 US-$ und für Hafniumschwamm bei 80 - 130 US-$.

Technischer Zirkoniumschwamm mit 95 - 98 % Zr wird normalerweise in Behältern mit 1 - 3 t geliefert; Ingots aus hafniumfreiem Zirkonium mit 99,5 % Zr wiegen etwa 1 t. Außerdem werden Bleche, heiß- und kaltgewalzte Streifen und Bänder, Drähte, Folien und Pulver angeboten.

Hafniumschwamm und Ingots mit 97 - 99 % Hf haben normalerweise ein Gewicht von 600 - 900 kg.

2 Niob und Tantal

Die beiden Metalle bilden ein kohärentes Paar mit fast gleichen Ionenradien und mit gleicher Wertigkeit. Sie treten daher in den meisten Mineralen gemeinsam auf, wenn auch in unterschiedlicher Konzentration. Während Niob noch zu den häufigen Elementen der Erdkruste zählt (0,002 %), ist Tantal seltener (0,0002 %). Die erste Entdeckung von Niob (in den USA noch immer Columbium, Cb, genannt) geht auf den Engländer C. Hatchett (1801), die von Tantal auf den Schweden G. Ekberg (1802) zurück. Die Trennung der beiden Elemente gelang Marignac 1866. Als reine Metalle konnte 1905 W. v. Bolten Niob und Tantal durch carbidothermische Reduktion herstellen.

2.1 Eigenschaften und Minerale

Zu den wichtigsten Eigenschaften zählen ein hoher Schmelzpunkt (Nb 2468°C, Ta 2996°C) und ausgezeichnete Korrosionsbeständigkeit, da beide Metalle bei Normaltemperatur nur von Flußsäure angegriffen werden. Das mechanische Verhalten, wie Festigkeit, Verformbarkeit und Härte ist in erheblichem Maße von Verunreinigungen abhängig. Als ausgesprochen lithophile Elemente haben Niob und Tantal eine starke Affinität zu Sauerstoff.

Sie treten in der Natur praktisch nur 5-wertig auf und da sie Säurebildner sind, oft als Niobate und Tantalate.

Von den über 60 Niob- und 30 Tantalmineralen sollen als wirtschaftlich interessant aufgeführt werden:

Pyrochlor $\}$ Mikrolith	$(Ca,Na)_2 (Nb,Ta)_2 O_6 (O,OH,F)$	kubisch

(Varietät: Pandait: Bariumpyrochlor)

Niobit $\}$ Tantalit	$(= Columbit) (Fe,Mn)_2 (Nb,Ta)_2 O_6$	rhombisch
Euxenit $\}$ Polykras	$(Y,Er,Ce,Ca,Pb,U) (Nb,Ta,Ti)_2 (O,OH)_6$	rhombisch
Loparit	$(Na,Ce) (Ti,Nb,Ta)O_3$	monoklin
Tapiolit	$(Fe,Mn) (Ta,Nb)_2 O_6$	tetragonal
Strüverit (Ilmenorutil)	$(Ti,Ta,Nb,Fe)_2 O_6$	tetragonal
Fergusonit	$(Y,Ca,U,Th) (Nb,Ta)O_4$	tetragonal
Samarskit	$(Y,Er,Fe,U) (Nb,Ta)_2 (O,OH)_6$	rhombisch

Die ersten drei Paare bilden lückenlose Mischkristallreihen. Pyrochlor enthält 50 - 60 % $Nb_2 O_5$ und 2 - 3,5 % $Ta_2 O_5$, Mikrolith 3 - 6 % $Nb_2 O_3$ und 72 - 75 % $Ta_2 O_5$ (die Varietät Djalmait auch Uran).

2.2 Regionale Verteilung der Lagerstätten

Im Bergbau auf Niob- und Tantalerze vollzog sich in den letzten Jahren ein tiefgreifender Strukturwandel, da die ehemals sehr wichtigen Columbitseifen von einigen großen Pyrochlorlagerstätten abgelöst wurden, aus denen jetzt etwa 95 % der Niobweltproduktion kommen.

Metallogenetisch von Bedeutung ist die Anreicherung von Niob und Tantal in der Spätphase der Differentiation vornehmlich palingener Magmen, wobei Niob bevorzugt in alkalischen, Tantal bevorzugt in granitoiden Gesteinen abgeschieden wird. Als Lagerstättentypen lassen sich daher unterscheiden:

a) Ta-Nb-Erze neben Kassiterit in Dachregionen von Biotit-Graniten und Granodioriten (Kasese/Zaire, Jos-Plateau/Nigeria, Kaffa-Tal/Nigeria).

b) Nb-Ta-Erze in Pegmatiten, besonders im Bereich von Alkaligesteinen (Bernic Lake/Kanada, Manono/Zaire, Singshiang/China, Greenbushes/Australien, Phuket/Thailand).

c) Nb-Erze in basischen Alkaligesteinen, insbesondere in Nephelinsyeniten (Chibina-Massiv auf Kola/Sowjetunion, Oka/Kanada).

d) Nb-Erze in Karbonatiten (Araxa/Brasilien, St. Honoré/Kanada, Lueshe/Zaire, Chilwa/Malawi).

e) Ta-Nb-Erze in eluvialen und alluvialen Seifen (Jos-Plateau/Nigeria, Lulugu/Zaire, Ranong-Phuket/Thailand).

f) Nb-Erze als Residualbildungen in Verwitterungszonen über Karbonatkomplexen mit Primärvererzungen (Araxa/Brasilien, Oka/Kanada).

Die Pyrochlorlagerstätten in Karbonatiten und Alkaligesteinskomplexen (bzw. ihre sekundäre Anreicherungszonen im Verwitterungsbereich) haben inzwischen eine überragende Bedeutung für die Niobproduktion erlangt (95 - 97 %). Als Vorstoffe für Tantal und nachgeordnet für Niob kommen auch verschiedene Zinnschlacken in Betracht.

Die größten im Abbau befindlichen Minen sind in (vgl. Abb. VII.2 und Tab. VII.

Brasilien: Die Araxa-Mine in Minas Gerais konnte die Erzförderung seit der Erschließung 1961 beträchtlich erhöhen und verfügte 1985 über einen Anteil von 75 % der Weltbergbauerzeugung an Niob. In Araxa ist ein oberkretazischer Karbonatitkomplex in präkambrische Quarzite eingedrungen. In einem durchschnittlich 160 m mächtigen Verwitterungshorizont hat sich ein bariumhaltiger Pyrochlor (Pandait) angereichert (2,5 5 % Nb_2O_5 im Roherz). Weitere Pyrochlorerze in Karbonatiten sind in Brasilien aus Catalão/Goias sowie aus Tapira und Salitre/Minas Gerais bekannt. – Columbit-Tantalit-Konzentrate werden als Beiprodukte der Zinnaufbereitung im Gebiet von São João de Rei/Minas Gerais und von Volta Grande gewonnen.

Kanada: In zwei Karbonatitkomplexen sind umfangreiche Nioberze vorhanden. Von 1961 bis zur Stillegung 1976 war die Oka Mine 30 km NW von Montreal/Que. der Hauptproduzent, inzwischen ist es die 1976 in Betrieb genommene St. Honoré Mine bei Chicoutimi/Que. Der jungpräkambrische Karbonatitkomplex von St. Honoré ist in eine Grabenzone eingedrungen und enthält die bauwürdigen Nioberze in der Randzone der nahezu kreisförmigen Karbonatitintrusion. Als Erzmineral tritt Pyrochlor auf; der mittlere Erzgehalt beträgt 0,65 - 0,7 % Nb_2O_5. – Der Karbonatitkomplex von Oka ist jünger (kretazisch?) und enthält noch immer umfangreiche Vorräte mit durchschnittlich 0,44 % Nb_2O_5. – Die bedeutsamste Ta-Lagerstätte der Welt liegt 180 km NO von Winnipeg am Bernic Lake. Ein zonierter Pegmatitkörper enthält die Ta-Minerale Tantalit, Mikrolith und Tapiolit. Die Erze mit 0,15 % Ta_2O_5 werden untertage abgebaut. Seit 1982 ist die Produktion wegen der niedrigen Weltmarktpreise für Tantal vorübergehend eingestellt.

Zaire: Obwohl Pyrochlorerze in den Karbonatit-Stöcken von Lueshe (70 km nördlich des Kivu-Sees, 13,5 % Nb_2O_5 im Roherz) und von Bingo (35 km NW Beni, 2,5 - 3,6 % Nb_2O_5) nachgewiesen wurden, steht die Gewinnung von Niob- und Tantaler-

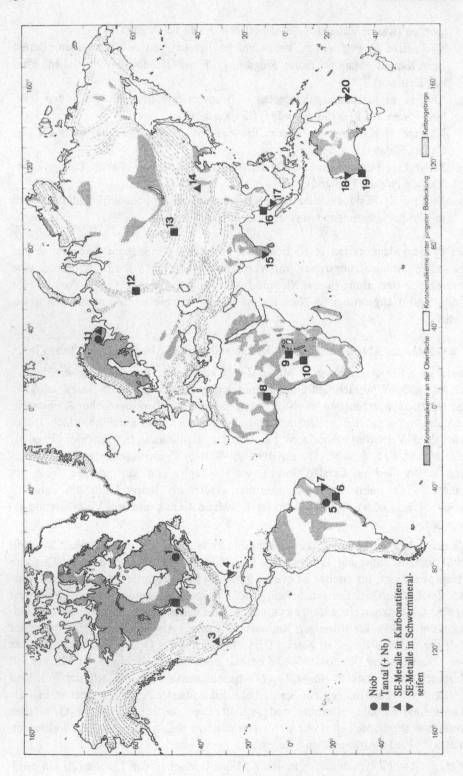

Tabelle VII.6. Bergwerksproduktion von Niob und Tantal (in t Nb- bzw. Ta-Inhalt)

	Niob			Tantal		
	1975	1980	1984	1975	1980	1984
Brasilien	6 144	12 655	8 100	29,5	174,8	45
Kanada	1 170	1 635	2 120	146,6	110,5	–
Nigeria	436	243	45	65,7	34,4	10
Thailand	26	54	*	30,4	98,9	110
Australien	13	38	*	33,7	54,9	91
Zaire	21	26	23	17,8	18,4	23
Ruanda	13	16	*	10,5	10,9	*
Malaysia	18	11	*	16,7	53,6	13
Sonstige	15	12	172	54,4	43,7	45
UdSSR	688	710	*	*	*	*
Insgesamt	8 546	15 398	10 500	405,3	600,1	337

*) Keine Angaben.

Quellen: BGR, Hannover 1982; US-Bureau of Mines, Washington, D.C. 1985.

zen noch immer ausschließlich mit der Zinnproduktion im Zusammenhang. Als Nebenprodukt der Zinnminen im Manono-Kitotolo Distrikt/Shaba Provinz und im Maniema-District/Kivu-Provinz werden Columbit-Tantalit-Konzentrate erzeugt, die 35 - 40 % Nb_2O_5 und 30 - 40 % Ta_2O_5 enthalten. Außerdem sind die Zinnschlacken der ZAIRETAIN-Hütte in Manono mit 10 % Nb_2O_5 und 12 % Ta_2O_5 erwähnenswert.

Nigeria: Columbitkonzentrate werden seit Jahrzehnten als Nebenprodukt oder sogar gleichwertiges Produkt der Zinnminen auf dem Jos-Plateau gewonnen. Die Förderung geht jedoch seit 1970 stetig zurück. Die Zinnschlacken der Makeri-Hütte in Jos enthalten 14 % Nb_2O_5 und 4 % Ta_2O_5.

Thailand: An pegmatitische Zinnvererzungen gebunden treten Columbit-Tantalit und Strüverit auf. Größere Zinnminen in den Provinzen Phuket, Ranong und Uthai Thani gewinnen diese Minerale als Nebenprodukt. Auch sogenannte Amang-Aufbereitungsanlagen erzeugen Tantalit- und Strüveritkonzentrate. Die Ta-reichen Schlacken der THAISARCO-Hütte in Phuket enthalten 13 - 16 % Ta_2O_5 und 9 - 10 % Nb_2O_5, die Ta-ärmeren Schlacken 4 - 5 % Ta_2O_5 und 4 % Nb_2O_5.

Abbildung VII.2. Die wichtigsten Lagerstätten von Niob, Tantal und Seltenerdmetallen

Kanada: 1 St. Honoré/Que, 2 Bernic Lake/Man.; *USA:* 3 Mountain Pass/Cal., 4 Florida; *Brasilien:* 5 Araxa/MG, 6 Sao Joao de Rei/MG, 7 Bahia-Küste, Esperito Santo; *Nigeria:* 8 Jos; *Zaire:* 9 Maniema-Kivu, 10 Manono-Kitotolo; *Sowjetunion:* 11 Lovosero/Kola; 12 Vishnevogorsk/Ural, 13 Altai/Kasachstan; *VR China:* 14 Bayan; *Indien:* 15 Kerala; *Thailand:* 16 Phuket-Ranong; *Malaysia:* 17 Perak, Selangor; *Australien:* 18 Eneabba, 19 Greenbushes, 20 Newcastle-District.

Australien: Vor allem an Pegmatite gebundene tantalithaltige Kassiteritseifen sind aus dem Greenbushes Distrikt und aus dem Pilbara-Gebiet/West Australien bekannt.

Sowjetunion: Das bedeutsamste Revier liegt auf der Halbinsel Kola, wo niobreiche Erze in den Nephilinsyenit-Massiven von Lovozero und Chibina oder seinen randlichen Karbonatiten auftreten. Die Roherze von Lovozero und Chibina enthalten etwa 4 % Loparit. Tantalreiche Erze aus Pegmatiten und Graniten sind bekannt aus der Ukraine, aus dem mittleren Ural (Vishnevogorsk) und aus dem östlichen Transbaikalien (Khamar-Daban).

2.3 Vorratssituation

Durch die Erschließung von reichen Pyrochlorerzen in Karbonatitkomplexen in Brasilien und Kanada ist die Versorgung mit Niob auch langfristig gesichert (vgl. Tab. VII.7). Neben den Bergbauvorräten existieren als Rohstoffquellen für Tantal noch alte Zinnschlacken mit attraktiven Ta-Gehalten. Die Schlackenhalden werden auf 300 000 t mit 5400 t Ta_2O_5 geschätzt.

Tabelle VII.7. Sichere und wahrscheinliche Niob- und Tantalvorräte, 1981 (in t Nb- bzw. Ta-Inhalt)

Niob		Tantal	
Brasilien	6 545 000	Australien	4 800
Zaire	200 000	Thailand	4 100
Kanada	130 000	Brasilien	3 000
Nigeria	60 000	Malaysia	2 700
Australien	5 000	Zaire	1 800
Übrige westliche Welt	300 000	Kanada	1 600
UdSSR	700 000	Mosambik	1 000
		Nigeria	1 000
Insgesamt	7 940 000	Übrige westliche Welt	1 000
		UdSSR	2 000
		VR China	1 500
		Insgesamt	24 500

Quelle: BGR, Hannover 1982.

2.4 Technische Gewinnung der Metalle

Pyrochlorerze werden grobzerkleinert, gemahlen, von magnetischen Schwermineralen durch Magnetscheider befreit und nach Entschlämmen flotiert. Das Flotationskonzentrat enthält 55 - 60 % Nb_2O_5. Durch Laugung mit HCl kann anschließend auch S und P entfernt werden, und es entsteht ein Laugungskonzentrat mit 59 - 65 % Nb_2O_5. Das Ausbringen liegt bei 60 - 70 %.

In der Sowjetunion wurde ein Sulfatisierungsprozeß zur Aufbereitung komplexer Pyrochlorerze entwickelt, wobei das Niob mit konzentrierter Schwefelsäure bei 50 - 300°C als $Nb_2O_3(SO_4)_2$ gelöst wird.

Die Columbitkonzentrate (mit 40 - 70 % Nb_2O_5 und 5 - 20 % Ta_2O_5) oder Tantalit-konzentrate (mit 30 - 40 % Ta_2O_5 und 20 - 40 % Nb_2O_5) aus den Kassiteritseifen werden durch Magnetscheidung nach der gemeinsamen Dichtesortierung auf Setzmaschinen und Herden gewonnen. In den Amang-Aufbereitungsanlagen in Phuket/Thailand oder Ipoh/Malaysia wird vor der Magnetscheidung auch eine elektrostatische Trennung von "Nichtleitern", wie Monazit oder Zirkon, durchgeführt.

Bei der metallurgischen Verarbeitung wird unterschieden zwischen:

a) *Verarbeitung des Pyrochlorkonzentrates*, aus dem entweder direkt Ferroniob erzeugt werden kann oder aber Nioboxid hergestellt werden kann, indem das Konzentrat mit Flußsäure gelöst und das Nb_2O_5 mit organischen Lösungsmitteln wie Methylisobutylketon extrahiert wird.

b) *Trennung von Nb und Ta* durch Marignac-Verfahren oder Lösungsmittelextraktion. Beim Marignac-Verfahren wird der Nb-Ta-Lösung KHF_2 zugesetzt, so daß die Doppelsalze K_2TaF_7 bzw. K_2NbOF_5 entstehen. Beim Abkühlen kristallisiert zunächst K_2TaF_7 aus, danach wird Niob mit NH_3 gefällt und muß noch mehrfach gereinigt werden. – Die moderne Trennung durch Lösungsmittelextraktion geschieht mit Methylisobutylketon (Hexon) in verschiedenen Extraktionskolonnen. Die Oxidhydrate werden in Drehrohröfen zu reinen Oxiden verglüht.

c) *Gewinnung der Rohmetalle*. Niob wird aus dem Oxid entweder durch karbothermische Reduktion, aluminothermisch oder durch Reduktion des Doppelfluorides mit Natrium dargestellt. Für Tantal ist neben der Reduktion des Doppelfluorides mit Natrium auch die Schmelzflußelektrolyse gebräuchlich.

d) *Raffination der Rohmetalle*. Wenn nötig, können Niob und Tantal noch im Elektronenstrahlofen auf 99,7 - 99,9 % gereinigt werden. Der überwiegende Teil der Pyrochlorkonzentrate wird jedoch nicht zu reinem Niob verarbeitet, sondern im Lichtbogenofen oder aluminothermisch zu relativ unreinem Ferroniob für Stahllegierungen geschmolzen.
Ein anderer Rohstoff für beide Metalle, insbesondere für Tantal, sind tantalreiche Schlacken der Zinnhütten von Manono/Zaire (11 % Ta_2O_5 und 10 % Nb_2O_5), Jos/Nigeria (4 - 5 % Ta_2O_5 und 12 % Nb_2O_5), Phuket/Thailand (13 - 16 % Ta_2O_5 und 9 - 10 % Nb_2O_5). Fast die Hälfte der Weltproduktion von Tantal stammt aus diesen Schlacken.

2.5 Standorte der Metallhütten

Die Verarbeitung von Vorstoffen für Niob und Tantal (Erzkonzentrate, Hüttenschlak-ken) geschah bis 1970 ausschließlich in Industrieländern. Mit dem Bau der Ferroniob-Hütte in Araxa begann die brasilianische CBMM im führenden Bergbauland die Wei-terverarbeitung. 1980 erließ die brasilianische Regierung sogar ein Ausfuhrverbot für Pyrochlorkonzentrate und gestaltete damit die Versorgung vieler Hütten in den USA, Japan und Westeuropa problematisch. Mitte 1986 ist eine vergleichbare Entwicklung für Tantal zu erwarten, wenn die Thailand Tantalum Industry Corp. (TTIC) ihre neue Anlage zur Verarbeitung von Columbit-Tantalit-Konzentraten und Ta-reichen Zinn-schlacken in Phuket mit einer Kapazität von 225 t Ta_2O_5 pro Jahr in Betrieb nimmt. Zu den bedeutsamen Metallproduzenten zählen:

a) *Ferroniob-Hütten*

Land	Unternehmen	Standort	Kapazität t/a
Brasilien	Cia. Brasileira de Metallurgia e Mineracão (CBMM)	Araxa/MG	22 800
	Mineracão Catalão de Goias	Catalao	2 200
Großbritannien	Murex Ltd.	Rainham/Essex	2 000
Bundesrepublik Deutschland	Gesellschaft für Elektrome-tallurgie	Nürnberg	1 500
	Mark KG	Hamburg	800
Japan	Nippon Kokan KK	Toyama	1 000
	Awamura Metal Ind.	Uji/Kyoto	600
Luxemburg	Continental Alloys	Dommeldonge	1 400
USA	Kawecki Berylco	Revere, Pa.	500
	Teledyne Wah Chang	Albany, Ore.	500

b) *Tantalproduzenten (Tantalmetall, Oxid bzw. Salze)*

Land	Unternehmen	Standort
USA	Teledyne Wah Chang	Albany/Ore.
	Cabot Corp., Kawecki Berylco	Boyertown/Pa.
Japan	Mitsui Mining and Smelting	Miike, Mitaka
Bundesrepublik Deutschland	Ges. für Elektrometallurgie	Nürnberg
	Hermann C. Starck	Goslar
Belgien	Metall. Hoboken-Overpelt	Hoboken
Thailand	Thailand Tantalum Industry Corp.	Phuket

Die Produktion von Ferroniob betrug 1985 etwa 23 000 t, die Erzeugung von Tantal-metall erreichte etwa 650 t.

2.6 Verwendungsbereiche

Obwohl die chemischen und physikalischen Eigenschaften von Niob und Tantal
große Ähnlichkeit aufweisen, unterscheiden sich die Verwendungsbereiche für die
beiden Metalle gravierend. Niob wird vorzugsweise (ca. 80 %) als Ferroniob verarbeitet,
während Tantal zu 70 % als Reinmetall und zu 30 % als Karbid oder Oxid Verwendung
findet.

In den USA entfielen 1983 auf die Stahlveredlung 78 % und auf die Herstellung von
Superlegierungen 19 % des Gesamtverbrauches von *Niob*. Als industrielle Einsatzbereiche
waren Baukonstruktionen zu 40 %, Transportmittel (Motorenbau) zu 26 %,
die Ölindustrie zu 13 % und der Maschinenbau zu 12 % am Endverbrauch von Niob
beteiligt.

Zusätze von Niob (0,01 - 1 %) verbessern vor allem die Korrosionsbeständigkeit, die
Zähigkeit und die Verformbarkeit von Stählen. Baustähle werden beispielsweise
durch Zulegieren von weniger als 0,1 % Nb erheblich verfestigt. Bis 1 % Nb wird Konstruktionsstählen
beigefügt, um hochfeste HSLA-Stähle für Pipelines, Brücken, Hochhäuser,
Bewehrungsstahl und den Automobilbau (Stoßdämpfer, Räder) zu erhalten.
– Nioblegierte Superlegierungen (mit bis zu 5 % Nb) werden in Strahltriebwerken
und Gasturbinen insbesondere für Rotor- bzw. Turbinenblätter eingesetzt. – 0,8 -
2,5 % Nb verbessern die Koerzitivkraft von Alnico-Magneten. – Reinniob kann wegen
seines kleinen Elektroneneinfangquerschnittes als Hüllmaterial in Kernreaktoren
dienen. Reinstnioboxid gibt optischen Gläsern besondere Eigenschaften. Schließlich
ersetzt Niobcarbid in einigen Hartmetallen das teure Tantal.

Wichtigster Verwendungsbereich für reines Tantal ist die Herstellung von Kondensatoren.
Dabei wird Ta in Form von Pulver oder Folien zu Anoden verarbeitet. Auch
in Elektronenröhren, Leuchtstoffröhren und Gleichrichtern kommt Tantal zum Einsatz.
Während auf diese Elektronikkomponenten etwa 50 % des Gesamtverbrauches
entfallen, werden etwa 30 % zur Erzeugung von Hartmetallen verwendet.

Diese Hartmetalle bestehen aus hochschmelzenden Metallkarbiden (TaC, NbC, TiC,
WC) und Kobalt als Bindemetall. Sie dienen zur Herstellung von Werkzeugen zur
schneidenden Bearbeitung von Werkstoffen, insbesondere von Stählen. Die heutigen
Mehrkarbidhartmetalle enthalten 2 - 11 % TaC, das Kolkfestigkeit, Härte, Zähigkeit
und Kornfeinheit verbessert.

Tantal wird weiterhin als Metall in der Chemieindustrie für Gefäßauskleidungen,
Wärmetauscher, Thermoelementschutzrohre und Ventile eingesetzt. Als Legierungsmetall
hat es dagegen weitgehend an Bedeutung verloren. Lediglich Zusätze in Ni-Co-Superlegierungen
sind noch gebräuchlich, um die Streckgrenze, die Korrosionsbeständigkeit
und die Bruchfestigkeit zu erhöhen. Solche Superlegierungen werden
für den Bau von modernen, leistungsstarken und treibstoffsparenden Triebwerken
von Düsenflugzeugen benötigt.

2.7 Entwicklung des Bedarfs

Der Verbrauch von *Niob* ist eng mit der Konjunkturlage der Stahlindustrie verbunden. Das wurde sehr deutlich in den Krisenjahren 1980 - 1982 und dem nachfolgenden Aufschwungs in den Industrieländern. Tendenziell wird mit einem steigenden Bedarf in der Größenordnung von 5 % pro Jahr gerechnet, da Verwendungsbereiche, wie niobvergütete Konstruktionsstähle für Bauwesen und Autoindustrie oder der Pipelinebau, noch immer wachstumsorientiert sind. Das gilt auch für Superlegierungen mit ihren zukunftsträchtigen Einsatzgebieten, wie Triebwerkbau und Turbinenbau. Die Substitutionsmöglichkeiten sind begrenzt, denn der Ersatz von Niob in hochfesten Stählen durch Vanadium oder Molybdän ist zwar möglich, aber auf Kosten von Qualitätseinbußen. Tantal und Titan können Niob in Superlegierungen ersetzen, doch ist zumindest Tantal wesentlich teurer.

Das Recycling von Niob hat noch keine nennenswerten Ausmaße angenommen, da in den meisten Fällen nur geringfügige Mengen den Stählen oder Superlegierungen beigefügt werden, wodurch eine Rückgewinnung behindert wird.

Nachdem 1979/80 stark überhöhte Preise Substitutionsprozesse für *Tantal* in Gang gesetzt hatten, schrumpfte der Bedarf und konnte sich erst 1984/85 wieder erholen, als sich eine steigende Nachfrage nach tantalhaltigen Kondensatoren und auch Hartmetallen ergab. Zwar versucht die Verarbeitungsindustrie den spezifischen Verbrauch des teuren Tantals (insbesondere in Schneidhartmetallen) zu reduzieren, doch wird zwischen 1985 und 1990 mit einem jährlichen Bedarfszuwachs von 3 % gerechnet.

Als wesentliche Substitute für Tantal bietet sich an: Niob in Superlegierungen und auch teilweise in Form des Karbids in Hartmetallen, Aluminium und keramische Erzeugnisse in Kondensatoren sowie Si, Ge und Se in Gleichrichtern.

Das Recycling von Tantal ist erheblich verstärkt worden und dürfte schon 30 % der Primärerzeugung ausmachen. Hartmetallschrott und Kondensatorabfälle bilden das Ausgangsmaterial für die Wiedergewinnung. — Das im Oktober 1974 von Tantalproduzenten gegründete "Tantalum International Study Center" in Brüssel widmet sich der Verbrauchsförderung, der Organisation Technischer Konferenzen und der Verbreitung von statistischen Informationen.

2.8 Marktstruktur

Nachdem Anfang der sechziger Jahre die Großlagerstätte Araxa in Brasilien die Erzförderung aufnahm, wird der *Niobmarkt* auf der Angebotsseite von der Cia. Brasileira de Metalurgia e Mineracao (CBMM) beherrscht. Die CBMM (45 % Molycorp/USA), daneben Staatsanteile) vereinigte 1984 sowohl 75 % der Bergwerksproduktion als auch etwa die gleiche Größenordnung der Ferronioberzeugung auf sich. Die monopolistische Marktstellung dieses Anbieters wird nur von der Niobec Inc: (Teck/

Soquem) in Kanada und der Mineracão Catalão de Goias in Brasilien mit jeweils rund 10 % der Bergwerksförderung an Pyrochlorerzen abgeschwächt. Der hohe Konzentrationsgrad auf der Angebotsseite hat den Ausschlag dafür gegeben, daß Niob in den westlichen Industrieländern als Rohstoff mit Versorgungsrisiko eingestuft wird. Der US-Stockpile enthielt deshalb etwa 1984 niobhaltige Konzentrate (mit ca. 500 t Nb-Inhalt), Ferroniob (mit ca. 270 t Nb) und Niobmetall (rd. 20 t). Die Einlagerungsziele waren damit für Konzentrate längst nicht erreicht (ca. 2500 t Nb-Inhalt), was die GSA in den nächsten Jahren zum potentiellen Nachfrager macht.

Die Angebotsseite des *Tantalmarktes* hat die Form eines Oligopols, denn auf der Vorstoffseite besitzen die Produzenten von Tantalitkonzentraten in Thailand (SA-Minerals, Phuket) und Australien (Greenbushes Tin NL) sowie die Zinnhüttengesellschaften mit ihren tantalhaltigen Schlacken in Thailand (THAISARCO/Billiton) und Malaysia (Datuk Keramat Smelting/AMC und Malaysia Smelting Corp./MMC) bedeutsame Marktanteile. Potentiell gehört zu den Oligopolisten noch die Tantalum Mining Corp. of Canada, die jedoch ihre Bernic Lake Mine vorübergehend geschlossen hält. Die Struktur des Rohstoffmarktes ist deshalb für die Preisbildung von Tantal von erheblicher Bedeutung, weil diese Rohstoffe vorrangig die tantalhaltigen Welthandelsgüter darstellen. Tantalmetall oder TaC oder Ta_2O_5 werden noch immer ausschließlich in Industrieländern erzeugt. Diese Situation beginnt sich 1986 zu ändern, wenn die TTIC in Phuket/Thailand ihre Oxidproduktion aufnimmt.

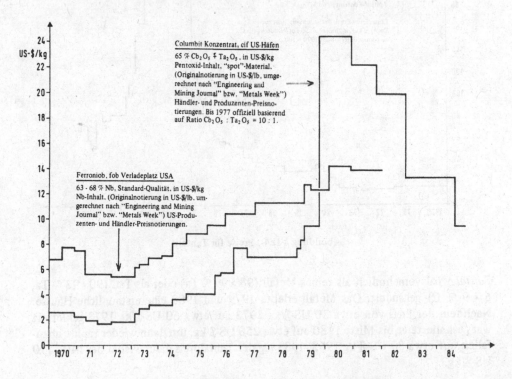

Abbildung VII.3. Preise für Columbit und Ferroniob

2.9 Preisentwicklung und Handelsformen

Bei *Niob* ist seit der Einführung des Exportverbotes für brasilianische Pyrochlorkonzentrate der Welthandelt auf Ferroniob konzentriert. Die Preise für Ferroniob werden dabei vom monopolistischen Anbieter CBMM (Brasilien) bestimmt. In den siebziger Jahren kam es zu einem schrittweisen Anstieg des Preises von 6 US-$/kg (1970) fob amerikanische Häfen auf 14 US-$/kg (1980). 1984 stabilisierte sich der Preis auf 13 US-$/ kg. In bescheidenem Umfang werden auch Columbitkonzentrate gehandelt, in Standardqualitäten von 65 % Nb_2O_5 + Ta_2O_5 und einem Nb: Ta-Verhältnis von 10 : 1. Der Preisanstieg war hierfür zwischen 1971 (etwa 2 US-$/kg Nb_2O_5-Inhalt) und 1980 (24 US-$/kg Nb_2O_5) noch ausgeprägter, allerdings dann auch der Rückgang in den Jahren 1981/84 (vgl. Abb. VII.3 und VII.4). – Reinniob als Pulver kostete 34 - 48 US-$/kg zwischen 1982 und 1985.

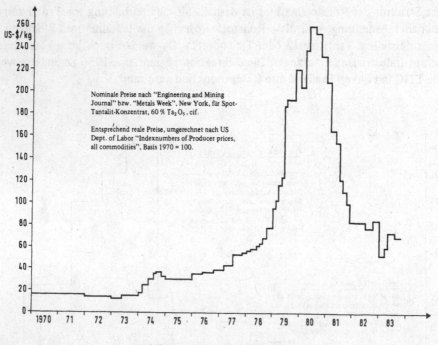

Nominale Preise nach "Engineering and Mining Journal" bzw. "Metals Week", New York, für Spot-Tantalit-Konzentrat, 60 % Ta_2O_5, cif.

Entsprechend reale Preise, umgerechnet nach US Dept. of Labor "Indexnumbers of Producer prices, all commodities", Basis 1970 = 100.

Abbildung VII.4. Preise für Tantalit

Tantal wird vornehmlich als reines Metall (98 - 99 % Ta) oder als TaC (90 - 92 % Ta, 6 - 9 % C) gehandelt. Das Metall erlebte 1979 und 1980 eine erstaunliche Hausse. Nachdem der Preis von etwa 20 US-$/kg 1973 auf etwa 60 US-$/kg 1978 geklettert war, eskalierte er bis Mitte 1980 auf etwa 250 US-$/kg, um dann wieder rapide abzufallen auf etwa 80 US-$/kg 1982. 1985 lag der Tantalpreis dann wieder bei 140 - 170 US-$/kg.

Eine vergleichsweise Entwicklung war bei Tantalitkonzentraten und Ta-haltigen Zinn-schlacken zu beobachten. Tantalitkonzentrate kommen in einer Ta-reichen Form (mindestens 60 % Ta_2O_5) und einer Standardqualität (ca. 30 % Ta_2O_5) in den Handel. 1976 wurden für das Standardkonzentrat etwa 30 US-\$/kg Ta_2O_5-Inhalt bezahlt, 1980 dann Spitzenpreise bis 260 US-\$/kg Ta_2O_5 und 1982 nur noch 70 US-\$/kg, 1983 sogar nur 60 US-\$/kg, doch 1985 wieder 70 US-\$/kg (vgl. Abb. VII.4). – Der Preis für Tantalkarbid belief sich 1985 auf 52 - 54 US-\$/kg.

Ferroniob kommt in Form von Blöcken oder als Pulver, Reinniob als Bleche oder Rondelle, Reintantal in Form von Blechen, Stangen sowie als Pulver und Tantalkarbid meist als Pulver in den Handel.

3 Seltenerdmetalle (Seltene Erden)

Erst nachdem F.H. Spedding und A.F. Voigt 1951 die Trennung der Seltenerdmetalle (bzw. Seltene Erden, SE, oder Seltenerdelemente, SEE) mit dem Ionenaustauschverfahren gelang, begann im industriellen Umfang die Produktion von einzelnen SE-Metallen. Mitte der sechziger Jahre nahm die Nutzung einiger dieser 17 Metalle bzw. ihrer Oxide rasch zu, die teilweise gar nicht so selten sind, wie der Name ausdrückt (vgl. Tab. VII.8).

Bei Berücksichtigung des Atombaus ist es korrekt, zwischen Scandium, Yttrium,

Tabelle VII.8. Seltenerdmetalle

		Anteil an der Erdkruste	Entdecker (Entdeckungsjahr)
Scandium	Sc	0,0005 %	Nilson (1879)
Yttrium	Y	0,0028 %	J. Gadolin (1794), Mosander (1843)
Lanthan	La	0,0018 %	C.G. Mosander (1839)
Cer	Ce	0,0046 %	J.J. Berzelius, W. Hisinger und M.H. Klaproth (1803)
Praseodym	Pr	0,00055 %	C. Auer von Welsbach (1885)
Neodym	Nd	0,0024 %	C. Auer von Welsbach (1885)
Promethium	Pm	instabil	J.A. Marinsky, C.D. Coryell und L.E. Glendenin (1947)
Samarium	Sm	0,00065 %	P.E. Lecoq de Boisbaudran (1879), Demarcay (1901)
Europium	Eu	0,00011 %	Demarcay (1901)
Gadolinium	Gd	0,00064 %	J.C.G. de Marignac (1880)
Terbium	Tb	0,00009 %	J.C.G. de Marignac (1878)
Dysprosium	Dy	0,00045 %	P.E. Lecoq de Boisbaudran (1886)
Holmium	Ho	0,00012 5	P.Th. Cleve (1879)
Erbium	Er	0,00025 %	P.Th. Cleve (1879)
Thulium	Tm	0,00002 %	P.Th. Cleve (1879)
Ytterbium	Yb	0,00027 %	J.C.G. de Marignac (1878)
Lutetium	Lu	0,00007 %	A. v. Welsbach (1907), G. Urbain (1907), James (1907)

Lanthan und den Lanthaniden (Cer bis Lutetium) zu unterscheiden. Unter geochemischen Gesichtspunkten ist eine Klassifikation in Ceriterden (La, Ce, Pr, Nd, Pm, Sm, Eu) und Yttererden (Y, Gd, Tb, Dy, Ho, Er, Tm, Yb, Lu) möglich.

3.1 Eigenschaften und Minerale

Als charakteristische physikalische Eigenschaften sind der metallische Glanz, die geringe Härte und der relativ niedrige Schmelzpunkt (zwischen 795°C von Ce und 1663°C von Lu) anzuführen. Im chemischen Verhalten weisen alle SE nur geringfügige Unterschiede auf. In den Verbindungen kommen sie meist dreiwertig vor, wobei die wäßrigen Lösungen der dreiwertigen Salze stark gefärbt sind. Die Metalle sind gegenüber Atmosphärilien noch einigermaßen beständig, werden aber von Säuren und Basen stark angegriffen.

Als weitgehend kohärente Gruppe treten die lithophilen Seltenerdmetalle in Mineralen häufig gemeinsam auf. Von den mehr als 100 bekannten SE-Mineralen kommen derzeitig als Rohstofflieferanten in Frage:

Bastnäsit	$Ce(F/Co_3)$	trigonal	ca. 72 % SE-Oxide
Monazit	$Ce(PO_4)$	monoklin	60 - 70 % SE-Oxide
Cerit	$(Ca,Mg)_2 Ce_8 (SiO_4)_7 \cdot 3 H_2O$	rhombisch	60 - 70 % SE-Oxide
Xenotim	$Y(PO_4)$	tetragonal	53 - 65 % SE-Oxide
Euxenit	(Y,Er,Ce,U,Pb,Ca) $(Nb,Ta,Ti)_2 (O,OH)_6$	rhombisch	16 - 29 % SE-Oxide
Samarskit	(Y,Er,Fe,Mn,Ca,U,Th) $(Nb,Ta,Ti)_2 (O,OH)_6$	rhombisch	10 - 38 % SE-Oxide
Fergusonit	$YNbO_4$	tetragonal	31 - 44 % SE-Oxide
Gandolinit	$Y_2 FeBe_2 Si_2 O_{10}$	monoklin	40 - 50 % SE-Oxide

Die Unterschiede im Ionenradius und in der isomorphen Ersetzbarkeit haben zur Konzentration von Ceriterden in bestimmten Mineralen (Bastnäsit, Monazit, Cerit) oder von Yttererden (Xenotim, Gandolinit) geführt. Informationen über die typische Zusammensetzung der drei wichtigsten SEE-Minerale sind Tabelle VII.9. zu entnehmen.

Außerdem lassen sich als wichtige Wirtsminerale für Seltenerdmetalle aufführen: Apatit (1 - 5 % SE-Oxid, SEO), Brannerit (1,1 - 6,5 % SEO), Perowskit (ca. 1 % SEO; Varietäten: Loparit 30 %, Knopit 5 %), Pyrochlor (1 - 6 % SEO), Thorit (5 - 10 % SEO) und Zirkon (ca. 1 % SEO).

Scandium kommt nur in sehr geringen Konzentrationen vor, dafür in einigen eigenen Mineralen, wie Thortveitit, $Sc_2 Si_2 O_7$ oder Sterretit, $ScPO_4 - 2 H_2O$. Auch Kassiterit oder Wolframit enthalten bis zu 1 % Sc dispers verteilt.

Tabelle VII.9. Verteilung der Seltenerdmetalle in wichtigen Mineralen (in Vol. %)

	Monazit (Australien)	Bastnäsit (Montain Pass)	Xenotim (Malaysia)
Ceriterden	95,8	99,6	4,6
La_2O_3	23	32	0,4
CeO_2	46,5	50,5	1,4
Pr_6O_{11}	5,1	4,2	0,5
Nd_2O_3	18,4	12	1,2
Sm_2O_3	2,8	0,8	1,1
Eu_2O_3	0,05	0,12	0,01
Yttererden	4,15	0,39	95,2
Gd_2O_3	1,8	0,15	4,0
Tb_4O_7	0,06	↑	1,2
Dy_2O_3	0,18		6,5
Ho_2O_3	0,03	0,12	2,5
Er_2O_3	0,05	↓	6,1
Yb_2O_3	0,02	↑	9,0
Tm_2O_3	0,005	0,015	0,9
Lu_2O_3	0,002	↓	0,8
Y_2O_3	2	0,1	64,3
ThO_2	10	0,1	1

Quelle: Ullmanns Encyclopädie der Technischen Chemie, 4. Aufl., 1983.

3.2 Regionale Verteilung der Lagerstätten

Eine Anreicherung der Seltenerdmetalle ist in sauren Magmendifferentiaten zu beobachten, insbesondere in Granitpegmatiten mit bevorzugt Yttererden sowie in Karbonatiten und Alkaligesteinen mit bevorzugt Ceriterden. Als wesentliche Lagerstättentypen lassen sich deshalb unterscheiden:

a) *Alkaligesteinskomplexe* meist präkambrischen Alters, wie die Nephelinsyenit-Massive auf der Halbinsel Kola/Sowjetunion (Chibina, Lowosero) oder in Kanada (Nemegos), wobei die SE-Metalle in Perowskit und Apatit vorkommen.

b) *Karbonatite*, die oft die jüngsten Intrusionsglieder von Alkaligesteinskomplexen bilden und als Erze Bastnäsit oder Pyrochlor enthalten können (Mountain Pass/USA, Araxa/Brasilien, Oka/Kanada).

c) *Seifen*, insbesondere Strandseifen mit Monazit (Brasilien, Indien), aber auch fluviatile Seifen mit Monazit, Euxenit und Thorit. Diese Seifenminerale fallen häufig als Nebenprodukte alluvialer Zinnlagerstätten (Malaysia/Thailand) oder Rutil- bzw. Ilmenitlagerstätten (Australien) an.

Geringere Bedeutung haben SE-Lagerstätten, die an Pegmatite (Südnorwegen, SW-Schweden, Colorado/USA, Madagaskar, Mozambique und Namibia) oder Metamorphite (in Uranerzen von Bancroft und Beaverlodge/Kanada, Mary Kathleen/Australien oder Travancore/Indien) gebunden sind.

Die gegenwärtig produzierenden Minen treiben alle Tagebau und liegen in (vgl. Abb. VII.2):

USA, wo die Mine Mountain Pass/Calif. aus Karbonatiterzen mit 7 - 10 % Bastnäsit 1984 rund 17 300 t SE-Oxide in Konzentraten produzierte und damit fast 50 % der Weltproduktion an SE-Vorstoffen in Form von Bastnäsitkonzentraten (SEE-Verteilung siehe Tab. VII.9) lieferte. Monazit wird als Kuppelprodukt des Ilmenit-Zirkon-Abbaus in Florida gewonnen.

Australien, wo Monazit (ca. 1 % im Erz) an der Ostküste im Newcastle-Coffs Harbour-District und auf North Stradbroke Island aus rezenten und fossilen Strand- und Dünenseifen gewonnen wird. Auch aus den Ilmenit-Zirkon-Minen von Eneabba nördlich Perth stammen Monazitkonzentrate und geringe Mengen Xenotimkonzentrate.

Indien, wo Th-reicher Monazit (0,5 - 2 % in Strandseifen) in den Bundesstaaten Kerala (Kayankulam-Distrikt) und Tamil Nadu (Kanniyakumari) in Strandnähe aus Schwermineralsanden (Ilmenit, Zirkon) separiert wird.

Brasilien, wo Monazitseifen an der Küste zwischen Rio de Janeiro und Bahia abgebaut werden (Barro do Itabapoana, Espirito Santos, Cumuruxatiba, Guaratiba). Vor allem in fossilen Strandsäumen erreichen die Monazitgehalte der Sande 2 %.

Malaysia, wo in den Zinnminen (vgl. Kap. IV.3.3) oder speziellen Aufbereitungsanlagen (Amang-Fabriken) Monazitkonzentrate und daneben auch bemerkenswerte Mengen (1984: 383 t) an Xenotimkonzentraten als Beiprodukte der Kassiteritgewinnung in den Bundesstaaten Perak und Selangor erzeugt werden.

Thailand, wo Monazit und Xenotim (1983: 38 t) ebenfalls aus Zinnseifen separiert werden, insbesondere in speziellen Schwermineralkonzentrataufbereitungsanlagen in Phuket. Mitte 1984 hob die thailändische Regierung das Exportverbot für Monazit auf.

Kanada, wo SE-Oxide aus den Aufbereitungslaugen des Uranbergbaus im Blind River-Elliott Lake-Distrikt separiert werden.

Sowjetunion, mit Lagerstätten auf der Halbinsel Kola, wo in den intrudierten Alkaligesteinen (Chibina-Distrikt, Lowosero-Distrikt) Niob-, Tantal-, Titan- und Phosphaterze auftreten, deren Minerale Pyrochlor, Perowskit und Apatit auch Gehalte an SE-Metallen führen, die oft als Nebenprodukt gewonnen werden.

VR China, wo seit etwa 1980 in steigendem Maße SE-Mineralkonzentrate produziert werden, insbesondere ein Bastnäsitkonzentrat als Nebenprodukt des Eisenerzbergbaus im Bayan Obo-Distrikt (Innere Mongolei).

Auf die sehr umfangreichen Vorkommen an Erzen mit Beimengungen von Seltenerdmetallen, die als potentielle Vorstofflieferanten in Frage kommen können, soll noch hingewiesen werden. Hierbei handelt es sich insbesondere um Karbonatiterze mit Bastnäsit und Monazit in Kangankunde/Malawi, Wigu Hill/Tansania und Iron Hill

(Col. USA); – Apatit mit SE-Gehalten in Nemegos/Ontario/Kanada und Morro de Ferro/Brasilien und vor allem um Pyrochlorkarbonatite, die bisher nur auf Niob abgebaut werden (vgl. Kap. VII.2.2), aber auch gewinnbare SE-Gehalte (bis 6 %) aufweisen, insbesondere in Araxa/Brasilien.

3.3 Vorratssituation

Bei den Erzvorräten (vgl. Tab. VII.10) haben die Ceriterden (Bastnäsit, Monazit) ein starkes Übergewicht. Dies wird noch verstärkt durch die potentiellen Vorräte an Pyrochlorerzen mit vornehmlich Ceriterden. Yttererden dagegen sind fast nur in Xenotim angereichert, der aus einigen Schwermineralsanden als Kuppelprodukt gewonnen werden kann. Die geschätzten Gesamtvorräte belaufen sich auf 100 000 t Y_2O_3-Inhalt. Daneben sind potentiell die Gehalte an Yttererden im Brannerit der Uranerze (Mary Kathleen/Australien, Beaverlodge/Kanada) vorhanden.

Bemerkenswert sind die umfangreichen Vorräte der VR China, die allerdings nur grobe Schätzungen darstellen.

Tabelle VII.10. Bergwerksproduktion und Vorräte von Seltenerdmetallen (in sh. t SEO-Inhalt), ohne UdSSR

	Produktion		Vorräte
Land	1980	1984	1984
USA	17 622	17 300	5 200 000
Australien	8 335	8 000	200 000
Indien	2 600	2 200	2 500 000
Brasilien	1 200	1 100	73 000
Malaysia	250	200	35 000
Thailand	60	80	1 100
VR China	2 800	6 000	38 000 000
Sonstige	2 633	1 620	1 990 900
Insgesamt	35 500	36 500	48 000 000

Quelle: US-Bureau of Mines, Washington, D.C.

3.4 Technische Gewinnung der Oxide und Metalle

In den Aufbereitungsanlagen von Mountain Pass wird das Bastnäsiterz gebrochen, gemahlen und mehrfach flotiert, bis ein Konzentrat mit 55 - 60 % SE-Oxiden entsteht. Durch anschließende Gegenstromdekantation mit Salzsäure wird sogar ein Konzentrat mit 68 - 72 % SEO erzeugt. Das Schwermineral Monazit dagegen kann aus den Seifen durch Dichtesortierverfahren (Setzrinnen, Setzmaschinen, Herde) bzw. als Nebenprodukt anderer Seifenerze durch elektrostatische Separation aus komplexen Konzentratfraktionen gewonnen werden. Die SE-Gehalte von Apatit, von Brannerit oder künftig von Pyrochlor fallen nicht in den Aufbereitungen der Minen, sondern erst in den Laugen der Verarbeitungsanlagen (Hütten) an.

Die Vorstoffverarbeitung vollzieht sich in mehreren Phasen:
a) Aufschluß der Bergbau-Konzentrate nach Aufmahlen,
b) Überführung eines Teils der aufgeschlossenen SE-Fraktion in marktfähige Mischoxide oder Mischchloride,
c) Trennung des anderen Teils der SE-Fraktion in einzelne SE-Metalle oder SE-Metallgruppen der Oxide,
d) Darstellung der Metalle aus separierten Oxiden oder wasserfreien Halogeniden (Chloride, ggf. auch Fluoride).

Folgende Verfahren sind gebräuchlich:

Aufschlußverfahren:
a) Säureprozeß mit konz. Schwefelsäure (für Bastnäsit),
b) Alkaliprozeß (für Monazit) mit 50 - 75 %iger heißer Natronlauge oder
c) direkte Chlorierung bei 1000 - 1200°C mit Chlorgas.

Separationstechniken:
a) Gruppentrennungsverfahren mit fraktionierter Kristallisation einiger SE-Gruppen;
b) Flüssig-Flüssig-Extraktionsprozeß im Gegenstrom mit getrennter Abscheidung der SE in organischen Komplexen oder
c) Ionenaustauschverfahren.

Metallerzeugung: Mischmetall (La,Ce,Pr,Nd), Didym (Nd-Pr-Gemisch) oder reine Metalle werden aus den wasserfreien SE-Chloriden durch Schmelzflußelektrolyse gewonnen; Y, Gd und Lu auch durch metallothermische Reduktion mit Ca oder Mg, Li, Al.

Metallreinigung: Reindarstellung der SE-Metalle durch Umschmelzen bzw. Destillieren unter Schutzgas oder im Vakuum.

3.5 Standorte der Hütten

Die Vorstoffverarbeitung zu metallurgischen Produkten, wie reine Oxide, Mischoxide, Mischmetalle oder reine Metalle, geschieht in mehreren Hüttenbetrieben, von denen aber nur wenige eine eigene Rohstoffbasis haben (Tab. VII.11).

Tabelle VII.11. Wichtige Produktionstätten für Seltenerdmetalle

	Standort	Gesellschaft	Produkte
USA	Montain Pass/Cal.	Molycorp Inc.	SE-Oxide (SEO)
	Louviers/Col.		SE-Metalle
	York/Pa.		SE-Mischmetall
	St. Louis/Mich.	Michigan Chemical Corp.	SEO, Cer
	Freeport/Tex.	Rhône-Poulence	SE-Metalle
	New York	Electralloy Steel Corp.	Mischmetall
	Newark/N.J.	Ronson Metals Corp.	Cer, Mischmetall
Indien	Alwaye/Travancore	Indian Rare Earth Ltd. (staatl.)	SE-Chloride
Brasilien	São Paulo	Metallurgica Corona	SE-Chloride
Frankreich	La Rochelle-Pallice	Rhône-Poulence	SE-Metalle
Großbritannien	Widnes/Lanc.	Rare Earth Products Ltd.	SE-Metalle
Bundesrepublik Deutschland	Essen	Th. Goldschmidt AG	Cer, Mischmetall, SE-Metalle
	Düsseldorf	Gesellschaft für Elektro-metallurgie	Mischmetall
Österreich	Treibach	Treibacher Chemische Werke AG	Mischmetall
Japan	Miyagi	Mitsubishi Metal Corp.	Cer, Mischmetall
	Kobe	Santoki Metal Industry Co.	Cer, Mischmetall
Malaysia	Ipoh	Asian Rare Earth Corp.	SE-Chloride, SE-Karbonat
	Ipoh	Malaysia Rare Earth Corp.	SE-Oxide

3.6 Verwendungsbereiche und Bedarfsentwicklung

Der industrielle Verbrauch von Seltenerdmetallen verstärkte sich ab Ende der sechziger Jahre durch die Verwendung von SE-haltigen Katalysatoren für die Erdölverarbeitung. 1983 gliederte sich der Verbrauch an SE-Metallen in der westlichen Welt in folgende Bereiche:

44 % Katalysatoren für Crack-Prozesse in der Erdölindustrie,

31 % SE-Mischmetall in der Eisen- und Stahlindustrie als Zusatz für pyrophore Legierungen, als Additiv für hitzebeständige Spezialstähle oder als Legierungsbestandteil von Dauermagneten (Neodym),

22 % SE-Verbindungen in der Glas- und Keramikindustrie zum Färben, als Glaspoliermittel oder als Zusätze für optische Gläser,

3 % sonstige Verwendungen, wie Farbfernseher, Halbleiter, Gittermaterial.

In den USA ist die Verwendungsstruktur noch stärker auf Erdölkatalysatoren ausgerichtet, die dort immerhin 65 % des Inlandsverbrauchs auf sich vereinen (1984), während auf die metallurgische Industrie nur 20 % und auf die Glas-/Keramikindustrie nur 12 % entfielen.

Da es sich bei den SE-Metallen um vom Vorstoffsektor verursachte Kuppelproduktion handelt, entstehen Markt-Ungleichgewichte, die trotz aufwendiger Anwendungsforschung — oft von staatlichen Institutionen in den Industrieländern — nicht verhindert, sondern nur gemildert werden können. Mitunter haben technologische Fortschritte auf Teilbereichen sogar neue Disproportionalitäten geschaffen. Ein Beispiel ist die neue Verwendung von Sm und Nd in Dauermagneten, die 1983/84 zu Engpässen auf diesen Teilmärkten führte.

In der ersten Hälfte der achtziger Jahre verharrte der Bedarf an SE-Metallen etwa auf gleichem Niveau, doch wird zwischen 1984 und 1990 mit einem Zuwachs von 3 % pro Jahr gerechnet. Erwähnenswert ist der Trend zu hochreinen SE-Metallen, die 1985 schon 10 % der Produktion erreichten. Die Substitution spielt kaum eine Rolle, weil auf den meisten Verwendungsbereichen Qualitätspräferenzen bestehen. Auch das Recycling ist noch unbedeutend, kann aber für die Katalysatoren erfolgen.

3.7 Marktstruktur

Auf der Angebotsseite muß zwischen der Struktur des Vorstoffsektors (Bergbau) und des Grundstoffsektors (Hütten) unterschieden werden. Mit fast der Hälfte der Weltbergbauproduktion (ohne Ostblock) aus der Mountain Pass Mine/USA nimmt die Molycorp Inc. (Tochter der Union Oil of California) eine marktbeherrschende Stellung ein, die allerdings durch zwei mittlere australische Monazitanbieter (Renison Goldfields, Allied Eneabba) mit je 10 - 15 % der Welterzeugung sowie durch den staatlich kontrollierten Monazitbergbau in Indien (Indian Rare Earth Ltd. und Department of Atomic Energy) mit etwa 10 % und in Brasilien (Commissão National de Energia Nuclear) mit 5 - 7 % gemildert wird. Demnach besteht als Marktform auf dem Vorstoffsektor ein abgeschwächtes Monopol der Molycorp. — Obwohl die Molycorp auch auf dem Grundstoffsektor führend ist, wird hier diese Marktposition durch eine Reihe anderer, mittlerer Hüttengesellschaften fast zu einem Oligopol umgestaltet. Die verschiedenartigen Verwendungsbereiche haben keine Konzentration der Nachfrageseite zugelassen, die deshalb eine polypsonistische Marktform aufweist.

3.8 Preisentwicklung und Handelsformen

Aufgrund der hohen Wertschöpfung in den Hütten kommt dem Grundstoffsektor eine größere Bedeutung als dem Vorstoffsektor (Bergbau) zu. Die Hütten sind eindeutig preisbestimmend für die einzelnen SE-Produkte. Das größte Problem liegt dabei in der Produktkopplung und der daraus resultierenden Preispolitik, die sowohl eine optimale Stoffverwertung als auch die unterschiedlichen Nachfragemengen berücksichtigen muß. Die Molycorp Inc. hat aufgrund ihrer monopolartigen Marktstellung eine Preisführerschaft übernommen und veröffentlicht regelmäßig Preislisten. Für die wichtigsten Produkte galten 1985 folgende Preise:

a) *Vorstoffe*

Bastnäsit-Konz.	70 % SEO (fob Mtn. Pass, USA): 1,20 - 1,35 US-$/lb SEO,
	85 % SEO (fob Mtn. Pass): 1,40 - 1,55 US-$/lb SEO
Monazit-Konz.	mind. 55 % SEO (cif London): 1,40 US-$/lb SEO
Xenotim-Konz.	mind. 25 % (fob Malaysia): 1,37 US-$/lb Y_2O_3

b) *Grundstoffe* (fob Hütten der Molycorp/USA in York/Pa. oder Louviers/Cal.),

Ce_2O_3	(95 %)	4,50 US-$/lb	Eu_2O_3	(99,99 %)	725,00 US-$/lb
Ce_2O_3	(99,0 %)	8,00 US-$/lb	La_2O_3	(99,99 %)	7,00 US-$/lb
Y_2O_3	(99,99 %)	50,00 US-$/lb	Nd_2O_3	(99,9 %)	40,00 US-$/lb

c) *Metalle (Pulver)*

Cer	600 US-$/kg fob Phoenix, Ariz.
Lanthan	340 US-$/kg fob Phoenix, Ariz.
Yttrium	750 US-$/kg fob Phoenix, Ariz.

Die Bastnäsitkonzentrate werden in Säcken (100 lb) oder Stahlfässern (1000 lb) geliefert, Monazitkonzentrate in 50 - 100 kg-Säcken.

Metalle (99,9 %) werden in Barren (100 - 500 g, meist 1 lb), als Pellets (ca. 100 g als Einheit) sowie als Drehstücke, Pulver, Drähte oder metallurgische Lieferformen angeboten. SE-Oxide (99,9 % oder 99,99 % SEO) gibt es als kristallisierte Pulver in mehrwandigen Säcken oder in Stahlfässern verschiedener Standardisierung (50, 200, 250 lb). Hochreine Verbindungen (Oxide, Chloride) kommen in Spezialverpackungen (z.B. mit Kunststoffüberzügen oder in Pflanzenölen) zum Versand, hochreine Metalle in kleinen Barren (10 g), als Folien oder Drähte.

4 Silizium, Gallium, Germanium, Arsen, Selen und Tellur

4.1 Silizium

Entdeckung. Zweithäufigstes Element in der Erdkruste (28,15 %), doch erst 1854 von Deville elementar hergestellt.

Besondere Eigenschaften. Nur eine kristallisierte Modifikation mit metallischen Eigenschaften; sehr spröde; Halbleiter; starke Affinität zu Sauerstoff; reduziert deshalb Metalloxide; in Säuren praktisch unlöslich, dagegen in Laugen. Polymerisation der Orthokieselsäure $Si(OH)_4$ zu Silikonen (Silico-Ketone).

Hauptminerale.   Quarz (SiO_2), daneben natürliche Silikate wie Feldspäte, Glimmer, Pyroxene, Olivin.

Lagerstätten.   Zur Darstellung von Si werden Quarzsande oder sehr reine Quarzite benutzt, die praktisch in allen Produktionsländern vorkommen.

Vorratssituation.   Rohstoffe in großen Mengen billig verfügbar.

Gewinnung.   Technisches Silizium (97 - 98 % oder 99 % Si) wird durch Reduktion von Quarz mit Kohlenstoff im Elektroniederschachtofen dargestellt. Mit Eisenschrott entsteht Ferrosilizium (8 - 95 % Si). Reinstsilizium (mindestens 99,9999 % Si) kann durch mehrstufige Raffination in Form von Einkristallen oder durch Reduktion mit Wasserstoff aus $SiCl_4$ gewonnen werden. Weltproduktion 1984: 2,7 Mio. t Si-Inhalt (davon etwa 0,6 Mio. t Technisches Silizium und ca. 3000 t Reinstsilizium); UdSSR: 0,5 Mio. t; USA: 0,3 Mio. t; Norwegen: 0,3 Mio. t; Japan: 0,1 Mio. t und Brasilien 0,1 Mio. t.

Verwendungsbereiche.   Reinstsilizium als Halbleiterbauelemente in der Elektronik (Gleichrichter, Transistoren, Dioden); Reinsilizium für Speziallegierungen mit Al (1 - 13 % Si) oder Ni-Co-B (1 - 4 % Si); Technisches Silizium als Additiv für säurefeste Stähle und für Silikone (Grundstoff für Schmierfette, Harze, Kautschuk) sowie für Siliziumkarbid (Schleifmittel, Heizleitermaterial, feuerfestes Ofenmaterial); Ferrosilizium als Reduktionsmittel in Stahlschmelzen und für Stahllegierungen (Dynamobleche mit 0,5 - 3,2 % Si, Trafobleche mit 3 - 4 % Si).

Bedarfsentwicklung.   Ständig steigender Verbrauch, besonders in der Halbleitertechnik und Stahlindustrie (Zuwachsrate 1985 - 1990: 3 - 4 % pro Jahr).

Marktsituation.   Angebotsoligopole bestehen sowohl auf dem Markt für Ferrosilizium als auch für Technisches Silizium. Hauptproduzenten: Union Carbide (USA), Ohio Ferro-Alloys Corp. (USA), A/S Elkem Spigerverket (Norwegen), Foote Minerals (USA, FeSi), Alabama Metallurgical Corp. (USA), Showa Denko (Japan, Si), SOFREM (Frankreich). – In der Bundesrepublik Deutschland: Gesellschaft für Elektrometallurgie, Düsseldorf.

Preisentwicklung.   Produzentenpreis (98 % Si) stieg von 120 £/t Anfang 1967 auf 500 £/t 1978 und auf 1000 £/t 1985; daneben freier Markt mit schwankenden Notierungen.

Handelsregelungen.   Qualitäten: Ferrosilizium (15 - 90 % Si), Technisches Silizium (97 - 99 %), Reinsilizium (99,7 % Si), Halbleitersilizium (99,9999 % Si); – Lieferform: Stangen.

4.2 Gallium

Entdeckung. 1875 von Lecoq de Boisbaudran aus Zinkblende dargestellt; relativ häufig in der Erdkruste (0,0015 %), aber nirgends angereichert; technische Bedeutung seit 1947.

Besondere Eigenschaften. Spröde; niedriger Schmelzpunkt (29,8°C) und hoher Siedepunkt (2403°C); Volumenkontraktion beim Schmelzen (3,2 %); zahlreiche Ga-Legierungen bei Zimmertemperatur flüssig; bildet Kristallhalbleiter (GaAs, GaP).

Hauptminerale. Nur ein sehr seltenes Mineral bekannt: Gallit $CuGaS_2$; – Germanit und Renierit enthalten bis 1 % Ga; außerdem sind Spuren von Ga in Bauxit (0,003 - 0,013 Ga) oder auch in Zinkblende (0,001 - 0,02 %) an Stelle von Al bzw. Zn im Kristallgitter eingebaut. Bauxit ist derzeit der übliche Ga-Vorstoff, wobei Bauxite aus Surinam und Indien mit 100 - 130 ppm Ga bevorzugt werden.

Lagerstätten. Außer in Tsumeb (SWA-Namibia), Kipushi (Zaire) und Mansfeld (DDR) keine größere Anreicherung in Erzen. Aber wichtige Bauxitlagerstätten in Ghana, USA (Arkansas), Guayana und der UdSSR (Ural) enthalten gewinnbare Mengen an Ga, daneben Zinkblendeerze. Spuren in Kohleaschen (0,01 - 0,7 % Ga), vor allem in nordenglischen Steinkohlen (Hartley-Kohle).

Vorratssituation. Von diesem typischen Kuppelprodukt wichtiger Metalle (Al, Zn) existieren erhebliche Vorräte (Schätzung 1984: 1 Mio. t in Bauxitvorräten, weitere Ressourcen in Zinkvorräten).

Technische Gewinnung. Nebenprodukt der Aluminiumgewinnung (Fällung oder elektrolytische Abscheidung an Hg-Kathoden als Amalgam aus Aluminatlaugen beim Bayer-Verfahren in Tonerdefabriken oder Extraktion bei Raffination in Aluminiumhütten) und der Zinkelektrolyse (bei Reinigung der Laugen fällt auch $Ga(OH)_3$ aus, Trennung von $Fe(OH)_3$ und $Al(OH)_3$ durch Ätherextraktion). Darstellung auch aus Kohlenflugaschen der Kokereien möglich, die 0,1 - 1 % Ga_2O_3 enthalten können (Einschmelzen der Aschen mit Kupferoxid als Sammler sowie mit Kohle in Elektroöfen - Ätherextraktion des Ga). Die Gallatlösungen dienen zur Darstellung des Metalls, meist durch Elektrolyse (99,99 %). Raffination durch fraktionierte Kristallisation oder Zonenschmelzen (99,9999 %). Weltproduktion 1984: 35 t, davon Westeuropa 14 t, Japan 9 t, UdSSR 7 t und China 5 t. Recycling von Ga wird mit einem Anteil von 35 % aus der Aufarbeitung von Neuschrott bereits ausgeprägt betrieben.

Verwendungsbereiche. Etwa 95 % in der Elektronik: als Leuchtdioden (GaAs, GaP, GaAsP), d.h. Halbleiterlampen, die in Taschenrechner, Elektronikspielen oder Uhren rot oder grün leuchten, – als Laserdioden (GaAlAs) – als Solarzellen (GaAs) und als Hochleistungstransistoren (GaAs). Daneben Einsatz in Loten (Ga-Amalgame zum Löten von Halbleitern), in Magnetlegierungen (V_3Ga) oder Schmelzlegierungen (Sn–Ga).

Bedarfsentwicklung. Nachfrage stieg seit 1975 stark (1975: 15 t; 1985: 35 t). Weiterer Zuwachs in der Elektronik erwartet.

Marktstruktur. Ein ausgeprägtes Oligopol wird von INGAL/VAW-Billiton (Schwandorf und Lünen, Bundesrepublik Deutschland), Preussag (Bundesrepublik Deutschland), N.V. Kawecki-Billiton (Arnhem, Niederlande), Alusuisse (Zürich, Schweiz) und Sumika Alusuisse (Niihama, Japan) gebildet – ALCOA (USA) kam 1985 wieder dazu.

Preisentwicklung. Der Produzentenpreis für Reinstgallium (99,99999 %) fiel nach jahrelanger Stabilität 1973 von 1,35 auf 0,80 US-$/g, betrug 1984 im Durchschnitt 0,63 US-$/g und lag Mitte 1985 bei 0,54 US-$/g. Der freie Händlerpreis liegt meist etwas tiefer (Mitte 1985: 0,46 - 0,48 US-$/g).

Handelsregelungen. Reines Ga 99,99 % oder Reinstgallium (Halbleiter-Qualität) 99,9999 % und 99,99999 % werden in Spezialverpackungen verkauft, beispielsweise in vakuumversiegelten Folien, die von einem Styroporbehälter und einem wasserundurchlässigen Schutzbehälter umgeben sind. Die Barren haben ein Gewicht von 100 g, mitunter auch nur 10 g, 25 g oder 50 g. Galliumoxid kommt in Polyäthylenflaschen mit 500 g, 1000 g oder 5000 g in den Handel.

4.3 Germanium

Entdeckung. Von Clemens Winkler 1886 aus Argyrodit dargestellt. In der Erdkruste ca. 0,00015 %. Industrielle Verwendung seit 1950.

Besondere Eigenschaften. Nur die im Diamantgitter kristallisierte Modifikation ist metallisch; sehr spröde; mit ausgeprägten Halbleitereigenschaften, d.h. sehr unterschiedliche elektrische Leitfähigkeit bei Temperaturveränderungen (Ursache: Gitterstörungen, Fremdatome im Gitter); korrosionsfest; nur in stark oxidierenden Medien löslich; Kontraktion beim Schmelzen (6 %!); große Durchlässigkeit im Ultrarotbereich.

Hauptminerale. Germanit $Cu_3(Fe,Ge)S_4$; Renierit $Cu_3(Fe,Ge)S_4$; Argyrodit $4\ Ag_2S \cdot GeS_2$; Canfieldit $4\ Ag_2S \cdot (Sn,Ge)S_2$.

Lagerstätten. Als Nebenprodukt hyrothermaler Sulfiderze gewinnbar (enthalten als fein verteilter Germanit vor allem in Zinkblende oder Enargit). Besonders hohe Gehalte an Ge weisen Erze mit Germanit der Tsumeb-Mine (150 g Ge/t Roherz) in Namibia und Erze mit Renierit aus der Kipushi-Mine (100 - 200 g Ge/t) in Shaba/Zaire auf. Von Zn-Pb-Lagerstätten können die Erze des Tri-State-Distriktes/USA mit 100 - 150 g Ge/t erwähnt werden. Britische Steinkohlen weisen Gehalte bis 150 g/t auf. Canfieldit kommt in bolivianischen Zinnerzen vor.

Vorratssituation   Exakte Angaben sind nicht möglich, da Nebenprodukt verschiedener Sulfiderze (Schätzung 1985: 4400 t Ge-Inhalt). Die Ge-Spuren in Kohlen bilden eine sehr umfangreiche potentielle Reserve (mehrere Mio. t!).

Technische Gewinnung. Hauptmenge wird aus Flugstäuben der ZnS–Röstung, aus Anodenschlamm der Zinkelektrolyse, aus Kohleflugaschen einiger Gaswerke (England) oder auch aus Erdölrückständen (Japan) gewonnen. Der Aufschluß selektiv flotierter germaniumhaltiger Erzkonzentrate von Tsumeb oder Zaire geschieht mit Natronlauge oder einem H_2SO_4 / HNO_3-Gemisch mehrfache Destillation von $GeCl_4$; dann Reduktion von GeO_2 mit $H_2 \cdot$ Feinstreinigung für Halbleiterqualität durch Zonenschmelzen. Weltproduktion 1984: 90 t, davon USA 20 t, Belgien 20 t, Bundesrepublik Deutschland 10 t, VR China 5 t, UdSSR 10 t, sonstige 25 t.

Verwendungsbereiche. Germanium wird mit steigendem Bedarf in der Optik eingesetzt (1984: 65 %), insbesondere für Bauelemente der Infrarotspektroskopie und für Infrarotdedektoren, aber auch für Lichtleiterfasern und Spezialgläser. – Außerdem in der Elektronik (25 %) für Spezialkondensatoren (Halbleitertransistoren) und Lote sowie in der Chemie (10 %) als Katalysatoren.

Bedarfsentwicklung. In den siebziger Jahren brachte die Substitution von Ga durch hochreines Si in der Halbleitertechnik merkliche Bedarfseinbußen. Seit 1978 aber wieder deutliche Zuwachsraten durch steigenden Bedarf der optischen Industrie. Zwischen 1985 und 1990 soll sich der Bedarf weiter um 6 % jährlich erhöhen. Verbrauchsforschung betreibt das Germanium Research Committee.

Marktstruktur. Zu den beiden Hauptanbietern der siebziger Jahre, AMAX Specialty Metals Corp. (Greenwich, Conn./USA) und Métallurgie Hoboken-Overpelt (Olen/Belgien) haben sich inzwischen noch wenigstens vier weitere bedeutsame Hersteller hinzugesellt, nämlich Preussag (Goslar), Penarroya (Noyelles-Godault/Frankreich), Pertusola (Crotone/Italien) und Eagle-Picer Industries (Cincinnati, Ohio/USA).

Preisentwicklung. Der US-Produzentenpreis für Ge 99,9999 % beträgt 1060 US-$/kg seit dem 12.4.1981 und wird als Kostenpreis bezeichnet, der weiter ansteigen könnte, was die Gewinnung aus Kohle ermöglicht; – daneben freier Händlerpreis, der in der Regel bis 10 % niedriger liegt.

Handelsregelungen. Reines Ge mit 99,9 %, hochreines Ge mit 99,9999 % (zonengeschmolzen, 30 Ohm/cm) in Blöcken von 1,75 kg (US-Standard) oder als Einkristalle bis 2 kg. Métallurgie Hoboken-Overpelt stellt auch Reinstgermanium mit 99,9999999 % her.

4.4 Arsen

Entdeckung. Bereits in der Antike wurden Realgar und Auripigment als Heilmittel oder in Kosmetika verwendet. Darstellung des Metalls spätestens durch mittelalterliche Alchimisten.

Besondere Eigenschaften. Eine metallische (graues As) und zwei nichtmetallische Modifikationen; As sublimiert bei 633°C, ist auffallend spröde, hat Knoblauchgeruch beim Verbrennen, zeigt gute Mischbarkeit mit Schwermetallen und bildet giftige Verbindungen, vor allem As_2O_3 (Arsenik) und Arsenwasserstoffgas.

Hauptminerale. Arsenkies (Mißpickel) FeAsS, Löllingit $FeAs_2$, Realgar AsS, Auripigment As_2S_3, Rotnickelkies NiAs, Arsenfahlerz, Speiskobalt $CoAs_2$.

Lagerstätten. Hauptsächlich hydrothermale Abscheidung von Arsenkies auf Gold-Quarz-Gängen oder mit Buntmetallsulfiden. – Butte/USA (Cu-As-Erze), Saligne und Montélimar/Frankreich (Au-As), Mapimi und Zimapan/Mexiko (Pb-Ag-As), Cobalt/Kanada (Co-As), Wiluna/Australien (Au-As), Nertschinsk und Sapokrovskoje/UdSSR (Au-As). Daneben Bestandteil vieler Cu-, Pb- und Zn-Erze.

Vorratssituation. Die gesamten Erzvorräte der Welt werden auf 14 Mio. t As_2O_3 geschätzt, die Reserven auf 1,85 Mio. t As_2O_3 (1984). Die bedeutsamsten Vorräte sind aus Peru, UdSSR, Mexiko, Kanada und USA bekannt.

Technische Gewinnung. Kondensation von Roh-Arsenik (80 - 95 % As_2O_3) nach Verflüchtigung in Röstöfen bei Verhüttung arsenhaltiger Erze in den Flugstäuben. Aus Speisen durch Säureaufschluß und Auslaugen von Ni, Co, Cu oder Fe. Geringe Mengen Arsenmetall (1984: 2000 t) werden aus As_2O_3 durch Reduktion mit Wasserstoff oder Holzkohle dargestellt. Reinigung von As_2O_3 oder As-Metall durch mehrmaliges Sublimieren. Weltproduktion von As_2O_3 1984: ca. 33 000 t, davon UdSSR 7900 t, USA 7700 t, Frankreich 5000 t, Mexiko 4700 t, Schweden 4000 t und Peru 1900 t.

Verwendungsbereiche. Arsenikverbindungen werden in Schädlingsbekämpfungsmitteln, Entlaubungsmitteln und als Infektionsschutz in Futtermitteln eingesetzt (ca. 75 % des Gesamtverbrauchs). Andere Arsenikverbindungen dienen in der Glasindustrie zum Entfärben, Läutern und Opalisieren (ca. 15 %). Reines Arsen wird in Pb-Sb-As-Legierungen (Gitter in Akkus) oder in Blei-Schrotkugeln (0,5 - 2 % As) zum Härten eingesetzt. Kupferlegierungen mit As werden für Autokühler, Lötkolbenspitzen oder Schweißelektroden verwendet (ca. 10 % des Gesamtverbrauchs). Reinstarsen ist in Dioden oder Lasern eingesetzt.

Bedarfsentwicklung. Der Verbrauch von Pestiziden wird wegen toxischer Nebenwirkungen auf menschliche Organe durch Umweltschutzgesetzgebung eingeschränkt. Deshalb wird bis 1990 mit stagnierender Nachfrage gerechnet.

Marktstruktur. Wichtige Anbieter von Arsenik sind ASARCO/USA (Hütte in Tacoma), Boliden AB/Schweden (Skelleftehamn), Industria Minera Mexiko SA (Monterrey) und Penarroya (Noyelles-Godault). Diese vier Gesellschaften bilden ein Oligopol mit ASARCO als Preisführer.

Preisentwicklung. Seit 1973 Preisanstieg; – Mitte 1985: Arsenik (99 · 100 % As_2O_3) 760 £/t, Arsenmetall wurde 1985 in London mit 3350 £/t As 99 % notiert.

Handelsregelungen. Arsenmetall enthält in Standardqualität 99 % As; – normalerweise wird jedoch Arsenik ("weißes Arsen") gehandelt, in Standardqualität mit mindestens 99,5 % As_2O_3 als klumpenfreies Pulver, verpackt in Gummibehältern oder Fässern (100 lb). Reinarsen kommt mit 99,99 % As und Reinstarsen mit 99,9999 % in den Handel.

4.5 Selen und Tellur

Entdeckung. Selen wurde 1817 von J.J. Berzelius im Bleikammerschlamm, Tellur 1782 von F. Müller v. Reichenstein in Golderzen aus Siebenbürgen entdeckt.

Besondere Eigenschaften. Selen tritt in einer metallischen (kristallinen) und mehreren nichtmetallischen (amorphen) Modifikationen auf, besitzt Halbleitereigenschaften (besondere mit Halogenspuren im Gitter) und hat giftige Verbindungen (z.B. H_2Se). Die elektrische Leitfähigkeit wächst stark bei Lichteinwirkung. Tellur hat ebenfalls Halbleitereigenschaften, ist spröde und bildet mit anderen Metallen Telluride (Me_2Te).

Hauptminerale. Relativ seltene Selenide des Cu, Ni, Ag, Au, As, Bi. Wichtig für die Gewinnung sind Spuren von Se in Kupferkies (0,003 - 0,015 %) und Pyrit (0,005 %) auf Gitterplätzen des Schwefels. Te tritt gediegen auf, als Au-, Ag-, Bi- oder Cu-Telluride sowie in Kupferkies (0,001 - 0,0005 %) und manchen Pyriten.

Lagerstätten. Beide Elemente finden sich in sulfidischen (und porphyrischen) Kupfererzen sowie in einigen Pyrit- oder auch Blei-Zink-Lagerstätten. Die Selengehalte schwanken in Kupferkonzentraten stark (z.B. Boliden 1000 g/t, Rammelsberg 50 g/t). Bei der Cu-Flotation sind die Verluste an Telluriden allerdings sehr hoch (bis 90 %!).

Vorratssituation. Vom Kupferbergbau abhängig. Reserven 1984: 120 000 t Se, insbesondere in den USA 20 000 t, Kanada 20 000 t und Chile 21 000 t sowie 34 000 t Te, insbesondere in den USA 6000 t, Kanada 2000 t und Peru 2000 t. Das Ausbringen aus Erzen könnte durch spezielle Aufbereitungsmethoden verbessert werden. Potentielle Vorräte in Manganknollen (1 Mio. t Te) und Kohlen (15 Mio. t Se).

Technische Gewinnung. 90 % des Se und 95 % des Te stammen aus dem Anodenschlamm (enthält 5 - 20 % Se und 2 - 10 % Te) der elektrolytischen Kupferraffination, der Rest aus selenhaltigem Bleikammerschlamm oder aus Flugstäuben von Bleihütten. Beide Metalle werden aus den Anodenschlämmen als wasserlösliches Natrium-

selenat bzw. -tellurat extrahiert, voneinander getrennt und aus der Lösung durch Einleiten von SO_2 als metallisches Pulver wieder ausgefällt. Im Verhältnis zu 1 t Raffinadekupfer werden in den USA oder Kanada 0,5 - 1 lb Se und 0,1 - 0,2 lb Te gewonnen. Eine Rückgewinnung von Se ist üblich aus Abfällen von Gleichrichtern und
Photokopierern und erreicht 30 - 40 % des Selenbedarfs. Auch 20 - 25 % des Te wird
aus Alt- und Neuschrott wiedergewonnen. Weltproduktion 1983 (ohne Ostblock):
1340 t Se (Japan 400 t, USA 350 t, Kanada 300 t, Belgien 60 t) und 150 t Te (Japan 65 t, USA 35 t, Kanada 25 t, Peru 20 t).

Verwendungsbereiche. Selen wird zu rund 30 % in der elektronischen Industrie als
Halbleiter zur Herstellung von Gleichrichtern, Photozellen und Trommeln in Photokopierern eingesetzt, daneben auch zu rund 30 % in der chemischen Industrie zur
Herstellung von Katalysatoren und von Pigmenten für Glas, Keramik oder Kunststoffe sowie zu etwa 25 % in der Optik- und Glasindustrie (Entfärben bei Hohlglas-
produktion; für Infrarotgläser) und schließlich zu 10 % als Legierungsbestandteil. –
Tellur wird zu 35 % als Halbleiter in der elektronischen Industrie verwendet, daneben als Legierungskomponente (25 %) in Kabelblei oder in Kupfer zur Verbesserung
der Zerspanbarkeit oder als Ferrotellur bei der Stahlerzeugung, außerdem in der
chemischen Industrie (25 %) zur Herstellung von Katalysatoren oder Pigmenten.
Neuerdings spielen auch Li-Te-Batterien eine wachsende Rolle. Als Hauptverbrau-
cherländer traten 1983 bei Selen die USA (550 t), Westeuropa (400 t) und Japan
(200 t), bei Tellur die USA (60 t) und Japan (55 t) auf.

Bedarfsentwicklung. Bei Selen wird nach mehreren Jahren der Stagnation mit einem
Verbrauchszuwachs von durchschnittlich 2 % pro Jahr zwischen 1983 und 1990 gerechnet. Im Elektronikbereich dürfte die Nachfrage am stärksten zunehmen. Der Se-
lenbedarf in den nächsten Jahren wird im Chemiebereich davon geprägt sein, ob die
Cadmiumsulfoselenid-Pigmente verboten werden oder nicht. – Die Wachstumsraten
für Tellur werden mit etwa 1 % pro Jahr noch geringer eingeschätzt. Ein leichter Anstieg des Bedarfs läßt sich für die Verwendungsbereiche Chemie und Elektronik prognostizieren, während Tellur als Legierungsbestandteil partiell substituiert werden
dürfte.

Marktstruktur. Für die Angebotsseite der beiden Märkte besteht ein ausgeprägtes Oligopol, denn 11 Hüttengesellschaften vereinen 85 % der Selenproduktion und 80 %
der Tellurproduktion auf sich. Zu diesen mittelgroßen Anbietern zählen: ASARCO/
USA (Amarillo/Tex), AMAX Copper Inc./USA (Carteret/NJ), Kennecott Copper
Corp./USA (Magna/Utah, Anne Arundel/Md.), Mitsubishi Metal Corp./Japan (Naoshi-
ma), Nippon Mining/Japan, Sumitomo Metal Mining Co./Japan (Niihama), Mitsui
Mining & Smelting Co./Japan (Takehara), Toho Zinc/Japan (Onahama), INCO/Kana-
da (Copper Cliff), Canadian Copper Refineries (Montreal East), Métallurgie Hoboken-
Overpelt/Belgien (Hoboken), Preussag AG Metall (Goslar).

Preisentwicklung. Der Produzentenpreis für Selen (99,5 %) ist seit 1984 ausgesetzt.
Der US-Händlerpreis betrug 15,5 US-$/kg Mitte 1985. Für Tellur sind die Preislisten
der Produzenten ebenfalls (seit Januar 1981) suspendiert. Die Händlerpreise beliefen

sich Mitte 1985 auf 22 - 23 US-$/kg Te 99,9 %.

Handelsregelungen. Selen wird in Standardqualität mit 99,5 % Se oder als Halbleiterqualität mit 99,9999 % Se gehandelt. Als Lieferform wird feinkörniges Pulver bevorzugt, meist in Mengen von 100 lb, seltener als Granalien oder Stengel. Tellur kommt in einer Standardqualität mit 99,9 % Te (mitunter auch 99,5 % Te) in den Handel, auch vorzugsweise als Pulver in 100 lb lots. Die Halbleiterqualität weist einen Reinheitsgrad von 99,9999 % Te auf. Ferrotellur mit 50 - 80 % Te und Tellurkupfer mit 40 - 50 % Te sind für metallurgische Verwendungszwecke erhältlich.

Literaturhinweise

Adams, T.: Zirconium and Hafnium, in: US-Bureau of Mines, Minerals Yearbook, Washington, D.C. 1982.

Bering, D.; Eschnauer, H.: Tantal-Vorstoffe und -Vorkommen, Erzmetall, 31, H. 4, Stuttgart 1978.

Bundesanstalt für Geowissenschaften und Rohstoffe /DIW: Untersuchungen über Angebot und Nachfrage mineralischer Rohstoffe, Band XIII: Titan, Hannover/Berlin 1980; Band XVI: Niob, Band XVII: Tantal, Hannover/Berlin 1982.

Franklin, R.W.: Tantal-Eigenschaften und Verwendung, Metall, 38, H. 7, Berlin 1984.

Freiser, J.: Nebenmetalle. Die metallischen Rohstoffe, Bd. 17, (Enke), Stuttgart 1966.

Gesellschaft Deutscher Metallhütten- und Bergleute: Sondermetalle. Gewinnung – Verarbeitung – Anwendung, (Verlag Chemie), Weinheim 1984.

Hedrick, J.B.: Rare-Earth Minerals and Metals, in: US-Bureau of Mines, Minerals Yearbook, Washington, D.C. 1982.

Kramer, K.-H.: Herstellungstechnologien von Titan und Titanlegierungen, Metall, 36, H. 6, Berlin 1982.

Kross, G.: Die Rohstoffe der Seltenen Erden, (Glückauf), Essen 1974.

Lynd, L.E.: Zirconium und Hafnium, in: US-Bureau of Mines, Mineral Facts and Problems, Washington, D.C. 1980.

Moore, Ch.M.: Rare-Earth Elements and Yttrium, in: US-Bureau of Mines, Mineral Facts and Problems, Washington, D.C. 1980.

Rühle, M.: Rohstoffprofil Niob, Metall, 36, Berlin 1982.

Rühle, M.: Rohstoffprofil Hafnium, Metall, 37, Berlin 1983.

Schreiter, W.: Seltene Metalle, 2. Aufl., Leipzig 1963.

Stuart, H.: The Nature of the Niobium Industry, Tantalum International Study Center, Quarterly Bulletin, Brüssel, April 1985.

Tantalum International Study Center: Quarterly Bulletin, Brüssel.

Literaturübersicht

(Spezialliteratur siehe bei den einzelnen Kapiteln)

Sammelwerke

Bartholomé, E. (Hrsg.): Ullmanns Encyklopädie der technischen Chemie, 4. Aufl., Weinheim.

Bender, F. (Hrsg.): The Mineral Resources Potential of the Earth, (Schweizerbart), Stuttgart 1979.

Bliss, C.; Boserup, M.: Economic Growth and Resources, (Macmillan), London 1980.

Blondel, F.; Lasky, S.G.: Concepts of Mineral Reserves and Resources, UN-Survey, New York 1970.

Bossin, R.; Varon, B.: The Mining Industry and the Developing Countries, (World Bank), Washington 1977.

Bundesministerium für Wirtschaft: Mineralische Rohstoffe, Bonn 1979.

Bundesanstalt für Geowissenschaften und Rohstoffe/Deutsches Institut für Wirtschaftsforschung: Untersuchungen über Angebot und Nachfrage mineralischer Rohstoffe, Hannover/Berlin 1972 - 1984.

Bundesanstalt für Geowissenschaften und Rohstoffe: Regionale Verteilung der Weltbergbauproduktion und der Weltvorräte mineralischer Rohstoffe, Hannover 1982.

Callot, F.: Die mineralischen Rohstoffe der Welt, (Glückauf), Essen 1981.

Chapman, P.F.; Roberts, F.: Metal Resources and Energy, (Butterworth), London 1983.

Cissarz, A.: Einführung in die allgemeine und systematische Lagerstättenlehre, 2. Aufl., (Schweizerbart), Stuttgart 1965.

Cordero, H.G.; Tarring, T.J.; Nonferrous Metal Works of the World, Metal Bulletin, London 1967.

Fiawn, P.T.: Mineral Resources, Geology, Engineering, Economics, Politics, Law, (Rand McNally), Chicago/New York/San Francisco 1966.

Financial Times: Mining International Year Book 1984, Longman, Harlow 1984.

Fischmann, L.L. (Hrsg.): World Mineral Trends and U.S. Supply Problems, Resources for the Future, Washington 1980.

Friedensburg, F. (Hrsg.): Die Metallischen Rohstoffe – ihre Lagerungsverhältnisse und ihre wirtschaftliche Bedeutung, 17 Bände, (Enke), Stuttgart.

Friedensburg, F.; Dorstewitz, G.: Die Bergwirtschaft der Erde, 7. Aufl., (Enke), Stuttgart 1976.

Gocht, W.: Gewinnung mineralischer Rohstoffe aus dem Meer, Die Erde, 114, Berlin 1983.

Gocht, W.: Wirtschaftsgeologie und Rohstoffpolitik, 2. Aufl., (Springer), Berlin/Heidelberg/New York/Tokyo 1983.

Govett, G.J.S.; Govett, M.H.: World Mineral Supplies – Assessment and Prospectives, (Elsevier), Amsterdam 1976.

Grace, R.P.: Metals Recycling. A Comparative National Analysis, Resources Policy, 4, Gwildford 1978.

Granigg, B.: Die Lagerstätten nutzbarer Mineralien, (Springer), Wien 1957.

Hampel, C.A.: Rare Metals Handbook, (Reinhold), New York 1961.

Hargreaves, D.; Fromson, S.: World Index of Strategic Minerals, (Gowes), Cambridge 1983.

Hiller, J.E.: Die mineralischen Rohstoffe, (Schweizerbart), Stuttgart 1962.

Institution of Mining and Metallurgy: The Pricing and Marketing of Metals, London 1972.

Ippen, P.: Wirtschaftslehre des Bergbaus, (Springer), Wien 1957.

Janković, S.: Wirtschaftsgeologie der Erze, (Springer), Wien/New York 1967.

Keyser, E. de (Hrsg.): Guide to World Commodity Markets, (Kogan Page), London 1979.

Kieffer, R.; Jangg, G.; Ettmayer, P.: Sondermetalle – Metallurgie/Herstellung/Verwendung, (Springer), Wien/New York 1971.

Law, A.D.: International Commodity Agreements, Lexington 1975.

Leith, C.I.: World Minerals and World Politics, (Kennikat), Port Washington, N.Y. 1970.

Lipsett, C.H.: Metals Reference and Encyclopedia, (Atlas), New York 1968.

Malenbaum, W.: World Demand for Raw Materials in 1985 and 2000, (McGraw-Hill), New York 1971.

Mero, J.L.: The Mineral Resources of the Sea, (Elsevier), New York 1965.

Morgan, J.D.: Strategic Metals, US-Bureau of Mines, Washington, D.C. 1982.

Müller-Ohlsen, L.: Die Weltwirtschaft im industriellen Entwicklungsprozeß, Kieler Studien, 165, (Mohr), Tübingen 1981.

Münster, H.P.; Kirchner, G.: Taschenbuch des Metallhandels, 7. Aufl., (Metall-Verlag), Berlin/ Heidelberg 1982.

Petrascheck, W.E.; Pohl, W.: Lagerstättenlehre, 3. Aufl., (Schweizerbart), Stuttgart 1982.

Ramdohr, P.; Strunz, H.: Klockmanns Lehrbuch der Mineralogie, (Enke), Stuttgart 1967.

Roskill Information Services: Roskill's Metals Databook, 6. Aufl., London 1985.

Saager, R.: Metallische Rohstoffe von Antimon bis Zirkonium, (Bank Vontobel), Zürich 1984.

Sames, D.–W.: Die Zukunft der Metalle, (Suhrkamp), Frankfurt/M. 1971.

Serjéantson, R.; Cordero, R.: Non Ferrous Metal Works of the World, 3. Aufl., Metal Bulletin Books, Worcester Park 1982.

Schneiderhöhn, H.: Die Erzlagerstätten der Erde, 2 Bde., (Fischer), Stuttgart 1958 und 1961.

Schröder, H.: Taschenbuch des Metallhandels, (Metall), Berlin 1972.

Schubert, H.: Aufbereitung fester mineralischer Rohstoffe, 3 Bde., (Grundstoffind), Leipzig 1967, 1968 und 1972.

Skinner, W.R.: Mining Yearbook, London 1971.

Strunz, H.: Mineralogische Tabellen, 3. Aufl., Leipzig 1957.

Tafel, V.: Lehrbuch der Metallhüttenkunde, 2 Bde., 2. Aufl., (Hirzel), Leipzig 1954.

Tilton, J.E.: The Future of Nonfuel Minerals. – Washington, D.C. 1977.

US Geological Survey: United States Mineral Resources, Professional Paper 820, Washington, D.C. 1973.

Voskuil, W.H.: Minerals in World Industry, (McGraw-Hill), New York/Toronto/London 1955.

Warren, K.: Mineral Resources, (David & Charles), Newton Abbot 1973.

Periodika

American Metal Market, New York.

Bergakademie: Bergakademie Freiberg, Leipzig 1949 ff.

Bergbautechnik: Grundstoffind., Leipzig 1971 ff.

Canadian Mining Journal: Gardenvale Que. 1879 ff.

Canadian Mineral Survey: Energy, Mines and Resources Canada, Ottawa.

Engineering & Mining Journal: (McGraw-Hill), New York 1866 ff.

Ges. Deutsch. Metallh. u. Bergl.: Erzmetall, Stuttgart 1948 ff.

Metal Bulletin Ltd.: Metal Bulletin Handbook, London.

Metal Bulletin Ltd.: Metal Bulletin Monthly, London.

Metal Bulletin Ltd.: Metal Bulletin, 2 x wöchentl., London.

Metal Press Service: Mines & Metallurgie, Paris 1972 ff.

Metall: (Metall-Verlag), Berlin 1947 ff.

Metals Week: (McGraw-Hill), New York 1930 ff.

Mining Journal: Mining Annual Review, jährl., London.

Mining Journal: Mining Magazine, monatl., London.

Mining Journal: Mining Journal, wöchentl., London.

Northern Miner Press Ltd.: Canadian Mines Handbook, Toronto.

Royal Geological and Mining Society of the Netherlands: Geologie en Mijnbouw, Leiden 1972 ff.

Society of Economic Geologists: Economic Geology, Lancaster, USA 1906 ff.

Society for Geology Applied to Mineral Deposits: Mineralium Deposita, (Springer), Berlin/Heidelberg/New York 1966 ff.
US-Bureau of Mines: Minerals Yearbook, Washington, D.C. 1943 ff.
US-Bureau of Mines: Commodity Data Summaries, Washington, D.C.
US-Bureau of Mines: Mineral Commodity Summaries, Washington, D.C.
US-Bureau of Mines: Mineral Facts and Problems, Washington, D.C.
US-Bureau of Mines: Mineral Trade Notes, Washington, D.C.
World Mining, San Francisco 1948 ff.

Statistiken

American Bureau of Metal Statistics: Year Book, New York 1910 ff.
American Bureau of Metal Statistics: Non-Ferrous Metal Data, New York.
AMMI: Metalli Non Ferrosi e Ferroleghe, Rom 1947 ff.
General Services Administration: Stockpile Report to the Congress, Washington, D.C.
Groupe Le Nickel – Penarroya – Mokta: Annuaire Minérais et Métaux, Paris.
Metallgesellschaft AG: Metallstatistik, Frankfurt/Main 1893 ff.
The American Metal Market Co.: Metal Statistics, New York.
United Nations: Statistical Yearbook, New York.
United Nations: Monthly Bulletin of Statistics, New York.
US-Bureau of Mines: Minerals Yearbook, Washington, D.C. 1882 ff.
World Bureau of Metal Statistics: World Metal Statistics, Birmingham/London.

Verzeichnis der Abkürzungen

1. Handelsbegriffe

(metr.) t	(metrische) Tonne (1000 kg)	$	US-Dollar
sh. t	short ton (907,2 kg)	M$	Malaysischer Ringgit
lg. t	long ton (1016 kg)	£	Pfund Sterling
		ECU	Europ. Currency Unit
stu	short ton unit	cif	cost,insurance,freight
ltu	long ton unit		
mtu	metric ton unit	fob	free on board
jato	Jahrestonne	picul	chines. Picul (60,48 kg)
tato	Tagestonne	$A	australischer Dollar
lb (lbs)	pound(s) (0,4536 kg)	ppm	parts per million
oz	ounce, Unze (31,1 g)	a	Jahr (anno)
troz	troy ounce, Feingewicht (31,1 g)	d	Tag (dies)
cts	US-cents	MS	Mannstunde

2. Institutionen

AKP	Afrika, Karibik, Pazifik
ATPC	Association of Tin Producing Countries
CIDEC	Conseil International pour le Développement du Cuivre
CIPEC	Conseil Intergouvernemental des Pays Exportateur de Cuivre
Comecon	"Rat für gegenseitige Wirtschaftshilfe"
Comex	New York Commodity Exchange
EGKS	Europäische Gemeinschaft für Kohle und Stahl
GATT	General Agreement on Tariffs and Trade
GSA	General Services Administration
IBA	International Bauxite Association
IISI	International Iron and Steel Institute
ILZRO	International Lead Zinc Research Organization
ITC	International Tin Council
ITA	International Tin Agreement
IWF	Internationaler Währungsfonds
IZR	Internationaler Zinnrat
KLCE	Kuala Lumpur Commodity Exchange
LDA	Lead Development Association
LME	London Metal Exchange
OECD	Organisation for Economic Cooperation and Development
UNCTAD	United Nations Conference on Trade and Development
UNDP	United Nations Development Programme
(UN)ECE	(United Nations) Economic Commission for Europe
USBM	United States Bureau of Mines
USGS	United States Geological Survey
ZDA	Zinc Development Association

3. Minengesellschaften

Alcan	Aluminium Corp. of Canada	INCO	International Nickel Co.
Alcoa	Aluminium Co. of America	J.C.I.	Johannesburg Consolidated Investment Co.
AMAX	American Metal Climax Co.		
ASARCO	American Smelting & Refining Co.	MG	Metallgesellschaft AG
COMIBOL	Corporation Minera de Bolivia	RST	Roan Selection Trust
CTS	Consolidated Tin Smelters Ltd.	RTZ	Rio Tinto Zinc Co.

Sachverzeichnis

Printed in the United States
By Bookmasters